Martin Bleif

DAS TIER IN UNS

Die biologischen Wurzeln der Menschlichkeit

Klett-Cotta

Die »Literatur« steht zum Download auf www.klett-cotta.de zur Verfügung.
Bitte geben Sie im Suchfeld auf unserer Homepage den folgenden Such-Code ein:
OM96486

MIX
Papier aus verantwortungsvollen Quellen
FSC® C014889

Klett-Cotta
www.klett-cotta.de

Lektorat: Dr. Petra Kunzelmann, Coburg
Cover: Rothfos & Gabler, Hamburg
unter Verwendung einer Abbildung von © akg-images
(Agnolo Bronzino, Porträt von Cosimo I. de' Medici als Orpheus)
Gesetzt von Dörlemann Satz, Lemförde
Gedruckt und gebunden von Friedrich Pustet GmbH & Co. KG, Regensburg
ISBN 978-3-608-96486-8
E-Book ISBN 978-3-608-11655-7

Bibliografische Information der Deutschen Nationalbibliothek
Die Deutsche Nationalbibliothek verzeichnet diese Publikation in der
Deutschen Nationalbibliografie; detaillierte bibliografische Daten sind
im Internet über http://dnb.d-nb.de abrufbar.

Für Lina

INHALT

PROLOG

Die Welt als ein mehrgeschossiges Gebäude

Black lives matter! In den USA stirbt – wieder einmal – ein Afroamerikaner durch die Hand eines Polizisten. Wenige Tage später brennt es in den Städten, als wären die Rassenunruhen der 1960er Jahre gestern gewesen. Das halbe Jahrhundert dazwischen, inklusive eines schwarzen Präsidenten Obama, scheint vergessen zu sein. Wenige Tage später werden in Hongkong Menschen verhaftet, weil sie die Formel »ein Land, zwei Systeme« ernst nehmen. Die Volksrepublik China, die größte Volkswirtschaft der Erde, lässt wenig Zweifel daran, dass sie keine Absicht hat, das gebeutelte Hongkong am Wesen von »System Zwei«, der Demokratie westlichen Zuschnitts, wieder genesen zu lassen.

Weiter westlich, in Afghanistan, greifen mittelalterlich anmutende Religionsschüler unverhohlen nach der Macht: Nationbuilding, Säkularisierung, Frauenrechte perdu! Überhaupt, die Religionen! In vielen islamischen Ländern haben Demokratien keinen guten Ruf; Autoritarismus und Theokratie dagegen stehen hoch im Kurs. Selbst in Europa spült eine (Rück-)Besinnung auf »nationale Werte« Politiker in die Parlamente, denen die Spielregeln einer »freiheitlich-demokratischen Grundordnung« wenig oder gar nichts bedeuten, damit aber unsere Demokratien infrage stellen und dies auch unumwunden zugeben. Nationalismus, Fremdenfeindlichkeit und Homophobie haben auch in Europa Konjunktur. Gleichzeitig stellen seltsam diffuse »postkapitalistische« Blütenträume die Systemfrage von der anderen Seite des politischen Spektrums.

Schnitt! Dreißig Jahre zuvor sah die Welt ganz anders aus. Damals schrieb der amerikanische Politikwissenschaftler Francis Fukuyama (*1952) sein Buch: *Das Ende der Geschichte.*[1] Das »Ende« war nicht im Mindesten apokalyptisch gemeint – im Gegenteil. Fukuyama vertrat die Ansicht, dass nach dem Zusammenbruch des Warschauer Paktes der Streit der Ideologien ein für alle Mal beendet und Politik von nun an eine angenehm technokratische Angelegenheit sei, bei der sich Politiker vorurteilslos um die Lösung praktischer Menschheitsprobleme kümmern könnten.

Nun, die Jahre nach dem Fall der Mauer sind beinahe entgegengesetzt verlaufen. Warum nur? Wieso fällt es uns so schwer, die Kunst der vernünftigen »Regelung des Gemeinwesens« vom Mehltau der Vorurteile und der Ressentiments zu befreien? Dazu gäbe es unendlich viel zu sagen. Aber wenn wir mit besonders eklatanten Rückfällen in Egoismen oder gar in atavistische Brutalität konfrontiert sind, wird das Bild vom »Tier im Menschen« bemüht, als ob dieses »Tier« – unsere *Natur* – etwas ist, das uns nachhängt wie ein Schleppanker, der die Menschheit auf ewig hindern wird, wirklich human und mitmenschlich zu sein.

Hier kommt die Biologie ins Spiel, die für Natur und für Tiere zuständig ist. Für Menschen auch? »In der Politik geht es letztendlich«, schrieb vor einigen Jahren der Psychologe und Nobelpreisträger Daniel Kahneman, »um die Wünsche und das Wohl der Menschen. In jede politische Frage fließen bestimmte Annahmen über die menschliche Natur ein«.[2]

Um diese Frage geht es in diesem Buch: Kann die moderne Biologie etwas zum Streit über die Natur des Menschen beitragen? Die Vorstellung, wie und was der Mensch sei, ist der Humus, in dem unsere politischen Weltbilder wurzeln. Unsere Weltbilder haben entscheidenden Anteil daran, ob wir Menschen uns eher für gut oder für böse, für egozentrisch oder für mitfühlend, für erziehbar oder determiniert, für »Kultur«- oder »Natur-Wesen« halten. Politik ist geleitet von expliziten und impliziten Urteilen und Hypothesen über die Natur des Menschen. Dabei stellt sich ein Problem: Diese Form von Wissen lässt sich nicht in Expertengremien auslagern. Spekulationen über den »Naturzustand« des Menschen gibt es, seitdem Menschen über sich nachdenken. Lange Zeit existierte kein empirischer Zugang zu diesen fundamentalen Fragen. Bis tief ins 19. Jahrhundert waren sie Domäne von Philosophie, Theologie und Staatskunde. Ohne eine durch Empirie auf die Realität zurückgespiegelte Theorie standen sich die unterschiedlichen Ansichten leider oft aggressiv bedrohlich, wütend, zornig, aber auch unentscheidbar gegenüber. Bis tief ins 19. Jahrhundert trugen die Naturwissenschaften zur Stellung des Menschen in der Natur und zur Frage nach der *conditio humana* wenig bei. Dies hat sich in den vergangenen 150 Jahren dramatisch geändert, und darauf versuche ich aufmerksam zu machen. Vielleicht kann die Biologie heute an einigen Stellen in die Rolle eines Schiedsrichters treten.

Bereits an dieser Stelle wird etliche Leser ein Gespenst erschrecken: Kirchen, Redaktionen, Feuilletons und Fakultäten rund um den Globus fürchten sich vor dem Gespenst des *Biologismus*! Ein Begriff, der zum Schimpfwort geworden ist. Daher werde ich im vorderen Teil der vier Kapitel des Buches den Versuch unternehmen, dieses »Gespenst« aus der Nähe zu betrachten. *Biologismus* ist keine Biologie. Dennoch – es steckt ein Tier in uns, aber *im rechten Licht* betrachtet ist dieses ›Menschentier‹ freundlicher, als viele glauben mögen.

Eine Welt in Stockwerken

Das Geheimnis des »rechten Lichts« liegt in der Perspektive, in der Kunst, sich zu bescheiden und die richtigen Fragen zu stellen. Naturwissenschaften – Biologie ist keine Ausnahme – nehmen keine universelle Perspektive ein. Ihr Erfolg beruht auf Zerlegung, Begrenzung, Reduktion. Die Wissenschaften blicken auf die Welt wie auf ein mehrgeschossiges Gebäude und betreiben Arbeitsteilung. Für jedes Stockwerk fühlt sich eine Disziplin zuständig. Trotz dieses »begrenzten Blickes« sollten Theorien über den Menschen nicht in Widerspruch zu dem geraten, was wir über seine Physik, Chemie oder Biologie wissen. Diese These belege ich im vorderen Teil der vier Kapitel des Buches. Um die Natur dieser Bedingtheit zu erklären, betrachte ich wie der Philosoph Nicolai Hartmann (1882–1950) in seiner *Ontologie* die materielle Welt als ein System »hierarchisch angeordneter Schichten«.[3] Ich habe mir erlaubt, Hartmanns Bild den Erfordernissen dieses Buches anzupassen:

Wir können uns demnach die Welt als ein Gebäude mit einem geheimnisvollen Keller und vier überirdischen Stockwerken vorstellen, wobei einige der Stockwerke in mehrere Untergeschosse unterteilt sind. Tief unter der Oberfläche der sichtbaren Welt, in dunklen und nicht vollständig erschlossenen Kellern, liegt der platonische Zoo der subatomaren »Teilchen«, regiert von den Gesetzen einer immer noch nicht wirklich verstandenen Physik.[4] Dagegen ist das Erdgeschoss recht ordentlich kartiert. Hier sind die Atome zuhause; sie konstituieren das »Material«, aus dem die Welt besteht. Den Grundriss dieses

Geschosses entworfen und ihn gezeichnet hat der russische Chemiker Dimitri Iwanowitsch Mendelejew (1834–1907) im Jahr 1869. Seit Mendelejew ist der eine oder andere ›Bewohner‹, das eine oder andere Element, hinzugekommen,[5] aber das Geschoss blieb überschaubar.[6]

Die Etage darüber, der erste Stock, nimmt deutlich mehr Raum ein. In seinen hohen und lichten Sälen wurden inzwischen drei Zwischengeschosse eingezogen. Im Untersten finden wir einfache chemische Verbindungen, wie Salze (z.B. NaCl) und kleine anorganische Moleküle wie Wasser (H_2O), Kohlendioxid (CO_2) oder Kalk ($CaCO_3$). Hier gelten die Gesetze der anorganischen Chemie. Im Zwischengeschoss darüber logieren organische Moleküle, etwas größere Aggregate von Atomen, die zwei Dinge gemeinsam haben: Ihr Rückgrat besteht aus Kohlenstoff. Und sie werden in der Regel von Lebewesen produziert. Beispiele sind Zucker, Aminosäuren, Nukleotide oder Harnstoff. Im obersten Zwischengeschoss finden wir die Riesen unter den Molekülen. Dort sind *Makromoleküle* zuhause, Eiweiße (Proteine), große Kohlenhydrate und Nukleinsäuren. Dem Verhalten dieser komplizierten Gebilde widmen sich die organische Chemie und die Biochemie.

Zwischen diesem und dem nächsten Stockwerk verläuft eine mysteriöse Grenze, die Grenze zwischen Leben und Tod. Der zweite Stock gehört den Lebewesen. Dort wohnen *Individuen*. So unterschiedlich diese *Individuen* sind, sie verbindet eine Gemeinsamkeit. Sie sind einzigartig und lebendig![7] Anders als Strukturen der unbelebten Welt haben Lebewesen die Fähigkeit zur Selbstregeneration, zum Stoffwechsel und zur Reproduktion. Dafür benötigen sie Energie und Baumaterial. Sie stehen daher in ständigem Austausch mit der Welt. Und bezogen auf solche Individuen ist es zum ersten Mal angebracht, von *Interessen* zu sprechen. Denn Individuen verfolgen Ziele – bewusst oder unbewusst. Sie »wollen« überleben und sich vermehren; sie haben Interessen und werden von ihnen geleitet. Die Wissenschaft, die sich für dieses Panoptikum verantwortlich fühlt, ist die Biologie.

Unter all diesen Lebewesen findet sich eine Affenart, die einige ganz spezielle Eigenheiten entwickelt hat. Wegen dieses Affen, dem *Homo sapiens*, wurde das Weltgebäude um ein Stockwerk erweitert. Manche Eigenarten des Homo sapiens entziehen sich der Sprache der Biologie. Für seine Intentionen, Motive und sein bewusstes Denken und Handeln fühlen sich Psychologen, Linguisten oder die Kulturwissenschaftler zuständig, ›vermessen‹ und deuten die Produkte des *menschlichen Geistes*. In diesem obersten Stockwerk finden wir ferner die Strukturen und Abstraktionen, die durch den Zusammenschluss menschlicher Individuen entstehen: Familien, Dorfgemeinschaften, Stämme, Völker, Staaten und Organisationen. Ihre Eigenarten, Erscheinungsformen, Regeln und Produkte nennen wir Kultur.[8]

Dieses verführerisch übersichtliche Gebäude entspricht unserer zutiefst menschlichen – *anthropomorphen* – Sicht der Welt. Eine Kopfgeburt, aber »heuristisch wertvoll«. Arbeitsteilung und Beschränkung sind Gründe für den Erfolg der Naturwissenschaften. Und demnach nehme ich im vorderen Teil der vier Kapitel die Perspektive der »Welt der Stockwerke« ein. Um sich im Riesenreich der Biologie zurechtzufinden, braucht es Karte und Kompass. So werden in diesem Buch drei zentrale Konzepte vorgestellt, die unterschiedlichen Stockwerken angehören, und ein weiterer Entwurf, der die Biologie erst zur Wissenschaft macht. *Kapitel Eins* beginnt mit einem kurzen Porträt der *Evolutionstheorie*, weil sie der Mörtel ist, der die Biologie im Innersten zusammenhält. *Kapitel Zwei* widmet sich dem Konzept der *Gene* – materiell betrachtet, nicht als große Moleküle. Sie wohnen daher im Erdgeschoss. Allerdings wird sich zeigen, dass sie Eigenschaften entwickelt haben, die über die Materie hinausweisen. Im *dritten Kapitel* wird das »Atom des Lebens« behandelt – in zweifachem Sinn. Zellen sind Lebewesen und daher im ersten Stock zuhause. Der Blick in die Zelle wird enthüllen, worin das Geheimnis des Lebens besteht. *Kapitel Vier* dreht sich um das Gehirn. Gehirne sind zunächst nichts anderes als Verbünde von Zellen, die es in sich haben. Denn nach Ansicht fast aller Biologen ist das Gehirn die Grundlage des Menschseins.

Am Ende jedes Kapitels dreht sich der Blickwinkel um 90°. Was die Biologie über Evolution, Gene, Zellen und Gehirne erzählt, führt direkt an die Kreuzungen, wo sich Menschen seit Jahrhunderten über die Natur des Menschen die Köpfe heißgeredet und viel zu oft auch eingeschlagen haben. *Kapitel Eins* schließt mit der Frage nach den biologischen Wurzeln von Gut und Böse. In *Kapitel Zwei* geht es um die rätselhafte Beziehung zwischen Genen und Merkmalen, um die Rolle von Erbe und Erziehung, um die vielen Mythen zwischen *Tabula rasa* und genetischer Marionette, um Volk und »Rasse«, Sex und Gender, Menschenzucht, Optimierung und vermeintliche Perfektion. Das Problem der Definition von Anfang und Ende einer menschlichen Existenz, die Fragen nach dem Geheimnis des Lebens werden am Ende von *Kapitel Drei* gespiegelt in dem Bild, das die Biologie von Evolution, Gen, Zelle und Gehirn gezeichnet hat. *Kapitel Vier* konfrontiert die biologischen Erkenntnisse über das Gehirn mit Fragen nach der Konstitution des menschlichen Ichs, seinen Fähigkeiten, Freiheiten und Grenzen. Ist unser Gehirn auf die Wirklichkeit bezogen und wenn ja, wie? Es geht aber ebenso um Maschinenmenschen, um Geister in der Maschine, um das *Animal rationale* und die (un)vernünftige Vernunft – es geht um uns und in gewisser Weise um alles, woran wir Menschen beteiligt sind, und darum, wer und was wir sind.

Die Gebrauchsanleitung

Das ist die eine Seite dieses Buches. Die andere Seite ist eine Art Gebrauchsanleitung, die in und zwischen den Zeilen versteckt liegt. Natürlich sind Menschen beides, Natur- und Kulturwesen. Und die Biologie ist pikanterweise selbst ein Kulturprodukt. Als solches ist sie nicht immer einfach zu lesen. Ein Blick auf die vergangenen 150 Jahre zeigt, dass die Furcht vor dem Gespenst des *Biologismus* nicht unbegründet ist. Missbrauchte und missverstandene Biologie hat im 20. Jahrhundert viel Unheil angerichtet.

Die Gebrauchsanleitung beginnt daher mit zwei Geboten: Das erste Gebot heißt: *Du sollst mich nicht überstrapazieren.* Schließlich gibt es Aspekte des menschlichen Lebens, zu denen die Biologie nichts zu sagen hat. Eine biologische Theorie der barocken Lyrik etwa wäre im besten Fall grob unvollständig, vielleicht auch nur lächerlich. In diesem Sinne gibt es keine »Theorie für alles«.[9] Zweifeln ist der Wissenschaft näher als Glauben. Wer Wissenschaft zur Religion erhebt, aus Biologie Biolog-*ismus* macht, versetzt ihr den Todesstoß. Ich werde über einige solcher unangemessenen Überdehnungen berichten.

Dennoch, der *Homo sapiens* ist ein Produkt der Evolution. Und im weiteren Verlauf wird sich zeigen, dass das sowohl für den Gattungsbegriff *Homo* wie auch für den Zusatz *sapiens* zutrifft. Das zweite Gebot lautet deshalb: *Du sollst mich nicht ignorieren.* Die Geschichten von Evolution, Genen, Zellen und Gehirnen werden hoffentlich klar machen, mehr zu sein als beliebige und frei verhandelbare »Narrative«. Theorien der Biologie sind keine Moden, die einander ablösen, wie der Minirock den Maxirock. In der Regel löst in der Wissenschaft die bessere, die umfassendere die schlechtere und begrenztere Theorie ab. Kopernikus ersetzte Ptolemäus und Einstein folgte auf Newton, nicht weil die Altvorderen nicht mehr »fancy« waren, sondern weil Einstein und Kopernikus Fragen beantworten und Widersprüche auflösen konnten, die ihre Vorgänger offenlassen mussten.

Zur Gebrauchsanleitung fehlen noch die »Leseregeln«: Die Metapher von der Welt als mehrgeschossiges Gebäude hat etwas verführerisch Übersichtliches. Das ist gut so! Für jedes Stockwerk ist eine Wissenschaft zuständig, die ihre speziellen Gegenstände, Fragen, Regeln und Methoden, sogar ihre eigene Sprache hat. Gerade die Sprache ist aber ein ewiger Quell von Missverständnissen. Mit dem Abstecken der Claims und mit der Mahnung zu sprachlicher Sorgfalt ist die Gebrauchsanleitung nicht komplett. Nach der Katastrophe des Zweiten Weltkriegs und den Verbrechen der Nationalsozialisten war die Vermischung von biologischen und gesellschaftlichen Fragen anrüchig geworden. In wunderbar dialektischer Manier schlug das Pendel in den 1950er und 1960er Jahren ins Gegenteil um. Die Lösung schien einfach und hieß von nun an: Schuster, bleibt bei euren Leisten! Jede Wissenschaft sollte sich auf ihren Kern konzentrieren und die Wissenschaften von der Natur sollten sich aus Fragen zu Mensch und Gesellschaft heraushalten. Heraus kam das, was der Brite Charles Percy Snow Ende der 1950er Jahr als Spaltung des »intellektuelle[n] Leben[s] der gesamten westlichen Gesellschaft« in die »zwei Kulturen« diagnostiziert hat, eine Spaltung in die Welt der Naturwissenschaft und in die der Humanwissenschaften. Snow beklagte diese Spaltung. Zu Recht! Denn der partitionierte Blick produziert Missverständnisse und Fehleinschätzungen, vor allem wenn im obersten Geschoss über den Menschen gestritten wird, ohne die Beschaffenheit der Etagen darunter zu kennen.

Die Natur von Missverständnissen dieser Art zu identifizieren, ist das dritte und letzte Ziel der »Gebrauchsanleitung«. Die Metapher vom »mehrgeschossigen Haus« sorgt für Übersicht. Spezialisierung ist notwendig, weil die immer komplexeren Strukturen auf jeder Ebene Phänomene produzieren, die sich nur mithilfe von Begrifflichkeiten innerhalb dieser Ebene erklären lassen.

Der Hirnforscher Valentin Braitenberg schrieb vor einigen Jahren: »Letztlich ist [auch] alles Geistige zurückzuführen auf verschiedene Gestaltungen der Materie«. Dieser Satz ist für viele Menschen eine Zumutung. Aber hier ist Gelassenheit angesagt, denn es fehlt der entscheidende Nachsatz – etwas, das »entweder innerhalb eines Dings oder im Zusammenhang der Dinge untereinander entstehen kann«. Was er damit meint, versucht er mithilfe eines harmloseren Beispiels deutlich zu machen. Etwas, was nur im Zusammenspiel vieler Dinge entstehen kann, ist zum Beispiel der Tauschwert einer Münze. Braitenberg fährt fort: »Schönheit, Wert, historische Bedeutung, Echtheit sind Begriffe, die nur innerhalb dieser GEISTERLEHRE zu verstehen sind«.[10] Mit Geisterlehre meint er, durch eine ganz bestimmte Anordnung von Materieteilchen könne etwas entstehen, das über die Materie selbst hinausgeht, das neu ist, das Bedeutung hat und nur innerhalb des Bezugs- und Begriffssystems einer neuen, übergeordneten Ebene vernünftig beschrieben werden kann. So etwas schien schon der griechische Philosoph Aristoteles (384–322 v. Chr.) erahnt zu haben, als er schrieb »Das, was aus den Bestandteilen so zusammengesetzt ist, dass es ein einheitliches Ganzes bildet, nicht nach der Art eines Haufens, sondern wie ein Wort, das ist offenbar mehr als die Summe seiner Teile«.[11] Philosophen haben dafür einen Begriff geprägt. Sie sprechen von *Emergenz*, wenn sich aus einer Kombination von Teilsystemen ein neues komplexes System mit eigenen Systemeigenschaften ergibt.[12] Der Verhaltensforscher Konrad Lorenz, der den raunenden Unterton dieses Begriffs nicht mochte, weil er den Anschein erwecken könne, hier trete etwas vorher Vorhandenes, bisher Verborgenes, endlich ans Licht, ersetzte *Emergenz* durch den alten scholastischen Begriff der *Fulguration* (von lat. *fulgur* = Blitz), um klar zu machen, dass hier schlagartig Neues entsteht. Egal wie wir das Kind nennen, Beispiele für die Entstehung »neuer Ganzheiten« gibt es unzählige. Auf den ersten Blick scheint sich tatsächlich Geisterhaftes abzuspielen, eine Art ›*creatio ex nihil*‹.[13] Denn solche Bewohner der nächsthöheren Ebene sind mehr als die Summe ihrer Bausteine aus den Stockwerken darunter. Ein zweiter Blick auf die konkreten Beispiele mag helfen, *Emergenz* zu entmystifizieren. Moleküle, Zellen, Lebewesen, Kühlschränke oder Computer, auch Texte oder Theorien, sie alle produzieren emergente Phänomene: Ein Elektron ist ein fast masseloses, negativ geladenes Teilchen, ein Proton ein schweres, positiv geladenes. Vereinigen sie sich, so entsteht ein Wasserstoffatom, das zwar so schwer wie Proton und Elektron zusammen, aber elektrisch neutral ist, eine neue *emergente* Eigenschaft. Wasserstoff hat weitere emergente Eigenschaften. Er ist brennbar und reagiert mit Sauerstoff explosionsartig zu Wasser. Sauerstoff und Wasserstoff sind Gase. Verbinden sie sich, so entsteht Wasser, eine Flüssigkeit mit wieder neuen emergenten Eigenschaften. Auch Sprache hat emergente Charakteristika. Aus 26 Buchstaben lassen sich alle Wörter der Welt zusammenfügen. Ihre zig verschiedenen Bedeutungen sind etwas, das aus einer speziellen Anordnung von Buchstaben – einer Struktur – hervorgeht. So betrachtet hat *Emergenz* nichts Magisches.

Mit der *Emergenz* ist allerdings ein Problem verknüpft. Eigenschaften komplexer Systeme lassen sich nicht immer vollständig aus den Teileigenschaften ihrer Bausteine herleiten oder erklären. Daher müssen zur Beschreibung emergenter Phänomene Begrifflichkeiten entwickelt werden, die auf den Beschreibungsebenen darunter, dort, wo die »Einzelteile« zuhause sind, keinen Sinn ergeben.[14]

Manche Freunde der *Emergenz* schütten an dieser Stelle das Kind mit dem Bade aus und glauben, damit wäre der naturwissenschaftliche Anspruch auf allgemeine Gültigkeit ihrer Gesetze bis in die Grundfesten erschüttert. *Emergenz* wird gerne bemüht, um wissenschaftliche Theorien aus dem obersten Stockwerk, der Soziologie oder Psychologie, gegenüber Zumutungen aus den Kellergeschossen in Schutz zu nehmen. Aber natürlich wirken die Gesetze der Physik nicht nur in Atomen, sondern auch in Mäusen und Menschen. In diesem Sinn *sind* die Naturgesetze universell.

Nur ist die Sprache der Physik nicht gemacht, um *alle* Phänomene zu beschreiben, die uns in den höher gelegenen Stockwerken begegnen. Selbst der scheinbar grundsolide und universelle Begriff *Materie* zerfällt zu semantischem Staub, wenn er in die subatomare Welt der Quarks und Strings entführt wird.[15] Begriffe wie *elektrische Ladung* oder *Bindungsvalenz*[16] beziehen sich auf Atome und Moleküle, sind also im Keller des Gebäudes, wo die subatomaren Teilchen hausen, ohne Sinn. *Polarität, Chiralität* oder *Tertiärstruktur* sind Eigenschaften von Molekülen. In dem Stockwerk, auf dem die Atome wohnen, haben diese Erscheinungen keine Bedeutung. Das Problem dieses terminologischen Relativismus zieht sich durch alle Ebenen. Jeder Begriff ist in seinem Bedeutungsraum zuhause und löst sich jenseits seiner Grenzen in Rauch auf. *Gift* und *Giftigkeit* macht nur in Bezug auf Lebewesen Sinn. Moleküle oder Minerale lassen sich nicht vergiften, höchstens im metaphorischen Sinn. Wir werden sehen, was passiert, wenn Begriffe aus den obersten Stockwerken wie *Information, Bedeutung, Absicht, Glück, Liebe, Schönheit, Bewusstsein, Wille, Sinn, Vergnügen, Hass* oder *Freiheit* aus ihrer angestammten Heimat entführt und in die falschen Stockwerke verschleppt werden.

Kühlschränke und Küchenmixer produzieren emergente Phänomene, genau wie Zellen und Gehirne. Was die biologischen Systeme jedoch kompliziert und besonders macht, ist die Tatsache, dass hier Abhängigkeiten nicht nur von unten nach oben bestehen. Gene prägen Zellen, diese prägen Gehirne, Gehirne prägen Kulturen und umgekehrt. Kulturen verändern Gehirne und – wie das eine oder andere Beispiel zeigen wird – sogar die Gene selbst. In diesem Buch versuche ich, einen Blick ins Innenleben dieses komplizierten Spiels zu werfen und den Rollen der Spieler auf die Spur zu kommen. So möchte ich eine Bauanleitung für ein Menschenbild liefern, das der Biologie gerecht wird, ohne sie überzustrapazieren, eine Bauanleitung allerdings, die komplizierter ist, als nur Klötzchen für Klötzchen übereinanderzustapeln oder zwei Teile Biologie mit drei Teilen Kultur zu einem Cocktail zu mischen. Richtig verstanden, kann die moderne Biologie vielleicht wie eine Impfung gegen Populismus und Pessimismus wirken.

TEIL I
EVOLUTION

»Licht wird fallen auf den Ursprung
der Menschheit und ihre Geschichte«
Charles Darwin[1]

DAS GEHEIMNIS DER GEHEIMNISSE[2]

Charles Darwin sprach dieses große Wort nicht gelassen aus. Vom Menschen ist im wichtigsten Werk der Biologie kaum die Rede. Überhaupt hatte er lange gezögert, seine Ideen zum Ursprung der Arten vor einem breiten Publikum auszubreiten. Erst als Darwin Wind davon bekam, dass Alfred Russel Wallace (1823–1913) ähnliche Vorstellungen über das Geheimnis der Entstehung der Arten entwickelt hatte, entschloss er sich zur Veröffentlichung. Allerdings sollten weitere 13 Jahre vergehen, bis Darwin nachlegte und seine Theorie auch explizit auf den Menschen ausdehnte.[3] Selbst der Begriff *Evolution* taucht 1859 in der ersten Ausgabe seines *Opus magnum* mit dem lapidaren Titel *Über die Entstehung der Arten* noch gar nicht auf. Trotzdem schlug das Buch sofort hohe Wellen.

Aber erst mit der Veröffentlichung von *The Descent of Man* im Jahr 1871 war der Skandal perfekt.[4] Noch 200 Jahre zuvor war der Priester und Astronom Giordano Bruno (1548–1600) auf dem Campo dei Fiori in Rom für weit geringere Ungeheuerlichkeiten auf dem Scheiterhaufen verbrannt worden. Seit Brunos grausamem Ende hatte sich Europa aber massiv verändert. Der heiligen Inquisition waren die Zähne gezogen. Die Macht der Kirche war auf dem Rückzug. Als Darwin seine Gedanken zu Papier brachte, war die Säkularisierung in vollem Gang. Trotzdem oder vielleicht gerade deswegen waren seine Bücher eine Zumutung. Denn wenigstens der Ursprung des Lebens und des Menschen schien bis *dato* in den Zuständigkeitsbereich der Theologie zu fallen. Schließlich gab es keine gute Alternative zu der Idee, nur ein höheres, göttliches Wesen könne profaner Materie Leben einhauchen. Plausible säkulare Erklärungen schienen lange nicht in Sicht. Zu komplex war das Problem, zu mächtig auch das heute noch manchmal strapazierte »Argument from Design«: Wer würde schon auf die Idee kommen, eine Taschenuhr als

Produkt eines spontanen, natürlichen Entwicklungsprozesses zu erklären?[5] Und sind Menschen nicht weit komplexer als Taschenuhren? So oder ähnlich dachten zu Darwins Zeit viele Gläubige. Vor ihm gab es wenig Grund, an der Theorie der Schöpfung durch ein vernunftbegabtes »Wesen« zu zweifeln.

Das sollte sich ändern. Binnen 24 Stunden war die erste Auflage von *Der Ursprung der Arten* vergriffen und bis 1871 wurden fünf weitere nachgedruckt. Das Buch war eine Sensation und hatte Erfolg. Es polarisierte. Begeisterte Anhänger sahen sich bald einer wachsenden Front von Kritikern gegenüber. Als Darwin auch die Abstammungslinie des Menschen zurück zu den Altweltaffen zog,[6] war das Maß voll. Der sanfte und zurückhaltende Darwin erntete Ablehnung, Spott und Häme. Bewunderern wie Gegnern war klar, dass diese Theorie zur Evolution der Arten zur zweiten großen narzisstischen Kränkung des Menschengeschlechts werden konnte.[7]

Trotzdem wurde immerhin ein Grundgedanke, nämlich die Entwicklung aller Arten von Lebewesen aus einfacheren gemeinsamen Vorfahren, schon bald nach 1859 zumindest in den Kreisen der Naturforscher weitgehend anerkannt. Die Zeit war reif, dem theologischen *Mythos*[8] eine wissenschaftliche Theorie gegenüberzustellen. Darwin war kein einsamer Solitär, die Evolutionstheorie nicht vom Himmel gefallen. Elemente einer Theorie der Evolution waren seit über 2000 Jahren Teil abendländischen Denkens. Schon der Vorsokratiker Anaximander (um 610–547 v. Chr.)[9] war der Ansicht, alle Lebensformen stammten von den Meeresfischen ab und seien durch entsprechende Modifikationsprozesse zustande gekommen, um schließlich trockenes Land zu erobern. Aristoteles mutmaßte: »Könnte nicht die zweckmäßige Einteilung des Gebisses in Schneide- und Backenzähne ganz natürlich durch Zufall entstanden sein? Könnte es sich dann nicht einfach erhalten haben, weil es so zweckmäßig war und bessere Überlebenschancen bot?«[10]

Die verschiedenen naturalistischen Erklärungsansätze konnten allerdings lange nicht zu einer konsistenten Theorie zusammengefasst werden. Dafür gibt es eine Reihe von Gründen. Seit dem späten 4. Jahrhundert dominierten das Christentum und sein dezidierter Schöpfungsglaube über Europa. Das Verhältnis von Christentum und Wissenschaft ist durchaus ambivalent. Einerseits waren die Klöster im poströmischen Chaos eine der wenigen Inseln, auf denen Reste antiker Gelehrsamkeit die Irrungen und Wirrungen des Frühmittelalters überstehen konnten. Anderseits lag die christliche Dogmatik lange wie Mehltau über der Geisteswelt des Abendlandes. Denn die christliche Welt ist eine statische Welt.

Erst im frühen 16. Jahrhundert begannen die erwachenden Wissenschaften von der Natur, zunächst leise und vorsichtig, dann immer heftiger, am Harnisch der Kirche zu kratzen. Kopernikus' heliozentrisches Weltbild war ein Hinweis darauf, dass die Bibel kein Tatsachenbericht ist. Die Geologie hatte Ende des 18. Jahrhunderts weitere Indizien gefunden, die Bibel nicht zu wörtlich zu nehmen. Die Erde ist weit älter, als es die biblische Chronologie glauben machen wollte.[11] Die Fossilienfunde des Barons de Cuvier zeigten, in der Vergangenheit hatten Arten existiert, die heute nicht mehr sind. Die Natur ist dem Wandel unterworfen, ein Befund, der im christlichen Weltbild nicht vorgesehen war. Cuviers Funde fügten sich außerdem auf wundersame Weise in eine neue geologische Chronologie ein. In den ältesten Gesteinsschichten fanden sich exotische Wesen, die mit heute lebenden Tieren kaum Gemeinsamkeiten hatten, während die neueren Funde, je jünger die Schicht, den rezenten Tieren immer ähnlicher wurden.

50 Jahre vor Darwin, im Jahr 1809, hatte schon ein anderer eine Theorie der Evolution der interessierten Öffentlichkeit vorgelegt. Der Franzose Jean-Baptiste Lamarck (1744–1829)[12] hat zwei Kerngedanken Darwins vorweggenommen. Auch für ihn war die belebte Welt eine Welt im Wandel. Lebewesen verändern sich, und mit der Zeit unterschieden sich manche Nachkommen so stark von ihren Urahnen, dass sie als neue Art betrachtet werden müssen. Er war zwar auch der Meinung, Eltern gäben ihren Kindern vererbliche Merkmale in Form einer Botschaft oder Instruktion mit auf ihren Weg. Nur was die treibenden Kräfte hinter dem Wandel anging, da hatte Lamarck sich getäuscht: Anders als Darwin glaubte er, Tiere würden Anpassungen vererben, die sie im Lauf ihres Lebens durch Übung, Gebrauch oder Nichtgebrauch eines Körperteils erworben haben.

Der Boden war also bereitet.[13] Auch wenn im 19. Jahrhundert Ketzer nicht mehr in Flammen aufgingen, war sich Darwin, der im Jahr 1882 starb, durchaus bewusst, in ein Wespennest gestochen zu haben. Obwohl die Evolutionstheorie schon zu seinen Lebzeiten heftige Reaktionen provoziert hatte, die großen Bewährungsproben standen erst bevor.[14] Die 1880er und 1890er Jahre waren eine schwierige Zeit für Darwinisten. Denn die Attacken kamen jetzt nicht nur von außen. Auch Biologen hatten gewichtige und durchaus berechtigte Einwände.[15] Zu vieles war noch Theorie ohne Empirie. Bei Licht besehen bestand seine Theorie der Evolution eigentlich aus mehreren Teilbehauptungen, die sich jede für sich bewähren mussten:

1. Hypothese: Evolution findet statt. Arten verändern sich.
2. Hypothese: Die Veränderung vollzieht sich langsam und ziemlich kontinuierlich, ohne große Sprünge.
3. Hypothese: Alle Lebewesen stammen von gemeinsamen Vorfahren ab.
4. Hypothese: Im Laufe der Evolution entsteht Vielfalt. Die Anzahl der Arten wächst.
5. Hypothese: Die natürliche (+ die sexuelle) Selektion sind die (wichtigsten) Motoren dieser Veränderungen.

Ein Teil dieser Thesen, insbesondere die Veränderlichkeit der Arten und die gemeinsame Abstammung, wurde zumindest innerhalb der Biologie relativ rasch akzeptiert.[16] Über die Triebkräfte und Mechanismen der Evolution, darüber, ob der Prozess langsam und kontinuierlich oder sprunghaft abläuft, wurde jedoch noch lange und heftig gestritten.[17] Erst mit der sogenannten »modernen Synthese« von Evolutionstheorie und klassischer Genetik in den 1930er und 1940er Jahren kam die Evolutionstheorie in ruhigeres Fahrwasser und wurde zu einem Gedankengebäude aus einem Guss.[18] 150 Jahre nach der Erstveröffentlichung von *Der Ursprung der Arten*, im »Darwin-Jahr«, notierte der Evolutionsbiologe Francisco J. Ayala (*1934): »Darwin vollendete die kopernikanische Revolution, indem er für die Biologie die Vorstellung von der Natur als einem gesetzmäßigen System aus bewegter Materie entwickelte, das der menschliche Verstand ohne Rückgriff auf übernatürliche Mächte zu erklären vermag«.[19]

Die Biologie hat seit Darwins Tod eine steile Karriere hingelegt. Vom Blick in den Mikrokosmos der Zellen oder der Dechiffrierung unserer Erbanlagen konnten Darwin und seine Zeitgenossen nicht einmal träumen. Erstaunlicherweise hat die Biologie trotzdem keine der fünf Hypothesen Darwins zu Fall gebracht.[20] Die Molekularbiologie und die molekulare Genetik haben Darwin nicht widerlegt, sondern – im Gegenteil – glanzvoll bestätigt.[21] Vieles von dem, was im 19. Jahrhundert noch spekulativ war, wurde inzwischen auf ein solides empirisches Fundament gesetzt. Lücken wurden geschlossen und Details ausgearbeitet. Der Kern der Theorie blieb aber erhalten.

Das mag verwundern, denn Darwins Theorie hatte eine weit offene Flanke. Die Mechanismen der Vererbung und die erbliche Grundlage der Varianz innerhalb einer Art lagen für Darwin und seine Zeitgenossen im dichten Nebel der Unkenntnis. Viele Vorstellungen, die Darwin selbst von der Vererbung hatte, stellten sich als falsch heraus. Trotzdem ist die Evolutionstheorie die Klammer, die die ganze Biologie zusammenhält. Der berühmte Evolutionsbiologe Theodosios Dobzhansky (1900–1975) ging noch weiter: »Nichts in der Biologie macht Sinn, außer im Licht der Evolution«[22] – Gründe genug, sich als Einstieg in die Biologie des Menschen erst einmal Darwins Theorie und ihre Karriere näher anzusehen.

WIE FUNKTIONIERT EVOLUTION?

Auf den ersten Blick wirkt Darwins Vorschlag abenteuerlich. Wie sollten alle lebenden Organismen in all ihrer Komplexität durch spontane, gar *zufällige* Prozesse, ohne eine lenkende Instanz entstanden sein? Schließlich übersteigt schon die Komplexität einer kleinen Stubenfliege alles, was Menschenhand bisher erschaffen hat, inklusive I-Phone und Jumbojet.

Damit sind wir beim ersten Missverständnis, der Rolle des Zufalls. Das Kochbuch der Evolution verzeichnet erstaunlich wenige Zutaten: Die erste Zutat ist eine gewisse Varianz zwischen den Individuen einer Art. Diese kleinen Unterschiede sind offensichtlich. Wir (und die meisten anderen Lebewesen) sind keine eineiigen Zwillinge. Darwins Theorie steht so in einem scheinbar paradoxen Spannungsfeld zwischen Stabilität und Veränderlichkeit. Sie setzt nämlich auch voraus, dass die Zugehörigkeit zu einer Art in einem überindividuellen, artspezifischen Bauplan angelegt ist. Dieser Bauplan ist es, der eine Spezies konstituiert und Kontinuität zwischen den Generationen herstellt. Er ist der Keim, aus dem Kinder und Enkel hervorgehen. Gleichzeitig ist der Bauplan aber auch verantwortlich für die »kleinen Unterschiede«, die den ererbten Teil der Einzigartigkeit von Individuen ausmachen.

Die zweite Zutat der Evolutionstheorie sind die Baupläne selbst und ihre Vererbung. Darwin kannte das Wesen der Baupläne nicht. Er konnte nicht wissen, wie vererbbare Variationen zwischen verschiedenen Individuen innerhalb einer Art entstehen.[1] Die Naturforscher seiner Zeit nannten die Saat, aus der eine neue Generation aufgeht, etwas hilflos das *Keimplasma*, ohne eine Vorstellung zu haben, was sich dahinter verbirgt. Darwin ging einfach vom Offensichtlichen aus, von den Unterschieden zwischen einzelnen Phänotypen.

Inzwischen kennen wir die Natur dieser Baupläne. Wir haben gelernt, dass sie in vieler Hinsicht einem Text gleichen.[2] Diese Texte sind das gemeinsame Erbe, im platonischen Sinn die *Essenz* einer Art. Sie sind das, was von Generation zu Generation weitergegeben wird. Wie bei anderen Texten, die immer wieder abgeschrieben werden, schleichen sich mit der Zeit Fehler ein. Diese Abweichungen sind erbliche Anteile der Varianz. Sie verdanken sich tatsächlich Zufallsprozessen,[3] und so kommt an dieser Stelle der Zufall zu seinem Recht. Die Natur der Texte – wir nennen sie heute Gene – und der Mechanismus des Zufallsprozesses wurden fast 100 Jahre nach Darwins Tod entschlüsselt. Ihnen ist das nächste Kapitel gewidmet.

Versetzen wir uns jedoch zunächst nochmals in Darwins Lage und gehen vom Offensichtlichen aus: So gesehen erscheint es selbstverständlich: Wenn Zebrafinken sich paaren, bringen sie wieder Zebrafinken zur Welt und nicht etwa Amseln oder Meisen. Aber warum ist das so?

Erblichkeit findet sich auch bei subtileren Merkmalen, die die Unterschiede zwischen einzelnen Individuen *innerhalb* einer Art ausmachen. Ein japanisches Paar wird keine blonden, blauäugigen Nachkommen zeugen. Merkmale wie die krumme Nase des Großvaters oder das pechschwarze Haar der Mutter überdauern in Familien oft Generationen. So weit, so offensichtlich. Bis zu diesem Punkt erscheint die Welt der Kreaturen statisch und unveränderlich, denn es ist kaum vorstellbar, dass zufällig, von einer Generation zur anderen, so viele neue Webfehler entstehen und dabei eine sinnvolle neue Konstruktion oder gar eine neue Art herauskommt. Leider wird jedoch genau dieses schräge Bild der Evolutionstheorie noch immer genutzt, um sie lächerlich zu machen. Diese *Genetische Drift*[4] ist eine wichtige Zutat, aber sie reicht natürlich nicht aus, um die Entstehung neuer Arten zu erklären.

Dafür kommt die dritte Zutat ins Spiel. Wir leben in einer Welt, die den Überlebens- und Fortpflanzungschancen der Varianten innerhalb einer Spezies Grenzen setzt. Manche Individuen sind erfolgreicher als andere. Die wählerische Umwelt ist der Flaschenhals, durch den sich jede neue Generation hindurchzwängen muss. Darwin bezeichnete diese Auswahl der besser angepassten Individuen als *Selektion*. Die *Selektion* ist der eigentliche Markenkern der Theorie. Gerne wird Selektion und damit die Bevorzugung besser angepasster Varianten auf die Formel *survival of the fittest* gebracht. Der Begriff stammt nicht von Darwin, sondern von seinem Zeitgenossen, dem Naturphilosophen Herbert Spencer (1820–1903).[5] Spencers Diktum ist sexy und griffig. Darwin hat es unglücklicherweise übernommen, denn es hat wie vielleicht kein zweites zu Missinterpretationen der Evolutionstheorie verführt. Schließlich ist das Überleben (*survival*) für die Evolution eigentlich von untergeordnetem Interesse. Gene, die einen Tiger mit überragender Kraft, Schnelligkeit und Jagdglück ausstatten, ihn doppelt so alt werden lassen wie seine Artgenossen, die ihn aber gleichzeitig impotent machen, würden sofort wieder aussortiert werden. Überleben ist nur die halbe Miete. Letztendlich geht es um etwas anderes.

Das sehen wir an einem Phänomen, das Biologen *antagonistische Pleiotropie* nennen: Merkmale können gleichzeitig verschiedene, teilweise sogar gegensätzliche Effekte haben. So hat die männliche Prostata eine hohe Stoffwechselrate, was der Beweglichkeit der Spermien und damit der Fortpflanzung zuträglich ist. Die Kehrseite der Medaille: Genau diese Eigenschaft prädestiniert die Prostata mehr als jedes andere männliche Organ dafür, Krebs zu entwickeln, ein möglicherweise tödlicher Pferdefuß.

Nicht das Überleben, sondern die erfolgreiche Weitergabe an die nächste Generation, die *Fitness*, ist die entscheidende Zielgröße evolutionären Erfolgs. *Fitness* ist ein biologischer *Terminus technicus* und hat in diesem Kontext wenig mit unserem Alltagsverständnis des Begriffs zu tun. Gerne personifizieren wir den Selektionsdruck. Wir denken dabei in Szenarien von Jägern und Gejagten. Hasengene sind erfolgreich, wenn sie die Hasen mit Wachsamkeit und Geschwindigkeit ausstatten, um dem Luchs zu entgehen und umgekehrt.

Die Umwelt, in der sich Individuen bewähren müssen, hat aber weit mehr Dimensionen und übt ihren Selektionsdruck auf ganz unterschiedlichen, zum Teil sogar konkurrierenden Ebenen aus. Zur Umwelt gehören nicht nur potentielle Konkurrenten, Fressfeinde[6] und Beutetiere, sondern auch Klima, geologische Gegebenheiten und vor allem begrenzte Ressourcen wie Licht, Luft, Nahrung und Wasser. Das Kaninchen muss sich ernähren, es muss überwintern, es muss Krankheiten überstehen, es muss sich paaren und dabei eventuelle Nebenbuhler erfolgreich ausstechen, es muss von der Häsin erwählt werden und es muss schließlich auch seine Kinder erfolgreich aufziehen können.

EXKURS **FITNESS**

Fitness, wie sie die Biologie versteht: In puncto Evolutionsbiologie ist **Fitness (w)** zunächst nichts als eine Zahl. Diese Zahl ist das Produkt einer wohl definierten mathematischen Operation. Je nachdem, welche zeitliche Perspektive auf die Fitness gewählt wird, zerfällt der Begriff in zwei Varianten. Die **individuelle Fitness** beschreibt, wie viel weniger Nachkommen eines gegebenen Allels (Version eines Gens) im Vergleich zu dem erfolgreichsten Allel des betreffenden Gens in der Population durchschnittlich pro Leben produziert werden.

Die **Gesamtfitness** (*inklusive Fitness*) bezieht auch die Generationen der Kinder und Enkel mit in die Betrachtung ein. Je höher der relative Anteil des betrachteten Allels in den Folgegenerationen sein wird, desto höher seine Fitness. Auf dieser Basis berechnen Biologen für Allele sogenannte **Selektionskoeffizienten S** [S = 1 – w]. Bei maximaler Selektion werden alle Allele ausgemerzt [S = 1]. Wenn gar keine Selektion stattfindet, sind die Allele neutral, das heißt, sie haben keinen Einfluss auf die Fitness [S = 0]. **Beispiel:** Wenn das erfolgreichste Allel A 100 Nachkommen hat, das Allel B aber nur 60 Nachkommen, dann beträgt der Selektionskoeffizient S von Allel B 0,4 (1–0,6).

Umwelt muss – bezogen auf die genetische Grundlage von Merkmalen – sogar noch weitergedacht werden. Veränderungen in unseren Genen – das werden wir im nächsten Kapitel sehen – sind keine isolierten Ereignisse. Die Produkte der meisten Gene gleichen winzigen Rädchen in einem komplizierten Uhrwerk. Der Nutzen der Veränderung eines Bauteils muss sich daran messen lassen, wie gut er sich ins gesamte Funktionsgefüge einpasst.

Ein weiterer Aspekt der Fitness kann gar nicht oft genug betont werden: Fitness ist relativ! Sie gilt nur in Bezug auf einen bestimmten räumlichen und zeitlichen Kontext. Ändern sich die Gegebenheiten, so können bewährte Merkmale sogar vom Segen zum Fluch werden. Nehmen wir die Ohren der Füchse: Große Ohren haben Vorteile. Sie bündeln und fokussieren die Schallwellen und verbessern das Gehör. Im heißen Wüstenklima haben große Ohren einen weiteren Vorteil. Die gute Durchblutung und ihre große Oberfläche machen sie zur idealen Klimaanlage. Sie können Hitze aus dem Körper ableiten. Die größten Ohren aller Füchse relativ zur Körpergröße haben die Wüstenfüchse. In kalter Umgebung kann der *Netto-Nutzen* großer Ohren aber rasch ins Negative abgleiten. In den Polarregionen geht es nicht um Kühlung, sondern darum, Wärmeverluste zu begrenzen. Nicht umsonst haben Polarfüchse die kleinsten Ohren. Die Ohren von Meister Reinicke, der in unseren gemäßigten heimischen Wäldern lebt, liegen naturgemäß zwischen beiden Extremen. Die Ohren der Füchse zeigen die Grenzen der Optimierung von einzelnen Merkmalen auf. Der akustische Vorteil großer Ohren verwandelt sich in bestimmten Kontexten zum Netto-Nachteil, in anderen nicht. Noch etwas macht deutlich, dass Fitness nie absolut verstanden werden darf.

Würde die Evolution immer »fittere« Populationen entwickeln, dann würde das Risiko auszusterben geringer werden, je länger eine Art existiert. Das aber ist nicht der Fall! Diese Erkenntnis verdanken wir dem Paläontologen Leigh van Valen (1935–2010).[7] Er verglich die Aussterberaten von fast 50 verschiedenen Gruppen von Organismen in Bezug auf die Dauer ihrer bisherigen Existenz.[8] Er musste feststellen, dass das Risiko, zu einem bestimmten Zeitpunkt auszusterben, unabhängig von der Zeit ist, die diese Art bereits auf der Erde verbracht hat. Die Evolutionstheorie hat noch eine weitere Konsequenz. Mehr noch als Uhren, Automobile oder Taschenrechner sind Organismen komplizierte und vor allem interdependente Systeme, die nicht plötzlich und willkürlich jede beliebige neue Zustandsform annehmen können. Wenn die graduelle Privilegierung durch kleine zufällige Veränderungen im Erbgut einzelner Organismen die Evolution maßgeblich vorantreibt, dann müssten wir fast zwangsläufig mit quälend langsamen und vorwiegend schrittweisen Veränderungen rechnen. Am Ende wirkt es fast ein wenig enttäuschend, dass die Lösung des »größten Rätsels« in dem fast trivialen Dreiklang von Mutation,[9] (*phänotypischer*) Varianz und Selektion (*der fittesten Varianten*) bestehen soll.

Die großen Fragen

Ganz so einfach ist die Sache nicht! Auch wenn es im Kern diese drei Zutaten sind, die die Evolution vorangetrieben haben, so lädt dieses kondensierte Bild der Theorie doch zu kritischen Fragen geradezu ein.

Darwin betonte den graduellen Charakter. Evolution ist zum Synonym für langsamen, stetigen Wandel geworden. Der Blick auf die Lebewesen und ihre Geschichte konfrontiert uns aber mit einer Unzahl echter oder scheinbarer Sprünge und Diskontinuitäten. Wie bringt ein solches Szenario so radikale Brüche wie die Gräben zwischen den Arten zustande? Die zweite dicke Nuss, die Darwins Epigonen zu knacken hatten, ist die Erklärung komplexer Funktionsgefüge, die ihren biologischen Nutzen aber scheinbar erst dann entfalten, wenn das intakte Ganze komplett ist. Ein gerne zitiertes Beispiel ist das menschliche Auge. Es funktioniert nur ganz oder gar nicht.[10] Nun aber ist die Selektion nun mal blind für die

Zukunft. Sie kann nicht antizipieren, ob eine Veränderung irgendwann einmal von Nutzen sein könnte, und eine entsprechende Mutation bis dahin archivieren.

Ein drittes Problem ist die Geschwindigkeit: Darwin zeichnete das Bild eines langsamen, ruhigen Flusses. In Wirklichkeit finden sich in der Entwicklungsgeschichte Hinweise auf lange Phasen relativer Stagnation, die von kurzen[11] Episoden raschen Wandels unterbrochen werden, zumindest wenn wir auf die Ebene der Phänotypen blicken. Wie passen diese wechselnden Geschwindigkeiten ins Bild?

Ein viertes, lange heiß umstrittenes Problem war die Frage nach dem Motor der Evolution. Was treibt sie an? Wird sie gar »gezogen« und strebt auf ein finales Ziel hin? Die meisten Naturwissenschaftler einigten sich ziemlich rasch darauf, der alten aristotelischen Idee von einem finalen Zweck als Triebkraft[12] eine Absage zu erteilen. Jedoch dauerte es bis in die 1930er Jahre, bis Darwins Vorstellung von der natürlichen (und sexuellen) Selektion als Motor der Evolution allgemein anerkannt wurde. Der Motor ist inzwischen wenig umstritten, aber bis heute streiten sich Biologen, ob wirklich jedes Merkmal durch Selektion geformt wurde.

Und dann wäre da noch ein Problem, das für das Thema dieses Buches von besonderer Bedeutung ist. Das Konzept der Selektion der Fittesten klingt wie eine Ode an den Eigennutz. Wenn die Selektion bei jedem Generationssprung immer die »erfolgreichsten« Individuen privilegiert, dann scheint eine Entwicklung hin zum immer rücksichtsloseren, selbstverliebten Egoisten vorgezeichnet. Ist das aber wirklich der Fall?

Auch hier setzt die Realität die Theorie unter Rechtfertigungsdruck, denn überall in der Natur existieren Sozialsysteme, die ihren Erfolg der Kooperation verdanken. Altruistisches oder kooperatives Verhalten findet sich an vielen Ecken und Enden des Tierreichs.[13] Ein Paradebeispiel ist das Konzept der Familie. Die Entstehung kooperativen oder gar altruistischen Verhaltens ist ein Problem, das schon Darwin umtrieb.

Eng verknüpft damit ist die Frage nach dem wahren Objekt der Selektion. Für frühe Darwinisten schien die Antwort auf der Hand zu liegen. Natürlich sind es die Individuen, die den »Kampf ums Dasein« ausfechten. Was Darwin aber nicht wusste: Die vererbbare Varianz zwischen Individuen ist eine Frage der Chemie. Sie verdankt sich subtilen Unterschieden zwischen riesigen Molekülen. Die materielle Grundlage der Varianz ist also einige Stockwerke tiefer im Weltgebäude angesiedelt. Wenn Individuen selektiert werden, dann sind die beiden essentiellen Zutaten der Evolutionstheorie, Varianz und Selektion, in verschiedenen Stockwerken des Weltgebäudes zuhause. Varianz entsteht auf der Ebene der Moleküle, selektiert werden Individuen. Diese Kluft bereitete Evolutionsbiologen aus vielerlei Gründen Unbehagen.

Auch wenn Darwins Theorie elegant und einfach ist, im Detail stecken viele kleine Teufel. Darwin gelang ohne Zweifel ein ganz großer Wurf, vielleicht das wichtigste Buch der Biologie. Aber – ein Kennzeichen eines guten Buches – es produzierte auch ein ganzes Bündel neuer verzwickter Fragen. In den folgenden Abschnitten soll erzählt werden, wie Biologen diese Nüsse geknackt haben. Beginnen wir mit einem echten Luxusproblem, das Darwin einiges Kopfzerbrechen bereitet hat, beginnen wir mit dem Problem der Schönheit.[14]

Das Problem der exzessiven Strukturen oder die Erfindung des Sex

Manchmal reicht ein einziger sperriger Baustein, um einen ganzen Turm ins Wanken zu bringen. Das gilt für reale Türme ebenso wie für die Türme der Wissenschaft.

Darwins Theorie mit dem Paradigma des schrittweisen Wandels durch Anpassung, getrieben von der bevorzugten Auswahl der jeweils Bestangepassten, steht eindeutig unter dem Primat der Nützlichkeit. Daher stehen scheinbar zweckfreie oder gar hinderliche Merkmale der Theorie im Wege. Darwin sah das Problem sehr wohl: »Die(se) […] Bemerkungen veranlassen mich dazu, einige Worte über die […] von einigen Naturforschern vorgebrachte Verwahrung gegen die Nützlichkeitstheorie zu sagen, nach welcher nämlich alle Einzelheiten […] zum Vorteil ihres Besitzers hervorgebracht sein sollen. Dieselben sind der Meinung, dass sehr viele organische Gebilde nur der Schönheit wegen vorhanden sind. […] Derartige Lehren müssten, wenn sie richtig sind, meiner Theorie unbedingt verderblich werden.«[15]

Schönheit war für Darwin also ein Problem. Und in der Tat kann es Merkmale geben, die nur Epiphänomene und *nicht adaptiv*[16] sind, die daher nicht durch Selektion optimiert wurden. Merkmale entstehen schließlich auch im Auge des Betrachters. Wohl mag es schlicht unser subjektives Urteil sein, wenn wir ein galoppierendes Pferd oder das Gefieder eines Papageis schön finden. Prinzipiell können Varianten von Merkmalen entstehen, die *neutral* sind und nicht gleich dem gnadenlosen Effizienztest der Selektion unterworfen werden. *Neutral* bedeutet, dass ein Merkmal keinen Einfluss auf die Fitness des betreffenden Individuums hat. Neutrale Merkmale schwimmen als eine Art evolutionärer Beifang im Strom der Zeit mit.[17] Ist Schönheit also nichts als Zufall? Das Konzept der neutralen Merkmale löst nicht alle Probleme, die wir mit der Schönheit haben.

Darwins Ausweg heißt Sex: »... alle unsere prächtigst geschmückten Vögel, manche Fische, Reptilien, Säugetiere und eine Schar prächtigst gefärbter Schmetterlinge, die nicht der Schönheit wegen schön geworden sind, [...], sondern durch geschlechtliche Selektion.«[18] Darwin deutete die Rolle der sexuellen Selektion schon in *Der Ursprung der Arten* an. Wirklich ausgeführt hat er die Idee aber erst in *Die Abstammung des Menschen und die geschlechtliche Zuchtwahl.*[19]

Was aber bedeutet Sex und wieso kann sexuelle Selektion Merkmale erklären, die nicht ins Bild der Selektion als gnadenlose Optimiererin passen? Hunderte Millionen von Jahren kam das Leben ohne Sex aus. Bakterien und Archeen (*Prokaryonten*) vermehren sich ungeschlechtlich. Sie teilen sich einfach. Sie tun das mit großem Erfolg seit über 3,5 Milliarden Jahren.

Asexuelle (*uniparenterale*) Fortpflanzung erzeugt Nachkommen, die genetisch mit ihrem Vorfahren identisch sind.[20] Die Biologen bezeichnen solche Nachkommen daher als *Klone*. Auch Menschen klonieren ständig. Ein Mensch entwickelt sich aus einer einzigen befruchteten Eizelle zu einem Organismus von Billionen von Zellen. Die Fähigkeit zum Klonieren, also zu asexueller Zellteilung, zur *Mitose*,[21] ist die Grundlage der individuellen Menschwerdung, der *Ontogenese*. Diese Form der Zellteilung ist auch die Voraussetzung für das Überleben ausgewachsener Organismen. Viele Zellen unseres Körpers teilen sich permanent, von der Wiege bis zur Bahre. Sie bilden einen Pool ständiger Selbsterneuerung, eine Art von permanentem Jungbrunnen. Aus der Perspektive der Naturgeschichte wie auch aus der Perspektive der meisten Zelltypen ist die asexuelle Vermehrung der Normalfall und Sex die Ausnahme.

Mit der Erfindung des Sex vor etwa einer Milliarde Jahren[22] war es allerdings vorbei mit dem Frieden. Fast alle höheren Tiere und Pflanzen bevorzugen diese Variante der Fortpflanzung. Warum wurde Sex ein Erfolgsmodell? Bevor wir uns jedoch über Vor- oder Nachteile Gedanken machen, sollte geklärt sein, was Sex eigentlich ist. Keine Bange, es folgt kein Exkurs in die Sexualaufklärung. Hier geht es nicht um Details, sondern um das biologische Wesen von Sex. Die Frage lautet: Was unterscheidet die sexuelle Form der Fortpflanzung von der schlichten Teilung eines Organismus, so wie es einzelne Zellen[23] oder auch Bakterien machen?

Für Darwin war dieses Problem eine harte Nuss. Einem Biologen des frühen 19. Jahrhunderts war der Blick in die Welt der Zellen und der Moleküle verwehrt.[24] Was konnte Darwin also über Sex wissen? Offensichtlich existieren bei den meisten Arten von Tieren und Pflanzen zwei Geschlechter.[25] Bei vielen Arten spiegelt sich das Geschlecht mehr oder weniger im *Phänotyp* wider. Männchen sehen anders aus als Weibchen. Das nennen Biologen *Geschlechtsdimorphismus.* Die *biologische Kategorie*[26] des Geschlechts ist in den meisten Fällen zunächst einmal invariant, ererbt und in einem mathematischen Sinn *diskret.*[27] Das heißt, auf *dieser* Ebene sind Individuen meist *entweder* Männer *oder* Frauen. Ausnahmen bestätigen nur die Regel. Sexuelle Vermehrung funktioniert nur, wenn beide Geschlechter beteiligt sind. Anders ausgedrückt, sexuelle Vermehrung ist *per definitionem* ein Gemeinschaftsprojekt zweier asymmetrischer Kategorien von Lebewesen.

Darwin wusste auch, Sex macht nicht zwangsläufig die Vereinigung zweier Leiber notwendig. Er wusste, dass manche Tiere und Pflanzen Sex aus ihrem Körper ausgelagert haben. Sie zeigten ihm, worum es beim Sex – biologisch betrachtet – wirklich geht: um die Verschmelzung zweier unterschiedlicher Sorten von Keimzellen (Gameten). Sexuelle Fortpflanzung setzt also die Existenz zweier dafür spezialisierter Typen von Keimzellen voraus (*Anisogametie*). Männer sind (in diesem Zusammenhang) dadurch definiert, Samenzellen beizutragen, während die Frauen Eizellen zur Verfügung stellen.

Fische oder Pflanzen produzieren Samenzellen respektive Pollen *en masse*, denn diese erreichen die Eigelege der Fischweibchen oder die Stempel anderer Blüten meist nur per Zufallstreffer. Schiere Masse erhöht hier die Fortpflanzungschance. Exzessive Überproduktion ist notwendig, um eine hinreichende Anzahl an Treffern wahrscheinlich zu machen.

Überproduktion ist aber Ressourcenverschwendung. Viele Blütenpflanzen helfen daher dem Zufall ein wenig auf die Sprünge. Sie locken Boten in Gestalt von Insekten oder Vögeln an, die Pollen direkt von Blüte zu Blüte übertragen, anstatt sie den Launen des Windes anzuvertrauen. Den Preis für diese Botendienste entrichten die Pflanzen in Form von Nektar oder einer besonders attraktiven Ausgestaltung ihrer Blüte, um möglichst viele dienstbare Geister anzulocken.

Soweit war die sexuelle Fortpflanzung auch den Biologen des 19. Jahrhunderts zugänglich. Darwin wusste aber nicht, was im Inneren der Keimzellen vor sich geht. Sein Jahrhundert war geprägt von Mischungstheorien.[28] Ähnlich wie sich Wein und Wasser zur Schorle vermischen, sollten Kinder eine Mischung mütterlicher und väterlicher Eigenschaften in sich vereinigen. Das Konzept des Mischens hat einiges für sich. So gibt es durchaus phänotypische Merkmale, die gut zur Metapher der Schorle passen. Die Kinder kleiner Mütter und großer Väter tendieren zum Beispiel zur Mitte zwischen den Extremen.[29]

Darwin ahnte aber, eine Theorie, die auf Vermischung beruht, könne nicht der Weisheit letzter Schluss sein. Die Mischtheorie war nicht mit seiner Vorstellung von Evolution in Einklang zu bringen, da durch Mischung schwerlich prägnante phänotypische Varianten entstehen können, sondern alles in einem Einheitsbrei münden würde. Zumindest die biologischen Merkmale, die ein Individuum als männlich oder weiblich kennzeichnen, beruhen ganz offensichtlich auf Erbfaktoren, die sich eben nicht mischen, sondern in abgeschlossenen »Paketen« vererbt werden. Heute ist klar, dass alle Erbinformationen in Form solcher »Pakete« vorliegen. Wir nennen sie »Gene«.[30] Jedes Elternteil legt seinem Kind seine Variante des Pakets in die Wiege. Die mütterliche und die väterliche Variante können identisch sein (*Homozygotie*) oder sich in Details voneinander unterscheiden (*Heterozygotie*).[31] Bei Menschen ist die Erbinformation auf 23 unterschiedliche Chromosomen verteilt. Diese 23 Chromosomen liegen in doppelter Ausführung, also als Paare vor. Zellen, die über einen Satz von 2 × 23 Chromosomen und damit eine zweifache Ausführung aller Gene verfügen, nennt man *diploid.* Ein Chromosom jedes Chromosomenpaars stammt dabei ursprünglich von der Mutter und eines vom Vater. Alle Zellen unseres Körpers sind *diploid,* mit Ausnahme der Keimzellen.

Und das kommt so: Keimzellen entstehen durch Teilungen von Stammzellen, die ursprünglich über 2 × 23 Chromosomen verfügen. Diese Zellen sind das Erbe der Verschmelzung von Ei- und Samenzelle. Sie entstammen also zwei genetisch unterschiedlichen Individuen. Wenn sich diese Stammzellen teilen und zu Spermien oder Eizellen werden, dann passiert etwas Besonderes. In Abgrenzung zur *Mitose* nennen Biologen die Zellteilungen, die schlussendlich reife Keimzellen hervorbringen, *Meiose* oder auch Reduktions- oder Reifeteilung. Hierbei handelt es sich um eine Teilung in zwei Schritten:

Bei der ersten Reduktionsteilung wird zwar peinlich darauf geachtet, dass jede der beiden Tochterzellen je ein Chromosom der 23 Chromosomenpaare erhält. Ob es aber die väterliche oder die mütterliche Variante des Chromosoms ist, darüber entscheidet der Zufall. Die Keimzellen, die aus der ersten

Reifeteilung hervorgehen, sind *haploid*.[32] Ihre chromosomale Zusammensetzung ist aber neu und einzigartig, denn jede stellt eine zufällige Mischung aus mütterlichen und väterlichen Chromosomen dar.

Die Natur lässt aber die Lostrommel hier gleich zweimal kreisen. Als ob sie die endgültige Trennung ahnen würden, schmiegen sich die korrespondierenden (*homologen*) Chromosomen vor der ersten Reifeteilung wie zum Abschied zu Paaren aneinander. Der Tanz der Chromosomenpaare ist mehr molekularer Abschiedsschmerz. Bei diesem Tanz gehen die einzelnen Chromosomen buchstäblich ineinander auf.

An vorher nicht festgelegten, aber jeweils identischen Stellen, brechen sie auseinander und tauschen die resultierenden Bruchstücke gegeneinander aus. Daraus gehen vollständige, aber neu arrangierte Chromosomenpaare hervor. Die nüchterne Sprache der Biologie hat für diesen erstaunlichen Vorgang den prosaischen Ausdruck *crossing over* parat.[33] Diese zweite Form der Vermischung durch *Crossing over* verteilt nicht nur die Chromosomen, sondern auch einzelne väterliche oder mütterliche Allele nach dem Zufallsprinzip auf die Chromosomen der Tochterkeimzellen. *Crossing over* ist so etwas wie ein ultimativer molekularer Liebesbeweis, denn mit ihm geben die Chromosomen ihre Identität auf. Durch die erste Reifeteilung entstehen also Keimzellen mit individuellen, neu arrangierten Chromosomen, die jetzt mütterliche und väterliche Elemente auf ein und demselben DNA-Strang eines einzigen Chromosoms miteinander vereinen.[34] Ab diesem Zeitpunkt gibt es in den Keimzellen keine Chromosomen mütterlichen oder väterlichen Ursprungs mehr, sondern nur noch Chromosomen, die sowohl mütterliche und als auch väterliche Allele enthalten.

Die Zuordnung der Gene zu den Chromosomen und das räumliche Arrangement der Genloci auf dem Chromosom[35] bleiben erhalten, aber manche Gene werden jetzt durch das väterliche Allel und manche durch das mütterliche Allel vertreten. Waren vor dem *Crossing over* auf Chromosom 7 die Allele a, b, x vereint, so könnten es jetzt A, B, x oder A, B, X oder auch a, B, X sein.

Bei der zweiten Reifeteilung werden die Schwesterchromatiden der jeweiligen Chromosomen am Zentromer voneinander getrennt und von dem Spindelapparat zu den entgegengesetzten Zellpolen gezogen. Dann schließlich teilt sich die Zelle. Am Ende der beiden Reduktionsteilungen sind aus einer Vorläuferkeimzelle mit einem DNA-Gehalt von 4C (2 × 23 Chromosomen, von denen jedes Chromosom aus zwei Chromatiden besteht) jeweils vier Tochterkeimzellen mit einem DNA-Gehalt von 1C (1 × 23 Chromosomen, wobei sich jedes aus einem Chromatid zusammensetzt) entstanden. Erst jetzt sind die Keimzellen zur Reproduktion bereit.[36]

Die *Rekombination* ist der kreative Kern der sexuellen Fortpflanzung. Die Keimzellen und die Kinder, die aus ihnen hervorgehen, sind jede(s) für sich einzigartige Hybride, die zwar aus 50 % väterlichen und 50 % mütterlichen Erbeigenschaften bestehen, die aber in jeder Keimzelle auf unterschiedliche Weise zusammengestellt sind. *Rekombination* sorgt also dafür, dass sich verschiedene Kinder ein und desselben Elternpaars voneinander unterscheiden, weil immer wieder aufs Neue gewürfelt wird, ob Gen A, B, C usw. vom Vater oder von der Mutter geliefert wird.

Sexuelle Fortpflanzung erhöht die phänotypische Varianz massiv. Während Genmutationen,[37] langsam und schleichend, über viele Generationen und immer wieder durch Selektion begrenzt, neue Varianten einzelner Gene in die Welt setzen, kreieren *Meiose* und Sex in jeder neuen befruchteten Keimzelle einen genetisch einzigartigen Cocktail von Allelen.[38] Im Gegensatz zu anderen Körperzellen sind Ei- oder Samenzellen also keine erbgleichen Kopien.[39]

Sex war kein Sündenfall.[40] Sex ist etwas überaus Schöpferisches, eine völlig neue Quelle genetischer und phänotypischer Varianz. Das ist nicht nur ein bemerkenswerter, sondern auch äußerst folgenreicher Unterschied zur Vermehrung durch schlichte Teilung, wie wir sie von Einzellern oder Bakterien kennen.

Für Darwin war mit dem Sex zunächst einmal die Wissenschaft um ein Problem entlastet. Wie erwähnt, bedeutet Erfolg im Sinne der Evolution nicht in erster Linie Überleben, sondern Fortpflanzung. Wenn die Fortpflanzung aber nicht nur von individueller Fitness abhängt, sondern zu einem Projekt geworden ist, bei dem mindestens zwei ein Wörtchen mitzureden haben, dann bekommen männliche oder weibliche Präferenzen bei der Partnerwahl plötzlich einen ganz eigenen biologischen Stellenwert. Konkurrieren Männer oder Frauen um Sexualpartner, dann sind ihre Vorlieben mehr als nur kapriziöse Launen. Sie werden zu einer schöpferischen evolutionären Kraft. Merkmale, die die Wahl des Partners beeinflussen, können zum massiven Vor- oder Nachteil der Selektion werden.

Bei vielen Tierarten ist die Verabredung zum Sex kein symmetrisches Projekt zweier Partner auf Augenhöhe. Die Asymmetrie kann ganz unterschiedliche Ursachen und Gesichter haben. Überschuss von Männchen oder Weibchen, Unterschiede in Bezug auf Körpergröße oder Körperkraft, aber auch die speziellen Sozialstrukturen mancher Tierarten sorgen dafür, dass Männer oder Frauen sich nicht wahllos paaren, sondern Kriterien entwickeln, die sie bei der Auswahl des Partners leiten. Extrembeispiele für Asymmetrie sind die Bienenköniginnen, die zum reproduktiven Nadelöhr eines ganzen Volkes werden.

Meist sind es die Frauen, die die Qual (oder das Privileg) der Wahl[41] haben. Frauen wählen und stürzen dadurch die Männchen in einen Konkurrenzkampf. Genau genommen hat die sexuelle Selektion zwei Komponenten, die *intrasexuelle* Konkurrenz und die *intersexuelle* Selektion. Zur sexuellen Fitness gehören alle Merkmale, die zur erfolgreichen Paarbildung beitragen. Die *Umwelt* steckt hier also in den Köpfen der potentiellen Sexualpartner. Ihre (oder seine) Vorlieben werden zum Meißel der Evolution.

Darwin schlug vor, exzessive Merkmale könnten sich als Konsequenz solcher sich bei jedem Generationsschritt selbst verstärkender sexueller Auswahlverfahren erklären lassen. Tatsächlich trägt sexuelle Selektion Züge eines positiven Rückkopplungssystems. Das Schöne an den Naturwissenschaften ist, dass sie Voraussagen machen, die sich in Realität und Experiment überprüfen lassen. Der Evolutionstheorie wurde hingegen oft angekreidet, sie sei in diesem Sinn gar keine wissenschaftliche Theorie, weil sie einen historischen Prozess beschreibt, der nicht wiederholbar ist. Das ist aber nur die halbe Wahrheit. Durchaus lassen sich Experimente durchführen, die die Implikationen vieler Teilaspekte, Annahmen und Behauptungen der Theorie überprüfen[42] – so auch die potentiellen Folgen sexueller Selektion durch Weibchenwahl.[43]

Nehmen wir den Hahnenschweif-Wida und seinen prächtigen Schweif als Beispiel. Dieser Schweif erwies sich für Malte Anderson (*1941), einen schwedischen Verhaltensökologen, als ein ideales experimentelles Modell. Anderson wollte überprüfen, ob der Schweif tatsächlich die Attraktivität der Männchen erhöht und besonders prächtigen Exemplaren Reproduktionsvorteile verschafft.

Die schwedische Gruppe um Andersen fing eine ganze Reihe von wildlebenden Wida-Männchen ein. Bei einem Teil der Tiere wurden die Schweife manipuliert. Sie wurden entweder verkürzt oder verlängert. Eine glückliche Kontrollgruppe blieb von jeder Manipulation verschont, eine zweite Kontrollgruppe bekam die Federn abgeschnitten, aber in normaler Länge wieder angeklebt. Tatsächlich passierte genau das, was die Theorie vorausgesagt hatte: Alle Männchen verteidigten ihr Balzrevier erfolgreich gegen männliche Konkurrenten, unabhängig von der Schweiflänge, aber die Männchen mit den verlängerten Schwänzen lockten viermal so viele Weibchen in ihr Territorium als

Artgenossen mit gekürzten Federn und immerhin mehr als doppelt so viele als die Tiere aus den Kontrollgruppen.[44]

Schönheit kann für Kindersegen sorgen, das beweist auch ein sehr elegantes Experiment, das die Biologin Rebecca Safran an der Princeton University durchgeführt hat.[45] Safran hatte Männchen der nordamerikanischen Rauchschwalbe aufgehübscht, indem sie deren nur zart gefärbte Bauchfedern in kräftigeren Farben nachgetönt hat, ein Prinzip, das sich auch bei männlichen Exemplaren unserer Spezies zunehmender Beliebtheit erfreut. Sie wollte wissen, ob die gefärbten Männchen mehr Erfolg bei den Frauen haben als ihre naturbelassenen Artgenossen. Und siehe da: Genau so war es!

Ernst Mayr (1904–2005), einer der einflussreichsten Evolutionsbiologen des 20. Jahrhunderts, beschreibt die Effekte sexueller Selektion wie folgt: »Bei allen Arten, bei denen sexuelle Selektion stattfindet, dürfte es Vorlieben für einen bestimmten Phänotyp des Sexualpartners geben. Dies führt dazu, dass bestimmte Genotypen stärker bevorzugt werden, als es dem Zufallsprinzip entspricht.«[46]

Damit ist das Problem der exzessiven Merkmale allerdings noch nicht gelöst! Wir haben es nur verschoben. Die wirklich interessante Frage lautet: Wieso lässt die Natur es zu, dass weibliche (oder männliche) Launen eine derartige Bedeutung entwickeln? Und warum wählen Frauen (oder Männer) ausgerechnet Partner mit Merkmalen, die unter dem Aspekt der Fitness auf den ersten Blick eher ungünstig erscheinen? Darauf hat die Evolutionsbiologie gleich drei Antworten parat, die alle vermutlich zumindest ein Teil der Wahrheit sind.

EXKURS **MODE**

Die erste Antwort stammt von dem berühmten britischen Statistiker und Evolutionstheoretiker Sir Ronald Aylmer Fisher (1890–1962).[47] Schon im Jahr 1930 merkte Fisher an, sexuell selektierte Merkmale müssten keine funktionelle Bedeutung haben. Sie können Produkte eines zwangsläufigen Prozesses sein, der ursprünglich durch völlig willkürliche Vorlieben in Gang gesetzt wurde. Wenn einige Weibchen einer Population anfangen, sich aufgrund irgendeines beliebigen obskuren Merkmals zufällig für ganz bestimmte Männchen zu interessieren, kann das eine interessante Dynamik auslösen. Denn dann lohnt es sich für Männchen, diese Laune zu bedienen. Ab einem gewissen Punkt zahlt es sich für *alle* Weibchen aus, solche Männer zu erwählen, weil dann ihre potentiellen Söhne einen größeren Erfolg auf dem Heiratsmarkt haben. Der tschechische Zoologe Jan Zrzavý skizzierte die Folgen eines solchen Szenarios: »Vorausgesetzt, dass beide Eigenschaften (wählerisches Wesen und das den Kriterien dieses wählerischen Verhaltens entsprechende Merkmal) stark genug miteinander korrelieren, [...], wird sich die Zahl der wählerischen Weibchen sowie die Zahl der Männchen, die dieses Kriterium haben, in einer Population ständig erhöhen.«[48]

Wir sehen wieder ein System positiver Rückkopplung, das *ad infinitum* immer längere Schwänze produzieren würde, wenn nicht irgendwann die Kosten des exzessiven Merkmales so hoch werden würden, dass Individuen mit noch längeren Schwänzen aus anderen Gründen ins Hintertreffen geraten. Dieses Szenario erinnert an die glamouröse Welt der Mode. Auch hier gibt es »Trendsetter«, die immer wieder, ziemlich willkürlich, bestimmte Attribute wie hohe Absätze oder kurze Rocksäume ins Rampenlicht rücken. Für eine Gruppe von Individuen wird das propagierte Attribut plötzlich zum »must have«, und ein sich selbst verstärkender Prozess kommt in Gang, bis die Absätze schon aus physikalischen Gründen nicht mehr höher oder die Röcke nicht mehr kürzer werden können. Oder bis ein neues Attribut dem alten den Rang abläuft.

EXKURS **GUTE GENE**

Viele der exzessiven Strukturen, die die Natur hervorgebracht hat, sind nicht nur schön, sondern auch hinderlich. Nach Ansicht mancher Evolutionsbiologen sind es paradoxerweise gerade die Kosten, die ein bestimmtes Merkmal verursacht, die es gleichzeitig attraktiv machen. Sie sehen in dem exzessiven Merkmal eine Art von genetischem Gütesiegel.

Nehmen wir das Hirschgeweih. Männliche Hirsche werfen jedes Jahr ihr Geweih ab. Und jedes Jahr wächst es mit erstaunlicher Geschwindigkeit zu neuer Pracht heran.[49] Die Menge an Energie, die ein Männchen in sein Geweih investieren kann, könnte einen Hinweis darauf liefern, wie viel überschüssige Energie potentielle Töchter haben werden, die diese dann beispielsweise in ihre Nachkommen investieren könnten. Das klingt fast zu raffiniert, um wahr zu sein. Aber tatsächlich korreliert die Geweihgröße eines Männchens mit der Trockenmasse der Milch, die seine Töchter produzieren, und auch mit dem Geburtsgewicht seiner Enkel. Das könnte Grund genug für Weibchen sein, sich die Jungs mit den großen Geweihen herauszusuchen.

Auf den ersten Blick hat diese Erklärung einen kleinen Haken. Wenn eine bestimmte Geweihgröße ein genetisches Optimum repräsentiert, dann werden Individuen mit entsprechenden Allelen nur so lange von der Selektion bevorzugt werden, bis die Population nur noch aus Individuen mit entsprechenden »Qualitäten« besteht. Ist dieser Punkt erreicht, kommt der Prozess zum Stillstand. Wir haben aber gelernt, dass es in der Biologie kein absolutes genetisches Optimum gibt, das losgelöst vom Kontext existiert. »Genetische Qualität« ist immer relativ (zu einem bestimmten Kontext). Wenn ein exzessives Merkmal lediglich der Ausweis dafür ist, das betreffende Individuum sei unter den *momentanen* Gegebenheiten dasjenige, das besonders gut zurechtkommt, ist das ein Dokument allgemein guter Anpassungsfähigkeit, und dann schreiben die veränderlichen Selektionsdrücke den Prozess der bevorzugten Selektion von Individuen mit einer besonders üppigen Ausprägung des betreffenden Merkmals immer weiter.

Einfacher ausgedrückt: Lange Federn oder kräftige Farben könnten schlicht signalisieren, ihr Träger sei gesund und zum Beispiel nicht von Parasiten befallen. Die Bevorzugung eines solchen Partners wäre dann eine Art von unbewusster Hygienemaßnahme, die die Gefahr eigener Ansteckung oder Ansteckung der Nachkommen verringert. Die Hypothese vom *Prinzip der guten Gene* besagt, exzessive Strukturen, Merkmale, die wir oft als schön empfinden,[50] seien eine Art von Ausweis, der zeigt, dass es sich hier um ein Individuum handelt, das mit wechselnden Anforderungen der Umgebung besonders gut zurechtkommt.[51]

EXKURS **DAS HANDICAP-PRINZIP**

Der Evolutionsbiologe Amoz Zahavi (1928–2017) hat noch eine dritte Option ins Spiel gebracht. Er ist der Meinung, die fortgesetzte Weibchenwahl bei Männchen fördere langfristig sogar Merkmale, die den Männchen zum Nachteil gereichen, und zwar gerade *weil* sie für die Männchen von Nachteil sind. Er nennt das das *Handicap-Prinzip.*[52] Die Logik hinter dieser paradoxen Idee treibt das *Gute-Gene-Argument* auf die Spitze: Wenn ein Männchen es schafft, ein offenkundig nachteiliges Merkmal offen zur Schau zu tragen, und sich damit bis ins paarungsfähige Alter durchkämpft, dann muss es sich bei diesem Männchen um ein genetisches Prachtexemplar handeln.

Beim *Prinzip der guten Gene* wird der Nachteil quasi billigend in Kauf genommen, während er beim *Handicap-Prinzip* zum elementaren, quasi sinnstiftenden Bestandteil des selektierten Merkmals wird. Der Nachteil wird wie eine Fahne, wie eine Art fälschungssicheres genetisches Qualitätsmerkmal vor sich hergetragen. Manche Evolutionsbiologen bemühen das *Handicap-Prinzip*, um Risikoverhalten und selbstgefährdendes Imponiergehabe zu erklären. So finden sich unter Graudrosslingen (*Turdoides squamiceps*) immer wieder einzelne Individuen, die sich bei aufkommender Gefahr in Form von Fressfeinden bewusst in Szene setzen. Sie ziehen durch die Warnrufe nicht nur die Aufmerksamkeit des Feindes, sondern auch die der anderen Schwarmmitglieder auf sich. Was aus der Perspektive des Schwarms wie Selbstlosigkeit aussieht, könnte durchaus auch egoistisch motiviert sein, denn es erhöht das soziale (und sexuelle) Prestige des Rufers: »Mädels, seht her, was für ein tollkühner Kerl ich bin!«

Zwar kann es sich auch für den Schwarm auszahlen, solche Hasardeure in seinen Reihen zu haben. Aber aus der klassischen Perspektive der Evolutionsbiologie ist der Fortbestand des Merkmals »Risikoverhalten« schwer zu erklären, wenn es ausschließlich auf reiner Uneigennützigkeit beruht. Denn Tiere, die sich ruhig verhalten, hätten *per saldo* die besseren Überlebenschancen, so dass sich ihre Gene langfristig gegen die Hasardeure durchsetzen würden. So betrachtet wäre Risikoverhalten keine *evolutionär stabile Strategie* und daher zum Aussterben verdammt.

Risikoverhalten ist aber real existent und nicht auf Vögel begrenzt. Auch bei Antilopen und Springböcken gibt es Jungs mit ähnlichem Imponiergehabe. Nähert sich ein Löwe der Herde, so hüpfen einige Springböcke mehrmals provokativ in die Luft und ziehen die Aufmerksamkeit des Jägers auf sich. So mag es gar nicht so weit hergeholt sein, auch viele Urszenen des Menschlich-Männlichen im Licht des Handicap-Prinzips zu interpretieren. In diesem Fall »wissen sie [wirklich] nicht, was sie tun«, weil in ihnen (auch) eine genetische Disposition wirkt, die auf einem uralten weiblichen Faible für Jungs mit entsprechendem »Handicap« beruht. Jim Stark, die Rolle, die den jungen James Dean zur Ikone machte, hatte sich schließlich vor allem deshalb von Buzz, dem Alphatierchen einer Gruppe gleichaltriger, gelangweilter Tunichtgute, zu einem »Hasenfußrennen« (*chicken run*) provozieren lassen, weil Judy, ein Mädchen aus Jims Nachbarschaft, mit von der Partie war. James Deans/Jim Starks *chicken run*[53] endet tragisch. Einer der beiden Jungs kann nicht mehr rechtzeitig aus dem rasenden Auto springen und stürzt in die Tiefe.

Die Szene ist eine archetypische Demonstration pubertärer Virilität, die ohne weibliches Publikum wenig Sinn machen würde.

Die tatsächliche Relevanz des *Handicap-Prinzips* ist umstritten. Zahavi hat für seine Idee auch viel Kritik einstecken müssen. Die ursprüngliche Version wurde später modifiziert und auf Merkmale eingeschränkt, die den Gesundheitszustand eines Tieres widerspiegeln. Damit überlappt die Idee mit dem *Gute-Gene*-Argument. Trotzdem sind beide Erklärungsansätze nicht identisch. Ohne Zweifel gibt es viele Merkmale wie gute Zähne, frische Haut, körperliche Symmetrie, die »genetische Qualität« demonstrieren und die daher sexueller Selektion unterworfen sind, ohne dass sie für den Merkmalsträger von Nachteil sind. Nur repräsentieren solche Merkmale oft einen »Normalzustand« und kein Extrem und können die Entstehung exzessiver Strukturen nicht erklären. Die vielen im wahren und übertragenen Sinn »bunten Vögel«, die uns das Lebens vorführt, entsprechen nicht unseren Erwartungen an einen Prozess, der, getrieben vom »ewigen Kampf ums Dasein«, seine Protagonisten zu immer effizienteren Kampfmaschinen hochrüsten lässt.

Alle drei Hypothesen – Mode, gute Gene und Handicap – versuchen, diesen schiefen Blick zu korrigieren. Keine schließt die andere aus. In vielen Fällen spielen sie vermutlich zusammen[54] und lassen die Dinge erschaffen, die wir oft als das Salz in der Suppe unserer Existenz empfinden. Die Erforschung der evolutionsbiologischen Konsequenzen sexueller Vermehrung zeigt, dass wir viele Merkmale und Phänomene besser verstehen, wenn wir sie eben nicht als Waffen im »Kampf ums Dasein« interpretieren. Wir sollten sie eher als Punkte oder Karten betrachten, die uns erlauben, gleichzeitig ziemlich viele komplexe und oft miteinander konkurrierende Spiele mit und gegen andere Individuen unserer Art, aber auch mit/gegen andere/n Arten zu spielen. Oft sind es keine Kämpfe um Leben und Tod, sondern Spiele, bei denen es darum geht, als Erster den Brautstrauß zu fangen.

Das Lotterie-Problem: Gott würfelt nicht – aber die Evolution?

Es ist wie vertrackt! Sex löst das Problem der exzessiven Strukturen, aber mit der Lösung der Schönheitsfrage hat sich die Evolutionstheorie ein neues Problem eingehandelt. Bakterien demonstrieren seit über 3,5 Milliarden Jahren mit großem Erfolg, dass es einfacher geht. Gemessen an der Dauer ihrer Existenz, der Zahl der Individuen, sogar an der Biomasse, sind sie die erfolgreichste Lebensform der Erde. Auf den ersten Blick scheint Sex eine absurde, zeitraubende und energieintensive Betätigung zu sein. Sex ist kompliziert. Sex ist ein teurer Spaß. Damit spiele ich nicht auf Ringe, Pelze, Schmuck und Autos an, sondern auf das schlichte kleine Einmaleins der Sexualität:

Aus der Perspektive der Evolution ist der Mann zunächst einmal eine höchst fragwürdige Erfindung. Ein zweites Geschlecht, das *per Definition* keine Kinder bekommt, wirkt ökonomisch unsinnig, vor allem bei monogamen Arten mit Geschlechterparität. Das zeigt ein einfaches Rechenexempel: Vergleichen wir eine *Population A*, bestehend aus 50 Männern und 50 Frauen, mit einer hypothetischen Population B, die nur aus Weibchen besteht und die sich asexuell fortpflanzen und wieder weibliche Nachkommen erzeugen kann. In beiden Populationen bringt jedes Weibchen zwei Nachkommen zur Welt, die es bis ins Erwachsenenalter schaffen und wieder zwei Nachkommen hinterlassen. Schon nach einer Generation (F1)[55] steht es zwei zu eins für die Population B.[56] Auch in allen Folgegenerationen stagniert Population A bei 100 Köpfen. Population B dagegen ist schon nach zehn Generationen zu einem riesigen Völkchen mit $100 \times 2^{10} = 102\,400$ Individuen angewachsen.[57]

Warum werden also wertvolle Keimzellen auf die Produktion von Männern verschwendet? Sex ist nicht nur unproduktiv, er bringt noch weitere Probleme: Er verwässert die Gene! Sexuell erzeugter Nachwuchs erbt jeweils die Hälfte von der Mutter und die andere vom Vater. Allerdings kann es noch schlimmer kommen: Der irische Dichter George Bernhard Shaw war berüchtigt für seine spitze Zunge. Obwohl Shaw nun wahrlich kein Adonis war, als gefeierter, wortgewaltiger und wohlhabender Dichterfürst wurde er immer wieder zum Objekt weiblicher Avancen. Eines Tages machte ihm eine ebenso zudringliche wie attraktive Schauspielerin ein ziemlich eindeutiges Angebot: »Wir sollten ein Kind machen«, flötete sie, »stellen Sie sich vor, meine Schönheit, gepaart mit ihrer Intelligenz«. Shaw konterte genervt und maliziös: »Aber was, meine Liebe, wenn es umgekehrt herauskommt und unser Nachwuchs mit meiner Schönheit und Ihrer Intelligenz ausgestattet wäre?«[58]

Diese Anekdote zeigt nicht nur, dass auch Geld, Intellekt und Ansehen erotische Strahlkraft haben. Sie wirft auch ein grelles Licht auf ein grundsätzliches Problem sexueller Fortpflanzung. Sex wirft bewährte Entwürfe wieder durcheinander. Mit der Erfindung des Sex ließ sich die Evolution auf eine genetische Lotterie ein. Als oben geschildert wurde, was bei der Meiose vor sich geht, sind wir nahe an das biologische Geheimnis des Sex herangekommen. Sexuelle Fortpflanzung produziert zwar keine Mutationen und erhöht nicht die Variabilität einzelner Gene, aber sie mischt die Kombinationen der vorhandenen Gene in jedem Nachkommen neu. Wir haben gelernt: Jedes Individuum[59] verfügt über zwei Kopien jedes einzelnen Gens, eine Kopie pro Chromosom.[60] Ein solches *Allel* stammt vom Vater und eines von der Mutter. Sex wirft die *Allele* durcheinander und mischt sie durch. Durch die Rekombination werden Karten des väterlichen Kartensatzes ins mütterliche Blatt integriert und die korrespondierenden mütterlichen Karten dem väterlichen Chromosom zugeschlagen. Welche der Karten zwischen Mutter und Vater hin- und hergeschoben werden, das unterliegt einem Zufallsprozess und entscheidet sich in jeder Keimzelle neu. Auch bewährte Kombinationen werden also nicht automatisch an die Nachkommen weitergegeben. Sex ist ein riskantes Spiel.

Nur etwas für Zocker? Eigentlich sollten Organismen, die sich fortpflanzen, bereits über eine bewährte Genkonstellation verfügen – sonst wären sie gar nicht so weit gekommen. Wozu also die Lotterie mit ungewissem Ausgang? Diese beiden Probleme müssen wir lösen, wenn nicht der Turm der Evolutionstheorie nicht schon wieder ins Wanken geraten soll.

Sex existiert seit über einer Milliarde Jahren und wurde zur bevorzugten Methode der Fortpflanzung. Wieso ist er so erfolgreich? Darüber streiten die Biologen seit mehr als 130 Jahren. Die Diskussion ist bis heute nicht völlig abgeschlossen, aber alle Ansätze zur Lösung des Problems beruhen auf zwei Grundannahmen:

Erstens: Die sexuelle Fortpflanzung potenziert die Variabilität einer Population. Phänomene wie Infektionskrankheiten sind mächtige Selektionsfaktoren. Nichts ist verlockender für Parasiten als geklonte Monokulturen. Sobald sich ein (*pathogener*) Erreger Zugang zu nur einem der Tiere (oder Pflanzen) verschafft hat, liegt die gesamte Spezies vor ihm wie ein gedeckter Tisch.[61] Je *»reiner die ›Rasse‹«*, desto empfindlicher ist eine Population gegenüber flexiblen Gegnern. Die einzige langfristig erfolgreiche Gegenstrategie heißt *Flexibilität*. In einer Welt ständig wechselnder Anforderungen ist die Population im Vorteil, die möglichst variantenreich ist.

Zweitens: Aus der Perspektive der Population scheint sich Vielfältigkeit langfristig auszuzahlen. Nehmen wir noch einmal unser Rechenexempel. Dieses Beispiel vernachlässigt allerdings die Tatsache, dass sich eine Population aus vielen (genetisch) unterschiedlichen Individuen zusammensetzt. Unterschiedliche Individuen haben natürlich auch unterschiedliche Reproduktionsraten. Das Rechenbeispiel legt einen *Durchschnittswert* von zwei Nachkommen pro Weibchen zugrunde, die es bis zur erneuten Fortpflanzung schaffen. Wie es mit Durchschnittswerten so ist: Einzelne Individuen liegen darüber, andere darunter. Mit jeder neuen Generation verschiebt sich damit die genetische Zusammensetzung der Population. Der Anteil der überdurchschnittlich Erfolgreichen nimmt zu, der Anteil der Unterdurchschnittlichen nimmt ab. Sex verstärkt die Extreme. Sex produziert genetische Verlierer, aber auch Gewinner. Der Evolutionsbiologe Niko Michiels (*1961) bringt den Vorteil auf den Punkt: »Durch Sex kann man Nachkommen hervorbringen, die besser sind als man selbst«.[62]

Auch wenn Sex zunächst die Gesamtpopulation als solche nicht begünstigt, unter Umständen sogar von Nachteil ist, so entstehen doch superfitte Subgruppen, die auf lange Sicht den ursprünglichen Nachteil aufwiegen. Dieser Effekt verstärkt sich, wenn die Wahl des Partners der »Superfitten« nicht allein den Launen des Zufalls überlassen wird. Bei Tierarten, bei denen Männer oder Frauen geschmäcklerisch sind und sich das stärkste Männchen und das gesündeste Weibchen zwecks gemeinsamer Optimierung der Gene zusammentun, begünstigt das die Extreme der Population noch mehr. Wenn solche glücklichen Verbindungen *überproportional* viele und wieder besonders erfolgreiche Nachkommen ans Licht der Welt bringen, kann sich die doppelte Anfangsinvestition auf lange Sicht lohnen. Folgt die Fortpflanzung dem Prinzip »the winner takes it all«, spielt die Zeit den kleinen, aber überdurchschnittlich fitten Subgruppen in die Hände.[63]

Tatsächlich haben sexuell sich fortpflanzende Arten längerfristig bessere Überlebenschancen.[64] Der Zufall begünstigt einige Glückspilze. Unglücksraben hingegen bekommen viele schlechte Karten gleichzeitig auf die Hand. Manchmal kumulieren Erbgutfehler, die so gravierend sind, dass sich die Pechvögel überhaupt nicht mehr vermehren können. Die Evolution zuckt mit den Schultern: »So what«? Genetische Verlierer hinterlassen keine Nachkommen, und so verschwindet gleich ein ganzes Bündel unvorteilhafter Allele auf einmal von der Bildfläche.

Noch einen Grund gibt es, warum unser Rechenexempel die asexuelle Vermehrung vorteilhafter erscheinen lässt, als sie ist. Exponentielles Wachstum, wie für die asexuelle Population B errechnet, ist immer ein Strohfeuer. Ressourcen sind begrenzt, und so würde exponentielles Wachstum über kurz oder lang in einer großen malthussschen Katastrophe[65] enden. Daher setzt die Natur jeder Form exponentiellen Wachstums relativ schnell Grenzen. Meist kommt es nicht zum großen Knall, weil mit dem Wachstum gegenläufige, limitierende Prozesse immer stärker werden und sich die Zahl der Individuen auf einem höheren, aber stabilen Niveau einpendelt. Ökosysteme sind komplizierte Beziehungsgeflechte mit vielen *Checks* und *Balances*. Ein einfaches Beispiel ist das klassische *Szenario von Luchs und Hase*. Wenn es der Hasenpopulation gut geht und die Zahl der Tiere zunimmt, dann profitieren davon auch die Luchse. Sie finden plötzlich Futter *en masse*. Ihre Population wächst und sorgt dafür, dass die Zahl der Hasen nicht in den Himmel schießt. Bei der Mathematik einfacher exponentieller Systeme werden also die realen Vorteile asexueller Vermehrung überschätzt, weil solche Modelle auf Dauer nicht mit der Realität vereinbar sind.

Im Jahr 1973 führte der theoretische Biologe John Maynard Smith (1920–2004) Konzepte der Spieltheorie in die Evolutionsbiologie ein, um Modelle zu entwickeln, die die Realität von Systemen mit mehreren Spielern mit konkurrierenden Zielen und Strategien besser abbilden.[66] Er prägte den Begriff der *evolutionär stabilen Strategie* (*ESS*): Eine Strategie ist dann evolutionär stabil, wenn sie von keiner anderen Strategie mehr verdrängt werden kann, sobald die Mehrzahl der Spieler sich genau dieser Strategie verschrieben hat.

Nehmen wir ein Beispiel, das direkt mit Fortpflanzung zu tun hat. Bei vielen Tierarten wachsen die Kinder gut behütet im heimischen Revier auf. Sobald sie aber zeugungsreif geworden sind, sind sie gezwungen, zwischen vier mehr oder weniger angenehmen Optionen zu wählen. Zwei davon können *evolutionär stabile Strategien* sein, die anderen beiden Optionen eher nicht. Option 1: Die Kinder können zuhause bleiben und dort ihre Nachkommen zeugen. Option 2: Sie können im Revier der Eltern bleiben, dafür aber auf eigene Nachkommenschaft verzichten. Option 3: Sie können abwandern und sich vermehren, sobald sie ein eigenes Revier gefunden haben. Option 4: Sie könnten selbst im eigenen, neuen Revier auf Nachkommen verzichten.

Die Option Vier ist offensichtlich eine Sackgasse und daher Unsinn. Die erste Option – nicht abzuwandern und sich zuhause zu vermehren – kann kurzfristig sehr erfolgreich sein, weil die neuen Eltern auf den Schutz und die Ressourcen von Bekanntem und Bewährtem zurückgreifen können. Bald wird es jedoch eng. Wenn alle Nachkommen dieser Strategie folgen, kann die Situation kippen, weil lokale Überbevölkerung zur Konkurrenz um Nahrung und Ressourcen führt.

In diesem Fall sind diejenigen, die sich für die dritte Option entscheiden, plötzlich die Gewinner. Abzuwandern und erst im neuen Revier eine eigene

Familie zu gründen, ist tatsächlich eine *evolutionär stabile Strategie*, die von vielen Säugetierarten verfolgt wird.[67] Aber selbst die scheinbar perspektivlose Strategie Zwei, zuhause zu bleiben und sich nicht fortzupflanzen, könnte bei sozialen Arten unter Umständen eine *evolutionär stabile Strategie* sein, wenn der Verzicht auf eigene Nachkommen anderen, zum Beispiel den Eltern oder den Geschwistern, zugutekommt und die Fitness des Sozialverbunds Familie als Ganzes erhöht.

Nicht nur bei im Rudel lebenden Säugern wie Bibern oder Wölfen oder den exotischen afrikanischen Nacktmullen ist das soziale Praxis. Auch auf vielen europäischen Bauernhöfen war es bis ins 19. Jahrhundert üblich, nur die Erstgeborenen heiraten und auf dem Hof eine eigene Familie gründen zu lassen. Das Konzept der *evolutionär stabilen Strategie* macht aber auch deutlich, dass es keine Strategie gibt, die für immer und alle Zeiten die Beste sein muss.

Wenn Individuen konkurrieren, gibt es idealtypisch zwei Verhaltensextreme, mit dieser Konkurrenzsituation umzugehen. Der Falkentypus greift immer und überall rücksichtslos an und nimmt sich, was er braucht. Falken kämpfen, auch um den Preis, im Kampf verletzt oder getötet zu werden. Die Tauben stecken zurück, sobald sie auf echte Gegenwehr treffen. Die beste aller Welten für den Falken wäre ein Leben unter lauter Tauben. Aber dieses Paradies wäre nicht von Dauer. Die Falkenstrategie wird in dieser »besten aller Falkenwelten« dafür sorgen, die Zahl der Falken rasch zu- und die der Tauben abnehmen zu lassen. Je mehr Falken vorkommen, desto größer die Gefahr, dass ein Falke im Kampf ums Futter auf einen anderen Falken trifft. Dabei steht die Chance *fifty-fifty*, dass er den Kürzeren zieht. Wenn Niederlage Tod oder Invalidität bedeutet, dann bezahlen Falken plötzlich einen hohen Preis für ein paar Körner oder ein Stückchen Fleisch. In jeder Population wird sich auf längere Sicht also ein Gleichgewicht zwischen dem Falken- und dem Taubentypus einstellen, dessen Niveau vom Wert und der Verfügbarkeit der umkämpften Ressource und vom Preis der Niederlage abhängt. Nichts wird die Population aus diesem Gleichgewicht bringen, es sei denn, irgendein Individuum »erfindet« eine ganz neue Strategie oder andere Umstände tragen dazu bei, das Kosten-Nutzen-Verhältnis einer Konfrontation zu verschieben.[68]

»Man kann niemals zweimal in denselben Fluss steigen«. Dieser schöne Aphorismus, der dem Vorsokratiker Heraklit (um 520–460 v. Chr.) zugeschrieben wird,[69] trifft die Realität biologischer Systeme auf den Punkt. Anders als in unserem Rechenbeispiel sind die Selektionsbedingungen in der realen Welt keine statische Größe. Diese Dynamik spielt dem Sex in die

Hände – und das nicht nur langfristig. Nehmen wir zum Beispiel das Wetter. Warme Winter wechseln sich mit extrem kalten Wintern ab, feuchte mit trockenen Sommern. Je heterogener eine Population, desto größer wird die Chance sein, dass es darunter einige Individuen gibt, die mit Umweltextremen besser zurechtkommen als der Durchschnitt.

Moderne Evolutionsbiologen denken den Begriff *Umwelt* sehr umfassend. Zur Umwelt gehören in diesem Szenario auch und vor allem die Mitspieler. Jeder Spieler muss dabei ständig neue Ideen und Strategien entwickeln, um seine Position auszubauen oder auch nur zu behaupten. Das erinnert an eine Szene aus Lewis Carrolls Kinderbuch *Alice hinter den Spiegeln*:[70] Alice wandelt durch den Garten der lebenden Blumen und triff auf die Rote Königin. Diese erklärt der neugierigen Alice: »Hierzulande musst du so schnell rennen, wie du kannst, wenn du am gleichen Fleck bleiben willst.«

Die Evolution kann daher niemals an ein Ende kommen. Sobald sich die Gegenspieler verändern und sich besser an die Situation anpassen, muss ich nachziehen. Pflanzen entwickeln Dornen, um sich vor Fressfeinden zu schützen. Pflanzenfresser ziehen nach, indem sie sich eine dickere Haut zulegen. Die Pflanzen beginnen giftigere Alkaloide zu synthetisieren. Der Fressfeind wird resistent gegen das Gift. Wer sich die Zeit nimmt und durch große paläoontologische Sammlungen schlendert und die gewaltigen fleischfressenden Dinos einerseits und die riesigen horn- und stachelbewehrten Pflanzenfresser andererseits anschaut, hat die Endprodukte gegenseitigen Hochrüstens direkt vor Augen.

Die Biologen sprechen von Koevolution, wenn sich zwei interagierende Arten aufeinander abgestimmt haben und wechselseitig voneinander abhängig entwickeln. Koevolution kann zum Wettrüsten führen. Sie kann aber auch eine friedliche und kooperative Spielart ausbilden und nennt sich dann *Symbiose*. Von Symbiosen sprechen wir, wenn die sich koentwickelnden Arten Geschäfte zu beiderseitigem Nutzen schließen. Die Koevolution von Blütenpflanzen und bestäubenden Insekten ist ein besonders schönes Beispiel dafür.

Das Problem der exzessiven Strukturen hat uns auf die Spur der sexuellen Fortpflanzung gebracht. Nicht jede exzessive Struktur muss so augenfällig sein wie die Federn eines Widas. In einem relativ kurzen Zeitraum von einigen hunderttausend Jahren hat sich das Volumen der Hominidengehirne verdreifacht. Und das, obwohl ein Gehirn ein sehr kostspieliges Organ ist. Wenngleich es nur 2 % unseres Körpergewichts ausmacht, verbraucht es bei Erwachsenen 15–20 %, bei Säuglingen sogar 60 % der vom Körper produzierten Energie![71] Wenn das nicht exzessiv ist! Sehen wir die Interaktionen von Individuen und Umwelt als ein Spiel an, welches in eine nicht enden wollende Spirale von Strategie und Gegenstrategie mündet, werden kreative und flexible Gehirne zu adaptiven Merkmalen. Man kann Gehirne als Werkzeuge betrachten, die (auch) durch sexuelle Selektion beständig weiter optimiert wurden, einzig zu dem Zweck, möglichst erfolgreich das ewige soziale Spiel zu spielen, bei dem am Ende der Preis der Fortpflanzung winkt. Vor allem bei sozial lebenden Arten werden dabei Individuen favorisiert, die auch die sozialen Spielchen innerhalb ihrer Art oder Gruppe besonders gut beherrschen. Davon wird in Kapitel Vier noch ausführlicher die Rede sein.

Hier sei kurz zusammengefasst: Sex befreit das Erbmaterial eines Individuums aus der genetischen Einzelhaft und kann zwei an sich unabhängige Eigenschaften wie Allele für dichteres Federkleid und Allele für einen besonders leichten Knochenbau in einem Nachkommen zusammenführen. Die Selektion wird diese besonders glückliche und gelungene Allelkombinationen weiter begünstigen und solche Kombinationen in einer Population stabilisieren. Nur Sex kann (*ad hoc*) Nachkommen schaffen, die besser sind als wir selbst. Nach wenigen Generationen haben sich die doppelten Kosten amortisiert. Das Prinzip der sexuellen Selektion macht viele Phänomene plausibel, die im Widerspruch zu der ziemlich platten, aber leider oft kolportierten Version von (klassischer) Selektion als dem »Überleben des Stärkeren« stehen.

Schönheit und Sex sind aber nicht die einzigen Nüsse, die Darwin seinen Nachfolgern zum Knacken gegeben hat.

Das Problem der Sprünge

»Natura non facit saltus«.[72] Seit den Vorsokratikern steckt dieses *Credo* in den Köpfen vieler Naturphilosophen. Darwin kam das gut zupass. Für ihn war Evolution ein Produkt vieler kleiner, zufälliger Veränderungen im Erbmaterial. Manche dieser Veränderungen helfen bei Überleben und Fortpflanzung, andere sind hinderlich. Und so verändern sich langsam über viele Generationen die genetischen Texte und damit das Gesicht einer ganzen Art. Diese Perspektive auf die Evolution als einen langsamen, kleinschrittigen Prozess nennen die Biologen *Gradualismus*.

Gradualismus scheint aber nicht immer zur Wirklichkeit zu passen. Die Natur zeigt sich nicht als formloses Kontinuum. Lebewesen sind mehr oder weniger eigenständige und voneinander getrennte Entitäten. Das Konzept der *Art* ordnet Individuen aufgrund bestimmter Merkmale *diskreten Klassen*[73] zu. Arten sind außerdem so etwas wie der archimedische Punkt der Evolutionstheorie, obwohl Darwin sich in *The Origin of Species* mehr mit den Veränderungen von artspezifischen Merkmalen über die Zeit als mit dem Prozess der Aufzeigung des Stammbaums und der Entstehung neuer Arten beschäftigt hat.[74] Die Existenz unterschiedlicher Tier- und Pflanzenarten, die sich nicht mischen, ist aber nur der augenfälligste aller »Sprünge«. Das Leben konfrontiert uns mit vielen diskontinuierlichen Phänomenen. Funktionell betrachtet, stellen auch komplexe Konstruktionen wie Augen oder Flügel auf den ersten Blick Sprünge dar, denn niemandem scheint mit einem halben Auge oder einem nicht funktionsfähigen Flügelstummel, die sich erst schrittweise entwickeln, gedient zu sein.

Und dann wäre da noch das Problem der verschiedenen Geschwindigkeiten. Fossilienfunde legen nahe, dass der Motor der Evolution manchmal stottert und manchmal schneller läuft. Lange Phasen der Stagnation lösen sich mit kurzen Perioden der Erdgeschichte ab, in denen sich die Zusammensetzung der Arten vergleichsweise dramatisch verändert. Alle diese Beobachtungen laden zu alternativen Deutungen der Entwicklungsgeschichte geradezu ein.

Für die *Saltationisten*[75] ist die Evolution kein langer ruhiger Fluss, sondern ein Prozess, der geprägt ist von sprunghaften Veränderungen. Der Streit zwischen *Saltationisten* und *Gradualisten* ist mehr als ein eklektischer Zwist unter Spezialisten. Er hat eine immense Sprengkraft, weil der *Saltationismus* zumindest theoretisch ohne die formende Kraft der Selektion auskommen und so die Grundfesten des *Darwinismus* erschüttern könnte.

Ich bin allerdings der Meinung, wir sollten ein wenig Dampf aus dem Kessel lassen. Ich glaube, dieser Streit beruht eher auf einem Missverständnis, zumindest da, wo er apodiktisch wird und in einem unversöhnlichen *Entweder-oder* endet. Das Missverständnis, das ich meine, entsteht wie so oft aus einer Vermischung zweier an sich zu trennender Bezugsebenen: Wir nehmen Sprünge auf der Ebene der *Phänotypen* wahr. Der Phänotyp ist auch der Dreh- und Angelpunkt der Selektion. Und so entscheiden funktionelle Merkmale über den Erfolg oder Misserfolg eines Individuums.[76] Die Gene haben damit nur mittelbar zu tun. Der Motor der Evolution ist aber die (genetische) Variabilität. Der Treibstoff, der ihn am Laufen hält, sind die stetigen, kleinen, zufälligen Veränderungen in unseren genetischen Texten. Motor und Treibstoff sind Funktionen des *Genotyps* und nicht des *Phänotyps*. Und wie das nächste

Kapitel zeigen wird, stehen beide Ebenen in einer oft schwierigen und keinesfalls ein-eindeutigen Beziehung zueinander.

EXKURS SPRÜNGE I: WIE ENTSTEHEN NEUE ARTEN?

Ein Pferd ist ein Pferd und keine Kuh, kein Schwein oder Karpfen. Wenn Kühe, Schweine oder Karpfen sich paaren, dann bringen sie Kühe, Schweine oder Karpfen zur Welt. Das ist so selbstverständlich, dass wir gar nicht erst fragen, warum das so ist. Dieser Umstand entspricht dem gesunden Menschenverstand. Und er spielt einer wirkungsmächtigen Denktradition in die Hände, die wir im Wesentlichen dem griechischen Philosophen Platon zu verdanken haben. Platon betrachtete durch die Brille des *Essentialismus* (oder *Typenlehre*) real existierende Gegenstände, auch Lebewesen, als konkrete Realisationen eines idealen (platonischen) Archetyps: Alle realen Dreiecke sind unvollkommene Approximationen des einen »idealen Dreiecks«, dessen Wesenheit auf einer eindeutigen und konstituierenden Definition beruht.[77] Der essentialistische Blick teilt die Lebewesen aufgrund bestimmter »eindeutiger« Wesensmerkmale in diskrete Klassen (z. B. Arten) ein. Tatsächlich ist ein gleichseitiges Dreieck geometrisch klar und eindeutig durch seine drei gleich langen Kanten bestimmt. Platon sah in diesem idealistischen Konzept nicht nur die Essenz der Elemente formaler Systeme wie der Geometrie. Für ihn war die »Idee« der Zement, der die ganze Welt in ihrem Innersten zusammenhält.

Die Sprache spielt dem Essentialismus in die Hände. Ein Dreieck ist ein Dreieck und ein Pferd ist ein Pferd, in der platonischen Welt wie auch in der Welt der natürlichen Sprachen. Sprache operiert mit Begriffen, die den Einzelfall abstrahieren und dadurch die Welt in Parzellen aufteilen. Sprache kategorisiert die Mannigfaltigkeit der Erscheinungsformen, reduziert sie und beschreibt die Welt als ein Phänomen der Klassen (die Klasse der Pferde, der Dreiecke, der Autos). Begriffe ziehen Grenzen und tun allen Zwischenformen, Übergängen und Graustufen in gewisser Weise Gewalt an, weil sie sie der einen oder anderen Klasse zuordnen.

Platon zeigte Wirkung. Bis weit ins 19. Jahrhundert war es gang und gäbe, auch Lebewesen als Realisierungen einer idealen Wesensform zu betrachten, die durch bestimmte Kriterien klar und eindeutig definiert ist. Dem setzte Darwin einen vollkommen anderen Blick entgegen.[78] Darwin betrachtete eine Tier- oder Pflanzenart als eine Population von

Individuen, die – jedes für sich – einzigartige Wesen sind. Darwins Welt war eine Welt der Einzelfälle, der fließenden Grenzen und Übergänge zwischen Populationen, eine Welt der Metamorphose, eine dynamische Welt. Sie passte nicht zu dem statischen Kosmos Platons und seiner christlichen Epigonen.[79]

Die »Typenlehre« war zu Darwins Zeit noch akademischer Mainstream. Jede neue Generation erschien wie eine neue Umdrehung eines unendlichen, aber gleichförmigen Zyklus des Lebens. Darwin war daher in der Bringschuld.

Was könnte die ewige Wiederkehr des Gleichen aus der Bahn werfen? Wie kommt das Salz der Innovation in die Suppe des Lebens? Der Dreiklang von Mutation, Varianz und Selektion kann zwar Veränderungen des Phänotyps *innerhalb einer Art* plausibel machen. Diese Zutaten reichen aber nicht ohne Weiteres aus, auch die Verzweigungen des Stammbaums und die Entstehung neuer Arten zu erklären. Sex macht die Sache in *diesem* Fall nicht leichter. Im Gegenteil. Neue genetische Varianten sind selten. Der Zwang zur Verpaarung mit der genetischen Mehrheit birgt die Gefahr, dass seltene Varianten wieder vom Mainstream aufgesogen werden, ein Phänomen, das die Statistiker als *Regression zur Mitte* bezeichnen.

Bevor das Rätsel der Entstehung neuer »Arten« aufgelöst werden kann, sollte geklärt werden, was unter einer *Art* eigentlich zu verstehen ist. Dumme Frage? Schließlich können schon Kindergartenkinder Katzen von Hunden und Mäusen unterscheiden. Das Artproblem scheint trivial – solange wir ein platonisch-essentialistisches Weltbild verfolgen. Wir entscheiden über die Zugehörigkeit zu bestimmten Klassen mithilfe eines Katalogs von definierten Eigenschaften oder Merkmalen. Erinnern Sie sich an das gleichseitige Dreieck. Hier sind es drei gleich lange Kanten, die die Klasse vollständig und eindeutig definieren. Im Fall von menschengemachten Gegenständen sind es oft funktionelle Merkmale, die uns erlauben zu entscheiden, was wir als Tisch oder als Stuhl bezeichnen.

Bei Lebewesen ist die Sache komplizierter. Je näher wir heranzoomen, desto mehr verschwimmen die Grenzen des Artbegriffs. Das Erscheinungsbild kann uns etwas vorgaukeln. Kein Kindergartenkind würde auf die Idee kommen, Delphine und Goldhamster seien enger verwandt, als etwa Delphine und Thunfische. Phänotypische Merkmale können trügen. Manche Arten setzen sich aus Individuen zusammen, die sich relativ deutlich voneinander unterscheiden. Trotzdem können sie eng verwandt sein.[80] Umgekehrt sorgen die Erfordernisse bestimmter Lebensräume bei sehr unterschiedlichen Tierarten manchmal für Anpassungen, die sie äußerlich immer ähnlicher werden lassen, obwohl sie nicht verwandt sind.

Seitdem wir das Buch der Vererbung lesen können, tun wir uns leichter. Ein Blick ins Textbuch der Gene genügt, um festzustellen, dass Chihuahuas und Schäferhunde trotz ihrer unterschiedlichen Gestalt Hunde sind, während Delphine und Thunfische oder Beutelratten und Ratten keine näheren Verwandtschaftsbeziehungen aufweisen. Die Gene helfen, Verwandtschaftsbeziehungen zu klären, aber sie verraten nicht zwangsläufig, wo die Grenzlinien zwischen Arten verlaufen. Wenn äußere Merkmale unzuverlässig sind und selbst die Gene nicht weiterhelfen, wie sollen wir dann feststellen, was eine Art ist?

Tatsächlich gab und gibt es mehr als ein Dutzend verschiedener Versuche, eine Art zu definieren – ein Streit unter Biologen, der bis heute nicht völlig beigelegt wurde.[81] Inzwischen hat sich allerdings ein Artbegriff herauskristallisiert, der relativ breite Akzeptanz gefunden hat, auch wenn er längst nicht alle Probleme löst, die Biologen mit der Klassifikation von Lebewesen haben.[82] Nach diesem Ansatz lässt sich eine Art als eine Fortpflanzungsgemeinschaft definieren. Arten sind Gruppen von Individuen, die untereinander fruchtbare Nachkommen zeugen können und die von anderen Gruppen (= Arten) reproduktiv isoliert sind. Wenn ich in diesem Buch von Art oder Spezies rede, dann im Sinne dieser Definition.[83] Zumindest für die Zwecke dieses Buches ist dieser Artbegriff gut geeignet, weil er dem Menschengeschlecht eine erfreuliche Eindeutigkeit beschert. Alle lebenden Menschen-»Rassen« können sich ohne Probleme untereinander fortpflanzen. Menschen und Schimpansen können das nicht.

Darwin hatte von seiner fünfjährigen Reise um die Welt Exemplare von vielen Vogelarten mit nach London gebracht. Ursprünglich hatte er die Tiere aufgrund ihrer unterschiedlichen Gestalt für eine bunt zusammengewürfelte Gruppe von Kernbeißern, Zaunkönigen und Pirolen gehalten. Erst der Ornithologe John Gould (1804–1881) brachte ihn darauf, dass es sich bei allen Vögeln um bisher unbekannte Arten von Finken[84] handelte. Das Bemerkenswerte war: Jede Finkenart stammte von einer anderen Insel der Galapagos-Gruppe. Darwin grübelte lange über das Problem der Artbildung nach und kam zu dem Schluss, bestimmte Subgruppen einer Population, die Vorlieben für besondere ökologische Nischen entwickeln, könnten sich mit der Zeit zu einer neuen Art entfalten. Er verpasste es aber, die letzte, entscheidende Zutat zu berücksichtigen. Eigentlich hätte die Herkunft der verschiedenen Finkenarten ihn direkt zur Lösung des Rätsels gelangen lassen müssen.[85] Jede Spezies stammt von einer anderen Insel! Er war ganz nah dran. In eines seiner privaten Tagebücher notierte er: »Man setze einzelne Katzenpaare auf einer Insel aus, die dort Junge bekommen. Wer würde wagen, zu sagen, was dabei herauskommt? Würden Tiere auf verschiedenen Inseln verschieden werden, wenn sie nur lange genug dort bleiben?«[86]

Obwohl damit implizit schon fast alles gesagt war, sollte es noch über 60 Jahre dauern, bis deutsche, britische und russische Evolutionsforscher die Nuss endgültig knackten. Solange wir eine Population als eine Gruppe betrachten, bei der sich prinzipiell alle Mitglieder zu Paaren finden können, ist die Entstehung einer neuen Art kaum zu verstehen. Die Annahme eines vollkommen freien Heiratsmarktes geht aber an der Realität vorbei. Oft ist schlicht die Geographie dafür verantwortlich. Das Siedlungsgebiet einer Art ist meistens nicht gleichförmig und stetig, sondern durch Landschaftsform und Klima quasi »partitioniert«. Berge, Wüsten, Flüsse, die unterschiedliche Verteilung von Niederschlag, Temperatur oder auch Bewuchs ziehen Grenzen und kreieren Nischen, die bevorzugt oder auch gemieden werden können. Geologische oder klimatische Ereignisse können außerdem dazu führen, dass in dem Siedlungsgebiet einer Art plötzlich Mauern hochgezogen werden, die eine bisher homogene Population in mehrere isolierte Subgruppen aufspaltet.

Ein spektakuläres Beispiel ist die Trennung Amerikas vom eurasischen Landkomplex vor nicht einmal 13 000 Jahren. Während der letzten Eiszeit waren Russland und Alaska durch eine Landbrücke verbunden. Als der Anstieg der weltweiten Temperaturen einen Großteil des Festlandeises zum Schmelzen brachte, wurde die Landenge überflutet. Seither bildet die Beringstraße für viele Tier- und Pflanzenarten ein unüberwindliches Hindernis.

Zufallsmutationen, *genetische Drift*, sorgen dafür, auf beiden Seiten der Grenze neue, unterschiedliche Varianten entstehen zu lassen. Auch die Lebensbedingungen dies- und jenseits der Grenze beginnen zu divergieren – und sei es auch nur in Nuancen. Die Selektion kommt zu ihrem Recht und setzt einen sich selbst verstärkenden Prozess in Gang, der letztendlich dazu führt, dass die Populationen genetisch auseinanderdriften. Irgendwann ist der Punkt erreicht, wo sich die Individuen beider Populationen so stark unterscheiden, dass Rückkreuzungen nicht mehr möglich sind. Eine neue Art ist entstanden.

Nicht nur erdgeschichtliche Großereignisse zerteilen Siedlungsgebiete. Auch die biologischen Akteure können Grenzen ziehen. Ein trauriges Beispiel ist das rasante Schrumpfen der großen tropischen Regenwälder seit der Erfindung der Kettensäge. Ein riesiges, ökologisch homogenes Gebiet mit sehr speziellen Lebensbedingungen zerfällt in einen Flickenteppich. Räumliche Trennung ist vermutlich der wichtigste Mechanismus, der die Aufzeigung des Stammbaums vorantreibt.[87] In der Biologie wird dieser Prozess *allopatrische*[88] *Artbildung* genannt. Streng genommen kann räumliche Trennung auf zwei unterschiedliche Arten hergestellt werden. Zieht die Umwelt die Grenzen, dann sprechen Biologen auch von *dichopatrischer* Artbildung. Wenn aber Teile der Population selbst aktiv werden, Subgruppen emigrieren und sich aktiv neue Siedlungsgebiete erschließen, ist von *peripatrischer* Artbildung die Rede.

Ein Unterschied zwischen beiden Varianten besteht darin, dass bei der *peripatrischen* Artbildung die Gründerpopulationen oft sehr klein sind. In kleinen Populationen nimmt die genetische Variabilität vergleichsweise rasch zu. Je kleiner die Gründerpopulation, desto größer die Chancen, auch zufällige Veränderungen könnten dafür sorgen, dass sich das Erscheinungsbild der Auswandererpopulation immer mehr von dem der Ausgangspopulation wegbewegt.

Auch der Sex hat an der Entstehung von Arten seinen Anteil. Nehmen wir zum Beispiel die Buntbarsche aus der Familie der *Cichlidae*. Diese Tiere sind in den großen Seen Ost- und Südostafrikas, dem Viktoriasee, dem Malawisee und dem Tanganjikasee, zuhause. Zusammen genommen leben dort mehr als 1500 Arten von Buntbarschen. Diese Vielfalt ist bemerkenswert, weil die Seen erdgeschichtliche Grünschnäbel sind. Der heutige Viktoriasee entstand erst vor etwas mehr als 15 000 Jahren. Vorher war die Region für längere Zeit recht trocken. Auch wenn viele der Arten aus Flüssen stammen, die in dieser langen Trockenperiode zuvor abgetrennte Refugien waren, ist die Geschwindigkeit, mit der in den Seen neue Arten entstanden, schwindelerregend. Mit allopatrischer Artbildung allein ist diese Vielfalt nicht zu erklären. Hier kommt der Sex ins Spiel. Manche Gruppen von Barschen bevorzugen den Seeboden, andere das offene Wasser. Wenn nun eine Gruppe von Weibchen sich bevorzugt mit den Männchen paart, die den Seegrund dominieren, selektieren diese Weibchen alle Merkmale der Männchen, die sich den Seeboden als Nische gewählt haben. Ernährung und Paarung sind nicht mehr zufällig, und mit der Zeit bilden sich getrennte Populationen heraus, die entsprechende Spezialisierungen für ihr Habitat entwickeln.[89]

Neue Arten können sogar ausschließlich durch sexuelle Selektion entstehen. Entscheidend ist immer die zunehmende reproduktive Isolation. Buntbarsche haben die Neigung, sich bei der Wahl ihrer Partner möglichst ähnlich gefärbte Tiere herauszusuchen. Sie tun das auch dann, wenn verschiedene Farbvarianten verfügbar sind.[90] Evolutionsbiologen nennen solche lokalen, bevorzugt untereinander agierenden Subpopulationen einer Art *Deme*. Nun ist die Färbung eine Eigenschaft, die sich bereits durch kleine zufällige Spontanmutationen merklich verändern kann. So können durch Zufallsmutationen und anschließende sexuelle Selektion kleine, exklusive »Fortpflanzungsgemeinschaften« entstehen, die sekundär ökologische Spezialisierungen mit entsprechenden Merkmalen entwickeln.

Neue Arten im selben Siedlungsgebiet können außerdem durch Kreuzung zweier nah verwandter Arten entstehen. Das gilt für Spezies, die eng verwandt sind. Pferde und Esel können Maulesel zeugen, Tiere, die allerdings selbst steril sind. Manchmal gehen aus einer solchen Mesalliance aber auch Kinder hervor, die zwar mit keinem Tier der Elternpopulation mehr fruchtbare Nachkommen erzeugen können, aber untereinander nicht steril sind. So kann in einem einzigen Generationsschritt die Saat einer neuen Art gelegt werden. Isolationsmechanismen zwischen Arten sind wichtig, weil (zu) durchlässige Schranken das Konzept der Art im Kern bedrohen. Die Entstehung neuer Arten durch solche Hybride ist vermutlich nicht allzu häufig. Bisher wurde das Phänomen nur bei Fischen oder Insekten beschrieben. Eine neue Art stellt sich im Auge des Betrachters als Diskontinuität dar. Diese Art von Unbeständigkeit kann inzwischen aber gut im Rahmen der Evolutionstheorie erklärt werden.[91] Die Mechanismen der Veränderung *innerhalb* einer Art, der *Anagenese*, und die Entstehung neuer Arten, die Verzweigung des Stammbaums, die *Kladogenese*, das sind zwei zentrale Fragen, auf die jede vernünftige Theorie der Evolution eine Antwort geben muss. Aber die Entstehung einer neuen Art ist nicht der einzige »Sprung«, den es zu erklären gilt.

EXKURS **SPRÜNGE II: WAS NUTZT EIN HALBER FLÜGEL?**[92]

Oft waren es gerade die großen Wunderwerke der Natur, die den Kritikern Darwins Munition lieferten. Auch wenn evolutionskritische Geister eingestanden, vorhandene Strukturen könnten durch Gebrauch oder Nicht-Gebrauch (Lamarck) oder durch Selektion (Darwin) verbessert werden, war die Evolution ihrer Meinung nach nicht in der Lage, komplexe Wunderdinge wie Augen oder die Flügel der Vögel zu erfinden. Denn, so die Argumentation, was würde ein unvollständiger Stummel nützen, der nicht mehr zum Greifen oder Laufen und noch nicht zum Fliegen taugt. Natürliche Selektion könne schließlich erst dann positiv wirksam werden, wenn eine funktionsfähige Struktur vorhanden sei.[93] Komplexe Funktionsgefüge seien eine Kluft, die viel zu breit sei, als dass sie durch zufällige Mutationen mit einem Sprung überwunden werden könnten.

Darwin war überzeugt, die Kombination aus der zufälligen Entstehung von Varianz und der Erhaltung vorteilhafter Varianten durch Selektion könne *alle* Anpassungen im Tier- und Pflanzenreich erklären, auch die der komplexesten Organe oder Funktionen.[94] Aber auf viele konkrete Erfindungen der Natur bezogen, war seine Einschätzung zunächst einmal nur eine Behauptung. Gerade das Auge bereitete ihm einiges Kopfzerbrechen. Da zu seiner Zeit noch fast nichts über die Evolution der Wahrnehmung von Licht bekannt war, konnte Darwin hier nur seinem Staunen darüber wortreich Ausdruck verleihen.[95]

Das menschliche Sehen ist ein *Joint Venture* von Hornhaut, Linse, Glaskörper, Netzhaut, Sehnerv und den bildverarbeitenden Strukturen des Gehirns.[96] Die Entwicklung des Sehens passt nur dann ins Theoriengebäude des Darwinismus, wenn *alle* Zwischenstufen Anpassungen sind, die ihren Protagonisten Selektionsvorteile verschafft haben. Heute wissen wir, dass das tatsächlich der Fall ist. Schon sehr einfache Organismen wie Muscheln sind mit einfachen lichtempfindlichen Organen oder Zellen ausgestattet. Lichtempfindliche Zellen hatten von Anfang an Vorteile, und so konnte die Selektion schon früh den Fuß in die Tür bringen und sich daran machen, das »Sehen« über viele Millionen Jahre zu perfektionieren. Zwischen den »Ur-Augen«, einfachen lichtempfindlichen Flecken in der Haut, und dem Wunderwerk, das heute unser Antlitz ziert, existieren unzählige Zwischenformen, so dass eine ziemlich lückenlose Entwicklungslinie von einfachen Lichtrezeptoren und dem menschlichen Auge rekonstruiert werden kann.[97] Die Fähigkeit zur Wahrnehmung von

Licht scheint sogar so bedeutend zu sein, dass sich Augen im Tierreich gleich vierzigmal unabhängig voneinander entwickelt haben.[98] Einzelne Elemente dieser wunderbaren Konstruktion haben eine Geschichte, die sogar weiter zurückreicht als die Phylogenese des Sehens.

Bei der Entwicklung von Lichtsinnesorganen spielt ein Regulationsgen namens *Pax-6* eine zentrale Rolle. Dieses Gen und die biochemischen Signalwege, die die Produktion der Sehfarbstoffe steuern, sind uralt, älter selbst als Urformen des Sehens. Kernelemente davon finden sich schon in Bakterien.[99] Das *Pax*-Gen stößt uns damit direkt auf ein interessantes Phänomen. Gene, die über viele Millionen von Jahren sehr gut konserviert worden sind, können plötzlich umgewidmet werden. Manchmal können ihre Produkte in ganz anderen Zusammenhängen relativ rasch neue Funktionen übernehmen. *Pax-6* ist keine Ausnahme. Nicht selten tauchten Gene in der Evolutionsgeschichte bereits zu einem Zeitpunkt auf, an dem das heute scheinbar eindeutig korrespondierende Merkmal noch gar nicht »erfunden« war. Gene, die Eiweiße für die Milchproduktion liefern, finden sich schon bei Reptilien und Vögeln, also bei Tierarten, die viel älter sind als die Erfindung des Säugens. Offensichtlich müssen sie damals eine andere biologische Funktion verwaltet haben.

Phänotypische Sprünge können durch Umwidmung genetischer Information entstehen. Voraussetzung ist allerdings, dass die betreffende Struktur eine Zeit lang auf zwei Hochzeiten tanzen und alte und neue Funktion gleichzeitig erfüllen kann. Die Gleitflügel primitiver Vögel wurden irgendwann auch für den Flatterflug verwendet. Die Schwimmpaddel der *Daphnia*, einer Gattung winziger Krebstiere, entstanden aus Strukturen, die ursprünglich Sinnesorgane waren und eine Art von Antenne darstellten. Noch heute sind ihre Schwimmpaddel Chimären, die der Fortbewegung und der Wahrnehmung dienen. Die Biologen bezeichnen solche Funktionsübergänge als *Präadaptionen*. Sie können relativ rasch und ohne allzu großen genetischen Aufwand deutliche phänotypische Veränderungen bewirken.

»Ein kleiner Schritt für mich, aber ein großer Schritt für die Menschheit«. Als Neil Armstrong (1930–2012) seinen Fuß auf den Mond setzte, bewies er mit seinem Bonmot nicht nur seine PR-Qualitäten. Er wies auch dezent darauf hin, Wahrnehmung sei oft eine Frage der Perspektive. Wenn wir Sprünge in der Evolution wahrnehmen, dann reden wir über das Offensichtliche, über Sprünge im Erscheinungsbild, dem *Phänotyp*.

Die Vorgänge, die solchen Veränderungen zugrunde liegen, spielen sich aber auf einer anderen Ebene ab. (Langsam wird dieser Satz zum Mantra). Und die Beziehungen zwischen diesen beiden Ebenen sind alles andere als eindimensional und eindeutig.[100] Kleine Veränderungen von Genen können große Konsequenzen für den Phänotyp haben.

Nicht nur Spezies und Populationen, auch Individuen machen spektakuläre Veränderungen durch. Aus einer befruchteten Eizelle entsteht binnen neun Monaten ein vollständiger Mensch. Dieser Prozess, die *Ontogenese*,[101] ist weit mehr als quantitatives Wachstum. Das Programm, das die *Ontogenese* steuert, ist in unserem genetischen Text hinterlegt. Damit der Prozess nicht in einer Kakophonie endet, sind viele der beteiligten Gene sowohl hierarchisch als auch modular organisiert. So unterschiedlich zum Beispiel die verschiedenen Extremitäten der Wirbeltiere, Füße, Hände, Flossen oder Flügel, auch anmuten, so ähnlich ist deren embryonale Entwicklung auf der Ebene der Gene angelegt.[102] Wenige »Master-Gene« steuern das Wachstum der Extremitäten, egal ob es sich um die Brustflossen von Fischen oder die Vorderpfoten einer Maus handelt. Die spektakulären morphologischen Unterschiede zwischen diesen Extremitäten verdanken sich oft nur subtilen, zum Teil nur qualitativen Unterschieden in der Menge der produzierten Genprodukte[103] oder dem Timing des Zusammenspiels der einzelnen beteiligten Gene. Details dazu später.

Diese Form der Organisation von komplexen Entwicklungsprozessen durch wenige übergeordnete »Master-Gene«, die dann wiederum ganze Gengruppen dirigieren, sorgt dafür, dass die Entwicklung verschiedenster Extremitäten wie Flosse, Hand oder Flügel recht ähnlich abläuft. Dadurch können aber sehr subtile Veränderungen gerade in solchen Genen spektakuläre phänotypische Wandlungen verursachen. Wir sollten vorsichtig sein, was diese Art der Sprünge angeht. Sie liegen manchmal im Auge des Betrachters und bieten so Raum für Missverständnisse.

EXKURS **SPRÜNGE III: RENNPFERD, GRASHÜPFER ODER SCHNECKE? – DAS PROBLEM DER WECHSELNDEN GESCHWINDIGKEITEN**

Vor 544 Millionen Jahren passierte auf der Erde etwas Seltsames. Nachdem sich das Leben bisher scheinbar[104] im Kriechgang entwickelt hatte, schien es plötzlich in eine Art kreative Ekstase zu verfallen. Innerhalb eines relativ begrenzten Zeitraums[105] »erfand« die Evolution praktisch alle Grundbaupläne der heute noch lebenden Tierarten und darüber hinaus viele exotische Entwürfe, die längst ausgestorben sind.[106] Dieser Kreativitätsschub wird deshalb auch »kambrische Explosion« genannt. *Das* Erfolgsmodell der kambrischen Explosion waren die *Chordatiere*. Diese Gruppe bringt bis heute die augenfälligsten Tierarten unseres Globus hervor. Zu den *Chordaten* zählen alle Wirbeltiere; Fische, Amphibien, Reptilien, Vögel und Säugetiere. Die kambrische Explosion war beileibe nicht die einzige kreative Phase. Bei näherem Hinsehen[107] ist die ganze Evolution eine Erzählung mit holpriger Dramaturgie. Lange Phasen relativer Stagnation wechseln mit kurzen Episoden mit oft dramatischen Wendungen. Im Reich der Pflanzen tat sich lange Zeit wenig, bis in der Kreidezeit vor rund 140 Millionen Jahren »plötzlich« ein ganz neuer Typus Pflanzen, die Blütenpflanzen und Gräser, die Erde zu erobern begannen.

Eine ähnliche Dynamik führte Regie beim Aufstieg der Säugetiere. Über mehr als 100 Millionen Jahre beherrschten die Dinosaurier die Szene und Säugetiere musste sich im wahrsten Sinne des Wortes mit einem Schattendasein als kleine, relativ monomorphe und vermutlich nachtaktive Nagetiere begnügen.[108] Bekanntermaßen hat sich das gegen Ende der Kreidezeit rasch und nachhaltig geändert.

Auch bei der unmittelbareren Menschwerdung scheint der Motor der Evolution gestottert zu haben. Als vor sechs bis acht Millionen Jahren das Klima in Afrika trockener wurde, sich die großen Wälder zurückzogen und Baumsavannen sich ausdehnten, entstand ein riesiger neuer Lebensraum, der andere Anforderungen stellte als die dichten Urwälder, die die Affen bisher besiedelt hatten. Aus den Pionieren der Savanne entwickelte sich der *Australopithecus*, ein Menschenaffe oder Affenmensch, der sich rasch und mit großem Erfolg von Südafrika bis nach Äthiopien ausbreitete. Die *Australopithecinen* gingen aufrecht. Ihre Hände wurden so für höhere Aufgaben frei und tatsächlich machten sie auch von Werkzeugen Gebrauch. Trotz dieser Meilensteine auf dem Weg zur Menschwerdung und trotz ihres Erfolgs auf dem afrikanischen Kontinent stagnierte dann die weitere Entwicklung. Die Gehirngröße der *Australopithecinen* nahm über mehr als drei Millionen Jahre nur unwesentlich zu und überstieg mit etwa 500 Kubikzentimeter kaum das Niveau der Schimpansen. Erst vor rund zwei Millionen Jahren kam wieder Schwung in die Entwicklung und eine neue Hominidenart betrat die Bühne, der *Homo erectus*.

Dieses *Stop-and-go* mutet seltsam an, wenn wir unsere Aufmerksamkeit nur auf die erste Komponente des darwinschen Dreiklangs richten. Neue Mutationen und mithin die Variabilität sind die Folge chemischer Vorgänge, die unbeeindruckt vom Tagesgeschäft der Evolution seit Anbeginn des Lebens stoisch und mit ziemlich gleichbleibender Geschwindigkeit ablaufen.[109]

Dieses offensichtliche Missverhältnis zwischen konstanten Mutationsraten und der oft sprunghaft-kapriziösen Entwicklung der Lebensformen ließ Kritiker der Evolutionstheorie Morgenluft wittern. Die genetische Uhr tickte bei der Hominidenentwicklung nicht anders als bei anderen Säugerspezies. Für unterschiedliche Mutationsraten, zum Beispiel zwischen Nagern und Primaten, gibt es keine Anzeichen. Bei den Genen herrschte *Business as usual*, es gab keine Phasen ungewöhnlich beschleunigter Evolution, keine Zeiten der Hypermutation. Die Gegner Darwins jubelten allerdings zu früh, denn sie brachten wieder Ebenen zusammen, die nicht zusammengehören. Varianz ist eine Eigenschaft des Genotyps, während wir die Geschwindigkeit evolutionärer Veränderungen am Phänotyp festmachen. Und dabei redet die Selektion ein entscheidendes Wörtchen mit.

Einen Unterschied zwischen Mäusen und Menschen scheint es jedoch zu geben. Die Kraft der negativen Auslese zerrt an Mäusepopulationen stärker als an den Hominiden. Das ist plausibel, denn die frühen Menschen bildeten vergleichsweise kleine Populationen mit weniger Nachkommen pro Elternpaar und langen Generationszyklen. Hominiden konnten daher eher einmal auch vordergründig unvorteilhafte Mutationen akkumulieren, die bei Nagern durch die Selektion rasch aussortiert worden wären.

Das hört sich nach einem Nachteil an. Bei längerfristiger Perspektive auf die gesamte Population kann sich der Nachteil aber in einen Vorteil verkehren. Verminderte negative Selektion scheint die Gesamtfitness einer Population zu erodieren, aber sie verstreut einzelne Individuen dafür weit über die »Fitness-Landschaft.« Unter Umständen können so Adaptionen entstehen, die nie erreicht worden wären, wenn die betroffenen Individuen bei der Wanderung durch ein intermediäres Fitness-Tal ausselektiert worden wären.[110]

Die Evolution mit wechselnden Geschwindigkeiten ist nicht der Nagel zum Sarg, in dem der Darwinismus zu Grabe getragen werden muss. Wenn wir nicht auf den ersten, sondern auf den zweiten und dritten Teil des Dreiklangs von Varianz, Konkurrenz und Selektion schauen, wird eine Evolution der unterschiedlichen Geschwindigkeiten plötzlich sogar plausibel.

Lebewesen sind konservative Gesellen. Dazu haben sie guten Grund. Neue Mutationen sind Zufallsereignisse, und es ist wenig wahrscheinlich, dass zufällig etwas entsteht, was die bewährten Entwürfe übertrifft. Die meisten Veränderungen sind entweder neutral oder sie wirken sich negativ auf die Fitness aus. Die Selektion ist die große Zuchtmeisterin, die die genetische Bibliothek einer Spezies vor Veränderung schützt. Selektion hat oft stabilisierende Effekte auf eine Population, denn sie sortiert die (genetischen) Abweichler aus, deren Fitness deutlich unter dem Durchschnitt liegt: *Never change a winning team.*

Das klingt, als ob die Geschichte der Evolution enden könnte wie im Märchen. Wenn erst einmal alle Irrungen, Wirrungen und Gefahren der Gründungsphase einer Art überstanden sind, sorgen fortwährende Adaptionen für die Annäherung an ein Optimum. Die betreffende Spezies richtet sich gemütlich in der ihr zugedachten Ökonische ein und lebt dann *glücklich bis ans Ende aller Tage.* Im Jahr 1908 formulierten der Mathematiker Godfrey Harold Hardy (1877–1947) und der Arzt und Statistiker Wilhelm Weinberg (1864–1937) eine Art evolutionsbiologisches Trägheitsgesetz, das dieses Szenario in einer mathematischen Formel abbildet, das sogenannte Hardy-Weinberg-Gleichgewicht. Eine Population schwingt in ein Gleichgewicht und die Evolution kommt zum Stillstand, wenn folgende fünf Bedingungen erfüllt sind:

1. Die Population ist groß, groß genug, dass zufällige Verluste eines Individuums oder Gen-Drift keinen signifikanten Einfluss auf die relative Häufigkeit der Allele haben (je kleiner die Population, desto bedeutender ist der Faktor Zufall).
2. Panmixie: Alle Paarungen zwischen Individuen der Population sind *a priori* gleich wahrscheinlich und gleich erfolgreich.
3. Es gibt keine Selektion, somit existieren weder Selektionsvorteile noch -nachteile für die Träger bestimmter Gene (Genotyp), die sich phänotypisch auswirken.
4. Es finden keine/kaum Mutationen statt.
5. Es findet keine Zu- oder Abwanderung (Migration) statt, die die Allelfrequenz in der Population verändert.

Sind alle fünf Bedingungen erfüllt, befindet sich eine Population nach der Diktion der Populationsgenetiker im *Hardy-Weinberg-Gleichgewicht.* Schon ein kurzer Blick auf die fünf Punkte zeigt, dass sie in der Realität nie vollständig erfüllt sein können. Wozu also der ganze Zauber? Das Hardy-Weinberg-Gleichgewicht ist eine Art Rahmenbedingung für Berechnungen. Wenn eine Population nahe am Gleichgewicht ist, lassen sich Allelhäufigkeiten in der Population mithilfe des Hardy-Weinberg-Gesetzes anhand von Stichproben mit ordentlicher Näherung berechnen.[111]

Für uns ist aber der Umkehrschluss interessanter: Wenn die Bedingungen des Hardy-Weinberg-Gleichgewichts nicht erfüllt sind, dann verändert sich die Population von Generation zu Generation. Evolution findet statt. Je größer eine Population ist, desto träger ist sie gegenüber Veränderungen. Kleine Gruppen sind anfälliger für eine rasche Verschiebung ihrer Allelfrequenzen. Schon die schlichte Mathematik, die dem Hardy-Weinberg-Gesetz zugrunde liegt, spricht also dafür, dass die Evolution mal Fahrt aufnehmen, mal abbremsen kann. Selbst das Prinzip, je größer, desto stabiler, kann nicht *ad infinitum* fortgeschrieben werden. Manchmal wird der Erfolg einer wachsenden Population zum Fluch, der zumindest für einige der Mitglieder mit der Vertreibung aus dem Paradies endet. Überbevölkerung sorgt für zunehmende innerartliche Konkurrenz. Auf manche Individuen steigt der Druck, sich der Konkurrenz durch Flucht zu entziehen und zu neuen Ufern aufzubrechen. Und schon sind wir mitten in einem Szenario, das wir von der *peripatrischen* Artbildung kennen und das die Bedingungen des *Hardy-Weinberg-Gleichgewichts* eklatant verletzt. Je kleiner die neue Gründerpopulation, desto eher kann auch der Faktor Zufall zu seinem Recht kommen und auch exotische genetische Varianten können sich in einer Population stabilisieren.[112]

Die zweite Komponente, die Bewegung in die Dinge bringt, ist die neue Umwelt, in der sich die Auswanderer zurechtfinden müssen. Unbesiedeltes Neuland ist verlockend. Man muss sich nicht mit lästigen Artgenossen herumschlagen und sich mit ihnen um Ressourcen balgen. Aber Neuland birgt auch Gefahren. Die Auswanderer werden dort möglicherweise mit Bedingungen konfrontiert, an die sie nicht besonders gut angepasst sind: neue Nahrung, neue Feinde, neue Krankheiten. Daher ist der Selektionsdruck auf Auswanderergruppen am Anfang oft immens hoch. Viele solcher Projekte scheitern und ihre Protagonisten sterben aus. Die

Subpopulationen, die es schaffen, überleben, weil sie flexibel sind. Sie machen unter Umständen rasche Veränderungen durch.

Aber selbst große, stabile Populationen garantieren nicht ewige Harmonie. Auch die Umwelt kann sich verändern, manchmal rasch, manchmal dramatisch. Der Entstehung neuer Arten im Kambrium gingen spektakuläre Veränderungen auf dem gesamten Globus voraus. Die Erde hatte sich erwärmt. Die gewaltigen Gletscher zogen sich zurück, der Meeresspiegel stieg und großflächige seichte Küstengewässer entstanden. Die Erosion reicherte das Meerwasser mit Phosphat an.[113] Gleichzeitig wirkte die Erwärmung wie ein riesiger Mixer, der die Meere durchmischte. Unter diesen Bedingungen gedieh das Phytoplankton plötzlich prächtig. Phytoplankton betreibt Photosynthese und produziert Sauerstoff, so dass der Sauerstoffgehalt der Erdatmosphäre mehr und mehr anstieg. Gleichzeitig wurden die Meere alkalischer. Daher erhöhte sich nicht nur die Konzentration an Phosphat, sondern auch an freiem Calcium. Ca^{2+} und PO_4^{2-} sind der Stoff aus dem die *Exoskelette* vieler Krustentiere bestehen. In diesem Zusammenhang wird spekuliert, frühkambrische Weichtiere hätten begonnen, überschüssiges Calcium in ihrer Hülle zu deponieren, die so langsam zum Außenpanzer mutierte. Klimatische Veränderungen durchziehen die gesamte Erdgeschichte. Auch die erwähnte Überflutung der Beringstraße vor etwa 15 000 Jahren ist ein spektakuläres Beispiel für eine Umwelt, die plötzlich neue Rahmenbedingungen für Überleben und Anpassung setzt. Manchmal mischt eine große Katastrophe die Karten im Spiel ums Überleben neu.[114] Der amerikanische Geologe Walter Alvarez (*1940) legte schlüssige Indizien dafür vor, ein gewaltiger Meteoriteneinschlag könnte vor etwa 65 Millionen Jahren das Ende der Herrschaft der Dinosaurier eingeläutet haben.[115] Zwischen dem frühen *Ordovizium* vor über 450 Millionen und dem späten *Eozän* vor etwa 35 Millionen Jahren kennen wir mindestens neun kürzere Perioden, die auch von einem fulminanten Massenaussterben geprägt waren, bei dem die Erde jedes Mal zwischen 30 % bis über 90 % der damals existierenden Arten verloren hat.[116]

Die Gründerzeiten neuer Arten sind oft von stürmischen Veränderungen ihrer Morphologie geprägt. Wenn sich die neue Spezies dann etabliert und ihre Nische gefunden hat, folgt nicht selten eine Zeit der Stagnation. Die wichtigen Veränderungen bei der Entwicklung der Lungenfische spielten sich über einen Zeitraum von 75 Millionen Jahren ab, in den folgenden 250 Millionen Jahren danach passierte fast nichts mehr.[117] Auch die partielle Rückeroberung des Wassers durch Säugetiere, die Entstehung der Wale im Paläozän vor etwa 50 Millionen Jahren, war mit radikalen Veränderungen innerhalb relativ kurzer Zeit verbunden. Nachdem sich vor etwa 30 Millionen Jahren aus kuriosen Urwalen wie dem Hinterfußstummel tragenden *Ambulocetus natans* die heute bekannten Gruppen der Delphine, Pottwale und Bartwale entwickelt hatten, ereignete sich im Sektor meeresbewohnender Säuger kaum Neues mehr.

All das steht nicht im Widerspruch zu Darwins Theorie. Wenn die Metapher vom langen ruhigen Fluss nicht an jeder Biegung passt, dann ist das weniger davon abhängig, ob neue spektakuläre Makromutationen auf zauberhafte Weise neue komplexe Merkmale oder sogar neue Arten entstehen lassen. Vielmehr ist es die Umwelt, die manchmal Pflöcke einschlägt und ihre Selektionsbedingungen verändert. Begeben wir uns in die Nähe des Hardy-Weinberg-Gleichgewichts, spielt die Selektion die Rolle der konservativen Lordsiegelbewahrerin. Stabilisierende Selektion begrenzt die Varianz einer Population, indem sie ungünstige Neumutationen aussortiert. Viele kontinuierliche Merkmalstypen wie die Körpergröße zeichnen sich dadurch aus, dass es ein Optimum gibt, von dem nicht zu weit nach oben oder unten abgewichen werden sollte. Aber nicht immer ist der harmonische Mittelwert das Maß aller Dinge. Manchmal ist ein klares *Entweder-oder* dem Kompromiss überlegen. So lassen sich bei der Färbung bestimmter Falter Trends beobachten, die von der Mitte wegstreben. Hier begünstigt die Selektion entweder sehr helle Typen, denen helle Hintergründe Deckung verschaffen, oder sehr dunkle Varianten, die in dunkler Umgebung unsichtbar werden. Der Mittelweg, das Grau, ist in diesem Fall den Extremen unterlegen. Diese Variante der Selektion, die die Extreme verstärkt und die Mitte dazwischen wegbrechen lässt, wird als *disruptive Selektion* bezeichnet.

Manchmal drängt die Selektion auch die gesamte Population in eine ihr gemäße Richtung. Wir können diese *gerichtete Selektion* heute in Echtzeit beobachten. Als Alexander Fleming (1881–1955) vor knapp 80 Jahren das Penicillin entdeckte, schien es, als sei die finale Wunderwaffe im Kampf gegen Bakterien gefunden. Doch die goldene Zeit der Antibiotikatherapie ist inzwischen vorbei. Weltweit breiten sich Bakterienstämme aus, die resistent gegen Penicillin und auch gegen viele neuere Antibiotika sind. Zwischen Bakterien und Pharmaindustrie herrscht ein Rüstungswettlauf, der kein Ende finden wird. Bakterien sind auch ein eklatantes Beispiel dafür, dass die Evolutionsbiologie eben keine ausschließlich historische Wissenschaft ist. Bakterien sind befähigt zur Hochgeschwindigkeitsevolution.[118] Wir können ihrem Entwicklungsgang nicht nur zusehen, wir können ihn sogar zu einem experimentellen Modell machen.[119]

Die Frage nach der Geschwindigkeit der Evolution ist trotzdem fast ein philosophisches Problem. Denn wir wissen nicht, wie wir sie messen sollten; schwierig ist vor allem die Frage, was wir überhaupt messen sollen. Wenn es um Veränderungen in grauer Vorzeit geht, ist unser Blick eingeschränkt. Alles was von dem großen Film der Evolution geblieben ist, sind versteinerte Standbilder. Außerdem gibt es Taxa wie die Säuger, die sich dynamisch verändern, und es kommen Vertreter von vergleichsweise konservativen Zweigen des Stammbaums vor, wie die Muscheln, die zumindest ihre Gestalt über lange Zeit kaum verändert haben. Innerhalb größerer Taxa existieren Arten, die sich rasch verändern, und es gibt »lebende Fossilien« wie den Pfeilschwanzkrebs oder Goethes geliebten *Ginkgo biloba*. Manche Lebewesen konnten ihr Erscheinungsbild über viele Millionen Jahre konservieren, während links und rechts neben ihnen der Zug der Evolution vorbeirauschte. Wir sollten uns vom Augenschein nicht allzu sehr fesseln lassen. Großen Sprüngen im Erscheinungsbild liegen manchmal nur kleine Veränderungen der Gene zugrunde. Die schillernde Beziehung zwischen Gen und Merkmal ist schwer zu skalieren,[120] alles andere als eindeutig oder linear. Diese schwierige Mesalliance ist das zentrale Thema des nächsten Kapitels. Aus der Natur dieser Beziehung lässt sich einiges über die biologische Bedingtheit des Menschen lernen. Die Fähigkeit zur Wandlung ist nicht so sehr eine Eigenschaft einer bestimmten Lebensform, sondern vielmehr ein Produkt einer Konstellation aus Lebensform und Lebensumständen. Die Verzweigung des Baumes, die Entstehung neuer Arten oder komplexer Organe, das wechselhafte Tempo der Evolution, alle diese Phänomene fügen sich inzwischen gut in das modernisierte Theoriengebäude des Darwinismus ein. Und trotzdem ist mindestens noch eine wichtige Frage offen.

Wo spielt die Musik? Das Problem der Objekte der Selektion

Fragestellungen, worüber sich Anhänger und Gegner Darwins streiten konnten, gab es viele. Ein Problem wurde seltsamerweise lange ausgeklammert: die Frage nach dem *wahren Objekt* der Selektion. Die Antwort schien zu lange auf der Hand zu liegen. Individuen müssen Futter finden, ihren Feinden entkommen, Krankheiten überstehen, und natürlich sind es Individuen, die um Liebe und Sex buhlen, um schließlich das zu tun, was ihre evolutionsbiologische Bestimmung ist: Kinder kriegen! Dabei hatte schon Darwin selbst – vielleicht unabsichtlich – den ersten Schuss Wasser in den Wein der Gewissheit gegossen: »Wenn zwei im selben Gebiet lebende Stämme von Urmenschen in Wettbewerb traten, von denen der eine [...] eine große Zahl mutiger, einander ergebener und treuer Mitglieder umfasste, die in Not und Gefahr stets bereit waren, einander zu warnen, zu helfen und zu verteidigen, so ging schließlich dieser Stamm als Sieger aus dem Wettstreit hervor. [...] Ein Stamm, der die obengenannten Eigenschaften in reicherem Maße besitzt, wird sich ausbreiten und über alle anderen den Sieg davontragen [...]. Aber hier könnte die Frage erhoben werden, woher es kommt, [...] wie der Grad des Vorzüglichen erhöht wurde. Es ist doch sehr zweifelhaft, ob die Nachkommen der ihren Kameraden mit Wohlwollen, Uneigennützigkeit und Treue entgegenkommenden Eltern in größerer Anzahl aufgezogen wurden als die Kinder der selbstsüchtigen und treulosen Eltern desselben Stammes. Wer bereit war, lieber sein Leben zu opfern als seine Kameraden zu verraten [...], wird häufig keine Nachkommen hinterlassen können, die seine edle Natur erbten. Die Tapferen, die im Krieg stets an der Spitze der Schlachtreihe kämpfen [...], werden im Durchschnitt eine höhere Anzahl Toter aufweisen als die anderen. Deshalb scheint es kaum wahrscheinlich zu sein, daß die Zahl der mit solchen Tugenden geschmückten Menschen [...] durch natürliche Zuchtwahl [...] erhöht werden könnte [...].«[121]

Uneigennütziges Verhalten war die Wurzel, über die Charles Darwin stolperte, als er seine Theorie der Evolution auf den Menschen ausdehnte. Fast scheint er in dieser Passage mit dem Gedanken zu spielen, dass auch Gruppen als Ganzes zum Objekt der Selektion werden könnten.

Die Frage nach dem wahren Objekt der Selektion führt in eine ziemlich verzwickte und teilweise sehr abstrakte Debatte, die bis heute nicht ganz abgeschlossen ist. Wir könnten diese Diskussion getrost den Spezialisten überlassen, wenn sie sich nicht durch das Hintertürchen des Altruismusproblems in die Evolutionsbiologie geschlichen hätte. Beide Probleme sind eng miteinander verknüpft. Und schließlich ist die Frage nach den biologischen Wurzeln der Uneigennützigkeit eine der zentralen Fragen der *conditio humana*.

Was jetzt folgt, ist der Versuch, einen roten Faden durch diese schwierige Debatte zu finden. Am Ende wird keine einfache Antwort stehen, sondern eher eine Art Kompass, der davor bewahren soll, sich im Labyrinth dieser Diskussion heillos zu verlieren. Bevor wir damit beginnen, müssen wir noch zwei Umwege in Kauf nehmen. Wir müssen klären, was mit Altruismus eigentlich gemeint ist und ob oder unter welchen Umständen er wirklich ein Problem aus der Perspektive des Darwinismus darstellt. Und wir sollten uns fragen, ob wir jedes Merkmal als Produkt eines evolutionären Prozesses, genauer als *adaptives Merkmal* verstehen müssen.

ERSTER EXKURS **DER FLUCH DER GUTEN TAT? VERSUCH EINER TYPOLOGIE DES ALTRUISMUS**

Darwin hat das Problem benannt. Auch wenn Gruppen, Rudel, Familien oder ganze Populationen *in toto* profitieren, wenn sie uneigennützige Individuen in ihren Reihen haben, stellt sich die Frage, wie diese Konstellation Bestand haben soll, sofern es in jeder Generation die Egoisten sind, die den Rahm abschöpfen. Die Egoisten genießen die Vorzüge prosozialen Verhaltens anderer, ohne selbst für die Kosten aufzukommen. So scheint es.

Dieses Problem droht an den Grundfesten der Evolutionstheorie zu nagen. So sehr, dass einige Biologen bereit waren, das Individuum über Bord zu werfen und sich nach einem anderen *Objekt der Selektion* umzusehen. Doch bevor wir uns darauf einlassen und überlegen, wie plausibel dieser radikale Schritt ist, sollte geklärt werden, ob und in welcher Weise *Altruismus* tatsächlich zur Evolutionstheorie in Widerspruch steht. Oft wird *Altruismus* als ein Verhalten definiert, das dem Individuum selbst *schadet*, einem andern aber nutzt.[122] Begriffe wie Uneigennützigkeit, Kooperation, soziales Verhalten, Empathie, Fürsorge oder Symbiose werden gerne in einen Topf geworfen. So verstanden wäre *Altruismus* also eine Art Antonym des Egoismus, also zu einem Verhalten, das darauf abzielt, ohne Rücksicht auf andere die *eigenen* Interessen zu verfolgen und das *eigene* Wohlbefinden zu steigern.

Das Hauptproblem an dieser Definition ist das Offenbleiben, welche Art von *Schaden* für das altruistisch handelnde Individuum gemeint ist.

Dabei gibt es nur eine Art von *Schaden*, die mit der klassischen Vorstellung der Selektion auf der Ebene des Individuums nicht in Einklang zu bringen wäre. *Uneigennütziges Verhalten* ist nur ein Problem, das die *Fitness*, also den Fortpflanzungserfolg eines Individuums schmälert. Diese exklusive Form der Uneigennützigkeit möchte ich daher von nun an als »echten (oder reproduktiven) Altruismus« bezeichnen.

Diese Definition des *Altruismus* unterscheidet sich erheblich von unserem Alltagsverständnis. Der ritterliche Galan, der in einer kalten Winternacht den eigenen Mantel um die Schultern der Angebeteten schlägt, obwohl er selbst fröstelt, handelt im Sinne der Evolutionsbiologie nur vordergründig uneigennützig. Auch gebrechlichen Menschen im Bus Platz anzubieten, Steuern gewissenhaft zu zahlen oder für *Amnesty International* zu spenden sind Formen von Altruismus, die sich in der Regel nicht negativ auf den Paarungserfolg auswirken. Das skurrile Phänomen der *Semelparie*[123] führt drastisch vor Augen, dass der *Fitness-Begriff* außerdem weniger mit dem Individualinteresse, sondern viel eher mit der Fortpflanzung verknüpft ist. Für *semelpare* Tiere führt Sex direkt in den Tod. Dieses exzentrische Vergnügen leisten sich zum Beispiel die Männchen der australischen Breitfußbeutelmäuse. Nach einem wahren Paarungsexzess mit ungezählten Kopulationen, die nicht nur dem Vergnügen, sondern auch der Versicherung des exklusiven Zugriffs auf das Weibchen dienen, sind die Breitfußbeutelmaus-Männchen am Ende. Ihr Testosteron- und Corticosteroidspiegel stürzt ins Bodenlose, das Immunsystem bricht zusammen und sie sterben. Nach dieser kollektiven Orgie besteht die gesamte Population nur noch aus trächtigen Weibchen.[124]

Nicht immer hat Sex derart drastische Konsequenzen. Man denke aber an Zahavis Handicap-Hypothese. Die sexuelle Selektion scheint immerhin mächtig genug zu sein, die Entwicklung vieler Spielarten von Risiko- und Renommierverhalten zu erklären, die sich potentiell nachteilig auf die Überlebenschancen der Vorwitzigen auswirken. In Analogie dazu könnte auch uneigennütziges Verhalten selektiert werden, wenn es die sexuelle Attraktivität des Wohltäters erhöht. Als Nebeneffekt mag sich das unter Umständen auf die Gesamtfitness der Gruppe auswirken. Die meisten Formen der Brutpflege inklusive Kooperation oder Arbeitsteilung zwischen Elternpaaren, aber auch innerhalb von Familien oder Rudeln, zählen zu dieser Form des »egoistischen Altruismus« und stehen völlig im Einklang mit dem Konzept der Selektion auf Individualebene.

Nicht immer liegt also ein Fluch auf einer guten Tat. Das Gegenteil ist oft der Fall. Freundlichkeit kann sich auszahlen. Wann also tut jemand Gutes? Im Alltag orientieren wir uns bei der Bewertung von Handlungen eher an den Folgen als an den Motiven der Wohltäter. Das hat Gründe. Die Folgen einer Tat liegen meist offen zutage. Motive dagegen können im Dunkeln liegen und verquer sein und oft alles andere als offensichtlich. Wir zögern nicht, die Krankenschwester zu loben, die sich aufopfernd auch nach Schichtschluss noch um die ihr anvertrauten Kranken kümmert. Wir feiern den Passanten, der ein Kind unter Gefahr für Leib und Leben aus einem brennenden Haus gerettet hat. Ihre Motive interessieren uns weniger, obwohl die Wohltäter ja auch durch die Sucht nach sozialer Anerkennung oder nach öffentlicher Aufmerksamkeit angetrieben worden sein könnten.

Und damit gibt es noch ein Problem: Meist stehen die Tat und ihre unmittelbaren Folgen im Rampenlicht. Kaum jemand fragt in einem solchen Moment beckmesserisch nach, ob eine »uneigennützige« Handlung, längerfristig oder in größerem Zusammenhang betrachtet, womöglich mehr schadet als nützt. Dabei könnte der heroische, aber unprofessionelle Retter durchaus zum unerwünschten Rollenmodell für unkalkulierbares Risikoverhalten werden. Selbst die freiwillige Selbstausbeutung der Krankenschwester könnte langfristig Kollateralschäden verursachen, wenn sie die wahren Kosten ordentlicher Pflege verschleiert und so die Standards ruiniert.

Wenn wir darüber nachdenken, ob Altruismus zum Sand im Getriebe der Evolutionstheorie werden kann, müssen wir uns kontraintuitiv verhalten und anfangen, solche Erbsen zu zählen. Wir müssen genau hinschauen, ob eine gute Tat der Fitness des Wohltäters am Ende schadet oder nützt. Fast alle Menschen lieben Erdmännchen. Diese drolligen afrikanischen Höhlenbewohner sind nicht nur niedlich, sie scheinen auch einen sympathischen Hang zur Familie zu haben. Erdmännchen leben in Gruppen und helfen sich gegenseitig. In der offenen Savannenlandschaft, in der sie leben, sind Greifvögel eine ständige Gefahr. Wenn eine Gruppe von Erdmännchen zur Mahlzeit schreitet, gehen einige der kleinen Helden auf Posten und halten nach Feinden Ausschau, während sich der Rest in Ruhe dem Sattwerden widmen kann. Die uneigennützigen Wächter scheinen doppelt zu verzichten. Während alle anderen fressen dürfen, müssen sie nicht nur darben, sie exponieren sich und setzen sich einer Gefahr aus.

Ist das nicht ein wunderbares Beispiel für echten Altruismus im Tierreich? Freilandstudien haben am Denkmal der kleinen Helden gekratzt. Wache halten demnach nur Tiere, die sich bereits satt gefressen und sonst nichts Besseres zu tun haben. Echte Uneigennützigkeit würde außerdem bedeuten, die Wächter Gefahr laufen zu lassen, eher den Jägern zum Opfer zu fallen als der Rest. Das Gegenteil ist aber der Fall. Alle Wachposten liegen in unmittelbarer Nähe der schützenden Höhleneingänge, so dass die Wächter den Greifvögeln sogar seltener zum Opfer fallen als ihre tafelnden Genossen. Ihre Wache ist eine klassische *Win-win*-Situation für alle Beteiligten (außer den Raubvögeln!), aber kein gutes Beispiel für Großherzigkeit.[125]

Win-win-Situation ist ein wichtiges Stichwort! Die Evolution hat viele Spezies hervorgebracht, die für die Kooperationen lebensnotwendig sind, innerhalb, aber auch zwischen verschiedenen Arten. Bei diesen Kooperationen handelt es sich um »*Geschäfte zu beiderseitigem Nutzen*, die nicht mit dem Konzept der Selektion in Konflikt kommen«.[126] Viele Fische, Vögel oder Säuger leben in Gruppen, von denen alle per saldo profitieren.[127]

Selbst bei extrem einfachen Systemen entsteht durch das Leben in der Gruppe oft kein radikaler Verdrängungswettbewerb zwischen Subgruppen. Das Gesamtsystem pendelt sich im Gegenteil oft auf ein stabiles Gleichgewicht ein. Durch ein raffiniertes Experiment mit drei verschiedenen Stämmen des Darmbakteriums *Escherichia coli* konnte ein solcher Prozess im Reagenzglas nachvollzogen werden. Die Autoren der Studie konstruierten die Stämme so, dass sich jeder Stamm durch unterschiedliche Stärken und Schwächen auszeichnet. Stamm A produziert einen Giftstoff. VORTEIL: Er kann konkurrierende Bakterien abtöten. NACHTEIL: Die Herstellung des Toxins kostet viel Energie. Stamm B besitzt ein sehr effektives Transportprotein in seiner Zellmembran. VORTEIL: Mit diesem Transporter nimmt er effizient Nährstoffe auf. NACHTEIL: Er saugt sich damit auch das Gift des Konkurrenten ins Zellinnere. Stamm C produziert kein Toxin und verfügt auch nicht über das tolle Membrantransportsystem. VORTEIL: Stamm C spart viel Energie und ist gegen das Toxin resistent. NACHTEIL: Er absorbiert nur sehr wenig Nährstoffe. Tatsächlich stellte sich bei diesem Experiment ein Gleichgewicht zwischen allen drei Populationen ein, ohne eine davon zu verdrängen.[128]

In eine ähnliche Richtung weist auch ein elegantes Experiment zweier

Neuseeländer mit dem Bakterium *Pseudomonas fluoreszens*. Diese Bakterien pflanzen sich in flüssigen Medien fort und sind dabei auf Luftsauerstoff angewiesen. Ruht die Flüssigkeit, so diffundiert Sauerstoff nur wenige Millimeter unter die Oberfläche. In tieferen Schichten wird durch die wachsenden Bakterien mehr Sauerstoff verbraucht, als von der Oberfläche nachgeliefert werden kann. In dem Gefäß entsteht ein Sauerstoffgradient mit einer lebensfeindlichen Zone in der Tiefe. Unter solchen Bedingungen entwickeln sich in der Bakterienpopulation Klone mit einer neuen Eigenschaft. Diese Klone produzieren ein Zellulosepolymer. Die Zellulose wird ausgeschieden und bildet einen dichten, klebrigen Teppich, der nach oben treibt und Bakterien mit an die Oberfläche nimmt. Voraussetzung ist allerdings, dass sich genügend Individuen an dem energieaufwendigen Projekt beteiligen. Obwohl Trittbrettfahrer eigentlich diejenigen sein sollten, die am Ende am meisten profitieren, weil sie an die Oberfläche kommen, ohne selbst in die Produktion der Zelluloseteppiche investiert zu haben, entwickelt sich die *Pseudomonas*population zu einer eingeschworenen Truppe mit relativ vielen »Altruisten«.[129] Die Ausbreitung von Schmarotzern wird vom System rasch begrenzt, und es pendelt sich ein evolutionär stabiles Gleichgewicht aus vielen altruistischen Bakterien und einigen wenigen Schmarotzern ein. Dieses Experiment ist nicht nur interessant, weil es zeigt, die Selektion könnte kooperierende Phänotypen bevorzugen, obwohl mit der Kooperation Kosten für den Einzelnen verbunden sind. Das Experiment ist vielleicht auch ein Blick zurück in der Zeit. Solche Zelluloseteppiche waren vor über einer Milliarde Jahren vielleicht der erste Schritt auf dem Weg zur Entstehung vielzelliger Organismen. Zum Beispiel gibt es Flechten, die wir als einen Organismus wahrnehmen. In Wahrheit handelt es sich jedoch um ein symbiotisches System aus Pilz und Alge. Andere Beispiele sind Einsiedlerkrebse und Seeanemonen. Selbst Menschen pflegen mit ihren Darmbakterien eine unbewusste Lebenspartnerschaft. Bei den genannten Symbiosen sind die Partner auf Gedeih und Verderb aufeinander angewiesen. Das Gleichgewicht zwischen den drei Bakterien ist die automatische Konsequenz der Wachstumsdynamik der drei Stämme.[130]

Schön und gut. Aber die genannten Beispiele sind immer noch nicht das, was wir uns unter Kooperation vorstellen. Während es sich bei Pilz und Alge, Blüte und Bienen, bei den *Escherichia colis* und bei den Darmbakterien und Menschen um genetisch fixierte Symbiosen ohne allzu viele Handlungsoptionen handelt, sieht die Sache bei sozial lebenden Säugetieren ganz anders aus.[131]

Wenn in Rudeln von Wölfen oder Affen Individuen aufeinandertreffen und miteinander »Geschäfte« machen, muss zwar nicht zwangsläufig das Bewusstsein im Spiel sein, trotzdem müssen einige Voraussetzungen erfüllt sein, dass opportunistische Kooperationen nach dem »Wie du mir, so ich dir«-*Prinzip* entstehen. Die entsprechende Art muss in einem stabilen Sozialverband leben, in dem soziale Interaktionen häufig und relevant genug sind, damit sich Gläubiger und Schuldner immer wieder begegnen und es sich lohnt, eine Art Buchführung der Interaktionen zu betreiben. Die Gruppenmitglieder müssen entsprechende Erfahrungen speichern und wieder abrufen können.[132] Alle Interaktionen vollziehen sich dabei in einem komplexen, von impliziten Hierarchien durchzogenen Kontext, einem System der »Checks and Balances«.

Bei Geschäften zwischen Individuen sind drei Grundmuster denkbar: Ausgeprägte Egoisten sind immer auf ihren unmittelbaren Vorteil bedacht. Wann immer sie können, streichen sie ihren Gewinn ein, ohne Gegenleistungen zu erbringen. Die echten Altruisten lösen ihr Versprechen grundsätzlich ein, egal ob sie vorher hintergangen wurden. Die dritte Gruppe der Opportunisten folgt der »Wie du mir, so ich dir«-Strategie (engl. *tit for tat*). Sie bieten Kooperation an. Wenn sie belohnt werden, kooperieren sie weiter, werden sie betrogen, stellen sie auf Egoismus um. Die Entwicklung solcher Kooperationsstrategien kann als ein Spiel mit sich wiederholenden Spielzügen beschrieben werden. Bei jedem Spielzug haben die Spieler die Option auf Kooperation oder Verrat. Während sowohl Egoisten als auch Altruisten dieses Spiel ohne Rückgriff auf die Vergangenheit spielen können, hat das »Gedächtnis« auf das Verhalten von Opportunisten einen wesentlichen Einfluss. Sowohl schlechte als auch gute Erfahrungen bestimmen das zukünftige Handeln.[133]

Was lernen wir aus dieser Gemengelage? Manchmal ist kooperatives und altruistisches Verhalten bei Licht besehen gar nicht so uneigennützig, sondern durchaus zweckmäßig. Viele Wohltaten nutzen per saldo auch dem Wohltäter, sind also im biologischen Sinn nicht wirklich altruistisch. Wenn Geschäfte, die Individuen miteinander abschließen, zwar aktuell Kosten produzieren, der langfristige Nutzen aber überwiegt, stehen sie völlig im Einklang mit dem ganz klassischen evolutionsbiologischen Model der Individualselektion.

Das »Wie du mir, so ich dir«-*Prinzip*[134] kann altruistisches oder kooperatives Verhalten als eine evolutionär stabile Strategie fest in einer Population verankern. Damit lassen sich viele Formen kooperativen Verhaltens zwischen nicht-verwandten Individuen erklären. Während viele Fälle von Symbiosen, Pilze und Algen, Blumen und Bienen, Menschen und Darmbakterien, durch genetische Programme fixiert sind, scheinen opportunistische »Tit for tat«-Strategien bei sozialen Säugetieren zwar nicht unbedingt auf Bewusstsein, aber zumindest auf individuelles Lernen angewiesen zu sein.

Wir dürfen uns von dem Begriff »Gedächtnis« aber nicht in die Falle locken lassen, an der schon Charles Darwin selbst – bewusst oder unbewusst – mitgebaut hat. Leihen wir ihm nochmals ein Ohr: »Erstens wird jeder Mensch bei der zunehmenden Vervollkommnung seines Verstandes [...] einsehen lernen, dass er, wenn er seinen Mitmenschen hilft, auch ein Anrecht auf ihre Hilfe erwirbt. [...] Mit der Zunahme der Erfahrung [...] lernt der Mensch die Folgen seiner Handlungen berechnen, und die das Ich betreffenden Tugenden [...] gelangen zu höchstem Ansehen oder werden selbst heilig gehalten. [...] Schließlich entsteht unser moralisches Gefühl, oder unser Gewissen; ein äußerst kompliziertes Empfinden, entsprungen den sozialen Instinkten, geleitet von der Anerkennung unserer Mitmenschen, geregelt von Verstand, Eigennutz und, in späteren Zeiten, von tiefen religiösen Gefühlen, und befestigt durch Erziehung und Gewohnheit.«[135]

Charles Darwin formulierte seine Evolutionstheorie, ohne zu wissen, wie die Evolution gemachte Erfahrung speichert und wie diese Information weitergegeben wird. Er hat daher das individuelle menschliche Gedächtnis als Folie genutzt, um zu erklären, wie das »Tit for tat«-Prinzip zur Verbreitung von »wohlwollenden Handlungen« und zu einer »Evolution« der menschlichen Moral führt. Ich weiß nicht, ob ihm bewusst war, dass er damit zwei unterschiedliche, allenfalls teilweise analoge Prozesse in einen Topf warf, nämlich das phylogenetische Gedächtnis einer Art und das ontogenetische Gedächtnis des Individuums. Das ontogenetische Gedächtnis sitzt im Gehirn. Wenn wir umgangssprachlich über Gedächtnis reden, denken wir – genau wie Darwin – an das Gehirn, das uns ermöglicht, individuelle Erfahrungen zu machen, zu speichern und abzurufen.[136] Das andere, weniger offensichtliche (phylogenetische) Gedächtnis sitzt in den Genen. Auch Gene speichern Information. Die

Gene repräsentieren nicht die individuellen, sondern die kollektiven, stammesgeschichtlichen Erfahrungen einer Art inklusive ihrer Vorfahren.

Unübersichtlich wird die Situation, weil beide Formen des Gedächtnisses nicht einfach koexistieren, sondern das eine durch das andere konstituiert wird. Im genetischen Speicher ist der Entwurf unseres neurologischen Speichers niedergeschrieben. Und natürlich vermittelt auch das neurologische Gedächtnis Fähigkeiten und Verhaltensweisen, die für Überleben und Fortpflanzung von größter Bedeutung sind. Diese Fähigkeiten unterliegen in gleicher Weise dem Selektionsdruck wie die Gene, die das Hirn hervorgebracht haben. Das Gehirn selbst ist schließlich ein Produkt evolutionsbiologischer Anpassungen. Gene und Gehirne sind Speicher von Informationen, die sich gegenseitig bedingen. Ihre Struktur und Funktionsweise allerdings könnten kaum unterschiedlicher sein. Vielleicht ahnte Darwin diesen Unterschied, denn in seiner *Abstammung des Menschen* findet sich folgender merkwürdiger Satz: »Überdies neigen Gewohnheiten nach generationenlanger Ausübung dazu, vererbt zu werden.« Merkwürdig, denn dieser Satz erinnert stark an Darwins großen Antipoden, den Franzosen Jean-Baptiste Lamarck, den Erfinder jener Theorie der Evolution, die besagt, individuelle, im Laufe eines Lebens erworbene Fähigkeiten würden an die kommende Generation weitergegeben werden. Bezogen auf die biologische Evolution war Lamarck im Irrtum. Die *kulturelle* Evolution dagegen hat trotz vieler Analogien zur biologischen Evolution[137] natürlich lamarckistische Züge.[138] Kultur beruht geradezu auf der Weitergabe erworbener Fähigkeiten zwischen Individuen und zwischen Generationen.

»Tit for tat«-Strategien lassen sich durchaus auf der Ebene des genetischen Gedächtnisses verankern. Sie sind nicht auf ein denkendes Gehirn angewiesen. Wir finden sie quer durch die belebte Welt. Altruistisches oder kooperatives Verhalten, das sich unmittelbar dem genetischen Gedächtnis verdankt, muss sich an seiner Wirkung auf die Fitness messen lassen, Verhaltensmuster, die kulturell tradiert werden, nicht unbedingt. Auch Affen haben Kulturtechniken entwickelt, die nicht genetisch, sondern kulturell erlernt werden.[139] Keine Art hat das Spiel aber so weit getrieben wie der Mensch. Wir produzieren unzählige Verhaltensformen, die sich nicht mehr mit der Elle der Adaptivität messen lassen.

Nehmen wir ein krasses, im wahrsten Sinne des Wortes kontra-darwinistisches Beispiel. Nehmen wir die Antibabypille! Seit dem »Pillenknick« Ende der 1960er Jahre sinkt die Zahl der Kinder und hat sich inzwischen auf einem historisch niedrigen Niveau eingependelt.[140] Die kulturelle Evolution bringt demnach vieles hervor, was im evolutionsbiologischen Sinn noch nicht einmal »fitness-neutral« ist. Wenn wir also die Evolution kooperativen oder altruistischen Verhaltens erklären wollen, müssen wir nicht nur versuchen herauszufinden, um welchen Typus von »Uneigennützigkeit« es geht, wir müssen auch klären, wie das beobachtete Verhalten zustande gekommen ist.

Damit wären wir am Start zum zweiten Umweg angelangt:

ZWEITER EXKURS **ÜBER PROXIMALE MECHANISMEN UND ULTIMATIVE URSACHEN**

Natürlich formt die Selektion nicht nur Anatomie und Physiologie, sondern auch Verhalten. Viele Verhaltensmuster sind adaptive Merkmale und daher Produkte der Evolution. Aber der Bogen sollte nicht überspannt werden. Oft wird über die Geschichte der Evolution geredet, wie über die Geschichte des Römischen Reiches. Beide Prozesse erstrecken sich über lange Zeiträume, beide erscheinen als Kette von Ereignissen, die wir aus der Retrospektive rekonstruieren müssen. Natürlich unterstellen wir, zwischen den Ereignissen, zwischen Vergangenheit und Gegenwart existierten plausible, kausale Verknüpfungen. Den handelnden Figuren der Historie kolportieren wir Motive, Intentionen und Ziele, und wir sind überzeugt, diese Motive würden den Gang der Dinge beeinflussen.

Und schon ist die Schlinge ausgelegt. Natürlich sind Präpositionen bzw. Konjunktionen wie *um* oder *damit* nicht ganz aus dem Wörterbuch der Evolutionsbiologie zu streichen, aber wir müssen genau darauf achten, was sie bedeuten, um nicht in die *teleologische Falle* zu tappen. Die Analogie zwischen Evolution und Geschichte verführt, Organismen, Intentionen oder zumindest Ziele zu unterstellen und zu glauben, etwas treibe sie dazu, sich – bewusst oder unbewusst – solchen Zielen anzunähern.

Warum singt die Nachtigall? Je nach Erkenntnisinteresse der Biologen können die Antworten auf diese Frage recht unterschiedlich ausfallen. Ein Physiologe oder Endokrinologe mag antworten: »Weil ihre hormonelle Konstellation sie dazu treibt«. Der Entwicklungsbiologe sagt: »Weil sich im Lauf der Ontogenese ein Singapparat entwickelt hat«, und der Genetiker stellt fest, dass »ein ererbtes genetisches Programm die Nachtigall zu diesem Gesang disponiert«.[141] Alle diese Erklärungen sind zutreffend. Die Physiologen erklären, was den Gesang unmittelbar auslöst, die Entwicklungsbiologen, was die Nachtigall dazu befähigt, und der Genetiker teilt mit, warum uns gerade die Nachtigall mit Wohlklang erfreut und nicht die Lerche. Diese Form von Kausalität wird von den Biologen gerne als *proximaler* Mechanismus bezeichnet.

Diese Antworten berühren aber nicht die Form von Kausalität, für die sich Evolutionsbiologen interessieren. Sie würden antworten: »Sie singt, weil der Gesang ein adaptives Merkmal ist«. Evolutionstheorie möchte erklären, warum sich ein bestimmtes Merkmal im Laufe der Stammesgeschichte entwickelt hat. Ihr geht es um die Erklärung der ultimativen Ursache. Sie muss dazu das Merkmal auf Gene zurückführen, die sich in einer Population verbreiten, wenn sich das von ihnen bedingte Merkmal positiv auf die Fitness des Merkmalsträgers auswirkt.

Und um es nochmals zu sagen, hier geht es gerade nicht um das Erreichen eines vorher festgelegten Zieles, sondern um einen zwangsläufigen Prozess. Die Vorteile adaptiver Merkmale sind ihren Trägern fast nie bewusst. Die Nachtigall singt ohne Kalkül. Adaptives Verhalten ist oft Instinktverhalten.

Eine andere Art von Kausalität spielt beim Verhalten von Menschen dagegen eine größere Rolle als bei allen anderen Tieren. Wir handeln oft bewusst. Wir tun dies im Rahmen sozialer Kontexte. In diesem Zusammenhang versuchen wir, die potentiellen Folgen unseres Tuns zu antizipieren. Wir spielen alternative Szenarien durch und wählen die Option, die uns am erfolgversprechendsten zu sein scheint. Dazu schlüpfen wir gern auch in die Köpfe unseres Gegenübers. Wir reflektieren nicht nur über die objektiven Folgen unseres Tuns, sondern auch über die sozialen Kosten. Wir tun dies, indem wir – viel stärker als andere Tiere – auch versuchen, Fremdperspektiven zu übernehmen. Plausible Erklärungen für diese Facetten menschlichen Verhaltens finden wir oft *nur* in den proximalen Mechanismen, die in den obersten Stockwerken des Weltgebäudes verortet sind.

Solche Fragen nach dem »Warum« menschlichen Verhaltens sind Stoff für Psychologen, nicht für Biologen. Warum verzichtet sie auf den Kinoabend mit Freundinnen und lernt stattdessen Mathe? Warum kaufe ich montags die Tageszeitung? Warum hat er gestern Kondome benutzt?

Viel von dem, was wir tun, ist von einfachen *proximalen* Motiven getrieben. Wir wollen uns Lust verschaffen und Unlust vermeiden. Dabei werden wir gelenkt von persönlichen Erfahrungen und Erwartungen.[142] Wir stehen vor einer typisch menschlichen Paradoxie: Offensichtlich kreiert genau das Organ, dessen Entwicklung wie kein anderes mit unserer Evolution zum *Homo sapiens* verknüpft ist, viele Facetten des Verhaltens, die weit über die Biologie der Evolution hinausgehen und sich nicht mehr mit deren Maß messen lassen. Wir drohen uns zu verlieren, wollten wir bei all diesen Dingen hinter den proximalen Antworten weitergraben. Denn wenn wir so etwas unternehmen, müssen wir das Abstraktionsniveau wechseln. Natürlich ist Essen ein essentielles, genetisch verankertes Bedürfnis, aber der Hang zu genau diesem Zwiebelrostbraten ist von individueller Erfahrung gelenkt. Solche Passionen gehen in der Regel mit ihren Protagonisten unter, werden also nicht weitervererbt. Zwei Brüder haben es in den sehr exklusiven Club von Menschen geschafft, die Formel-1-Rennen gewinnen. Verfügen Ralf und Michael Schuhmacher über besondere »Autofahrergene«, wie eine Sportzeitung einmal keck getitelt hat? Das ist natürlich Quatsch. Falsche Abstraktionsebene! Autofahrergene gibt es nicht. Jedoch ist denkbar, sogar plausibel, dass Eigenschaften, wie etwa Reaktionsschnelligkeit, Hand-Auge-Koordination oder Risikobereitschaft, die eine relevante erbliche Komponente haben, die Menschen für den Beruf des Rennfahrers disponieren. Ohne kulturelle Dreingabe aber wären die Beiden trotz ihres Talents vermutlich nie auf einer Autorennbahn gelandet. Wären sie nicht in Hürth bei Köln, sondern in der argentinischen Pampa oder am Oberlauf des Orinoko geboren, hätte die entsprechende Genkonstellation sie vielleicht zu gefeierten Gauchos oder angesehenen Jägern gemacht.

Proximale Mechanismen und ultimativ verankerte Verhaltensdispositionen können sich in die Quere kommen. Dafür gibt es kaum ein besseres Beispiel als Verhütungsmittel. Auch die Neigung zu übermäßigem Genuss von Zwiebelrostbraten oder zu Risikosportarten kann unter Fitness-*Gesichtspunkten*[143] kontraproduktiv sein. Nicht selten triumphiert bewusstes Verhalten, getrieben von proximalen, »egoistischen«[144] Motiven, über alle genetischen Programme.

Hier endet der zweite Zwischenruf. Die Botschaft lautet: Wir sollten die (biologische) Evolution nicht überstrapazieren. Menschliches Verhalten ist zu vielschichtig, als dass es sich in jeder Facette auf einen reproduktionsbiologischen Kern herunterbrechen ließe. Wenn menschliches Verhalten unter dem Aspekt der Biologie beurteilt wird, sollten wir höllisch aufpassen, ob das Abstraktionsniveau angemessen ist.

Nun ist es an der Zeit, die Katze aus dem Sack zu lassen. Auch wenn wir alle oben beschriebenen Formen von nützlichem, scheinbarem und irrelevantem Altruismus abziehen, bleibt in der Natur ein Bodensatz von tierischen Verhaltensweisen, die wir im Sinne der Evolutionsbiologe als *echten Altruismus* bezeichnen müssen. Nicht selten reduzieren Individuen zum Nutzen anderer drastisch die Chance auf ein eigenes Kind. Die Meister eines solchen Teamspirits sind die sozialen Insekten. Sie haben das Prinzip der Arbeitsteiligkeit bis zur Selbstaufopferung auf die Spitze getrieben. Tausende von Arbeitern und Soldaten leben und rackern, einzig um die Königin und ihre Brut zu hegen und zu schützen. Müssen wir deshalb die Idee des Individuums als Objekt der Selektion gleich über Bord werfen?

EXKURS **ARGUMENTE FÜR DIE INDIVIDUALSELEKTION**

Für Darwin war die Sache klar: Das Individuum ist das Objekt der Selektion. Tatsächlich lassen sich so sehr viele fundamentale Verhaltensweisen im Tierreich erklären, leider auch gerade die Dunkleren. Im Jahr 1977 machte die Primatologin Sarah Blaffer Hrdy (*1946) eine ziemlich schockierende Entdeckung. Rund um den Mount Abu in Indien beobachtete sie Languren und musste feststellen, diese Affen würden nicht eben freundlich mit ihresgleichen umgehen.[145] Männliche Languren brachten immer wieder Babys der eigenen Gruppe um! Hrdy untersuchte die Sache genauer und erkannte, dass dieses Verhalten vor dem Hintergrund der speziellen Sozialstruktur der Languren leider eine gewisse Logik hat. Langurenweibchen leben in Gruppen mit einem einzigen Männchen. Daneben existieren reine Männergruppen, deren Mitglieder immer wieder versuchen, diesen Hahn im Korb auszustechen und seinen Platz einzunehmen. Die Männer in den Frauengruppen wechseln dabei schneller als der durchschnittliche Zeitraum zwischen zwei Geburten. Wenn ein neues Männchen zum Platzhirsch in der Frauengruppe aufsteigt, nützt ihm das reproduktiv betrachtet wenig, da die Weibchen noch die Jungen des Vorgängers säugen und keines ovuliert. Gleichzeitig ist sein Platz schon wieder durch andere Männchen gefährdet. Der Neue lebt im Paradies auf Abruf.

Was bleibt ihm? Er muss die Kinder der Vorgänger töten. Das mindert deren Erfolg und verkürzt die unfruchtbare Phase des Weibchens. Nur so kommt er zum Zug. Individualselektion in ihrer fiesesten Form! Aber auch die Gegenstrategie der Weibchen passt wunderbar ins Bild. Die Weibchen wollen natürlich ihre Kinder – ihre Gene – behalten. Sie haben ja bereits einiges investiert. Sie gaukeln dem Neuen daher Fruchtbarkeit vor. Sie entwickeln eine Art Pseudoöstros, eine Brunst ohne fruchtbare Periode, und legen damit das neue Alphatier herein. Tatsächlich konnte Blaffer Hrdy beobachten, dass männliche Affen nach vermeintlich »erfolgreicher« Paarung die Attacken gegen die Kinder in der Gruppe einstellten. Konkurrenzbedingter Infantizid ist mittlerweile bei 119 Arten dokumentiert.[146] Selbst die vom Aussterben bedrohten Berggorillas im Kongo betreiben diese unschöne Praxis.

Das bedeutet trotzdem nicht, die Logik der Individualselektion würde automatisch in den Kampf »jeder gegen jeden« münden. Infantizid ist nicht die Regel, eher eine Ausnahme. Die von Blaffer Hrdy publizierte Geschichte lehrt nämlich auch, dass solche Extremvarianten des Egoismus nur unter sehr speziellen sozialen Bedingungen aus dem Konzept der Individualselektion entstehen. So gibt es auch – siehe oben – viele Formen kooperativen Verhaltens, die sich sehr gut mit der Individualselektion in Einklang bringen lassen.[147]

EXKURS **ARGUMENTE FÜR VERWANDTENSELEKTION UND DEN EGOISMUS DER GENE**

Eltern sind ein Archetyp altruistischen Verhaltens. Sie verteidigen ihre Kinder auch gegen übermächtige Angreifer, nicht selten um den Preis des eigenen Lebens. Tierfilme, aber auch die Menschheitsgeschichte, sind voll von dramatischen Beispielen solcher ultimativen Formen des Liebesbeweises. Diese Selbstlosigkeit steht nicht unbedingt im Widerspruch zur Logik der Evolution, zumindest nicht bei Eltern, die viel in ihre Kinder investiert haben. Während Fische, Amphibien und Reptilien andere Strategien haben und auf schiere Masse setzen, um den Fortbestand ihrer Gene zu sichern, müssen Vögel und vor allem Säugetiere für ihre Kinder Sorge tragen. Sie ersetzen Masse durch Klasse. Sie zeugen nur wenige Kinder, daher darf diese Investition nicht gleich verloren gehen, wenn der erste Räuber an die Tür klopft. Gene, die Eltern zu egoistischen Angsthasen machen, die bei der kleinsten Bedrohung davonlaufen, haben keine große Zukunft.

In den 1960er Jahren brachten einige Evolutionsbiologen eine andere Idee ins Spiel. Sie begaben sich auf eine Ebene, die den Gründervätern der Evolutionstheorie nicht zugänglich war. Als klar wurde, dass sich die (erbliche) Varianz zwischen Individuen subtilen Unterschieden zwischen riesigen Molekülen verdankt, verursachte das in einigen Biologenköpfen Unbehagen. Die beiden essentiellen Zutaten der Evolutionstheorie, Varianz und Selektion, sind offensichtlich in verschiedenen Welten zuhause. Dieses eher formal motivierte Unbehagen wäre vielleicht kleiner gewesen, wenn nicht die eine oder andere Beobachtung schwer mit dem Konzept der Individualselektion in Einklang zu bringen gewesen wäre.

Verwandtenhilfe lässt sich auch bei primitiveren Organismen als Vögeln oder Säugetieren beobachten, bei Organismen, denen wir beim besten Willen keine proximalen Motive aus Empathie unterstellen können. So bilden Blattläuse oder Wasserflöhe manchmal kohärente Kolonien. Das bedeutet, sie leben in Verbänden auf sehr engem Raum zusammen. In solchen Kolonien finden bemerkenswerte funktionelle Spezialisierungen statt. Einige Tiere konzentrieren sich auf Nahrungsbeschaffung und Verteidigung, andere auf Fortpflanzung. Mit Individualselektion sind diese Spezialisierungen schwer zu erklären. Aber was steckt dann dahinter?

Ich muss an dieser Stelle noch einmal auf das unangenehme Thema des konkurrenzbedingten Infantizids zurückkommen, das oben als unappetitliche Konsequenz aus Individualselektion in Verbindungen mit einer bestimmten Sozialstruktur vorgestellt wurde. Mit Egoismus im psychologischen Sinn hat dieser Kindermord nichts zu tun. Gerne zuckt man an diesem Punkt mit den Schultern und sagt, das unschöne Verhalten diene eben dazu, »die eigenen Gene weiterzugeben«.

Was bedeutet das, wenn es zu Ende gedacht wird? Dabei geht es gar nicht um »individuelle Interessen«, sondern es handelt sich um eine Art evolutionsbiologisch eingeschliffenen Algorithmus, der Individuen darauf programmiert, so zu agieren, dass die Chance zur Weitergabe der eigenen Gene maximiert wird. Ultimative Ursache, statt proximaler Mechanismus!!! Diese Unterscheidung ist an dieser Stelle ausgesprochen wichtig.

Und jetzt wieder zu den Blattläusen. Beim Blick auf solche Kolonien fällt die »Extrem-Verwandtschaft« auf. Alle Tiere sind eineiige Zwillinge, die durch asexuelle Vermehrung entstanden sind. Aus der Perspektive der

Gene ist es also egal, welches Tier sich fortpflanzt. Entscheidend ist, dass die Gene das Kollektiv so organisieren, um möglichst viele in die nächste Generation zu retten.

Diese Verschiebung der Perspektive auf die Gene inspirierte den Biologen Bill Hamilton (1936–2000) zu einem radikalen Kunstgriff. Bei seinem Konzept der *Verwandtenselektion* (*kin selection*) ist der Grad der genetischen Verwandtschaft zwischen den Gruppenmitgliedern der entscheidende Knackpunkt. Auf den ersten Blick könnte man auf die Idee kommen, Verwandtenselektion wäre eine Form von Gruppenselektion. Aber eigentlich handelt es sich um zwei völlig verschiedene paar Schuhe. Bei »echter« Gruppenselektion wäre die Gruppe das primäre Objekt der Selektion, unabhängig davon, wie die Mitglieder einer Gruppe miteinander verwandt sind.[148] Beim Konzept der Verwandtenselektion ist dagegen der Grad der genetischen Verwandtschaft entscheidend.

Die Idee hat für Zunder unter dem Dach der Evolutionsbiologie gesorgt. Hamilton wollte Altruismus in Familien erklären und entwickelte dazu den Begriff Gesamtfitness (*inklusive Fitness*). Die *individuelle Fitness* ist eine Größe, die den aktuellen Fortpflanzungserfolg eines Individuums in Relation zur Konkurrenz charakterisiert. Die *inklusive Fitness* dagegen ist zunächst einmal nur eine mathematische Konstruktion. Sie betrachtet nicht den Moment, sondern verfolgt das Schicksal des Erbguts, genauer die zukünftige Frequenz der Allele über die kommenden Generationen hinweg. Dieser Blickwinkel ist typisch für Populationsgenetiker, die schon immer einzelne Genvarianten (Allele)[149] und weniger Individuen im Fokus hatten. Die Populationsgenetik definiert Evolution als die Verschiebung von Allelfrequenzen in Populationen über die Zeit. Diese Definition hat zunächst einmal vor allem heuristische Qualitäten, weil sich auf diese Weise die Dynamik von Evolution quantifizieren lässt.

Wenn wir nur auf zukünftige Allelfrequenzen schauen, werden dabei automatisch auch die Beiträge naher Verwandter gewichtet, die ja zum großen Teil Träger derselben Erbgutvarianten sind. Diese Perspektive lenkt die Aufmerksamkeit auf die kleinste potentielle Einheit der Selektion, auf die Gene. Wenn nicht Individuen, sondern einzelne Allele der Gegenstand der Selektion sind, wäre damit auf einen Schlag eine ganze Reihe von Problemen gelöst. Dann würde letztendlich nicht der Erfolg eines bestimmten Individuums oberste Priorität haben. Ein Gen hätte mehrere Strategien zur Auswahl, möglichst viele Allele in die Kinder- und Enkelgeneration zu transportieren. Geschwister teilen sich statistisch gesehen 50 % aller Genvarianten. Identische Allele gibt es auch bei anderen Verwandten, mit abnehmender Wahrscheinlichkeit, je geringer der Verwandtschaftsgrad ist. Die Wahrscheinlichkeit wird durch den sogenannten Verwandtschaftskoeffizienten *r* ausgedrückt. *r* ist gleich eins, wenn zwei Individuen exakt identische Allele aufweisen, was nur bei eineiigen Zwillingen der Fall ist. Mit Geschwistern teilen wir uns immerhin 50 % aller Allele ($r = 0{,}5$), mit Halbgeschwistern 25 % ($r = 0{,}25$), mit Vettern und Cousinen ersten Grades 12,5 % usw. Das Gleiche gilt auch in die zukünftigen Generationen hineinprojiziert. Die Geschwisterkinder teilen mindestens 50 % ihres Erbguts miteinander, Enkel noch 25 %, Urenkel 12,5 % usf. Nach Hamilton lohnen sich Verwandtenselektion und echter Altruismus[150] gegenüber Verwandten, wenn der Nutzen des Verhaltens aus der Perspektive der Allele höher ist als die Kosten. Hamilton formulierte prosaisch: *Eine kostspielige Aktion sollte durchgeführt werden, wenn* $c < (r \times b)$ *[c steht für Kosten (*cost*), r für den Verwandtschaftskoeffzienten, b steht für den Fitness-Nutzen (*= Bene-*fit)]*. Dieser Formalismus wurde später als ›Hamiltons Regel‹ bekannt. Der etwas exzentrische britische Mitbegründer der Populationsgenetik John Burdon Sanderson Haldane (1892–1964) fasste es plakativer zusammen: »I will jump into the river, to save two brothers or eight cousins«.[151] Der beredte Evolutionsbiologe Richard Dawkins (*1941) war es, der daraus das griffige Schlagwort vom »egoistischen Gen« machte.[152] Dawkins krönt die materiellen Träger der Varianz, die Gene, zu den eigentlichen Akteuren der Evolution. Gene seien Strukturen, die – so Dawkins' verführerischer Anthropomorphismus – ein einziges Ziel[153] hätten: Sie wollen sich vervielfältigen. Dawkins treibt es auf die Spitze: Ein Huhn ist für Hühnergene nichts als ein Vehikel, das sie möglichst sicher und effizient in die nächste Generation befördert.

Der heuristische Nutzen der genzentrierten Perspektive ist unbezweifelt. Sie gibt uns ein Instrument in die Hand, das Schicksal von Allelen im Längsschnitt, mitunter auch in Abhängigkeit von verschiedenen Selektionsbedingungen ziemlich präzise nachzuverfolgen. Der »Genozentrismus« liefert sogar eine quantitative Theorie zur Verwandtenselektion, die eine Evolution uneigennützigen Verhaltens zwischen Verwandten unter bestimmten Umständen auch mathematisch plausibel macht. So gibt es empirische Belege, die das Konzept stützen, auch wenn im Einzelfall sehr oft nachzuweisen ist, dass ein bestimmtes Verhalten wirklich Effekte zeitigt, die der Bedingung der hamiltonschen Ungleichung genügen.

Bei zahlreichen Arten hängt die Entscheidung zur Kooperation tatsächlich stark vom Verwandtschaftsgrad ab.[154] Weibchen sorgen aufopfernd für die eigenen Jungen, seltener für die Tiere anderer Eltern im Verbund. Ausnahmen sind möglich! Bei Primaten kooperieren Mütter von Neugeborenen oft mit halbwüchsigen Weibchen des Rudels, die selbst noch kein Kind haben. Der Babysitterjob scheint zunächst ein banales Geschäft zu beiderseitigem Nutzen zu sein. Die Mutter kann auf Nahrungssuche gehen, das halbwüchsige Weibchen sammelt schon einmal erste Erfahrungen in der Kinderbetreuung. Dahinter könnte aber mehr stecken, denn überzufällig häufig werden die jüngsten Schwestern der Mutter zum Babysitter bestellt.[155] Generell korreliert das Engagement von Primatenvätern bei der Kinderpflege damit, wie sicher sich das Männchen sein kann, auch der genetische Vater zu sein. Bei den Marmosetten, eine Gattung der Krallenaffen, die stabile Paarbindungen pflegen, übernehmen Männchen große Teile der Kinderpflege. Bei den weniger soliden Pavianen, wo sich das Weibchen während der Brunst mit mehreren Männern paart, sind die Männer deutlich zurückhaltender.

Eine Sache scheint der Theorie vom egoistischen Gen und der Verwandtenselektion aber gewaltig in die Quere zu kommen. So gibt es etwas, was die meisten sich sexuell reproduzierenden Tiere meiden, wie der Teufel das Weihwasser. Das ist die Inzucht. Wäre es (für Gene) demgegenüber nicht am effektivsten, wenn sich gleich Bruder und Schwester paaren? Theoretisch wäre es das in der Tat!

Nur stehen wir hier vor einem Zielkonflikt, einer klassischen *Trade-off*-Situation.[156] Im nächsten Kapitel wird noch deutlicher werden, warum Inzucht ein Problem ist. Ohne jetzt schon ins Detail zu gehen, sei hier kurz an das Wissen um die Heiratspraxis europäischer Adelshäuser erinnert, dass Inzucht das Risiko schwerer Erbkrankheiten massiv erhöht und die Fruchtbarkeit mindert. Die Nachteile der Inzucht überwiegen irgendwann die theoretischen Vorteile der Geschwisterhochzeit. In Modellrechnungen kommt man zu dem Schluss, ein Optimum zwischen beiden gegenläufigen Effekten würde bei Heiraten mit dem Cousin oder der Cousine dritten Grades erreicht werden. Nun haben zumindest Menschen noch andere Präferenzen bei der Partnerwahl, als nur ihren »egoistischen Genen« zu Willen zu sein.[157] Aber bei Tierarten wie Fruchtfliegen,

Fischen, Wachteln, Fregattvögeln, Zebrafinken oder der Madegassischen Riesenratte wurde die aus der Theorie abgeleitete Vorliebe für Cousins/Cousinen zweiten oder dritten Grades tatsächlich beobachtet.[158]

Bis heute streiten sich die Gelehrten, wie ernst dieser Paradigmenwechsel zu nehmen ist. Sind die Gene wirklich die wesentlichen Objekte der Selektion oder handelt es sich beim Konzept des »egoistischen Gens« eher um eine Art von universellem, heuristischem Werkzeug? Theorien sind für Wissenschaftler kein Selbstzweck, sondern Instrumente. Sie wollen damit Probleme sezieren. Je nachdem, was auf dem Teller liegt, greifen sie zu Löffel, Gabel oder Messer. Die Natur des Problems bestimmt die Wahl des Werkzeugs.

Die Gene zum Objekt der Selektion zu krönen, war insofern ein schlauer Kunstgriff, weil damit endlich eine universelle Analyseebene entstand. Trotzdem muss sich diese Perspektive in der Praxis bewähren. Eine schöne Illustration des Problems lieferte der Neurobiologe Robert Sapolsky (*1957):[159] Nehmen Sie an, Ihnen wäre aufgefallen, durchgehende Augenbrauen, der »Frida-Kahlo-Phänotyp«, würden in der Bevölkerung immer seltener. Als »genozentrisch« orientierter Doktorand würden Sie versuchen herauszufinden, welche Gene für dieses Merkmal verantwortlich sind. Sie würden erforschen, wie diese Gene reguliert werden und was sie anstellen, das ihnen möglicherweise zum Nachteil gereichen könnte. Als jemand, der auf dem Boden der Individualselektion steht und der im Phänotyp das Nadelöhr sieht, durch das jede Generation hindurchmuss, würden Sie Hypothesen zur funktionellen Bedeutung durchgezogener Augenbrauen untersuchen: Möglicherweise sind es Merkmale, die sich negativ bei der Partnersuche auswirken (sexuelle Selektion!)? Vielleicht sind die Augenbrauen auch nur Epiphänomene, die mit einem echten Selektionsnachteil gekoppelt sind, oder sie schlucken so viel Sonnenlicht, dass die frontale Hirnrinde durch Unterkühlung geschädigt wird.[160] Ich will an dieser Stelle keine Wette eingehen, welcher der beiden Doktorandentypen als Erster eine Publikation einreichen wird. *A priori* ist das Rennen offen.

Und da wäre noch ein Punkt. Streng genommen handelt es sich bei der »genozentrischen« Sichtweise um eine Denkschule, die in zwei Varianten vorkommt, einer harten und einer weichen. Die harte Schule wird durch Richard Dawkins Metapher vom »egoistischen Gen« repräsentiert. Auch wenn wir uns ganz auf dieses sehr anthropomorphe Bild einlassen, ist Fortpflanzung – zumindest aus der Perspektive der Gene – doch fast immer ein Mannschaftsspiel. Menschliche Gene sitzen mit über 20 000 Schicksalsgenossen in einem Boot, mit denen sie ihre Reise in die nächste Generation antreten. Quertreiber haben es da schwer.[161] Um sich zu vervielfältigen, sind Gene auf Vehikel angewiesen. Diese Vehikel sind »individuelle« Organismen, von den Genen angeblich ausschließlich dazu konstruiert, ihnen möglichst wirkungsvoll zu ihrem Recht zu verhelfen. Organismen sind aber Strukturen, die komplizierten Checks und Balances unterworfen sind. Tanzt dabei ein Gen aus der Reihe, geht womöglich das ganze Boot unter. In vielen Fällen ist das Schicksal eines Gens auf Gedeih und Verderb mit dem seines »Vehikels« verknüpft. Die Evolution hat viele Mechanismen geschaffen, die Gene, die einen zu ungebremsten Egoismus an den Tag legen, an die Kandare zu nehmen. Solche Kontrollmechanismen beruhen zwar wiederum auf Genen, denen wir zugestehen könnten, eben ihre Eigeninteressen durchzusetzen. Viele Vertreter der »weichen Variante« sind aber der Meinung, man würde das Kind mit dem Bade ausschütten, wenn tatsächlich einzelne Gene zu den Akteuren der Evolution gekrönt werden würden, und verfechten das Prinzip der Genomselektion,[162] bei dem eine Art Netto-Bilanz über dem gesamten Ensemble aller Gene eines Individuums aufgemacht wird.

Kooperationen zu beiderseitigem Nutzen, nur vordergründig altruistische Handlungen, die für großzügige Geber letztendlich von Vorteil sind, reziproke Kooperationen nach dem *»Wie du mir, so ich dir«-Prinzip* und die Verwandtenselektion beziehungsweise das Konzept der egoistischen Gene/Genome können viele Formen uneigennützigen und kooperativen Verhaltens im Tierreich erklären. Braucht es da noch einen Kandidaten für das Objekt der Selektion?

EXKURS **ARGUMENTE FÜR GRUPPENSELEKTION**

Darwin selbst ging mit dem Problem des Objekts der Selektion eher sorglos um. Obwohl er in seiner Theorie die Individualselektion betont, bediente sich Darwin – falls argumentativ nötig – auch des Konzepts der Gruppenselektion: »Wenn ein Stamm viele Mitglieder besitzt, die […] stets bereitwillig anderen helfen und sich für das allgemeine Wohl opfern, so wird er über andere Völker den Sieg davontragen; dies würde natürliche Zuchtwahl sein. […] Da die Sittlichkeit ein wichtiges Mittel zu ihrem Erfolg ist, werden der Grad der Sittlichkeit und die Zahl gutbefähigter Menschen überall höher und größer werden«, heißt es in *Die Abstammung des Menschen*. Die (evolutionsbiologisch betrachtet) extremste Form von Uneigennützigkeit ist die *Eusozialität*. Die altgriechische Vorsilbe *eu* bedeutet »echt« oder »gut«. Eusoziale Arten treiben den reproduktiven Altruismus auf die Spitze. Ein ganzes Volk tritt an und errichtet einen Staat, der einzig und allein dem Zweck zu dienen scheint, die Fortpflanzung der Führungsspitze, oft einer einzigen Königin, zu gewährleisten. *Eusozialität* ist ein biologischer *Terminus technicus*. Sie ist durch folgende Merkmale charakterisiert:

1. *Die Fortpflanzung ist monopolisiert. Es gibt nur ein (oder eine Handvoll) Weibchen, die Königin, die sich mit nur einem (oder sehr wenigen Männchen) paart.*
2. *Die meisten Nachkommen der Königin pflanzen sich nicht fort und arbeiten zum Wohl der Gruppe (reproduktiver Altruismus).*
3. *Die meisten Nachkommen bleiben ihr Leben lang bei der Gruppe, wodurch ein Mehrgenerationensystem entsteht (lebenslange Philopatrie).*
4. *Unter den nicht-reprozierenden Mitgliedern der Gruppe entwickelt sich Arbeitsteilung (Arbeiter, Soldaten).*

Allerdings gibt es nur sehr wenige Tierarten, die sich auf ein derart extremes Sozialleben verlegt haben. Im Wesentlichen handelt es ich um soziale Insekten, Ameisen, Wespen, Bienen und Termiten.[163] *Eusozialität* scheint auf den ersten Blick ein Paradebeispiel für Gruppenselektion zu sein. Nun sind soziale Insekten etwas sehr Spezielles. Ihre besondere Genetik macht zum Beispiel die Honigbienen zu Fast-Zwillingen. Die Arbeiterinnen der Bienen haben einen Verwandtschaftskoeffizienten von 0,75 und nicht, wie bei Geschwistern üblich, von 0,5. Man könnte ein Bienenvolk fast als eine Art genetischen Superorganismus bezeichnen. Bill Hamilton nahm dies zum Anlass und versuchte, seine Regel auf diesen Spezialfall anzuwenden, und rechnete nach. So musste er feststellen, dass die Eusozialität der Bienen durchaus mit dem Konzept der Verwandtenselektion vereinbar sei.[164] Wenn aber selbst der extreme reproduktive Altruismus eusozialer Insekten durch Verwandtenselektion erklärt werden kann, was braucht es dann noch die Gruppenselektion?

Nicht nur soziale Insekten, auch viele andere Tierarten leben in Sozialstrukturen, die weit über die Vater-Mutter-Kind-Kleinfamilien hinausgehen. Sie bilden Rudel, Stämme oder gar Völker. Leben in Gruppen scheint also ein attraktives Konzept zu sein. Solche großen sozialen Gruppen könnten kooperative Strukturen entwickeln, die sich auf die Fitness des gesamten Verbundes auswirken. Prinzipiell könnten sie als Gruppen das oben genannte »Mehrwert-Kriterium« erfüllen und dadurch zum Ziel der Selektion werden. Wichtig ist, dass bei der Gruppenselektion eine *spezifische Eigenschaft der Gruppe* selektiert werden muss, die mehr ist, als die bloße Aufsummierung der Eigenschaften von Individuen. Bei Biologen ist die Gruppenselektion etwas in Verruf geraten, da sie in ihrer ursprünglichen Form, zum Beispiel vertreten von dem Zoologen Vero Copner (»VC«) Wynne-Edwards (1906–1997), vielleicht etwas naiv daherkam. Wynne-Edwards' Standpunkt und noch mehr seine Popularisierung in Tierfilmen luden dazu ein, nachteiliges individuelles Verhalten als »persönliches Opfer zum Wohle der Art« misszudeuten, eine Perspektive, die im Rahmen der Evolutionstheorie kaum zu erklären ist. Vertreter dieser klassischen Version der Gruppenselektion gehen davon aus, Selektion könne Eigenschaften fördern, die für Gruppen von (auch nicht-verwandten) Individuen von Vorteil sind, dem betroffenen Individuum selbst aber zum (reproduktiven) Nachteil gereichen.[165] Diese Vorstellung führt aber in einen Abgrund von Widersprüchlichkeiten.

Prinzipiell wäre Gruppenselektion aber denkbar. Um es mit den Worten des berühmten Evolutionsbiologen Ernst Mayr zu sagen, Gruppenselektion[166] findet statt, wenn die Gruppe aufgrund »der sozialen Kooperation ihrer Mitglieder einen höheren Eignungswert [besitzt] als es dem arithmetischen Mittel aus den Eingangsworten aller ihrer Mitglieder entsprechen würde.«[167] Gruppenselektion scheint also möglich, ist aber schwer nachzuweisen. Das liegt auch daran, dass Gruppenmitglieder oft auch verwandt sind und Verwandtenselektion und echte Gruppenselektion interferieren können.

Nehmen wir die steinzeitlichen Jäger- und Sammlergemeinschaften. Ohne kooperative Jagdstrategien hätten Menschen damals keine Chance gehabt, Mammuts oder Wollnashörner zu erlegen. Gleichzeitig bot die Gruppe auch Schutz gegen Angriffe von außen, gegen große *Prädatoren,*[168] aber auch gegen konkurrierende Gruppen derselben Art. Wenn sich Gruppen gegen Feinde verteidigen, kann dies auf Strategien beruhen, die kurzfristigen Zielen Einzelner sogar zunächst zuwiderlaufen.

Strategien zur kollektiven Jagd oder zu kollektiver Verteidigung profitieren außerdem von der Fähigkeit zu effizienter Kommunikation. Da Kommunikationsfähigkeit *per Definition* eine Eigenschaft ist, die über das Individuum hinausgeht, wäre hier ein Ansatz für ein adaptives Merkmal gegeben, das sich erst auf der Ebene der Gruppe manifestieren kann. Diese Form der Gruppenselektion würde die Selektion auf Individualebene oder die Verwandtenselektion nicht ersetzen, bestenfalls ergänzen und überlagern. Vergessen wir aber nicht, dass der Mensch diejenige Spezies ist, die eine zweite Form der Evolution angestoßen hat, die Evolution der Kultur. Diese Ebene gehorcht anderen Regeln als die Biologie und hier ist Gruppenselektion nicht nur denkbar, sondern leider auch mit einigen ganz realen und überaus unschönen Aspekten der Menschheitsgeschichte verknüpft.[169]

EXKURS **AUF DREI BEINEN STEHT ES SICH AM BESTEN: *MULTI-LEVEL-SELEKTION***

Alles fing mit der Frage nach einer biologischen Erklärung für altruistisches Verhalten an. Wir haben gesehen, die *Fitness* im Sinne der Evolutionstheorie bedeutet erfolgreiche Fortpflanzung und nicht »Überleben des Stärkeren«. Wir haben auch gesehen, kooperatives Verhalten kann auf unterschiedlichen Ebenen durch Individualselektion, durch Verwandtenselektion und durch opportunistische Kooperationen entstehen.

Vielleicht herrscht in unseren Köpfen mehr Verwirrung als draußen in der Wildnis. Das mag mit Begrifflichkeiten zu tun haben. Der Wissenschaftsphilosoph Elliot Sober (*1948) schrieb Mitte der 1980er Jahre, Selektion könne überall dort stattfinden, wo es *replikationsfähige Einheiten* gibt.[170] Das klingt nach einem salomonischen, bei Licht besehen aber faulen Kompromiss. Sobers Trick besteht darin, den Begriff der Selektionsebene durch den neuen, aber in der Praxis ebenso schwierig zu fassenden Begriff der *replikationsfähigen Einheit* zu ersetzen. In der Tat steckt hierbei der Teufel in dem Wörtchen »Einheit«. Vielleicht sollten wir tatsächlich unser Konzept des *Individuums* überdenken. Anstatt über Selektionsebenen zu streiten, könnten wir den Spieß umdrehen: Selektion kann stattfinden, sobald es auf einer bestimmten Ebene etwas gibt, was als Einheit, was wie ein *Individuum* agiert. Eine solche Einheit wäre ein kooperativer Verbund, der mehr ist oder mehr kann als die Summe seiner Teile und daher als solcher zum Objekt der Selektion werden könnte, weil nur der Verbund den entsprechenden phänotypischen Vorteil, den »Mehrwert«, aufzuweisen hat, der durch die Selektion bevorzugt wird.

Wenn wir zurückschauen, müssen wir feststellen, dass die Evolution im Lauf der Geschichte mehrfach die Pferde gewechselt und das Konzept des Individuums auf eine nächsthöhere Organisationsebene gehoben hat.[171] Als das Leben entstand, waren es zunächst einzelne große Moleküle, die miteinander um die effizienteste Struktur zur Selbstverdopplung wetteiferten.[172] Mit dem Auftritt der Bakterien[173] vor drei Milliarden Jahren entstand eine höhere Organisationsebene. Mehrere Typen von Molekülen wurden durch eine Art Seifenblase integriert und haben sich zu einem Reproduktionsverbund zusammengeschlossen, den wir Zelle nennen.[174] Das erste echte Lebewesen war geboren und das Konzept des Individuums wurde jetzt durch eine Zelle repräsentiert. Mit der Entstehung von Vielzellern haben die Zellen Individualität und Autonomie aufgegeben. Das Leben im Verbund legte ihnen vielfältige Fesseln an.[175] Damit war der Punkt erreicht, an dem sich Sobers »reproduktive Einheit« mit unserem alltagssprachlichen Gebrauch des Begriffs *Individuum* deckt. Spätestens seit der Erfindung des Sex können die Begriffe aber wieder auseinanderlaufen. Sex ist ein Gemeinschaftsprojekt von Mann und Frau. Bei allen Lebensformen, bei denen das Projekt Nachwuchs mit dem Koitus nicht abgeschlossen ist, sondern die Partner zusammenbleiben und synergistisch oder arbeitsteilig agieren, um die nächste Generation erfolgreich ins Leben zu führen, ist ein Elternpaar mehr als die Summe seiner Teile. Dabei könnte zum Beispiel die Qualität einer Beziehung zum Objekt der Selektion werden.

Auch die Selektion von Individuen ist ein Prozess, der von Kompromissen geprägt ist. Letztendlich entscheidet der Phänotyp, und der setzt sich aus positiven und negativen Beiträgen einer Vielzahl von Allelen zusammen. Entscheidend ist der Netto-Nutzen des genetischen Gesamtpakets. Gruppenselektion könnte Gene selektieren (und das sind vermutlich viele), die einen Beitrag zum sozialen Zusammenhalt der Gruppe leisten. Ich halte das Bild vom *egoistischen Gen* für ein wertvolles Gedankenspiel, aber auch für eine Perspektive, die wir nicht überstrapazieren sollten. Natürlich sind Gene dauerhafter als Menschen. Manche unserer Gene existieren in kaum veränderter Form seit mehreren hundert Millionen Jahren.[176] In diesem Sinne sind die Gene das, was von der Evolution bleibt. Einige Gene verhalten sich aber alles andere als egoistisch. Sie treiben ihren »Carrier«, die Zelle, in den Selbstmord und nehmen alles, sich selbst, die anderen Gene, die ganze Zelle mit in den Abgrund.[177] Selbstmordgene arbeiten zum Wohl eines Organismus, zum Beispiel im Rahmen der Ontogenese, wenn Gliedmaßen und Organe entstehen, aber auch, um Zellneubildung und Zelltod im gesunden Gleichgewicht zu halten. Ein *Genozentriker* könnte einwenden, eben auch Gene machten eine Art von »per saldo«-Rechnung auf. Das wäre dann Verwandtenselektion auf Genomebene *pur*. Und da wäre noch ein zweites Problem. Die Selektion ist für die Gene selbst und ihre Veränderungen vollkommen blind. Selektiert wird indirekt, nämlich auf das, was ein Gen mit einem Organismus anstellt. Es wird ein bestimmter »Phänotyp« selektiert. Ausgerechnet von Richard Dawkins stammt eine schöne Metapher, die die Beziehung zwischen Genotyp und Phänotyp und die Frage nach dem Ansatzpunkt der Selektion illustrieren soll. Den Genotyp vergleicht er mit einem Kuchenrezept. Der Phänotyp ist das, was dabei herauskommt, der Geschmack des Kuchens. Phänotypisten wie Ernst Mayr würden sagen, der Erfolg des Rezepts hänge vom Geschmack ab. Dafür spricht einiges. Genotypisten kaprizieren sich auf Buchstabenfolgen und meinen, das Rezept sei der primäre Replikator. Wer hat recht? Wer oder was wird selektiert? Der Geschmack des Kuchens? Die Buchstaben des Rezepts?

In der Kuchenmetapher steckt noch mehr: Eine ein-eindeutige Beziehung zwischen Rezept und Geschmack liegt, hier wie dort, nicht vor. So gibt es etwa fähige und weniger fähige Bäcker.[178] Im nächsten Kapitel werde ich genau diesen Punkt in aller Breite behandeln, um klar zu machen, dass die Beziehungen zwischen Genen und Phänotyp oft uneindeutig sind.[179] Auch die komplizierte Struktur dieser Mesalliance legt nahe, wir sollten die Rede vom »egoistischen Gen« nicht zu wörtlich nehmen.

Für Ernst Mayr, den Doyen der Biologie des 20. Jahrhunderts, ist der Konflikt entschieden: Mayr ist der Meinung, das Individuum sei und bleibe der wichtigste Angriffspunkt der Selektion.[180] Von ihm stammt die Idee, zwischen den Fragen »Wer wird selektiert?« (Individuen) und »Wofür wird selektiert« (für bestimmte Genvarianten) zu unterscheiden. Er verdeutlicht den Unterschied am Beispiel des *Hämoglobin-(Hb)-Gens.*[181] Im Genpool der Menschheit gibt es mehrere *Hb*-Varianten. Eine ist das sogenannte *HbS-Allel.* Menschen, die beide *HbS*-Allele erben, leiden an der Sichelzellanämie. Sie sterben bevor sie Nachkommen hinterlassen. Unter normalen Umständen arbeitet die Selektion also gegen das *HbS*-Allel. In Gebieten, in denen die Malaria weitverbreitet ist, kann es aber von Vorteil sein, zumindest ein *HbS*-Allel zu besitzen, weil Menschen (Individuen), die eines der beiden *HbS*-Allele geerbt haben, gegen Malaria resistent sind. Wer wird also selektiert? In beiden Fällen sind es Menschen. Welche Allelkombination bevorzugt wird (HbS –/+ oder HbS –/–), ist vom Kontext abhängig. In einem Malariagebiet wird das *HbS-Allel* selektiert,[182] in unseren Breiten nicht. Es mag Fälle geben, bei denen sich Gene unabhängig von dem disziplinierenden Kontext von Zellen[183] oder Individuen vermehren und sich eher wie Parasiten benehmen.[184] Unter solchen Bedingungen ist die genetische Selektionsebene unmittelbar relevant. In den meisten Fällen aber haben sich Gene zu einer Koalition verabredet, die wir Organismus nennen. Die Gene der Koalition sind dem Erfolg ihrer Vehikel verpflichtet. Und dieser Erfolg hängt wiederum nicht selten davon ab, ob es dem Vehikel gelingt, seinerseits Koalitionen und Kooperationen zu schmieden, Eigenschaften zu besitzen, die über die bloße Aufsummierung der Fähigkeiten Einzelner hinausgehen.

Im Tierreich haben sich sehr unterschiedliche Formen sozialen Lebens entwickelt. Manche Arten bestehen aus monomanen Einzelgängern, die selbst ihre Fortpflanzung nach dem »Fire and forget«-Prinzip organisieren. Bei vielen polygynen Arten kümmern sich Männchen herzlich wenig um die Zukunft, vor allem nicht um zukünftige Fortpflanzungschancen des Weibchens. Hier spielen zum Beispiel intra-genomische Konflikte (Selektion auf Gen-Ebene!) zwischen mütterlichen und väterlichen Genen eine größere Rolle als bei den Arten, die monogame Paarbeziehungen pflegen.[185] In dem Moment, in dem die Kindererziehung zum Gemeinschaftsprojekt wird, zielt die sexuelle Selektion auf andere Gene ab als bei den polygynen »*The winner takes it all*«*-Arten.* Viele Säugetiere haben Lebensformen entfaltet, bei denen die relevanten Sozialstrukturen weit über die Kleinfamilie hinausreichen. Nicht zu reden von den Supergesellschaften, die die eusozialen Bienen und Ameisen entwickelt haben.

Man kann daher die relative Bedeutung von Gen-, Individual-, Verwandten- oder gar echter Gruppenselektion nicht losgelöst von der Sozialstruktur der betreffenden Tierart diskutieren. Höchste Zeit für eine salomonische Lösung. Die Biologie hat sich inzwischen mit der Idee mehrerer Selektionsebenen, der Idee der Multi-Level-Selektion, angefreundet, auch wenn ein mathematischer Formalismus, der die potentiellen Beiträge der verschiedenen möglichen Selektionsniveaus in einer konkreten Situation beschreiben könnte, nicht in Sicht ist. Das ist aber ein Thema für Spezialisten. So bleibt festzuhalten: Auch das Problem des wahren Objekts der Selektion ist nichts, was die Evolutionstheorie insgesamt ins Wanken bringen könnte.

ERSTE ZWISCHENBILANZ: DIE BIOLOGIE DER EVOLUTION

Wie ernst müssen wir Darwin & Co nehmen? Immer ist dabei von Evolutions-*Theorie* die Rede. Theorie wird jedoch manchmal gleichgesetzt mit unbewiesener Spekulation. Um es also gleich vorweg zu sagen: Nein, es gibt keine ernst zu nehmende Alternative zur Evolutionstheorie. Wenn ich schließlich von *Theorie* spreche, dann im Sinne des Oxford English Dictionary, als »ein[em] System von Ideen, aufgestellt, um ein Phänomen zu erklären, was auf allgemeinen Prinzipien beruht, die unabhängig vom erklärten Gegenstand sind«.[1]

Die Evolution ist eine Tatsache. Und es gibt nichts, was sie besser erklären könnte als der Darwinismus im modernen Gewand. Wer die Evolution leugnet, trägt ähnlich große Scheuklappen wie jemand, der die Schwerkraft bestreitet.[2] Dieses Kapitel wurde aber nicht geschrieben, um die Evolutionstheorie zu verteidigen. Das haben andere kundiger und beredter getan.[3]

Die eigentliche Frage lautet: Was lernen wir aus der Evolutionstheorie über den Menschen? Da wäre zunächst einmal unsere Herkunft. Menschen sind ein Produkt der Evolution. Wir *sind* Tiere, die auf einem kleinen Zweig des gewaltigen Stammbaums sitzen, der vor Milliarden Jahren zu keimen begann. Diese Tradition ist keine Kleinigkeit. Ich möchte hier nicht darauf herumreiten, die Evolution habe uns vom Thron der Einzigartigkeit gestoßen. Der wesentliche Punkt ist, dass unsere tierische Vergangenheit die Voraussetzung dafür ist, ein Buch wie dieses überhaupt zu schreiben. Weil wir (auch) Tiere sind, können wir aus der Beobachtung anderer Tiere etwas über uns lernen. Tierversuchsgegner haben die Moral gerne ganz auf ihrer Seite. Ambivalenzen oder Güterabwägungen hassen sie wie die Pest. Sie möchten sich nicht fragen, ob es legitim ist, Versuche an Tieren zu machen, wenn daraus Erkenntnisse gewonnen werden, die helfen, krebskranke Kinder zu heilen. Um dieser

Zwickmühle zu entgehen, behaupten sie keck, Erkenntnisse aus der Biologie von Tieren seien nicht auf den Menschen übertragbar. Wer diesen Standpunkt vertritt, der offenbart nicht nur seine Ignoranz gegenüber der Geschichte der Biologie und Medizin,[4] er verkennt auch eine wesentliche Konsequenz der Evolutionstheorie:

Wir sind graduelle Weiterentwicklungen von Entwürfen, die teilweise hunderte Millionen Jahre alt sind. Der genetische Code ist universell. Er gilt, egal ob wir Bakterien oder Menschen anschauen! Die Struktur der DNA ist die Doppelhelix, egal ob es sich um die DNA vom Menschen oder vom Regenwurm handelt. Von keinem Tier haben wir mehr über die Anordnung unserer Gene gelernt als von der kleinen Fruchtfliege *Drosophila*. Wesentliche Erkenntnisse über die Funktion des menschlichen Immunsystems stammen aus Arbeiten mit Mäusen. Übertragbarkeit ist immer eine Sache der Fragestellung und der Auswahl eines geeigneten Modellsystems. Das Wichtigste ist aber: Was für Anatomie und Physiologie gilt, trifft auch für die ererbten Aspekte des menschlichen Verhaltens zu. Auch hier stehen wir in der Tradition einer Stammesgeschichte.

Ist das eine schlechte Nachricht? Ich meine, nein! Charles Darwin spricht im Titel seines wichtigsten Werks zwar vom *Struggle for Life*. Der Sozialphilosoph Herbert Spencer aber lieferte dazu die komplementäre Formel »survival of the fittest«. Schon im englischen Original waren diese Formulierungen missverständlich. Mit der Übersetzung ins Deutsche war das Missverständnis perfekt: »Struggle for Life« wurde gerne als »*Kampf* ums Überleben« und »survival of the fittest« als »Überleben des Stärkeren« übersetzt. *Kampf* und *Stärke* sind Metaphern – zu allem Unglück höchst irreführende Metaphern, weil sie wenig mit dem gemein haben, was mit dem biologischen Begriff *fitness* gemeint ist.

Denn die moderne Theorie der Evolution taugt gleich aus zwei Gründen nicht zum Kronzeugen für ein allzu pessimistisches Menschenbild. Der erste Grund beruht auf Erkenntnissen über die Biologie der Evolution. Der zweite weist über die Evolution hinaus und hat damit zu tun, dass wir sehr spezielle Tiere sind, die etwas in Gang gesetzt haben, das sich nicht mehr sinnvoll ausschließlich innerhalb biologischer Kategorien und Begrifflichkeiten beschreiben lässt. Davon mehr in Kapitel Vier.[5]

Bis hierhin lautete die Lektion: Die Evolution optimiert Menschen eben nicht zwangsläufig zu egozentrischen Kampfmaschinen. Um solche Missverständnisse zu vermeiden, führten John Maynard Smith und George R. Price

(1922–1975) in den 1970er Jahren die Metapher vom Spiel in die Evolutionstheorie ein.[6] Natürlich gibt es in der Natur Jäger und Gejagte. Natürlich verspeisen Tiere andere Tiere. Trotzdem ist das Bild des Spieles angemessener als die Metapher vom Kampf. Bei der Evolution geht es nicht um die Vernichtung des Gegners. Nicht einmal Sieg oder Niederlage steht dabei im Vordergrund. Ziel ist es, im Spiel zu bleiben und selbst neue erfolgreiche Spieler großzuziehen. Dabei kann es unter Umständen von Nutzen sein, dafür zu sorgen, es auch den Mitspielern gut gehen zu lassen. Mathematische Modelle aus der Spieltheorie wurden auf die Biologie übertragen und haben gezeigt, dass in vielen Situationen nicht Konfrontation, sondern Kooperation und Geschäfte zu beiderseitigem Nutzen die Mittel der Wahl sind, im Spiel zu bleiben. Die Natur dieses Spieles ist dynamisch. Ständig wechseln Regeln, Rahmenbedingungen und Mitspieler. Daher gibt es keine absolut optimale Strategie oder gar eine ultimative Waffe, die den Erfolg für alle Zeiten sichert. Biologische *Fitness* ist keine absolute Größe, losgelöst von Raum und Zeit. Was heute nützlich ist, kann morgen zur Last werden.

Aber wie halten wir es mit der Moral? (Wie) hat uns die Logik der Evolution in dieser Hinsicht ausgestattet? Disponiert sie uns zum Schurken oder zum Samariter? Oder reden wir hier von einer Kategorie, die auf dieser Ebene unserer Biologie nicht zu finden ist, weil sie ein Kulturphänomen ist, das im Dachgeschoss des Weltgebäudes[7] wohnt? Mit Darwins Theorie im Hinterkopf geht es jetzt mitten hinein in die uralten Debatten um die Natur von Gut und von Böse.

JENSEITS VON EDEN

Mythen vom edlen Wilden, von Lämmern und Wölfen und von Gut und Böse

Im Jahr 1999 hielt ein deutscher Professor in einem luxuriösen Hotel am Rande der Alpen einen Vortrag. Der Redner, Peter Sloterdijk (*1947), verkündete, dass der traditionelle Humanismus als kulturelle Quelle der Moral abgewirtschaftet habe. Er spielte – wenn auch etwas nebulös – mit dem Gedanken, in Zukunft müsse nicht mehr der Kultur, sondern womöglich der Gentechnik obliegen, für die Erneuerung der menschlichen Moral zu sorgen. Sloterdijk stellte die Frage, »ob aber die langfristige Entwicklung [(gentechnologischer?) ›Anthropotechniken‹] auch zu einer genetischen Reform der Gattungseigenschaften führen wird«. Und weiter: »Dies sind Fragen, in denen sich, wie auch immer verschwommen und nicht geheuer, der evolutionäre Horizont vor uns zu lichten beginnt.«[1]

Vielleicht hat sich Sloterdijk nur im Dickicht der eigenen Metaphorik verheddert.[2] Denn selbst wenn wir zugestehen, menschliche Moral habe eine genetische Komponente, bedeutet das noch lange nicht, »bessere Menschen« züchten zu können. Die biologischen Gründe dafür treten im nächsten Kapitel zutage.[3] Wenn ich also die Geschichte der Philosophie richtig verstanden habe, haben sich die Philosophen in den vergangenen 2500 Jahren außerdem vergeblich bemüht, sich auf einen objektiv und absolut gültigen Katalog moralischer Regeln zu einigen.

Gerade aus dem Mund des Philosophen klingt der Vorschlag daher abenteuerlich, ausgerechnet die Moral zum »Zuchtziel« zu erheben. Aber das ist nicht das eigentliche Problem. Viel fundamentaler ist die Frage, ob es überhaupt eine Biologie der menschlichen Moral gibt. Mithin geht es also um den alten Streit, ob der Mensch »von Natur aus« gut oder böse oder ob er moralisch unbestimmt ist. Sind Menschen »des Menschen Wolf«, nur mühsam gezähmt durch die zivilisierende Kraft von Kultur und Staat? Oder sind wir – frei nach Rousseau – von Natur aus im Grunde gut, aber durch die Macht widriger Verhältnisse korrumpiert? Oder haben – eine dritte Möglichkeit – Gene und Moral überhaupt nichts miteinander zu tun? Im zweiten Fall wäre Sloterdijks Vorstoß überflüssig, im dritten irrelevant.

Um es vorweg zu sagen: Schon wer die Frage in dieser schlichten dichotomen Form stellt, vermischt wieder die Ebenen in unzulässiger Weise. Das deutet auch der Philosoph Ernst Thugendhat (*1930) an, wenn er in einer kritischen Replik auf Sloterdijk schreibt: »Mit den [ethischen] Normen ist es wahrscheinlich ähnlich wie mit den Zahlen: Was man sich als genetisch bedingt denken kann, ist das Vermögen, zählen zu lernen, und das Vermögen, Normen zu lernen. Man kann sich Gene vorstellen, die das Lernen und Begründen genetisch bedingen, erleichtern, verhindern. Aber man kann es sich nicht gut als genetisch bestimmt vorstellen, dass dann entweder das eine oder das andere normative System für richtig gehalten wird.«[4]

Ein vergleichender Blick auf Biologie- und Menschheitsgeschichte sollte genügen, um Thugendhats Einwand ernst zu nehmen. Das Genom der Menschheit hat sich bis auf wenige punktuelle Ausnahmen seit der Jungsteinzeit nicht verändert. Unsere biologische Moral – so es sie gibt – wäre also die Moral der Steinzeit. Dagegen fällt auf, dass im Laufe der vergangenen 12 000 Jahre durchaus immer wieder neue moralische Normen, Regeln, Prinzipien und Praktiken auftauchten, die in ihrer Zeit innovativ waren und teils bis heute Wirkung zeigen, wenn auch nie unumstritten oder von allen akzeptiert. Ich versuche also zwei Fragen zu trennen. Zunächst sollte geklärt werden, wie es um die (vermutlich weitgehend biologische) Moral der Jungsteinzeitmenschen bestellt war. Danach stelle ich die Frage, ob sich der moralische Kodex moderner Gesellschaften von der Moral der Jungsteinzeit unterscheidet. Ein solcher Unterschied wäre ohne Zweifel ein Kulturprodukt und keine Folge biologischer Prozesse.

Biologische Wurzeln der Moral?

Als die Evolutionstheorie Ende des 19. Jahrhunderts immer populärer wurde, bekamen nicht nur Theologen Bauchschmerzen. Auch manchen humanistisch gesinnten Freigeistern war sie nicht geheuer.[5] Die Logik der natürlichen Auslese schien Menschen zwangsläufig zu egoistischen Profitmaximierern zu machen. Muss also jede Erklärung menschlichen Verhaltens den Eigennutz als Motiv ins Zentrum stellen?

Nun, nicht unbedingt. Da wäre zunächst ein semantisches Problem: Was sollen wir unter Eigennutz eigentlich verstehen? Die überwiegende Mehrheit aller Tierarten trifft objektiv eigennützige Entscheidungen, die ihnen aber nicht bewusst sind. Ihr Handeln ist instrumentell, aber unbewusst, auf ganz bestimmte Ziele gerichtet. Sie steuern Futterquellen an oder fliehen vor Hitze, Feinden oder Trockenheit. Wenn das Erreichen dieser Ziele ihrer Fitness dienlich ist, dann haben sie Erfolg (im Sinne der Biologie).

Wer Menschen als Egoisten bezeichnet, unterstellt meist Kalkül und meint, Entscheidungen würden bewusst getroffen, um sich Vorteile gegenüber den Mitmenschen zu verschaffen. Die Handlungen der Mehrzahl aller Tierarten sind dagegen nicht auf der Ebene psychologischer Motive zu erklären. Das Eigeninteresse des Borkenkäfers kann aus der Vogelperspektive der Evolution identifiziert werden, aber nicht als bewusstes Motiv, das seinen Handlungen eine bestimmte Richtung verleiht. Wir sind also wieder bei der wichtigen Unterscheidung zwischen *proximalen Mechanismen* und *ultimativen Ursachen* gelandet.

Menschen handeln aus psychologischen Motiven.[6] Solche Motive können implizit aus unseren Affekten erwachsen. Sie können aber auch offen zutage liegen und explizit und rational begründet werden. »Ich lerne für die Mathearbeit, weil ich morgen keine Fünf schreiben möchte. Ich lasse meine Nachbarin abschreiben, weil ich hoffe, sie gehe dann mit mir ein Eis essen. Ich zahle den Strafzettel, damit ich mir die Mahngebühr spare.« Bei solchen Handlungen lässt sich in einem viel engeren, psychologischen Sinn nach dem Eigeninteresse fragen. Solche Motive lassen sich aber oft nicht bis auf die Ebene der natürlichen Auslese zurückverfolgen. Wenn wir die hier gegebenen proximalen Mechanismen analysieren, betrachten wir eine Entscheidungsebene, die sich zwar stammesgeschichtlich entwickelt hat, deren operative Regeln aber in der Sprache der Neurobiologie oder der Psychologie beschrieben werden müssen.

Viele unserer täglichen Entscheidungen sind »selektionsneutral«. Manche sind sogar kontraproduktiv,[7] auch weil zwischen verschiedenen Ebenen Zielkonflikte bestehen. Die Kultur verändert Lebensumstände oft in einer Geschwindigkeit, mit der der Öltanker Evolution nicht in Echtzeit Schritt halten kann. Wir müssen mit dieser »Ungleichzeitigkeit des Gleichzeitigen«[8] leben. Für die Jäger und Sammler der Jungsteinzeit war Zucker eine seltene, wertvolle und willkommene Nahrungsquelle. Damals war die Vorliebe für Süßes eine unschuldige und vorteilhafte Eigenschaft. In Zeiten, in denen Fanta und Cola an jeder Ecke zu haben sind, verkehrt sich diese biologische Präferenz in etwas, das der Fitness eher abträglich ist. Jeder von uns handelt ständig (auch) uneigennützig und manchmal auch zum eigenen Nachteil. Die Frage ist, warum wir das tun? Hinter dem Altruismus steckt mehr als nur ein Zielkonflikt zwischen verschiedenen Ebenen. Wir Menschen haben die Psychologie allerdings nicht alleine gepachtet. Auch höhere soziale Säugetiere, Primaten und vor allen Menschenaffen handeln nach Eigeninteressen in einem psychologischen Sinn. Wenn wir fragen, ob uns die Biologie zum Egoisten programmiert, lohnt es sich, auf unsere nächsten Verwandten zu schauen.

Affenmoral

Kooperation und gegenseitige Hilfe können durchaus im eigenen Interesse sein, wie wir weiter oben bereits gesehen haben. Gemeinsam lassen sich Dinge erreichen, die dem Einzelkämpfer verwehrt sind, zum Beispiel die Jagd auf ein Mammut. Solche Kooperationen sind keine Null-Summen-Spiele, sondern Win-win-Situationen, bei denen alle Beteiligten aus der Zusammenarbeit einen persönlichen Vorteil ziehen. Obwohl der Nutzen von Win-win-Kooperationen einleuchtend ist, lässt sich die Entstehung solcher Formen von Kooperativität evolutionsbiologisch gar nicht so einfach erklären.

Schauen wir uns die Schimpansen an. Sie leben in Sozialverbänden mit mehreren Dutzend Individuen.[9] Männchen verbringen ihr ganzes Leben in der Gruppe, während die Weibchen in der frühen Adoleszenz die Gruppe verlassen und sich benachbarten Horden anschließen. Innerhalb der Gruppe knüpfen Individuen ein stabiles Netz langfristiger sozialer Beziehungen. Bindungen bestehen zu engen Verwandten, aber auch zwischen nicht-verwandten Individuen. Diese Beziehungen sind ambivalent. Sie sind von Freundschaft und/oder von Unterwerfung und Dominanz geprägt. Schimpansen konkurrieren um Nahrung, Anerkennung, Paarungspartner und andere Ressourcen rund um die Uhr. Trotzdem herrscht in der Horde weder blanke Anarchie noch ausschließlich das Recht des Stärkeren.[10] Die soziale Struktur der Gruppe prägt das Verhalten der Mitglieder. Schimpansen sind sehr wohl in der Lage, sich zu kontrollieren. Sie können zurückstecken, um durch momentanen Verzicht in der Zukunft liegende Ziele zu erreichen. Sie verhalten sich dabei nicht nur wie Akteure mit Absichten, sie beziehen auch Prognosen über das Verhalten der Konkurrenz in das eigene Verhalten mit ein. Ein Beispiel dafür: Ein rangniedereres Männchen wird sich einem Futtertopf nur nähern, wenn es glaubt, das ranghöhere Tier in der Nähe zeige kein Interesse, wolle das Futter nicht oder sehe es nicht.[11]

Sowohl in freier Wildbahn wie auch in Zoos lassen sich verschiedene Muster der Kooperation und der gegenseitigen Hilfe beobachten. Dazu gehören gegenseitige Fellpflege (Grooming) und das Teilen von Nahrung. Vieles von dem, was da geschieht, lässt sich noch im Rahmen des Primats der Konkurrenz interpretieren. Schimpansengruppen erinnern ein wenig an eine Halbstarkengang. Hier wie dort zahlt es sich aus, gute, vor allem mächtige Freunde zu haben. Bei Dominanzkämpfen sind Bündnisse entscheidend. Aufgrund von Beobachtungen wissen wir, dass Bündnispartner sich gegenseitig lausen. Auch bei der gemeinsamen Jagd schließen sich vor allem Bündnispartner zur Jagdgemeinschaft zusammen, wohl auch weil dann weniger Streitigkeiten über die Verteilung der Beute zu erwarten sind. Anders als bei anderen Formen der Kooperation, zum Beispiel wenn sich die Gruppe zusammenschließt, um die Reviergrenzen nach außen gegen andere Gruppen oder Raubtiere zu verteidigen, sind solche Binnenbündnisse in Bezug auf die Gesamtgruppe Null-Summen-Spiele. Sie erschließen der Gruppe keine zusätzlichen Ressourcen. Der Klebstoff solcher Binnenbündnisse sind reziproke, uneigennützige Verhaltensweisen wie Fellpflege, das Teilen von Nahrung oder gegenseitige Hilfe. Diese Bündnisse sind unabhängig vom Verwandtschaftsgrad in der Gruppe; sie scheinen aber langfristige soziale Beziehungen vorauszusetzen. Interessant ist die Frage nach dem psychologischen Mechanismus, der hinter dieser Form von »Altruismus« steckt. Handelt es sich um bewussten, kalkulierenden »egoistischen Altruismus«, um eine Art mentaler Buchführung, wobei jede Form von Unterstützung mit einer Erwartungshaltung an die Zukunft und an Gegenleistungen verknüpft wird?

Der Primatenforscher Frans de Waal (*1948) vermutet etwas anderes.

Er postuliert nicht kalkulierte, sondern emotionale *Reziprozität.* Hilfe und Unterstützung produzieren ein positives Gefühl, eine Art von Freundschaft gegenüber denen, die helfen oder teilen. Primatenforscher haben Experimente konstruiert, mit denen sie untersuchen, ob die Tiere zu Hilfe ohne Gegenleistung bereit sind. Dabei zeigt sich, dass Affen, die selbst keine Chance hatten, an eine Nahrungsquelle zu kommen, die in einer anderen Kammer in einem verschlossenen Trog platziert war, zuverlässig den Mechanismus zur Öffnung des Troges bedienten, wenn in der Kammer mit dem Trog ein bekanntes Tier auftauchte. War kein anderes Tier in Sichtweite, ließ der Schimpanse den Entriegelungsmechanismus links liegen. Solche Versuche gelingen unter zwei Voraussetzungen: Erstens muss dem helfenden Tier klar sein, unter keinen Umständen selbst ans Futter gelangen zu können. Und zweitens dürfen die Kosten der Hilfe nicht in den Himmel wachsen.

Auch Experimente mit Kindern deuten an, dass in solchen Situationen *emotionale Reziprozität* im Spiel ist. Im Kinderkopf läuft in der Regel keine Rechenmaschine, die gute Taten bilanziert und eigene Hilfeleistungen auf ein Haben-Konto verbucht, das durch Gegenleistungen in der Zukunft ausgeglichen werden soll. Und es gibt Mittel und Wege, selbst Kleinkindern hinter die Stirn zu schauen und ohne Selbstauskunft die Motive abzuschätzen, die sie umtreiben, wenn sie anderen helfen. Die Pupillenweite kann als objektiver Messwert für emotionales Wohlbefinden genutzt werden. Mit diesem Trick lässt sich nachweisen, dass schon Kleinkinder das Gefühl genießen, anderen aus einer Zwickmühle helfen zu können. Dieselbe Reaktion stellt sich auch ein, wenn sie beobachten, wie ein Dritter dem Kompagnon aus der Patsche hilft.[12]

Nicht nur de Waal auch der Anthropologe Michael Tomasello (*1950) ist der Meinung, diese Form wechselseitiger Unterstützung habe eine emotionale Basis und beruhe auf Mitgefühl oder Freundschaft. Für Tomasello ist das Mitgefühl sogar die einzige Quelle des prosozialen Verhaltens von Menschenaffen. Er glaubt nämlich, Schimpansen hätten kein intrinsisches Gespür für das Prinzip der Fairness. Wie lässt sich diese Behauptung belegen?

Neben dem Mitgefühl ist der Sinn für Fairness eine zweite wesentliche Quelle moralischen Verhaltens. Das Fairnessprinzip hat zwei Seiten. Die sympathischere ist die Verteilungsgerechtigkeit. Jeder hat das Recht auf gleiche Stückchen vom Kuchen! Gleicher Lohn für gleiche Arbeit! Gerechtigkeit, die auf dem Symmetrieprinzip beruht, spielt aber auch bei Sanktionen eine Rolle. Die wohl bekannteste Version der Vergeltungsgerechtigkeit ist das alttestamentarische talionische Prinzip »Auge um Auge, Zahn um Zahn.«

Tomasello glaubt, unsere nächsten Verwandten hätten zu *dieser* Dimension der Moralität keinen Zugang. Zur Vergeltungsgerechtigkeit liegen Experimente mit Affen vor.[13] Ebenso gibt es experimentelle Untersuchungen zur Verteilungsgerechtigkeit. Ein berühmtes Experiment zum Fairnessprinzip bei Menschen ist das sogenannte *Ultimatum*-Spiel. Bei diesem Spiel darf der Spieler A seinem Mitspieler B einen bestimmten Schlüssel vorschlagen, nach dem ein gemeinsamer Gewinn aufgeteilt wird. Wenn B akzeptiert, erhalten beide ihr Geld. Lehnt B ab, bekommt keiner etwas. Rein rational wäre B gut beraten, jeden Vorschlag anzunehmen, bei dem sich sein Anteil relevant von Null unterscheidet. Trotzdem weisen sehr viele Spieler Angebote zurück, wenn ihr Anteil deutlich unter der Hälfte der Summe liegt. Von außen betrachtet ist diese Reaktion unvernünftig. 10 % sind schließlich besser als nichts.

Psychologen vermuten, der Grund für dieses irrationale Verhalten liege in der Verletzung intrinsischer Vorstellungen von Fairness. Ein Vorschlag, der B nur 10 % der Summe zuspricht, wäre demnach ein unmoralisches Angebot.[14] Wir ärgern uns, und der Wunsch, den anderen für seine Dreistigkeit zu strafen, ist größer als die Aussicht auf bescheidenen Gewinn. Hier scheint das Gefühl und nicht der Verstand Regie zu führen. Diese Interpretation wird durch Neuro-Imaging-Studien gestützt. Bei Spielern, die diese »unmoralischen Angebote« ablehnen, lässt sich eine deutliche Aktivierung im Bereich der Amygdala feststellen, einer Hirnregion, die für Furcht und Wut zuständig ist. Umgekehrt zeigen sich Menschen mit einer Schädigung der Amygdala beim Ultimatum-Spiel »pathologisch« großzügig.[15]

Schimpansen reagieren beim Ultimatum-Spiel anders als Menschen. Sie weisen praktisch nie ein Angebot ab, wenn sich ihr Anteil auch nur ein bisschen von Null unterscheidet. Das erscheint vielleicht seltsam, weil wir unseren Vettern gerne größere Triebhaftigkeit unterstellen als uns selbst. An der Amygdala kann es nicht liegen, sie ist der Hirnteil, der schon emotionale Bewertungen erzeugt hat, lange bevor sich die Stammbäume von Mensch und Schimpanse verzweigt haben.

Der Grund für die Indolenz der Schimpansen könnte woanders zu finden sein. Die Kategorie *Fairness* scheint ihnen fremd zu sein. Diese Kategorie ist offensichtlich etwas, das ganz oben im Großhirn repräsentiert ist. Die menschliche Amygdala ist von der Bewertung der Situation durch höhere Instanzen abhängig, um dann ihre emotionale Reaktion zu generieren. Emotionen beeinflussen unser Verhalten, aber wir hängen nicht an ihnen wie Marionetten an ihren Fäden.[16] Schimpansen sind eher darauf fokussiert, ob ihre

Entscheidung Futter einbringt oder nicht. Auch sie lehnen Nahrung manchmal ab; dann aber eher aus Frustration, weil sie Besseres erwartet haben.[17] Soziale Vergleiche scheinen sie nicht anzustellen.[18]

Bei sozial lebenden Tieren hängt das Wohl und Wehe des Individuums vom Verhalten der anderen Gruppenmitglieder ab. Das Überleben und Gedeihen von Individuum und Gruppe basiert auf einem fein austarierten Gleichgewicht von Konkurrenz und Kooperation. Bei den höheren sozialen Säugetieren scheint sich im Lauf der Evolution die Gabe zur Empathie entwickelt zu haben, weil sie wie ein sozialer Klebstoff wirkt. Letztendlich entstand die Fähigkeit zum Mitgefühl auch aus Eigennutz. Die *ultimative Ursache* liegt schließlich in der Logik der Evolution: Viele soziale Lebensformen stehen und fallen mit der Kooperationsfähigkeit ihrer Gruppenmitglieder. Mitgefühl und Freundschaft sind in diesem Kontext Instrumente, weil sie zur Kooperation verleiten. Sie stellen aber gleichzeitig emotionale Bindungen her, die dafür sorgen, dass sich Tiere (und Menschen) gegenseitig helfen, auch wenn sie keinen unmittelbaren Vorteil von ihrem Verhalten haben (*proximaler Mechanismus*). Emotionale Reziprozität, die Mitgefühl, Freundschaft und Liebe produziert, scheint die ältere Quelle altruistischen Handelns zu sein. Hier motiviert uns das Gefühl, nicht der Verstand. Dieses Verhalten ist nur vordergründig irrational und evolutionsbiologisch kontraintuitiv. Das schönste Beispiel für Empathie ist die Liebe von Eltern zu ihren Kindern. Dieses überwältigende Gefühl passt ganz wunderbar ins darwinistische Weltbild, denn es entsteht ganz unmittelbar aus der Kombination von sexueller Fortpflanzung und Verwandtenselektion, zumindest bei den Tieren, die viel investieren müssen, bis ihr Nachwuchs auf eigenen Beinen steht. Freundschaft und Liebe gibt es aber auch zwischen nicht-verwandten Individuen. Sie können als eine Art von evolutionär entstandenem Kurzschluss betrachtet werden, der prosoziales Verhalten fördert, lange bevor sich die komplexeren kognitiven Apparate entwickelt haben, die Individuen in die Lage versetzen, den Nutzen gegenseitiger Unterstützung rational zu erkennen. Einmal in der Welt, produziert das Gefühl der Zuneigung auch echten Altruismus als eine Art Kollateraleffekt. Zuneigung und Liebe bringen uns manchmal dazu, Dinge für andere zu tun, die weit über Nützlichkeitserwägungen hinausgehen. Diese Gabe zur Empathie teilen wir mit unseren nächsten Verwandten, den Menschenaffen.

Steinzeitmoral oder die Evolution der Fairness

Aber gibt es auch eine biologisch verankerte, exklusiv menschliche Wurzel der Moral? Um es gleich zu sagen, die Frage ist umstritten. Sie ist auch deswegen schwierig zu beantworten, weil sich menschliches Verhalten einem schwer entwirrbaren Knäuel aus Biologie und Kultur verdankt. Viele der (expliziten) Regeln, die wir heute unter dem Begriff Moral versammeln, sind die Früchte einer kulturellen Entwicklung, die lediglich im Humus der Biologie wurzelt. Die Grenzfläche zwischen Biologie und Kultur ist schwer auszumachen. Daher verwundert es nicht, dass viele Theorien zur Entwicklung der menschlichen Moral oft *entweder* eine biologische *oder* eine kulturelle Perspektive einnehmen.[19]

Die *evolutionäre Ethik* konzentriert sich auf die genuin biologischen (ultimativen) Ursachen moralischen Handelns. Sie versucht, moralische Prinzipien, Kooperation und Altruismus, direkt aus theoretischen Modellen zu den evolutionsbiologischen Folgen von Kooperationen abzuleiten.[20] Sie stellt die Frage, unter welchen Bedingungen moralisches Handeln zum adaptiven Merkmal wird und so durch Selektion bevorzugt werden könnte. Der Philosoph Elliot Sober und der Evolutionsbiologe David S. Wilson (*1949) glauben, Menschen hätten einen besonderen Prozess der Gruppenselektion durchlaufen, der Individuen bevorzugt, die sich in der Gruppe mitfühlend und hilfsbereit zeigen.[21]

Moralpsychologische Theorien dagegen beschreiben die Entwicklung der Moral als biologisch-kulturelle Koevolution und stehen mit einem Bein in der Sphäre der Kultur. Sie setzen Sprache und andere kognitive Fähigkeiten voraus, die zur expliziten Reflexion von Normen befähigen. Die meisten Paläoanthropologen gehen davon aus, die nomadischen Jäger- und Sammlergemeinschaften der frühen Jungsteinzeit seien ziemlich egalitäre Gesellschaften gewesen.[22] Im Gegensatz zu den stärker dominanzgeprägten Schimpansengemeinschaften mit ihren Hierarchien und rivalisierenden Gangs verlagerte sich die Sanktionierung von Betrügern oder von Individuen, die die Gruppe tyrannisieren, bei diesen frühen Menschen stärker auf die Gruppe als soziales Ganzes. Mit dem Aufkommen der Sprache wird soziale Reputation nicht nur immer wichtiger, sie muss jetzt auch anders erarbeitet werden. Klatsch und Tratsch, sonst nicht die sympathischsten menschlichen Eigenheiten, könnten in diesem Kontext eine zivilisierende Wirkung entfaltet haben. Tratsch verbreitet Urteile über Menschen, ohne dass der Beurteilte zugegen sein muss.

Der Anthropologe Christopher Boehm (*1931) glaubt gar an die Geburt des moralischen Gewissens aus dem Geist des Tratsches.[23] Voraussetzung ist, dass Individuen anfangen, darüber nachzudenken, wie ihr Verhalten von anderen beurteilt wird. Eine der effektivsten Methoden, moralische Reputation in der Gruppe zu erlangen, ist ganz schlicht. Man muss sich nur moralisch verhalten. Diese Perspektive der Moralpsychologie richtet den Blick eher auf die *proximalen Mechanismen* moralischen Handelns.

Was die Moralpsychologie weitgehend unbearbeitet lässt, ist die Frage, wo die Trennlinien zwischen einer artspezifischen, universellen menschlichen Moral und kulturell geprägten, aber von Kultur zu Kultur variierenden moralischen Normen verlaufen. Sie kümmert sich auch nicht um die Erklärung der evolutionären Bedingungen, die die Entwicklung einer spezifischen menschlichen Moral befördert haben könnten.

Manche Kulturtheoretiker schütten hier das Kind mit dem Bade aus und bestreiten, es gäbe überhaupt so etwas wie eine biologisch verwurzelte, universelle menschliche Moral. Ihrer Meinung nach ist menschliche Moral kein Produkt der Evolution, sondern eine Art kulturelles Epiphänomen, ein Phänomen, dessen biologische Wurzeln lediglich auf den kognitiven Voraussetzungen beruhen, die ganz allgemein Bedingung für menschliche Kultur sind.

Der Meinung bin ich nicht. Schließlich spricht einiges dafür, dass die Evolution in unserem Gehirn neben der Fähigkeit zur Empathie noch eine zweite biologische Wurzel der Moral verankert hat und auch der Sinn für Fairness und Gerechtigkeit eine universelle, kulturunabhängige, menschliche Eigenschaft ist. Wenn dem so wäre, stellt sich allerdings die Frage nach den Entstehungsbedingungen dieser artspezifischen universellen Moral.

Einer der umfassendsten Vorschläge zur Evolution der Moral der Fairness stammt von Michael Tomasello, der am Leipziger Max-Planck-Institut für evolutionäre Anthropologie forscht. Tomasello skizziert einen Prozess, der sich über fast 400000 Jahre erstreckt. Dieser Prozess beginnt in den Tiefen der Biologie und folgt zunächst den darwinschen Regeln. In seiner Endphase geht er aber nahtlos in den quasi-evolutionären Prozess der kulturellen Evolution über. Am Ende schieben sich Phänomene in den Vordergrund, die eher auf kultureller als auf biologischer Gruppenselektion beruhen.[24] Das von Tomasello vorgeschlagene Szenario soll hier kurz vorgestellt werden:

Ähnlich wie Schimpansen waren die frühen Hominiden vermutlich zweckrationale Wesen. Ihr Sozialleben war konkurrenzorientiert, ihre Kooperationen waren hauptsächlich zweckorientiert. Kooperation bestand im Wesentlichen in der Bildung von Bündnissen und Allianzen, um im Rudel bestehen zu können. Zusammengehalten wurden diese Bündnisse durch das, was Tomasello *emotionale Reziprozität* nennt. Unsere Vorstellung von Fairness war diesen frühen Vorfahren vermutlich noch fremd. Vor etwa 400 000 Jahren änderten sich die Lebensbedingungen. Klimawandel zwang zu neuen Strategien zur Nahrungsbeschaffung. Nach Tomasello war der wesentliche Punkt dieser Entwicklung der Übergang zur Abhängigkeit von einer gemeinschaftlichen und im echten Sinn kooperativen Nahrungssuche.

Zwar gehen auch manche Schimpansengruppen gemeinsam auf die Jagd. Dabei handelt es sich aber eher um Ergänzungen des Speisezettels. Schimpansen sind von dieser Art der Beute, meist kleineren Affenarten, nicht existentiell abhängig. Da nicht alle Schimpansen Gruppenjagd betreiben und ihr Jagdverhalten von örtlichen Gegebenheiten abhängt,[25] ist es unwahrscheinlich, dass dieses Verhalten direkt genetisch fixiert ist. Demnach ist es eher eine Art von »Schimpansenkultur«. Experimente deuten darauf hin, die Schimpansen könnten »verstehen«, in solchen Situationen Partner zu brauchen, um erfolgreich zu sein. Allerdings bezeichnen Primatenforscher ihr Jagdverhalten als Gruppenverhalten im »Ich-Modus«. Das gemeinsame Ziel verpflichtet sie nicht auf einen moralischen Kodex, der über das Ende der Jagd hinaus wirken würde. Wenn möglich, wird der Glückliche, der die Beute erlegt hat, versuchen, sich davonzustehlen und sie in einem stillen Winkel alleine zu genießen.[26]

Im Unterschied dazu ging es bei der Gruppenjagd der frühen Steinzeitmenschen um ihre Existenz. Nun ist *obligate Gruppenjagd* alleine keine Erklärung für die Entwicklung eines Gespürs für fundamentale moralische Kategorien wie Gleichberechtigung und Fairness. Schließlich sind auch andere Säugetiere obligate Gruppenjäger. Die zweite Voraussetzung war der kognitive Hintergrund, vor dem sich der Übergang zur obligaten kollektiven Jagd vollzog. Im Gegensatz zu anderen obligaten Gruppenjägern begannen unsere Vorfahren, ihre gegenseitige Abhängigkeit innerhalb der Gruppe rational zu erkennen. Wenn Kooperation Ressourcen zugänglich macht, die einer Horde von Einzelkämpfern verwehrt sind, entsteht ein massiver Selektionsdruck in Richtung Zusammenarbeit. Sowohl die kognitiven Fähigkeiten, die die Frühmenschen in die Lage versetzten, sich ihr gemeinsames Interesse bewusst zu machen, wie auch die Fähigkeit zu kooperativer Kommunikation, die notwendig war, um das Ziel zu erreichen, waren in einem echten evolutionsbiologischen Sinn *adaptive Merkmale*, also Anpassungen, die Selektionsvorteile verschaffen.

Der frühe *Homo sapiens* wurde sich seiner gegenseitigen Abhängigkeiten[27] nicht nur langsam bewusst, er begann auch, seine sozialen Entscheidungen danach auszurichten. Zu der emotionalen Grundlage, auf der Schimpansenbündnisse beruhen, trat jetzt eine neue Ebene, die man *kooperative Rationalität* nennen könnte. Damit entstand eine andere Perspektive auf die gemeinsamen Aktionen. Die Jäger agierten und dachten nicht mehr nur in den Kategorien *Ich* und *Du*, sie entwickelten das berühmte *Wir-Gefühl*. Tomasello bezeichnet die Verpflichtung auf ein gemeinsames Ziel als »geteilte Intentionalität«. Mit ihr entstand so etwas wie objektive Rollen innerhalb der Gruppe, ausgerichtet auf das gemeinsame Ziel. Der Steinzeitmensch sieht dabei nicht nur seine Rolle und die Rolle des Partners. Er beginnt auch, sich in den anderen hineinzuversetzen und sich vorzustellen, wie der Partner seine Rolle und Perspektive wahrnimmt.[28] Die Rolle wird zu einer Funktion, die abstrahiert werden kann von konkreten Personen. Sie liefert eine Art Vogelperspektive und gleichzeitig ein überpersonales, abstraktes Rollenideal, eine Art früher Form von Verhaltensnorm. Diese Abstraktion auf ein Rollenideal ist nach Tomasello eine Voraussetzung für die Entstehung des Gefühls von Äquivalenz: »Jeder ist gleich viel wert, wenn er die Rolle gleich gut ausfüllt.«

Ähnlich hat dies der amerikanische Philosoph Thomas Nagel (*1937) formuliert.[29] Nagel postuliert, dass die »Anerkennung anderer Personen als Akteure, die so real sind, wie man selbst«, die Voraussetzung dafür ist, die Anliegen der anderen und die eigenen Anliegen als prinzipiell gleichberechtigt anzusehen. Natürlich bedeutet das nicht, alle Menschen, die im Besitz dieser Erkenntnis sind, verhielten sich jederzeit auch danach. Nagel ist der Meinung, die Anerkennung von Äquivalenz sei selbst noch gar kein moralischer Akt, sondern ganz schlicht eine grundsätzliche und unausweichliche genuin menschliche Perspektive. Das Gefühl für Äquivalenz ist keine moralische Kategorie, aber es ist die Grundlage für die Entstehung von moralischen Kategorien wie Gleichberechtigung und Fairness.

Im Gegensatz zu den Menschenaffen beurteilt der frühe *Homo sapiens* nicht nur andere nach ihrer *Kooperativität*. Er weiß, dass er selbst auch nach diesen Kriterien beurteilt wird. Tomasello glaubt, wir seien die einzigen Primaten, die wissen, dass sie beurteilt werden. Vergleichende Experimente mit fünfjährigen Kindern und Schimpansen stützen diese These: Kinder wurden in Situationen versetzt, in denen sie einem anderen Kind entweder helfen oder es bestehlen konnten. Manchmal musste die Entscheidung getroffen werden, wenn andere Kinder zugegen waren, manchmal wähnten die Kinder sich unbeobachtet. Wie zu erwarten, halfen die Kinder eher, wenn sie sich beobachtet fühlten. Für Schimpansen in analogen Situationen macht die Anwesenheit Dritter keinen Unterschied. Sie kümmern sich nicht um Zuschauer.[30]

An diesem Punkt der Entwicklung kam vermutlich auch noch Sex ins Spiel. Sobald das Kriterium *Kooperationsfähigkeit* bei der Wahl des Partners eine Rolle spielt, greift die sexuelle Selektion. In der Phase zwischen 400 000 und 100 000 Jahren vor unserer Zeit entwickelte sich auf diese Weise zusätzlich zur *Moral aus Empathie* auch eine *Moral der Fairness*, die nicht emotional, sondern im Gespür für gemeinsame Ziele und gegenseitige Abhängigkeit verwurzelt ist.

Dieses Gespür sitzt tiefer als Skeptiker glauben. In der *Politeía* erzählt Platons Bruder Glaukon die Geschichte der Machtergreifung des lydischen Königs Gyges. Gyges war ein einfacher Hirte. Eines Tages fand er in einer Erdspalte einen Leichnam, an dessen Hand ein goldener Ring steckte. Diesen Ring nahm Gyges an sich und fand heraus, dass er die Kraft hatte, seinen Träger unsichtbar zu machen. Die magische Macht des Rings nutzte er, um eine Stellung am Hof des Königs zu erlangen und dessen Frau zum Ehebruch zu verführen. Schließlich tötete er den König und riss die Herrschaft an sich. Glaukon wollte mit seiner Geschichte deutlich machen, moralisches Handeln bedürfe einer Kontrollinstanz, weil Menschen, die sich frei von Beobachtung und Sanktionierung fühlen, unweigerlich den Pfad der Tugend verlassen.

Die Biologie sagt etwas anderes: Primaten pflegen eine Moral der Empathie, die im Lauf der Hominidenevolution durch die Moral der Fairness ergänzt wurde. Diese beruht auf dem Gefühl der Äquivalenz von ICH und DU. Wir haben das Prinzip der Äquivalenz verinnerlicht. Wir können ihm zwar zuwiderhandeln, aber wir können uns nicht außerhalb dieses Koordinatensystems stellen: »Was Du nicht willst, was man Dir tu, das füg auch keinem andern zu«. Dieser schlichte Satz ist in der Moralphilosophie als »goldene Regel« bekannt. Interessant ist die Tatsache, dass wir die goldene Regel in allen großen Weltreligionen wiederfinden.[31] Sie scheint eine moralische Universalie zu sein, ein Indiz dafür, dass Tomasello mit seiner Idee von einer genetisch verankerten Moral der Fairness auf der richtigen Spur ist. Vor etwa 60 000 Jahren kam die biologische Evolution der Moral an einen Punkt, von dem an moralisches Handeln zunehmend durch kulturelle Prozesse überformt wurde. Gruppen wurden größer, diversifizierten sich, und es entstanden gruppenspezifische Kulturpraktiken. Stämme entwickelten eigene Rituale, eigene Technologien, eigene Gewohnheiten und soziale Praktiken. Diese kulturelle Diversifizierung führte dazu, die Entwicklung expliziter Moralkodizes auch durch Gruppenselektion auf *kultureller* Ebene fortschreiben zu können.[32] Eigentlich keine schlechte Sache. Die zunehmende kulturelle Diversität der vergangenen 10 000 Jahre sorgt aber auch für Probleme. …

Wenn Kultur die Biologie überformt

Ein Blick in die Zeitung scheint auszureichen, um die These von einer biologisch verwurzelten menschlichen Moral der Empathie und Fairness wie ein Kartenhaus zusammenfallen zu lassen. Im Namen der Moral flossen Ströme von Blut. Selbst im 21. Jahrhundert kommen Grausamkeiten gerne noch unter dem Deckmäntelchen einer wie auch immer gearteten »Moral« daher. Kleine Mädchen werden genital verstümmelt, weil Mütter, Väter und/oder Kleriker der Meinung sind, nur so die tugendhafte Entwicklung des Kindes gewährleisten zu können. Der Abfall vom »rechten Glauben« wird in manchen Ländern immer noch mit dem Tode bestraft. Selbst der sogenannte »Islamische Staat« reklamiert für sich, im Namen der »göttlichen Moral« zu handeln.

Verständnislosigkeit gegenüber der »Moral der anderen« existiert auch vor der eigenen Haustür. Die Erziehungspraktiken in manchen katholischen Waisenhäusern der 1950er Jahre wirken heute nur noch barbarisch. Auch Intoleranz gegenüber Homosexuellen tritt gern im Namen »der Moral« auf. Die Beispiele mögen Extreme sein. Dahinter steckt aber das grundsätzliche Problem, Regeln, denen sich Mitglieder einer bestimmten Gruppe verpflichtet fühlen, könnten außerhalb dieser Gruppe irrelevant und oft schwer nachvollziehbar sein. Jede Kultur hat eigene Regeln und Gesetze.[33] Dieses Problem wurde früh erkannt. Der antike Geschichtsschreiber Herodot von Halikarnassos (490/480 v. Chr.–430/420 v. Chr.) hat schon im 5. vorchristlichen Jahrhundert festgestellt, verschiedene Kulturen hätten verschiedene Wertsysteme und würden dazu neigen, ihre Sicht zu verabsolutieren.[34] Kulturrelativismus hat eine lange Tradition. Einige Jahrhunderte später schrieb der Römer Sextus Empiricus (zwischen 160–210 n. Chr.) in seinen *Grundzügen der pyrrhonischen Skepsis*, zwischen Kulturen bestünden gewaltige Unterschiede bezüglich Kleidung, Nahrung, Totenkult etc., so dass »ein Skeptiker sich mit der Aussage zurückhalten muss, ob gut oder böse natürliche Eigenschaften sind«.[35]

Ein beliebter Ausweg ist die Religion. Religionen haben die Eigenheit, die Verantwortung für die moralische Norm an eine nicht zu hinterfragende Instanz zu delegieren. Wem Gott mitteilt, was gut und was böse ist, der braucht über Moral nicht mehr zu diskutieren. Das Problem dabei ist, dass unterschiedliche Religionen im Detail schon immer unterschiedliche Regeln und Werte propagiert haben. Gott annonciert seinen Willen schließlich nicht in der örtlichen Tageszeitung. Seine Regeln werden aus den Mündern unzähliger, auch gerne selbstberufener menschlicher Exegeten verkündet. Kulturrelativisten bestreiten daher schlichtweg, es gäbe überhaupt so etwas wie eine objektive Moral.

Ich bin anderer Meinung. Ich halte den Kulturrelativismus für einen typischen Trugschluss, der wieder einmal durch die unzulässige Vermischung verschiedener Ebenen entsteht. Wie lassen sich unterschiedliche kulturelle Normen mit einer universellen Moral der Empathie und Fairness in Einklang bringen? Die beschriebenen Entwicklungen hin zu einer objektiven »zweitpersonalen« Moral[36] der Fairness vollzogen sich im Lauf des letzten Abschnitts der biologischen Evolution hin zum modernen Menschen, in einer Zeit, die 400000 bis 100000 Jahre zurückliegt. In dieser Phase der Menschheitsgeschichte war die kulturelle Diversität auf unserem Globus begrenzt. Egal wo, Menschen lebten in kleinen, ziemlich egalitären Jäger- und Sammlergesellschaften. Im Zentrum der gemeinsamen Aktivitäten stand die obligate Jagd in der Gruppe. Nach einer These des Neurobiologen Robin Dunbar (*1947) war die Größe dieser Gruppen durch die sogenannte »Dunbar-Zahl« auf etwa 150 Köpfe limitiert[37] – auf die maximale Zahl von Menschen, von denen wir mit Fug und Recht behaupten können, sie so gut zu kennen, dass wir valide Einschätzungen und Erfahrungen über deren Verhalten und Charakter zur Verfügung haben. Dunbar geht davon aus, die soziale Struktur in Gruppen, die größer sind, könne nicht mehr ausschließlich durch direkte persönliche Beziehungen organisiert werden.[38]

Das Leben in den Jäger- und Sammlergruppen war lange Zeit eine evolutionär stabile Strategie – so lange, bis der Erfolg dem System zum Verhängnis wurde. Die Bevölkerungszahl wuchs. Die Gruppen wurden größer und die Zahl der Gruppen stieg an. Das änderte zwei Dinge grundlegend: Wenn sich Gruppen zu nahekommen, führt das zur Konkurrenz um Ressourcen. Damit können Selektionsprozesse auf Gruppenebene angestoßen werden. Da sich die Gruppen aber weniger biologisch als vielmehr durch Kulturtechniken unterschieden, könnten es kulturelle Praktiken, bessere Werkzeuge oder bessere Waffen, aber auch besonders elaborierte kooperative Strategien gewesen sein, die über Erfolg oder Misserfolg einer Gruppe entschieden haben. Die Evolution war an einem Punkt angelangt, an dem sich biologische und kulturelle Selektion und mithin auch biologische und kulturelle Evolution endgültig ineinander verschränkten.

Eine zweite wichtige Veränderung entsteht aus der Zunahme der Gruppengröße über die Dunbar-Zahl hinaus. Den Beginn dieser Veränderung in der Evolution zeitlich exakt zu bestimmen, ist schwierig, weil die archäologischen Befunde lückenhaft sind. Vermutlich setzte dieser Trend schon vor über 60 000 Jahren ein. Spätestens mit dem Übergang vom nomadischen Jäger und Sammler zum sesshaften Bauern und Viehzüchter wird er offensichtlich. Wenn die Dunbar-Zahl überschritten wird, reicht der Kitt persönlicher Beziehungen nicht mehr aus, um die Gruppe zusammenzuhalten. Zusätzlicher sozialer Klebstoff muss her. Bekanntschaft, Abhängigkeit und Solidarität unter Freunden werden ergänzt durch das Prinzip »Ähnlichkeit«. Menschen, die sich durch Verhalten, Äußerlichkeiten, durch Rituale und die Verpflichtung auf einen gemeinsamen Kodex klar als Teil der Gruppe zu erkennen geben, werden mit Vorschussvertrauen bedacht. Wenn Menschen so reden wie ich, sich so kleiden wie ich, dieselben Gewohnheiten pflegen, legt das nahe, dass sie sich auch meinen Normen verpflichtet fühlen. Ich kann ihnen vertrauen, weil ich abschätzen kann, wie sie reagieren werden. Konformität und soziale Imitation sorgen für Zusammenhalt, der nicht mehr auf persönliche Beziehungen angewiesen ist.

Wir unterstellen unseren nächsten Verwandten gerne eine gewisse Neigung zum Nachäffen. Dabei ist die Fähigkeit zur Imitation bei Menschen sehr viel stärker ausgeprägt als bei anderen Affen. Vergleichende Untersuchungen von Kindern und Menschenaffen zeigen, dass Kinder, weit stärker als Affen, Gesten, Konventionen und Rituale von anderen übernehmen. Im Gegensatz zu Schimpansen kopieren Kinder, wenn sie nachahmen, sogar die (funktionell) bedeutungslosen Aspekte von Handlungssequenzen.[39] Zusätzlich zum unmittelbaren »Ich + Du = Wir-Gefühl« der (Alt-)Steinzeitmenschen[40] entwickelte der moderne Mensch also »eine zweite Möglichkeit, ein Wir zu bilden«.[41] Mehr und mehr wurde kulturelle Zugehörigkeit zu kultureller Identität. Daraus erwuchs eine dritte Säule der Moral, die die Befolgung einer für objektiv gehaltenen Norm zur moralischen Maxime, die Regelverletzung zum moralischen Verstoß macht. Bei dieser kollektiven Moral der Normen, Regeln und Konventionen ist der konkrete Inhalt der Norm nur vordergründig bedeutsam. Im Zentrum stehen das Gefühl der Verpflichtung und die Wertschätzung gemeinsamer Konventionen an und für sich.

Einem Außerirdischen wäre kaum zu erklären, warum manche Menschen vor Ostern fasten, andere während des Ramadans, wieder andere ständig und viele nie. Mancherorts ist es Sünde, am Freitag zu arbeiten, andernorts werden Taxifahrer mit Steinen beworfen, wenn sie samstags ihre Brötchen verdienen, und mein Urgroßvater wurde noch in den 1930er Jahren angezeigt, weil er sonntags vor dem Haus sein Gemüsegärtchen bestellte.[42] Der Vergleich von Kulturen macht deutlich, dass viele Normen keinen moralischen Kern haben. Die moralische Dimension liegt im formalen Akt der Anerkennung der geltenden Konvention.

Sich einem Kollektiv zugehörig zu fühlen, ist ein ur-menschliches Bedürfnis. Die Macht dieser Sehnsucht wirkt bis heute. Wir begegnen ihr Samstag für Samstag in den Fußballstadien. Die Sehnsucht nach dem Kollektiv hat aber auch ernstere Facetten. So empfinden Menschen kollektiven Stolz und kollektive Schuld, zum Beispiel wenn es um die eigene Nation geht. Als die Deutschen in den 1960er Jahren begannen, zunächst widerwillig und zögerlich, sich den monströsen Verbrechen der Nazizeit zu stellen, war dieser Prozess zweifach schmerzhaft. Denn die Täter waren noch unter uns, und es ging dabei um persönliche Schuld, persönliche Verstrickung und persönliche Scham. Aber nicht ausschließlich. Auch die Macht des kollektiven Wir-Gefühls sorgt dafür, dass sich viele Menschen schwertun, eine distanzierte oder auch nur differenzierte Haltung zum eigenen Kollektiv einzunehmen. Anders ist die Dünnhäutigkeit vieler heute lebender Türken kaum zu erklären, wenn die Massenmorde an den Armeniern vor über 100 Jahren zur Sprache kommen. Denn anders als die Deutschen der 1960er Jahre haben die heutigen Türken die Phase persönlicher Verantwortlichkeit hinter sich gelassen. Keiner der Täter ist mehr am Leben.[43]

Sloterdijk behauptet in seinem Abgesang auf den Humanismus,[44] das humanistische Programm bestehe in der Zähmung einer Bestie mit den Mitteln der Schrift, oder grundlegender, mit den Mitteln der Kultur. Dieses Menschenbild erinnert an den pessimistischen Thomas Hobbes. Es passt aber nicht zu dem, was die Biologie über die Entwicklung des Menschen und seiner Moral erzählt. Dass Moral primär aus der Zähmung des Wilden, also der Natur, hervorgeht, stimmt demnach nicht.

Die Gemengelage ist komplizierter. Als die zweite Evolution, die Evolution der Kultur, noch in ihren Kinderschuhen steckte, hatte die biologische

Evolution nicht nur Egoismus, sondern auch Kooperativität, Altruismus und Empathie genetisch in uns verankert. Im Unterschied zu anderen Primaten hat sie uns sogar mit einem zusätzlichen Moralmodul ausgestattet, mit dem Gefühl für die prinzipielle Gleichwertigkeit von ICH und DU. Aus diesem Gefühl erwuchs die zweitpersonale Moral der Fairness, eine Perspektive, der wir nicht entgehen, nur zuwiderhandeln können.

Eine wichtige Lektion der Evolutionsbiologie, die hier noch einmal erwähnt sei, lautet: Evolution optimiert nicht zwangsläufig zu egozentrischen Kampfmaschinen. Die Begriffe *Kampf* und *Stärke* sind im Kontext der Evolutionstheorie manchmal nur Metaphern. Zu allem Unglück sind es höchst irreführende Metaphern, weil sie wenig mit dem gemein haben, was die biologischen Termini *fitness* und *struggle for life* eigentlich ausdrücken sollen. Das Bild von Jägern und Gejagten ist zwar anschaulich, aber es verkürzt die Wirklichkeit. Die Mehrzahl der Gegner – besser Selektionsdrücke – sind abstrakter Natur. Ginge es in der Evolution ausschließlich um ein eindimensionales Wettrüsten zwischen konkurrierenden Tierarten, würde die Entwicklung in Richtung immer stärkerer und furchterregender Prädatoren laufen. Der *Tyrannosaurus Rex* wäre wohl kaum durch kleine behaarte Säuger ersetzt worden. Die Fähigkeit zur Anpassung an wechselnde klimatische Bedingungen, zum ökonomischeren Umgang mit Ressourcen, die Resistenz gegen Krankheiten, all das sind Faktoren, die oft mehr Einfluss auf das zukünftige Schicksal einer Art haben als ihre »Kampfkraft«.

Zur Verdeutlichung dieses Ansatzes haben Evolutionsbiologen wie John Maynard Smith in den 1970er Jahren, wie bereits geschildert, die Metapher vom Spiel als Alternative zu der des Kampfes vorgeschlagen. Natürlich gibt es Jäger und Gejagte. Tiere verspeisen andere Tiere (oder Pflanzen), um zu überleben. Trotzdem ist das Bild vom Spiel in vieler Hinsicht angemessener. Denn, um dies nochmals zu erwähnen, die Evolution zielt nicht auf Vernichtung des Gegners, nicht auf Sieg oder Niederlage, sondern darauf, im Spiel zu bleiben und selbst neue Spieler für die nächste Generation heranzuziehen, wobei Strategien der Kooperation bei der Zielerreichung von großem Nutzen sind. Der Wolf in uns, der durch Kultur und Staat, die Institutionen der Zivilisation, nur mühsam im Zaum gehalten wird, ist demnach ein Mythos.

Nicht nur Pessimisten und Misanthropen könnten an dieser Stelle einwenden, dieses (biologische) Menschenbild wirke ziemlich rosarot. Wie glaubwürdig ist die These von den biologischen Wurzeln der Moral angesichts der blutigen Geschichte der Menschheit in den vergangenen 10 000 Jahren? Hat vielleicht nicht Hobbes, dafür aber Rousseau recht? Sind wir als »edle Wilde« gestartet, die durch die widrigen Umstände verderbter sozialer Strukturen immer weiter vom rechten Weg abgekommen sind?

Nun, auch dieses Bild ist schief. Rousseaus Einsicht wird weder der Biologie noch der Kultur gerecht.[45] Die Evolution der Kultur(en)[46] hat erst seit 10 000 Jahren an Fahrt aufgenommen. Die Jäger- und Sammlergesellschaften davor existierten fast vierzigmal so lange.[47] Trotzdem sollte der Übergang in ein sesshaftes Leben nicht als unser Sündenfall missverstanden werden. Natürlich entstanden durch die neue Lebensweise auf vergleichsweise engem Raum neue Probleme.[48] Aber vorher lebten die Menschen beileibe nicht im Garten Eden. Trotz der relativ egalitären sozialen Struktur der Jäger- und Sammlergesellschaften war ihr Leben nicht frei von Konflikten. Natürlich handelten Individuen in solchen Gruppen (auch) nach egoistischen Motiven. Die Erkenntnis, die anderen Mitglieder der Gruppe seien als gleichwertige Wesen anzusehen, bedeutet nicht, dass dadurch ein moralischer Druck entsteht, dem sich der Einzelne nicht entziehen könnte. So gibt es Hinweise darauf, die Frequenz zwischenmenschlicher Gewalt bezogen auf die Zahl der Köpfe habe damals deutlich über dem Niveau moderner Gesellschaften gelegen.[49] Die Einsicht, alle Gruppenmitglieder seien *a priori* gleich viel wert, war aber die Grundlage dafür, dass sich Gruppen immer wieder einigen und Konflikte beilegen konnten. Und vermutlich waren diejenigen Gruppen auf längere Sicht erfolgreicher, denen das besser gelang als anderen.

Ganz offensichtlich ist das Äquivalenzprinzip kein Garant für ewigen Frieden. Wir können ihm zuwiderhandeln. Dieses Prinzip hat aber noch einen Pferdefuß, denn es greift nur, wenn wir Äpfel mit Äpfeln, nicht aber mit Birnen vergleichen. In dem Moment, in dem wir die Mitglieder der fremden Gruppe als andersartig, gar minderwertig betrachten, bricht es zusammen. Genau das ist die Logik des Rassismus. Davon wird im nächsten Kapitel die Rede sein. Soviel vorweg: Die psychologische Perspektive und die Biologie der verschiedenen Gruppen sind zwei paar Schuhe. Die Biologie liefert keine Anhaltspunkte für relevante systematische erbliche Unterschiede zwischen verschiedenen Menschengruppen oder Ethnien.[50]

Paradoxerweise können wir uns trotzdem schwer von unserer *Eigengruppen-versus-Fremdgruppen-Mentalität* freimachen. Dieser Hang zur Dichotomisierung ist sehr wahrscheinlich eine angeborene Eigenschaft.[51] Dafür gibt es viele Indizien: Schimpansenhorden teilen sich, weil sie zu groß werden. Nach einer solchen Trennung kommt es nicht selten auch zu mörderischen Feindseligkeiten zwischen Ex-Gruppenmitgliedern. Zeigt man den Tieren Bilder von Mitgliedern der eigenen und der fremden Gruppe und koppelt diese Bilder entweder mit Fotos von positiv besetzten Dingen wie Obst oder mit Negativem, wie zum Beispiel Spinnen, dann verweilen die Tiere länger bei den Paarungen, die nicht zusammenpassen (Eigengruppe/Spinne oder Fremdgruppe/Banane), vermutlich weil sie solche Paare als inkongruent empfinden. Nach Ansicht der Primatologen liefern solche Tests Hinweise dafür, dass die Tiere die anderen nicht nur objektiv als Konkurrenten sehen, sondern auch negative Assoziationen mit ihnen verbinden. (*Die Burschen sind wie widerliche Spinnen*).[52]

Auch bei kleinen Kindern ist der Hang zur Wir-/Sie-Bildung zu beobachten. Schon Säuglinge können eigenethnische Gesichter schneller wiedererkennen als andersethnische.[53] Kleinkinder sind besonders geneigt, denjenigen zu helfen, die sie imitieren. Kindergartenkinder bevorzugen Personen, die dieselbe Sprache, ja selbst denselben Akzent sprechen, und Schulkinder zeigen mehr Hilfsbereitschaft den Menschen gegenüber, die als Mitglieder der eigenen Gruppe bezeichnet werden.[54] Innerhalb der eigenen Gruppe neigen wir zur Vetternwirtschaft und gegenüber Mitgliedern von Fremdgruppen zu Vorurteilen. Art und Inhalt der Vorurteile sind erlernt. Die Tendenz, Menschen höheren sozialen Kredit einzuräumen, die sich uns ähnlich machen, scheint dagegen angeboren, wenn auch nicht unveränderlich zu sein.

Je deutlicher kulturelle Signaturen Eigen- und Fremdgruppe kenntlich machen, desto größer ist die Gefahr, die anderen nicht mehr als Äquivalent zu sehen. So kann die Vielfalt der Kulturen unter Umständen das Prinzip Fairness aushebeln. Die Folgen sind bekannt.[55]

Die kulturelle Evolution hat uns aus dieser Falle bisher nicht befreit. Trotzdem spielt die Zivilisation nicht die Rolle des großen Verderbers. Im Gegenteil: Ich würde sogar behaupten, die kulturelle Evolution habe Ansätze entwickelt, die fatale Logik der Gruppenkonkurrenz zu überwinden. Mit dieser Behauptung wage ich mich weit über den Rand der Biologie und damit über den gesteckten Rahmen dieses Buches hinaus. Daher zum Schluss dieses Kapitels eine kurze und subjektive Skizze der Geschichte der vergangenen 10000 Jahre:

Die Frage lautet: Kann die kulturelle Evolution bei allen Rückschlägen und regionalen Besonderheiten insgesamt als ein Prozess der fortschreitenden Zivilisierung betrachtet werden? Die kulturelle Evolution krempelte die Lebensbedingungen um, sie bescherte der Menschheit aber auch Fortschritt, zumindest an Wissen und technologischen Fähigkeiten. Bei allen Schwierigkeiten und Einschränkungen würde ich behaupten, in den vergangenen 10000 Jahren habe aber auch so etwas wie eine progressive Entwicklung moralischer Normen stattgefunden. Dieser Prozess verlief weder linear oder stetig, noch synchron in den Kulturen der Welt. Trotzdem sprechen drei Argumente für meine optimistische Einschätzung:

Denn es lassen sich zwei Linien ziehen, die als Fortschritt verstanden werden können. Die erste Entwicklungslinie beschreibt Veränderungen der Moral auf einer formalen Ebene, die zweite auf der Inhaltsebene. Das dritte Argument kommt ganz zum Schluss und ist empirischer Natur.

Was ist mit der Entwicklung von *Moral in formaler Hinsicht* gemeint? Mit dem zunehmenden Organisationsgrad der frühen Kulturen lässt sich ein Trend zur Objektivierung von Normen und Regeln beobachten. Der erste Schritt war die Entstehung der oben skizzierten dritten Säule der Moral, die auf der Anerkennung eines objektiven, wenn auch unter Umständen kulturspezifischen Ideals beruht, das unabhängig vom konkreten Akteur existiert und zur Norm erhoben werden kann. Viele Regeln und Gesetze haben selbst keinen moralischen Kern, sondern sind lediglich Konventionen, die dazu dienen, praktische Probleme des Lebens zu regeln. Die Briten sind keine schlechteren Menschen, nur weil sie auf der linken Straßenseite fahren. Entscheidend ist die Verständigung auf eine gemeinsame Praxis.

Bei gruppenjagenden Tieren regeln Rangordnungen die Verteilung der Beute. Das schont Ressourcen, weil die Verteilung nicht jedes Mal neu ausgekämpft werden muss. In den frühen menschlichen Stadtkulturen wurde die Verteilung von Ressourcen qua Hierarchie ergänzt durch das Konzept des Eigentums. Diebstahl ist etwas, das in nahezu allen Kulturen sanktioniert wird. Eine weitere soziale Universalie ist die Familie. Es gibt wohl kaum eine Kultur, die nicht das Konzept der Familie in irgendeiner Form institutionalisiert und gegen Außenstehende abgegrenzt und unter Schutz gestellt hat. In diesen Rahmen fallen auch die soziale Regulation und Legitimation sexueller Beziehungen. Der Erfolg und die Verbreitung entsprechender Regeln beruhen nicht darauf, dass sie sich selbst auf eine moralische Maxime zurückführen lassen. Vielmehr handelt es sich um kulturelle Praktiken, die sich durchsetzten, weil sie der Gruppe in einer konkreten historischen Situation Vorteile verschafft haben. Ohne dass es den Menschen bewusst ist, setzen sich Kulturpraktiken durch, die *adaptiven* Charakter haben.

Vor allem die Religionen haben eine wahre Meisterschaft entwickelt, ihre

Anhänger in ein System hochkomplexer Ge- und Verbote zu verstricken. *Die* Religion ist ein universelles Kulturphänomen. Wohl gibt es – bis heute – keine Gesellschaft, die frei von Religion ist. Trotzdem sind die Erscheinungsformen der einzelnen Religionen recht verschieden. Insbesondere die Religionen des Buches sind komplizierte Regelwerke, die sich gerne in Details verkämpfen.

Wie kommt es zu diesem seltsamen Spannungsverhältnis zwischen dem universellen Phänomen Religion und den teilweise sehr unterschiedlichen Vorstellungen davon, was wir zu tun und was wir zu lassen haben? Im Vergleich zur Moralphilosophie hat die Religion einen riesigen Vorteil: Sie muss ihre Normen nicht begründen. Die stammen ja von der Institution, die nicht zu hinterfragen ist – von Gott. Die Krux ist, dass die dritte Säule der Moral in ihrer religiösen Spielart durchaus ambivalente Folgen haben kann – wenn Religionen aufeinandertreffen. Was heilig ist, ist nicht verhandelbar, ist absolut und steht jenseits des Arguments.

Daher ist es wichtig zu begreifen, die Moralität der »dritten Säule« beruht auf dem prinzipiellen Akt, den Wert gemeinsamer Regeln, nicht den Inhalt der Regeln selbst anzuerkennen. Der rein konventionelle oder funktionelle Charakter vieler – nicht aller – religiöser Vorschriften wird deutlich, wenn wir Religionen untereinander vergleichen.[56] Der Atheist fragt sich zu Recht, wieso es Gott nicht herzlich egal sein sollte, ob wir sein Haus freitags, samstags oder sonntags betreten.

Der Evolutionsbiologe Carel van Schaik (*1953) und der Historiker Kai Michel (*1967) haben unlängst ein höchst aufschlussreiches Buch veröffentlicht, in dem sie viele der oft seltsamen und widersprüchlichen Regeln, mit denen uns die Heilige Schrift konfrontiert, als kulturelle Anpassungen an Probleme erklären, die das Leben im Nahen Osten in der Zeit zwischen 1000 v.Chr. und Christi Geburt mit sich gebracht hat. Zu den berühmtesten Vorschriften zählt der Dekalog. Bei Licht besehen geht es nur bei fünf der zehn Gebote um Moral im engeren Sinn, und zwar im 6. Gebot: »Du sollst nicht töten«, im 7. Gebot: »Du sollst nicht ehebrechen«, im 8. Gebot: »Du sollst nicht stehlen«, im 9. Gebot: »Du sollst kein falsches Zeugnis reden wider Deinen Nächsten« und im 10. Gebot: »Du sollst Dich nicht lassen gelüsten nach dem, was Deinem Nächsten gehört«. Diese fünf Gebote lassen sich unmittelbar aus dem (biologisch verankerten) Äquivalenz- oder Fairnessprinzip ableiten. Sie sind aber keine Erfindung der Bibel.

Die expliziteste Formulierung des Prinzips der Äquivalenz und Reziprozität findet sich in Levitikus 19,18: »Du sollt Deinen Nächsten lieben, wie Dich selbst«. Diese Stelle wird gerne als das »Zentrum der Thora« aufgefasst. Der gleichen Logik folgt aber auch das alttestamentarische *ius talionis*, das Prinzip »Auge um Auge, Zahn um Zahn«.[57] Heute gilt das talionische Prinzip vielen Leuten als typisches Beispiel alttestamentarischer Barbarei. Das ist aber eine unhistorische Sicht der Dinge. Damals, vor 3000 Jahren, war die Forderung Gleiches (nur) mit Gleichem zu vergelten, ein zivilisatorischer Fortschritt. Die Bibel selbst ist dafür ein beredter Zeuge: Lamech, ein Enkel Kains, rühmte sich noch: »Einen Mann erschlug ich für meine Wunde, einen Jüngling für meine Beule.« In diesem Kontext kann man das *ius talionis* als moralischen Fortschritt verstehen, weil es half, Racheexzesse zu begrenzen.

Die ersten drei Gebote sind dagegen eher innerreligiöse Vorschriften, die nicht das Zusammenleben der Menschen, sondern die Beziehung der Gläubigen zu ihrem Gott regeln. Solche Vorschriften dienen dazu, die Religion als Gedankengebäude einigermaßen kohärent erscheinen zu lassen.

Das vierte Gebot, »Du sollst sechs Tage arbeiten, aber am siebenten Tag sollst Du ruhen«, und das fünfte Gebot, »Du sollst Vater und Mutter ehren«, verweisen dagegen auf eine dritte Kategorie von Vorschriften. Beide Gebote können instrumentell interpretiert werden. Sie helfen, eine Gesellschaft zusammenzuhalten.[58]

Evolution entsteht aus dem Dreiklang von Mutation, (*phänotypischer*) Varianz und Selektion (*der erfolgreichen Varianten*). In verführerischer Parallelität zur biologischen Vererbung lassen sich auch Kulturprodukte als »Informationseinheiten« beschreiben, als Replikatoren, die darum wetteifern, in so viele Gehirne wie möglich zu gelangen. Diese Duplizität verleitete Richard Dawkins dazu, in Analogie zum *Gen* für die kulturellen Replikatoren den Begriff des *Mems* einzuführen.[59] Ein Wettstreit der Meme hat demnach Geist und Kultur geformt, so wie Gene und natürliche Selektion unsere Körper modelliert haben. Auch wenn die Analogie Grenzen hat und biologische und kulturelle Evolution zwei paar Schuhe sind,[60] könnte diese dritte Kategorie von Regeln als adaptive *Meme* betrachtet werden. Sie stehen in der Heiligen Schrift, nicht weil sie sich direkt aus moralischen Prinzipien ableiten ließen, sondern weil sie als Reaktion auf praktische Probleme entstanden, mit denen die Söhne und Töchter Israels vor rund 3000 Jahren konfrontiert waren.

Der Dekalog ist nur die Spitze des Eisbergs. Rabbiner fanden allein im Pentateuch, den fünf Büchern Mose, 365 Verbote und 248 Gebote.[61] Viele dieser Vorschriften kreisen um zwei Themen, um Essen und um Sex! Und dem entgegen fragt Brecht in seiner *Dreigroschenoper* in einer der eingelegten Balladen: »Denn wovon lebt der Mensch?« Die illusionslose Antwort folgt auf dem Fuß: »Erst kommt das Fressen, und dann die Moral«.[62]

Tatsächlich sind aber ausgerechnet Essen und Sex schon sehr früh durch soziale Normen reguliert worden. Eine gewisse Obsession für beide Themen findet sich in der Bibel und im Koran. Das ist kein Zufall. Auf beiden Feldern spielt der Begriff der Reinheit eine wichtige Rolle, wobei Reinheit nicht nur pragmatisch im Sinne von »sauber« gedeutet, sondern gerne ins Heilige überhöht wird.

Zur Entstehung der großen Religionen kam eine weitere neue Entwicklung hinzu. So war im Nahen Osten die Stadt erfunden worden. Van Schaik und Michel sind der Meinung, »dass es die Religion war, die das soziale Know-how für [dieses neue, urbane] Leben [lieferte].« Dafür musste sich die Religion allerdings auch neu erfinden. Aus den Geistern der Naturreligionen, die vor allem dazu dienten, Naturphänomene zu erklären, wurden Götter, die (auch) die Regeln für soziales Leben in größeren Verbänden vorgaben. Diese Regeln legitimierten gleichzeitig die Machtstrukturen, die sich in den wachsenden Städten neu zu formieren begannen. Mit der Erfindung der Städte entstanden Hierarchien, Kasten, Könige, Priester, Soldaten und Sklaven. Das Leben in Städten brachte nicht nur soziale Herausforderungen mit sich: Denn, so bringt der Evolutionsbiologe Jared Diamond (*1937) das Problem auf den Punkt: »War der Aufstieg der Landwirtschaft ein Glücksfall für Mikroben, so galt dies umso mehr für die Entstehung von Städten, in denen Menschen noch enger zusammengepfercht unter noch schlechteren hygienischen Bedingungen hausten.«[63]

Daher verwundert es nicht, dass vieles, was in der Thora als »unrein« gilt, Körperflüssigkeiten, Fäkalien oder Aas, tatsächlich eine potentielle Quelle gefährlicher Krankheitserreger ist. Städte wurden von Zeit zu Zeit zu wahren Todesfallen. Bis Louis Pasteur (1822–1895) und Robert Koch (1843–1910) endlich das Geheimnis der ansteckenden Krankheiten lüften konnten, waren Epidemien ein bedrohliches *und* unheimliches, weil unerklärliches Phänomen. Nicht allzu fern lag es, in ihnen eine Strafe Gottes zu sehen. Gott schien Städte nicht zu mögen.[64] Der Anthropologe George P. Murdock (1897–1985) untersuchte Erklärungsmodelle für Krankheiten in 139 historischen und zeitgenössischen Gesellschaften. In nur zwei der 139 Kulturen wurden Krankheiten nicht (auch) als Strafe übernatürlicher Wesen interpretiert.[65] Gott musste also besänftigt werden, unter anderem durch die peinlich genaue Beachtung seiner Regeln. Das steht ausdrücklich in der Bibel: »Wirst Du der Stimme des

Herrn, Deines Gottes, gehorchen […] und halten alle seine Gesetze, so will ich Dir keine Krankheiten auferlegen, […] denn ich bin der Herr, Dein Arzt«.[66]

Aber wie entstanden solche Regeln? Die Beobachtung von Korrelationen und das Prinzip von Versuch und Irrtum können auf lange Sicht durchaus sinnvolle Lösungsstrategien hervorbringen, ohne zu den kausalen Wurzeln eines Problems vorgedrungen zu sein. Auf diese Weise hat die Naturmedizin eine ganze Reihe wirksamer Heilkräuter und Arzneien entdeckt. Nicht nur Medikamente, auch soziale Strategien können nach dem *Trial-and-Error*-Prinzips getestet werden und sich verbreiten, wenn sie erfolgreich sind und in einem quasi-evolutionären Sinn adaptiv wirken. Den Menschen der Antike fiel auf, dass manche Krankheiten im Zusammenhang mit bestimmten Essgewohnheiten, nach Sexualkontakten oder bei mangelnder Hygiene auftraten. Sie hatten natürlich keine Ahnung warum. Daher war jedes Verhalten, das auch nur irgendwie mit dem Auftreten solcher Krankheiten in Verbindung gebracht werden konnte, prädestiniert dafür, zur Sünde erklärt zu werden. Diese Praxis war eine Art präventive Gefahrenabwehr, die allein auf der Beobachtung von Korrelationen beruhte, nichts weiter.

Nehmen wir das 7. Gebot »Du sollst nicht ehebrechen«. Evolutionsbiologisch betrachtet klingt die Vorschrift kontraproduktiv. Gene, die sexuelles Desinteresse transportieren, sind eigentlich *per definitionem* zum Aussterben verdammt. Daher verwundert es nicht, dass in rund 85 % aller ethnographisch bekannten Gesellschaften Polygynie[67] erlaubt und toleriert ist.[68] Unter den Bedingungen einer Stadt des 1. Jahrtausends v. Chr. konnte ausgeprägte Promiskuität zumindest in biologischer Hinsicht aber kontraproduktiv sein. Monogame Beziehungen boten neben sozialer Sicherheit immerhin relativen Schutz vor sexuell übertragbaren Krankheiten. Ein Blick in die Bibel bekräftigt den Verdacht, die Sexualfeindlichkeit der Religion könnte (auch) handfeste medizinische Wurzeln haben: Ein Abschnitt im Buch Levitikus liest sich wie ein antikes Lehrbuch der Hygiene: »Wenn ein Mann am Glied einen Ausfluss hat, so ist er unrein. […]. wer sein Lager anrührt, der soll die Kleider waschen und sich mit Wasser waschen und unrein sein bis zum Abend. […]. Und wenn der Unreine rein wird nach seinem Fluss, so soll er sieben Tage zählen […] und dann seine Kleider waschen und sich mit frischem Wasser abwaschen, so ist er rein.«[69]

In einem heiligen Text explizite Hinweise zu Quarantäne und Dekontamination zu finden, ist schon erstaunlich. Wer glaubt, dem Autor wäre die praktische Bedeutung seiner Vorschläge bewusst gewesen, den belehrt der

Text rasch eines Besseren. Da heißt es weiter: »... am achten Tage soll er zwei Turteltauben nehmen [...] und dem Priester geben. Und der Priester soll die eine zum Sühneopfer bereiten und die andere zum Brandopfer«. Deutlicher lässt sich kaum ausdrücken, dass Krankheit nach Meinung des Autors übernatürliche Ursachen hat.

Die zitierte Passage im 3. Buch Mose, die sich so ausführlich den Körperflüssigkeiten widmet, ist noch nicht zu Ende. So liest man weiter: »Wenn einem Mann im Schlaf der Same abgeht, der soll seinen ganzen Leib abwaschen und unrein sein bis zum Abend.« Medizinisch betrachtet ist hier von zwei vollkommen unterschiedlichen Phänomenen die Rede. Im ersten Fall steckt hinter dem krankhaften Ausfluss vermutlich die Gonorrhoe. Der spontane nächtliche Samenabgang ist dagegen harmlos und keineswegs ansteckend. Die Autoren glauben aber, Körperflüssigkeiten seien grundsätzlich gefährlich. Wer die wahren Zusammenhänge nicht kennt, neigt zur Übergeneralisierung: Körpersäfte sind potentiell gefährlich, vor allem aber im religiösen Sinne unrein. Ein anderes Beispiel für Übergeneralisierung sind menstruierende Frauen.[70] Die Ideologie der menstrualen Unreinheit findet sich überall auf der Welt, von der Bibel über die Dogon in Westafrika bis zu den balinesischen Buddhisten. Die Betroffene steht im Abseits, bis ein reinigendes Ritual sie wieder zurück in die Gemeinschaft der Reinen holt. Die Reinigung selbst ist dualer Natur, sie ist im physischen wie im metaphysischen Sinn zu verstehen: Reinigung und Ritual. Natürlich ist diese Übergeneralisierung in einem objektiven Sinn falsch. Das spielt aber keine Rolle, denn sie hat in der konkreten historischen Situation eben mehr Nutzen als Schaden gebracht. Kulturelle Praktiken, die Seuchengefahr reduzieren, waren unter der Bedingung der antiken Stadt erfolgreiche, weil adaptive Meme.

In diesem Licht werden viele der komplexen Ge- und Verbote zum Thema Ernährung verständlich. In der Bibel steht zum Beispiel: »Du sollt das Böcklein nicht kochen in seiner Mutter Milch«.[71] Im nahen Osten des 1. Jahrtausends v. Chr., wo beides, Fleisch und Milch, nicht nur schnell verderblich, sondern jedes für sich durch Keime kontaminiert sein konnte, mag es Sinn gemacht haben, zwei potentiell riskante Lebensmittel nicht auch noch zu mischen. Dem Kühlschrankbesitzer dagegen erschließt sich auch bei längerem Nachdenken nicht, warum Züricher Geschnetzeltes Sünde sein sollte, wenn Kalb und Sahne separat genossen völlig okay sind. Die wahren Wurzeln solcher ursprünglich adaptiver Meme waren den Gläubigen nie bewusst. Sie sind es bis heute nicht, sonst würde mit dem Begriff Sünde sparsamer umgegangen werden. Das rigide und unreflektierte Festhalten an Regeln, die vor 2500 Jahren in einem ganz anderen kulturellen Kontext entstanden sind, ist ganz allgemein ein Kennzeichen aller Arten von religiöser Orthodoxie. Auf dieser konkreten Ebene der expliziten Regeln ist Ethik ein Kulturphänomen.[72]

Trotz ihrer ambivalenten Rolle waren Religionen ein Motor der Zivilisierung – zumindest in bestimmten Phasen der Menschheitsgeschichte. Ich höre an dieser Stelle die Proteste vieler Atheisten. Auch wenn ich mich selber zu den Ungläubigen zähle, bin ich durchaus der Meinung, die Buchreligionen hätten selbst eine Art von Evolution durchgemacht, die geholfen hat – zumindest prinzipiell –, Regeln und Gesetze zu objektivieren und so Gesetzgebung von der Willkür einzelner Machthaber loszulösen.[73] Dass die kanonischen Texte in Thora, Bibel oder Koran Texte sind, die von Menschen zu Papier gebracht und von Priestern vermittelt, interpretiert und in deren Sinn ausgelegt wurden, das steht auf einem anderen Blatt. Die Schrift selbst war dennoch ein Meilenstein auf dem Weg zur Entwicklung einer objektiv(er)en Moral. In der Bibel kulminiert dieser entscheidende Wendepunkt in einer einzigen kurzen Sequenz. Im Buch Deuteronomium stirbt der Prophet Mose und »es stand hinfort kein Prophet [mehr] in Israel auf […], den der Herr erkannt hätte von Angesicht zu Angesicht.«[74] Von da an verkünden nicht mehr berufene Personen das Gesetz. Nun gab es die Tafeln der Bundeslade. Das Gesetz stand geschrieben. Gott brauchte kein menschliches Sprachrohr mehr.[75]

In Gesellschaften, die sich der Schriftsprache bedienen, werden Regeln in Form schriftlicher Kodizes festgehalten, auch außerhalb religiöser Kontexte. Mit der Verschriftlichung wurden Gesetze nicht nur von einer konkreten Person, zum Beispiel dem Stammesfürsten, abgekoppelt, sie wurden auch resistenter gegen willkürliche Veränderungen. Die Verschriftlichung machte es leichter, Regeln über Generationen zu tradieren.[76] Menschen wurden zunehmend in moralisch präformierte, schon kodifizierte Kulturen hineingeboren.

Die Transformation von kleinen und egalitären Jäger- und Sammlergrüppchen hin zu organisierten und strukturierten Staatswesen war ein Zivilisierungsschub. So verlockend das Bild von der kleinen, eingeschworenen Gemeinschaft von Gleichen ist, es hat doch eine Kehrseite. Im Konfliktfall fehlt der Gruppe die neutrale und objektive Instanz, die vermitteln und Regelverstöße ohne Eigeninteresse sanktionieren könnte. Das soll um Himmels Willen nicht als Plädoyer für hierarchisch organisierte Gesellschaften missverstanden werden. Unkontrollierte Macht und Machtmissbrauch sind wie siamesische Zwillinge. Platons Idee vom weisen Philosophenkönig ist ein apsychologisches Konzept, das in der Wirklichkeit oft in einem Alptraum mündet. Aber trotz der Ströme von Blut, die unzählige Herrscher und Dynastien verursacht haben, war die Entstehung von staatlichen oder quasi-staatlichen Gesellschaften mit festen Strukturen und Institutionen, mit gesetzgebenden Personen oder Kasten und einer Exekutive, die auf Einhaltung der Regeln achten konnten, ein Schritt auf dem Weg zur weiteren formalen Objektivierung der Moral und zu mehr »Rechtssicherheit«.

Was allerdings lange fehlte, waren institutionelle Mechanismen zur Kontrolle von Macht und ihre demokratische Legitimierung. Mit der Verschriftlichung entwickelten viele Kulturen nach und nach zumindest so etwas wie eine »professionelle« Gesetzgebung und Rechtsprechung. Schon in den Hochkulturen der Antike entstanden Kasten, die für Rechtssetzung, Rechtsprechung und Rechtsauslegung zuständig waren. Allerdings bildeten diese Kasten noch keine »dritte Gewalt« im Staate. Zu oft waren sie identisch oder verquickt mit jenen, die die politische und/oder die religiöse Macht im Staate innehatten.

Erst mit der europäischen Aufklärung entwickelte sich die Idee, nicht nur Religion und Staat, sondern auch Macht und Recht zu entflechten. Im 18. Jahrhundert setzte in Europa ein Prozess der Säkularisierung ein. Menschen wie Kopernikus, Brahe oder Galilei hatten 200 Jahre zuvor die Saat gelegt, die im 18. Jahrhundert endlich aufgehen sollte. Der vorläufig letzte progressive Schritt war die Demokratisierung der Wahl der Entscheidungsträger, die Einführung von Parlamenten und eines allgemeinen aktiven und passiven Wahlrechts. Diese Phase ist bis heute nicht abgeschlossen. Manche Aspekte wie Trennung von Staat und Kirche, das Prinzip der Gewaltenteilung oder das Prinzip der demokratischen Legitimierung und Kontrolle der staatlichen Macht sind selbst im 21. Jahrhundert nicht überall als zivilisatorische Errungenschaft anerkannt. Diese formalen Veränderungen der Organisation des sozialen Zusammenlebens erzeugen – um mit Tomasello zu sprechen – »(per se) keine Moral, sondern sie kollektivieren und objektivieren sie.«[77]

Ich meine allerdings, dass die Kulturgeschichte auch auf der Inhaltsebene, der Ebene der Ideen von Moral, eine Fortschrittsgeschichte ist.[78] Zumindest gibt es Standpunkte, die sich erst zu einem bestimmten Zeitpunkt entwickelten und in die Welt gesetzt wurden, sich ausbreiteten und nicht wieder verschwanden, weil sie vielen Menschen offensichtlich plausibel und attraktiv erscheinen. Vor allem die Aufklärung hat uns eine ganze Reihe von Neuheiten beschert. Zwar gab es schon im antiken Europa Versuche, Menschen vor Willkür und Machtmissbrauch zu schützen, allerdings wurde dabei meist an bestimmte privilegierte Gruppen gedacht. Im Jahr 624 v. Chr. wurde in Athen die willkürliche Rechtsprechung eingeschränkt. Seit dem 6. Jahrhundert wurde dort allen *Bürgern* politische Mitsprache ermöglicht, zunächst aber nach Besitz abgestuft. Später konnten in der attischen Demokratie dann fast alle Ämter durch Losverfahren vergeben werden – allerdings nur an die berechtigten freien Männer! Denn selbst eine Ikone der abendländischen Zivilisation wie Aristoteles war der Ansicht, manche Menschen seien »von Natur aus« Sklaven.[79]

EXKURS **KURZE GESCHICHTE DER MENSCHENRECHTE**

Als die Armeen von Kyros dem Großen (590 v. Chr. bis 580 v. Chr.–530 v. Chr.) Babylon eroberten, befreite der neue Herrscher die Sklaven und erklärte, dass alle Menschen das Recht hätten, ihre eigene Religion zu wählen. Kyros stellte auch die Gleichheit der Menschen aus allen Teilen der bekannten Welt heraus. Seine Erlasse sind auf einem gebrannten Tonzylinder – dem berühmten *Kyros-Zylinder* – erhalten. Dieses Dokument wird von den Vereinten Nationen offiziell als die erste Menschenrechtserklärung anerkannt, vielleicht weil der Kyros-Zylinder zumindest andeutet, dass Rechte für alle Menschen gelten und nicht nur einem bestimmten Zirkel vorbehalten sein sollten.

Aber auch wenn die Idee universeller Menschenrechte in dem einen oder anderen visionären Kopf aufgeflackert sein mochte, bis weit nach Ende des Mittelalters lag sie jenseits der Wertewelten fast aller Kulturen. Die Gründe dafür sind vielfältig. Wenn Bürgerrechte gefordert oder auch gelebt wurden, waren fast immer nur bestimmte Gruppen gemeint. Egal ob Ausländer, Sklaven, Frauen und Kinder, meist war die Mehrheit der Menschheit außen vor.

Auch die Rechte, die die Bibel den Menschen zuspricht, galten nicht *a priori* universell. Zwar könnte die biblische Vorstellung der Gottesebenbildlichkeit des Menschen[80] als eine mentale Vorbereitung auf die Idee universeller Menschenrechte verstanden werden, vielleicht ist das aber eher eine Zuschreibung aus heutiger Perspektive. Im Text jedenfalls finden sich ständig Situationen, in denen individuelle Rechte zur Disposition stehen. Ausnahmen gelten für die Vertreibung und Ausrottung von Völkern anderen Glaubens[81] oder für Sklaven.[82] Was die Behandlung von Mitmenschen angeht, ist die Bibel ein höchst widersprüchlicher Text.

Alles andere wäre auch verwunderlich, denn schließlich handelt es sich um ein Konglomerat, das viele Autoren über Jahrhunderte zusammengeschrieben haben.[83]

Zwischen der Entdeckung Amerikas und der Geburt Rousseaus im Jahr 1712 veränderte sich Europa so fundamental wie nie zuvor in so kurzer Zeit. Der Wandel betraf die politischen Systeme, die Ökonomie,[84] aber auch und vor allem das Denken. Ein gebildeter Europäer des Jahres 1490 besaß kaum ein Dutzend Bücher, er glaubte an Hexen, Werwölfe und Zauberei und nahm die klassischen Sagen des Altertums für bare Münze. Naturerscheinungen wie Regenbögen oder Kometen waren keine Objekte der Forschung, sondern Zeichen Gottes. Nur 240 Jahre später besaß ein Intellektueller wie Jonathan Swift (1667–1745) eine Bibliothek mit hunderten von Büchern, darunter wissenschaftliche Texte von Newton und Kepler. Diese Bibliothek war nicht nur Ausdruck eines quantitativen Zuwachses an Wissen, die *Art* zu Denken (zumindest der intellektuellen Elite) hatte sich komplett verändert. Magie war ersetzt worden durch Wissenschaft.[85] In dieser Zeit wurde die Idee geboren, bestimmte Rechte seien universell und müssten jedem Menschen zugestanden werden, gleich welcher Geburt und welchen Standes. Die Aufklärung entwickelte auch die Vorstellung, es sei die primäre Aufgabe und Zweck jedes Staates, diese Rechte seinen Bürgern zu gewährleisten. Solche Ideen hatten natürlich viele Väter (und Mütter).

Als sich der Dominikanerpater Bartholomé de Las Casas (1484–1566) im Jahr 1552 in einem Schreiben zur Verteidigung der peruanischen Ureinwohner an den mit der Sklavenfrage befassten »Indienrat« wandte, verwendete er schon den Ausdruck »Prinzipien der Rechte der Menschen« (»las reglas de los derechos humanos«). Thomas Hobbes (1588–1679) sprach noch nicht von gleichen, unveräußerlichen Rechten für alle. Er plädierte im Gegenteil sogar dafür, individuelle Rechte an den Staat abzutreten. Dennoch mag seine Staatsphilosophie geholfen haben, den Menschenrechtsgedanken zu entwickeln. Denn nach Hobbes hat jeder Mensch im Naturzustand ein Selbsterhaltungsrecht, auch wenn in der hobbesschen Gedankenwelt gerade der unsichere und gefährliche Naturzustand überwunden und die damit verbundenen Naturrechte an den Staat übertragen werden sollten. Hobbes ordnete das Menschenrecht dem Staat unter. Trotzdem mag die Idee, es existiere überhaupt ein solches Recht, andere Denker inspiriert haben. John Locke (1632–1704) hat

Hobbes' Überlegungen vom Kopf auf die Füße gestellt. Nach Locke sind die Rechte des Menschen das vorrangige Gut und der Staat hat die Funktion, diese Naturrechte zu garantieren. Dieser sympathische Gedanke trägt einen revolutionären Funken in sich. Denn wenn der Staat dieser Aufgabe nicht nachkommt, verliert er seine Legitimation. Dieses instrumentelle Verständnis vom Staat pflegte auch Immanuel Kant (1724–1804). Auch er war der Meinung, es sei die vornehmste Aufgabe des Rechtsstaates, die individuellen Freiheitsrechte zu sichern und zu erhalten.

Unseligerweise haben sich die europäischen Nationen Lockes und Kants Verständnis vom Staat nur zögerlich zu eigen gemacht.[86] Die große Zeit des Nationalismus sollte erst noch kommen, eine Zeit, in der Staat und Nation zum Selbstzweck und zu einem »Wesen« überhöht wurden, das quasi-religiöse Verehrung erfuhr. Auch nach über 70 Jahren dröhnt es noch immer schmerzhaft in den Ohren: »Du bist nichts, Dein Volk ist alles«. Leider ist dieses pubertäre Verhältnis zur Nation bis heute nicht ausgestorben.

In ihrer expliziten Form sind die universellen Menschenrechte und die Garantiepflicht des Staates Kinder der Aufklärung. Der wenig bekannte Philosoph Samuel Pufendorf (1632–1694) war vielleicht der erste, der die Menschenwürde (*dignatio*) ausdrücklich als Bestandteil eines Naturzustandes betrachtet hat, in dem alle Menschen gleich und frei sind: »Der Mensch ist von höchster Würde, weil er eine Seele hat, die ausgezeichnet ist durch das Licht des Verstandes …«[87] Jean-Jacques Rousseau (1712–1778) war der erste Aufklärer, der direkt von Menschenrechten sprach, auch wenn er eine sehr spezifische Auffassung von diesen Rechten hatte.[88] Für Rousseau ist die Freiheit Grundlage für das Menschsein. Da von Natur aus alle Menschen frei und gleich sind, sollte das auch im Staat so bleiben.

Die Ideen der Aufklärung wurden in philosophischen Kabinetten und Hinterzimmern entwickelt.[89] Sie ließen diese Winkel aber rasch hinter sich und sickerten in die Welt der großen Politik ein. Die Menschen begannen darüber nachdenken, wie ein Staat organisiert und verfasst sein müsste, um Rechte jedem zu jeder Zeit auch garantieren zu können. Vorsichtige Vorschläge, wie Macht zu verteilen und zu regulieren sei, gab es schon lange vor der Aufklärung. Die Verfassung der Römischen Republik etwa lässt sich so lesen. In einigen islamischen Ländern gab es das Amt des Qādīs, das als frühe Form der Trennung von Judikative und Exekutive angesehen werden kann. Auch Johannes Calvin (1509–1564) schlug ein System sich gegenseitig ergänzender und kontrollierender staatlicher Organe vor, was vor allem auch die calvinistischen Auswanderer nach Nordamerika beeinflusste. Calvinistisch geprägte Kongregationalisten gründeten in Nordamerika 1620 die *Plymouth Colony* und 1629 die *Massachusetts Bay Colony*, die beide demokratisch regiert wurden und Gewaltenteilung praktizierten. Zu einem zentralen Begriff der Staatsphilosophie wurde die *Gewaltenteilung* im 17. Jahrhundert dank John Locke, der eine Aufteilung von Legislative und Exekutive forderte. Charles de Montesquieu (1689–1755) erweiterte das Prinzip um die Forderung nach einer unabhängigen Justiz. In seiner staatstheoretischen Schrift *Vom Geist der Gesetze*[90] erläutert Montesquieu den Grundsatz der Teilung der Macht zwischen Legislative (gesetzgebende Gewalt), Judikative (richterliche Gewalt) und Exekutive (vollziehende Gewalt).[91]

Der Übergang von der Theorie zur Praxis vollzog sich erstaunlich rasch. Im Jahr 1679 trotzte das englische Parlament König Karl II. (1630–1685) die *Habeas-Corpus*-Akte ab. Sie verbot willkürliche Verhaftungen und knüpfte die Festnahme von Bürgern an strikte Regeln. Nach Montesquieus Schrift dauerte es keine 50 Jahre, bis sich die gerade gegründeten Vereinigten Staaten von Amerika im Jahr 1788 eine Verfassung gaben, die mit ihrem System der *Checks and Balances* die Gewaltenteilung zum Prinzip erhob. Kurz zuvor, im Jahr 1776, formulierte Thomas Jefferson (1743–1826) die amerikanische Unabhängigkeitserklärung, die unveräußerliche individuelle Rechte wie das Recht auf Leben, Freiheit und auf das Streben nach Glück festschreibt. Nur 13 Jahre später, am 11. Juli 1789, legte Marie-Joseph Motier (1757–1834), der Marquis de La Fayette und Befehlshaber der französischen Nationalgarde, den Entwurf einer Menschenrechtserklärung vor, welche er mit der Unterstützung von Thomas Jefferson, damals Botschafter in Paris, für das revolutionäre Frankreich erarbeitet hatte.

Im Jahr 1948 hat die Generalversammlung der Vereinten Nationen dann die Allgemeine Erklärung der Menschenrechte verabschiedet, »als das von allen Völkern und Nationen zu erreichende gemeinsame Ideal«.[92] Ihre 30 Artikel legen allgemeine und vor allem für jeden Menschen gültige und unveräußerliche Rechte fest. Bei der Verabschiedung gab es keine Gegenstimmen, allerdings enthielten sich acht Mitgliedsländer. Die übrigen der damals 48 Mitgliedsnationen haben alle mit Ja gestimmt! Jeder, der diese Erklärung liest, wird sofort bemerken, dass zwischen Anspruch und Wirklichkeit leider noch eine Lücke klafft. Zum einem liegt das an einem Geburtsfehler. Der ursprüngliche Plan eines völkerrechtlich verbindlichen Vertrags musste schon damals aufgrund des aufkeimenden Ost-West-Konflikts aufgegeben werden. Stattdessen einigte man sich auf eine allgemeine, aber unverbindliche Erklärung der Menschenrechte. Zum anderen ist die Weltgemeinschaft kein demokratisch verfasster Superstaat, in dem eine unabhängige Justiz bereitstünde, bei der diese Rechte eingeklagt werden könnten. Immerhin haben viele Nationen, auch Deutschland, die (unverbindliche) Erklärung der Menschenrechte in (verbindliches) nationales Recht überführt. Die Erklärung ist also mehr als nur ein Stück Papier.

Eines aber kann man festhalten. Es gibt heute viele Nationen, in denen die Menschenrechte noch eklatant und systematisch verletzt werden, aber nur sehr wenige Nationen stellen die Rechte selbst in Abrede.[93] Auch die übleren Diktaturen wahren gerne den schönen Schein. Fast niemand gibt zu, er pfeife auf freie Presse und unabhängige Gerichte. Kaum ein Staat betreibt Folter öffentlich. Das war nicht immer so. Viele der 30 Artikel der Allgemeinen Erklärung der Menschenrechte sind Kinder der Moderne. Das gilt vor allem für den Grundgedanken der universellen Gültigkeit. Eine solche Erklärung hätte vor 1000 Jahren in keinem Land der Welt verfasst werden können.[94]

ERSTE SCHLUSSFOLGERUNG: ZWISCHEN EIGENNUTZ UND MITGEFÜHL, DER MORAL DES KOPFES, DES BAUCHES UND DES BUCHES

Zugegeben, Moral ist schwierig. Das fängt schon damit an, dass wir uns nicht darauf einigen können, ob wir die gute Tat an den Absichten oder den Ergebnissen messen sollen. Wer handelt moralischer, derjenige, der Gutes will, oder derjenige, der Gutes schafft? Aus dem alten Streit zwischen Gesinnungs- und Verantwortungsethikern möchte ich mich aber heraushalten.

Moral ist aber nicht nur ein Problem der Perspektive. Sie ist auch deshalb schwierig, weil das, was wir unter moralischem Verhalten verstehen, auf verschiedenen Ebenen durch ganz verschiedene Mechanismen – kulturelle und biologische – verankert und wirksam wird. Die Biologie sollte immer dann in den Ring steigen, wenn von der »Natur des Menschen« die Rede ist, wenn es um angebliche Dispositionen zum Guten oder Bösen geht. Und hier gilt es drei Dinge festzuhalten:

Erstens folgt aus der Logik der Evolution nicht, dass sie uns zwangsläufig zu egoistischen Einzelkämpfern optimiert. Je stärker Tierarten sich in Sozialverbänden organisieren, desto eher werden Eigenschaften wie Kooperativität, soziale Intelligenz und die Fähigkeit zum altruistischen Handeln zum Selektionsvorteil. Was adaptiv und was eine *evolutionär stabile Strategie* ist, hängt also stark von der Lebensform der jeweiligen Spezies ab. Altruismus kann für einzeln jagende Tiger von Nachteil sein, einem Gruppenjäger wie dem Löwen aber zum Vorteil gereichen. Von allen Säugetieren hat der Mensch die komplexesten Sozialsysteme entwickelt.[1] Andere hochentwickelte soziale Säuger wie die Schimpansen leben in Rudeln von bis zu 50 Tieren. Schon die Jäger- und Sammlergruppen der Steinzeit waren dreimal größer. Der Grund für die unterschiedlichen Gruppengrößen ist handfester biologischer Natur. Solche

Gruppen wurden durch ein Netz persönlicher Beziehungen zusammengehalten. Alle Mitglieder müssen einander kennen und wissen, wie der andere tickt. Und hier gibt es Kapazitätsunterschiede zwischen uns und unseren nächsten lebenden Verwandten. Aristoteles hatte schon recht, wir sind ein besonderes *Zoon politikon.*[2] Menschen sind keine geborenen Egoisten, sondern eine zugegeben oft widersprüchliche Mischung aus Egoismus, Kalkül, Kooperativität und Mitgefühl.

Veränderte Lebensbedingungen führten dazu, dass die biologischen Grundlagen des sozialen Verhaltens von Primaten um eine zweite Säule ergänzt wurden. Neben der Moral aus Empathie entwickelten Hominidengehirne die abstraktere Moral der Fairness. Daher verwundert es nicht, dass es ethische Universalien gibt, die in allen menschlichen Kulturen anzutreffen sind. Religion ist so eine kulturelle Universalie, und immer wenn etwas in allen menschlichen Gesellschaften zu finden ist, nährt das den Verdacht auf eine biologische Grundlage. Die Religion evolutionsbiologisch als Resultat einer Art von Gruppenselektion zu verstehen, ist in Mode gekommen. Zugespitzt sprechen einige Autoren gar vom »Gottes-Gen«.[3] Religiöse Ideen haben über Menschen eine gewaltige Macht. Bis heute. Die Religion ist allerdings voll von Spielarten menschlichen Verhaltens, die sich nur schwer als adaptive Merkmale im Sinne der Evolutionstheorie erklären lassen: Selbstaufopferung, Askese, Weltentzug, mitunter auch Zölibat. Selbst die archaische Praxis des Märtyrertods hat in den vergangenen beiden Jahrzehnten eine unheilige Renaissance erlebt. Biologisch betrachtet müsste die Selektion jedoch mit Genen, die zur Keuschheit oder zum Selbstmordattentäter disponieren, eigentlich kurzen Prozess machen.[4]

Ich muss an dieser Stelle noch einmal an den fundamentalen Unterschied zwischen den proximalen Mechanismen und ultimativen Ursachen von Verhalten erinnern. Vieles von dem, was wir tun, ist unter dem Gesichtspunkt der *Fitness*[5] irrelevant oder kontraproduktiv. Trotzdem halte ich die Rede vom »Gottes-Gen« bestenfalls für eine etwas platte Metapher. Wer sie wörtlich nimmt, liefert ein schönes Beispiel für einen typischen Kategorienfehler. Wenn wir über *biologische* Selektion reden, dann wurde vermutlich nicht die Religiosität als adaptives Merkmal selektiert, sondern die kognitiven Fähigkeiten, aus denen (auch) die Religiosität hervorging.

Bevor wir streiten, ob ein bestimmtes Verhalten ererbte oder kulturelle Wurzeln hat, müssen wir uns klar werden, auf welcher Beschreibungsebene wir argumentieren. Denken Sie an die vier Grundrechenarten, eine Kulturtechnik, die heute fast jeder Viertklässler beherrscht. Im Mittelalter waren Addition, Subtraktion, Multiplikation und Division Angelegenheiten eines exklusiven Zirkels hochgebildeter Spezialisten.[6] Mit Evolution hat das nichts zu tun. Ein Kind des Mittelalters, unmittelbar nach Geburt per Zeitmaschine ins 21. Jahrhundert versetzt, würde rechnen lernen, wie jedes Kind unserer Tage. Trotzdem sind die kognitiven Voraussetzungen, die Menschen zur Mathematik befähigen, genetisch verankert. Auch die ambitionierteste Schule wird einen Schimpansen nicht zum Matheabitur führen.

Ebenso kann im Rahmen der kulturellen Evolution so etwas wie Gruppenselektion stattfinden. Mitunter kann es sein, dass in bestimmten Zeiten die Gruppen erfolgreicher waren, die über verbindliche Kodizes und Normen verfügten. Während die biologische Gruppenselektion bei höheren Säugetieren ein eher randständiges Phänomen ist, könnte die Gruppenselektion im Kontext von Kultur und der menschlichen Geschichte eine bedeutendere Rolle gespielt haben. Einer Handvoll Spanier und Portugiesen gelang es, binnen weniger Jahrzehnte nahezu den ganzen südamerikanischen Kontinent zu unterwerfen. Die Anhänger Mohammeds verbreiteten ihre Religion in schwindelerregendem Tempo in einem Gebiet, das sich von Indien bis an den Atlantik erstreckt. Kulturen vergehen und werden durch andere ersetzt, nicht weil die neuen Gruppen über die bessere genetische Ausstattung verfügen, sondern weil sie erfolgreiche Zivilisationstechniken entwickelt haben.

Moral existiert auch ohne Religion.[7] Ich vermute, die Macht und die große Verbreitung religiöser Überzeugungen beruhen im Wesentlichen darauf, dass Religion gleich drei menschliche Bedürfnisse auf einmal befriedigt. Im Gegensatz zu anderen Tieren wissen wir um unsere Sterblichkeit. Das nährt eine Sehnsucht nach Transzendenz, nach einer Welt hinter der Welt, in der es irgendwie weitergehen könnte. Fast alle Religionen bieten solche Jenseitsversprechen, oft in der Luxusvariante eines Paradieses. Die Bedeutung von Gott und Religion als Stifter unverhandelbarer moralischer und sozialer Regeln wurde schon diskutiert.[8] Einiges spricht dafür, Religionen könnten innerhalb der Eigengruppe den Hang zur Kooperation verstärken und Gruppen damit stabiler machen, in diesem Sinn also eine (kulturell vermittelte) adaptive Eigenschaft haben.[9] Viele Religionen haben auch irgendeine Version der Hölle erfunden. Der Durchschlagskraft religiöser Regeln schadet es nicht, wenn sie am Ende mit der Knute drohen können. Das hatte Voltaire (1694–1778) vielleicht im Sinn, als er schrieb: »wenn es Gott nicht gäbe, müsste man ihn erfinden«.[10]

Im Vergleich zu diesen emotionalen und instrumentellen Wurzeln war die dritte Wurzel der Religion rationaler Natur. Lange Zeit war Religion auch so etwas wie eine Proto-Naturwissenschaft, denn sie lieferte ein mehr oder weniger schlüssiges Welterklärungsmodell. Als Menschen nichts von der Physik der Gezeiten und Gewitter wussten, war es gar nicht so unvernünftig, hinter Naturphänomenen Akteure zu wittern. Wir sind es gewohnt, in den Kategorien von Ursache und Wirkung zu denken. Wenn die wahren Zusammenhänge aber im Dunkeln liegen, ist es nachvollziehbar, nach einem (personalen) Verursacher zu fragen. Ein klassisches Beispiel für diese Art zu Denken gab der englische Theologe William Paley (1743–1805). In seinem 1802 veröffentlichten Werk *Natural Theology: Or Evidences of the Existence and Attributes of the Deity, Collected from the Appearances of Nature* schreibt er: »Nehmen wir an, ich ginge über eine Heide und stieße dabei [...] gegen einen Stein und jemand würde mich fragen, wie der Stein dorthin gekommen sei; ich könnte vielleicht antworten, dass er [...] immer dort gelegen habe [...]. Nehmen wir nun aber an, ich hätte eine Uhr auf dem Boden gefunden und man würde nachforschen, wie die Uhr an diesem Platz zu liegen gekommen sei, so würde mir wohl kaum die Antwort einfallen, die ich zuvor gegeben hatte [...].« Paley meint, es gebe offensichtliche Unterschiede zwischen physikalischen Objekten. Komplexe Gegenstände hält er für Artefakte. Die Uhr muss also einen Schöpfer haben. Und weiter merkt er an: »Jede Andeutung einer Planung, jede Offenbarung eines Entwurfs, die bei der Uhr zu finden war, existiert auch in den Werken der Natur [...] und zwar in einem Ausmaß, das alle Schätzungen übersteigt.«[11] Eine ähnliche Denkweise steckt auch hinter Aristoteles' Idee vom »unbewegten Beweger«.

Obwohl Lebewesen ungleich komplizierter sind als Taschenuhren, sollte deutlich geworden sein, dass sich die Existenz von Fruchtfliegen oder Primaten auch ohne intelligente Designer erklären lässt. Selbst wenn die Religion mehr als 150 Jahre nach Darwin immer noch mehrheitsfähig ist, hat der Verlust ihrer Rolle als Welterklärungsmodell Nummer Eins gewaltige Konsequenzen für ihre Stellung in der Welt. Wie bei einem dreibeinigen Hocker gerät alles ins Wanken, wenn die eine, die »ontologische« Säule wegbricht. Ich kann schließlich nicht Gott und die Schöpfungstheorie für *objektiv* wahr halten, wenn mir klar ist, damit nur mein persönliches Bedürfnis nach Transzendenz zu befriedigen, oder weil ich wie Voltaire der Überzeugung bin, eine Gesellschaft komme ohne diese Form des moralischen Klebstoffs nicht aus.

Wenn der Religion ihre Rolle als »objektives« Welterklärungsmodell abhandenkommt, folgt daraus ein Aufruf zu religiöser Toleranz. *In* der Welt gibt es nichts, das uns zu einer bestimmten Form des Glaubens zwingen würde. In der Perspektive auf die Natur ist keine Religion »wahrer« als die andere. Daraus ergibt sich auch: Religion ist Privatsache! In keiner offenen, demokratischen Gesellschaft kann religiöses Recht daher im Konfliktfall über weltlichem Recht stehen.

Der zweite Punkt berührt die Frage, warum es um den Zustand der Welt nicht längst besser bestellt ist, wenn uns die Biologie gleich doppelt zu moralischen Wesen macht. Nun, das liegt zunächst ganz einfach daran, dass Menschen sowohl vom Mitgefühl als auch von egoistischen Motiven geleitet werden. Viele Situationen, mit denen wir konfrontiert werden, sind ambivalent und provozieren Zielkonflikte, auch zwischen Eigennutz und Altruismus.[12]

Probleme bereitet bei unserer Themenstellung auch das dreifaltige Konstrukt unserer Moral. So treten Situationen auf, in denen die Moral des Bauches und die Moral des Kopfes miteinander in Konflikt geraten. Diese Konkurrenz klingt in einem berühmten Vortrag des Soziologen Max Weber (1864–1920) an: »Wir müssen uns klarmachen, daß alles ethisch orientierte Handeln unter zwei voneinander grundverschiedenen, unaustragbar gegensätzlichen Maximen stehen kann: es kann ›gesinnungsethisch‹ oder ›verantwortungsethisch‹ orientiert sein. […] Aber es ist ein abgrundtiefer Gegensatz, ob man unter der gesinnungsethischen Maxime handelt – religiös geredet: ›Der Christ tut recht und stellt den Erfolg Gott anheim‹ – oder unter der verantwortungsethischen: daß man für die (voraussehbaren) Folgen seines Handelns aufzukommen hat.«[13] Demnach mag es also sein, dass selbst der alte Streit um die Frage, ob oder wann der Zweck die Mittel heiligt, (s)eine Wurzel in der Konkurrenz zweier (auch) biologisch verankerter moralischer Prinzipien hat.[14]

Das Äquivalenzprinzip, die Moral der Fairness, stößt noch aus einem anderen Grund an Grenzen: Wenn wir auf äußerliche Merkmale achten, zerfällt die Menschheit nur in eine Handvoll großer Gruppen. Mehr gibt die Biologie kaum her. Die Diversität der Kulturen, die sich in den vergangenen 10 000 Jahren entwickelt hat, führt aber dazu, Deutsche von Franzosen oder Araber von Israelis zu unterscheiden, und Juden von Moslems, Serben von Kroaten, Bayern von Preußen. Selbst die Nuancen zwischen zwei christlichen Konfessionen können zur Wasserscheide werden und in eine Katastrophe münden. Vor ziemlich genau 400 Jahren stürzte diese Rivalität von Katholiken und Protestanten ganz Mitteleuropa ins blutigste Chaos seiner Geschichte.[15]

Die »drittpersonale« Welt der (kulturspezifischen) Regeln, die »Moral des

Buches«, wirkt also nicht immer menschheitsverbindend, sondern oft trennend, weil sie »eigen« und »fremd« kenntlicher macht. Auch das hat nicht zuletzt biologische Gründe.[16] Dieser Hang, Eigen- und Fremdgruppen zu unterscheiden und im Zweifel die eigene Gruppe zu bevorzugen, ist angeboren.[17] Das ist die schlechte Nachricht.

Die gute Nachricht lautet: Kultur ist vielschichtig und flexibel. Jeder von uns gehört verschiedenen Kategorien von Gruppen an. Wir können kulturell erworbene Unterscheidungen zwischen Gruppen wieder verlernen, sie in ihrer Bedeutung relativieren oder Re-Kategorisierungen vornehmen. Und so gilt eines in Kultur und Biologie: Gesellschaften/Populationen[18] profitieren in der Regel von Durchlässigkeit, Transparenz und dem Austausch zwischen den Gruppen. Je stärker sich Gruppen abschotten, desto größer ist die Gefahr, dass Konflikte eskalieren und chronifizieren.

Die speziellen menschlichen Sozialsysteme[19] brauchen jedoch noch eine Zutat für ein gelingendes Zusammenleben: Alle Individuen und Gruppen einer Gesellschaft müssen sich auf einen gemeinsamen basalen Kodex von Regeln verpflichten. Dieser Kodex ist kultureller Natur, auch wenn einige Elemente biologische Wurzeln haben können.[20]

Die hohe Kunst besteht darin, den Kodex so zu formulieren, um damit nicht selbst zur Grüppchenbildung beizutragen. Vor Jahren entbrannte in Deutschland ein Streit um den Begriff »Leitkultur«, der im Zuge der Flüchtlingsdebatte wieder aus der Mottenkiste stieg. Damals wie heute provozierte der Begriff reflexartig empörte Gegenrede, obwohl eine Verständigung auf gemeinsame Regeln eigentlich für jede Gesellschaft existentiell ist. Trotzdem ist die Kritik an dem Begriff nicht ganz unberechtigt. Er ist unglücklich gewählt, weil unpräzise und irreführend. Dabei kann es aber nicht darum gehen, den Menschen, die zu uns kommen, vorzuschreiben, was sie essen, wie sie sich kleiden, welche Bücher sie lesen oder welche Götter sie anbeten. Die einzige Leitkultur auf die alle – egal welcher Herkunft – verpflichtet werden müssen, findet sich zwischen den Buchdeckeln des Grundgesetzes. Dort steht, was zur Essenz der Zivilisation gehört, die Menschenwürde, die Freiheit des Individuums, die Gleichheit vor dem Gesetz, die Freiheit, jede Religion ausüben zu dürfen, solange diese die Grundrechte der Andersgläubigen nicht einschränkt – einschließlich der Freiheit, ohne Religion leben zu dürfen. Und dazu zählt natürlich auch die Anerkennung von Regeln, die die *Checks* und *Balances* in einer Gesellschaft so austarieren, dass diese Rechte nicht von der Willkür einer dominanten Gruppe, der »Mehrheitsgesellschaft« oder den Launen eines

Machthabers abhängig sind. Die Rede ist von der Verpflichtung auf ein politisches System, das Pluralität gewährleistet und auf dem Prinzip der Gewaltenteilung beruht, das Presse- und Meinungsfreiheit garantiert wie auch allen die Möglichkeit zur politischen Teilhabe bietet. Diese Regeln müssen für alle ohne Unterschied gelten. Mehr Leitkultur braucht es nicht. Mehr wäre auch kaum mit dem Prinzip der Toleranz vereinbar.

Wer Nachrichten hört, mag die Hypothese von einer progressiven Entwicklung unserer »kulturellen Moral« hoffnungslos blauäugig finden. Nun lässt sich Geschichte nicht wiederholen. Hypothesen über historische Prozesse können nicht im Reagenzglas überprüft werden. Muss die These von der kulturellen Evolution der Moral deshalb für ewig im empiriefreien Niemandsland zwischen den philosophischen Lagern liegen bleiben?

Da wäre noch ein dritter Punkt, ein empirisches Indiz dafür, die *Kulturgeschichte* der Moral vielleicht doch als Fortschrittsgeschichte lesen zu können. Denn schließlich ist die Menschheit im Laufe der vergangenen 10000 Jahre friedlicher geworden. Diese Einschätzung wirkt für viele Leser kontraintuitiv. Sie stammt nicht von mir, sondern von dem Harvard-Psychologen Steven Pinker (*1954).[21] Auch wenn Details nicht unumstritten sind, so lassen sich aus Pinkers großer Studie zum Thema Gewalt zwei Megatrends herauslesen. Zum einen haben funktionierende Staaten es geschafft, Mord und Totschlag deutlich zu reduzieren, zum anderen ist langfristig eine Form gesellschaftlicher Selbstzivilisierung zu beobachten, die auch schon der Soziologe Norbert Elias (1897–1990) beschrieben hatte.[22] Die Idee der Menschenrechte hat vielleicht tatsächlich zwei Wurzeln; eine, die in der Kultur, und eine, die in den Genen liegt. Die Idee der Gleichheit entsteht aus dem Prinzip der Äquivalenz. Damit daraus mehr wird als Stammes- oder Standesdünkel, bedarf es aber der Erkenntnis, es gebe keine biologischen Kriterien, Menschen *a priori* in wertvolle und weniger wertvolle Gruppen einzuteilen.

Kultur hat viel damit zu tun, wie Menschen Informationen speichern und transportieren. Über tausende von Jahren musste Gelerntes von Angesicht zu Angesicht tradiert werden. Fand der Meister keine Schüler, starb sein Wissen mit ihm. Das änderte sich mit der Erfindung der Schrift. Solange Bücher von Hand geschrieben wurden, waren sie aber teuer und nur wenigen Lesern zugänglich.[23] Erst mit der Erfindung des Buchdrucks konnten Texte tausendfach vervielfältigt werden und waren von da an kaum mehr aus der Welt zu schaffen. Exponentiell entwickelte sich auch die Geschwindigkeit der geographischen Verbreitung von Information. Der Rest ist bekannt. Ohne Zweifel hat diese Form der informellen Globalisierung ihre Schattenseiten, aber sie beschleunigt nicht nur Lernprozesse, sie bietet auch die Chance, endlich die gesamte Menschheit als »die eigene Horde« zu begreifen.

Ist die Vernunft also der Zopf, mit dem wir uns selbst aus dem Sumpf von Gewalt und Ungerechtigkeit ziehen können? Das war das Credo der Aufklärung. Tatsächlich verdanken wir ihr die Idee vom Gesellschaftsvertrag, die Idee universeller Menschenrechte, der individuellen Freiheit und der Gleichberechtigung. Das ist nicht wenig. Denn solche Ideen bilden die logische Grundlage, unserer Neigung zur Eigengruppen-versus-Fremdgruppen-Psychologie mit den Mitteln der Vernunft Grenzen zu setzen.[24] Seit einigen Jahrzehnten sorgen auch äußere Gründe wie die Ökologie dafür, dass Menschen beginnen, den Sinn dahinter zu begreifen, die ganze Menschheit zur »Eigengruppe« zu machen. Ob die Ratio uns den Weg nach Eden weisen wird, steht in den Sternen.

Schließlich steckt das größte Hindernis auf diesem Weg paradoxerweise genau dort, wo die Ideen der Aufklärung geboren wurden, nämlich zwischen unseren Ohren. Davon mehr in Kapitel Vier. In den nächsten beiden Kapiteln müssen noch zwei weitere fundamentale Konzepte der Biologie besprochen werden. Denn bis zu dieser Stelle des Buches trugen wir die Brille von Charles Darwin. Wir haben über Evolution nachgedacht, ohne ihre materielle Basis, die Grundlagen der Vererbung, zu kennen. Das soll sich jetzt ändern.

TEIL II
GENE

DIE GROSSE LÜCKE

Charles Darwin behauptete – in aller Bescheidenheit – *das* »Geheimnis der Geheimnisse« gelöst zu haben. Vor Darwin war der Mensch ein Wesen *eigener Art*, eine Schöpfung Gottes, »geschaffen nach seinem Bilde«.[1] Seit Darwin können wir den Menschen (auch) als einen Teil und ein Produkt der Natur betrachten. Dieser Wechsel der Perspektive hatte gewaltige Konsequenzen. Darwin hat den Menschen Spielregeln zugeschrieben, die für alle Lebewesen auf dem Globus gelten.

Mitten in seiner Theorie leuchtet aber ein weißer Fleck. Eine implizite Säule der Evolutionstheorie ist die Idee eines »biologischen Engramms«, das im Körper verborgen liegt und für seine Konstruktion sowie für die kleinen individuellen Unterschiede verantwortlich zeichnet. Dieses biologische Engramm muss erblich sein. Das Konstruktionsprinzip eines Körpers hat es zu tradieren, ebenso wie es ein Programm zur Entwicklung eines Organismus aus Samen- und Eizelle beinhalten muss. Das »Engramm« muss stabil *und* veränderlich sein, denn ohne Veränderungen gibt es keine Varianz, keine Abweichungen vom »Normbauplan«, keinen Ansatz für die Selektion.

Von der Natur dieses »Engramms« und den Mechanismen der Vererbung hatte Darwin keine Vorstellung. Nach der Veröffentlichung von *Der Ursprung der Arten* war er ein gefragter Mann, der intensive Korrespondenz mit Naturforschern aus allen Ecken des europäischen Kontinents pflegte. Ein Kollege jedoch, der sieben Jahre nach Darwins Erstveröffentlichung einen schmalen, knapp 40-seitigen Aufsatz[2] publiziert hatte, war Darwin entgangen. Das ist kein Wunder, denn der Verfasser dieses Textes war ein gewisser Johann Gregor Mendel (1822–1884), seines Zeichens Augustinerabt und kein akademisch bestallter Naturwissenschaftler.[3] Zu allem Überfluss war der Artikel in den *Verhandlungen des naturforschenden Vereins in Brünn* erschienen, einem ephemeren Blättchen aus der tiefen Provinz der Habsburger Doppelmonarchie. Dabei wäre der Aufsatz für Darwin von größtem Interesse gewesen.

Denn über seiner berühmten Theorie schwebte ein Damoklesschwert. Als er sein Werk veröffentlichte, gab es keine vernünftige Theorie der Vererbung. Die herrschende Meinung favorisierte die Idee der Vermischung elterlicher Eigenschaften, auch wenn diese Mischtheorie schon damals offensichtliche und gravierende Ungereimtheiten hatte.[4] Für Darwins Evolutionstheorie wäre die Theorie der Vermischung ein Todesstoß gewesen, denn – so argumentierten frühe Kritiker zu Recht – durch die Vermischung von Elternmerkmalen in der Kindergeneration würden sich relevante individuelle Abweichungen in den Folgegenerationen rasch wieder abschleifen. Seltene Varianten hätten keine Chance, lange über die Runden zu kommen oder gar eine neue Art aus der Taufe zu heben.

Der schmale Aufsatz, den nicht nur die Darwinisten übersehen hatten, hätte *diesen* Alpdruck von der Evolutionstheorie genommen. Aber erst im Jahr 1900, 18 Jahre nach Darwins Tod, kam Mendel zu seinem Recht. Fast zeitgleich entdeckten drei Biologen das Potential, das in seiner Arbeit steckte.[5] Sie wurde zur Keimzelle einer neuen und rasch expandierenden Wissenschaft – der *Genetik*. Die Genetik sollte die Evolutionstheorie schlussendlich von einer drückenden Last befreien. Heute sind beide zu einem festen Teppich verwoben. Diese *Entente* entbehrt aber nicht der Ironie, denn in den ersten Jahrzehnten nach Mendels Wiederentdeckung hätte der *Mendelismus* den *Darwinismus* fast zu Fall gebracht. Zwischen 1900 und 1930 gab es *Mendelisten* und *Darwinisten*, die sich bis aufs Messer bekriegten.

Um den Konflikt zu verstehen, müssen wir einen Blick in Mendels Artikel werfen: Mendel hatte herausgefunden, Erbeigenschaften – er nannte sie *Elemente der Vererbung*[6] – würden als in sich geschlossene, quasi »gequantelte« Pakete auf die Nachkommenschaft vererbt. Im idyllischen Garten des Klosters von Brünn hatte er im Jahr 1856 begonnen, eine Reihe klug ausgewählter Sorten von Erbsen systematisch untereinander zu kreuzen. Die Erbsensorten unterschieden sich in sieben sofort ins Auge stechenden Merkmalen. Über mehrere Jahre führte er tausende von Kreuzungen durch. Die Verteilung der Merkmale in den Tochter- und Enkelgenerationen dokumentierte er akribisch in Form von Stammbäumen. Nach und nach musste er feststellen, dass die Häufigkeitsverteilung der Merkmale in den Stammbäumen bestimmten Mustern folgen. Mithilfe einfacher Statistik versuchte er, die Regel hinter den Mustern zu finden. Aus seiner Arbeit gingen schließlich zwei allgemeine Vererbungsgesetze hervor, die bis heute als die Mendelschen Regeln bekannt sind.[7] Ob Glück oder Intuition, die Erbsen waren ein hervorragendes Modellsystem für Mendels Zwecke. Er hatte sie gewählt, weil sie »constant differirende Merkmale besitzen [...], die Hybriden derselben [...] während der Blüthezeit vor der Einwirkung jedes fremdartigen Pollens geschützt [sind, und weil] die Hybriden und ihre Nachkommen in den aufeinanderfolgenden Generationen keine merkliche Störung in der Fruchtbarkeit erleiden.«[8]

Mendel bemerkte, bei Kreuzungen würden die Merkmale der »Eltern« nicht verwässert, sondern im Stammbaum der Familie bei Kindern und Kindeskindern immer wieder auftauchen, und zwar mit einer charakteristischen Verteilung ihrer relativen Häufigkeiten. Entgegen der vorherrschenden Meinung der Zeit kam es also bei der Paarung von Eltern zumindest im Hinblick auf diese Merkmale nicht zur Vermischung. Entweder das väterliche *oder* das mütterliche Merkmal kam zur Ausprägung. Daraus schloss Mendel, es müsse irgendwo tief in den Pflanzen versteckt diskrete und unveränderliche »Elemente der Vererbung« geben. Das *phänotypische* Merkmal war das Resultat eines dieser »Elemente«, wobei (meist) entweder das väterliche *oder* mütterliche Element zu seinem Recht kam.[9] Heute nennen wir die mendelschen »Elemente« *Gene* und die Variationen, in denen ein Gen vorliegt, *Allele.* In der einfachsten Form besagen die Mendelschen Regeln Folgendes: Entweder sind beide mendelschen »Elemente« identisch, zum Beispiel für die Erbsenfarbe *Grün,* oder sie sind unterschiedlich – ein Element steht für grüne, das andere für gelbe Erbsen. Falls eine Pflanze identische Allele erbt (z.B. Allel »gelb«), ist die Sache klar: Die Erbse wird (*phänotypisch*) gelb. Heute spricht man in diesem Fall von *Homozygotie.* Interessanter sind die Fälle, bei denen zwei unterschiedliche »Elemente« für ein Merkmal vorliegen, zum Beispiel Grün *und* Gelb (*Heterozygotie*). Dann können nämlich zwei Typen von »Elementen« unterschieden werden: dominante und rezessive Allele. Ein dominantes Element kommt in jedem Fall als Merkmal zur Ausprägung, egal ob eine homo- oder heterozygote Situation vorliegt. Rezessiv vererbte Elemente treten nur in Erscheinung, wenn zwei identische (rezessive) Elemente vorhanden sind, also bei *Homozygotie.*

Nach ihrer Wiederentdeckung im Jahr 1900 wurde Mendels Schrift rasch populär. Während sein Stern erst 20 Jahre nach seinem Tod aufging, schien der von Darwin zu dieser Zeit im Sinken begriffen zu sein. Nach Darwins Tod im Jahr 1882 geriet seine Theorie in schweres Fahrwasser. Nicht nur Theologen war sie zutiefst unsympathisch. Auch Menschen wie der Dichter George Bernhard Shaw (1856–1950), der den Darwinismus anfangs als finalen Schlag gegen religiösen Dogmatismus begrüßt hatte, waren zunehmend abgestoßen von einer populär gewordenen Lesart, die Darwins Theorie immer stärker auf die Schlagworte vom »Kampf ums Dasein« und das »Überleben des Stärkeren« verkürzte. Für all jene, die ihre Schwierigkeiten mit dem Darwinismus hatten, schien Mendel gerade recht zu kommen. Denn der *Mendelismus* wurde damals weniger als Basis, sondern als Alternative zum *Darwinismus* gesehen.

Darwin legte den Fokus stark auf die *natürliche Auslese* als zentrale Triebkraft der Evolution. Diese Fokussierung auf Selektion, die »Auslese« der schlechter Angepassten, suggeriert, bei der Entstehung der Arten seien vor allem destruktive Kräfte am Werk. Das mutet[10] wie Konkurrenz, Kampf und Tod an. Aber der Wind, der dem Darwinismus ins Gesicht blies, entsprang nicht nur emotionaler Abneigung. Viel gefährlicher war, dass zu viele Fragen offen waren. Mit dem *Mendelismus* schien sich eine Vererbungslehre abzuzeichnen, die produktivere Kräfte in den Vordergrund stellt. Mendels »Elemente der Vererbung« waren invariante, streng voneinander abgegrenzte, eigenständige Pakete. Variabilität, die dringend benötigte Zutat zur Evolutionstheorie, schien bei Mendel zunächst nur aus immer neuen Kombinationen von etwas bereits Existierendem zu entstehen. Sein Konzept birgt jedoch ein Problem: Für langfristige evolutionäre Entwicklungen ließ dieser ursprüngliche *Mendelismus* kaum Platz. Dennoch sollte auch Mendels Theorie nach ihrer Wiederentdeckung eine Entwicklung durchmachen. Einer der Wiederentdecker war der holländische Botaniker Hugo de Vries (1848–1935). Auch wenn de Vries heute fast nur Fachleuten bekannt ist, zu seiner Zeit war er fast so populär wie Darwin. Denn er hatte eine alternative Theorie zur »Entstehung der Arten« zu bieten: De Vries' »Mutationstheorie« beruhte auf Beobachtungen bei Primeln. Auf einem ehemaligen Kartoffelfeld in der Nähe von Amsterdam war ihm aufgefallen, dass in dem wogenden, gleichförmigen Meer der Blumen immer wieder spontan neue Varianten auftauchten, die sich in der Form der Stängel, Blätter oder Blüten vom Mainstream abhoben. Diese Varianten pflanzten sich unter ihresgleichen fort und verhielten sich fast wie eine neue Art. De Vries' Beobachtung konnte in der Folge als eine spontane Veränderung eines »mendelschen Elements der Vererbung« interpretiert werden.

Vielleicht ahnte er, Mendels imaginäre *Elemente* hätten eine handfeste, materielle Basis. Er glaubte, »dass die Eigenschaften der Organismen aus scharf voneinander getrennten Einheiten aufgebaut sind […]. Übergänge […] gibt es zwischen diesen Einheiten ebenso wenig wie zwischen Molekülen der Chemie«.[11] De Vries war auch der Meinung, viele Arten – aus welchen Gründen auch immer – durchliefen ab und zu stürmische Phasen der Veränderung und brächten neuartige Individuen hervor. Diese neuen Varianten seien zahlreich genug, um sich unter ihresgleichen zu paaren und eine neue Art zu gründen.

De Vries' ominöse »Perioden der Veränderlichkeit« waren eine Mutmaßung. Er konnte sie weder belegen, noch erklären. Trotzdem hatte seine Theorie einen gewissen Charme, denn sie löste ein Problem, das den Darwinisten ziemliches Kopfzerbrechen bereitete: Viele Merkmale von Individuen, Körpergröße, Kraft oder Schnelligkeit, streuen symmetrisch um einen Mittelwert, eine statische Verteilung, die durch die berühmte gaußsche Glockenkurve beschrieben wird.[12] Nehmen wir die Antilopen. Nach der darwinschen Theorie ist zu erwarten, die langsamsten 10 % würden eher zum Opfer von Jägern werden als die schnellsten 10 %. Wenn die »Turbo-Antilopen« sich aber nach dem Zufallsprinzip paaren, ist es wahrscheinlich, dass sie ihren Partner nicht aus dem exklusiven Club der oberen 10 % wählen. Ihre »Turbo-Gene« werden in der nächsten Generation also mit hoher Wahrscheinlichkeit verwässert werden. Da ist sie wieder, die berühmte »Regression zur Mitte«![13] Eigentlich müsste die Evolution, so wie Darwin sie darstellte, für immer im Sumpf des Mittelmaßes stecken bleiben, schließlich lehnte er ja große »Sprünge« ab. Neu entstandene Merkmale müssten aber bei *»mischender Vererbung«* mit jeder Generation immer weiter ausgedünnt werden und schließlich verschwinden. Da kamen de Vries und Mendel gerade recht, denn sie räumten die Möglichkeit von sprunghaften Neuentwicklungen ausdrücklich ein. So lief Anfang des 20. Jahrhunderts ein tiefer Graben durch die Biologie. Die *Eugeniker*[14] beriefen sich gerne auf Darwin (und taten ihm damit schon damals Unrecht), während Menschen, die die Vorstellung nicht mochten, ihre biologische Existenz stehe unter dem Primat eines ständigen Kampfes um die Futtertröge, ihr Heil bei Mendel suchen konnten.

Erst 30 Jahre später sollte sich herausstellen, dass diese Frontenstellung auf einem Missverständnis beruhte. Denn beide Theorien hatten ein Problem: Nicht nur im Darwinismus, auch mitten im Mendelismus klaffte eine Lücke. Beide Theorien kreisten um diese Lücke, wie um ein Schwarzes Loch. In dem Loch verborgen lag die materielle Basis biologischer Information. Sowohl der Darwinismus als auch der Mendelismus ließen offen, wie biologische Engramme beschaffen sind, die von Generation zu Generation weitergegeben werden. Und schließlich veröffentlichte der dänische Botaniker Wilhelm Johannsen (1857–1927) im Jahr 1909 ein Buch mit dem Titel *Elemente der exakten Erblichkeitslehre.*[15] Dieses trockene Werk wäre wohl längst in der Mottenkiste von Wissenschaftshistorikern verschwunden, wenn Johannsen darin nicht den Begriff eingeführt hätte, der das besagte Schwarze Loch füllen sollte. Johannsen ersetzte Mendels ungelenke Rede von den »Elementen der Vererbung« durch den Begriff *Gen*. Das Wort war keine Erfindung des Dänen, aber es hatte in der Biologie so gut wie keine Tradition. Johannsen bemerkte dazu: Ein *Gen* sei »frei von jeder Hypothese« und »solle nur zum Ausdruck bringen, dass viele Eigenheiten eines Organismus bereits in den Keimzellen festgelegt seien und zwar in Form von feststehenden, voneinander getrennten, ›diskreten‹ und unabhängigen Einheiten«.[16] Damit wollte er sagen, es handele sich bei »Genen« zunächst nur um eine symbolhafte Abstraktion. Die Frage *Woraus bestehen Gene?* hätte er vermutlich ziemlich kindisch gefunden. Die *Gene* von damals waren etwas Ähnliches wie heute die *dunkle Energie. Dunkle Energie* ist etwas, das Astrophysiker erfunden haben, um eine Lücke zu schließen. Sie ist ein Platzhalter, der erdacht wurde, um Beobachtungen zu erklären, die mit der herrschenden kosmologischen Theorie sonst nicht in Einklang zu bringen sind.[17]

Anfang des 20. Jahrhunderts konnte sich niemand vorstellen, wie die Buchstaben und der Text beschaffen sein könnten, die die Informationen konservieren, aus denen immer wieder neues Leben entsteht. Niemand hatte auch nur die leiseste Ahnung, wie Gene Einfluss auf Gestalt und Funktion eines Körpers nehmen. Die Schüler Darwins und Mendels jagten einem Phantom nach. Höchste Zeit, sich das Phantom genauer anzuschauen.

ANSÄTZE ZUR LÖSUNG DER FRAGE: WAS IST EIN GEN?

Die platonische Phase der Genetik

Johann Gregor Mendel war der Begriff *Gen* fremd. Trotzdem sehen viele in ihm den Gründervater der *Genetik*, denn ab dem Jahr 1900 begann eine ganze Reihe von Naturforschern zunächst da weiterzumachen, wo er aufgehört hatte. Sie wollten herausfinden, ob die Mendelschen Regeln auch für andere Lebewesen gelten. In ihren ersten Jahren war die *Genetik* eine merkwürdige, weil ziemlich platonische Wissenschaft. Das eigentliche Objekt ihrer Begierde blieb verborgen, zumal die Genetiker von Mendel gelernt hatten, das Pferd vom Schwanz her aufzuzäumen.

Die Geburtshelferin dieser neuen Wissenschaft war eine kleine Fliege. An einem sonnigen Morgen im Mai des Jahres 1910 entdeckte Thomas Hunt Morgan (1866–1945) in einer von Dutzenden von schmuddeligen Milchflaschen, die ein Mitarbeiter in Morgans beengtem Labor zurückgelassen hatte, zufällig unter tausenden von rotäugigen Artgenossen eine kleine, weißäugige Fruchtfliege. Diese Entdeckung sollte die *Drosophila*, ein unscheinbares, kaum drei Millimeter langes Insekt, zum Lieblingstier ganzer Generationen von Genetikern machen.

Die Milchflaschen mit den zermatschten Bananen und den Fliegen waren die unappetitliche Hinterlassenschaft eines grandios gescheiterten Forschungsprojekts. Einer von Morgans Studenten, Ferdinand Payne (1881–1977), hatte herausfinden wollen, ob ein Leben in Dunkelheit die Augen von Tieren über Generationen verändert. Um nicht ein ganzes Forscherleben auf dieses lamarckistische Unternehmen zu verschwenden, hatte sich Payne ein Tier mit möglichst kurzen Generationszyklen ausgesucht: Fruchtfliegen sind einfach zu halten und vermehren sich alle zwei Wochen. Über ein Jahr lang beobachtete Payne die in Dunkelheit gehaltenen Tiere ohne auf greifbare Ergebnisse zu stoßen. Die Augen blieben, wie sie waren. Frustriert brach er die Versuche ab.

Morgan hatte das kleine, weißäugige Tier zufällig entdeckt. Dabei schien es sich um eine spontane Laune der Natur zu handeln, jedenfalls kein Produkt von Paynes Verdunklungsversuchen. Die Fliege brachte ihn auf eine Idee, wie sich vielleicht doch noch etwas Erfolg aus dem misslungenen Projekt erringen ließe. Das weiße Auge war ein einfaches und gut beobachtbares Merkmal, das sich für mendelsche Kreuzungsexperimente eignete. Hunt paarte also weißäugige Männchen mit rotäugigen Weibchen und er erhielt vor allem rotäugige Nachkommen. Die Versuche schienen Mendels Theorie zu bestätigen. Rotäugigkeit war dominant, Weißäugigkeit wurde rezessiv vererbt. Morgan paarte die rotäugigen Nachkommen untereinander weiter. Ähnlich wie bei Mendels grünen und gelben Erbsen fanden sich unter den rotäugigen Fliegenkindern auch wieder einige weißäugige Exemplare. So weit, so gut, so erwartbar.[1]

Zu seiner großen Überraschung musste Morgan aber feststellen, dass alle weißäugigen Tiere Männchen waren.[2] Er hatte etwas Neues entdeckt, ein Merkmal, das *gekoppelt* an eine zweite Eigenschaft, in diesem Falle das Geschlecht, vererbt wurde.[3] Mit dieser Entdeckung wurden die Fliegen für den Rest seines Lebens zu seinen ständigen Begleitern. Beiden, Morgan und der Fliege, stand eine große Karriere bevor. Die Drosophila wurde zu einem der fruchtbarsten Tiermodelle der Biologiegeschichte, und Morgan erhielt den Nobelpreis für seine Entdeckung. Nach 18 Jahren akribischer Arbeit fasste der großen Theorien gegenüber sonst eher skeptische Empiriker Morgan seine Ergebnisse in einem Buch[4] zusammen. Trotz einiger Ungereimtheiten schienen seine Experimente im Großen und Ganzen die Ideen des Augustinerabts zu bestätigen. Inzwischen hatte der Terminus Gen die mendelsche Formulierung »Element der Vererbung« ersetzt. Diese *Gene* waren aber immer noch reine Abstraktionen. Trotzdem konnte Morgan aus seinen Experimenten Schlussfolgerungen ziehen, die einige wichtige neue Informationen über die ominösen Gene beisteuerten:

1. Offensichtlich sind Gene in Gruppen angeordnet. Morgan fiel auf, dass bestimmte Kombinationen von Merkmalen die Neigung haben, gemeinsam (gekoppelt) vererbt zu werden. Der Verdacht lag nahe,

möglicherweise seien die Chromosomen, auffällige x-förmige Strukturen im Zellkern, die vor jeder Zellteilung unter dem Lichtmikroskop zu beobachten waren, die Heimstatt solcher Gengruppen.[5]

2. Jede Körperzelle verfügt über zwei identische Exemplare eines Chromosoms (und damit vermutlich auch über zwei Kopien jedes Gens).
3. Eine Ausnahme von dieser Regel sind die Geschlechtszellen. Bei der Teilung der Vorläufer von Ei- oder Samenzellen trennen sich die Chromosomenpaare, so dass jede reife Ei- oder Samenzelle nur über jeweils einen einfachen und nicht den paarigen Chromosomensatz verfügt.[6]
4. Die befruchtete Eizelle erhält aber nicht einfach je nur ein mütterliches und ein väterliches Chromosom. Aus seinen Beobachtungen konnte Morgan schließen, auch Chromosomen selbst hätten so etwas wie Sex. Bevor eine reife Ei- oder Samenzelle entsteht, nutzen die zu Beginn der Keimzellreifung noch paarig vorhandenen Chromosomen die Gelegenheit. Sie schmiegen sich eng an ihren homologen Partner. Sie umarmen sich nicht nur, sie verschmelzen regelrecht miteinander und tauschen dabei Bruchstücke ihres genetischen Textes miteinander aus. Dieser Austausch ganzer Genabschnitte erfolgt nach dem Zufallsprinzip, so dass die Gengruppen zweier homologer Chromosomen dabei kräftig durcheinander gemischt werden und auf den jeweiligen Chromosomen in jeder Keimzelle unterschiedliche Allelkombination entstehen.[7]

Auch Morgan und seine Mitstreiter konnten Gene nicht direkt beobachten, in einem materiellen Sinn nachweisen oder gar manipulieren. Auch ihnen blieb zunächst nur von den Merkmalen, den *Phänotypen*, auszugehen und aus den Vererbungsmustern phänotypischer Merkmale Rückschlüsse auf die Eigenschaften der genetischen Basis zu ziehen.[8] Morgan und seine Gruppe hatten Großartiges geleistet. Ohne zu wissen, was Gene sind und wie sie wirken, hatten sie aus unzähligen Kreuzungsexperimenten grobe Karten der genetischen Landschaft der *Drosophila* herausdestilliert und dabei fundamentale Erkenntnisse über die Mechanismen der Vererbung gewonnen. Ihr *Top-down*-Zugang zum Gen war unglaublich produktiv und gleichzeitig doch eine Notlösung. Die Methode des Rückschlusses vom Merkmal auf ein (noch) rein platonisches Gen hat bis heute Spuren im kollektiven Bewusstsein hinterlassen. Gen und Merkmal werden gerne immer noch instinktiv in einer ziemlich eindimensionalen Paarbeziehung miteinander verkuppelt, als ob für *ein* Merkmal *ein* Gen verantwortlich wäre. Wenn es Nachrichten aus der Genetik ausnahmsweise einmal in Funk oder Fernsehen schaffen, dann besteht nicht selten die Gefahr, dass uns Sätze wie »ein Gen für X wurde entdeckt« in die Irre führen. Um aber die Beziehung zwischen Gen und Merkmal wirklich zu verstehen, muss geklärt werden, was Gene sind und wie sie funktionieren. Bis in die Mitte des 20. Jahrhunderts umkreisten die Biologen das Phantom, ohne es festnageln zu können. Nicht wenige Vertreter der Zunft waren noch in den 1930er Jahren der Meinung, Gene seien nicht aus »Fleisch und Blut«, nichts, was in der realen Welt eine direkte materielle Entsprechung habe. So schrieb etwa Ludwig Plate (1862–1937), Professor für Zoologie der Universität Jena, im Jahr 1913: »Da die Erbeinheiten nicht direkt beobachtet werden können, sondern nur als hypothetische Gebilde aus den verschiedenen Kombinationen der äußeren Merkmale erschlossen werden können, ist über ihre Natur [...] nichts bekannt. Es ist daher überflüssig darüber zu spekulieren.«[9]

Die materialistische Phase der Genetik

Daneben gab es aber auch Forscher, die sich nicht damit begnügten, einem Geist hinterherzujagen. Sie wollten dem Kind einen Namen und ein Gesicht geben. Einer der ersten ›Genjäger‹ dieser Art – noch bevor der Begriff eingeführt wurde – war der Schweizer Biochemiker Friedrich Miescher (1844–1895). Miescher interessierte sich nicht für Abstraktionen, er suchte nach einer potentiellen chemischen »Erbsubstanz«. Er schuf die Grundlage dafür, dass sich Gene inzwischen materialisiert haben und zu etwas geworden sind, das sich vermessen, wiegen, lesen und manipulieren lässt.

Der Biochemiker hatte eine seltsame Vorliebe. Regelmäßig sprach er im Klinikum der Tübinger Universität vor und bat die Ärzte um alte Verbände eitriger Wunden. Eiter besteht im Wesentlichen aus Milliarden abgestorbener weißer Blutkörperchen. Im Jahr 1869 isolierte Miescher aus den Kernen dieser Zellen eine Substanz, die sich durch ihren hohen Phosphor- und den niederen Schwefelgehalt deutlich von Eiweißen abhob. Am 26. Februar 1869 berichtete er in einem Brief an seinen Onkel, den berühmten Schweizer Anatomen Wilhelm His (1831–1904): »Bei dem Versuche mit schwach alkalischen Flüssigkeiten bekam ich aus den Lösungen durch Neutralisation Niederschläge, die weder in Wasser, noch in Essigsäure, noch in sehr verdünnter Salzsäure, noch in Kochsalzlösung löslich waren, folglich keinem der bis jetzt bekannten Eiweißstoffe angehören.«[10]

Miescher war sich sicher, etwas Neues entdeckt zu haben. Er nannte den Stoff *Nuklein*, abgeleitet vom lateinischen Wort *nucleus* (Kern), weil er ihn aus den Kernen der Zellen isoliert hatte. Fünf Jahre später berichtete er über *Nuklein* in den Spermien verschiedenster Wirbeltiere. Miescher ahnte, *Nuklein* könnte etwas mit der Vererbung zu tun haben: »Sofern wir [...] annehmen wollten, dass eine einzelne Substanz [...] auf irgendeine Art [...] die spezifische Ursache der Befruchtung sei, so müsste man ohne Zweifel vor allem an das Nuclein denken.«[11]

Trotzdem blieb er vorsichtig. Er konnte sich kaum vorstellen, wie die gesamte Mannigfaltigkeit des Lebens auf Variationen dieses einen Molekültyps reduziert werden könnte. Auch ein Großteil der Fachwelt war skeptisch. Die meisten frühen Genetiker ignorierten die Entdeckung des *Nukleins*. Gleichwohl machten sich einige Wissenschaftler daran, seiner Chemie auf den Pelz zu rücken. Albrecht Kossel (1853–1927) identifizierte *Nuklein* als ein Gemisch aus verschiedenen molekularen Bausteinen und Zuckermolekülen. Weil sich diese Mischung chemisch wie eine Säure verhält, führte Richard Altmann (1852–1900) im Jahr 1889 den bis heute gängigen Begriff *Nukleinsäure* ein.[12] 40 Jahre später entdeckte Phoebus Levene (1869–1940), dass die Nukleinsäuren wie Ketten aufgebaut sind, deren einzelne Glieder aus drei unterschiedlichen Komponenten bestehen. Jedes Glied setzt sich aus je einem Molekül Zucker (Desoxyribose), jeweils einer Base (Adenin, Guanin, Cytosin oder Thymin) und je einem Molekül Phosphorsäure zusammen. Levene prägte schließlich den Begriff Nukleotid für eine Dreiergruppe, bestehend aus Base, Zucker und Phosphorsäure. Im Vergleich zu den kompliziert aufgebauten Proteinen[13] war die chemische Struktur der Nukleinsäure unspektakulär. Miescher hatte ein riesiges, aber relativ monoton aufgebautes Kettenmolekül mit vier unterschiedlichen Kettengliedern entdeckt. Diese Kette enthält die Elemente *Adenin* (*A*), *Guanin* (*G*), *Cytosin* (*C*) und *Thymin* (*T*) in vieltausendfacher, scheinbar regelloser Aneinanderreihung. Die Bausteine sind angeordnet wie Perlen auf einer Schnur oder – diese Analogie stach damals nicht sofort ins Auge – wie Buchstaben in einem Text! Für die meisten Wissenschaftler, die nach dem Stoff suchten, aus dem die Gene sind, war die Chemie der *Desoxyribonukleinsäure* (*DNA*) eine Enttäuschung. Kaum jemand konnte sich vorstellen, dieses große, aber simple Molekül könnte all die Informationen codieren, die die Grundlage der vererbbaren Eigenschaften eines Lebewesens sind.

Während die morgansche Variante der Genetik einen rasanten Aufschwung nahm, interessierte sich bis Mitte der 1940er Jahre kaum jemand für *Nukleinsäuren*. Wenn es Moleküle gab, die mit Erbinformationen in Verbindung gebracht wurden, dann waren es meist die schillernden, vielgestaltigen Proteine. Die Jagd nach dem Stoff, aus dem die Gene sind, kam kaum voran.

Eine erste Spur hatte Anfang des 20. Jahrhunderts der berühmte Würzburger Biologe Theodor Boveri (1862–1915) gelegt. Boveri arbeitete unter anderem mit Seeigeln. Ihm gelang es, aus mütterlichen Eizellen die Kerne zu entfernen und diese mit Spermien einer anderen Seeigelart zu befruchten. So entstanden Seeigel, die ausschließlich väterliche Eigenschaften hatten. Damit war ihm klar, Erbinformationen mussten im Kern der Zellen sitzen.

Im Jahr 1944 führte der Chemiker Oswald T. Avery (1877–1955) in einem Labor an der Rockefeller University in New York dann aber ein Experiment durch, das die wenig beachteten *Nukleinsäuren* mit einem Schlag ins Rampenlicht rückte.[14] Sein Versuch ist heute ein »Klassiker« der Biologie. Er zeigt, dass auch harte Nüsse manchmal durch Experimente geknackt werden können, die im Grunde einfach gestrickt sind.[15] Avery arbeitete mit zwei unterschiedlichen Stämmen von Pneumokokken, einer weitverbreiteten Bakterienart. Der eine Stamm bildet auf geeignetem Nährboden raue, der andere glatte Kolonien, zwei Eigenschaften (*Phänotypen*), die sofort ins Auge stechen. Avery fand heraus, die Fähigkeit, raue Kolonien zu bilden, könnte durch einen zellfreien Extrakt von einem auf den anderen Bakterienstamm übertragen werden. Dieser modifizierte Stamm behält die neue Eigenschaft und gibt sie von Generation zu Generation weiter. In dem Extrakt musste also irgendetwas gelöst sein, das die Erbinformation »raue Kolonie« transportiert – nur was?

Solche Extrakte sind wilde Mischungen aus allem, was in Bakterien an chemischen Substanzen vorhanden ist. Avery konzertierte sich daher auf die beiden komplexesten Typen von Molekülen, Eiweiße (Proteine) und Nukleinsäuren. Er behandelte die Extrakte entweder mit proteinspaltenden Enzymen (*Proteasen*) oder mit Enzymen, die Nukleinsäuren zerstören (*Nukleasen*). Und siehe da, die *Protease* hatte keinerlei Einfluss auf die Wirksamkeit des Extrakts. Behandelte man ihn aber mit *Nukleasen*, verlor er seine Fähigkeit, die Erbinformation zu übertragen. Die Mehrheit der Forschergemeinde war überrascht: Nicht Proteine, sondern Nukleinsäuren schienen der Stoff zu sein, aus dem die Gene sind. War damit die materielle Basis von Mendels »Elementen« gefunden?

Averys Experiment konnte nicht alle überzeugen. Einige Großmeister der

Biochemie wie John Kendrew (1917–1997) und Max Perutz (1914–2002) blieben skeptisch. Schließlich stand auch Avery etwas ratlos vor der simplen Chemie der DNA mit ihren vier Bausteinen plus Zucker (Desoxyribose) und Phosphorsäureester. Etwas Entscheidendes fehlte. Auch Avery hatte keine Ahnung, wie aus diesen wenigen Komponenten die Texte werden, die der Ursprung allen Lebens sind.

Die funktionalistische Phase der Genetik

Der Stoff, aus dem die Gene sind, war im Jahr 1950 bekannt.[16] Trotzdem stand die Genetik wieder am Anfang. Gleich drei große Rätsel galt es in dieser Phase zu lösen: Das erste bezog sich auf die Frage: Welche Art von Information steckt in den langen, monotonen Ketten? Wenn Gene so etwas wie »Bauanleitungen« oder »Steuerbefehle« sind, wie funktionieren sie? Das zweite Problem betraf die Übermittlung genetischer Information zwischen den Generationen. Zellen *und* Individuen pflanzen sich fort. Dafür muss der genetische Text vervielfältigt und verteilt werden. Wie aber können Gene kopiert und vererbt werden, ohne dass sie sich von Generation zu Generation immer mehr abnutzen? Das dritte Problem drehte sich um die dynamische Natur von Genen: Wie entsteht die genetische Varianz? Individuen unterscheiden sich. Ein Teil dieser biologischen Unterschiede ist ganz offenkundig erblicher Natur. In winzigen Details müssen also auch die genetischen Texte innerhalb einer Art voneinander abweichen. Ohne Varianz keine Evolution.[17] Gene stehen also in einem Spannungsfeld zwischen Kontinuität und Veränderung.

Wie wirken Gene?

»Form follows function«. Hätte der Architekt Louis Sullivan (1856–1924) sich nicht über Häuser, sondern über Gene den Kopf zerbrochen, hätte er sein Credo vom Kopf auf die Füße stellen müssen. Denn letztlich war es die Form, die *Struktur* der DNA, die den Biologen schließlich den Zugang zur Funktion der Gene verschaffte. Ein erstes Indiz lieferten die sogenannten *Chargaff*-Regeln. Dem österreichischen Chemiker Erwin Chargaff (1905–2002) fiel auf, dass die Bausteine der DNA, die Nukleotide T und A sowie C und G in jedem Molekül im Verhältnis eins zu eins vorlagen. Diese Symmetrie könnte auf eine paarige Anordnung der Basen in der DNA hindeuten, dachte er.

Die räumliche Struktur der DNA wurde schließlich im Jahr 1953 von einem ebenso exzentrischen wie genialen Duo, dem Physiker Francis Crick und dem Biologen James D. Watson, aufgedeckt. Watson und Crick waren in erster Linie Kopfarbeiter. Ihr Modell beruhte auf experimentellen Daten, die andere erarbeitet hatten. Aus den röntgenkristallographischen Messungen von DNA-Molekülen von Maurice Wilkins (1916–2004) und der Biochemikerin Rosalind Franklin (1920–1958) bastelten Watson und Crick ihr 3D-Modell, die berühmte DNA-Doppelhelix. Das riesige Molekül ist in Form zweier eng nebeneinanderliegenden, antiparallelen Ketten miteinander verknüpfter Nukleotide aufgebaut. Im diesem Doppelstrang paart sich Adenin mit Thymin und Guanin mit Cytosin. Der Strang selbst ist verdreht und zu einer langen Wendeltreppe angeordnet. Die Wendeltreppe wiederum wickelt sich um Eiweißpakete. Dadurch entsteht eine deutlich dickere, mehrfach in sich verdrillte, aus DNA und Proteinen aufgebaute Kette.[18]

In menschlichen Zellen finden sich im Zellkern 23 Paare dieser Ketten. Diese Protein-DNA-Konglomerate bilden das Chromatin, die Substanz, die dem Zellkern in den meisten Phasen des Zellzyklus seine homogene dunkle Färbung verleiht.[19] In Wahrheit ist der Kern vollgepackt mit dünnen, aber unglaublich langen DNA-Fäden, zusammengenommen etwa zwei Meter, die allerdings auf wenige Millionstel Kubikmillimeter zusammengeknäult sind. Kurz vor der Teilung einer Zelle kondensieren diese Ketten und verdrehen sich noch weiter in sich. Erst dadurch entstehen die Strukturen, die als Chromosomen auch unter dem Lichtmikroskop sichtbar werden.

Soweit die Struktur. Aber wie codieren und transportieren die Gene Informationen? Diese Frage sollte eine Antwort finden, indem sich bald nach der Entdeckung der Doppelhelix herausstellte, dass der Begriff *Text* in diesem Fall mehr war als nur eine Metapher.

Acht Jahre nach der Beschreibung der Doppelhelix knackten Robert W. Holley (1922–1993), Har Gobind Khorana (1922–2011) und Marshall W. Nirenberg (1927–2010) den *genetischen Code*. Dieser Coup brachte ihnen im Jahr 1968 den Nobelpreis ein. Damit wurde deutlich, wie die Information zum Bau aller lebenden Organismen unseres Planeten in den Variationen eines einzigen Moleküls mit nur vier Bausteinen verschlüsselt werden kann: Jedes Gen kann als Text verstanden werden, als ein Satz, der die Konstruktion eines bestimmten Eiweißmoleküls festlegt.[20] Ein Gen entfaltet seine Wirkung also erst, wenn es abgelesen und in ein Eiweiß[21] übersetzt wird.

Das Ablesen von Genen erfolgt (oft) nach Bedarf.[22] Dieser Prozess vollzieht sich in zwei Phasen. Die erste Phase nennt sich *Transkription.* Dabei wird eine Art Negativkopie des Gens, bestehend aus *Ribonukleinsäure* (*RNA*), hergestellt. Die Doppelhelix wird ausgedröselt, und an einem der beiden jetzt einzeln vorliegenden Stränge lagern sich, komplementär zu den Basen dieses sogenannten »Antisense-Strangs«, die Basen der Boten-RNA (oder *Messenger-RNA, mRNA*) an. C paart sich mit G, G mit C, T mit A und A verbindet sich mit U. (Der chemische Unterschied zwischen *RNA* und *DNA* manifestiert sich in zwei Details: Anstelle von Thymin (T) steht in der *RNA*-Welt *Uracil* (*U*), ein eng verwandtes Molekül; das Zuckerrückgrat der *RNA* besteht nicht aus *Desoxy-Ribose*, sondern aus *Ribose*).

Ist die *mRNA*-Kopie fertig, löst sie sich von der *DNA* und verlässt den Zellkern. Die Blaupause wandert ins Zellplasma, zu den Proteinfabriken, den *Ribosomen.* Ähnlich wie bei einem wertvollen alten Papyrus verbleibt der Originaltext sicher verwahrt im gut geschützten Tresor des Zellkerns. Die Kopie geht auf Reisen. Dieser Zwischenschritt ist dringend notwendig: Bestimmte Gene, zum Beispiel solche, die den Zuckerabbau steuern und die Zelle mit Energie versorgen, werden ohne Pause abgelesen. Man nennt sie daher auch »Housekeeping«-(*Haushalts*-)Gene. Andere Gene schlummern und werden nur auf spezielle Anforderung kopiert, zum Beispiel wenn die Zelle unter Stress gerät.[23] Manche Gene sind bei bestimmten Zelltypen komplett »stillgelegt«. In jeder Zelle gelten strenge Regeln, welche Gene zu welcher Zeit und in welchen Mengen abgelesen werden. Dieses Muster der Genaktivität, das sogenannte »*Transkriptom*«,[24] bestimmt wesentlich Gestalt und Funktion einer Zelle.

Das Alphabet der *DNA* (oder *RNA*) setzt sich nur aus vier Buchstaben zusammen. Diese Buchstaben bilden Wörter. Anders aber als bei den natürlichen Sprachen bestehen alle Wörter des *DNA*-Lexikons aus einer Kombination von genau drei Buchstaben. Das Wörterbuch der Gene enthält also nur $4 \times 4 \times 4 = 64$ Worte – entsprechend den Kombinationsmöglichkeiten von vier unterschiedlichen Buchstaben in drei hintereinander gereihten Positionen.

Die zweite Phase des Umsetzens genetischer Information wird *Translation* genannt. Während die *Transkription* kaum mehr als ein Kopiervorgang zu sein scheint, leistet die *Translation* die eigentliche Übersetzung in die Sprache der Proteine.[25] Im Wörterbuch »Gene – Proteine« ist jedem *Basentriplett* ein ganz bestimmter Eiweißbaustein, eine Aminosäure, zugeordnet. Zum Beispiel steht die Kombination *GCA* für die Aminosäure *Valin, CGC* codiert für *Arginin, TTA* dagegen für *Leucin* oder *CAG* für *Glutamin.* Da es nur 20 verschiedene Aminosäuren gibt, ist das Wörterbuch der Gene dicker als nötig, denn der genetische Code ist »redundant«. Das führt dazu, dass manchmal zwei unterschiedliche Tripletts, wie zum Beispiel ACA und ACG, für eine und dieselbe Aminosäure (Threonin) codieren. Vorteilhaft daran ist, dass manche Irrtümer beim Kopieren von Triplettsequenzen folgenlos bleiben, weil sie keine Konsequenzen für die Übersetzung in die Aminosäure haben. Manche Basentripletts codieren gar nicht für eine Aminosäure. Diese sogenannten START- und STOPP-Codons signalisieren der molekularen Maschine, die die *DNA* in *RNA* umkopiert, »beginne hier« (START) oder »ende hier« (STOPP).

Anders als bei Übersetzungen zwischen natürlichen Sprachen zielt die *Translation* in Zellen nur in eine Richtung. Ein Gen liefert die Bauanleitung für ein Eiweiß, nie umgekehrt. *DNA* macht *RNA* macht *Protein.* Dieser Satz ist ein zentrales Dogma der Molekularbiologie, das tatsächlich (fast) nie verletzt wird.[26] Ein weiteres stellte sich bei der Entschlüsselung des Codes heraus, dass nämlich die genetische Information bei allen Lebewesen dieser Erde identisch ist.[27] Die Tripletts codieren immer für dieselben Aminosäuren, egal ob es sich um Amöbe, Fischadler oder Menschen handelt. Diese Universalität des Codes ist ein weiteres starkes Indiz für die Richtigkeit der darwinschen Hypothese von der gemeinsamen Abstammung aller Lebewesen. Zweitens legt der Befund nahe, Leben sei auf unserem Globus nur einmal entstanden.[28]

Wie werden Gene vererbt?

»Darauf nahm er die fünf Brote […] brach die Brote und gab sie den Jüngern, damit sie sie an die Leute austeilten. Und alle aßen und wurden satt. Als die Jünger die Reste der Brote und auch der Fische einsammelten, wurden zwölf Körbe voll. Es waren fünftausend Männer, die von den Broten gegessen hatten.«[29] Jesus' wundertätige Hände lassen die Fragmente des Brotes nachwachsen. Die Analogie zu den Lebewesen scheint auf der Hand zu liegen. Auch die nie abreißende Kette des Lebens war lange Zeit nur als Ausdruck eines göttlichen Wirkens zu verstehen. Wie das Brot in den Händen Jesu bei der Speisung der Fünftausend scheint auch das Leben unerschöpflich zu sein. Vermehrung gehört zur Kernkompetenz aller Lebewesen. Sie ist neben dem Stoffwechsel die zweite Konstituente des Lebens.[30]

Neues Leben bedeutet Zellteilung. In der unbelebten Welt ist Teilen ein endlicher, erschöpflicher Prozess. Wenn wir Brot oder Schokolade teilen, wächst die Zahl der Fragmente, aber die Masse des zerteilten Materials bleibt stets konstant. Irgendwann enden wir bei einem Haufen von Krümeln.

Zellteilungen verlaufen anders. Zellen nutzen sich durch Teilung nicht ab. Jede Zelle wächst und verändert sich nach einer Teilung und stellt vor der nächsten Teilung den *Status quo* wieder her. Das Geheimnis dieser wundersamen Form der Teilung beruht auf einer Art Grenzüberschreitung der Materie. Unter bestimmten Umständen kann Materie Eigenschaften erwerben, die über das Materielle hinausweisen. Wenn Materie in einem geeigneten Kontext eine geeignete Struktur annimmt, kann sie zum Träger von *Information* werden.

Mit diesem Übergang wurde die Erde zu einem bewohnten Planeten.[31] Allerdings haftet dem Vorgang nichts im herkömmlichen Sinne Metaphysisches an. Wir sollten die »informelle« Dimension der Materie besser als ein typisches Beispiel für eine *emergente* Eigenschaft ansehen, als etwas, das zwar ohne materielle Basis nicht existiert, das aber auf einer Ebene beschrieben werden muss, die über die materiellen Eigenschaften des Trägermediums hinausgeht. Die *DNA* ist ein wunderbares Beispiel für eine solche ambivalente Existenzform. Ihre chemische Struktur, ihre Fähigkeit zur Veränderung sind Themen für die Chemie. Ihr Informationsgehalt, ihre Basensequenz, das sind die Dinge, die Genetiker interessieren. Genau wie die Botschaft dieses Satzes, die sich als Kerben in einem Stückchen Holz, als Keilschrift, eingeritzt in einer Tontafel oder als lateinische Buchstaben auf Papier manifestieren kann, lässt sich die informelle Dimension der *DNA* vom Molekül selbst abstrahieren und auf andere Medien übertragen.[32] Entscheidend ist, dass Information, so wie sie hier verstanden wird, eine Nachricht transportiert. Ihr wohnt *Bedeutung* inne. Dieser semantische Kern ist unabhängig vom Träger und kann daher in andere Sprachen übersetzt werden. In dieser Hinsicht hat sich die Information von der Materie emanzipiert. In dieser Ambivalenz verbirgt sich das Geheimnis des Lebens. Die Reduktion auf einen symbolischen semantischen Kern ist die Voraussetzung für die wundersame Vermehrung durch Teilung.

Lebewesen sind redundant. Sie tragen eine Bauanleitung in sich, die alle Informationen enthält, die notwendig sind, um im geeigneten Kontext ein artgleiches Individuum entstehen zu lassen. Wenn ausreichend Energie und Baumaterial zur Verfügung stehen, stattet die codierte Information die neu entstehende Zelle mit der Fähigkeit aus, all das, was sie an Substanz- und Strukturdefiziten erlitten hat, ohne fremde Hilfe selbst wieder zu rekonstruieren. Alles, was die Zelle enthält, der ganze komplexe Apparat, die Zellorganellen, ihr Bestand an Eiweißen etc., wird durch die Teilung halbiert. Bis auf die genetische Information wird alles geteilt: Diese wurde schon vor der Teilung kopiert und dadurch verdoppelt, so dass beide Töchter einen vollständigen Text erben. Deshalb nutzt sich die Information, im Gegensatz zur Materie, durch Teilung nicht ab. Und alles außer der DNA kann mithilfe der Bauanleitung vor der nächsten Zellteilung wiederhergestellt werden.

Der kurze Aufsatz, in dem James D. Watson (*1928) und Francis Crick (1916–2004) feststellen, die DNA liege in Form von zwei gespiegelten, ineinander verdrehten, antiparallelen, aber sonst exakt identischen Strängen vor, endete mit einer aufreizend lapidaren Bemerkung: »It has not escaped our notice, that the specific pairing we have postulated, immediately suggests a possible copying mechanism for the genetic material«.[33] Dieses scheinbare Paradebeispiel britischen Understatements war pure Koketterie. Als das kongeniale Duo abends nach der Publikation aufgekratzt in ihrer Stammkneipe in Cambridge aufkreuzte, verkündeten sie dort wohl lauthals: »Wir haben das Rätsel des Lebens gelöst«.

Ganz unrecht hatten die beiden nicht: Tatsächlich legt die Struktur der Doppelhelix nahe, wie die Verdopplung von Information vonstattengehen könnte. Die Details der Mechanismen wurden nicht von Watson und Crick selbst, sondern im Wesentlichen von Matthew Meselson (*1930) und Franklin Stahl (*1929) aufgeklärt. Sie beschrieben, wie die beiden komplementären und zueinander gegenläufigen, spiralig ineinander verdrehten Stränge als Bauanleitung inklusive Sicherheitskopie wirken:

Vor der Teilung durchläuft die Zelle eine Synthesephase, die sogenannte S-Phase des Zellzyklus.[34] In dieser Phase entwinden Enzyme die Spirale und trennen die Stränge voreinander. Jeder Einzelstrang bildet eine Matrize für die Synthese eines neuen Doppelstrangs. Wenn die Zelle sich später teilt, erhält jede Tochterzelle einen kompletten Doppelstrang, bestehend aus einem der alten Einzelstränge, der mithilfe sogenannter DNA-Polymerasen während der S-Phase wieder aufgefüllt wurde.[35] Den Vorgang der Informationsverdopplung nennen die Molekulargenetiker *DNA-Replikation*. Die Zelle verdoppelt ihre Gene, was wiederum die Verdopplung der Zelle ermöglicht. Im Prinzip scheint alles klar. Im Moment nimmt sich die ganze Geschichte allerdings noch ziemlich wie das alte Dilemma von der Henne und dem Ei aus. Die Frage, wie alles begann, muss bis zum nächsten Kapitel warten.

Warum verändern sich Gene?

Die DNA ist ein gewaltiges Molekül. Nicht nur wegen ihrer schieren Größe ist sie ein leichtes Ziel für Angriffe aller Art, chemischer, physikalischer, unter Umständen sogar biologischer Natur.[36] Ihre Heimat, das chemische Milieu des Zellkerns, ist ein gefährliches Pflaster für große Moleküle. Dort wimmelt es von hoch aggressiven chemischen Substanzen. Nukleotide können oxidiert werden, es können Kohlenstoffgruppen an die Ringstruktur der Basen angehängt werden.[37] Die Base selbst, das *Nukleosid*, kann von der Zucker-Phosphat-Kette, dem Rückgrat der DNA, abgetrennt werden.[38] All das geschieht ohne Zutun von außen.

Aber auch von dort droht Gefahr. Ionisierende Strahlen begleiten das Leben seit Anbeginn der Zeit. Energiereiche Strahlung kann zu Brüchen im DNA-Strang[39] führen. Mutagene[40] Chemikalien, die wir uns einverleiben, können die Struktur von Basen durch Quervernetzung oder durch das Anhängen ganzer Molekülgruppen verändern. Solche Prozesse können in einer einzigen Zelle zwischen 1000 und 1000000 DNA-Schäden pro Tag verursachen.[41] Da Mutationen selten vorteilhaft sind, hat sich die Evolution im Laufe der Zeit einiges ausgedacht, um sie zu begrenzen.[42] So verfügen alle Säugetiere über Systeme, die auf die Reparatur verschiedenster Typen von DNA-Schäden spezialisiert sind. Der Schutz vor Mutationen manifestiert sich auf zwei Ebenen: Durch DNA-Reparatur wird die betroffene Zelle geschützt.[43] In vielzelligen Organismen steht aber der Schutz des Organismus *vor* einer mutierten Zelle im Vordergrund. Auf einzelne Zellen kann oft verzichtet werden. Aber ab und an schädigen die Mutationen die Zelle nicht, sondern verschaffen ihr im Gegenteil sogar Wachstumsvorteile gegenüber anderen Zellen. Dabei aber droht die Entstehung eines zellulären Egoisten, einer Krebszelle. Als letzte Reißleine bleibt dem Körper, die ungebärdige Zelle in einen irreversiblen postmitotischen Zustand, die sogenannte *Seneszenz*, zu versetzen oder sie in den Selbstmord[44] zu treiben. Die Systeme zur *DNA*-Reparatur sind effektiv, aber manchmal schlüpfen Mutationen durch alle Maschen. Werden diese Fehler nicht repariert, können sie auf die Tochterzelle vererbt werden. Mutationen in einzelnen Körperzellen sind für die genetische Varianz einer Art ohne Bedeutung. Sie gehen mit dem Tod des betroffenen Individuums unter. Sind aber Keimzellen betroffen, sieht die Sache anders aus. Wenn aus den Keimzellen Nachkommen hervorgehen, ist der genetischen Bibliothek einer ganzen Spezies ein abweichender Text hinzugefügt worden. Trotz DNA-Reparatur ist die Rate von Neumutationen beim Menschen im Vergleich zu anderen Spezies sogar relativ hoch: Man geht davon aus, dass ein Neugeborenes im Vergleich zu seinen Eltern etwa 60 Veränderungen in seinem Genom aufweist.[45] Diese Mutationen sind die Zutat, die Darwins Theorie gefehlt hat. Sie sind die Grundlage der Varianz. Es ist dann an der Umwelt, durch Selektion die Verteilung der relativen Häufigkeiten von einzelnen Varianten innerhalb einer Population schrittweise zu verändern. Ohne Mutation und genetische Varianz keine Evolution und keine Entstehung neuer Arten.

EXKURS I **QUANTITATIVE VERÄNDERUNGEN: COPY NUMBER VARIATIONS**

Gene produzieren Eiweiße.[46] Die simpelste Veränderung der Produktion ist quantitativer Natur. Von manchen Eiweißen werden große Mengen benötigt. Oft existieren daher multiple Kopien der entsprechenden Gene in einer Zelle. Die Anzahl der Kopien kann nicht nur zwischen Arten, sondern auch von Individuum zu Individuum variieren. Die Genetiker nennen solche Variationen *copy number variations* (*CNV*). *Copy number variations* entstanden im Verlauf der Stammesgeschichte durch Duplikationen längerer Abschnitte[47] im Genom oder auch durch Verluste (*Deletionen*) einzelner Kopien. Schon solche quantitativen Unterschiede können zur Quelle von Unterschieden zwischen Individuen werden. Ein Beispiel ist das Gen für α-Amylase, was ein Enzym codiert, das im menschlichen Speichel vorkommt und dort Stärke in kleine Zuckermoleküle zerlegt. Europäer und europäisch stämmige Amerikaner haben mehr Amylasekopien als Kulturen wie die Biaka, Mbuti oder Datog, die nie stärkehaltige Pflanzen in größerem Stil angebaut haben.

EXKURS II QUALITATIVE VERÄNDERUNGEN: SNPS UND INDEL-POLYMORPHISMEN

Andere Variationen beruhen auf qualitativen Veränderungen einzelner Gene, zum Beispiel durch den Austausch einzelner Basen. In den Jahren 2007 und 2008 wurde zum ersten Mal das komplette Genom zweier einzelner Menschen entschlüsselt. Der erste war – wie könnte es anders sein – Craig Venter (*1946), der Genetiker, dessen private Initiative das multinationale Human Genome Konsortium in den 90er Jahren zum Wettlauf um die Entschlüsselung des menschlichen Genoms herausgefordert hatte. Der zweite Mensch war ausgerechnet sein Erzrivale, James D. Watson, zeitweiliger Leiter des konkurrierenden *Human Genome Projects*. Bei Venter fanden sich im Vergleich zum 2001 publizierten »Originaltext« des Menschen an 3,3 Millionen Positionen abweichende Buchstaben.[48] Diese punktförmigen Engramme unserer genetischen Individualität nennen die Genetiker *single nucleotide Polymorphisms* (SNPs). Einer gewissen Ironie entbehrt es allerdings nicht, dass bei dem Erzrivalen 1,68 der etwa drei Millionen SNPs identisch waren.[49]

Seitdem wir ganze Genome lesen können, wird die große Ähnlichkeit deutlich, die die Texte aller Menschen untereinander haben. Die Genome zweier beliebiger Menschen unterscheiden sich im Durchschnitt nur an jeder 500sten bis 1000sten Position. Sie stimmen also zu fast 99,9 % überein – egal ob wir Europäer untereinander oder Europäer mit Afrikanern, Asiaten oder den indigenen Völkern Südamerikas oder Australiens vergleichen.[50] Die SNPs spiegeln einen großen Teil der genetischen Varianz der Menschheit wider. Sie sind für den Löwenanteil der (erblich bedingten) Unterschiede zwischen Menschen verantwortlich. Darüber hinaus finden sich in den Texten aber auch Stellen, wo ganze Buchstabenfolgen fehlen oder an anderer Stelle wieder eingefügt wurden. Solche Varianten werden als Insertions-Deletions-(*Indel*-)Polymorphismen bezeichnet.[51] Die Tatsache, dass ausgerechnet die Genome der beiden Erzrivalen Watson und Venter 1,68 Millionen identische SNPs haben, ist kein Zufall. Vergleicht man die genetischen Texte unterschiedlicher Menschen, stellt man zwar fest, dass bei jedem 500sten bis 1000sten Basenpaar SNP-Varianten auftreten, viele Varianten aber weitverbreitet sind.[52] Wenn ein betreffendes Allel bei mehr als 1 % der Bevölkerung vorkommt, spricht man von häufigen Allelen oder von Polymorphismen.[53] Viele *SNPs* sind zudem bedeutungslos, etwa weil sie in *DNA*-Abschnitten liegen, die keine Funktion haben, oder weil es sich um konservative Mutationen handelt (zur Erinnerung: Aufgrund der Redundanz des Codes verändern manche Mutationen die Aminosäure nicht). Die Anzahl der neutralen *SNPs* bleibt über Generationen hinweg einigermaßen konstant, weil sie nicht der Selektion unterliegen. Ist eine Variante aber von funktioneller Bedeutung, kann sich ihre Häufigkeit generationenübergreifend auch mal dramatisch verändern. Die meisten der funktionell bedeutsamen Mutationen sind eher nachteilig. Ihre Frequenz pendelt sich daher auf niederem Niveau ein oder sie verschwinden ganz. Denn eine vertauschte Base kann ausreichen, um die Funktion eines Gens zu zerstören. Glücklicherweise verfügen alle Körperzellen über doppelte Chromosomensätze, so dass von jedem Gen eine Sicherheitskopie vorhanden ist.[54] So lange mindestens eine intakte Kopie in einer Zelle aktiv ist, macht sich das defekte Allel oft nicht bemerkbar.[55] Eine manifeste Erbkrankheit droht allerdings, wenn zwei Menschen zusammen ein Kind zeugen, dem sie beide die defekte Variante des Gens vererben.[56]

Die Genetiker nennen Veränderungen, die ein Gen zerstören oder seine Funktion massiv behindern, *loss-of-function*-Mutationen.[57] Diese Mutationen sind es, die für die Mehrzahl der Erbkrankheiten, für diejenigen mit (autosomal) rezessivem Erbgang verantwortlich sind. Eigentlich sollten sie mit der Zeit verschwinden, oder es müsste sich auf sehr niedrigem Niveau eine Art Fließgleichgewicht zwischen Neumutation und Elimination solcher kritischen Allele einstellen. Überraschenderweise ist das nicht immer der Fall. Seitdem wir genauer hinsehen können, wissen wir, dass jeder von uns Träger von Genvarianten ist, die in homozygoter Ausprägung schwere Erbkrankheiten auslösen.[58] Aber warum ist das so?

Denken Sie an die Geschichte mit der Sichelzellanämie im ersten Kapitel. Dort, wo die Malaria endemisch ist, ist HbS-Heterozygotie ein Vorteil, während Homozygotie tödlich ist. Wir sind mit einer typischen »Trade-off«-Konstellation konfrontiert. *Trade-offs* sind Konstellationen mit gegenläufigen Abhängigkeiten: Wird der eine Parameter optimiert, leidet automatisch ein anderer. Solche Zielkonflikte gibt es bei fast allem, was wir tun, nur sind sie uns oft nicht bewusst. Investieren wir viel Zeit in die Vorbereitung der Matheklausur, leidet vielleicht die Englischnote. Gibt eine Klinik viel Geld für Brandschutz aus, fehlt dieses Geld bei der Krankenhaushygiene. Ein Zehnkämpfer muss sich entscheiden, ob er Schnellkraft oder Ausdauer optimiert. Dieselautos produzieren mehr

Stickoxide als Benziner, dafür weniger vom »Klimagas« CO_2. Der Vorteil auf der einen Seite wird immer durch einen Nachteil auf der anderen »erkauft«.[59] Phänotypische Merkmale sind fast immer Kompromisse, die durch Trade-offs geprägt sind. (Erinnern Sie sich an die Ohren der Füchse?)[60] Viele Allele bringen daher Vor- und Nachteile mit sich. Das ist ein wichtiger Punkt, den wir im Hinterkopf behalten sollten.[61]

Mutationen sind nicht immer destruktiv. Sie können zudem (selten) zur Überaktivität des betroffenen Gens führen. Auch das ist nicht zwangsläufig von Vorteil. Die plötzliche Überaktivität kann im fein ausbalancierten Gefüge unseres Organismus zu massiven Problemen führen. Ein bekanntes Beispiel ist *Chorea Huntington*, im Volksmund besser bekannt als Veitstanz. *Chorea Huntington* ist eine der häufigsten erblich bedingten Hirnerkrankungen. Trotzdem sind weltweit glücklicherweise nur etwa 25 von 1 000 000 Menschen davon betroffen. Das mutierte *Huntington*-Gen behält seine normale physiologische Funktion, entwickelt jedoch zusätzliche – toxische – Eigenschaften.

Rezessive Allele, die bei homozygoten Trägern zu echten Krankheiten führen, gehören in der Regel zu den seltenen SNPs. Sie werden daher nicht als Polymorphismus, als »Spielart des Normalen«, sondern als Mutation bezeichnet. Die Übergänge sind allerdings fließend. Auch Grautöne und Schattierungen, die »Spielarten des Normalen«, können Konsequenzen haben. Viele Punktmutationen verändern die Funktion des betreffenden Proteins nur graduell.[62] Auf der Ebene der Proteine schlägt die qualitative Veränderung der Gene dann in eine quantitative Veränderung der Funktion um.

Polymorphismen sorgen also für Nuancierungen. Sie sind die Grundlage der (angeborenen) Formenvielfalt der menschlichen Spezies. Sie machen unsere Haare heller oder dunkler, die Nasen kurz oder lang, sie tragen zu den Unterschieden in Hautfarbe oder Körpergröße bei. Dabei sollten wir im Kopf behalten, dass *gut* oder *schlecht* in Bezug auf Gene ein relativer Begriff ist. Ändern sich die Umstände, kann ein Vorteil zum Nachteil werden und umgekehrt. Gene wirken kontextbezogen, sowohl räumlich als auch zeitlich. Gene sind Mannschaftsspieler.[63] Ähnlich wie beim Fußball kann das begnadete Einzeltalent zum Problem werden, wenn seine Spielweise nicht zum Team passt.

Wie weit reicht die Macht der Gene?

Seit den frühen Tagen der Genetik streiten sich Biologen um die Frage: Wie weit reicht die Macht der Gene? Liegt unser »Schicksal [wirklich] in den Genen«, wie der Nobelpreisträger James D. Watson in den späten 1980er Jahren vollmundig verkündete? Oder werden wir, wie der englische Philosoph John Locke meinte, als »leere Tafel« geboren, auf der erst das Leben die Signatur hinterlässt, die uns zu dem macht, was wir sind? Bevor wir uns auf diese Diskussion einlassen, sollten wir kleinere Brötchen backen. Große Fragen verhalten sich manchmal wie das Stück Seife in der Badewanne. Sie flutschen durch die Hände. Manchmal ist es klug, sie in handlichere Happen zu zerlegen.

Genetiker wie Mendel oder Morgan haben sich nicht für Merkmale interessiert. Sie haben Merkmale nur als »heuristische Instrumente« benutzt, um mit ihrer Hilfe den Prinzipien der Vererbung auf die Spur zu kommen. Sie haben sich deshalb Eigenschaften herausgegriffen, die sich im Hinblick auf die Erblichkeit möglichst eindeutig und idealtypisch verhalten – Merkmale, deren Erbgänge transparent und die offensichtlich auf die Wirkung eines einzigen Gens zurückzuführen sind. Uns hingegen interessieren Merkmale, die anders sind als die Form von Erbsen oder die Augenfarbe von Fruchtfliegen. Wir sind an komplexen menschlichen Eigenschaften wie Intelligenz, Aggressivität, Delinquenz, Güte, Empathie, Altruismus oder Kooperationsfähigkeit interessiert. Bevor wir darüber streiten, inwieweit diese Aspekte der *conditio humana* durch Gene bestimmt werden, muss zunächst jedoch geklärt werden, wie die Beziehungen zwischen Gen und Merkmal, Genotyp und Phänotyp, *grundsätzlich* beschaffen sein können. Meist sind die Verhältnisse nicht so übersichtlich, wie bei der Farbe von Erbsen.[64]

Die schwierige Beziehung zwischen Genotyp und Phänotyp: Versuch einer Typologie

Am 26. Juni des Jahres 2000 knallten im East Room des Weißen Hauses die Champagnerkorken. Präsident Bill Clinton (*1946) hatte geladen und verkündete stolz die »Entschlüsselung« des menschlichen Genoms.[65] Clinton rührte noch einmal die Werbetrommel für das Mammutprojekt, und die Medien rund um den Globus verstärkten seine Trommelschläge vieltausendfach. Verzückt, aber nicht ganz schlüssig, titelte auch das deutsche Nachrichtenmagazin *DER SPIEGEL* mit dicken Lettern: »Entschlüsselt – Der Bauplan des Menschen: Die zweite Schöpfung«.[66]

Seit der Gründung der *Human Genome Organisation*, kurz *HUGO*, im Jahr 1989 in Genf, waren elf Jahre vergangen.[67] In dieser Zeit war es zwei Gruppen, nämlich dem offiziellen multinationalen Gentechnikkonsortium HUGO[68] unter Führung der amerikanischen *National Institutes of Health* und einer privaten Initiative von Craig Venter (*1946) und seiner Biotech-Firma Celera, in einer kuriosen Mischung von erbitterter Konkurrenz und wechselseitiger Befruchtung gelungen, die Buchstabenfolge des menschlichen Genoms, ein schier endloser Wurm von drei Milliarden Buchstaben,[69] zu entziffern.[70] Die Sequenzierung war damals eine Herkulesaufgabe, die über 1000 Wissenschaftler mehr als ein Jahrzehnt lang beschäftigt und mehrere Milliarden Dollar verschlungen hatte. Gerne wurde das Unternehmen daher als die »Mondlandung« oder das »Manhattan-Projekt«[71] der Biologie bezeichnet. Gegenüber der in Teilen auch skeptischen Öffentlichkeit wurde die Entschlüsselung des Genoms hauptsächlich mit seiner angeblich überragenden medizinischen Bedeutung gerechtfertigt. Craig Venter verkündete an jenem 26. Juni, die Sequenzierung der Gene würde die künftigen Therapiestrategien fast jeder Krankheit beeinflussen. Er verstieg sich sogar zu der Hoffnung, damit könnte noch zu seiner Lebenszeit jede Form von Krebs zu einer heilbaren Erkrankung werden. Selbst der mit einem deutlich nüchterneren Naturell ausgestattete Francis Collins (*1950), Sprecher des *HUGO*-Konsortiums, drückte sich nur unwesentlich vorsichtiger aus: Getragen von der Magie des Moments, fragte er mit Blick auf den Dichter Alexander Pope (1688–1744): »Gibt es einen wirkungsmächtigeren Ansatz für uns Menschen, uns selbst zu studieren, als unsere eigene ›Bedienungsanleitung‹ zu lesen?«[72] Collins war sich natürlich bewusst, dass es mit dem buchstäblichen Entziffern der »Bedienungsanleitung« nicht getan war: »Vor uns liegen noch viele Aufgaben [...]. Der heutige Tag ist nicht der Endpunkt der Genomik, sondern allenfalls das Ende ihres Anfangs«. Diese Bemerkung ging allerdings im allgemeinen Hype unter.

Bald nachdem der Knall der Sektkorken verhalt war, trat beim Blick auf die Sequenz eine gewisse Ernüchterung ein.[73] Die größte Überraschung war, dass das menschliche Genom wenig Überraschendes zu bieten hatte. Da war nichts, was den Menschen eindeutig aus der Schar der anderen Lebewesen herauszuheben schien. Nehmen wir zunächst einmal die schlichte Anzahl der Gene. Je weiter die Entschlüsselung voranschritt, desto stärker mussten die Wetten über die Zahl der menschlichen Gene nach unten korrigiert werden. Inzwischen sind wir bei weniger als 21 000 Genen angekommen.[74] Die Zahl liegt nicht wesentlich höher als die Anzahl der Gene einer Maus. Selbst der kaum einen Millimeter lange Fadenwurm *Caenorrhabditis elegans*, der gerade einmal aus etwas mehr als 1000 Zellen besteht,[75] verfügt über mehr als 19 000 Gene. Viele Pflanzen sind uns, was die Zahl der Gene angeht, um Längen voraus. Zwischen der schieren Zahl der Gene und der Komplexität eines Organismus scheint es keine einfache und direkte Beziehung zu geben.

Die *Celera*-Sequenz ist ein Verschnitt der Genome von fünf Menschen, drei Frauen und zwei Männern mit hispanischer, europäischer, asiatischer und afrikanischer Abstammung. Craig Venter legte Wert auf die Feststellung, es gebe keine Möglichkeit, diese fünf Celeragenome anhand der Sequenz einer bestimmten ethnischen Herkunft zuzuordnen. In seiner typischen pointierten Art stellte er fest, das Konzept der »Rassen« bezogen auf die Genome einzelner Menschen sei unwissenschaftlich und daher zu verwerfen. Als man wenige Jahre später das Genom des Schimpansen entschlüsselte, wurde deutlich, dass die Gene von Schimpanse und Mensch zu fast 99 % identisch sind.[76] Und das, obwohl unser letzter gemeinsamer Vorfahr vor immerhin sechs Millionen Jahren gelebt hat!

Die Sequenz offenbarte also auf den ersten Blick nichts spektakulär genuin Menschliches. Schon im Jahr 2003 stellte der renommierte Genetiker Aravinda Chakravarti (*1954) daher die ketzerische Frage: »Is Watsons genetic aphorism really true? Is our fate encoded in the genes?«[77] Derselbe Venter, der die medizinischen Möglichkeiten, das Genom zu entschlüsseln, im Jahr 2000 in den rosigsten Farben geschildert hatte, stellte zehn Jahre später ernüchtert fest: Der direkte medizinische Nutzen des Wissens um unsere Sequenz gehe momentan (noch) »gegen Null«.[78]

Abgesehen von klassischen Erbkrankheiten erwies es sich selbst bei so einschneidenden Aspekten des Menschseins wie der Disposition zu Diabetes, Krebs oder Altersdemenz als ungeheuer schwierig, den unbestreitbar vorhandenen erblichen Anteil am Risiko für eine solche Krankheit zu quantifizieren und die beteiligten Gene und ihre Beiträge zu ermitteln.

Dabei stellt sich vor allem die Frage: Warum tun wir uns so schwer damit? Gerne wird kolportiert, unsere Fähigkeit, Gene zu *lesen*, hätte sich in den vergangenen 20 Jahren in atemberaubender Weise verbessert. Das stimmt! Selbst die Entwicklung der Rechenleistung von Computern verläuft im Vergleich zu den Fortschritten bei der Gensequenzierung im Schneckentempo. Die vollständige Sequenzierung des menschlichen Genoms im Rahmen des Human Genome Projects war, wie erwähnt, kostspielig und sehr zeitaufwendig. Die gleiche Leistung ist heute, nur 18 Jahre später, binnen 24 Stunden und zum Preis von unter tausend Dollar zu haben.[79]

Leider ist die Metapher des *Lesens*, wie sie etwa Collins bedient, irreführend. Lassen wir uns aber trotzdem für einen Moment auf die Analogie zwischen genetischem Text und Sprache ein. Jenseits der Buchstaben[80] unterscheiden die Sprachwissenschaftler drei Ebenen der Analyse und des Verstehens von Texten: Die *Syntax* beschreibt die formale Rolle seiner einzelnen Elemente und grammatischen Binnenbeziehungen innerhalb von Sätzen. Auf syntaktischer Ebene sind die Sätze »Der Vater trinkt ein Bier« und »Das Bier säuft ein Haus« äquivalent. Beide sind grammatisch wohlgeformt und bestehen aus Subjekt, Prädikat und Akkusativobjekt, einem bestimmten und einem unbestimmten Artikel. Die *Semantik* lenkt den Blick auf die Bedeutung der Worte und ihren Sinnzusammenhang. Auf dieser Ebene kommen Wertungen wie Sinn oder Unsinn ins Spiel. Der erste Satz ergibt Sinn, der zweite kaum. Die *pragmatische* Dimension zieht die Blende noch weiter auf. Sie analysiert das Gesagte oder Geschriebene im Kontext einer konkreten Kommunikationssituation.

Jeder kennt die Formulierungen in Arbeitszeugnissen, die etwas völlig anderes *meinen*, als das, was sie *sagen*. Wenn Diplomaten von »offenem Meinungsaustausch« oder »abweichender Bewertung der Lage« reden, dann flogen hinter verschlossenen Türen meist die Fetzen.

Oder nehmen wir ein anderes Beispiel:

Der Flügelflagel gaustert
durchs Wiruwaruwolz
die rote Fingur plaustert
und grausig gutzt der Golz.[81]

Wir lesen Christian Morgensterns *Gruselett* und identifizieren Verben, Substantive, Adjektive und ganze Sätze. Wir erkennen die Elemente und ihre Rolle im Satz anhand formaler Kriterien, ohne dass wir ihre Bedeutung verstehen. Morgensterns Verse bilden – zumindest auf den ersten Blick – ein wundervolles Unsinnsgedicht.

Nicht anders – eher ratloser – stehen Genetiker vor der entschlüsselten Sequenz. Der Syntax des Textes kommen sie durch die Sequenzierung des Genoms nahe. Mit einigen Tricks erkennen sie, was ein Satz ist und was nicht, wo ein Gen anfängt und wo es endet. Sie realisieren, welche DNA-Abschnitte nicht übersetzt werden und sie können diejenigen Teile der Sequenz identifizieren, die eine Art Metatext darstellen und die der Regulation der Genaktivität[82] oder ganz anderen Aufgaben[83] dienen.

Aber mit der nächsten, der semantischen Ebene, tun sie sich schwerer. Gene zeigen erst Wirkung, wenn sie übersetzt werden.[84] Um zu verstehen, was ein Gen tut, müssen wir die Funktion des von ihm produzierten Eiweißes kennen. Und da beginnen die Schwierigkeiten. Leider gibt der Satz »ein Gen – ein Protein« die Wirklichkeit nicht realistisch wieder. Den knapp 21 000 Genen stehen weit mehr Proteine[85] gegenüber. Und ein Gen kann gleichzeitig mehrere verschiedene Proteine codieren.

Als im Jahr 1977 zum ersten Mal einzelne Gene *eukaryonter*[86] Zellen Buchstabe für Buchstabe entziffert[87] wurden, erlebten die Genetiker eine faustdicke Überraschung. Sie mussten feststellen, dass Gene merkwürdige Sätze bilden. Zwischen den sinnstiftenden Teilen, den sogenannten Exons, sind immer wieder lange Nonsenssequenzen (*Introns*) eingestreut. Beide, Exons und Introns, werden in mRNA übersetzt. Die mRNA wird dann aber zurechtgemacht, bevor sie in Richtung der Proteinfabriken transportiert werden kann. Die Nonsenssequenzen werden herausgetrennt, bevor die mRNA-Sequenz in Aminosäuren umgeschrieben wird. Dieser Vorgang wird *Splicing* genannt. Nun kann die Ur-mRNA aber alternativ an unterschiedlichen Stellen geschnitten werden, so dass verschiedene (sinnhafte) mRNA-Varianten entstehen. Durch *alternatives Splicing* kann eine Gensequenz mehrere verschiedene Eiweiße codieren.

Und es wird noch komplizierter. Auch nach der Übersetzung in Eiweiße, nach der Translation, können die resultierenden Eiweiße durch *posttranslationale Modifikation*, zum Beispiel durch das Anhängen verschiedener kleiner Moleküle wie Zucker oder Phosphatgruppen, verändert und funktionell weiter diversifiziert werden.

Damit nicht genug der Schwierigkeiten. Eiweiße sind ziemlich schillernde Moleküle. Sie können in unterschiedlichen Zelltypen, ja sogar in ein und derselben Zelle je nach Situation verschiedene Rollen spielen. Nehmen wir ein Protein mit dem unspektakulären Namen p53,[88] das Gegenstand von inzwischen über 50 000 wissenschaftlichen Artikeln ist.[89] Will sich eine Zelle teilen, dann wirkt *p53* zunächst einmal wie ein Bremsklotz.[90] Der Stopp, den das p53-Protein an bestimmten Kontrollpunkten des Zellzyklus[91] verordnet, kann als eine Art Moratorium betrachtet werden. Die Zelle erhält die Gelegenheit, mögliche DNA-Schäden zu reparieren, bevor sie sich teilt. Wenn die Schäden aber zu ausgeprägt sind und die Reparatur misslingt, dann wird p53 vom Bremsklotz zum Harakiri-Schwert. Das Eiweiß treibt die irreparable Zelle in den Selbstmord.[92]

Damit wären wir schon tief in eine dritte Analyseebene verstrickt. Gene realisieren ihre Wirkung immer in einem bestimmten Kontext. Ihre Bühne ist die Zelle. Und wie bei einem Theaterstück wechseln Szenen und Situationen manchmal in rasanter Folge. Die Beachtung des Kontexts ist notwendig, wenn wir ein Gen im wahren Sinne des Wortes *lesen*, das heißt, wenn wir seine funktionelle Bedeutung verstehen wollen. Diese Ebene des Verstehens bezieht sich auf die konkrete Kommunikationssituation, in der ein Gen abgelesen und aktiv wird. Sie ist das, was die Sprachwissenschaftler als die *pragmatische* Dimension der Sprache auffassen würden.

Nun interessieren Gene eigentlich nur mittelbar. Kaum jemand (außer Biologen) streitet sich ernsthaft über Gene. Was für dieses Buch wichtig ist, das sind die Eigenschaften und das Verhalten von Menschen; und die Frage, wie, auf welche Weise und in welchem Maße dieser »Phänotyp« durch die Gene – unsere Natur – beeinflusst wird.

Daher sollten wir jetzt auf Abstand gehen und wieder die Vogelperspektive einnehmen. Bevor wir uns um die Regeln kümmern, die das Orchester der Gene dirigieren, werfen wir einen Blick auf die Struktur der Beziehung zwischen Genen und Merkmalen. Gregor Mendel beobachtete nicht Menschen, sondern Erbsen – aus gutem Grund. Die von ihm untersuchten (phänotypischen) Merkmale der Erbse sind ein Spezialfall – einfach, leicht zu beobachten und offensichtlich ausschließlich durch die Erbsubstanz bestimmt. Etwas ketzerisch formuliert sagt Mendels Theorie viel über Gene und ihre Vererbung, aber wenig über die Vererbung von Merkmalen aus.

Einfachheit ist verführerisch. Dieses eindimensionale Modell einer Beziehung sickerte ins kollektive Bewusstsein ein und wurde zu einer Art Archetyp der Genotyp-Phänotyp-Beziehung. Solche einfachen Konzepte schwingen implizit mit, wenn in der Presse von Genen für Kriminalität, Homosexualität oder Intelligenz zu lesen ist. Bei solchen menschlichen Eigenschaften ist die Gemengelage aber ungleich komplizierter. Hier sind die Gene wie der Klangkörper eines seltsamen, sich beständig selbst reproduzierenden Orchesters. Sie konstituieren aber nicht nur die verschiedenen Instrumente, in ihnen ist in groben Zügen auch eine Partitur festgeschrieben. Trotzdem gibt das genomische Orchester nicht bei jeder Aufführung das ewig gleiche Konzert. In einer befruchteten Eizelle etwa sind es die Gene, die den Auftakt zur Entwicklung eines Embryos geben. Die Urzelle[93] teilt sich und ein neues, identisches Orchester entsteht. Zunächst spielen alle im Gleichklang und verdoppeln sich wieder und wieder. Aber schon nach wenigen Generationen beginnen sich Zellen zu differenzieren. Die einzelnen zellulären Orchester entwickeln jeweils individuelle Variationen über das Thema. Die Instrumentierung – die Gene – bleibt dieselbe, aber die Partitur verändert sich und damit auch die Rolle der Instrumentalisten. Manche Instrumente verstummen, andere treten erst jetzt zum Klangkörper dazu. Obwohl wir jetzt nicht mehr eines, sondern viele Orchester gleichzeitig hören, driftet das Metakonzert nicht in eine gewaltige Kakophonie ab. Die einzelnen zellulären Orchester haben ein feines Gehör. Sie achten und reagieren aufeinander, als ob ein unsichtbarer Dirigent über allem schweben und sie bei der Stange halten würde. Nicht jede Note dieser Komposition ist vorher festgelegt, von Klangfarbe, Charakter, Dynamik und Tempo des Stücks ganz zu schweigen. In Nuancen ist jede Aufführung anders. Die Orchester gehen zum Jazz über, nehmen Impulse aus der Umwelt auf, reagieren auf sie und beginnen zu improvisieren. Und so sind es gerade die Flexibilität und Plastizität dieser wundersamen Komposition, bereit jederzeit auf Input von außen zu reagieren, die den *Homo sapiens* zu seinem Megaerfolg verholfen haben. Das dynamische und vielfach von innen nach außen[94] rückgekoppelte Regelwerk ist es, das aus dem Zusammenklang der vielen Dimensionen große Kunst macht. Behalten Sie auch die Orchestermetapher im Hinterkopf, wenn wir uns jetzt der Typologie der möglichen Genotyp-Phänotyp-Beziehungen nähern.

EXKURS

DIE MENDEL-VARIANTE – EINFACHE, EINDIMENSIONALE BEZIEHUNGEN: EIN GEN MACHT EIN PROTEIN UND BESTIMMT EIN MERKMAL

Der mendelsche Archetyp einer eindimensionalen Beziehung zwischen Gen und Merkmal findet sich auch beim Menschen. Er ist aber eine Rarität.

BEISPIEL **Laktosetoleranz: Die Evolution zu Milchtrinkern**

Normalerweise denken Evolutionsbiologen in Zeiträumen von Jahrmillionen. Hier handelt es sich aber um eines der seltenen Beispiele echter, im menschlichen Genom nachvollziehbarer Evolution innerhalb eines historischen Zeitraums. Wir reden von einer Genvariante, die sich unter dem Druck *kultureller* Veränderungen innerhalb von 8000 Jahren in weiten Teilen der Menschheit durchgesetzt hat. Es ist die Geschichte einer bemerkenswerten *Top-down-Wirkung*, die zeigt, dass auch Kulturphänomene tief unten, in den molekularen Untergeschossen unserer Existenz[95] ihre Spuren hinterlassen können.

Milch ist eine ausgesprochen unnatürliche Form der Ernährung – jenseits des Säuglingsalters. Wir sind zwar Säugetiere, aber nach dem Ende der Säuglingsperiode bekam keiner unserer Vorfahren, kein Affe, auch kein Steinzeitmensch jemals mehr Milch zu trinken. Das änderte sich erst vor etwa 10000 Jahren, als die Menschen die Landwirtschaft erfanden. Unsere Vorfahren begannen damals Kühe, Ziegen, Schafe und Kamele zu domestizieren, zu züchten und auf verschiedenste Arten zu nutzen. Die Tiere waren Lasttiere, lieferten Kleidung und Brennstoff und natürlich auch Nahrung. Menschen aßen nicht nur ihr Fleisch, sie begannen auch ihre Milch zu trinken und zu verarbeiten. Milch ist ein überaus effizientes Nahrungsmittel. Neben Fetten, Eiweißen, Vitaminen und Mineralstoffen enthält Milch auch Milchzucker. Dieser Milchzucker, die *Laktose*, besteht aus zwei kleineren Zuckern, *Glucose* und *Galaktose*. Jeder Baustein für sich stellt für die Verdauung kein Problem dar, aber die *Laktose* als Verbund kann nicht ohne Weiteres vom Darm in den Körper aufgenommen werden. Säuglinge besitzen daher ein Gen, dessen Produkt den Milchzucker im Darm in Glucose und Galaktose aufspaltet. Leider ist dieses Gen in seiner klassischen Variante nur im Säuglingsalter aktiv und wird dann abgeschaltet.[96]

Der erwachsene Steinzeitmensch war nicht für die Ernährung mit

Milch gemacht – warum sollte er auch? Für die meisten erwachsenen Milchtrinker war Milchkonsum damals unbekömmlich. Nicht-resorbierte *Laktose* verursacht Verdauungsstörungen, Unwohlsein, Durchfall und Blähungen. Solange Muttermilch die einzige zugängliche Milchquelle darstellt, ist Laktose-*In*toleranz kein Nachteil. Als Milch auch jenseits des Säuglingsalters zur Verfügung stand, wurde die Intoleranz zum Ärgernis, manchmal sogar zu einer existentiell bedrohlichen Verschwendung von Ressourcen. Individuen aber, die Milch konsumieren konnten, waren in Zeiten knapp bemessener Nahrung eindeutig im Vorteil.

Daher ist es kein Wunder, wenn sich in Viehzüchtergesellschaften bald eine Mutation des *Laktasegens* ausbreitete, die dafür sorgt, dass die *Laktase* bis ins hohe Alter aktiv bleibt. Der Selektionsdruck war offensichtlich so bedeutsam, weshalb sich solche Mutationen unabhängig voneinander gleich viermal, einmal in Europa und dreimal in Afrika, durchgesetzt haben. Die *Laktose-Toleranz* war »erfunden«.[97]

Hier haben wir eine einfache, eindimensionale und eindeutige Beziehung zwischen Gen und Merkmal, zwischen Genotyp und Phänotyp. Die *Laktase* genießt allerdings eine Sonderstellung. Ihr Einsatzort ist der Binnenraum des Dünndarms. *Laktase* wird ausschließlich von den Zellen der Darmschleimhaut produziert und ins Lumen des Darms abgegeben. An anderen Orten spielt sie keine Rolle.[98] Dieser extreme Tropismus[99] eines Proteins ist eine Ausnahme. Die meisten Proteine werden in verschiedenen Zelltypen an ganz unterschiedlichen Orten und unter Umständen auch zu verschiedenen Gelegenheiten produziert. Veränderungen solcher Gene können daher, je nach Kontext, ganz verschiedenartige positive wie negative Konsequenzen haben. Und schon muss sich die Evolution wieder mit Trade-off-Problemen herumschlagen. Im übernächsten Abschnitt werde ich ein solches Beispiel vorstellen.

PLEIOTROPIE, DIE RADIÄRE VARIANTE: EINE URSACHE, VIELE WIRKUNGEN (*EIN GEN, EIN PROTEIN, VIELE PHÄNOTYPISCHE KONSEQUENZEN*)

BEISPIEL **Mukoviszidose**

Manchmal macht die Natur mit Menschen Experimente, die grausame Konsequenzen haben. In einem speziellen Fall kündigt sich das Problem oft scheinbar harmlos an. Es beginnt nicht selten mit Infekten der Atemwege. Nach und nach kommen weitere Probleme hinzu. Die betroffenen Kinder klagen über Verdauungsbeschwerden, sie essen und trinken nicht richtig und sie bleiben im Wachstum immer mehr hinter ihren Altersgenossen zurück. Manchmal beginnt dann eine regelrechte Odyssee durch verschiedene Arztpraxen, bis die Wurzel des Übels entdeckt wird. Die Ursache aller Probleme ist der Verlust eines einzigen Codons[100] in einem Gen namens *CFTR*. Durch diese Mutation fehlt an der Position 508 des CFTR-Proteins die Aminosäure *Phenylalanin* (ΔF508).[101] Die Erkrankung, die durch diese Genmutation ausgelöst wird, heißt *Mukoviszidose* (von lat. mucus »Schleim« und *viscidus* »zäh, klebrig«). *Mukoviszidose* ist eine autosomal-rezessiv vererbte Stoffwechselerkrankung.[102] Die heterozygoten Eltern betroffener Kinder sind also gesund. *Mukoviszidose* (CF)[103] manifestiert sich, wenn ein Kind das Pech hat, von beiden Eltern das defekte Allel zu erben.

Noch vor wenigen Jahrzehnten führte die Krankheit oft schon im frühen Erwachsenenalter zum Tod. Inzwischen ist die Prognose durch intensive begleitende Betreuung und frühe Behandlung der Symptome deutlich besser, heilbar ist die Erkrankung aber noch immer nicht. Das CFTR-Gen codiert für ein Eiweiß, das in die Membran von Zellen verschiedenster Körperdrüsen eingebaut wird. Es bildet dort Kanäle, die Chloridionen aus der Zelle transportieren, die nachfolgend Wasser per Osmose aus den Zellen hinaus in das umliegende Gewebe ziehen. Ist dieser Transportweg gestört, sinkt der Wassergehalt der Zellsekrete ab. Sie werden zu zähflüssig, was in den betroffenen Organen Funktionsstörungen unterschiedlicher Art verursacht. Betroffen sind die Lungenbläschen, Bauchspeicheldrüse, Leber (Galle), die inneren Geschlechtsorgane und der Dünndarm. In der Lunge bildet das zähe Sekret einen guten Nährboden für Krankheitserreger. Bei knapp 10 % der betroffenen Kinder verursacht eingedickter Schleim schon im Säuglingsalter einen bedrohlichen Darmverschluss.[104] 2 % der Kinder und 50 % der Erwachsenen leiden an *Diabetes mellitus*, der Zuckerkrankheit. Fehlendes Bauchspeicheldrüsensekret ruft oft chronische Durchfälle, Mangelernährung, Verdauungsstörungen und Untergewicht hervor, später Leberzirrhose und Gallensteine. Männer sind meist unfruchtbar aufgrund von Verklebungen der Samenleiter. Auch bei Frauen verringern zähflüssige Sekrete im Gebärmutterhals[105] die Fruchtbarkeit. Für alle diese Probleme ist ein einziges defektes Gen verantwortlich!

In Deutschland leben etwa 8000 Menschen mit *Mukoviszidose*. Jedes

Jahr werden etwa 300 CF-Kinder geboren. Aus diesen Zahlen lässt sich die Frequenz der kritischen Allele des *CFTR*-Gens in der gesunden Bevölkerung abschätzen: Etwa 4 % aller Deutschen sind Träger des defekten Allels. Die *Mukoviszidose* ist damit eine der häufigsten Erbkrankheiten überhaupt, insbesondere in Europa und Nordamerika. Populationsgenetiker schätzen, dass sie sich dort seit etwa 20 000 bis 40 000 Jahren *ausgebreitet* hat.

Ausgebreitet? Der aufmerksame Leser müsste sich an dieser Stelle verwundert die Augen reiben. *Mukoviszidose* ist eine schwere Krankheit. Sie ist nicht irgendeine Normvariante und dürfte nach den Regeln der Evolutionstheorie keine langfristige Perspektive haben. Bis vor wenigen Jahrzehnten sind die meisten Betroffenen im Kindes- oder Jugendalter gestorben und hatten nie die Chance, selbst Kinder zu zeugen. Eine *Ausbreitung* des ΔF508-Allels mutet daher an, als würde das Wasser den Berg hinauf fließen. Trotzdem ist die Verbreitung von ΔF508 nichts, was die Evolutionstheorie in ihren Grundfesten erschüttert. Sie zeigt nur, dass Gut und Schlecht in Bezug auf Gene relative Begriffe sind. Wir wissen nicht mit letzter Sicherheit, warum sich die ΔF508-Muation gerade in Europa und Nordamerika so stark ausgebreitet hat. Sicher ist, dass die *heterozygoten Träger* von dem mutierten Allel einen Vorteil haben müssen. Vermutlich sind die heterozygoten Genträger besser gegen Infektionen geschützt. So gibt es Hinweise, dieses Allel könnte uns eine relative Resistenz gegen die bis vor kurzem in Europa sehr verbreitete Tuberkulose und eine Reihe anderer Erreger verleihen. Ob das der Weisheit letzter Schluss ist, ist noch offen.

BEISPIEL **Die Metamorphose der Feuerameisen**

Wenden wir für einen Moment den Blick vom Menschen ab und richten ihn auf ein archaischeres Tier, auf die Feuerameise *Solenposis invicta*. Diese in Südamerika heimische Ameise wurde in den 1930er Jahren in die USA eingeschleppt. Die ursprünglichen Kolonien zeichnen sich durch eine einzige oder wenige aktive Königinnen und durch ein ausgeprägtes, von ihrem Geruchssinn gesteuertes Territorialverhalten aus. In den 1970er Jahren begann *Solenposis invicta* in den USA plötzlich Stämme hervorzubringen, die viele Königinnen haben und die ihre Kolonien nicht mehr verteidigten. Was war passiert?

Diese dramatische Veränderung im komplizierten Sozialleben einer Ameisenart wurde durch eine einzige Genmutation ausgelöst.[106] Die

Stämme mit dem traditionellen Sozialverhalten unterscheiden sich von ihren friedlichen und nicht auf eine Königin fixierten Vettern durch eine Mutation in einem Gen namens *Gp-9*. *Gp-9* liefert die Bauanleitung für ein Eiweiß, das eine entscheidende Rolle bei der Geruchserkennung von Nestgefährten spielt. Die Träger des mutierten Allels können Nestgefährten nicht mehr von Mitgliedern anderer Stämme unterscheiden. Damit bleibt auch ihre Fähigkeit zur Erkennung potentiell eierlegender Königinnen auf der Strecke. Das führt dazu, dass die Kolonien der neuen Variante ihr Instrument zur Regulierung der Königinnenpopulation verlieren, mit entsprechend weitreichenden sozialen Konsequenzen. Das Beispiel der Feuerameise zeigt also, wie ein einziges Gen gleichzeitig sehr viele Merkmale beeinflussen kann. Aber es geht auch umgekehrt:

POLYGENIE, DIE KONVERGENTE VARIANTE: VIELE GENE KONSTITUIEREN EIN EINZELNES MERKMAL

BEISPIEL **Die Farbe der Augen**

Nehmen wir etwas Einfaches wie die Farbe der Iris. Die Farbe der Iris schien lange ein ideales Modell zu sein, um die Mendelschen Vererbungsgesetze bei Menschen zu überprüfen. Vor 100 Jahren konnte man in den Lehrbüchern lesen, die braune Augenfarbe sei das dominante Merkmal, Blau hingegen rezessiv.[107] Dieses im Jahr 1907 vorgeschlagene Ein-Gen-/Ein-Merkmal-Modell ist simpel und klingt schlüssig.

Leider passt die Realität nicht zu dem Modell. Die wahre Geschichte der Augenfarbe ist facettenreicher. Etwa 90 % aller Menschen weltweit haben braune Augen. Der Rest verteilt sich auf Blau, Grün und Grau, wobei Grün die seltenste Augenfarbe ist. Überraschenderweise sind Kinder mit braunen Augen von zwei blauäugigen Eltern gar nicht so selten. Und so stellte sich mit den Jahren heraus, dass die Augenfarbe ein *polygen* vererbtes Merkmal ist, an dem mindestens drei Gene beteiligt sind.[108] Heute gilt der Beitrag der Gene *bey2* (Abkürzung für engl. *brown eye 2*) und *gey* (*green eye*) daran als gesichert. Bei dem Gen *bey2* existieren Allele für braune und blaue Augen, beim Gen *gey* ebenso. Inzwischen geht man davon aus, noch weitere Gene seien beteiligt. Diese Gene produzieren aber kein Farbpigment. Sie wirken auf indirekte Weise. Sie steuern die Expression der direkt beteiligten Pigmentgene. Warum so kompliziert? Die Produktion von *Melanin* beruht auf einem komplexen vielstufigen

Syntheseweg, an dessen Regulation viele verschiedene Proteine mitwirken. Ab und an sorgt eine spezifische Kombination elterlicher Gene für eine Überraschung und die Kinder haben eine Augenfarbe, die sich nicht einfach aus der Kenntnis einzelner Allele ableiten lässt. Stark vereinfacht können wir uns den Prozess der Herstellung von *Melanin* als Folge der Umwandlung eines Stoffes A nach B, von B nach C und schließlich von C zu Melanin vorstellen. Wenn nun bei einem Elternteil der erste Teil des Prozesses (Umwandlung von A nach B) genetisch bedingt nicht funktioniert, allerdings die Folgereaktionen von B bis zum Melanin intakt sind und die Allele des zweiten Elternteils die Umwandlung zwar von A nach B gewährleisten, aber die Schritte von B zu Melanin defekt sind, besitzt kein Elternteil braune Augen. Ihr Kind kann aber von einem Elternteil die Fähigkeit der Umwandlung von A nach B und vom anderen Elternteil die Fähigkeit der Umwandlung von B zu Melanin erben, so dass es braune Augen entwickelt, obwohl beide Eltern blaue Augen haben. *Polygenie*[109] – die Beteiligung mehrerer Gene bei der Ausprägung eines Merkmals – ist keine Ausnahme. Sie ist der Normalfall. Das Beispiel der Augenfarbe habe ich gewählt, weil hier die Situation vergleichsweise überschaubar ist; sozusagen *Polygenie* in Reinform. Wie wir gleich sehen werden, sind komplexere Merkmale fast immer *polygen*, aber zusätzlich durch Interaktionen mit Umweltfaktoren bedingt.

DIE KONVERGENTE VARIANTE (POLYGENIE) ALS MISCHTYP: VIELE GENE PLUS UMWELT

BEISPIEL **Die dunklen Seiten des ›dolce Vita‹ – Dickleibigkeit und »Altersdiabetes«**

Nicht mehr die großen alten »Geißeln der Menschheit« sind es, vor denen die Medizin heute zittert. Pest, Pocken und Cholera, die bis tief ins 19. Jahrhundert immer wieder ganze Landstriche entvölkerten, haben ihren Schrecken weitgehend verloren. Die großen Killer heute treten in unscheinbarerem Gewand auf. Sie schleichen sich auf leisen Sohlen durch die Hintertür. Die großen Killer, das sind heute die sogenannten Volksleiden wie Dickleibigkeit, Bluthochdruck und die Zuckerkrankheit.[110] Sie zerstören die Blutgefäße und führen zu Geschwüren, Herzinfarkt und Schlaganfall. Und sie scheinen auch unser Krebsrisiko zu erhöhen.[111]

Gerne sehen wir sie als ein Luxusproblem an, als die Kehrseite eines

Lebens im (kalorischen) Überfluss. Daher nennen wir sie auch »Life style«-Erkrankungen. Diese Etikettierung legt nahe, dass die Ursachen in Lebensstil und Umwelt, nicht aber in den Genen zu suchen sind. Tatsächlich steigt die Zahl dicker Menschen oder von Menschen mit sogenanntem Typ-II- oder »Alters«-Diabetes zwar erst seit wenigen Jahrzehnten, dafür aber mit zunehmender Geschwindigkeit an.[112] Solche kurzfristigen Trends können keine direkte genetische Ursache haben. Die Frage nach einer genetischen Komponente scheint also aus der Luft gegriffen zu sein, und Sätze wie »Ich bin ein guter Futterverwerter« oder »Es liegt in meinen Genen« klingen nach einer wohlfeilen Ausrede übergewichtiger, weil undisziplinierter Esser.

In der Tat magert jeder Mensch zum Skelett ab, wenn er längere Zeit weniger Kalorien zu sich nimmt, als er verbraucht, egal was seine Gene dazu sagen. Eine familiäre Häufung der Übergewichtigkeit ist zwar nur allzu offensichtlich, aber gerade das Ernährungsverhalten wird schließlich wie kaum etwas sonst von frühester Kindheit an von und in der Familie geprägt.

Trotzdem sind es ausgerechnet Genetiker, die seit einigen Jahren Partei für die Dicken ergreifen. Sie stellen eine Zahl in den Raum, die vor dem Hintergrund der modernen Epidemie der Dickleibigkeit ziemlich abenteuerlich klingt: Etwa die Hälfte der Varianz des Körpergewichts von Individuen soll auf genetische Ursachen zurückzuführen sein. Wie kommt diese kecke Behauptung zustande? Wir sind hier bei einem grundsätzlichen Problem der Diskussion um Erbe versus Umwelt angekommen. Wie lassen sich die relativen Beiträge beider Komponenten messen und quantifizieren? Wollen Mediziner wissen, ob Pille A besser wirkt als Pille B, bilden sie per Losentscheid zwei möglichst vergleichbare Gruppen, die entweder Medikament A oder B erhalten, und schauen, was dabei herauskommt. Wenn Biologen mit Tieren oder Zellen Experimente machen, organisieren sie eine Experimentalgruppe und eine vergleichbare Kontrollgruppe und interessieren sich dafür, welche Effekte ihre Intervention bei der Experimentalgruppe im Vergleich zur Kontrollgruppe hat. Um »Nature versus Nurture«-Effekte[113] zu untersuchen, müssten wir also entweder genetisch identische Menschen (eineiige Zwillinge) verschiedenen Umwelten aussetzen oder genetisch unterschiedliche Menschen in exakt identischer Art und Weise erziehen. Beides ist jedoch mit realen Menschen in einer freien Gesellschaft kaum durchführbar.

Muss der Streit um die relative Bedeutung von Erbe und Umwelt also ewig ungelöst weitergehen? Nicht unbedingt! Manchmal liefert das Leben selbst die »Experimente«, die uns verwehrt sind. Adoptivkinder etwa gibt es zu tausenden. Als der US-amerikanische Psychiater Albert J. Stunkard (1922–2014) Mitte der 1980er Jahre Daten zu Größe und Gewicht von 20-jährigen Adoptivkindern sammelte und diese mit den leiblichen Eltern und den Adoptiveltern verglich, musste er feststellen, dass die leiblichen Eltern von sehr dünnen Jugendlichen erheblich schlanker waren als der Durchschnitt der Bevölkerung. Bei den Adoptiveltern sehr dünner Jugendlicher fand er diesen Zusammenhang nicht oder nur in weit geringerem Ausmaß.[114] Als Stunkard einige Jahre später das Körpergewicht eineiiger Zwillinge maß, kam er zu dem Schluss, die Werte eineiiger Zwillinge seien weit ähnlicher als die von Geschwistern oder von zweieiigen Zwillingen.[115] Dieses Ergebnis ist wenig verwunderlich. Überraschend war jedoch, dass das selbst für eineiige Zwillinge gilt, die nach der Geburt getrennt aufgewachsen waren. Stunkards Daten legen nahe, ein schlanker Habitus habe durchaus eine starke genetische Komponente.[116]

Solche Arbeiten weisen Auswege aus dem methodischen Dilemma, vor dem Verhaltensgenetiker stehen, wenn sie die Einflüsse von Erbe und Umwelt erforschen wollen. Der Vorteil von Adoptionsstudien ist, dass hier ohne allzu große Schwierigkeiten relativ große Fallzahlen zusammenkommen können. Ein Nachteil ist jedoch, dass sich bei Untersuchungen solcher Art keine der beiden Variablen Gene und Umwelt exakt kontrollieren lassen. Kinder erhalten zwar statistisch gesehen von jedem Elternteil die Hälfte der Gene, im Rahmen der Reifeteilungen werden die Allele aber ziemlich durcheinander geschüttelt, und so entstehen Mischungen, die sich im Einzelfall qualitativ sehr von den Eltern unterscheiden können. Leibliche Geschwister teilen sich statistisch gesehen 50 % ihrer Allele. Die genetische Distanz zwischen Adoptivkindern und Adoptiveltern oder zwischen Adoptivgeschwistern untereinander unterliegt dagegen dem Zufall und kann im Einzelfall stark variieren.

Adoptionsstudien wie die von Stunkard leben außerdem davon, dass zwischen der Gruppe der Adoptiveltern und der leiblichen Eltern keine wesentlichen systematischen sozialen Unterschiede bestehen, die das Körpergewicht beeinflussen.[117]

Manche Umweltfaktoren variieren kaum, auch wenn Kinder in verschiedenen Familien aufwachsen. Die Ernährungsgewohnheiten amerikanischer Mittelschichtfamilien, die leibliche oder Adoptivkinder aufziehen, werden sich nicht systematisch voneinander unterscheiden. Wenn aber subtilere Parameter wie Leistungsorientierung oder die Affinität zu bestimmten Wertvorstellungen untersucht werden, muss man unter Umständen genauer hinschauen, ob nicht doch soziologische Faktoren die Vergleichbarkeit der Gruppen verzerren.[118]

Adoptionsstudien können also aufschlussreich sein. Ihre Ergebnisse sollten aber mit Vorsicht interpretiert werden. Bei komplexeren Parametern als dem Körpergewicht stoßen sie unter Umständen an ihre Grenzen.

Als Königsweg der Verhaltensgenetik gelten Vergleiche zwischen ein- und zweieiigen Zwillingen und vor allem der Vergleich von gemeinsam und getrennt aufgewachsenen eineiigen Zwillingen. Leider sind Zwillingsgeburten relativ seltene Ereignisse. Bei etwa einer von hundert Geburten erblicken ein- oder zweieiige Zwillinge das Licht der Welt.[119] Forscher, die ihre Schlussfolgerungen aus dem Vergleich von eineiigen mit zweieiigen Zwillingen ziehen, gehen davon aus, die Umwelteinflüsse würden sich sowohl in als auch nach Verlassen der Gebärmutter zwischen beiden Gruppen nicht wesentlich unterscheiden. (Was nicht immer stimmen muss). Wenn solche Vergleiche zum Beispiel zeigen, mehr als die Hälfte der Geschwister schizophrener eineiiger Zwillinge würde ebenfalls an Schizophrenie erkranken, das Erkrankungsrisiko für zweieiige Zwillingsgeschwister läge dagegen nur bei etwa 10 %, ist das ein starkes Indiz für die wichtige Rolle, die Gene bei der Entstehung einer Schizophrenie spielen.

Noch aufschlussreicher kann die Untersuchung von eineiigen Zwillingen sein, die kurz nach Geburt getrennt und unabhängig vom anderen in unterschiedlichen Umgebungen aufgewachsen sind.[120] Solche »Experimente der Natur« sind allerdings sehr, sehr selten.[121]

Typ-II-Diabetes oder Dickleibigkeit sind klassische Beispiele für das Zusammenspiel von Genen und Umweltfaktoren. Gerne wird die relative Bedeutung beider Faktoren in Form von Prozentangaben angeführt. Solche Relationen beruhen im Wesentlichen auf Zwillings- und/oder Adoptionsstudien. Auch wenn die Studien stichhaltig sind und die Berechnungen stimmen, ist die Angabe in Form von Prozentzahlen in gewisser Weise irreführend. Prozentangaben verleiten zu der Annahme, Merkmale würden wie Cocktails gemischt werden: drei Teile Gen und zwei Teile Umwelt und fertig ist der Phänotyp. Bei einer Schorle resultiert aus der Mischung von drei Teilen Weißwein (10 % Alkohol) und zwei Teilen Wasser ein Getränk mit exakt 6 % Alkoholgehalt.[122] Dieses einfache additive Cocktail- oder Schorlemodell stimmt aber nicht, wenn Gene und Umwelt ihren Beitrag nicht unabhängig voneinander liefern, sondern interagieren. Aus Interaktionen können nicht-additive Wechselbeziehungen, Rückkopplungs- und Schwellenwertphänomene entstehen.

Vielleicht ist eine andere Metapher aus der Welt des Weines passender. Die genetische Ausstattung entspricht eher der Lage, den klimatischen Bedingungen und den Bodenbeschaffenheiten eines Weinbergs. Alles, was der Winzer mit seinen Reben anstellt, müsste unter Umweltfaktoren subsumiert werden. Denn alle Faktoren fließen in die Qualität des Weines ein. Diese Qualität ist allerdings mehr als die einfache Summe aus Lage, Wetter und Können. Die Komponenten wirken in nicht-linearer Weise zusammen, so dass die Qualität des Weines eine schwer skalierbare Größe ist, die nicht einfach aus den Einzelteilen aufaddiert werden kann.

Mehr noch. Ganz entscheidend sind auch die *Ziele*, die der Weinbauer verfolgt. Wie ältere schwäbische Weintrinker aus leidvoller Erfahrung berichten können, hilft die beste Lage wenig, wenn Quantität, nicht Qualität, das önologische Credo des Winzers ist. Mancher Württemberger Weinberg, der heute exzellente Weißweine hergibt, produzierte in den 1970er Jahren noch hektoliterweise schwer genießbare Brühe. Die Metapher vom schwäbischen Weinbau sollten wir im Kopf behalten, wenn wir uns im zweiten Teil in die Debatten über die relative Bedeutung von Erbe und Umwelt stürzen.

Und dann wäre da noch ein Problem: Aus den Zwillingsstudien wissen wir, dass Body-Mass-Index (BMI),[123] Schizophrenie, Typ-II-Diabetes und vieles mehr eine bedeutende genetische Komponente haben.[124] Zwillings- und Adoptionsstudien sind aber Untersuchungen aus der »Vogelperspektive«. Der komplementäre Blick ins genetische Räderwerk, nämlich die Identifikation der Gene, die in der Summe für die Erblichkeit solcher Merkmale verantwortlich sind, war bis in die jüngste Vergangenheit verwehrt. In den vergangenen zehn Jahren[125] hat die Sequenziertechnik allerdings so gewaltige Fortschritte gemacht, dass aus *science fiction* Realität wurde. Inzwischen können wir die kompletten Genome vieler Individuen in vertretbarer Zeit und zu akzeptablen Kosten lesen und miteinander vergleichen.

Damit wurden sogenannte »genomweite Assoziationsstudien« (GWAS) möglich.[126] Beim vergleichenden Lesen zeigte sich, nicht-verwandte Menschen weichen im Mittel in jedem 1000sten Basenpaare voneinander ab.[127] In unserem Genom finden sich also mehr als zwei Millionen solcher SNPs. Wir können die SNPs einzelner Menschen identifizieren und mit den SNP-Mustern anderer Menschen vergleichen. Auf diese Weise sind wir zum Beispiel in der Lage, SNP-Muster zu ermitteln, die mit einem besonders hohen Risiko für Dickleibigkeit oder Zuckerkrankheit einhergehen. So entdeckte man bis dato tatsächlich mehr als 60 Gene, deren Variationen einen Einfluss auf das Risiko haben, eine Zuckerkrankheit zu entwickeln. Bei der Dickleibigkeit wurden 32 Gene identifiziert, die den *Body-Mass-Index* beeinflussen.[128] Wohlgemerkt ist hier nicht von Erbkrankheiten (im engeren Sinn) die Rede, sondern von den Folgen des Zusammenspiels von Varianten normaler Gene. Im Falle der Zuckerkrankheit erklären aber alle diese 60 Gene zusammen genommen nur etwa 10 bis 15 % des erblichen Anteils an dem Risiko, das aus den Zwillingsstudien herausgerechnet wurde. Noch frappanter ist die Lücke, die bei der erblichen Komponente der Dickleibigkeit aufklafft. Der Einfluss der genannten 32 Gene kann nur etwa 5 % der ererbten BMI-Unterschiede zwischen Individuen erklären. Die Wirkkraft *einzelner* Gene ist daher entsprechend subtil und fast nicht nachweisbar. Selbst die ungünstigsten Varianten der wichtigsten genetischen Mitspieler[129] tragen für sich genommen oft nur wenige hundert Gramm zum Körpergewicht bei.

Das sollte zu denken geben. Überall dort, wo wir uns der Frage nach der relativen Bedeutung von Erbe und Umwelt aus beiden Richtungen genähert haben, kommen Frosch- und Vogelperspektive bisher nicht zur Deckung. Denn dazwischen klafft eine gewaltige Lücke, die die Genetiker als »versteckte Erblichkeit« (*missing heritability*) bezeichnen.[130] Bei den wirklich interessanten Merkmalen wie der Disposition zu psychischen Krankheiten, etwa Schizophrenie, Depression, oder zu Autismus oder gar bei der Erblichkeit der Intelligenz ist die Kluft noch größer.[131]

Das Phänomen der »versteckten Erblichkeit« könnte schlicht dadurch bedingt sein, dass auch modernste molekulargenetische Methoden an Grenzen stoßen, wenn zu viele Stimmen am Konzert der Gene beteiligt sind. Wird zum Beispiel die erbliche Komponente des BMI in der Summe nicht durch 30, sondern durch 500 oder sogar 1000 Gene verantwortet, geht der Beitrag einzelner Gene selbst bei großen Fallzahlen im statischen Rauschen leicht unter. In einem solchen Fall ist die versteckte Erblichkeit lediglich ein Problem der zu geringen Größe der GWAS-Studien. Prinzipiell müssten aber die Vogelperspektive der Zwillingsstudien und die Froschperspektive des Vergleichs der genetischen Texte zu einem deckungsgleichen Ergebnis führen.[132] Allerdings vermute ich, noch etwas anderes könnte dahinterstecken. Ich glaube, wir werden die Lücke nicht komplett schließen können, indem wir immer mehr Gene identifizieren und deren winzige Beiträge aufaddieren oder wie Mosaiksteinchen aneinanderfügen.

Das Problem könnte auch dadurch verursacht sein, *a priori* nicht zu wissen, auf welche Weise ein Gen das untersuchte Merkmal beeinflusst. Der Blick ins molekulare Räderwerk lehrt, dass sich Gene in vielfältiger Weise gegenseitig beeinflussen. Gene produzieren Eiweiße, diese steuern die Aktivität weiterer Eiweiße. Manche Eiweiße kommunizieren nicht nur mit ihresgleichen, sondern regulieren wiederum die Aktivität anderer Gene. Umweltfaktoren kommen hinzu, beeinflussen die Aktivität von Signalketten aus Eiweißen und können sich auch auf die Aktivität von Genen auswirken. Davon mehr in Kapitel Drei.

An einem sonnigen Frühjahrsmorgen des Jahres 2014 klingelte bei mir das Telefon. Am Apparat war eine Journalistin von Radio Bremen, die um ein Interview zu einem Gen namens BRCA-1 bat. Es war einer jener seltenen Momente, in denen Gene selbst im Blätterwerk der Boulevardpresse ein ziemliches Rauschen veranstalten. Der Anlass aber war traurig. Angelina Jolie, damals *die* weibliche Ikone Hollywoods, hatte verkündet, sich beide Brüste amputieren zu lassen. Der Grund: Die Schauspielerin ist Trägerin einer Mutation in besagtem Gen. In diesem Fall ging die Berichterstattung über die üblichen Herz-und-Schmerz-Geschichten der *Yellow Press* hinaus. Auch ernsthafte Kommentatoren beschäftigten sich mit dem Entschluss der Schauspielerin. Einige verstiegen sich dazu, Jolies Entscheidung als dramatische, hollywood-typische Überreaktion zu kritisieren. Schließlich »gebe es auch andere Möglichkeiten, mit dem

Problem umzugehen«. Ich hielt diese Kritik damals für ziemlich anmaßend. Denn auch wenn es Alternativen gibt, Menschen mit einem solchen ererbten Gendefekt tragen ein 50 bis 80 %iges Risiko, im Lauf ihres Lebens an Brust- und/oder Eierstockkrebs zu erkranken.[133]

Trotzdem ist die Keimbahnmutation von *BRCA-1* keine Erbkrankheit wie die *Mukoviszidose.* Vererbt wird »nur« ein Risiko, keine Krankheit. Schließlich gibt es Mutationsträgerinnen, die Zeit ihres Lebens keine Krebserkrankung entwickeln. Krebs ist der klassische Fall eines Merkmals, das sowohl von Umweltfaktoren wie von einer Vielzahl von Genen beeinflusst wird. In der Regel werden »Krebsgene« (besser Allelvarianten, die für Krebs disponieren) nicht vererbt. Meistens entstehen sie durch Zufallsmutationen in einer unserer vielen Milliarden Körperzellen. Solche Mutationen setzen dann entweder Bremsen außer Gefecht, die die Zellteilung kontrollieren, oder sie drücken permanent aufs Gaspedal, indem sie Gene überaktivieren, die die Zellteilung anregen. Und wenn genügend kritische Mutationen akkumulieren, gerät eine Zelle auf die schiefe Bahn.[134]

Trotzdem hat das individuelle Krebsrisiko auch eine erbliche Komponente. Manche Menschen bekommen eine genetische Hypothek schon in die Wiege gelegt. Auf den ersten Blick spielen Umwelt und Gene hier zusammen wie Tröpfchen, die langsam ein Fass füllen. Nun ist allerdings gerade eine Mutation wie die im BRCA-1-Gen nicht einfach noch ein Tröpfchen, welches das Fass schließlich zum Überlaufen bringt. Diese Mutation wirkt nicht additiv, sondern sie multipliziert das Krebsrisiko. Denn das Produkt des BRCA-1-Gens spielt eine Schlüsselrolle bei der Reparatur von DNA-Schäden. Ist das Gen defekt, kumulieren überall im Genom der/des Betroffenen nicht-reparierte Schäden. Die Geschichte von Angelina Jolie liefert bis in die molekularen Details hinein ein anschauliches Beispiel dafür, wie Gene und Umwelt manchmal auf ziemlich komplexe und nicht-additive Weise bestimmen, ob ein Merkmal zur Ausprägung kommt (oder auch nicht).

Nicht-additive Effekte könnten durchaus auch bei der Dickleibigkeit im Spiel sein. So könnten wir die erbliche Komponente des Body-Mass-Index einer Kombination von Genen verdanken, die den biochemischen »Wirkungsgrad« der »Maschine Mensch« moduliert. In diesem Szenario wären die Qualität und die Verfügbarkeit der Nahrung ein Umweltfaktor, der Grenzbedingungen festschreibt. Sobald eine kritische Kaloriengrenze unterschritten wird, nehmen auch Personen mit genetischer Neigung zur Dickleibigkeit ab. Wenn ausreichend, aber nicht übermäßig viele Kalorien zur Verfügung stehen, tritt die Umwelt einen Schritt zurück und das Genkonsortium zieht sich in den Vordergrund zurück. Die Gene sorgen jetzt dafür, dass manche Menschen mehr und mehr Fett ansetzen als andere. In diesem Bereich, in dem die Gene und nicht die Umweltfaktoren Oberhand haben, ist es zudem denkbar, die Gene könnten nicht additiv zusammenwirken. Ähnlich wie bei einem Fußballteam könnte es sein, dass bestimmte Genensembles gut harmonieren und in der Summe hoch effizient sind und andere nicht. Bei exzessiver Kalorienzufuhr ist es dann wieder die Umwelt, die den Löwenanteil am Phänotyp hat. Jeder Mensch wird dick, wenn er am Tag 10 000 Kalorien zu sich nimmt, aber nur 3000 verbraucht.

Das Wechselwirkungsgeflecht kann aber noch komplizierter sein. Ein Beispiel: Ein genetisch verstärktes Hungergefühl eines Säuglings produziert Signale an die Mutter. Je nach psychischer und physischer Konstitution, auch je nach sozialem und kulturellem Hintergrund, kann sie auf solche Signale unterschiedlich reagieren. Sie kann dem Drängen nachgeben oder auch nicht. Die Wirkung ihrer Reaktion wird moduliert durch eine Vielzahl von Umweltbedingungen, wie etwa die Qualität der Kindernahrung, die Möglichkeit des Zufütterns, die Neigung zum Stillen oder Abzustillen oder den Ernährungszustand der Mutter.[135]

Je mehr Gene ein Merkmal beeinflussen, desto wahrscheinlicher wird es, dass sie auch auf überadditive, exponentielle, antagonistische Art und Weise zusammenwirken. Nicht nicht-lineare Rückkopplungseffekte und Schwellenwerteffekte können die Beziehung zwischen Gen und Merkmal noch weiter verkomplizieren.[136]

DIE MENDEL-VARIANTE ALS MISCHTYP: EIN GEN PLUS UMWELT

BEISPIEL **Nochmal die unschuldigen Dicken**

Bleiben wir noch einen Moment beim Körpergewicht. Hier gibt es tatsächlich extrem seltene Fälle monogener (mendelscher) Erbkrankheiten, die dick machen. Mitte der 1950er Jahr stießen US-amerikanische Forscher per Zufall auf eine Labormaus, die eine wahre Fressmaschine war. Die Wissenschaftler versuchten, solche Mäuse-Garfields zu züchten und mussten feststellen, die Tiere litten an all den Zivilisationskrankheiten, die auch übergewichtige Menschen plagen.

Der Genetiker Jeffrey Friedman (*1954) identifizierte Mitte der 1990er Jahre bei diesen Mäusen eine Genmutation, die zur Produktion eines veränderten Hormons mit Namen *Leptin* führt. Dieses Hormon ist wesentlich verantwortlich für unser Sättigungsgefühl und limitiert normalerweise die Nahrungsaufnahme. Auch bei Menschen wurden inzwischen inaktivierende Mutationen im *Leptin-Gen* gefunden. Sind beide Allele des Gens betroffen, leiden die Mutationsträger an extremem Übergewicht. Die *autosomal-rezessiv* vererbte *Leptindefizienz* ist eine extrem seltene Krankheit. Nur gut zwei Dutzend Fälle sind weltweit bekannt. Dieser Paradiesvogel unter den Krankheiten ist vor allem deshalb interessant, weil er zeigt, dass auch eine einzige Genmutation auf eine so komplex regulierte Größe wie das Körpergewicht starken Einfluss nehmen kann. Aber selbst die Auswirkungen dieses Gens sind nicht unabhängig von der Umwelt. Wenn zu wenig Nahrung zur Verfügung steht, nehmen auch solche Menschen nicht zu. In Mitteleuropa wurde der Defekt bisher nur ein einziges Mal entdeckt, bei einem damals 14-jährigen Mädchen.[137] Dieses Mädchen war zwar übergewichtig; sie litt aber nicht an der extremen Dickleibigkeit, die für die anderen Fälle charakteristisch war. Das Kapitel über diese Krankheit ist also noch nicht geschlossen. Und das gilt sicher auch für andere, auf den ersten Blick einfachere Beziehungen zwischen Gen und Phänotyp.

DIE RADIÄRE VARIANTE (PLEIOTROPIE) ALS MISCHTYP: EIN GEN PLUS UMWELT UND VIELE VERSCHIEDENE PHÄNOTYPISCHE KONSEQUENZEN

BEISPIEL **TP53**

Es liegt in der Natur der Sache. Gene machen Eiweiße. Die wenigsten Eiweiße begnügen sich mit einem Nischendasein wie die *Laktase.* Meistens haben Eiweiße viele Aufgaben, abhängig von Ort, Zelltyp und Situation. Kein Wunder also, dass Variationen von Genen, die Proteine variieren, viele Konsequenzen haben können. Eine schöne Illustration liefern das oben erwähnte TP53-Gen und sein Protein p53, die zumindest bei Krebsforschern sehr prominent sind. Bei DNA-Schäden verordnet das Gen ein Moratorium. Die Zelle hält inne und erhält Gelegenheit, die Schäden zu reparieren.[138] Misslingt die Reparatur, holt p53 den großen Holzhammer heraus und treibt die Zelle in den Selbstmord. Diese Doppelfunktion hat dem Gen den Spitznahmen »Wächter des Genoms« eingebracht.[139] Ein angeborener Defekt im *TP53*-Gen kann deshalb dazu führen, dass die Betroffenen schon in früher Kindheit verschiedene bösartige Tumoren entwickeln. Diese relativ seltene Krankheit ist als Li-Fraumeni-Syndrom bekannt. Frei nach dem Motto, »das Bessere ist der Feind des Guten«, könnte man annehmen, TP53-Mutationen, die die Konzentration oder Aktivität von p53 erhöhen, wirkten sich umgekehrt positiv auf den Organismus aus. Falsch gedacht! Mäusevarianten mit erhöhter p53-Expression erkranken zwar – wie erwartet – seltener an Krebs, aber sie altern dafür erheblich schneller.[140]

Dieses »Trade-off-Dilemma« ist auch bei Menschen zu beobachten. Bei Menschen mit der sogenannten Pro/Pro-Variante ist die Aminosäure Arginin auf Position 72 im p53-Eiweiß gegen Prolin ausgetauscht. Die Folge ist eine verringerte p53-Aktivität. Menschen mit dieser Variante haben eine etwas höhere durchschnittliche Lebenserwartung, allerdings auch eine um den Faktor 2,5 erhöhte Krebsmortalität.[141]

Die TP53-Geschichte zeigt, dass es Situationen gibt, in denen die verschiedenen phänotypischen Auswirkungen ein und desselben Gens unter Umständen widersprüchliche Konsequenzen haben, ein Phänomen, das die Biologen als *antagonistische Pleiotropie* bezeichnen. In solchen Fällen zahlt das Individuum für den Vorteil, den es mit einer bestimmten Variation des Gens einkauft, an anderer Stelle einen Preis. Wir dürfen hier nicht vergessen, die einzige Instanz, die darüber entscheidet, ob es sich lohnt, diesen Preis zu zahlen, ist die biologische Fitness.[142] So verwundert es nicht, dass besonders eklatante Fälle von antagonistischer Pleiotropie beim Menschen oft so gestrickt sind, dass sich die Vorteile früh im Leben, während der reproduktiven Phase, manifestieren, während sich Nachteile erst im Alter bemerkbar machen. Antagonistische Effekte pleiotroper Gene müssen nicht zwangsläufig phasenverschoben auftreten. Wie der Evolutionsbiologe George C. Williams (1926–2010) anmerkt, folgt die »get now, pay later«-Mentalität[143] aber der Logik der Selektion, die gerne in die reproduktionsfähige Jugend investiert, auch wenn diese Investitionen dann im Alter fehlen.[144]

BEISPIEL Noch einmal die Mukoviszidose

Auch die *Mukoviszidose* hält noch eine Überraschung bereit. Obwohl die Mehrzahl der *Mukoviszidose*-Fälle durch exakt ein und dieselbe chemische, genau definierte, punktförmige Mutation ausgelöst wird (die berühmte ΔF508-Mutation), sind die Verläufe der Krankheit sehr, sehr unterschiedlich. Während manche Betroffene schon im Kindesalter sterben, gibt es bei ein und derselben Mutation manchmal auch sehr milde Verläufe mit fast normaler Lebenserwartung. Dabei scheint es also auch auf die Umwelt anzukommen.

Aber auf welche? Wir reden hier nicht nur vom Zugang zu moderner medizinischer Versorgung.[145] Auch unabhängig von ärztlichem Zutun leiden manche Kinder schwer unter ihrer ΔF508-Mutation, andere weniger. Die Umwelt eines Gens liegt nicht nur außerhalb des Körpers. Und so darf ich an dieser Stelle wiederholen: Gene sind Teile von Netzwerken. Ihre Wirkung ist auch von ihrer unmittelbaren genetischen Umgebung in der Zelle oder im Körper abhängig. Letztlich ist es wie im richtigen Leben. Manche Konstellationen harmonieren eben besser als andere, und manchmal kann individuelle Schwäche kompensiert werden, wenn die richtigen Spieler mit im Team sind. Erbkrankheiten sind genetische Extremfälle, die im Falle *autosomal rezessiver* Erbgänge meist durch den Ausfall einer bestimmten Funktion verursacht werden. Manchmal hinterlassen solche Mutationen aber nicht nur Zerstörung. Manchmal entsteht aus dem Mangel etwas Neues, Produktives, was das Leben der Betroffenen ebenfalls tiefgreifend verändern kann.

BEISPIEL Das »Krieger-Gen« Monoamino-Oxidase-A

Im Jahr 1993 erschien im renommierten Fachblatt *Science* ein Artikel,[146] der für ziemliches Aufsehen sorgte. Eine Gruppe holländischer Forscher hatte entdeckt, dass bei den männlichen Mitgliedern einer niederländischen Familie, die durch antisoziales Verhalten auffällig geworden war, eine inaktivierende Mutation in einem Gen vorlag, das für ein Enzym namens *Monoamino-Oxidase-A* (*MAO-A*) codiert. Dieses Enzym baut den Nervenbotenstoff Serotonin ab. Ein Defekt des Gens führt zu einem Überangebot von Serotonin an bestimmten Schaltstellen des Gehirns.[147] Studien an sogenannten Knock-out-Mäusen, deren *MAO-A-Gen* durch gentechnische Tricks inaktiviert wurde, schienen die Hypothese zu bestätigen. Auch bei den Mäusen sorgte die inaktivierende Mutation für hohe Serotoninspiegel an den Schaltstellen und produzierte hyperaggressive Tiere mit verstärkten Fluchttendenzen.

Alles schien wunderbar zusammenzupassen, so gut, dass die inaktive *MAO-A*-Variante in der Presse unter dem Namen »Krieger-Gen« populär wurde. Passenderweise ist das Gen ausgerechnet auf dem X-Chromosom lokalisiert, und deshalb weisen vor allem Männer mit der entsprechenden Mutation den soziopathischen Phänotyp auf.[148] Im weiteren Verlauf der Geschichte plädierte die Verteidigung der genannten Fälle in mindestens zwei Gerichtsverfahren auf mildernde Umstände, weil ihr Mandant als Träger einer wenig aktiven *MAO-A*-Gen-Variante »eine angeborene und daher *schicksalhafte* Neigung zur Gewalt habe«.[149]

Regieren Gene also jetzt schon in die Gerichtssäle hinein? Wenn ja, dann wäre das ein klarer Fall von überstrapazierter Biologie. Denn erstens ist die Sache mit dem Serotonin sehr viel komplizierter. Studien, die nicht die Genaktivität, sondern die Serotoninabbauprodukte im Körper messen, machen genau die umgekehrte Gleichung auf: Hier sind niedere Serotoninkonzentrationen mit erhöhter Aggressivität korreliert. Wie ist dieser Widerspruch zu erklären? Dazu gibt es verschiedene Hypothesen: Zum einen könnten die hohen Serotoninspiegel an den Schaltstellen zwischen zwei Neuronen ein anderes Eiweiß stimulieren, die 5HTT-Serotonin-Wiederaufnahme-Pumpe, die das überschüssige Serotonin vom Ort des Geschehens wegsaugt, so effektiv, dass sie womöglich die zunächst erhöhte Serotoninkonzentration »überkompensieren« und *per saldo* lokal unterdurchschnittliche Konzentrationen resultieren. Zum anderen sorgen die hohen Konzentrationen von Serotonin möglicherweise auch dafür, dass die Zielzellen ihre Andockstellen für Serotonin herunterregulieren, so sehr, dass die Serotoninwirkung im Endeffekt abnimmt.

Wieso verrenne ich mich schon wieder in biochemische Details? Weil dieses Beispiel zeigt, dass eine Beziehung zwischen Gen und Merkmal keine exklusive Liaison ist, sondern dass das, was am Ende dabei herauskommt, oft stark vom Kontext, in diesem Falle dem Kontext der Aktivitäten anderer Gene abhängt.[150]

Zweitens wäre es ein Verstoß gegen das eingangs erwähnte erste Gebot, weil die Monoamino-Oxidase-A neben dem Abbau von Serotonin noch andere Aufgaben hat. Pleiotropie! Unter anderem verstoffwechselt MAO-A auch den Botenstoff Noradrenalin. Das Gen hat also vielfältige Wirkungen sowohl auf biochemischem wie auf phänomenologischem Niveau.

Und drittens liefert die MAO-A-Story wunderbare Beispiele für komplexe Gen-Umwelt-Interaktionen. Da wäre zunächst die fehlende direkte Korrelation von Ursache und Wirkung. Zwar waren alle männlichen Mutationsträger der holländischen Familien irgendwie auffällig, aber die Mutation wirkte sich bei den verschiedenen Mutationsträgern höchst unterschiedlich aus. Während einige tatsächlich überdurchschnittlich aggressiv waren, manifestierte sich bei anderen antisoziales Verhalten als Neigung zur Brandstiftung oder zum Exhibitionismus, was den Neurobiologen Robert Sapolsky (*1957) zu der sarkastischen Frage verleitete: »Sollen wir das MAO-A-Gen jetzt als ›Krieger-Gen‹ oder als ›Lass-die-Hosen-runter-Gen‹ bezeichnen?«[151]

Noch deutlicher wird die Komplexität der Interaktion durch eine interessante Studie von Avshalom Caspi (*1960) von der Duke University. Caspi und seine Kollegen verfolgten das Schicksal einer größeren Gruppe von Menschen von ihrer Geburt an bis hinein ins 26. Lebensjahr. Sie interessierten sich besonders dafür, ob verschiedene MAO-A-Varianten einen Einfluss auf die Biographie der Probanden hatten. Die Ergebnisse der Studie waren aufschlussreich: Tatsächlich hatten Menschen mit wenig aktiven MAO-A-Varianten ein dreimal so hohes Risiko, im Beobachtungszeitraum eines Gewaltverbrechens angeklagt zu werden als der Durchschnitt der Gesamtgruppe. Aber nur – und das ist entscheidend –, nur wenn sie gleichzeitig auch schwere Misshandlungen in ihrer Kindheit durchgemacht hatten. Nur in diesem Kontext zeigte das Gen antisoziale Wirkungen.[152] Bei Personen, die eine inaktive MAO-A-Variante, aber eine normale Kindheit hatten, waren keine Auffälligkeiten zu beobachten.[153] Noch weitere Gen-Umwelt-Wechselwirkungen wurden beschrieben. So zeigten Versuchsteilnehmer mit »Krieger«-MAO-A-Varianten bei einem wirtschaftlichen Strategiespiel eine verstärkte Neigung zu aggressiver Vergeltung, aber nur wenn sie zuvor über längere Zeit von dem anderen Spieler ausgenutzt wurden.[154]

EXKURS JENSEITS DER GENE: DIE EBENE DER MERKMALE, DIE NUR DURCH UMWELTEFFEKTE ENTSTEHEN

Der 1. Juni 2013 war ein historischer Tag. So werden es zumindest die Fans des FC Bayern München sehen. Es war der Tag, an dem eine deutsche Fußballmannschaft erstmals das legendäre »Triple«[155] gewann. Am Abend nach dem Pokalendspiel war der Bayern-Star David Alabar ins

Aktuelle Sportstudio geladen. In astreinem Wienerdeutsch verlieh David seiner Freude über den historischen Sieg Ausdruck. Im Studio saßen auch Davids Eltern, nicht minder begeistert. Sie sprachen ein Deutsch, das die charmante, aber deutliche Färbung von Einwanderern aus der Karibik hatte. Die Familie Alabar ist dunkelhäutig. Davids Eltern wurden in der Karibik geboren. David kam in Österreich zur Welt. Österreichisch ist seine Muttersprache. Und so unterscheidet sich sein Idiom durch nichts vom Österreichisch der Kinder, deren Vorfahren schon mit den ersten Habsburgern durch die Gassen von Wien gezogen sind.

Natürlich ist die allgemeine Befähigung zu symbolischer, grammatisch strukturierter Sprache ein Merkmal, das uns von allen anderen Tierarten unterscheidet.[156] In *diesem* Sinn muss die Befähigung zur Sprache in unseren Genen liegen. Damit ist allerdings nur eine allgemeine Fähigkeit zum Erwerb *irgendeiner* menschlichen Sprache gemeint. Welche Sprache wir lernen, ist eine Frage der Sozialisation, von Umwelteffekten. Ein chinesischer Säugling, der von bayerischen Eltern adoptiert wird und in Passau aufwächst, wird (sprachlich) zum Bayern werden. Diese rein kulturell geprägten Merkmale haben eine Eigenschaft, die sie von genetisch geprägten Merkmalen unterscheidbar macht. Sie können sich – gemessen an evolutionsbiologisch bedeutsamen Zeiträumen – unglaublich rasch verändern:

Phôl ende Wuodan fuorun zi holza.
dû wart demo balderes folon sîn fuoz birenkit.
thû biguol en Sinthgunt, Sunna era swister;
thû biguol en Frîja, Folla era swister;
thû biguol en Wuodan, sô hê wola conda.
sôse bênrenki, sôse bluotrenki,
sôse lidirenki:
bên zi bêna, bluot zi bluoda, lid zi geliden, sôse gelîmida sîn.

Die Passage gibt den zweiten Merseburger Zauberspruch wieder, eines der ältesten schriftlichen Zeugnisse deutscher Sprache. Die Merseburger Zaubersprüche wurden vor mehr als 1000 Jahren niedergeschrieben.[157] Der zweite Zauberspruch ist ein Heilungszauber, der kranken Pferden helfen soll.[158] Obwohl ein Produkt deutscher Sprache, klingt der Text für heutige Ohren fremd, fast unverständlich. Mündlich tradierte Sprache verändert sich schnell. Erst die Alphabetisierung und die Einführung einer gemeinsamen Schriftsprache verlangsamte den Sprachwandel in Deutschland. Vom Verfasser der Merseburger Zaubersprüche trennen uns kaum mehr als 50 Generationen, und an diesem Beispiel kann demonstriert werden, dass die Evolution im Vergleich zum Sprachwandel im Schneckentempo vonstattengeht. Was für die Sprache gilt, das gilt – *pars pro toto* – für viele Aspekte der menschlichen Kultur.[159]

Die große Melange

Bevor wir wieder in eine apodiktische Trennung biologischer und kultureller Phänomene, in die Trennung der »zwei Kulturen« verfallen, möchte ich einen zweiten Blick auf die menschliche Sprache werfen. Ohne Zweifel handelt es sich hier um ein Merkmal, das beide Komponenten hat, eine biologische und eine kulturelle. Wir sind wieder bei dem Bild von der Welt in Stockwerken. Manche Aspekte menschlichen Verhaltens sind nur ganz oben, auf kultureller Ebene, vernünftig zu beschreiben und zu erklären. Trotzdem bedeutet das nicht, dass sie sich vollständig unabhängig von unserer Biologie entwickeln konnten. Wenn wir über die semantischen und pragmatischen Dimensionen der Sprache reden, über ihre poetischen oder literarischen Aspekte, helfen biologische Kategorien wenig. Unter diesem Blickwinkel gehört die Sprache ins Dachgeschoss des Weltgebäudes.[160]

Trotzdem ist die Trennung in gewisser Hinsicht artifiziell. Sie entsteht im Hirn des Betrachters, abhängig davon, welches Erkenntnisinteresse wir an die Sprache herantragen. Sprachwissenschaftler wie Noam Chomsky (*1928) sind der Meinung, allen natürlichen Sprachen liege eine gemeinsame grammatische »Tiefenstruktur« zugrunde, die aus der Konstruktion unseres Gehirns hervorgeht. Je nachdem, unter welchem Blickwinkel wir Sprache betrachten, wird sie als kulturelles oder als biologisches Phänomen auftreten (oder beides).

Genauso artifiziell ist der soeben unternommene Versuch einer Typologie der Beziehungen zwischen Genotyp und Phänotyp. Dabei ist nicht zu übersehen, dass die Grenzen zwischen den verschiedenen Kategorien von Beziehungen verschwimmen, je genauer wir hinsehen. Diese Typologie hatte also vor allem didaktische Gründe. Denn auch das, was wir mit den Genen in Beziehung setzen wollen, das phänotypische Merkmal, unterliegt der »definitorischen« Willkür. Nehmen wir die Intelligenz. Wer eine Korrelation zwischen Genen und Intelligenz herstellen möchte, muss den Intelligenzbegriff operationalisieren, das heißt Intelligenz messbar machen. Wir können uns Testaufgaben ausdenken, um Teilaspekte wie Merkfähigkeit, Konzentration oder bestimmte Formen abstrakten Denkens zu testen und in Zahlenwerte zu übersetzen. Solche Tests sind gut skalierbar, liefern unter Umständen aber nur einen Teil dessen, was unter Intelligenz auch verstanden werden könnte.

Und da wäre noch etwas, was der Beziehung zwischen Genotyp und Phänotyp eine schillernde Komponente hinzufügt. Normalweise versteht man unter den phänotypischen Auswirkungen eines Gens alle die Auswirkungen, die ein Gen auf einen Organismus hat. Wer Dawkins' Sichtweise vom »egoistischen Gen« als Objekt der Selektion ernst nimmt, muss konsequenterweise auch seine Vorstellung vom Phänotyp anpassen. Unter dieser Perspektive müssen wir auch phänotypische Effekte von Genen berücksichtigen, die über den Körper hinausgehen und sich auf die Welt im Allgemeinen auswirken. Dawkins hat diesen Perspektivwechsel als »erweiterten Phänotyp« (*extended Phenotype*) bezeichnet. Wer darüber nachdenkt, wird schnell feststellen, dass die Welt voll von Artefakten ist, die auf bestimmte Gene zurückgehen, aber über das Individuum hinausreichen. Dazu gehören Biberdämme, Vogelnester, und Spinnennetze.

Wo endet das? Wieso sollten nur Artefakte unter den Begriff »erweiterter Phänotyp« subsumiert werden, die sich unmittelbar genetisch programmiertem Instinktverhalten verdanken. Eigentlich könnten auch Konstruktionen, die ganz offensichtlich nur noch mittelbar und auf verschlungenen Wegen mit unserer genetischen Ausstattung zu tun haben, wie zum Beispiel Stöckelschuhe, Diskotheken, schicke Autos oder Krankenhäuser, als »erweiterter Phänotyp« verstanden werden, wenn sich solche Errungenschaften positiv auf die Verbreitung der Gene auswirken, die bei deren Entstehung die Finger im Spiel hatten.

Ist die menschliche Kultur nichts weiter als unser erweiterter Phänotyp? Diese Interpretation geht sicher zu weit, weil die Kultur ein Eigenleben entwickelt hat und viele Dinge hervorbringt, die sich nicht mehr als Anpassungen im biologischen Sinn[161] verstehen lassen. Und weil die Kultur von Zielkonflikten nur so wimmelt. Was umgekehrt aber nicht heißt, nicht auch Kulturphänomene könnten manchmal adaptiven Charakter haben.[162]

Was will ich damit sagen? Gene machen Eiweiße. Eiweiße dirigieren Zellen.[163] Zellen bilden Organe und Organismen. Natürlich haben Gene mit dem Verhalten dieser Organismen zu tun – bei einfachen Organismen, die vorwiegend durch invariante, instinktvermittelte Programme gesteuert werden, auf direktere, bei Menschen manchmal auf ziemlich indirekte und verschlungene Art und Weise. Variationen von Genen können Unterschiede in Verhalten und Fähigkeiten von Individuen produzieren. Wenn wir die Beziehung zwischen der Variante eines Gens und der Funktion seines Produkts, zum Beispiel eines Enzyms, betrachten, sind die Verhältnisse noch übersichtlich. Geht es aber um Verhalten, sind die Wege zum Merkmal oft kryptisch, denn in diesem Zusammenhang müssen wir mögliche Wechselwirkungen in allen Stockwerken des Weltgebäudes berücksichtigen. Denken Sie an die Geschichte vom MAO-A-Gen! Und an den Weg vom Gen zum Merkmal, der keine Einbahnstraße ist. Am Beispiel der MAO-A-Story haben wir auch gesehen, dass eine traumatische Kindheit 20 Jahre später bis hinunter ins genetische Räderwerk noch Wirkung zeigen kann. Das wird noch deutlicher werden, wenn im nächsten Kapitel die Bühne vorgestellt wird, auf der die Gene ihr Drama des Lebens inszenieren.

ZWEITE ZWISCHENBILANZ: DIE BIOLOGIE DER GENE

Eine Sache ist also geklärt: Gene sind mehr als Metaphern. Gene sind Moleküle »aus Fleisch und Blut«. Und es ist nicht falsch, in ihnen eine Art Bauanleitung zu sehen, die dafür sorgt, dass Menschen Menschen und Mäuse Mäuse zur Welt bringen. Gene sind auch das Programm, das die Entwicklung eines Menschen aus den bescheidenen Anfängen einer einzigen befruchteten Zelle steuert und den Betrieb des fertigen Organismus aufrechterhält. In ihnen sind die Erbinformationen niedergeschrieben, die wir von unseren Eltern mit auf den Weg bekommen. In den Genen manifestieren sich die ererbten phänotypischen Unterschiede. Die Gene sind die Punkte, an denen die darwinsche Selektion ihren Hebel ansetzen kann. Gene sind das Gedächtnis der Evolution.

Die genetische Varianz der Menschheit ist aber vergleichsweise begrenzt. Kein Wunder, denn die wenigen hunderttausend Jahre, die der moderne *Homo sapiens* auf dem Buckel hat, nehmen sich neben traditionsreicheren Arten wie Stubenfliegen, Eidechsen oder Haifischen sehr bescheiden aus. Natürlich können auch kleine genetische Unterschiede phänotypisch bedeutsam sein, aber im Vergleich zu anderen Tierarten sind Menschen eine ziemlich *homo*-gene Spezies. Seitdem wir Genome lesen können, wissen wir, dass die systematischen Unterschiede zwischen verschiedenen Ethnien oft kleiner sind als die Varianz zwischen zwei Individuen innerhalb einer Gruppe.

Das Konzept der Menschen-»Rassen« erinnert an den Scheinriesen *Turtur* aus der Geschichte von Jim Knopf und seinem Freund Lukas, dem Lokomotivführer. Aus der Ferne betrachtet, scheint es große und eindeutige Unterschiede zwischen Asiaten, Afrikanern und Europäern zu geben. Je näher wir den Genen kommen, desto stärker schrumpfen die Unterschiede und das Konzept der »Rasse« zusammen. In der modernen Genetik des Menschen spielt »*Rasse*« kaum eine Rolle mehr. Genetiker setzen an ihre Stelle lieber das Konzept der *Population*. Im Unterschied zur »*Rasse*«, die in guter essentialistischer Tradition die Existenz klar unterscheidbarer Kategorien von Menschen suggeriert, ist der Begriff der *Population* durch Statistik und Geographie definiert. Für Populationsgenetiker wie den Italo-Amerikaner Luigi Luca Cavalli-Sforza (1922–2018) bedeutet Population schlicht »eine Gruppe von Individuen, die einen präzise bestimmten Raum, gleich welcher Art, bewohnen.« Eine Population ist also zunächst nichts anderes als die Bevölkerung eines Gebietes und *nicht* deckungsgleich mit einer (angeblich homogenen) »Rasse«. Die Grenzen zwischen Populationen liegen daher auch im Auge des Betrachters. Manchmal wurden sie *bewusst* analog zu den Rassentheorien gezogen, um diese anschließend zu widerlegen. Cavalli-Sforza schreibt dazu: »Natürlich muss man die zu untersuchenden Populationen so auswählen, dass man interessante Ergebnisse erhält.«[1]

Bis dahin ist die Gemengelage einigermaßen eindeutig, der Streit um Details eher eine innerbiologische Angelegenheit. Weit schwieriger ist die Frage, wie und auf welche Weise Merkmale durch Gene geprägt werden. Denn Gene legen zunächst nur die Struktur, Form und Funktion von Eiweißen fest.[2] Sie regieren also durch Mittelsmänner. *Polygenie, Pleiotropie* und insbesondere *antagonistische Pleiotropie* zeigen, dass es keine »perfekten« Genome geben kann. Eine genetische Konstellation ist immer ein historischer Kompromiss zwischen unterschiedlichen Anforderungen. Vor- und Nachteile liegen meist nicht offen zutage. Das sollten wir bedenken, wenn wir über Blütenträume wie die »genetische Optimierung des Menschengeschlechts« reden.[3] Je weiter die Distanz zwischen Gen und Merkmal, desto komplizierter und verwickelter wird die Geschichte.

ERBE UND ERZIEHUNG: ZWISCHEN TABULA RASA UND GENETISCHER MARIONETTE

Mythen von Volk und »Rasse«, Sex und Gender, Erbe oder Erziehung, Menschenzucht und Perfektion

Tabula rasa?

»Man gebe mir ein Dutzend gesunder, wohlgestalteter Kleinkinder und meine eigene spezielle Welt, […], und ich garantiere, dass ich aufs Geratewohl jedes […] von ihnen zu jeder Art von Spezialisten erziehen kann – Arzt, Anwalt, Künstler, Kaufmann und, ja, auch Bettler und Dieb, ungeachtet seiner Talente, Neigungen, Vorlieben, Fähigkeiten, Berufsinteressen und der Rasse seiner Vorfahren.«[1]

Der großspurige Ton, den John B. Watson (1878–1958) hier anschlägt, verursacht mir Bauchschmerzen.[2] Natürlich hat der Glaube an die Macht der Erziehung auch etwas Sympathisches. Niemand würde mit einem genetischen Klotz am Bein an den Start gehen. Chancengleichheit wäre aus dieser Perspektive eine Sache der Kultur. Allerdings hat unbegrenzte Formbarkeit eine Kehrseite. Wehe, wenn sich die Falschen anmaßen, ihre Erziehungsziele, koste es, was es wolle, durchzusetzen. Nicht nur rechte, auch linke Diktaturen zogen eine blutige Spur durch das 20. Jahrhundert – nicht zuletzt aufgrund des erzieherischen Anspruchs selbsternannter Menschheitsbeglücker.

Der Glaube an die Formbarkeit des Menschen ist weder eine Erfindung von Mr. Watson noch der Kommunisten. Seit der Antike zerfällt die Philosophie bezüglich des Verhältnisses von Geist und Welt in zwei Lager. Bannerträger der einen Seite ist der griechische Philosoph Platon, sein kongenialer Gegenspieler heißt Aristoteles. Immanuel Kant fasste ihre Positionen wie folgt zusammen: »Aristoteles kann als das Haupt der Empiristen, Plato aber der Noologisten (= Rationalisten) angesehen werden«.[3]

Einflussreiche »Schüler« des Aristoteles lebten im England des 17. Jahrhunderts. Etwa Francis Bacon (1561–1626), der die Erfahrung als die wichtigste Quelle der Erkenntnis betrachtete. Immerhin hatte der schlaue Bacon erkannt, dass wir keinen ungefilterten Zugang zur Welt haben. Im *Neuen Organon* schreibt er: »Alle Wahrnehmungen der Sinne oder des Geistes geschehen nach dem Maß der Natur der Menschen, nicht nach dem des Universums«.[4] Der Kopf, mit dem wir geboren werden, ist für Bacon allerdings eher eine Fehlerquelle: Unser Verstand erscheint ihm wie ein Zerrspiegel, »der die strahlenden Dinge nicht auf ebener Fläche zurückwirft, sondern seine Natur mit der der Dinge vermischt, sie entstellt und schändet.«[5] Francis Bacon sah in den Voreinstellungen des Verstandes, nach seiner Diktion den »Idolen des Stammes«, aber eher eine Quelle von Vorurteilen und kein Instrument der Erkenntnis. Ihm galt, die »Idole« durch Erfahrung zu korrigieren.

Der englische Empirist John Locke ging noch weiter. In seinem *Essay Concerning the Human Understanding* spricht er uns angeborene Ideen rundweg ab. Für Locke ist die Seele bei Geburt »ein weißes Papier, ohne alle Schriftzeichen, frei von allen Ideen«, eine Tabula rasa, in die Sinneseindrücke eingegraben werden wie in eine Wachstafel.[6] Und weiter: »Alle Vorstellungen kommen von der sinnlichen und Selbst-Wahrnehmung.« Locke hat die Metapher von der »leeren Tafel« (Tabula rasa) populär gemacht. Benutzt wurde sie schon vorher. David Hume (1711–1776) war bescheidener. Hume gestand dem Gehirn zumindest drei allgemeine Prinzipien des Denkens zu, die seiner Meinung nach universell und angeboren sind: das Prinzip der Ähnlichkeit (*resemblance*), das Prinzip der raumzeitlichen Berührung (*contiguity*) und das Prinzip von Ursache und Wirkung (*causality*). In moderneren Worten: Hume meinte, wir könnten nicht umhin, die Dinge und Erscheinungen der Welt nach dem Prinzip der Ähnlichkeit in Klassen und Gruppen einzuteilen und den Raum und die Zeit als stetig und kontinuierlich zu denken. Das Prinzip der Kausalität verleiht der Zeit außerdem eine Richtung. Das unumkehrbare Vorher von Ursache, gefolgt vom Nachher der Wirkung, produziert den gerichteten »Pfeil der Zeit«. Aber alle Urteile, die Vorgänge in der Außenwelt betreffen, beruhen seiner Ansicht nach auf Beobachtung und Erfahrung. Kausalzusammenhänge werden nicht durch Denkakte *a priori*,[7] sondern durch Erfahrung erschlossen: Wir wissen, dass uns das Gift im Stachel der

Biene Schmerzen bereiten wird, weil wir das gelernt, beobachtet oder erlebt haben.

Die platonische Tradition vertritt die Gegenseite. Im 17. und 18. Jahrhundert war die Grenze zwischen Empirismus und Rationalismus nicht nur eine mentale, sondern auch eine geographische. Empiristen saßen auf der Insel, Rationalisten auf dem Kontinent. René Descartes (1596–1650) fragte sich, wie Menschen prinzipiell Erkenntnis gewinnen können: »Wir besitzen nur vier Fähigkeiten, deren wir uns hierbei bedienen können, nämlich Verstand, Einbildungskraft, Sinne und Gedächtnis. Allerdings ist bloß der Verstand fähig, die Wahrheit zu erfassen.«[8] Intuition und Deduktion waren für Descartes die intellektuellen Tätigkeiten, die zu verlässlichem Wissen führen können, nicht die induktive Ableitung allgemeiner Regeln aus unseren Beobachtungen. Obwohl Descartes Körper und Geist in zwei getrennten Welten vermutete, scheint er einige der Prinzipien, nach denen der Verstand arbeitet, für »angeboren« zu halten. Dazu gehört – neben einer bestimmten Vorstellung von Gott – eine ganze Reihe grundsätzlicher mathematischer und logischer Regeln.

Auch Gottfried Wilhelm Leibniz (1646–1716) sah sich im Lager der Platoniker. Herausgefordert durch die Schriften Lockes schrieb er: »Allerdings bin ich oft ganz anderer Ansicht [...]. Sein System hat mehr Beziehung zu Aristoteles, meines zu Platon. Es handelt sich darum, ob [...] alles, was [auf der Seele] verzeichnet ist, einzig von den Sinnen und der Erfahrung herrührt, oder ob die Seele [...] die Prinzipien verschiedener Begriffe und Lehrsätze enthält, welche die äußeren Gegenstände nur bei Gelegenheit wieder in ihr erwecken, wie ich in Übereinstimmung mit Platon [...] glaube. [...] Die notwendigen Wahrheiten, wie man solche in der reinen Mathematik findet, müssen Prinzipien besitzen, deren Beweis nicht von den Beispielen und [...] vom Zeugnis der Sinne abhängt [...]. Kann man leugnen, daß es in unserem Geiste viel Angeborenes gibt?«[9]

Kant selbst war einer der einflussreichsten Verfechter des Konzepts angeborener Ideen. Er war der Meinung, wir würden das Chaos unserer Wahrnehmungen nur deswegen »lesen können«, weil unser Verstand es nach Strukturprinzipien ordnet, die bereits *a priori*, vor aller Erfahrung, vorhanden sind. Diese Strukturprinzipien sind die beiden Anschauungsformen *Raum* und *Zeit* und zwölf *Kategorien*, nämlich die drei Kategorien der *Quantität* (Einheit, Vielheit, Allheit), die drei Kategorien der *Qualität* (Realität, Negation, Limitation), die drei Kategorien der *Relation* (Inhärenz/Subsistenz, Kausalität/Dependenz (Ursache und Wirkung) und Gemeinschaft (die Wechselwirkung zwischen dem Handelnden und Leidenden) sowie schlussendlich die drei Kategorien der *Modalität* (Möglichkeit versus Unmöglichkeit, Dasein versus Nicht-Sein und Notwendigkeit versus Zufälligkeit). Kants Katalog ist stark von der Struktur der Logik beeinflusst. Ironischerweise näherte er sich da Aristoteles, dem Ziehvater der Empiristen, der die Axiome der Logik auch unter die angeborenen Ideen subsumierte.

Der Streit zwischen Empiristen und Rationalisten zieht sich durch die Philosophie, ohne je abgeschlossen worden zu sein. Und es war weiß Gott kein Streit, an dem sich nur weißbärtige Gelehrte beteiligten. Als Europa im 16. Jahrhundert begann, seine Fühler nach der Welt auszustrecken, wurden die Entdecker, Händler, Krieger, aber auch das Publikum zuhause, mit der ganzen Mannigfaltigkeit der menschlichen Spezies konfrontiert. Die ersten Begegnungen mit transozeanischen Kulturen waren geprägt von der Faszination des Fremden, aber die Exotik vernebelte den Blick für universelle menschliche Gemeinsamkeiten, teils so sehr, dass darüber spekuliert wurde, ob unter der (meist) dunklen Haut tatsächlich »vollwertige« Menschen stecken würden. Ausgerechnet der noch heute gefeierte Aufklärer Voltaire schrieb im Jahr 1755: »Die Rasse der Neger ist eine von der unsrigen völlig verschiedene Menschenart, wie die der Spaniels sich von der der Windhunde unterscheidet [...] ihre Intelligenz [ist] nicht einfach anders geartet [...] als die unsrige, sie ist ihr weit unterlegen.«[10] Im 19. Jahrhundert, der »großen« Zeit des Kolonialismus, wurde die Debatte immer politischer. Kolonialisten und Verfechtern der europäischen Suprematie kam die Vorstellung von angeborenen Ideen sehr zupass, da sie selbstredend davon ausgingen, auf der Seite der Privilegierten geboren worden zu sein. Kolonialismus und Sklaverei lassen sich nur rechtfertigen, wenn Menschen nicht denselben Stellenwert haben. Die These von den »angeborenen Unterschieden« geht nicht zwangsläufig aus dem Konzept der »angeborenen Ideen« hervor. Sie passte aber ganz wunderbar in das geistige Klima des 19. Jahrhunderts. Schließlich herrschten damals Europäer über große Teile der bewohnten Welt.

In wunderschön dialektischer Manier gebar das 19. Jahrhundert auch die Antithese zu dieser Sicht der Dinge. Einer der Väter der Antithese war Karl Marx (1818–1883). Das Credo des marxistischen Materialismus lässt sich grob verkürzt wie folgt zusammenfassen: »Die materialistische Lehre, dass die Menschen Produkte der Umstände und der Erziehung sind, [...] vergisst, dass die Umstände eben von den Menschen verändert werden und dass der

Erzieher selbst erzogen werden muss. [...] Deshalb macht es keinen Sinn, über die menschliche Natur mehr zu sagen, als dass es in ihr liegt, ihre eigene Geschichte zu gestalten«.[11]

Der Streit der Lager wurde im 19. Jahrhundert immer weiter in die Politik und Gesellschaft getragen. Manche der Kombattanten stützten sich dabei auf die parawissenschaftliche Verlängerung von Darwins Theorie, auf den Sozialdarwinismus. Nur von Genen oder Vererbung hatten weder Marx noch Darwin auch nur den geringsten Schimmer. Biologie konnte damals keine ernst zu nehmende Rolle spielen. Das hat sich inzwischen geändert. Die »*Nature versus Nurture*«-Debatte[12] zieht sich (unglücklicherweise) quer durch *alle* Aspekte des menschlichen Fühlens und Denkens, von der Frage nach einer angeborenen Moral und unserer Haltung zu Gewalt, Egoismus und Nächstenliebe, über Fragen der Erziehung und Erziehbarkeit und unseres Geschlechterverständnisses bis hin zum Streit über die Eigenschaft, die viele Menschen ganz besonders gerne für sich selbst reklamieren, unsere (mehr oder weniger ausgeprägte) Intelligenz. Dass alles aufzurollen, würde ein eigenes Buch erfordern.[13] Daher will ich versuchen – *pars pro toto* –, am Beispiel der Intelligenz klar zu machen, wo der Hase der »*Nature versus Nurture*«-Debatten im Pfeffer liegt.

Was ist Intelligenz?

Bevor es ans Eingemachte geht, sollte noch etwas geklärt werden: (Wie) lässt sich Intelligenz überhaupt messen? Spötter merken gerne an, Intelligenz sei das, was ein Intelligenztest misst. Geschenkt! Ich finde diesen Vorwurf ein bisschen albern. Selbst bei etwas so Trivialem wie der Schnelligkeit hängt das Ergebnis von den Messbedingungen ab. Je nachdem, ob wir Geschwindigkeit über 100 m, 1000 m oder 42 km messen, werden unterschiedliche Läufer den Sieg davontragen. Jeder Test misst das, was der Test misst. Kein Test ist in der Lage, das komplette Spektrum aller mentalen menschlichen Leistungen abzubilden. Angenommen, wir wollten Musikalität messen, wer würde besser abschneiden, Bach oder Mozart? Zwischen Himmel und Erde gibt es viele Dinge, die nicht skalierbar sind. Intelligenztests messen weder die kinästhetischen Fähigkeiten von Tänzern oder Turnern, noch bilden sie Kreativität ab. Auch Einfallsreichtum, Originalität, die Gabe zur Introspektion, soziale Intelligenz, Einfühlungsvermögen oder auch nur die Fähigkeit, sich klar auszudrücken, werden in den konventionellen Intelligenztests nur unzureichend oder überhaupt nicht geprüft.

In der Regel handelt es sich bei solchen Tests um schriftliche Tests, die Fähigkeiten wie Kurzzeitgedächtnis, Konzentrationsfähigkeit, Aufmerksamkeit, Mustererkennung, räumliches Vorstellungsvermögen, die Fähigkeit zur Abstraktion usw. prüfen. Die Tests sind so geeicht, dass der durchschnittliche Testwert der Gruppe – im Idealfall der Gesamtbevölkerung – bei 100 Punkten liegt. Menschen, die Werte über 100 erreichen, sind überdurchschnittlich, Menschen mit Werten unter 100 unterdurchschnittlich schlau. Testet man eine große Zahl von Individuen und plottet die Ergebnisse in ein Diagramm, so erhält man eine achsensymmetrische Kurve, die die Form einer Glocke hat. Der Scheitel der berühmten Glockenkurve (oder Gauß-Verteilung)[14] liegt definitionsgemäß beim Durchschnittswert 100. 50 % aller getesteten Individuen erreichen Werte zwischen 90 und 110 (= durchschnittliche Intelligenz). Jeweils 23 % fallen in den Bereich von 70 bis 90 (unterdurchschnittliche Intelligenz) beziehungsweise in den Bereich zwischen 110 und 130 Punkten (überdurchschnittliche Intelligenz). 2 % der Bevölkerung erzielen Werte unter 70. Die restlichen 2 % am anderen Ende der Skala gelten als hochbegabt. Der Punktwert (= Intelligenzquotient (kurz: IQ)) ist also – wie der Name sagt – keine absolute Größe wie ein Kilogramm oder ein Meter.[15] Er setzt die intellektuellen Fähigkeiten eines Menschen in Beziehung zum Durchschnitt der Gruppe. Wenn Kinder und Jugendliche getestet werden, errechnet sich der Durchschnitts-IQ aus dem Durchschnitt der Gruppe der Gleichaltrigen. Beides sollten wir im Hinterkopf behalten.

Die wichtigste Frage dabei lautet: Welche Relevanz haben solche Testergebnisse? Auch wenn IQ-Tests nur Ausschnitte aus einem großen Spektrum menschlicher Kompetenzen abbilden, so finden sich doch eindeutige Korrelationen zwischen gemessenen Intelligenzquotienten und Kriterien wie Schulabschluss, beruflichem Erfolg und Einkommen.[16] Wenn wir diese Dinge für wichtig halten, ist auch der gemessene IQ relevant.

Dass die Beziehung zwischen IQ und – wie auch immer geartetem – Erfolg statistischer Natur ist, kann jedoch nicht oft genug betont werden. Was bedeutet das? Aus einer Gruppe von 1000 Menschen mit einem IQ von 120 werden mehr Menschen die Hochschulreife erreichen, als aus einer Gruppe von 1000 mit einem IQ von 90. Der Einzelfall kann erheblich abweichen, nach unten und nach oben. Unter Medizinern, Juristen, Wissenschaftlern findet sich kaum jemand mit einem unterdurchschnittlichen IQ. Im Gegensatz dazu ist bei Menschen mit Berufen, die keine allzu großen Anforderungen an bestimmte kognitive Fähigkeiten stellen, die Streuung des IQs erheblich.[17]

Zwei weitere Punkte sind wichtig: Der erste Punkt betrifft die Reproduzierbarkeit der Testergebnisse. Wären die Testergebnisse tagesformabhängig und würden bei wiederholter Testung massiv schwanken, könnte der Streit um den IQ gleich wieder beigelegt werden.

Aber das ist ja nicht der Fall.[18] Denn der ausgereifte IQ[19] ist ziemlich stabil. Das gilt zumindest vom frühen Erwachsenenalter bis in die Lebensmitte. Die schlechte Nachricht: In der zweiten Lebenshälfte »altert« die Intelligenz. Am deutlichsten ist der Effekt bei abstrakten kognitiven Fähigkeiten, vor allem bei der Wahrnehmungsgeschwindigkeit. Sie nimmt bereits nach der Adoleszenz ab. Andere Fähigkeiten wie Rechenfähigkeit oder Raumorientierung beginnen zwischen dem 40. und 50. Lebensjahr nachzulassen. Ausdrucksfähigkeit oder auch Ortsgedächtnis verhalten sich dagegen eher wie ein guter Wein. Sie erreichen oft erst im Alter zwischen 60 und 70 ihren Höhepunkt, um dann langsam abzufallen.[20]

Diese differentielle Altersentwicklung der Intelligenz führt uns ein weiteres Problem direkt vor Augen. Gängige Intelligenztests überprüfen viele verschiedene Fähigkeiten. Sie beinhalten Fragen zum Allgemeinwissen, zum Wortschatz, Aufgaben, bei denen Gemeinsamkeiten zwischen Begriffen gefunden werden müssen, oder allgemeine Verständnisfragen, wie zum Beispiel »Was ist der Sinn des Geldes«. Solche Subtests sind abhängig von Sprache und Kultur. Andere Aufgabentypen, die rechnerisches Denken prüfen, Tests zur Musterergänzung, Aufgaben, die Konzentrationsfähigkeit und Verarbeitungsgeschwindigkeit messen oder bei denen Figuren mental im Raum gedreht werden müssen, sind dagegen einigermaßen »kulturneutral«.[21]

Gibt es überhaupt eine »allgemeine Intelligenz«, oder setzt sich das, was wir messen, aus vielen einzelnen Fähigkeiten zusammen, die nichts miteinander zu tun haben? Im letzteren Fall wäre *die* Intelligenz ein Phantom. Aber es gibt Wissenschaftler, die ein solches Konzept vertreten. Der amerikanische Erziehungswissenschaftler Howard Gardner (*1943) entwickelte in den 1980er Jahren die Theorie der »multiplen Intelligenzen« und unterschied sprachliche Intelligenz, musikalische Intelligenz, logisch-mathematische Intelligenz, räumliche Intelligenz, körperlich-kinästhetische Intelligenz, intrapersonale Intelligenz, interpersonale Intelligenz und schließlich sogar eine »naturalistische Intelligenz« (die Fähigkeit, Lebendiges zu beobachten, zu unterscheiden und zu erkennen).[22]

Schon der Blick auf diese Liste macht ein wenig misstrauisch. Die genannten Teilleistungen wirken etwas beliebig und wenig »kommensurabel«.[23] Demgemäß hat die Intelligenzforschung nie in Abrede gestellt, Intelligenz sei ein Konstrukt, das sich aus Teilleistungen zusammensetzt. Der Streit entzündet sich an Gardners Behauptung, die multiplen Intelligenzen existierten unabhängig voneinander. Er meint, die allgemeine Intelligenz *g*, wie sie mit dem IQ operationalisiert wird, sei im Grunde genommen wenig nützlich, da sie praktisch keine prädiktive Validität habe.

Nun reicht es nicht, multiple »Intelligenzen« zu postulieren, man muss die These auch testpsychologisch überprüfen. Gardner selbst legte dazu leider keine eigenen empirischen Untersuchungen vor. Stattdessen ruft er zum Beispiel die Biographien von sieben Genies in den Zeugenstand, deren Vita beispielhaft für je eine der multiplen Intelligenzen stehen und die Bedeutung einer singulären Begabung für den Lebenserfolg unterstreichen soll. Thomas S. Eliot (1888–1965) war für ihn der Prototyp des Sprachgenies, Albert Einstein (1879–1955) steht für die logisch-mathematische Hochbegabung, Pablo Picasso (1881–1973) für das visuell-räumliche Genie, Igor Strawinsky (1882–1971) war Gardners musikalisches Aushängeschild, die Tänzerin Martha Graham (1894–1991) der Prototyp körperlich-kinästhetischer Intelligenz. Mahatma Gandhi (1869–1948) wurde als Beispiel für interpersonale und Sigmund Freud (1856–1939) für intrapersonale Begabung genannt.

Genau diese Liste spricht aber eher gegen als für Gardners These. Keiner der genannten Berühmtheiten war eine Inselbegabung. Einstein war musikalisch. Er konnte exzellent schreiben, wie auch Freud und Gandhi. Strawinsky studierte zunächst Jura und war nicht nur als Komponist, sondern auch als Theoretiker erfolgreich.[24] T. S. Eliot studierte in Harvard, später an der Sorbonne Mathematik und Philosophie, bevor er zum Literaten wurde. Martha Grahams Œuvre geht weit über ihre eigenen motorischen Fähigkeiten hinaus. Von daher hätte vermutlich jeder der Kandidaten bei einem konventionellen IQ-Test weit überdurchschnittliche Ergebnisse erzielt.

Die Theorie der voneinander unabhängigen multiplen Intelligenzen wird heute von fast allen Intelligenzforschern verworfen. Tatsache ist, dass die verschiedenen Teilleistungen in Intelligenztests zwar nicht perfekt, aber gut miteinander korrelieren.[25]

Nature or Nurture?

»[…] a born devil, on whose nature nurture can never stick […]« Mit diesen Worten brandmarkt Prospero, der Zauberer, Protagonist in Shakespeares Drama *Der Sturm*, seinen Widersacher Caliban, der gerade eine Verschwörung gegen ihn angezettelt hat. Francis Galton (1822–1911), der Begründer der Eugenik, war bekennender Shakespeare-Fan. Ihm kam die griffige Dichotomie ›*Nature versus Nurture*‹ gerade recht. Sie wurde so zur Formel für einen Streit, der bis heute immer noch nicht begraben ist, aber eigentlich am Problem vorbeigeht.

Niemand wird bezweifeln, Menschen seien unterschiedlich schlau. Die Gemüter erhitzen sich an der Frage, wie Intelligenzunterschiede zustande kommen. Dass Gene *und* Umwelt eine Rolle spielen, wird nur noch selten bestritten. Nur, (wie) lassen sich die Beiträge der beiden Welten quantifizieren?

Eine Möglichkeit sind sogenannte Zwillingsstudien. Als hätte die Natur nur auf die Verhaltensgenetik gewartet, hat sie uns sogar zwei Arten von Zwillingen beschert. Zweieiige Zwillinge sind genetisch wie Geschwister. Anders die eineiigen Zwillinge. Sie entstehen aus einer Eizelle und einem Spermium, sind also genetisch identisch.[26]

Eineiige Zwillinge sind sich in vieler Hinsicht sehr ähnlich. Das gilt für ihr Aussehen, ihre Vorlieben und ihre Talente. Die Korrelation der Intelligenzquotienten (IQ) eineiiger Zwillinge ist hoch. Sie liegt im Durchschnitt zwischen 0,86 und 0,88.[27] Daran aber ist die Nähe zur perfekten Korrelation von 1 eigentlich weniger interessant, beachtenswert ist vielmehr die Abweichung. Da eineiige Zwillinge genetisch übereinstimmen, ihr IQ im Schnitt aber um 14 % voneinander abweicht, muss die Umwelt für diese Abweichung verantwortlich sein.[28] Das ist umso bemerkenswerter, weil Zwillinge in der Regel ja auch in einer ähnlichen Umgebung, am gleichen Ort und im selben Elternhaus, aufwachsen. Die 14 % markieren also eine unterste Grenze für Umwelteinflüsse.

Interessant wäre deshalb der Vergleich von eineiigen Zwillingen, die nach der Geburt getrennt wurden und in verschiedenen Umwelten aufgewachsen sind. Das kommt vor, ist aber selten. Daher gibt es nur wenige solcher Untersuchungen. Und es wird in Zukunft kaum weitere geben, da seit einiger Zeit Zwillinge, die zur Adoption freigegeben sind, nicht mehr voneinander getrennt werden. Zwischen den Jahren 1937 und 1962 wurden drei solcher Studien publiziert, die insgesamt über 74 getrennt aufgewachsene Zwillingspaare berichten können.[29] Die älteste Arbeit von Horatio H. Newman (1875–1957), Frank N. Freeman (1880–1961) und Karl J. Holzinger (1892–1954)[30] umfasst 19 Zwillingspaare, die im mittleren Alter von 19,5 Monaten getrennt, aber schon im Alter von 12,5 Jahren wieder vereint und im Schnitt erst 14 Jahre danach untersucht wurden.[31] Eine zweite Studie aus England berichtet über 44 Paare, die im Durchschnitt mit 16,8 Monaten getrennt, im Alter von elf Jahre wieder zusammenkamen und mit 38,8 Jahren untersucht wurden. Die jüngste dieser drei Studien aus dem Jahr 1965 schloss zwölf Zwillingspaare ein, die aber auch erst im Alter von 18 Monaten getrennt, mit knapp 16 Jahren wieder vereint und erst 35 Jahren danach getestet wurden.[32] Die Chance auf verzerrungsfreie Ergebnisse ist also begrenzt: Die Fallzahlen sind klein, die Konstellationen heterogen und die Tatsache, dass viele der Zwillingspaare bereits Jahre vor dem Test Kontakt hatten, führt zur Verzerrung durch Umwelteffekte.

Am aussagekräftigsten ist die aktuellste Studie zum Thema, Produkt des berühmten *Minnesota Twin Project*. Thomas Bouchard (*1937) und seine Mitarbeiter untersuchten 56 getrennt und 274 zusammen aufgewachsene eineiige Zwillinge. Nicht nur die Fallzahl dieser Studie ist höher als in allen Vorläuferstudien, die Zwillingspaare in den Minnesota-Studien wurden im Durchschnitt bereits im Alter von fünf Monaten getrennt und fanden erst mit 30 Jahren wieder zusammen. Der Untersuchungszeitpunkt lag im Mittel bei acht Jahren nach der Zusammenführung. Bouchard und seine Mitarbeiter analysierten Dutzende psychischer und physischer Merkmale. Die Korrelation des Intelligenzquotienten lag in dieser Studie bei den getrennt aufgewachsenen Zwillingen immer noch bei 0,69. Erstaunlicherweise deckt sich diese Zahl in etwa mit den Ergebnissen der qualitativ weniger hochwertigen Vorgängerstudien. Diese Ergebnisse werden leider gerne zu der Aussage verdichtet, »dass 50 bis 80 % der Intelligenz erblich« seien.[33] Eine solche Zusammenfassung ist aber eine sehr schlampige Verkürzung und in hohem Maße missverständlich.

Was bedeutet das Ergebnis wirklich? *Erstens:* Die zitierten Untersuchungen geben keinen Aufschluss darüber, welcher Anteil der Intelligenz ererbt und welcher erworben wurde. Sie treffen eine Aussage darüber, wie sich gemessene Intelligenz*unterschiede* auf Erbe und Umwelt verteilen. Erblichkeitsberechnungen versuchen, den relativen Anteil genetischer und nicht-genetischer Ursachen an der gemessenen *Varianz* einer Gruppe zu ermitteln. Wenn die Korrelation der IQs der Gruppe getrennt aufgewachsener eineiiger Zwillinge 0,72 ist, bedeutet das, Vererbung ist für *bis* zu 72 % der gemessenen *Varianz* verantwortlich. (Ein Korrelationskoeffizient von 1 würde bedeuten, die IQs wären identisch. Dann hätten die Gene alles, die Umwelt nichts zu melden). Diese 72 % sind aber eine Obergrenze, da auch bei getrennt aufwachsenden Kindern Umweltfaktoren wie Ernährung, Schule etc. sehr ähnlich sein können.[34]

Zweitens: Je nachdem, was für Gruppen untersucht werden, kann die Varianz selbst variieren. Die errechneten Anteile von Genen und Umwelt sind keine absoluten Größen. Je homogener die untersuchte Gruppe bezüglich sozialer Faktoren ist, desto höher fällt der genetische Anteil an der Varianz aus! Wenn wir die Erblichkeit des IQs an soziologisch ziemlich homogenen englischen Privatschulen wie der Eton Boy School untersuchen, würde der Anteil der Gene an der Varianz vermutlich höher ausfallen als an einer nordrhein-westfälischen Gesamtschule, wo Professoren- neben Arbeiter- und Migrantenkindern gemeinsam nach dem Abi streben.

Oft wird so getan, als hätten Aussagen über die Erblichkeit der Intelligenz für die gesamte Menschheit Gültigkeit. Aber je heterogener eine Gruppe in kultureller Hinsicht ist, desto größer ist natürlich der Anteil der Umwelt an den gemessenen Intelligenzunterschieden – eigentlich eine Binsenweisheit, die aber oft übersehen wird. Die publizierten Zwillingsstudien stammen aus den USA, Großbritannien und Dänemark, allesamt Industrienationen mit hohen Lebensstandards und allgemeiner Schulbildung. Die Zwillinge wuchsen nach Trennung und Adoption vorwiegend in Mittelschichtfamilien auf.[35] Die wenigsten Kinder wurden in kriminellen Milieus bei drogenabhängigen oder delinquenten Eltern groß oder litten an Mangelernährung oder sozialer Deprivation. Was ich damit sagen möchte: Zwar wuchsen die getrennten Zwillinge in verschiedenen Familien auf, gemessen am Spektrum möglicher Lebensverhältnisse waren die Elternhäuser aber doch recht ähnlich. Der errechnete Anteil für die Erblichkeit wäre sicher niedriger, wenn die Kinder per Zufallsgenerator über den Globus verteilt worden wären.

Und Drittens: Jede Aussage über den Anteil der Gene am IQ ist eine statistische Aussage über ein Kollektiv, ein Mittelwert. Das bedeutet: Wenn ich behaupte, die Erblichkeit *meines* IQ betrage 72 %, ist das in etwa so sinnvoll, wie wenn ich sagen würde: Ich bin im Durchschnitt 1,78 m groß (*weil der durchschnittliche Deutsche eben 1,78 m groß wird*).[36]

Trotz all dieser Einschränkungen, unter Intelligenzforschern bezweifelt heute niemand, die kognitive Leistungsfähigkeit habe eine erhebliche erbliche Komponente.[37] Sie liegt bei Kindern, je nach Lebensalter, bei etwa 40 % und steigt bis ins Erwachsenenalter auf Werte zwischen 50 und 75 %. Daran gibt es wenig zu deuteln. Darauf weisen auch die Studien hin, die die IQs eineiiger und zweieiiger Zwillinge miteinander vergleichen: Wären Gene irrelevant, dann sollte sich die Korrelation der IQs zwischen den Geschwistern bei ein- und zweieiigen Zwillingen kaum unterscheiden. Das Gegenteil ist jedoch der Fall: Bei zweieiigen Zwillingen ist die Korrelation des IQs kaum höher als bei normalen Geschwistern.

Das Beispiel »Intelligenz«[38] zeigt, dass der Mensch nicht als »leere Tafel« geboren wird. John Watson wäre also gescheitert, hätte er beliebige Kinder zu Einsteins, Mozarts oder Newtons machen wollen.[39] Darüber muss man nicht traurig sein. Man sollte nur nicht die falschen Schlüsse ziehen. Wer sich an der Erblichkeit stört, sollte sich klarmachen, wozu Intelligenztests entwickelt wurden. Als ihr »Erfinder« gilt der französische Psychologe Alfred Binet (1857–1911).[40] Binet wurde Anfang des vergangenen Jahrhunderts vom französischen Erziehungsminister beauftragt, eine objektive, von Lehrerbeurteilungen unabhängige Methode zu entwickeln, um frühzeitig lernschwache Kinder zu identifizieren und sie entsprechend fördern zu können. Binet ging mit seinem Instrument wesentlich unideologischer und pragmatischer um als viele seiner Epigonen. Drei Aspekte hat er immer betont:

1. Der IQ ist eine Punktzahl, die nur ein praktisches Hilfsmittel darstellt, um ein bestimmtes Spektrum intellektueller Fähigkeiten zu einem bestimmten Zeitpunkt zu quantifizieren. Aus dem IQ lässt sich keine neurobiologische Theorie der Intelligenz ableiten.
2. Die Skala sollte als Instrument verstanden werden, Kinder zu identifizieren, die zum gegebenen Zeitpunkt besonderer Förderung bedürfen.
3. Niedere Werte sollten nicht dazu dienen, Menschen als »unbildbar« zu stigmatisieren.[41]

Hätten die Worte des Doyens der Intelligenzmessung Gehör gefunden, würden wir über die Erblichkeit der Intelligenz heute vielleicht genauso unaufgeregt diskutieren wie über die Erblichkeit der Körpergröße.

Leider verlief die Geschichte anders. Nicht nur die Behavioristen, auch viele linke Bewegungen, die uns im vergangenen Jahrhundert zu »neuen Menschen« machen wollten, schossen weit über die Fakten hinaus. Noch heute wird manchmal in Abrede gestellt, Gene leisteten überhaupt einen substantiellen Beitrag zur Intelligenz.[42] Diese Ansicht ist allerdings weniger das Produkt der Kenntnis der wissenschaftlichen Literatur, sondern eher eine Art Glaubensbekenntnis, was (auch) als Reaktion auf die Geschichte der vergangenen 150 Jahre verstanden werden kann. Denn noch schlimmer sieht die Bilanz am anderen Rand des politischen Spektrums aus. Sowohl im »Herz der Finsternis«[43] als auch in den Vernichtungslagern der Nazis waren Leute am Werk, die glaubten, die Menschheit aufgrund ihrer biologischen Ausstattung in wertvolle und weniger wertvolle Gruppen einteilen zu können. Von den Kolonisatoren bis hin zu den Nationalsozialisten gingen Teile der politischen Rechten davon aus, Menschen seien Marionetten, die an den Fäden ihrer Gene oder »ihres Blutes« hängen.[44] Nicht nur individuelle Unterschiede zwischen einzelnen Menschen wurden dem Erbgut in die Schuhe geschoben: Zum Credo des Rassismus gehört gar, dass zwischen den verschiedenen Ethnien, Nationen, »Rassen« relevante und systematische, genetisch begründete »Qualitätsunterschiede« existieren. Nun war Rassismus im 19. Jahrhundert keine abseitige Ideologie des rechten politischen Randes. Rassismus war damals »common sense«.[45] Selbst Abraham Lincoln, der die Vereinigten Staaten in den blutigsten Krieg ihrer Geschichte trieb, um die Sklaverei abzuschaffen,[46] war der Meinung, die Weißen seien die »überlegene Rasse«. Lincoln war weiß Gott kein Schurke. Er war schlicht der Überzeugung, die These von der Überlegenheit des weißen Mannes entspräche den Tatsachen. Wissenschaftliche Behauptungen können wahr sein oder falsch. Aber sie sind keine Frage des Geschmacks oder der politischen Einstellung. Und so geht es nicht darum, ob uns der Glaube an die »genetische Überlegenheit« sympathisch ist, vielmehr darum, ob er mit der Realität in Einklang zu bringen ist.

Leider ist gerade die Frage nach der Erblichkeit von Intelligenz nach wie vor vermintes Gelände. Auch heute noch und gerade in Deutschland. Vielen fällt es schwer, Fakten von Haltung zu trennen. Ein unrühmliches Beispiel liefert die Debatte, die ein Buch von Thilo Sarrazin (*1945) 2010 ausgelöst hat. Seine Thesen veranlassten die Bundeskanzlerin, schon wenige Tage nach der

Veröffentlichung des Sachbuchs, öffentlich – kritisch – Stellung zu beziehen, obwohl sie zugeben musste, das Buch zu diesem Zeitpunkt gar nicht gelesen zu haben.

Worum ging es? Der Titel des Werks lautet: *Deutschland schafft sich ab.*[47] Im Text skizziert Sarrazin Deutschland als ein Land im Niedergang, das in »spätrömischer« Manier auf den selbstverschuldeten Untergang zusteuert. Er begründete seine apokalyptische These mit zwei gesellschaftlichen Trends, die genau genommen nicht unmittelbar miteinander zu tun haben. Der erste Trend ist demographischer Natur. Die Deutschen bekommen immer weniger Kinder, mehr Menschen sterben, als geboren werden. Diese Behauptung stimmt,[48] zumindest für die Zeit zwischen 1970 und 2010. Die unweigerliche Folge des Trends: Die deutsche Bevölkerung schrumpft. Daran gibt es wenig zu deuteln – es stellt sich nur die Frage, wie seriös eine Prognose sein kann, die einen Trend unkritisch und linear auf 100 oder gar 300 Jahre in die Zukunft extrapoliert.[49] (Schon heute[50] liegt die jährliche Sterberate wieder unter der Zahl der Geburten). Sinkende Bevölkerungszahlen sorgen ohne Zweifel für Probleme, von den Rentenkassen bis zum Arbeitsmarkt.

Die demographische Prognose alleine hätte das Buch allerdings kaum zum Aufreger gemacht. Für mehr Unruhe sorgte da schon die Behauptung, nicht nur die Zahl, sondern auch die »Qualität« der Neugeborenen gehe nach unten.[51] Nun ist »Qualität« im Hinblick auf neugeborene Kinder ein Begriff, der – vorsichtig ausgedrückt – erklärungsbedürftig ist. Um es auf einen Nenner zu bringen: Sarrazin befürchtet, die Deutschen würden nicht nur weniger, sondern im Durchschnitt auch immer »dümmer«. Diese Prognose leitet er, so seine Worte, aus einem »einfachen Dreisatz« ab.[52] Die Rechnung stellt sich wie folgt: Er stellt – erstens – fest, dass »die beim Menschen gemessenen Intelligenzunterschiede zu 50 bis 80 % erblich« seien.[53] Zweitens sagt er, »in Deutschland [würden] Bildung und Kinderzahl (und damit, wegen der Intelligenzabhängigkeit des Bildungserfolges) auch Intelligenz und Kinderzahl negativ korrelieren«.[54] Daraus schlussfolgert er: Wenn wir nicht gegensteuern und dafür sorgen, dass sich die Schlauen (wieder?) überproportional vermehren, droht aus dem »Volk der Dichter und Denker« ein Volk von Dummköpfen zu werden. Hier nun überschreitet Sarrazin die Grenze der Gesellschaftswissenschaften und wagt sich auf das Terrain der Biologie. Auch wenn er es selbst in

Abrede stellt, diese Argumentation macht ihn durchaus zu einem modernen Wiedergänger von Francis Galton, dem Vater der Eugenik.[55] Obendrein gibt es noch einen pikanten dritten Aspekt, mit dem er zusätzlich Öl ins Feuer der Debatte gegossen hat, die Behauptung nämlich, Zuwanderung, eine im Grunde naheliegende Lösung des Problems, würde im konkreten Fall das Dilemma nicht lösen, sondern sogar verschlimmern.

Sarrazin vertritt nämlich die Ansicht, die Falschen kämen zu uns. Die Falschen, das sind in diesem Fall Muslime. Und zwar, weil in dieser Gruppe von Zuwanderern die »bildungsfernen Schichten« überrepräsentiert seien. Darüber hinaus diagnostiziert Sarrazin bei muslimischen Einwanderern besondere »Integrationsdefizite« und »Integrationshindernisse«, die er allerdings der Religion anlastet. Anders als beim Eugenikvorwurf möchte ich ihn an dieser Stelle gegen den Rassismusvorwurf in Schutz nehmen und eine gewisse Differenzierung seinerseits nicht unterschlagen. Denn er schreibt explizit: »an keiner Stelle [...] behaupte ich, bestimmte ethnische Gruppen seien genetisch bedingt ›dümmer‹ als andere«.

Tatsächlich sind Muslime ja eine Religionsgemeinschaft, zu der sich weltweit über eine Milliarde Menschen unterschiedlichster Ethnien bekennt, eine Gemeinschaft, die biologisch mindestens so heterogen ist wie die Christenheit. Religion ist ein Kulturphänomen. Daher wären auch religiös motivierte Vorbehalte gegenüber dem, was wir unter Bildung verstehen, Kulturphänomene. Der Rassismusvorwurf geht also fehl.[56] Und Vorbehalte gegenüber dem Islam sind nicht Thema meines Buches.[57]

Sarrazins »Verdummungsdreisatz« dagegen sehr wohl. Denn er ist ein wunderbares Beispiel, wie falsch verstandene Biologie, trotz korrekter Zahlen, eine Gleichung aufmacht, die in die Irre führt. Der Dreisatz ist keine Erfindung Sarrazins: »Unter den Arbeitern und Dienstboten gibt es Tausende wie sie. [...]. Diese Knaben sind über bloße Rudimente hinaus nicht bildungsfähig [...]. Zur Zeit ist es nicht möglich, die Gesellschaft davon zu überzeugen, man dürfe ihnen die Fortpflanzung nicht gestatten, obwohl sie aus eugenischer Sicht infolge ihrer ungewöhnlichen Fruchtbarkeit ein ernstes Problem darstellen«. So schrieb mehr als 100 Jahre vor Sarrazin Lewis M. Terman (1877–1956). Natürlich will Sarrazin wiederum niemandem das Kinderkriegen verbieten. Er will die »Fruchtbarkeit der Begabten« fördern.[58] Auch wenn sein Vorschlag sympathischer ist als Termans Variante, die Logik dahinter ist dieselbe. Die Befürchtung, die »genetische Qualität« der Bevölkerung würde sinken, wenn sich die Falschen vermehren, ist ein klassisches Argument der Eugenik.[59]

Lewis Terman war nicht irgendein einsamer, rechtsradikaler Spinner. Er war ein angesehener Psychologe und noch heute bekannt für die Entwicklung des Stanford-Binet-Tests. Damals, in den 1920er Jahren, waren Ansichten wie die Termans akademischer Mainstream. Mehr als das, sie wurden zur »wissenschaftlichen« Grundlage weitreichender politischer Entscheidungen. Im Jahr 1924 unterzeichnete der amerikanische Präsident Calvin Coolidge (1872–1933) unter Druck von Senat und Repräsentantenhaus den Immigration Act of 1924. Dieses Gesetz zielte nicht nur darauf ab, die Einwanderung insgesamt zu begrenzen. Der Immigration Act unterschied vor allem zwischen erwünschten und unerwünschten Einwanderern, nicht etwa hinsichtlich individueller Qualifikation, sondern schlicht aufgrund der ethnischen Zugehörigkeit. Die Zuwanderung von Süd- und Osteuropäern, die zwischen 1890 und 1924 in Scharen in die USA gekommen waren, sollte begrenzt werden. Die Einwanderung von Ostasiaten und Indern wurde völlig untersagt. Mit geringen Änderungen blieb der Immigration Act bis 1965 in Kraft. Das Gesetz war eine politische Entscheidung, die damals nicht gegen, sondern im Einklang mit vielen Stimmen aus der Wissenschaft getroffen wurde. Und so schrieb der britische Statistiker und Psychologe Charles Spearman (1863–1945) 1927 voll des Lobes: »Die allgemeine Schlussfolgerung, die fast jeder Forscher hervorhebt, geht dahin, daß das germanische Blut in Bezug auf ›Intelligenz‹ im Durchschnitt einen beträchtlichen Vorsprung vor dem südeuropäischen hat. Und dieses Ergebnis dürfte praktische Folgen von entscheidender Bedeutung bei der Gestaltung der strengen amerikanischen Gesetze über die Zulassung von Einwanderern gehabt haben.«[60]

Heute lassen Sätze wie diese die meisten Menschen frösteln. Zu Recht. Sie erinnern an die dunkelsten Jahre der deutschen Geschichte. Aber das ist nicht der entscheidende Punkt! Entscheidend ist, dass das Gerede vom »germanischen Blut« nicht (nur) eine politische Geschmacklosigkeit, sondern auch biologischer Nonsens ist.

Die Biologie und die Entwicklung der Vereinigten Staaten in der zweiten Hälfte der 20. Jahrhunderts konterkarierten Spearmans Einschätzung und Termans Prognose. Nachdem der Immigration Act und der Zweite Weltkrieg die Zuwanderung stagnieren ließen, nahm die Zahl der Einwanderer in den

1960er Jahren wieder deutlich zu. Seit den 1960er Jahren veränderte sich nicht nur die Zahl, sondern auch die Herkunft der Einwanderer dramatisch. Waren im Jahr 1970 noch 62 % der im Ausland geborenen Bewohner der USA Europäer, so sank dieser Anteil bis 2000 auf 15 %. Die Hispanics wurden zur größten ethnischen Minderheit der USA.[61] Doch es entbehrt nicht einer gewissen Ironie, dass ausgerechnet die Bevölkerungsgruppe, der der *Immigration Act* von 1924 die Tür vor der Nase zugeschlagen hatte, die größte Erfolgsstory ablieferte. Sowohl der Ausbildungsstand als auch das Durchschnittseinkommen der asiatischen Einwanderer liegen heute nicht nur über dem US-amerikanischen Durchschnitt, sondern sogar über dem Durchschnitt der sogenannten weißen Bevölkerung. Demnach fällt es schwer, die Jahre zwischen 1965 und 2000 als Zeit des Niederganges zu bezeichnen. Im Jahr 2000 waren die Vereinigten Staaten die größte Volkswirtschaft der Erde, die einzige verbliebene Supermacht, eine Industrienation mit einem der höchsten Pro-Kopf-Einkommen der Welt und das Land, in dem nicht nur die meisten Nobelpreisträger, sondern auch die berühmtesten Universitäten der Welt angesiedelt sind.

Wir brauchen nicht einmal diese mittelbaren Indikatoren zu bemühen, um die Befürchtungen der Eugeniker der 1920er Jahre zu konterkarieren. Wir können uns ganz direkt anschauen, wie sich die durchschnittliche Intelligenz der Amerikaner entwickelt hat. Und da findet sich etwas Überraschendes: Der Durchschnitts-IQ der US-Amerikaner stieg zwischen 1930 und 1980 um fast 15 Punkte an! Entdeckt hat diesen Trend der amerikanisch-neuseeländische Politologe James R. Flynn (*1934). Drei Aufsätze, die Flynn im Jahr 1984 publizierte, schlugen ein wie eine Bombe.[62] Flynn war aufgefallen, dass jüngere Jahrgänge, denen man IQ-Tests vorlegte, die 10 oder 20 Jahre zuvor auf einen Mittelwert von 100 normiert worden waren, regelmäßig Ergebnisse erzielten, die über diesem Mittelwert lagen. Entdeckt wurde der Effekt in Neuseeland. Er lässt sich aber in allen westlichen Industrienationen beobachten, unabhängig davon, ob sich die Zusammensetzung der Gesellschaften in dieser Zeit durch Migration verändert hat oder nicht. Über die Gründe für den »Flynn-Effekt« streiten sich die Geister. Eines aber ist vollkommen klar: Es kann nicht an den Genen liegen!

Irgendwas scheint mit dem scheinbar so einleuchtenden »Terman-Sarrazin-Dreisatz« nicht zu stimmen. Aber was? Die Antwort ist in den Kapiteln Eins und Zwei zu finden. Erinnern wir uns: Wie wird Intelligenz vererbt? Gregor Mendel zäumte das Pferd von hinten auf.[63] Merkmale interessierten ihn eigentlich gar nicht. Hätte er versucht, schlaue Mäuse oder pfiffige Hamster zu züchten, wäre er wohl nie auf seine Vererbungsgesetze gestoßen. Ihn interessierte das Merkmal nur als Indikator innerhalb eines Modellsystems, nichts weiter. Ihm ging es um die allgemeinen Prinzipien der Vererbung. Deshalb kreuzte er Erbsensorten.

Mendel hatte doppeltes Glück. Ursprünglich wollte er tatsächlich mit Mäusen experimentieren, aber das wurde von seinem Bischof nicht goutiert, angeblich weil dabei Sex im Spiel sei. Pflanzlicher Sex scheint mit der katholischen Morallehre eher vereinbar. Das Verdikt des Bischofs ersparte Mendel einigen Kummer. Hätte er Mäuse gekreuzt, wäre er vielleicht nie ans Ziel gekommen. Nicht etwa weil die Vererbung von Mäusegenen nicht auch den Mendelschen Gesetzen gehorchen würde, sondern weil es hier weit schwieriger gewesen wäre, entsprechend klar erkennbare Merkmale auszuwählen. Aber nicht nur bei der Wahl des Modellsystems, auch bei der Auswahl der Phänotypen bewies Mendel eine glückliche Hand. Ohne es zu ahnen, hatte er Kriterien ausgewählt, die tatsächlich nur von einem einzigen Gen geprägt und durch Umweltfaktoren kaum beeinflusst werden.

Das ist keine Selbstverständlichkeit. Die Welt der Phänotypen ist viel komplizierter als das mendelsche Modell. Merkmale haben etwas Willkürliches. Sie entstehen im Auge des Betrachters. Fast alles, was uns an unseren Mitmenschen bemerkenswert erscheint, Haarfarbe, Nasenform, Körpergröße oder Temperament, sind Eigenschaften, bei denen viele Gene die Finger im Spiel haben.

Um das Problem zu verdeutlichen, betrachten wir zunächst etwas Einfacheres als die Intelligenz. Nehmen wir die Vererbung von Krankheiten und speziell Erbkrankheiten im engeren Sinn. Hierbei verursacht der Defekt eines einzelnen Gens eine Fehlfunktion, die sich direkt und unausweichlich als Krankheit manifestiert. Die Datenbank OMIM[64] listet über 6000 solcher meist seltener und kaum bekannter (monogener) Krankheiten auf. Solche Krankheiten werden nach den Mendelschen Gesetzen vererbt. Darüber hinaus existiert aber eine ganze Reihe sehr viel bekannterer und häufigerer Krankheiten, für die nur eine ›Disposition‹ vererbt wird.

Was bedeutet das? Diese Krankheiten folgen nicht den mendelschen Erbgängen. Jedoch fällt auf, dass sie in bestimmten Familien überzufällig häufig auftauchen. Noch vor wenigen Jahren wäre es ziemlich hoffnungslos gewesen, die dafür verantwortlichen Gene aufzuspüren. Dank der rapiden Fortschritte bei der DNA-Sequenzierung hat sich das allerdings geändert. Seit einigen

Jahren sind sogenannte genomweite Assoziationsstudien (GWAS) machbar geworden.

Wie funktioniert eine GWAS? Nehmen wir das Beispiel *Morbus Crohn*, eine chronisch entzündliche Darmerkrankung. Zunächst braucht es eine große Gruppe von Testpersonen, die an Morbus Crohn leiden, sowie eine zweite Gruppe gesunder Kontrollpersonen. In beiden Gruppen wird das komplette Genom aller Personen sequenziert. Dann werden die Buchstabensätze der beiden Gruppen verglichen. Fände sich auf Chromosom 10 an Position 111 337 567 bei allen gesunden Probanden ein T, bei allen Crohn-Patienten dagegen ein A, wäre die Sache ziemlich eindeutig: Diese Mutation wäre aller Wahrscheinlichkeit nach für die Krankheit (mit-)verantwortlich.[65] In der Realität kommen solche eindeutigen Zuordnungen[66] aber nicht vor. Näher an der Realität wäre eine Punktmutation, die zum Beispiel bei 65 % der Crohn-Patienten, aber nur bei 18 % der Gesunden zu finden ist. Diese Mutation kann also weder eine notwendige noch eine hinreichende Bedingung für die Entstehung der Erkrankung sein. Ihr Vorhandensein scheint aber das Risiko für die Krankheit zu erhöhen.

Tatsächlich gibt es eine Studie, die die Genome von 6333 Crohn-Patienten mit denen von 10 056 gesunden Probanden verglichen hat. Diese Studie identifizierte 71 Punktmutationen, die das Crohn-Risiko erhöhen. Aber nur bei einem Viertel der Crohn-Patienten war eines dieser 71 Risikoallele nachweisbar. Drei Viertel der Kranken trugen keine der entsprechenden Mutationen.[67] Dieser Befund war eine Überraschung. Untersuchungen zur Erblichkeit der Erkrankung hatten den genetischen Anteil am Risiko, zu einem Crohn-Patienten zu werden, deutlich höher als 25 % berechnet. Wir sind dieser seltsamen Diskrepanz schon weiter oben begegnet. Das Phänomen der sogenannten »Missing Heritability« tritt bei GWAS-Studien regelmäßig auf, egal ob nach den Genen für Diabetes, Fettleibigkeit oder Morbus Crohn gesucht wird.

Was bedeutet das für die Suche nach Genen für Intelligenz? Hier ist die Sache noch vertrackter. Bisher[68] ist es keiner GWAS-Studie gelungen, auch nur annähernd alle Gene zu identifizieren, die für den genetischen Anteil an der Varianz des IQs verantwortlich sind. Im Jahr 2013 wurde eine gigantische Studie publiziert, die sich zum Ziel gesetzt hatte, Genvarianten zu identifizieren, die mit einem höheren Bildungsstand assoziiert sind.[69] In dieser Studie wurden die Genome von sage und schreibe 126 559 Versuchsteilnehmern untersucht. Die Genvariante mit dem größten Einfluss auf den Bildungsstand ist gerade einmal für 0,02 % der Variation des Merkmals verantwortlich. Alle identifizierten Genvarianten zusammengenommen erklärten nur 2 % der Variabilität. Trotz der gewaltigen Zahl der Probanden blieben also 98 % des errechneten erblichen Anteils im Dunklen.[70] Erst als eine Gruppe von Verhaltensgenetikern auf die Idee kam, alle bis dato publizierten GWAS-Studien zum Thema mit über einer Million Individuen miteinander zu vergleichen,[71] war das untersuchte Kollektiv mächtig genug, um auch Gene zu finden,[72] die nur winzige Beiträge zur genetischen Varianz der Intelligenz liefern. Werden alle diese Krümel aufsummiert, können etwa 10 % der Gesamtvarianz der Intelligenz oder etwa ein Fünftel des erblichen Anteils an der Varianz tatsächlich konkreten Genen zugeordnet werden.[73] 80 % des erblichen Anteils an der Varianz des IQs bleiben also immer noch unbestimmt.[74]

Intelligenz wird von sehr vielen Genen beeinflusst. Wer hätte das gedacht? Das gilt vermutlich für alle kognitiven oder affektiven menschlichen Merkmale. Um die Sache noch komplizierter zu machen: Intelligenz ist ein Produkt vieler Gene, die ihrerseits in einer Weise mit Umweltfaktoren interagieren, die wir noch nicht einmal im Ansatz verstehen. Daher ist es grottenfalsch, wenn Sarrazin schreibt, »dass Kinder ihre intellektuelle Ausstattung von ihren Eltern gemäß der Mendelschen Gesetze erben« würden.[75]

Der Punkt ist: Je komplexer die Erblichkeit eines Merkmals, desto mehr entzieht es sich raschen Veränderungen durch Selektion. Wer biologisch argumentiert, sollte Grundkenntnisse in Biologie besitzen. Und wissen, dass selbst in isolierten Populationen unter günstigen Bedingungen bei konstantem Selektionsdruck hunderte von Generationen nötig sind, bis sich funktionell bedeutsame genetische Veränderungen durchsetzen können. Nun ist Deutschland alles andere als ein isoliertes Bergtal. Menschen wandern ab und zu, und so kommen ständig Einkreuzungen in unserem Genpool vor. Das sind keine guten Nachrichten für Leute, die Genies züchten wollen. Dafür müssen wir aber auch nicht befürchten, unsere Gesellschaft degeneriere binnen weniger Generationen (biologisch), wenn die sogenannten bildungsfernen Schichten mehr Nachwuchs zeugen als die Akademiker.

Wir haben gelernt, dass *fehlende Erblichkeit* verschiedene Ursachen haben kann. Da wäre zum ersten die Beteiligung sehr vieler Gene. Je mehr Gene bei der Ausprägung eines Merkmals zusammenarbeiten, desto relevanter wird das mächtige statistische Prinzip, das wir als »Regression zur Mitte« kennengelernt haben. Wenn zwei hochintelligente Menschen Kinder bekommen, dann haben diese Kinder eine gute Chance, ebenfalls überdurchschnittlich klug zu sein. Je weiter die Intelligenz der Eltern aber zum Extrem tendiert, desto höher ist die Wahrscheinlichkeit, dass die Kinder nicht ganz so schlau sind wie ihre superklugen Eltern. Ein Kind von Albert Einstein und Marie Curie wäre kein Garant für weitere Nobelpreise und auch der Nachwuchs von Andre Agassi und Steffi Graf[76] wird die Tenniswelt vermutlich nicht noch einmal Jahrzehnte in Atem halten. Je mehr Gene ein Merkmal prägen, desto geringer wird die Wahrscheinlichkeit für eine sehr günstige Konstellation, sich in der Folgegeneration wiederholen oder gar übertreffen zu können. Das gilt glücklicherweise auch im umgekehrten Fall. Ein Elternpaar, bei dem beide am unteren Rand der Begabungsskala rangieren, hat ganz gute Chancen, Kinder zu zeugen, die etwas schlauer sind als sie selbst.[77]

Polygenie und die Regression zur Mitte sind nicht die einzigen Gründe, warum der Terman-Sarrazin-Dreisatz nicht aufgeht. Ein weiterer Grund ist die Art und Weise, wie Gene miteinander kooperieren und wie sie zu Merkmalen werden. Wir können die Beiträge einzelner Gene nicht einfach zusammenzählen. Neben additiven Wirkungen gibt es eine ganze Reihe nicht-additiver Effekte, die entstehen, wenn mehrere Gene ein Merkmal prägen. Einen einfachen nicht-additiven Effekt hat schon Gregor Mendel entdeckt, das Phänomen der *Dominanz*. Demnach treten heterozygote Allelpaare auf, bei denen nur eine der beiden Elternvarianten ihre Wirkung entfaltet. In Gegenwart des dominanten Allels fällt die Wirkung des zweiten, rezessiven Allels einfach unter den Tisch. Dominanzeffekte verringern die Ähnlichkeit zwischen Eltern und Kindern oder zwischen Geschwistern. Verhaltensgenetiker schätzen, 15 % bis 20 % der genetischen Varianz der Intelligenz seien auf dominante Allele zurückzuführen.[78]

Wir dürfen auch nicht vergessen, was Gene eigentlich tun. Sie entfalten ihre Wirkung immer nur mittelbar. Sie produzieren Eiweiße, die miteinander in komplexen Funktionszusammenhängen interagieren. Und da gibt es – wie beim Fußball – Konstellationen, die gut miteinander harmonieren und andere nicht. Dieses Phänomen nennen die Genetiker *Epistase*. Der Psychologe und Verhaltensgenetiker David Lykken (1928–2006) trieb die Idee der besonders glücklichen Konstellation auf die Spitze und prägte dafür den schönen Begriff *Emergenese*. Die Idee kam ihm, als er besonders frappierende Übereinstimmungen zwischen eineiigen Zwillingen untersuchte. Lykken nahm an, die Mischung elterlicher Allele erzeuge manchmal einzigartige Konstellationen, die ihren Trägern herausragende Eigenschaften verleihen, ungewöhnliche Kreativität, eine besondere Begabung für Malerei, Mathematik oder Musik, ein extremes sportliches Talent, etwas, was aber in dieser Form nicht auf die nächste Generation vererbt werden kann, weil diese spezielle Allelkonstellation mit dem Tode ihrer Träger unwiederbringlich verloren geht. Herausragende Qualitäten, die durch *Emergenese* entstehen, passen in kein Erblichkeitsmodell. Sie lassen sich nicht züchten.

Zu guter Letzt muss daran erinnert werden, dass nicht nur Gene untereinander, sondern auch mit der Umwelt in einer Weise zusammenwirken, bei der das Resultat nicht als Summe der Einzelbeiträge berechnet werden kann. Wir treffen hier auf verschiedene Formen von Interdependenz. Die einfachste Form des Zusammenspiels ist rein passiver Natur, stellt aber eine Art Korrelation von Gen und Umwelt her. Wenn musikalische Eltern Kinder bekommen, erben diese nicht nur die genetischen Komponenten des Musiktalents. Sie wachsen auch in einer Umgebung auf, in der Musikalität geschätzt und gefördert wird.

Ein martialischeres Beispiel für Gen-Umwelt-Wechselwirkungen ist der Streit um das sogenannte »Krieger-Gen« Monoamino-Oxidase-A (MAO-A).[79] Das MAO-Gen codiert für ein Enzym, das Serotonin abbaut, wie wir weiter oben erfahren haben. Mäuse, bei denen das MAO-Gen »ausgeknockt« wurde, zeigen hyperaggressives Verhalten und verstärkte Furchtreaktionen. Ähnliche Zusammenhänge konnten Verhaltensgenetiker in der bereits vorgestellten holländischen Familie beobachten. Gleichzeitig fiel Ethnologen auf, dass kriegerische Auseinandersetzungen in traditionellen Maori-Kulturen relativ häufig sind.[80]

Und in diesem Zusammenhang begann jemand eins und eins zusammenzuzählen: Sind die Maoris womöglich Opfer ihrer Gene? Tatsächlich ist in diesem Volksstamm eine wenig aktive Variante des Enzyms Monoamino-Oxidase-A überzufällig häufig anzutreffen.

Sind die Maoris also genetisch zur Aggression disponiert?[81] Das wäre wieder zu einfach! Nicht jeder Maori verfügt über die »kriegerische« MAO-A-Variante. Und nicht jeder Maori mit dieser Variante verhält sich überdurchschnittlich aggressiv. Der Punkt ist: Die Effekte verschiedener MAO-A-Varianten lassen starke Gen-Umwelt-Wechselwirkungen erkennen. Der Verhaltensgenetiker Avshalom Caspi von der Duke University analysierte den MAO-Status einer größeren Gruppe, wie bereits geschildert, und gelangte ob der Frage, ob die MAO-A-Variante tatsächlich etwas damit zu tun hatte, dass diese Menschen sich antisozialer oder aggressiver verhalten als andere, zu der Antwort: Ja aber.[82]

Noch komplizierter wird es, wenn Gene sich ihre Umwelt zurechtlegen.

Diese Art der Interaktion kann man reaktiv oder *evokativ* nennen.[83] Ein Kind, das ein großes musikalisches Talent geerbt hat, provoziert unter Umständen diesbezüglich verstärkende Reaktionen seiner Umwelt. Eltern schicken es zu Klavierstunden, Lehrer melden das Kind bei Talentwettbewerben an. Allgemein formuliert, die genetischen Anlagen induzieren eine soziale Umwelt, die ihrerseits verstärkend auf die Anlage wirkt. Ein schlaues Kind wird mit anderen Aufgaben oder mit anderer Lektüre konfrontiert, als ein Kind, das von seiner Umwelt als unterdurchschnittlich begabt eingeschätzt wird. Je näher ein Mensch dem Erwachsenenalter kommt, desto stärker kommt noch eine dritte Art von Interaktion ins Spiel. Der begabte Jugendliche sucht sich aktiv die Umgebung, in der sich sein Talent entfalten kann. Bewegungsbegabte Zwei-Meter-Männer werden Profi-Basketballer, das Mathetalent nimmt ein Physikstudium auf und Menschen, die vor Einfällen nur so sprühen oder gerne andere an die Leine nehmen, werden vielleicht Theaterregisseur.

Die Furcht vor der Herrschaft der Dummen ist ein uralter Topos. Gerade das sollte uns misstrauisch machen. Betrachten wir die Entwicklung der Menschheit seit der Jungsteinzeit, so sehen wir alles andere als Degeneration. Legen wir langfristige Maßstäbe an, so müssen wir feststellen, dass die Menschheit erstaunlich erfolgreich ist,[84] so sehr, dass der Erfolg langsam selbst zum Problem wird. Eben deswegen denkt eine Spezies erstmals darüber nach, ihr Wachstum zu ihrem und zum Wohle des Planeten aktiv zu begrenzen. Legen wir nicht biologische, sondern kulturelle oder technologische Maßstäbe an, sind die Fortschritte noch erstaunlicher. Trotz einzelner, teils auch verheerender (zeitlich und lokal begrenzter) Rückschläge ist die Menschheitsgeschichte eine Fortschrittsgeschichte, zumindest wenn wir keine zu enge historische Perspektive einnehmen.[85] Seit etwa 400 Jahren vermehrt sich das Wissen über die Welt exponentiell. Parallel dazu entwickeln sich die technologischen Fähigkeiten.[86] Unsere Lebenserwartung hat sich in den vergangenen 150 Jahren nahezu verdoppelt.

Kassandrarufer, die den Niedergang prophezeien, gibt es seit Jahrtausenden. Das mag viele Gründe haben, teils psychologische,[87] teils solche, die aus sehr speziellen sozialen und historischen Kontexten erwachsen sind. Wenn der vermeintliche Niedergang aber darwinistisch begründet wird, beruht das meist auf einem Denkfehler, der die Perspektiven vermischen lässt. Natürlich findet Evolution auch beim Menschen statt. Ein schönes Beispiel ist die Entwicklung der Laktosetoleranz nach Einführung der Milchwirtschaft (siehe oben). Evolution braucht aber viel mehr Zeit, vor allem wenn es sich um komplexe polygen geprägte Merkmale wie die kognitive Leistungsfähigkeit handelt.

Blicken wir auf Zeiträume von mehreren 100000 Jahren, sehen wir, dass die Gehirne der verschiedenen Hominidenspezies tatsächlich immer größer geworden sind. Parallel zu den wachsenden Gehirnen beobachten wir immer komplexere Formen des sozialen Zusammenlebens und eine Zunahme der technologischen Fähigkeiten.[88] Diese Entwicklungen haben ohne Zweifel (auch) eine genetische Basis. Die Zunahme des Hirnvolumens ist ein Trend, der sich auf dem Weg der verschiedenen Arten von Australopithecinen und Hominiden, aber nicht innerhalb der Spezies Mensch beobachten lässt. Natürlich ist die Geschichte voll von Hochkulturen, die aufgestiegen und wieder untergegangen sind. Aber nicht nur die Auslöser, sondern auch die Mechanismen solcher Formen des Niedergangs sollten in der Kultur und nicht in der Biologie gesucht werden. Der Untergang des Römischen Reiches hat sicher nichts mit der Veränderung der Allelfrequenzen[89] innerhalb der römischen Civitas zu tun. So sei an das Gebot erinnert, die Biologie nicht überzustrapazieren. Römische Geschichte ist etwas für Historiker und nicht für Evolutionsbiologen. Über Zeiträume von mehreren 100000 Jahren betrachtet, war Intelligenz ohne Zweifel ein adaptives Merkmal im Sinne der Evolutionsbiologie.[90] Allerdings wurde bisher immer Intelligenz und nicht Dummheit selektiert.[91] Und es wäre doch sehr seltsam, wenn sich dieser Megatrend plötzlich ins Gegenteil verkehren sollte.

Gute Gene, schlechte Gene?
Die vergebliche Suche nach dem perfekten Genom

Galtons und Termans dysgenische Befürchtung, die Menschheit würde degenerieren, weil sich die Falschen vermehrten, ist nicht eingetreten. Ich bin ganz zuversichtlich, dass das auch für Sarrazins Prognose gelten wird.

Was aber, wenn die Evolution die Menschheit längst in leistungsfähigere und weniger leistungsfähigere Gruppen eingeteilt hätte? Genetisch bedingte Unterschiede zwischen Individuen lassen sich nicht wegdiskutieren. Die Frage nach genetisch determinierten »Qualitätsunterschieden« zwischen ganzen Gruppen hat dagegen eine ganz andere Sprengkraft. Gäbe es entsprechende Merkmale, hätte der Rassismus[92] plötzlich eine wissenschaftliche Grundlage und wäre mehr als krude Ideologie.

Natürlich gibt es *phänotypische* Unterschiede zwischen Europäern, Asiaten oder Afrikanern, die wir den Genen verdanken. Nehmen wir die Hautfarbe. Solche Unterschiede sind aber das Produkt einiger weniger Gene, deren Allelfrequenzen sich durch lokale Adaptionen an sehr spezifische und ziemlich eindimensionale Selektionsbedingungen verändert haben: In äquatornahen, sonnenreichen Gegenden überwiegen die Vorteile dunkler Haut, in den sonnenarmen, polnahen Landstrichen haben hellhäutige Menschen bessere Karten.[93] Diese Merkmale sind aber punktuelle Anpassungen an divergente Selektionsdrücke, mit denen der *Homo sapiens* konfrontiert wurde, als er Afrika verließ und sich binnen kurzer Zeit über die Erde ausbreitete.[94] Die begrenzte Zahl der Gene, die hinter solchen offensichtlichen Distinktionsmerkmalen stecken, ist so etwas wie die Insel der Varianz in einem großen Meer genetischer Ähnlichkeit.

Wenn wir auf die restlichen 20000 Genloci blicken, müssen wir feststellen, dass die genetische Varianz zwischen einzelnen Individuen *innerhalb* einer Gruppe oft größer ist als der statistisch zwar nachweisbare, aber geringe systematische Unterschied zwischen verschiedenen Ethnien oder gar Nationalitäten.

Phänotypen wie die Hautfarbe können in die Irre führen, wenn wir daraus den Verwandtschaftsgrad ableiten wollen. Auf den ersten Blick würden die meisten Menschen Afrikaner und australische Aborigines für enger verwandt halten als Afrikaner und Europäer. Das Gegenteil ist jedoch der Fall.[95] Nehmen wir die Wanderungsbewegungen des *Homo sapiens* nach seinem Aufbruch aus Afrika in den Blick, wird klar, warum das so ist.

Nun ist der moderne Rassismus zu einer Zeit entstanden, die keine Gene kannte. Die Menschen des 18. und 19. Jahrhunderts sahen dunkle oder helle Haut, Menschen mit kurzen oder langen Nasen, mit schlitzartigen oder ovalen Augen und teilten die Menschheit nach solchen Merkmalen in Gruppen ein. Allerdings ist es kein Wunder, dass diese Kategorisierung die tatsächliche biologische Verwandtschaft höchst unzureichend abbildet. Die große Unterstellung des Rassismus ist, hinter solchen Äußerlichkeiten würden sich systematische kognitive oder Persönlichkeitsunterschiede verbergen. Die Schwierigkeit dabei fängt jedoch schon bei dem Wörtchen *Rasse* an. Bevor wir uns Gedanken machen, was eine Menschen-»Rasse« im Sinne der Biologie sein könnte, müssen noch einmal einige Fakten zur Genetik in Erinnerung gerufen werden:

Erstens: Der Mensch ist eine genetisch sehr homogene Tierart. Kein Wunder. Wir sind eine junge Art. Das genetische Repertoire der Menschheit geht auf eine kleine Gründerpopulation zurück, die vor kaum mehr als 250 000 Jahren gelebt hat.

Zweitens: Erst mithilfe moderner gentechnischer Methoden lassen sich überhaupt genetische Kriterien definieren, die Menschen mit einer gewissen Verlässlichkeit einer bestimmten Volksgruppe zuordnen können. Diese Differenzierungskriterien beruhen im Wesentlichen auf sogenannten *neutralen Markern.* Neutrale Marker sind Polymorphismen in Bereichen der DNA, die *keine* Gene enthalten. Solche neutralen Abschnitte verändern sich nach dem Zufallsprinzip, weil sie eben nicht der Selektion unterliegen.[96] Wenn wir nur die 5 % der DNA betrachten, die für Eiweiße codieren, dann lässt sich ein Individuum auf dieser Basis noch nicht einmal sicher einer bestimmen ethnischen Gruppe zuordnen. Die systematische Varianz zwischen den Gruppen ist mithin geringer als die zufällige Varianz zwischen Individuen innerhalb einer Gruppe. So ist es durchaus möglich, dass sich zwei Sachsen genetisch stärker voneinander unterscheiden als ein Sachse und ein Syrer.

Hinzu kommt, dass die genetische Distanz zwischen Populationen zwar mit der räumlichen Distanz zunimmt, diese Korrelation aber alles andere als perfekt ist. Der genetische Abstand wächst mit dem geographischen oft eher stetig als diskontinuierlich. Demnach gibt es wenige geographische Grenzen, die genetischen Grenzen zwischen zwei Gruppen von Menschen entsprechen würden.[97] Je näher wir den Genen kommen, desto mehr zerfällt der Begriff der »Rasse«. Wenn wir viele neutrale Punktmutationen anschauen, lässt sich die Menschheit in einige große Gruppen einteilen, die in grob bestimmten geographischen Regionen verortet werden können, mehr auch nicht. Diese Unterschiede sind statistischer Natur. Das bedeutet: Bei weitem nicht jedes Individuum ist eindeutig einer bestimmten Gruppe zuzuordnen. Echte und systematische funktionelle Unterschiede zwischen Gruppen gibt es wenige. Und wenn, dann handelt es sich meist um Anpassungen an lokale Gegebenheiten wie Klima, lokale Ernährungsgewohnheiten oder an lokal vorherrschende Krankheiten. Beispiele sind die gehäufte Prävalenz des Sichelzellanämiegens in Malariagebieten, die Laktasepersistenz in Viehzüchterkulturen oder eben die dunkle Hautfarbe als Anpassung an ein sonnenreiches

Klima. Diese Beispiele zeigen auch, dass solche punktuellen, aber augenfälligen genetischen Unterschiede oft quer zu den genetischen Großclustern liegen, die über unseren Verwandtschaftsgrad Aufschluss geben. Die Laktasepersistenz ist mindestens viermal unabhängig voneinander in ganz unterschiedlichen Ethnien »erfunden« worden.

Wir sollten den Ball also flach halten. Selbst wenn es zwischen Ethnien[98] winzige systematische und genetisch begründete Unterschiede hinsichtlich Intellekt oder Temperament gäbe, wären diese so gering, dass sie bei der Beurteilung einzelner Menschen bedeutungslos, weil ohne jeden praktischen prognostischen Wert wären. Schauen wir auf die Gene, können wir die Menschheit nicht in diskrete Klassen einteilen. Obwohl der Begriff der »Menschenrasse« längst aus dem Wörterbuch der Biologie gestrichen wurde, tappen viele Zeitgenossen immer noch in die Rassismusfalle. Dahinter steckt sicher mehr als nur dürftige Biologiekenntnisse. Vielleicht ist sogar die Natur der Sprache nicht ganz unschuldig: Sprache beschreibt die Welt mithilfe von Begriffen, die Grenzen ziehen: Eine Rose ist eine Rose, ein Mensch ist ein Mensch, ein Deutscher ein Deutscher. Unser Gehirn liebt es, die schillernde und quecksilbrige Realität zu reduzieren und in Form scheineindeutiger Klassen abzubilden. Das Populationsdenken der Biologie, das statistische Denken,[99] ist dem Alltagssprachgebrauch fremd.

Der kleine Unterschied?

Eine Ausnahme gibt es! In einer Hinsicht hat die Natur die Menschheit doch in zwei zumindest genetisch klar getrennte Gruppen aufgeteilt. Für die Biologie ist das Geschlecht[100] keine soziale Konstruktion, sondern eine aufgrund biologischer Kriterien relativ klar definierte dichotome Kategorie.[101] Allerdings ist es auch hier nur eine Hand voll Gene, die den berühmten »kleinen Unterschied« verantworten. Nicht viel, angesichts der restlichen 20000, die bei Männern und Frauen identisch sind. In der Regel entwickelt sich aus dem kleinen genetischen Unterschied immerhin ein äußerlich mehr oder weniger klar erkennbarer Geschlechtsdimorphismus und klar verteilte (biologische) Rollen rund um die Fortpflanzung. (Biologische) Frauen können schwanger werden und Kinder austragen, Männer nicht.[102] In der Evolutionsgeschichte war die Erfindung der Geschlechter ein Ereignis von fundamentaler Bedeutung. Die Evolution hat sich so etwas Kompliziertes wie den Sex nicht ohne Grund »ausgedacht«.[103] Egal ob Maus oder Mensch, es sind immer dieselben biologischen Kriterien, die den Status Mann oder Frau definieren. Auf dieser Ebene, der Ebene der Gene, der reproduktiven Funktionen oder der Anatomie, über Geschlecht als soziale Konstruktion zu sprechen, ist einigermaßen lächerlich. Ob und wie sich diese biologischen Kategorien im Verhalten und der Wahrnehmung der eigenen Geschlechterrolle niederschlagen, das steht auf einem anderen Blatt.

Die Existenz zweier biologischer Geschlechter bedeutet natürlich nicht, auch die Vorliebe für Captain Sharky oder Prinzessin Lillifee müsse biologische Ursachen haben. Denn jetzt befinden wir uns plötzlich zwei Stockwerke weiter oben, nicht mehr auf der Ebene von Genen, Molekülen oder Zellen, sondern beim menschlichen Verhalten und seinen Grundlagen. Hier ist der sozialwissenschaftliche Begriff *Gender* zuhause. Wenn wir über Anatomie oder Reproduktion reden, besteht zwischen Genotyp und Phänotyp eine ziemlich eindeutige Beziehung. Nahezu alle Menschen mit XY-Chromosomen entwickeln Hoden, mit XX-Chromosomen Eierstöcke.[104] Suchen wir jedoch nach Korrelationen zwischen geschlechtsdefinierenden Genen und menschlichem Verhalten, ist die Sache viel, viel komplizierter.

Fangen wir einfach an. Nehmen wir zur Illustration des Problems etwas viel Simpleres als Verhalten. Wenn wir *zufällig*[105] 1000 Frauen und 1000 Männer auswählen und deren Muskelmasse bestimmen, werden wir feststellen, dass sich die Mittelwerte der Gruppen nicht zufällig unterscheiden: Im *Durchschnitt* haben Frauen etwa 20 % weniger Muskelmasse als Männer. Dieser Unterschied ist letztendlich genetischer Natur und leicht zu erklären. Im männlichen Kreislauf zirkulieren deutlich höhere Konzentrationen des Hormons Testosteron. Testosteron hat muskelaufbauende, »anabole«, Wirkung.[106]

Aber was hilft die Kenntnis des Geschlechts bei der Beurteilung eines Einzelfalls? Unter Umständen herzlich wenig. Das liegt daran, dass die Einzelwerte stark um den Mittelwert schwanken. So gibt es männliche Herkulesse und zarte Damen, es gibt aber auch die umgekehrten Paarungen. Statistiker sprechen von der *Streuung* oder der *Varianz* einer Stichprobe. Wie hoch die Vorhersagekraft des systematischen (statistischen) Unterschied zwischen den Gruppen im Einzelfall ist, hängt also nicht nur davon ab, wie sehr sich die Mittelwerte der Gruppen unterscheiden, sondern auch davon, wie stark die Werte innerhalb der Gruppe um den Mittelwert streuen. Aus der Relation zwischen dem Abstand der Mittelwerte und der Streubreite können Statisti-

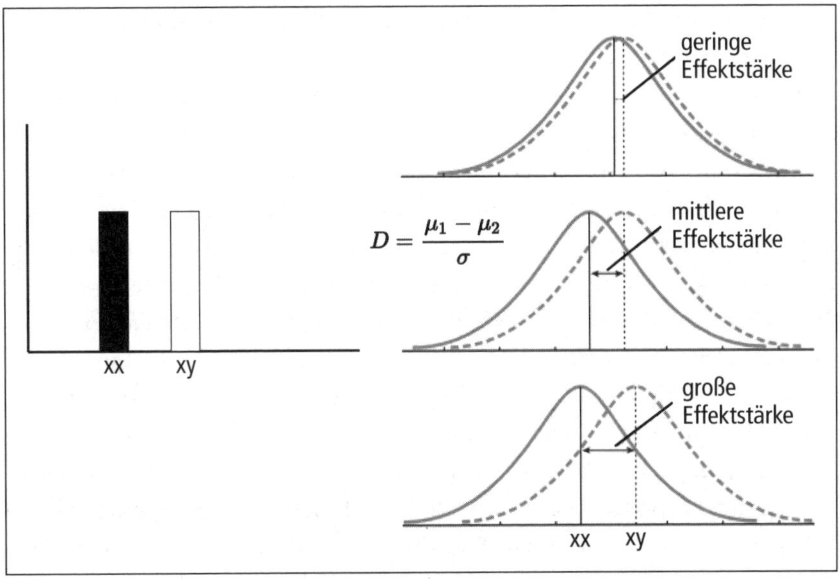

Abb. 1: Effektstärke – Einfluss einer dichotomen Kategorie (Geschlecht) auf die Verteilungen und die Mittelwerte der phänotypischen Merkmale der beiden Gruppen (xx + xy)

ker einen Wert errechnen, den sie *Effektstärke* (oder auch Cohen's D)[107] nennen [D = (Mittelwert 1 – Mittelwerte 2)/Varianz].

Wenn der Unterschied zwischen den Mittelwerten hoch und die Streuung gering ist, hat die Kategorie Geschlecht einen großen Einfluss auf die Ausprägung des betreffenden Merkmals. Je enger die Mittelwerte beieinander liegen und je flacher die Kurven verlaufen, desto belangloser ist das Kriterium Geschlecht in diesem Zusammenhang. Nehmen wir an, die untere Kurve in Abbildung 1 würde die Verteilung der Muskelmassen in einer Gruppe von 1000 Männern und 1000 Frauen wiedergeben. Wie müssten wir die Grafik dann interpretieren?

Erstens: Die Muskelmasse der Männer liegt im Durchschnitt (Mittelwert!) etwa 20 % über dem Durchschnittswert der Frauen (Abstand der Mittelwerte μ^1 (xx) – μ^2 (xy)). Trotz dieser Differenz gibt es, zweitens, viele Frauen, die eine höhere Muskelmasse haben als der »Durchschnittsmann« (alle Individuen unter der durchgezogenen Linie rechts des Mittelwerts xy). Umgekehrt gibt es eine ganze Reihe von Männern, deren Muskelmassen unter dem Durchschnitt der Frauen liegen. Betrachten wir die ziemlich große Gruppe von Menschen (Männern und Frauen), die im zeltförmigen Überlappungsbereich beider Gruppen liegen, bestehen in dieser Untergruppe gar keine statistischen Unterschiede zwischen Mann und Frau. Ein letzter Punkt: Nur eine sehr kleine Gruppe von Männern erreicht extrem hohe Muskelmassen, die die Spitzenwerte aller Frauen übertreffen.[108] Warum dieses Beispiel? Die Muskelmasse ist ein realer, vergleichsweise ausgeprägter, genetisch begründeter Unterschied zwischen Männern und Frauen. Dieser Unterschied ist ausgeprägter als fast alle angeblichen geschlechtsspezifischen Unterschiede, die Affekte, Kognition, allgemein biologisch mitgeprägtes Verhalten betreffen. Das Wissen um die Mittelwerte hilft hier für eine Entscheidung im Einzelfall oft nicht weiter. Wenn ich eine Waschmaschine in den Keller zu tragen hätte, würde ich bei Serena Williams klingeln, nicht bei meinem dürren, männlichen Untermieter, der seit der Schule keine Turnhalle von innen gesehen hat. Anders als Dreiecke sollten Gruppen von Ethnien, Nationalitäten, Geschlechter also nie als homogene, invariante und eindeutig festgelegte Klasse von Lebewesen betrachtet werden. Das lehrt die Evolutionsbiologie. Menschen bilden Populationen, die aus verschiedenen Individuen bestehen. Das Populationsdenken ist unserer Spezies in vieler Hinsicht angemessener als philosophischer Essentialismus. Das ist mehr als eine Spitzfindigkeit. Wenn wir über Unterschiede zwischen Menschen und zwischen Gruppen von Menschen nachdenken, muss klar sein, dass wir über statistische Unterschiede reden. Die Differenzierung zwischen statistischen und kategorialen Unterschieden ist nicht jedermanns Sache. Ein Paradebeispiel für eine solche Trennschwäche lieferte unlängst Janusz Korwin-Mikke (*1942), ein Europaabgeordneter der polnischen PIS-Partei, der in einer Parlamentsdebatte vollmundig erklärte, es sei in Ordnung, ja geradezu notwendig, wenn Frauen [pauschal] weniger verdienen, weil sie »kleiner, schwächer und weniger intelligent seien als Männer«.[109] Dem Abgeordneten scheint die negative Korrelation von Körperkraft und Einkommen im 21. Jahrhundert nicht nur entgangen zu sein. Er hat auch sonst ein Problem mit den Fakten. Während er bei der Größe und Körperkraft zwar (statistisch betrachtet) recht hat, gibt es den behaupteten pauschalen Intelligenzunterschied zwischen Männern und Frauen so nicht! Selbst wenn es biologisch begründete statistische Intelligenzunterschiede zwischen den Geschlechtern gäbe, wäre ihre Effektstärke so gering, dass sie sich in dem Konvolut von Erbe und Erziehung vermutlich verlieren würden. Ein Blick in die Wirklichkeit zeigt außerdem, dass (fakultative) biologische Unterschiede massiv durch kulturelle Komponenten überlagert werden. Wer in Afghanistan Tests zur Lese- oder Rechenfähigkeit zwölfjähriger Kinder durchführt, muss sich nicht wundern, wenn Mädchen schlechter abschneiden. Soweit muss man gar nicht reisen. Im Deutschland der 1950er Jahre machten weit mehr Jungs als Mädchen Abitur. Im Jahr 2019 ist es nicht nur umgekehrt; die Mädchen haben obendrein auch noch (wieder statistisch) die besseren Noten. Kultur, Kultur, Kultur!

Noch ein vorletzter und ein letzter Punkt zum Thema. Wer sich bescheidet und den Moloch Intelligenz in Teilleistungen wie arithmetische Fähigkeiten, räumliches Vorstellungsvermögen, sprachliche Ausdrucksfähigkeit oder Merkfähigkeit zerlegt, der kann tatsächlich auf dem einen oder anderen Feld kleine, vermutlich biologisch begründete Unterschiede zwischen den Geschlechtern messen. Aber auch hier ist die Effektstärke des Faktors Geschlecht nicht nur relativ gering, das Pendel schlägt auch, je nach Aufgabentyp, mal zugunsten der Jungs, mal zugunsten der Mädchen aus.[110] Um den letzten Punkt zu illustrieren, noch einmal die Körpergröße. Männer sind größer als Frauen. Aber Holländer sind auch größer als Sizilianer. Erwachsene sind größer als Kinder und Dreißigjährige sind größer als Neunzigjährige. In manchen Gesellschaften sind Reiche größer als Arme. Selbst die Körpergröße ist also auch genetisch von vielen Parametern abhängig. Alle diese Parameter ziehen und zerren das Merkmal in verschiedene Richtungen. Und sie ziehen unterschiedlich stark.[111]

ZWEITE SCHLUSSFOLGERUNG: MACHT UND OHNMACHT DER GENE

Die erste Lektion aus Genetik und Evolution heißt: Beziehungen zwischen Gen und Merkmal sind kompliziert, vor allem was die menschlichen Eigenschaften angeht, die für dieses Buches interessant sind. Daher ist auch die Frage nach der Bedeutung von Erbe und Erziehung kompliziert. Fast immer haben beide ihre Finger im Spiel. Wenn, wie bei der menschlichen Intelligenz, der Einfluss von *Nature* und *Nurture* in Form einer dürren Prozentzahl angegeben wird, dann verschleiert das die wahre Natur dieser Mesalliance. Denn beide Faktoren entfalten ihre Wirkung nicht unabhängig voneinander.

Die zweite Lektion: Es gibt keine »optimalen Genome«. Gene sind Anpassungen an sich wandelnde Erfordernisse. Gut oder schlecht ist eine Frage des Kontextes. Gut oder schlecht (im Sinne der Evolutionsbiologie) ist außerdem ein eindimensionaler Begriff. Die Selektion optimiert unser Genom immer nur unter einem Gesichtspunkt, dem Fortpflanzungserfolg. Gene liefern keine Maßstäbe, wie Menschen *»sein sollten«*. Perfektion ist immer normativ. Sie liegt im Auge des Betrachters. Selbst wenn wir den Menschen »genetisch optimieren« könnten, wer dürfte sich anmaßen, »Zuchtziele« festzulegen? Jedes »Zuchtziel« wäre ein Kind seiner Zeit. »Zäh wie Leder, hart wie Kruppstahl«, die Ideale der Nazis wirken heute, wo selbst militärische Stärke vor allem ein Produkt aus Wirtschaftskraft und Technologie ist, eher lächerlich.

Einzelne Gene beeinflussen oft gleichzeitig viele verschiedene Merkmale. Und viele Merkmale werden durch eine große Zahl von Genen geprägt (Pleiotropie und Polymorphismus!). Deshalb würden alle »Optimierungsversuche«, die sich auf ein einzelnes Merkmal oder auf ein bestimmtes Gen kaprizieren, unter dem Problem von Zielkonflikten[1] leiden. Wenn Obstbauern oder Viehzüchter Sorten oder Rassen züchten, dann haben sie ein klares, aber meist eindimensionales Zuchtziel. Sie wollen mehr Milch, mehr Gemüse oder eine Resistenz gegen bestimmte Schädlinge. Kollateralschäden, wie sie durch Maximierung einer bestimmten Eigenschaft fast zwangsläufig entstehen, sind hier von untergeordneter Bedeutung, solange sie das Zuchtziel nicht gefährden. Dabei interessiert nicht, ob die gute Milchkuh langsam und träge ist und in freier Wildbahn sofort einem Raubtier zum Opfer fallen würde. Sie steht im Stall. Selbst wenn sich ihre Lebenserwartung durch die Optimierung der Milchmenge um 20 % verkürzt, sie aber doppelt so viel Milch pro Jahr gibt, wäre das Zuchtziel erreicht.

Derart eindimensionale Perspektiven auf den Menschen verbieten sich. Der genetisch optimierte Mensch ist also vor allem ein Denk- und Kategorienfehler, Menschenzucht keine gute Idee. Das genetische Schicksal der Menschheit sollten wir getrost der Natur überlassen. Sie hat uns ziemlich weit gebracht.[2]

Wenn wir auf die Gene einer Gesellschaft blicken, wäre – aus der Perspektive der Fitness – allenfalls die Vielfalt einer Population ein objektives »Qualitätskriterium«. Der vielleicht einzige wirklich dauerhaft gültige Ratschlag der Evolutionstheorie an eine Spezies lautet: Sei flexibel!

Das wäre die dritte Lektion: In der Biologie zählt Vielfalt, nicht Reinheit! Nicht umsonst hat die Natur ein so kompliziertes Fortpflanzungsprogramm wie den Sex erfunden. Sex ist eine einzige, riesige genetische Lotterie, die individuelle Merkmale immer wieder neu zusammenmischt. Bezeichnenderweise spielt der Begriff der »Rasse« in der Biologie praktisch keine Rolle. Das biologische Analogon zu einer »reinen Rasse« sind Monokulturen oder Inzuchtstämme, beides außerordentlich gebrechliche Artefakte. Sie sind das Gegenteil von robust, weil sie nicht die (genetische) Flexibilität besitzen, um dauerhaft auf Veränderungen der Umwelt reagieren zu können.

Die vierte Lektion lautet: Wir sollten aufpassen, nicht über das Ziel hinauszuschießen, wenn wir die Ebenen durcheinanderwerfen. Die Wissenschaft von den Genen ist auch eine Lektion in Demut. Die Kenntnis der drei Milliarden genetischer Buchstabenfolgen hat uns nicht zum gläsernen Menschen gemacht. Daneben existieren viele Facetten menschlichen Verhaltens, die zwar genetische Voraussetzungen haben, die sich aber auf der Ebene der Gene nicht erklären lassen.

Vieles von dem, was wir tun, ist von *proximalen* Motiven getrieben, die von keinem Gedanken an die biologische »Fitness« beeinflusst sind. Schließlich besteht keine nachvollziehbare Beziehung zwischen der Vorliebe für Mozart und der Abneigung gegen Wagner und Cordhosen und einem bestimmten genetischen Code. Wer menschliches Verhalten erklären möchte, muss aufpassen, nicht verführerischen, aber substanzlosen Analogien auf den Leim zu gehen. Oft sind die Phänomene, die mit dem Genom in Beziehung gesetzt werden, in unserem Weltengebäude Stockwerke über der Ebene der Moleküle angesiedelt, so dass diese Beziehung höchst mittelbar ist. In diesem Zusammenhang ist es wichtig, auf den Unterschied zwischen einem Merkmal mit hohem »Erblichkeitsgrad« und der Varianz vererbter Merkmale hinzuweisen. Zwei schöne Beispiele des Philosophen Ned Block (*1942) und des Neurobiologen Robert Sapolsky illustrieren, was ich damit meine. Zunächst ein Merkmal, das stark vererbt wird, dessen Varianz aber einen niederen Erblichkeitsgrad hat:

Gene sorgen dafür, dass (fast) alle Menschen fünf Finger haben. Die Erblichkeit der tatsächlichen Zahl der Finger ist aber gering. Um es mit Sapolsky zu sagen, die Information, jemand arbeite Tag für Tag an einer Kreissäge, sagt unter Umständen mehr über die Zahl seiner Finger aus als seine Gene. Umgekehrt würde die Information über den Chromosomensatz eine zuverlässige Prognose erlauben, ob die betreffende Person bei der Abschlussparty des Abiturjahrgangs 1956 Ohrringe getragen hat oder nicht.[3] Trotzdem sind »Ohrringe« natürlich keine erblichen Merkmale. Ein anderes Beispiel ist der Deichbau in den Niederlanden im 16. und 17. Jahrhundert. Ein Deich nutzt wenig, wenn nur das eigene Grundstück vom Meer abgegrenzt wird. Erst die kollektive Anstrengung einer ganzen Nation schafft den Schutz, von dem schließlich alle profitieren. Trotz vieler Analogien ist der Bau der Deiche natürlich kein unmittelbar evolutionsbiologisches Phänomen. Der Bau der Deiche hat viel mehr mit der Verfasstheit der niederländischen Gesellschaft im 17. Jahrhundert, ihren technischen Möglichkeiten und ihren kulturellen, sozialen und politischen Gegebenheiten zu tun. Die kognitiven und sozialen Fähigkeiten, die Menschen zum Bau von Deichen befähigen, haben natürlich ihre Wurzeln in der Biologie. Aber das konkrete Projekt ist ein Produkt niederländischer Kultur.

Die fünfte und vielleicht wichtigste Lektion steckt in einem schönen Zitat des Schriftstellers Elie Wiesel (1928–2016): »Wir dürfen [einen einzelnen] Menschen nie als Abstraktion betrachten.«[4] Was bedeutet das im Hinblick auf unsere Gene? Männer sind in aller Regel größer als Frauen. Das ist eine Tatsache, und verantwortlich dafür sind vor allem die Gene. Aber wir reden hier über statistische Wahrheiten. Die Aussage bedeutet nicht, dass ein bestimmter Mann automatisch größer sei als eine bestimmte Frau. Das ist trivial und wird kaum in Abrede gestellt, wenn wir über so unverfängliche Dinge wie Körpergröße reden. Der Unterschied zwischen Mittelwerten und den realen Unterschieden zwischen einzelnen Menschen wird oft vergessen, wenn es um Merkmale aus dem Minenfeld kognitiver oder affektiver Eigenschaften geht. Ich höre, wie es in den Köpfen klick macht. Die Kugel fällt entweder ins eine oder ins andere Loch, wenn wir lesen »Frauen führen anders«, »Männer können nicht zuhören« oder wenn am Stammtisch vom »peniblen Deutschen«, vom »heißblütigen Spanier« oder dem »cleveren Juden« die Rede ist. In dem Moment, in dem eine Gruppe von Menschen auf die dritte Person Singular reduziert wird, ist die Denkfalle zugeschnappt. Während die Kategorie des (biologischen) Geschlechts wenigstens eine genetische Grundlage hat, sieht es bei der Rasse als reale biologische Kategorie dünn aus. Im 19. Jahrhundert, der »großen« Zeit des wissenschaftlichen Rassismus, hatten die Forscher Menschen vor sich, von denen sie glaubten, sie könnten sie aufgrund weniger phänotypischer Merkmale in klar unterscheidbare Kategorien (= Rassen) einteilen. Sie wussten nicht, dass Hautfarbe oder Nasenform von nur wenigen Genen geprägt werden.[5] Vor Darwin war unser Denken stark von Platon geprägt. Für ihn lag die Realität hinter der Mannigfaltigkeit der Dinge. Nicht das Tier auf der Weide ist das wahre Pferd, sondern die platonische Idee des Pferdes, die durch ganz bestimmte Kriterien definiert ist. Nicht nur Platon, auch die Natur der Sprache sorgt für unsere Neigung, in Kategorien zu denken, wenn wir über Pferde, Katzen oder Menschen sprechen. Das Denken in Begriffen zieht Grenzen. Weder die Sprache noch die platonische Idee wird der Realität der Biologie gerecht. In der Biologie gibt es keine platonischen Körper, keine idealen Pferde, kein ideales Genom, keine platonische Idee eines Menschen. In der Biologie gibt es Populationen von Individuen, die bezüglich ihrer Merkmale variieren. Und es liegt in ihrer Natur, dass solche Gruppen an ihren Rändern unscharf sind.

Die Beziehung zwischen Gen und Merkmal ist schillernd und kompliziert. Denn es gibt noch einen ganz wesentlichen Grund, warum das Wissen um die Buchstabenfolge unserer Gene uns oft herzlich wenig über viele unsere Eigenschaften und Merkmale verrät: Gene sind keine Akteure, die allein auf weiter Flur stehen.

Neben dem Blick in die Zellen des Körpers gibt es nichts, was deren Kontextabhängigkeit deutlicher zeigt. Alle Zellen haben dieselben Gene. Ihre Gestalt, Eigenschaften, Aufgaben und ihr Verhalten könnten kaum unterschiedlicher sein. Woran liegt das? Um es mit den Worten von Robert Sapolsky zu sagen: »Zu behaupten, ein Gen ›entscheide‹, wann es [aktiv][6] wird, ist so, als würde man sagen, ein Rezept entscheide, wann ein Kuchen gebacken wird.«[7] Die Sache droht unübersichtlich zu werden. Höchste Zeit, den Blick auf die Bühne zu lenken, auf der die Gene das Drama des Lebens zur Aufführung bringen.

TEIL III
ZELLEN

»Den Menschenstoff gemächlich komponieren.
In seinen Kolben volutieren,
Und ihn gehörig kohobieren,
So ist das Werk im Stillen abgetan.«
Johann Wolfgang von Goethe[1]

WAS IST LEBEN?[2]

Wie könnte der Menschenstoff aussehen? Menschen aus dem »Kolben«, aus der Retorte, ist das denkbar? Treten wir ein Stückchen zurück und fragen erst einmal bescheidener: Was ist Leben und wie entsteht es? Was unterscheidet Lebewesen von unbelebten Dingen? Eines ist sicher: Das Baumaterial ist es nicht. Menschen bestehen aus Kohlenstoff, Sauerstoff, Wasserstoff und Stickstoff. Dazu ein wenig Schwefel, Phosphor und Chlor und eine Prise verschiedener Metalle und Spurenelemente. Die Liste der chemischen Zutaten ist unspektakulär. Sie ist kürzer als die Liste der Ingredienzien eines ordentlichen Hochzeitsmenus. Heruntergebrochen auf die Ebene der Atome sind wir nichts als Sternenstaub.

Das Geheimnis des Lebens scheint jenseits der Materie zu liegen, in einer fernen, transzendenten Welt. Leben war lange Zeit ein Mysterium. Dieses Mysterium ist eine der wesentlichen Quellen religiösen Denkens. Bis heute ist es niemandem gelungen, Leben aus anorganischem Material zusammenzusetzen.[3] Kreaturen wie Mary Shelleys Frankenstein oder Rabbi Lövs geheimnisvoller Golem sind die Erfindungen phantasiebegabter Geschichtenerzähler. Eines ist diesen Kopfgeburten gemeinsam: Sie sind die Produkte eines planenden Schöpfers. Ihnen wurde das Leben eingehaucht, von außen, als etwas der Materie Wesensfremdes, sei es durch göttlichen Atem, durch einen diabolischen Funken oder durch kabbalistische Zauberei.

Für Charles Darwin war die Entstehung der Arten das größte aller Geheimnisse. Die Evolutionstheorie hat dieses Geheimnis enträtselt.[4] Genau genommen ist damit aber nur das halbe Problem gelöst. Im Dunkeln bleibt der Ursprung, die Entstehung des allerersten Wesens, das sich selbst vervielfältigte, den ersten Dreiklang von Vervielfältigung, Variation und Selektion erzeugte, der die Evolution in Gang setzte. Darwin konnte über die Anfänge des Lebens kaum vernünftig spekulieren. Von diesem Problem war die Wissenschaft Mitte des 19. Jahrhunderts Meilen entfernt. Das mag ein Grund dafür sein, warum selbst die katholische Kirche inzwischen recht freimütig seine Theorie der Evolution als Tatsache anerkennt.[5] Denn dort, ganz am Anfang, musste Darwin eine Leerstelle lassen. Dort schien Platz für den Schöpfer zu sein.

Auch wenn die Ursprünge des ersten Lebewesens immer noch im Halbdunkel liegen, inzwischen ist die Biologie jedoch über das Stadium ratloser Spekulation hinaus. Was aber wissen wir?

Erstens: Das Leben entstand auf unserem Globus vermutlich nur ein einziges Mal. Alles, was danach kam, sind Variationen des einen ursprünglichen Themas.[6]

Zweitens: Die Quintessenz des Lebens ist kein geheimnisvolles *Fluidum vivum*, nichts was Lebewesen bei der Zeugung immer wieder neu eingehaucht werden müsste. Leben ist kein Import aus einer anderen Welt, die unabhängig von oder jenseits der Materie existiert. Leben ist vielmehr eine Eigenschaft von Materie, wenn auch eine sehr spezielle.

Drittens: Die Evolution als eigendynamischer Prozess und die Entwicklung von Lebewesen nahmen Fahrt auf, als sich Materie in einer ganz bestimmten Art und Weise organisierte und eine *Gestalt*[7] annahm, die ihr eine neue, bisher nicht gekannte Eigenschaft verlieh.

Diese Eigenschaft möchte ich *Information* nennen. Die Information, von der ich rede, besteht in einer »Handlungsanleitung«.[8] Sie treibt Strukturen dazu, von sich beständig neue Kopien herzustellen. Die Qualität der Information entscheidet darüber, wie erfolgreich ihre Selbstverdopplung ist. Diese Information hat eine materielle Basis, aber einen immateriellen Kern, ihre *semantische Dimension*. Denn Information ist übersetzbar und daher in gewisser Hinsicht von ihrem materiellen Träger emanzipiert. Kurzum, wir haben hier einen klassischen Fall von *Emergenz*.[9] Leben ist eine Eigenschaft der Materie, allerdings keine, die im selben Stockwerk wie die Physik und Chemie der Atome und Moleküle beheimatet ist. Das Grundthema des Lebens heißt Information. Sie ist das *Fluidum vivum*. Das Leben entstand und die Evolution nahm Fahrt auf, als Materie zum Speicher und zum Überträger solcher Informationen wurde.

EXKURS **DAS ALTE DILEMMA VON HENNE UND EI**

Wie entsteht eine sich selbst verdoppelnde Struktur? Diese Frage führt mitten hinein in ein altes philosophisches Problem, in das Paradoxon des *infiniten Regresses*. Der darwinsche Dreiklang von Fortpflanzung, Varianz und Selektion erklärt wunderbar die eigendynamischen Prozesse, die immer komplexere Formen von Lebewesen hervorbringen. Das Konzept der *Gene* liefert die materielle Basis der *Erbinformation*. Wir haben gesehen, wie die Erbinformation strukturiert ist und wie sie funktioniert. Wenn wir das ganze Drumherum einmal vergessen, stehen wir am Ende vor zwei Typen von Molekülen, die beide ohne das andere nicht können. Die DNA, organisiert in Form von Genen, liefert den Bauplan für Proteine. Die Proteine konstituieren wiederum den komplizierten Apparat, der die Sprache der Gene in die Sprache der Proteine übersetzt und so die Vervielfältigung der Gene erst ermöglicht. Ohne Gene keine Proteine, ohne Proteine keine Gene. Henne oder Ei? Wer war zuerst da?

Die Situation scheint so vertrackt, dass lange Zeit nur ein Schöpfer den Ausweg aus dem Dilemma weisen konnte. Aber Schöpfungsmythen sind Scheinlösungen. Dem Problem des infiniten Regresses entkommen wir auch mit Gottes Hilfe nicht. Meine Tochter hat das Problem im Alter von sechs Jahren auf den Punkt gebracht. Als ich mich mit ihr, inspiriert durch den Religionsunterricht, über die Genesis unterhielt, zog sie nachdenklich ihre Nase in Falten, um dann mit der Frage herauszuplatzen: »Ja aber, wer hat eigentlich Gott gemacht?«

LUCA oder: Wer hat eigentlich Gott gemacht?

»Die Erde war wüst und wirr und Finsternis lag über der Urflut«.[10] Diese Beschreibung aus der Genesis ist gar nicht so weit weg von der realen Szenerie, damals vor etwa 3,8 Milliarden Jahren. Die Erde war in der Tat wüst und wirr und von Wasser bedeckt. Der Globus taumelte mit irrwitziger Geschwindigkeit um seine eigene Achse. Nur war es nicht mehr finster. Ein Erdentag dauerte allerdings kaum sechs Stunden. Am düsteren Himmel hing eine riesige Blutorange, der Mond, der erst kurz zuvor[11] aus einem gewaltigen Asteroideneinschlag heraus entstanden war und der Erde noch deutlich näherstand als heute. Die Sonne fand kaum durch die trübe Atmosphäre hindurch, die angefüllt war mit Staub und Dunst. Menschen hätten auf dieser Erde keine fünf Minuten überlebt. Der Erdatmosphäre fehlte es an Sauerstoff! Aus dem endlosen Urmeer ragte allenfalls der eine oder andere Vulkan. Aber unter der Oberfläche des Meeres brodelte es. Der Meeresboden war von Schloten und Rissen durchzogen. Magma und heiße Gase strömten überall ins Wasser.[12]

Dieses bizarre Szenario, so fern der ruhigen Lebenswelt des Planeten unserer Tage, war die Bühne, auf der das Leben in Erscheinung trat. Diese Bühne stellt für Forscher, die sich mit der Entstehung selbstreplizierender chemischer Systeme beschäftigen, in mehrfacher Hinsicht eine Herausforderung dar. Nicht nur dass wir uns den konkreten physikalischen Bedingungen dieser Zeit nur annähern können. Die damalige Erde war auch ein einzigartiges chemisches Labor, eines, das alle Dimensionen sprengt – und zwar sowohl im Raum wie in der Zeit. Solche Bedingungen lassen sich niemals im Experiment nachkochen, allenfalls winzige Ausschnitte davon.

Das über Jahrmillionen köchelnde Riesenlabor vor Augen, stellt sich die Frage, wie wahrscheinlich die spontane Entstehung eines ersten chemischen Selbstreplikators sein muss, um Eingang in eine ernst zu nehmende Theorie über die Entwicklung des Lebens zu finden. Durchaus kann das Ereignis so unwahrscheinlich sein, dass ein Forscher es in seinem Labor im Laufe seines Forscherlebens niemals reproduzieren könnte. Aber auch ein unwahrscheinliches Ereignis kann sich in etwas fast Zwangsläufiges verwandeln, wenn viele 1000 Suppen in Hexenküchen 100 Millionen Jahre lang brodeln. Zeit und Raum gab es genug.

Auch wenn wir das Experiment nicht wiederholen können, wir können das Szenario zumindest eingrenzen. Wir wissen, dass die frühesten Funde fossiler Bakterien aus einer Zeit vor etwa 3,4 Milliarden Jahren datieren. Die ersten Replikanten müssen also in einem Zeitfenster vor vier bis 3,4 Milliarden Jahren entstanden sein. Was damals wirklich ablief, wissen wir (noch) nicht. Bekannt ist allerdings die Chemie der heutigen Moleküle des Lebens, der DNA, der RNA und der Proteine. Wir können Etappen definieren und versuchen herauszufinden, wie die jeweiligen Konstrukte aus einfacheren Vorläufern entstanden sein könnten. Biologen und Chemiker sind keine Historiker. Sie wollen keine konkreten Ereignisse *en détail* rekonstruieren. Ihnen geht es um Gesetze, die beschreiben, wie solche Übergänge unter bestimmten Bedingungen ablaufen können.

Im selben Jahr, als das exzentrische Duo Watson & Crick die Doppelhelix entdeckte, führte der Chemiker Stanley Miller (1930–2007), damals Doktorand des Nobelpreisträgers Harold Urey (1893–1983), ein Experiment durch, das ebenfalls für Furore sorgte. Miller nahm vier einfache Zutaten, von denen er glaubte, sie müssten auf der präbiotischen Erde reichlich vorhanden gewesen sein. Er füllte einen Glaskolben mit Wasser und einer Mischung von Ammoniak, Methan und Wasserstoff. Diesem System führte er Energie in Form von elektrischen Entladungen zu, die die Blitze in der Uratmosphäre simulieren sollten. Nach einigen Wochen analysierte er das Gebräu. Das Ergebnis übertraf alle Erwartungen. Der Kolben enthielt Aminosäuren, also genau die Buchstaben, aus denen das Alphabet der Proteine zusammengesetzt ist. Üblicherweise werden die Resultate chemischer Experimente nur innerhalb eines engen Kreises eingeweihter Spezialisten wahrgenommen. Das Miller-Urey-Experiment schaffte es allerdings damals bis auf das Titelblatt des *Time Magazine*.

War das der Beginn des Lebens? War es so einfach? Die Katerstimmung nach dem Knall ließ nicht lange auf sich warten. Zum einen stellte sich heraus, dass die Uratmosphäre gar nicht so reich an Ammoniak und Methan war, wie Miller und Urey angenommen hatten. Wichtiger ist aber der Einwand des Biochemikers Nick Lane (*1963): Die Idee von der Ursuppe »ist tückisch, weil sie unsere Aufmerksamkeit von den eigentlichen Grundlagen des Lebens ablenkt. Nehmen wir eine keimfreie Dosensuppe und lassen sie einige Millionen Jahre stehen. Wird sich Leben entwickeln? Nein.«[13] Genau das Gegenteil würde passieren: Die Bestandteile der Suppe würden sich immer weiter zersetzen, von großen organischen Molekülen hin zu ihren kleinen Bruchstücken.

Das Problem liegt auf einem ziemlich abstrakten, aber zentralen Feld der Chemie, der *Thermodynamik*. Die Gesetze der *Thermodynamik* schränken die Freiheiten chemischer Reaktionen ein und drängen ihnen Vorzugsrichtungen auf. Wie Regen, der auf eine Gebirgslandschaft fällt und sich einen Weg ins Tal sucht, streben chemische Systeme hin zu immer tieferen Energieniveaus. Mit anderen Worten, eine chemische Reaktion läuft spontan ab, wenn dabei Energie frei wird. Das ist der Grund, warum unsere Wohnungen warm werden, wenn wir Holz oder Kohle im Ofen verfeuern. Wärme ist die wichtigste Währung, wenn mit Energie gehandelt wird.

Neben der Energie gibt es aber noch eine zweite Größe, die in der Welt der Chemie etwas zu sagen hat. Wasser fließt nicht spontan den Berg hinauf, und ebenso wenig räumen sich Kinderzimmer von selbst auf.[14] Dass die Welt zur Unordnung hinstrebt, ist mehr als eine Binsenweisheit genervter Väter. Dahinter steckt das zweite Prinzip der Thermodynamik. Die Neigung zur

Unordnung ist die zweite fundamentale Kraft, die der Chemie eine Richtung gibt. Spontan verändern sich chemische Systeme von der Struktur zum Chaos, von der Ordnung zur Unordnung.[15] Gase verteilen sich in immer größeren Volumina, Feststoffe lösen sich in Flüssigkeiten und große Moleküle zerfallen zu kleinen. Da dieses Phänomen mit dem Wort *Unordnung* nur unzureichend beschrieben ist, verwenden Chemiker den Begriff der Entropie.

Die Gesetze der Thermodynamik scheinen das Leben zu erschweren. Alles strebt hin zu Zuständen niederer Energie und maximaler Unordnung. Große geordnete Strukturen, die zu chemischen Replikatoren werden könnten, sind aber das Gegenteil von niederen Energieniveaus und maximaler Unordnung. Sie sind hoch geordnet und haben eine Menge chemischer Energie in Form der vielen Bindungen gespeichert, die solche großen Moleküle zusammenhalten. Wenn wir chemische Systeme als geschlossene Systeme mit einigen wenigen Reaktionspartnern, abgeschottet von der Außenwelt, betrachten, so, wie es unter Laborbedingungen oft der Fall ist, muss eine spontane Entstehung großer geordneter, »energiereicher« Strukturen am Veto der Thermodynamik scheitern.

Die Verhältnisse in der wirklichen Welt vor knapp vier Milliarden Jahren waren aber anders. Die Situation war eher mit der globalisierten Weltwirtschaft zu vergleichen. Überall liefen Geschäfte ab, Hände wuschen andere Hände. Es wurde produziert, gehandelt und getauscht. Ein Deal zog den nächsten nach sich. Dinge (Moleküle) wurden produziert, weiterverkauft, modifiziert, veredelt, transformiert und manchmal auch als Teil einer neuen Struktur in immer größere Konstrukte eingebaut. Einzelne Reaktionen oder Transaktionen waren Elemente langer Ketten oder auch ringförmiger Prozesse. Bezahlt wurde in der Weltwährung *Energie*. Wie im wahren kapitalistischen Leben gibt es dabei Gewinner und Verlierer. An vielen Stellen wird Energie verbraucht, dafür aber an anderem Ort auf kleinem Raum akkumuliert. Energie kann, wie Kapital auch, eine anti-entropische, asymmetriefördernde Wirkung entfalten.

In der Weltwirtschaft nehmen wir allzu ausgeprägte Akkumulationen zunehmend als Problem war. In der Chemie waren sie die Eintrittskarte in eine höhere Welt, in die Welt der Biologie. Wenn chemische Prozesse in Reihe geschaltet oder auch kreislaufartig aneinandergekoppelt werden, unterliegt das Gesamtsystem immer noch den strengen Regeln der Thermodynamik. Aber wie in einem System korrespondierender Röhren kann in Teilabschnitten Wasser auch einmal den Berg hinauf fließen. Hinzu kommt, dass diesem System durch Sonne und Erdwärme auch Energie von außen zugeführt wurde.

So viel zur Theorie. Das Miller-Urey-Experiment zeigt, wie sich aus einfachen, kleinen, anorganischen Molekülen spontan komplexere organische Moleküle in Form von Aminosäuren entwickeln können, wenn Energie in Form elektrischer Entladungen zugefügt wird. Insofern ist es ein überzeugendes Dokument dafür, dass Ordnung entstehen kann, wenn dafür ein Preis in Form von Energie entrichtet wird. Nicht mehr, nicht weniger.

Selbst wenn wir annehmen, etwas Ähnliches wäre in der Ursuppe vor knapp vier Milliarden Jahren tatsächlich passiert, sind wir dem Problem von Henne und Ei damit nicht viel nähergekommen. Aminosäuren sind relativ kleine Moleküle, weit davon entfernt, spontan und ohne strukturgebende Matrix größere Aggregate wie Proteine zu bilden. Und die DNA selbst ist ein träges Molekül, das ohne die Hilfe spezieller Proteine keine große Neigung zu spontaner Vermehrung zeigt.

Erst Mitte der 1980er Jahre tat sich ein möglicher Ausweg aus diesem Dilemma auf. Die Aufmerksamkeit fiel plötzlich auf ein Molekül, das bis dato nur in der bescheidenen Rolle des Mittlers zwischen den Welten von DNA und Proteinen wahrgenommen wurde.[16] Genau wie die DNA bestehen die Bausteine der RNA aus drei Komponenten, den vier Nukleinbasen A, U (statt T), G und C, einem Zuckermolekül (Ribose statt Desoxyribose) und einem Phosphatmolekül. Wir haben sie im vorigen Kapitel bereits kennengelernt. Nukleinbasen können spontan aus Zyanid, Acetylen und Wasser entstehen – einfache anorganische Verbindungen, die in der Ursuppe reichlich vorhanden gewesen sein dürften. Die Synthese der Ribose ist ein kniffeligeres Problem, weil dieser Zucker recht labil ist und in alkalischer Umgebung rasch zerfällt. Der in Harvard forschende Kolumbianer Alonso Ricardo hat diese Nuss allerdings unlängst geknackt und gezeigt, wie die Ribose stabilisiert worden sein könnte. Die letzte Zutat der Nukleinsäurebausteine, das Phosphat, könnte aus dem Weltall beigesteuert worden sein. Glanzeisen ist ein seltenes Mineral, das aber in Meteoriten in hoher Konzentration vorkommt und bei Korrosion in Wasser Phosphat in geeigneter Form freisetzt.[17]

Die Bausteine der RNA waren also vorhanden. Was RNA aber tatsächlich zum heißesten Kandidaten für die Wahl zum Molekül des Lebens macht, wurde erst Ende der 1980er Jahre deutlich. RNA bildet in der Regel keine Doppelhelices, dafür kürzere Stränge, die sich auf komplexe Weise falten und wie ein Katalysator wirken können. Katalysatoren sind eine Art chemischer Heiratsvermittler. Sie stiften Verbindungen zwischen zwei Reaktionspartnern, die ohne ihre Hilfe nie zusammenkommen würden, weil sie unter normalen Umständen an den hohen Hürden der Thermodynamik scheitern. Katalysatoren können den Energiebedarf chemischer Reaktionen dramatisch herabsetzen und so die Energiebilanz eines Systems manchmal sogar auf den Kopf stellen.

Auch heute noch spielt katalytisch-wirkende RNA in Form sogenannter *Ribozyme* eine eminent wichtige Rolle. *Ribozyme* sind Katalysatoren, die helfen, RNA-Botschaften in die Sprache der Proteine zu übersetzen. *Ribozyme* können aber auch die Entstehung von komplementären RNA-Strukturen erleichtern, also Kopien ihrer selbst anfertigen. So könnte ein Duo aus zwei kurzen, komplementären und sich wechselseitig katalysierenden RNA-Strängen tatsächlich der lange gesuchte gemeinsame universelle Vorfahr aller Lebewesen sein. Die akronymverliebten Wissenschaftler nennen dieses sagenhafte Molekül schlicht und fast zärtlich LUCA (*last universal common ancestor*).[18]

Noch allerdings sind nicht alle Lücken geschlossen. Noch ist die Idee der LUCA-RNA eine Hypothese, jedoch eine Hypothese, die einiges für sich hat. Sie würde den Gordischen Knoten zerschlagen und das Dilemma von Henne und Ei in Wohlgefallen auflösen. Unlängst haben daher Chemiker versucht, LUCA-RNA im Labor nachzubauen. Einer Gruppe des Scripps Research Institute in LaJolla/Kalifornien gelang die Synthese zweier *Ribozyme*, die ohne weitere Hilfe gegenseitig Kopien des komplementären Partners erzeugten.[19] Der Beginn des Lebens in der RNA-Welt würde demnach nicht nur das Henne-Ei-Problem lösen, sondern auch die universelle Gültigkeit des Codes erklären. Egal ob Bakterien, Zitterpappeln oder Seeelefanten, alle verwenden dasselbe dreispaltige Wörterbuch, in dessen mittleren Spalte die RNA steht und die Brücke zwischen DNA- und Proteinwelt schlägt.

Von LUCA hin zum vorläufig letzten Glied der Genealogie, dem staunenden und denkenden Menschen, zieht sich eine ununterbrochene Kette von Proto-Lebewesen und Lebewesen, die sich nach den Gesetzen der Evolution entwickelt hat. Am Ende steht ein Wesen, das beginnt, über seinen eigenen Ursprung nachzudenken. Solange uns die treibenden Kräfte dieser Entwicklung fremd waren, griffen wir zu Erklärungen, die nicht von dieser Welt sind. Viele der gängigen menschlichen Konzepte von Gott sehen in *ihm* mehr als einen abstrakten letzten Grund aller Existenz. Wenn dieser Gott aber nur das Produkt einer tiefen menschlichen Sehnsucht nach Erklärung ist, wäre es umgekehrt. Dann war es womöglich die erste sich selbst verdoppelnde RNA, die am Ende ihn erschaffen hat.

Die verlorene Stadt

Ein Kandidat ist also gefunden. Um das Szenario plausibel zu machen, fehlen noch einige Zutaten. Von LUCA bis zum ersten echten Lebewesen, einer Zelle, ist der Weg noch weit. Zellen sind mehr als selbst verdoppelnde Abfolgen chemischer Buchstaben. Die Zutaten auf dem Weg zum »Atom des Lebens«, dem ersten einzelligen Lebewesen, waren Zeit, Raum, Energie und Materie. RNA-Ketten entstehen in wässriger Lösung nicht spontan. Dieser Schritt ist auf die Zufuhr von Energie angewiesen. Um fragile Konstrukte wie längere Nukleotidketten entstehen zu lassen, bedarf es einer Art beschützender Werkstatt.

Irgendwo in dem gewaltigen, tosenden Urmeer muss es einen solchen geschützten Ort gegeben haben, wo alle Partner zusammenkommen und zusammenbleiben konnten. Im offenen Wasser wären die Protagonisten sofort auseinander diffundiert und hätten nie die kritischen Konzentrationen erreicht, die für die Entstehung von Zellen notwendig sind.

Wir suchen also das biochemische Paradies, einen Ort, der Schutz bietet, der Energie zur Verfügung stellt und den Nachschub von entsprechenden Baumaterialien liefern kann. Über diesen fast mythischen Ort streiten sich die Gelehrten noch. Geochemiker wie der Amerikaner Mike Russell vermuteten solche Orte am Grunde des Urmeers, dort, wo Meerwasser ins poröse Mantelgestein des jungen Planeten dringt. Das Wasser sickert ins Gestein, wird erhitzt, reagiert mit den Mineralien, und es entstehen Gase. Die Hitze und die Gase treten aus sogenannten hydrothermalen Schloten wieder ins Meer aus. An den Austrittsöffnungen, wo das warme, basische, mineralienreiche Gas-Flüssigkeits-Gemisch auf das kalte Meerwasser trifft, entstehen groteske mineralische Gebilde mit unzähligen Blasen und Kammern, die von heißen mineralischen Lösungen, Gas und kaltem Meerwasser durchströmt werden.

Als in Tynnagh in Irland 3,5 Milliarden Jahre alte Gesteinsformationen aus dem Urmeer gefunden wurden, stürzte Russell sich auf diese Proben und schnitt sie in unendlich dünne Scheibchen, um sie unter dem Elektronenmikroskop zu untersuchen. In den Dünnschliffen fand er tatsächlich unzählige kleine Kammern, etwa in der Größe einzelner biologischer Zellen, die in einem gewaltigen Labyrinth miteinander vernetzt waren.

Die Existenz basischer Schlote im Urmeer war lange nur eine Vermutung, die sich auf Gesteinsablagerungen wie die aus Tynnagh stützte. Vor knapp

15 Jahren stieß ein Team von Wissenschaftlern an Bord des Tauchboots *Atlantis* knapp 15 km vom mittelatlantischen Rücken entfernt genau auf diesen Schlottyp. Der größte der Schornsteine war fast 60 m hoch. Die Forscher tauften diesen archaischen geochemischen Dom tief unten am Grund des Atlantiks passenderweise *Lost City*. Als sie den Dom näher untersuchten, war es fast keine Überraschung mehr: In den winzigen Kammern von Lost City regte sich vielfältiges bakterielles Leben.

Kammern wie die der verlorenen Stadt scheinen der ideale Brutplatz für frühes Proto-Leben zu sein.[20] Baumaterial und Energie sind im Übermaß vorhanden. Die Schlote setzen neben Kohlendioxid auch reinen Wasserstoff frei, ein wegen seiner Reaktionsfreudigkeit sonst auf dem Planeten seltenes Gut. Daher laufen dort chemische Reaktionen ab, bei denen organische Moleküle entstehen und trotzdem noch Energie frei wird. All das vollzieht sich in einem Milieu, das geprägt ist von elektrochemischen und thermischen Gradienten. Die Wände des vielkammerigen Hohlsystems waren wohl tapeziert mit Eisen-Schwefel-Verbindungen, die als Elektronenvermittler dienen und als effiziente chemische Zwischenhändler fungieren konnten. Enge Spalten zwischen mineralischen Schichten könnten Räume geboten haben, deren Adhäsionskräfte wie eine Matrix wirken, an der sich einzelne RNA-Bausteine zu Ketten aneinander gelagert haben könnten.

Der Weg von selbstreplizierenden RNA-Ketten bis zum eigentlichen Atom des Lebens, der Zelle, ist aber immer noch weit. Information (in Form von Buchstaben in Molekülketten) ist nicht alles. Zu einem Lebewesen gehört auch eine klare Grenze, die das Ensemble zusammenhält und Subjekt von Objekt, vom Rest der Welt trennt. Erst diese Grenze kreiert ein Individuum. In einer Zelle, der einfachsten Form eines vollständigen Lebewesens, besteht die Grenze aus der Zellmembran, einem fragilen Gebilde, das in seiner chemischen Struktur der Hülle einer Seifenblase ähnelt.[21] Um aus LUCA eine einfache Zelle zu machen, muss die RNA mit einer zweiten Komponente verbunden werden. Diese zweite Komponente ist die »Seifenblase«. Diese Liaison klingt abwegiger, als sie ist. Jeder, der sich allsamstagabendlich ein Schaumbad gönnt, weiß, dass die Kombination aus Wasser, Seife und Bewegung unweigerlich kleine Blasen entstehen lässt. Partikel, die im Wasser herumschwimmen, werden gerne in die Bläschen eingeschlossen. Da fettsäureartige Moleküle in wässriger Lösung vorhanden waren, müsste es auch in den urzeitlichen Schloten ordentlich geschäumt haben. Die porenartigen kleinen Kammern im Gestein könnten wie kleine Gussformen gewirkt haben, die den Blasen die richtige Form und Größe verschafften. Einige der Bläschen haben dabei wohl auch RNA-Ketten eingeschlossen.

Wissenschaftler lassen es ungern bei Spekulationen bewenden. Daher wurde das Verhalten solcher einfachen Blasensysteme auch im Labor simuliert. Jack W. Szostak (*1952) setzte solche Proto-Zellen, die einen RNA-Strang eingeschlossen haben, in wässrige Lösungen, die *Nukleotid*bausteine[22] enthalten. Die einzelnen Buchstaben drangen tatsächlich spontan durch die Membran und lagerten sich an dem Strang an, so dass ein Doppelstrang entstand.

Um sich zu teilen, müssen die kleinen Blasen zunächst wachsen. Auch dieser Teil des Prozesses konnte inzwischen nachgekocht werden. Wenn die Lösungen nicht nur Nukleotide, sondern auch Fettsäuren enthalten, verleibt sich die Membran der Bläschen diese Moleküle ein und die Blase wird größer und größer. Schon diese kleinen, mit Wasser und ein wenig RNA gefüllten Säckchen verhalten sich ganz im Sinne Darwins. Sie wachsen, konkurrieren um »Nährstoffe« und sie teilen sich. Nicht nur die Chemie, auch die Physik liefert ihren Beitrag. Wenn heiße Flüssigkeiten aus dem Erdinneren auf kaltes Meerwasser treffen, entstehen Konvektionsströme, die für einen beständigen Tanz der Moleküle zwischen heiß und kalt sorgen.

Heiß und kalt – das Aufeinandertreffen von Gegensätzen hat kreatives Potential: An einem schönen Frühlingsmorgen Anfang der 1980er kurvte Kary Mullis (1944–2019) durch die Berge Kaliforniens. Er grübelte während der Fahrt darüber, wie sich DNA im Reagenzglas effektiv vermehren ließe. Irgendwann zwischen einer der vielen Kehren, dem steten Wechsel von links und rechts und wieder links, kam ihm die zündende Idee: Ein ständig wechselnder Reigen von heiß und kalt könnte der Motor sein, der exponentielle Vermehrung in Gang setzt. Dieser zyklische Wechsel der Temperatur ist das Grundprinzip der sogenannten *Polymerase-Ketten-Reaktion*, einer Technik, mit der sich DNA-Ketten fast beliebig vermehren lassen. Der Doppelstrang wird auf knapp über 90° erhitzt. Bei dieser Temperatur trennen sich die Stränge, da sie nur von Wasserstoffbrücken[23] zusammengehalten werden. Zwei Einzelstränge schwimmen jetzt in der heißen Lösung. Das mit Enzymen und einzelnen DNA-Buchstaben versetzte Gemisch wird vorsichtig abgekühlt. Wenn die geeignete Temperatur erreicht ist, finden die einzelnen Buchstaben wie von Zauberhand ihren Paarungspartner in den Einzelsträngen und zwei neue Doppelstränge entstehen. Alles wird wieder erhitzt und der Tanz geht von Neuem los.

Kary Mullis bescherte diese Idee der thermischen Wechselbäder schon wenige Jahre später den Nobelpreis. Möglicherweise hat der zyklische Wechsel zwischen heiß und kalt in den archaischen Kammern der untermeerischen Schlote die Welt aber in einer wesentlich fundamentaleren Weise geprägt. Konvektionsströme zwischen heiß und kalt könnten chemische Reaktionen unterhalten haben, bei denen einzelne Nukleotidstränge immer wieder zur Matrix werden, an denen sich der komplementäre Partner organisiert, die Hitze den neuen Doppelstrang trennt und die neu entstandenen Einzelstränge wieder zur Schablone für weitere Stränge werden. Zyklische Temperaturschwankungen könnten auch den Anstoß gegeben haben, die Teilung der Bläschen auszulösen.

Nach und nach verändert sich die RNA und manche RNA-Sequenzen erwerben die Eigenschaft von *Ribozymen*, also von katalytischen RNA-Strukturen, die den eigenen Fortpflanzungserfolg selbst beeinflussen können. Spätestens jetzt kommt das darwinsche Szenario langsam in Gang. Die Proto-Zellen werden nach und nach komplexer und die RNA reproduziert nicht mehr nur sich selbst, sondern wird auch zur Bauanleitung für Proteine, die viele Reaktionen besser und effizienter steuern können als die *Ribozyme* selbst. Enzyme, die aus langen Aminosäureketten bestehen, beginnen nunmehr nicht nur RNA, sondern auch DNA-Ketten zu basteln. Dieser Moment war ein Wendepunkt. Mit dem Erscheinen langkettiger DNA war die alte RNA-Welt zum Untergang verdammt. Dank ihrer überlegenen chemischen Eigenschaften[24] stieß die DNA die RNA vom Thron und wies ihr die subalterne Rolle des Boten zwischen den Welten zu. Die DNA wurde zu dem Stoff, aus dem die Gene sind. Dieser Abschnitt drängt mehrere hundert Millionen Jahre Entwicklungsgeschichte auf wenige Zeilen zusammen. Vieles an der Geschichte ist lückenhaft, aber so in etwa könnte es gewesen sein.[25]

Zwei große Sprünge

Die komplexen DNA-RNA-Protein-Systeme, die sich in den ersten Proto-Zellen entwickelten, leben heute noch. Die ersten wirklichen Lebewesen waren Bakterien (*Prokaryonten*). Mehr als zwei Milliarden Jahre lang waren sie die uneingeschränkten Herrscher des Globus. Zwei Milliarden Jahre sind eine lange Zeit. In dieser Zeit scheint die Evolution ständig gegen eine unsichtbare

Wand gelaufen zu sein. Mehr als zwei Drittel seiner Geschichte verharrte das Leben auf rudimentärem Niveau. Wieso so lange? Um die unsichtbare Wand zu überwinden, war ein Ereignis nötig, das nicht ins übliche Tagesgeschäft der Evolution passt, ein Ereignis, das aus dem Rahmen von Darwins Konzept fällt. Dieses Ereignis war die Erfindung der kernhaltigen Zelle.[26] Erst mit dieser Erfindung trieb der Baum des Lebens die Äste, aus denen die drei großen Reiche der Pflanzen, Pilze und Tiere hervorgehen sollten. Aus der Perspektive der Evolutionsbiologie verwundert die lange Periode der Stagnation eigentlich nicht. Denn für einen in der Wolle gefärbten Darwinisten ist der Übergang vom Ein- zum Vielzeller sehr erstaunlich. Darwinisten mögen keine großen Sprünge.[27] Und hier handelt es sich um den vielleicht gewaltigsten Sprung, zu dem die Evolution je ansetzen musste. Genau genommen waren es sogar zwei Hürden die überwunden werden mussten, damit Bakterien zu Pilzen, Pflanzen oder Tieren werden konnten.

Der erste Sprung war das Ereignis, das im klassischen Darwinismus nicht vorgesehen ist. Aber es wäre unfair, Darwin daraus einen Vorwurf zu machen, denn von der Welt, in der sich diese Ereignisse abspielten, wusste ein Biologe seiner Zeit rein gar nichts. Energie ist der limitierende Faktor, der dem Wachstum herkömmlicher Bakterien eine unüberwindbare Barriere in den Weg stellt. Das war die unsichtbare Wand gegen die die Evolution immer wieder gelaufen ist. Der energieintensivste Vorgang in einer Zelle ist die Übersetzung der genetischen Information in Proteine. Dieser Prozess nimmt drei Viertel des Energiebudgets in Anspruch, was Bakterien mit einem doppelten Problem konfrontiert. Die Erbsubstanz der Zellen von Tieren beinhaltet mindestens 10 000-mal mehr Text als die der Bakterien. Wollte ein Bakterium seine Gene auch nur verzehnfachen, bräuchte es auch fast die zehnfache Menge an Energie. Das übersteigt die Möglichkeiten herkömmlicher Prokaryonten bei weitem. Chemische Energie[28] entsteht entlang von zellulären Membranen und die existieren bei Bakterien nur in Gestalt der Außenhülle. Nimmt ein Bakterium an Größe zu, so wächst die Oberfläche F in der zweiten Potenz ($F = 4\pi r^2$), ihr Volumen inklusive der energieintensiven Proteinproduktion aber in der dritten Potenz ($V = 4/3\pi r^3$). Diese simplen geometrischen Zusammenhänge reißen also eine Kluft auf, die nicht zu überbrücken ist, ohne das Konstruktionsprinzip einer Zelle komplett umzustoßen. Im Reich der Prokaryonten existieren zwei Klassen von Bakterien, die »klassischen« Bakterien oder *Eubakterien* und die *Archeen* oder *Archebakterien*. Beide Klassen leben und lebten nicht immer in friedlicher Koexistenz. So kommt es durchaus vor, dass Bakterien andere Bakterien »verschlucken«. An einem Vormittag vor über einer Milliarde Jahren machte ein Bakterium wieder einmal *happs*. Aber dieses Mal geschah etwas, das in Darwins Agenda nicht vorgesehen war. Ein Archebakterium nimmt eine andere prokaryontische Zelle auf, ohne diese zu »verdauen« und spurlos verschwinden zu lassen. Das aufgenommene Bakterium gibt einen Großteil seiner Erbsubstanz an den Vielfraß ab, existiert aber im Inneren der Zelle als eigenständige Struktur weiter und beginnt, sich dort sogar zu teilen. Befreit von genetischem Ballast, besinnt sich der aufgenommene Organismus auf seine einzige Kernkompetenz, nämlich die Produktion von Energie.[29] Aus der Symbiose von Archebakterie und verschlucktem Eubakterium entwickelt sich ein vollkommen neuer Typ Zelle, der jetzt immer größer und komplexer werden kann, weil er über eigene interne Kraftwerke verfügt. Nach und nach entstehen aus eingefalteten Membranen im Zellinnern weitere Strukturen.[30] Abgesehen vom Leben selbst, war die Entstehung der *Eukaryonten*[31] das einschneidendste Ereignis der Evolution. Zwar fristete auch diese neue Lebensform noch eine ganze Weile ein bescheidenes Dasein als Einzeller (*Protist*). Aber dem Wachstum der genetischen Speicher und damit der Zunahme der Komplexität war jetzt keine prinzipielle energetische Grenze mehr gesetzt.

Zeit für den zweiten Sprung, den Übergang in die Welt der Vielzeller.[32] Auch diese Entwicklung ist auf den ersten Blick erstaunlich, weil damit Individuen, die über viele Millionen Jahre auf ein Dasein als zelluläre Einzelkämpfer trainiert waren, plötzlich zu Teamplayern mutierten. In einem vielzelligen Organismus müssen die Interessen einzelner Zellen streng an die genetische Kandare genommen werden. Gemeinwohl geht vor zellulären Eigennutz. Von diesem Punkt an sind die Konzepte Zelle und Individuum nicht mehr deckungsgleich und die Selektion wechselt die Pferde.[33] Offensichtlich war der Evolution der Preis für den Verlust der zellulären Eigenständigkeit nicht zu hoch, denn sie schuf gleich drei verschiedene metabiontische Reiche, das Reich der Tiere, der Pflanzen und das Reich der Pilze. Die ersten vielzelligen Organismen entstanden vor etwa einer Milliarde Jahren. Die Zelle blieb die kleinste lebendige Einheit, auf die jedes vielzellige Wesen reduziert werden kann, ohne die Kette des Lebens abreißen zu lassen. Die Zelle blieb der Keim, aus dem die nächste Generation hervorgeht. Sie kann also mit Fug und Recht als das Atom des Lebens bezeichnet werden. Grund genug, sich die Zellen genauer anzuschauen.

DIE ATOME DES LEBENS

Die Atome des Lebens lebten lange im Verborgenen. Der Grund ist simpel: Die meisten Zellen sind viel zu klein, als dass wir sie mit bloßem Auge wahrnehmen könnten. Erst als der Niederländer Antoni Leeuwenhoek (1632–1723) anfing, aus selbst geschliffenen Linsen einfache Mikroskope zu bauen, öffnete er die Tür zu diesem neuen unbekannten Kosmos. Mithilfe des Mikroskops stellte der englische Universalgelehrte Robert Hooke (1635–1703) Mitte des 17. Jahrhunderts fest, dass Kork aus unzähligen regelmäßig angeordneten kleinen Hohlräumen besteht. Diese Hohlräume erinnerten ihn an die kargen, kleinen Zellen, die *cellulae,*[1] der Mönche im Kloster. So fand der Begriff der *Zelle* in die Biologie. Der Botaniker Matthias Schleiden (1804–1881) kam schließlich auf die Idee, Organismen, »Aggregat[e] [könnten] von völlig individualisierten, in sich abgeschlossenen Einzelwesen, den Zellen«, stammen.[2] Schleiden bezog sich zunächst nur auf Pflanzen, doch schon geraume Zeit später stellte der Zoologe Theodor Schwann (1810–1881) fest: Das Leben besteht aus Zellen.[3] Dem Geheimnis der Zellen waren diese brillanten Köpfe damit allerdings kaum nähergekommen. Der Blick durch ein Lichtmikroskop ist unspektakulär und wenig erhellend: Dabei zeigt sich ein mehr oder weniger scharf begrenztes, meist kugeliges oder spindelförmiges Gebilde, das eine zweite Kugel zu enthalten scheint. Mehr gibt's nicht zu sehen. Die Biologie sollte noch fast 100 Jahre brauchen, bis sie sich Zugang zum Innenleben dieser »Kugeln« verschaffen konnte. Im Gegensatz zu vielen anderen Geheimnissen hat das Leben trotz der Entschlüsselung nichts von seinem Zauber verloren. Im Gegenteil, denn das, was in diesen kaum ein hundertstel Millimeter messenden Kugeln vor sich geht, ist schlicht atemberaubend. Das Zellinnere ist ein Kosmos für sich. Was die Vielfalt der Akteure und Prozesse anbelangt, muss sich das Leben in einer Zelle nicht hinter dem in einer modernen Großstadt verstecken. Schwann, Schleiden und Konsorten hätten davon nicht zu träumen gewagt.

Die Zellmembran

Die Grenzen der Zelle erinnern eher an das mittelalterliche Nürnberg als an das moderne Berlin. Wie eine Stadtmauer mit Wällen, Türmen und Toren zieht die Zellmembran eine klare Grenze zwischen innen und außen. Allerdings ist die Mauer im Fall der Zelle nicht aus Stein gebaut. Im Gegenteil – sie gleicht eher der schillernden Haut einer Seifenblase. Die Membran besteht aus einer Doppelschicht kleiner, in doppelter Reihe nebeneinander angeordneter Zaunpfähle in Gestalt von Fettsäuren, zusammengehalten durch Adhäsionskräfte. Die Membran ist weit mehr als eine schlichte Grenze. In ihr sind viele verschiedene kompliziert aufgebaute Membranproteine verankert. Diese großen Eiweißmoleküle sind die Wachtürme und Tore der Mauer. Manche knüpfen Kontakte zu Nachbarzellen und verankern die Zelle in einem Gewebegefüge. Andere sind wie Tore, Tunnel oder Röhren und bilden Poren, die Stoffe ein- und ausschleusen können. Einige dieser Poren können nach Bedarf geöffnet oder geschlossen werden. An der Membran herrscht reger Verkehr. Überflüssige Moleküle, Abfallprodukte des Stoffwechsels und Zellschrott werden ausgeschleust und notwendige Bausteine sowie Brennstoff, vor allem Glucose, werden aufgenommen. Nicht nur Güter und Waren, auch Informationen werden dort umgeschlagen. Einige Membranproteine sind gestaltet wie Schlösser, die sich nur mit ganz bestimmten Schlüsseln öffnen lassen. Diese Schlüssel sind Botenstoffe, kleine Moleküle wie Hormone oder auch Eiweiße, die von außen an den Rezeptor andocken, ihn verändern und damit eine Kaskade von Signalen ins Zellinnere hinein auslösen, die die Zellen zu bestimmten Reaktionen provozieren. Solche Botschaften ähneln manchmal den Bestellungen an eine Fabrik. Sie veranlassen die Zelle, die Produktion von Stoffen hoch- oder herunterzufahren. Andere Signale regen das Zellwachstum an, bremsen es oder veranlassen die Zelle, sich zu teilen. Die Membran ist die Schnittstelle, die eine Zelle in das Funktionsgefüge eines Organismus einbindet.

Zytoplasma oder: Leben ist flüssig

Zellen sind angefüllt mit einer zähen Flüssigkeit, dem *Zytoplasma*, einem komplexen Gemisch hunderttausender unterschiedlicher Substanzen. Darunter sind chemisch einfach aufgebaute Stoffe, die auch in der unbelebten Natur vorkommen: Sauerstoff, Stickstoff oder Kohlendioxid, Natrium-, Kalium- oder Calciumsalze und natürlich Wasser, der Hauptbestandteil aller Zellen. Daneben finden sich unzählige kleine organische Moleküle wie Milch-, Trauben- oder Fruchtzucker, Fettsäuren, Aminosäuren (die Bausteine der Eiweiße), Vitamine und Hormone. Sie werden zum großen Teil von den Zellen selbst hergestellt, einige davon[4] müssen aber auch mit der Nahrung aufgenommen werden. Am interessantesten sind die Riesenmoleküle, die sich die Zellen selbst zusammenbauen. Sie kann man in vier Klassen einteilen: Kohlenhydrate (Ketten aus hunderten von Zuckermolekülen), Fette, Proteine und Nukleinsäuren. Große Kohlenhydrate[5] wie das Glykogen und Fette dienen vor allem als Energiespeicher. Die Proteine sind die vielfältigste und schillerndste Stoffklasse. Sie bestehen aus langen Ketten von 20 unterschiedlichen Bausteinen. In Abhängigkeit von der Reihenfolge der Aminosäuren und dem umgebenden Milieu entfalten sich die Ketten spontan zu genau definierten dreidimensionalen Gebilden. Die Permutationen der Anordnung von 20 Bausteinen in einer Kette von hunderten oder sogar tausenden von Elementen lassen unzählige Kombinationsmöglichkeiten zu. In einer einzigen Zelle finden sich tatsächlich oft über hunderttausend unterschiedliche Sorten von Eiweißen mit ganz verschiedenen Funktionen. Manche sind Strukturproteine und bilden das Gerüst der Zelle, andere steuern als Katalysatoren chemische Reaktionen, wieder andere sind für Materialtransport oder Signalübertragung zuständig. Die letzte Gruppe bilden die größten Moleküle, die Nukleinsäuren, RNA und DNA, die bereits im vorigen Kapitel vorgestellt wurden.

EXKURS **DIE FABRIKEN**

Auf den ersten Blick wirkt das Zytoplasma wie eine chaotisch brodelnde Suppe. In Wahrheit ist es aber durchzogen von Membranen, die die Zellen in verschiedene Abschnitte und Kompartimente unterteilen, die ihre eigenen, speziellen Milieus und Funktionen haben. Diese Zellorganellen sind zu klein für das Lichtmikroskop. Erst die Elektronenmikroskopie machte sie dem Auge zugänglich. Was sich in diesen Organellen abspielt, entzieht sich aber der direkten visuellen Betrachtung. Scheinbar lose im Zytoplasma verteilt, finden sich tausende kleiner Körnchen. Diese *Ribosomen* sind Komplexe aus RNA und Proteinen. Sie sind die Maschinen, die Aminosäuren zu komplexen Eiweißketten zusammensetzen. Manche *Ribosomen* kleben an bandförmigen Strukturen, die viele Abschnitte des Zytoplasmas durchziehen. Dieses Membransystem wird raues, dort, wo keine Ribosomen anhaften, auch glattes *endoplasmatisches Retikulum* (kurz: rER oder ER) genannt. Das endoplasmatische Retikulum ist ein Transportsystem für chemische Stoffe und eine große Hexenküche, in der Moleküle produziert oder abgebaut werden. Im glatten ER werden Membranlipide und bestimmte Klassen von Hormonen (Steroide) hergestellt. Außerdem werden dort Moleküle durch Ab- oder Umbau entgiftet, die der Zelle gefährlich werden könnten. Im rauen ER werden Proteine erzeugt, gleich an Ort und Stelle gefaltet und oft noch chemisch modifiziert.

Dem endoplasmatischen Retikulum schließen sich kleine Stapel diskusförmiger Organellen an, der sogenannte Golgi-Apparat. Der *Golgi-Apparat* entsteht durch Abschnürung von Teilen des endoplasmatischen Retikulums. Er ist wie die Fertigungsstraße einer Fabrik aufgebaut. In den einzelnen Scheibchen eines Golgi-Stapels werden Proteine Schritt für Schritt modifiziert, sortiert und schließlich an ihren Bestimmungsort transportiert. Die *Lysosomen* sind spezielle Varianten des Golgi-Apparats, in denen defekte oder nicht mehr benutzte Proteine aussortiert und abgebaut werden.

Der Blick durchs Elektronenmikroskop offenbart außerdem sehr kleine, zylinderförmige Strukturen in der Größe von etwa 170 × 500 Nanometern. Diese *Zentriolen* genannten Gebilde sind an der Zellteilung beteiligt und tragen zur Organisation und physikalischen Stabilisierung der Zelle bei.

EXKURS **DIE KRAFTWERKE**

Die auffälligste Struktur im Zytoplasma sind die Mitochondrien. Manche Zellen verfügen über hundert, andere über bis zu 100 000 *Mitochondrien*. Die Mitochondrien sind die Organellen, die einst eigenständige Lebewesen waren, die aber nach und nach zu hochspezialisierten Angestellten der Zelle umerzogen wurden. Selbst in menschlichen Mitochondrien finden sich noch Reste der alten Autonomie, denn sie sind die einzigen

Strukturen außerhalb des Zellkerns, die über eigene Gene verfügen. Die mitochondrialen Gene codieren für Eiweiße, die die sogenannte Atmungskette[6] bilden. Auch die Fähigkeit, sich selbst zu vermehren, ist eine Reminiszenz an ihr Leben in unvordenklicher Zeit.

Wenn die *Mitochondrien* die Kraftwerke der Zelle sind, dann ist die Atmungskette die Turbine des Kraftwerks. Dort wird der Sprit hergestellt, der als universeller Brennstoff alle Arten von Lebewesen am Laufen hält. Ich habe oben behauptet, der Übergang von anorganischer Materie zu belebten Wesen habe sich vollzogen, als die Materie eine Form annahm, die ihr eine zusätzliche »informelle« Dimension verlieh. Das ist nur die halbe Wahrheit. Denn diese Art von Information setzt geordnete chemische Strukturen voraus. Und solche Strukturen haben vor dem unerbittlichen Schiedsgericht der Thermodynamik nur Bestand, wenn das System bereit und in der Lage ist, für die Ordnung einen Preis zu bezahlen. Der Preis wird in Form von investierter Energie entrichtet. Wir könnten die Grenze zum Leben also auch ein Stückchen enger ziehen und den Status ›Lebewesen‹ erst den Strukturen zubilligen, die ihre Energie nicht passiv aus der Umgebung beziehen, sondern ihren chemischen Brennstoff selbst herstellen. Weit stärker noch als unsere Ökonomie am Erdöl hängen Zellen am Tropf eines einzigen universellen Energieträgers. Ihr Benzin ist ein kleines Molekül mit Namen *Adenosintriphosphat* (*ATP*). In tierischen Zellen wird der Löwenanteil an *ATP* in den *Mitochondrien* produziert. Mitochondrien haben einige weitere bemerkenswerte Eigenschaften. Bricht das elektrische Potential an ihrer Außengrenze zusammen, setzen sie Killermoleküle frei, die den zellulären Selbstmord einleiten können. Paradoxerweise sorgen also ausgerechnet ehemals autonome Lebewesen in ihrer neuen Wirtszelle dafür, dass deren Bäume nicht in den Himmel wachsen. Der durch *Mitochondrien* vermittelte zelluläre Selbstmord, die *Apoptose*, gehört zu den wichtigsten Mechanismen, die in einem Organismus die Expansion einzelner Zelltypen begrenzen.

EXKURS **DIE ZENTRALE, DES PUDELS KERN**

Die eukaryonten Zellen verdanken ihren Namen dem Zellkern. (*Eu* bedeutet im Griechischen echt, *karyon* Nuss oder Kern.) Der zelluläre Kern genießt dieses Privileg zu Recht. Er ist nicht nur der augenfälligste Unterschied zwischen den Eukaryonten und Bakterien, er ist auch die Kommandozentrale und das Archiv einer Zelle. Schon Antoni van Leeuwenhoek entdeckte in den roten Blutkörperchen von Lachsen kleine Kugeln, die er *Lumen* nannte.[7] Über die Bedeutung der kleinen Kugel wurde allerdings noch lange gerätselt. Der erste Vorschlag, der zumindest in die richtige Richtung wies, stammt von dem Botaniker Schleiden. Im Jahr 1838 mutmaßte er, der Kern könnte eine Rolle bei der Entstehung neuer Zellen spielen, und führte daher den Namen »Zytoblast« (Zellenbildner) ein. Seine eigentliche Funktion blieb aber noch eine Weile im Dunklen.

Der deutsche Zellbiologe Walther Flemming (1843–1905) nutzte die seit Mitte des 19. Jahrhunderts verfügbaren Anilinfarben, um nähere Einblicke in das Innenleben von Zellen zu gewinnen. Das Material im Zellkern nahm die basophilen Farbstoffe besonders stark an. Flemming nannte die Substanz im Kern daher *Chromatin*.[8] Danach isolierte, wie berichtet, der Schweizer Friedrich Miescher aus dem Chromatin eine Substanz, die sich chemisch offensichtlich nicht wie ein Eiweiß verhält. Miescher bezeichnete die Substanz als *Nuklein*. Der Rest ist Geschichte.[9]

Weder Zelle noch Zellkern sind statische Konstruktionen. Denn ohne Vermehrung gibt es auf Dauer kein Leben. Vor und nach der Geburt ist die Zellteilung der Motor von Wachstum und Entwicklung, und auch ein ausgewachsener Organismus wäre ohne die Fähigkeit zur Zellteilung verloren. Wie die Kalenderjahre verläuft das Leben der Zellen in Zyklen. Am Anfang und Ende jedes Zyklus steht die Zellteilung. Zellteilungen lassen sich unter dem Mikroskop beobachten, das, was dazwischen passiert, nicht. Die Biologen nannten die Zeit zwischen den Teilungen, das eigentliche Leben einer Zelle, daher auch lapidar nur die ›Interphase‹, ein Begriff, der sich bis heute erhalten hat.

Bis an diese Stelle glich die Beschreibung der Zelle und ihrer Bestandteile ein wenig dem Besuch eines Raumschiffs aus fernen Welten. Viele fremdartige Maschinen und Gerätschaften wurden bisher vorgestellt, deren Funktionsweise jedoch rätselhaft ist. Das soll sich von nun an ändern. Das Geheimnis des Lebens wurde durch die Biologie zwar nicht vollständig entzaubert. In Bezug auf manche Aspekte des Lebendigen sind wir immer noch verwirrt, aber zumindest auf höherem Niveau!

Zellzyklus und Mitose: Die ewige Wiederkehr des Gleichen?

Keine 400 m von dem Café, in dem ich gerade sitze und diesen Satz schreibe, blickte vor knapp 180 Jahren der Tübinger Botaniker Hugo von Mohl (1805–1873) durch sein Mikroskop und sah etwas, was noch nie zuvor ein Mensch zu Gesicht bekommen hatte. Mohl wurde Zeuge der Geburt einer Zelle.[10] Zellen entstünden durch Teilung anderer Zellen, oder allgemeiner formuliert, Leben gehe nie aus unbelebten Bestandteilen hervor, dieses Dogma der Biologie kleidete der Pathologe Rudolf Virchow (1821–1902) einige Jahre später in seine berühmte Formulierung »Omnis cellula e cellula«.[11] Ohne genau zu wissen, was er da eigentlich sah, war es Walther Flemming, der die Verteilung der genetischen Information, die der eigentlichen Teilung vorangeht, als Erster *en détail* beschrieb. Er hat diesen Vorgang *Mitose* genannt. Dank neuer Färbetechniken entdeckte Flemming, dass das Chromatin kurz vor der Zellteilung zu kleinen, voneinander isolierten Klümpchen kondensiert, den Chromosomen, die sich dann in die beiden gegenüberliegenden Winkel der Zelle bewegen.[12]

Diese Metamorphose des Chromatins war das erste Stück eines langen roten Fadens, der uns inzwischen nahe an das Geheimnis des Lebens herangeführt hat.

Mittlerweile ist der zweistufige Prozess der Informationsverdopplung und der Aufteilung auf die Tochterzellen recht gut verständlich. Mithilfe raffinierter mikroskopischer Techniken wurde deutlich, dass jedes Chromosom zu diesem Zeitpunkt aus zwei gleichen Hälften besteht, aus den exakt identischen Schwesterchromatiden. Diese liegen eng aneinander, sind aber nur an einer Stelle, dem Zentromer, fest miteinander verbunden. Zu Beginn der Mitose, in der *Prophase*, fängt das *Chromatin* an zu kondensieren und nimmt die Gestalt von Chromosomen an.

Am Ende der *Prophase* platzt die Hülle des Zellkerns. Dann docken sogenannte Spindelfasern, aus dem Zytoplasma kommend und sich nach den Chromosomen reckend, an deren *Zentromeren* an. In der jetzt folgenden *Metaphase* werden die kondensierten Chromosomen durch eine Eiweißspindel[13] zwischen den Polen in der Äquatorialebene der Zelle ausgerichtet. Danach, in der *Anaphase*, erfolgt die eigentliche Aufteilung der genetischen Information. Die beiden Chromatiden jedes Chromosoms werden durch die Spindelfasern voreinander getrennt und mit dem *Zentromer* voran zu den Spindelpolen auseinandergezogen. So landet in jedem Zellpol ein vollständiger Satz von *Chromatiden*. Die *Telophase* vollendet die Zellteilung. Die Spindelfasern lösen sich auf, zwei neue, separate Kernhüllen werden gebildet. In den neuen Kernen dekondensieren die Chromosomen und zwei eigenständige, voneinander isolierte Zellen entstehen. Erst nach Abschluss der Dekondensation können die Gene wieder abgelesen werden, der Kern hat jetzt wieder seine Arbeitsform.

Nach der Teilung ist (oft) vor der Teilung. Ein neuer Zyklus beginnt. In menschlichen Körperzellen sind zu diesem Zeitpunkt 2 × 23 Chromosomen vorhanden. Von jedem Gen finden sich, wie erwähnt, zwei Varianten in der neuen Zelle, eine, die ursprünglich von der Mutter, und eine, die ursprünglich vom Vater stammt. Demnach liegen also zwei *Allele* jedes Gens vor.[14] Manchmal sind beide Varianten identisch (homozygot), manchmal in Details verschieden (heterozygot). Nach einer Teilung muss sich die Zelle zunächst ihre Wunden lecken und die fehlenden Bestände an Zellorganellen und Proteinen wieder auffüllen, von denen sie ja bei der Teilung die Hälfte verloren hat. Um die Gene kümmert sie sich später.

Das Leben nach der Teilung beginnt damit, dass die verloren gegangene Ausstattung mit Zellorganellen und Proteine ersetzt wird. In dieser ersten, sogenannten G1-Phase wird die Maschinerie zur Eiweißproduktion angeworfen und nachgeliefert, was an Proteinen verloren gegangen ist. In der G1-Phase legt die Zelle außerdem einen großen Vorrat an DNA-Bausteinen[15] an. Denn anschließend folgt die Synthesephase (S-Phase). In der S-Phase wird eine Kopie des kompletten genetischen Textes angefertigt. Die Chromosomen, die nach der Zellteilung zunächst aus nur einem einzelnen Chromatid bestehen, verfügen nach der Verdopplung über zwei identische Schwesterchromatiden, die nur mittig, am Zentromer, zusammenhängen. Damit die genetische Sequenz abgeschrieben werden kann, entwinden spezialisierte Enzyme die spiralige Doppelhelix und trennen die beiden Stränge.[16] Jeder Einzelstrang bildet jetzt die Matrize für die Synthese eines neuen Doppelstrangs. An dieser Matrize entwickelt sich mithilfe weiterer Enzyme, sogenannter *DNA-Polymerasen*, Base für Base, der neue Doppelstrang. Die Biologen nennen diesen Prozess die semikonservative DNA-Replikation – semikonservativ, weil sich die neuen Doppelstränge immer aus einem der alten Einzelstränge und seinem neu synthetisierten, komplementären Partner zusammensetzen. Die Körperzellen des Menschen verfügen also nach der S-Phase über 2 × 23 = 46 Chromosomen, die aus je zwei Chromatiden bestehen.[17]

Prinzipiell wäre die Zelle jetzt wieder bereit zur Teilung. Vorher muss aber noch die relativ kurze G2-Phase durchlaufen werden, in der vor allem die unmittelbar zur Teilung benötigte Apparatur herstellt wird. In diesem (prä-

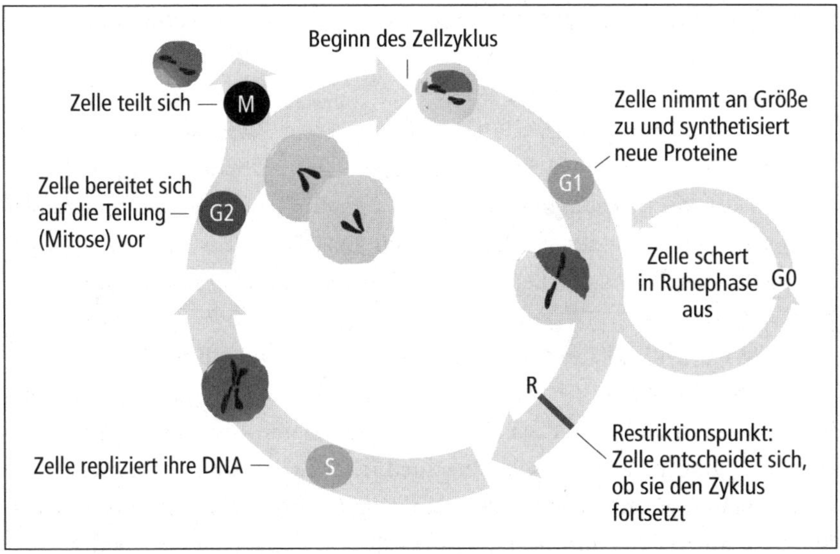

Abb. 2: Schematische Darstellung der verschiedenen Phasen des Zellzyklus

mitotischen) Intervall werden die RNA-Moleküle und Proteine produziert, die für die Mitose gebraucht werden. Das endoplasmatische Retikulum wird eingeschmolzen. Zellen in Gewebeverbänden lösen jetzt die Kontakte zu den Nachbarzellen und das Spiel beginnt aufs Neue.

Man könnte meinen, der skizzierte Lebenszyklus der Zelle wäre das perfekte Sinnbild für Nietzsches Rede von der »ewigen Wiederkehr des Gleichen«. Tatsächlich gibt es Gewebe, in denen Mitosen nacheinander ablaufen wie die Umdrehungen eines Uhrwerks. Hier scheint der Lebenszyklus der Zellen ganz Ausdruck eines festen genetischen Programms zu sein, das die Zelle an eine kurze Leine nimmt.

Homo ex cellula: Wann beginnt ein Mensch?

Der Schein des ewig Gleichen trügt. Viele Zellen können, entweder aus innerem Antrieb oder motiviert durch äußere Faktoren, aus dieser Monotonie ausbrechen. Am Ende der G1-Phase existiert eine Art Weiche, die Zellen auf ein Nebengleis führen kann. Dieses Nebengleis nennen die Zellbiologen die G0-Phase. Für manche Zelltypen wie Nervenzellen und Muskelzellen bedeutet die G0-Phase Endstation. Wenn sie ihre endgültige Bestimmung gefunden haben, steigen sie aus dem Zyklus aus und werden *postmitotisch.* Das bedeutet: Sie können sich nie wieder teilen.

Für andere Zelltypen ist die G0-Phase nur ein Zwischenspiel, eine Art Bereitstellungsraum. Sie bleiben Wochen, Monate, manchmal Jahre im Ruhezustand G0, können aber bei besonderen Ereignissen wie Verletzungen oder Zellverlust wieder in den Zyklus eintreten. Beispiele für solche bedarfsangepasst lebenden Zellen sind Leberzellen (Hepatozyten) oder manche Zellen des Immunsystems.

Der ewige Zyklus kann noch in anderer Art und Weise durchbrochen werden. Nicht alle Zellen machen dort weiter, wo sie aufgehört haben. Viele Zellen entwickeln und verändern sich. Sie differenzieren sich. Aus Stammzellen kann sich eine Vielzahl ganz unterschiedlicher Zelltypen mit unterschiedlicher Gestalt und unterschiedlicher Funktion herausbilden. Die eklatantesten Beispiele solcher Metamorphosen finden sich im Verlauf der Entwicklung von Embryo und Fetus.

Nicht nur die stammesgeschichtliche Herkunft der menschlichen Spezies, auch die individuelle Menschwerdung aus Ei- und Samenzelle hat Facetten, die für unser Menschenbild von Bedeutung sind. Im Jahr 1675 fand der italienische Arzt und Forscher Marcello Malpighi (1628–1694) in Hühnereiern kleine Embryonen und schloss daraus, jedes Ei enthalte ein winziges vorgeformtes Miniaturhühnchen. Fast zur gleichen Zeit entdeckte der Niederländer Johan Ham (1651–1723) mithilfe der neu entwickelten Mikroskope seines Landsmanns Leeuwenhoek die menschlichen Spermien. Ham und Leeuwenhoek saßen einem ähnlichen Irrtum auf, wie Malpighi. Sie vermuteten in den Spermien ein winziges Menschlein, das zu wachsen beginne, sobald es sich im Uterus der Frau eingenistet hat.

Bis tief ins 19. Jahrhundert stand diese Theorie der Präformation hoch im Kurs, denn das Konzept dahinter war bestechend einfach. Präformation bedeutet, dass Entwicklung letztendlich nichts als quantitatives Wachstum ist. Aus heutiger Sicht wirkt diese Vorstellung eher den grimmschen Märchenerzählungen als einer wissenschaftlichen Abhandlung entnommen. Sie wurde aber lange von vielen ernsthaften Naturforschern vertreten. Natürlich ist die Theorie der Präformation hanebüchen, denn sie führt mitten hinein ins Problem des *infiniten Regresses.* Wenn sie zuträfe, müssten ja alle Generationen der Menschheit bereits vorgefertigt in dem allerersten Ei angelegt sein, jede Generation eingeschachtelt ins Ei ihrer Elterngeneration. Allein der Platz in einem Ei würde dafür bei weitem nicht ausreichen.[18] Und wie entstand dann das erste Menschlein? Die Präformationstheorie ist auch aus chemischen und physikalischen Gründen Unfug. Die Bausteine von Mikroben, Mäusen und Menschen, Atome, Moleküle und Zellen, sind im Wesentlichen dieselben und lassen sich nicht verkleinern. Auch mit der Vorstellung der Evolution als einer dynamischen Veränderung der Arten ist diese Idee nicht kompatibel. Aus vielen guten Gründen haben wir die Präformationstheorie mit all ihren Widersprüchlichkeiten hinter uns gelassen.

Menschen entstehen aus Keimzellen. Mit der Keimzelltheorie handelte man sich allerdings ein anderes Problem ein: Weder die Struktur der Keimzelle noch ihre Eigenschaften haben auch nur annähernd etwas mit der Gestalt oder gar der Funktionalität eines ausgewachsenen Menschen gemein. Als der deutsche Zoologe Karl Ernst von Baer (1792–1876) im Jahr 1828 die embryonale Entwicklung verschiedenster Tierarten untersuchte, musste er feststellen, dass selbst Embryonen von nur sehr entfernt verwandten Tierarten wie Fischen und Vögeln sich in ihrer Frühphase stark ähneln. Die besonderen speziestypischen Merkmale bilden sich erst im Laufe der späteren vorgeburtlichen Entwicklung heraus. Damit drängt sich die Frage auf: Ab wann beginnt ein Mensch, als menschliches Individuum eigentlich zu existieren? Aus welchem Grund sollten wir eine befruchtete Eizelle oder ein frühes Embryo, das sich kaum von dem eines Feuersalamanders unterscheidet, bereits als Menschen betrachten? Und wenn wir das tun, wo sollten wir das biologische Korrelat des Menschlichen verorten?

Im Dezember der Jahres 2012 wurde in Köln eine junge Frau vergewaltigt.[19] Im Gegensatz zu anderen Verbrechen dieser Art, wurde dieser Vergewaltigung überregional Aufmerksamkeit zuteil. Das lag nicht an der barbarischen Tat selbst, sondern an dem, was der Frau danach widerfuhr. Ein Notarzt wollte sie ins Krankenhaus bringen, um sie untersuchen und versorgen zu lassen. Der Versuch der Einweisung geriet zu einer beschämenden Odyssee. Zwei Krankenhäuser in kirchlicher Trägerschaft wiesen die Frau ab – nicht etwa, weil sie überlastet oder mit der medizinischen Versorgung überfordert gewesen wären. Der Grund der Ablehnung war, dort könne dem Opfer keine »Pille danach« verabreicht werden. Diese »Abtreibungspille« war mit der katholischen Morallehre nach der Lesart dieser Krankenhäuser nicht vereinbar. In einer Talkshow zur besten Sendezeit versuchte der Herausgeber einer katholischen Zeitschrift einige Wochen nach dem Skandal, dem breiten Publikum den Standpunkt der Krankenhäuser plausibel zu machen. Im Brustton der Überzeugung verkündete er: »Die Medizin, respektive die Biologie, hätten schließlich unzweideutig klar gemacht, dass ein befruchtetes Ei schon als ein vollständiger und vollwertiger Mensch zu betrachten sei. Und menschliches Leben stünde eben nicht zur Disposition, nie und unter keinen Umständen«.

Die Frage nach dem Beginn eines individuellen menschlichen Lebens kann also offensichtlich zu einem Politikum werden. Aber hat der Mann mit seinem Eifer recht? Wir sollten genauer hinschauen. Die Entstehung eines Menschen ist ein Wunder; ein Wunder jedoch, dem die Entwicklungsbiologen inzwischen tief in die Karten schauen können. Durch diese Indiskretion hat der Vorgang für mich nichts von seinem Zauber verloren – im Gegenteil. Aber das mag Ansichtssache sein. Unzweifelhaft ist aber: Den biologischen Prozess der Ontogenese, das Heranwachsen von Embryo und Fetus, können wir inzwischen ziemlich präzise beschreiben und verstehen. Fangen wir am Anfang an.

Die Ontogenese

Kurz nach dem Liebesakt, wenn die Partner voneinander lassen und sich erschöpft zur Seite drehen, beginnt im Körper der Frau ein dramatischer Wettlauf. Millionen von Spermien paddeln die Scheide hinauf in die Gebärmutter und weiter in die Eileiter, während ihnen von oben aus den Eierstöcken eine Eizelle entgegeneilt. Ein klein bisschen Glück (oder Pech) und Ei und Spermium treffen sich und verschmelzen zu einer neuen Zelle, der *Zygote.* Aus der Distanz erscheint dieser Akt der Befruchtung wie ein punktförmiges Ereignis, das eine scharfe Grenze zwischen Nicht-Existenz und Existenz eines Lebewesens zieht. Wer aber nahe genug heran zoomt, wird bemerken, dass die Menschwerdung in Wahrheit doch eher ein sehr komplexer und durchaus störungsanfälliger Prozess ist. Die Befruchtung des Eies ist hier beileibe nicht immer der »point of no return«.

Der erste Tag

Irgendwo entlang der Ampulle des Eileiters trifft die Eizelle auf einen Sieger. Die schnellste Samenzelle dockt an die *Corona radiata* des Eies an. Mithilfe eines Enzyms namens *Hyaluronidase* löst das Spermium diese Schicht auf, die die Eizelle wie ein Kokon umhüllt, und dringt zur nächsten Barriere vor, der *Zona pellucida.* Dort lösen weitere Enzyme die sogenannte *Akrosomenreaktion* aus, die auch diese Barriere wegräumt. Erst jetzt erreicht das Spermium die eigentliche Eizelle. Die Penetration der Eizellmembran nennen die Embryologen *Imprägnation.* Das Spermium dringt jetzt ins Zytoplasma der Eizelle vor. Durch eine konsekutive Verschiebung von Ionenkonzentrationen wird die Eizelle »aktiviert«.

Die erste Konsequenz der Aktivierung ist die *Zonareaktion,* die die Tür für weitere Spermien schließt. In der Eizelle entstehen zwei sogenannte Vorkerne, ein männlicher und ein weiblicher. Im weiblichen Vorkern wird erst jetzt die zweite Phase der *Meiose,* die zweite Reifeteilung, vollendet[20] und aus der Hälfte der erfolgreich getrennten Schwesterchromatiden des mütterlichen haploiden Chromosomensatzes ein Polkörperchen gebildet. Dieses Polkörperchen wird später aus der sich entwickelnden Zygote ausgelagert und gehört dann nicht mehr zum Embryo.[21] In den Vorkernen werden als Nächstes die männliche und die weibliche Erbsubstanz kopiert. Gleichzeitig werden Anhängsel an der DNA, sogenannte *Methylgruppen,* entfernt, die wie eine Art Vorhängeschloss im väterlichen oder mütterlichen Organismus eine ganze Reihe Gene vorübergehend stillgelegt hatten.[22] Durch diese Demethylierung wird der funktionelle Status des Genoms der Zelle wieder auf null gesetzt und alle Gene werden prinzipiell zugänglich gemacht. Das ist notwendig, weil aus der befruchteten Eizelle ja alle Zelltypen eines späteren Organismus hervorgehen müssen. Dann kommt es zur Vereinigung beider Vorkerne.[23] Mit diesem letzten Schritt, auch *Syngamie* genannt, gilt die Befruchtung als abgeschlossen. Die gerade entstandene *Zygote*[24] darf sich aber keine Atempause gönnen. Die Aktivierung der Eizelle treibt schon die anstehende Teilung des gerade vereinigten Konstrukts voran. Die erste Teilung erfolgt so rasch, dass sich nicht einmal eine richtige gemeinsame Kernmembran um diesen ersten *Joint Venture* väterlicher und mütterlicher Chromosomen bildet. Die Zelle organisiert eine Teilungsspindel, die je einen Vertreter der homologen Chromosomenpaare, egal ob mütterlicher- oder väterlicherseits, in die gegenüberliegenden Ecken der Zygote zerrt. Die erste Zellteilung des neuen Organismus nimmt ihren Lauf.

Die erste Woche

Etwa 30 Stunden nach der Befruchtung, noch während der Wanderung in die Gebärmutter, schnürt sich die *Zygote* ein. Die erste Furchungsteilung beginnt. Aus der einzelligen *Zygote* werden zwei *Blastomere*. Die Furchungsteilungen gehen weiter. Bald sind es vier, dann acht, 16 und schließlich 32 *Blastomere*. Die erste Furchungssteilung ist noch eine nahezu autonome Leistung der befruchteten Eizelle. Sie wird mit »Bordmitteln« – bereits vorhandener mRNA und Proteinen aus der Eizelle – gestemmt. Betrachten wir die funktionelle Ebene der Genaktivität, könnte man sagen, das neue Wesen entwickle erst jetzt im Zwei-Zell-Stadium seine eigene Individualität. Denn vorher waren vor allem die Proteine wirksam, die von der Mutter stammen. Ab jetzt entfaltet sich eine Genaktivität, die sich aus der individuellen und spezifischen neuen Mischung mütterlicher und väterlicher Quellen speist.[25] Irgendwann im Übergang vom Acht- zum 16-Zell-Stadium beginnt die bis dahin perfekte Symmetrie des Vermehrungsprozesses verletzt zu werden. Zunächst drängen sich die Zellen nur enger zusammen.[26] Das so entstehende *Beerchen* (*Morula*) macht aber bald Schluss mit der Einförmigkeit. In der *Morula* differenzieren sich die *Blastomere* in zwei unterschiedliche Zellpopulationen. Die eine bildet den Kern, die andere die Hülle der Beere. Am vierten Tag erreicht die Morula die Gebärmutter. Sie hat sich inzwischen in ein Bläschen verwandelt. Ein Konglomerat polygonaler Zellen im Innern repräsentiert den *Embryoblasten*. Die Hülle des Bläschens hingegen besteht aus den abgeflachten Zellen des *Trophoblasten*. Fast scheint es, als wären plötzlich zwei Wesen entstanden, zwei Wesen jedoch, denen ein höchst unterschiedliches Schicksal beschieden sein wird. Mit Blick auf die Zukunft könnten wir auch von einem Wesen und einem Nicht-Wesen sprechen, und das, obwohl beide genau dieselben Gene haben.

Diese Aufzweigung ist ein Punkt ohne Wiederkehr. Bis ins Acht-Zell-Stadium war jede Zelle ein Alleskönner, der das Potential hat, zu einem vollständigen Menschen heranzuwachsen. Würde man diese acht Zellen teilen, wüchsen aus beiden Hälften zwei vollständige Menschen heran. Durch eine solche Teilung würde dem ursprünglich werdenden Menschlein nichts genommen. Wir hätten nur die Uhr seiner *Ontogenese* einen Zacken zurückgestellt. Aber nach der Differenzierung zu *Embryoblasten* oder *Trophoblasten* haben die Zellen ihre Allmacht ein für alle Mal verloren.

Bis Tag 4 bis 6 ist die *Morula* noch von den Zellen umhüllt, die die *Zona pelucida* bilden, und so von der Umwelt getrennt. Jetzt löst sich diese Hülle langsam auf. Die befreite *Blastozyste* kann sich, ernährt vom Sekret der Uterusdrüsen, rasch vergrößern. Am sechsten Tag lagert sie sich endlich in die Uterusschleimhaut ein. Während dieser ersten Woche steht die Entstehung des neuen Menschen unter Vorbehalt. Der beschriebene vielstufige Prozess ist ziemlich störanfällig. Die Chance, dass aus einer befruchteten Eizelle wirklich ein Kind heranwächst, liegt kaum über 50 %.[27] Hinter diesem frühen Verlust vieler Embryonen steckt (auch) eine Art von natürlichem Screening. In vielen der spontan abgegangenen Embryonen finden sich Fehlverteilungen von Chromosomen,[28] die in der Folge zu mehr oder weniger schweren Entwicklungsstörungen oder zum Tod des Embryos geführt hätten.

Die zweite Woche

Die Zeit der Heimatlosigkeit geht zu Ende. Die Implantation in die Gebärmutter beginnt. Bevor das neue Lebewesen den Platz einnehmen kann, der für knapp neun Monate sein Zuhause wird, wandelt sich die *Morula* zur *Blastozyste*. Die Symmetrieverletzungen gehen weiter. Die äußere Zellschicht um die Höhle bildet eine Struktur, die später nicht mehr zum Embryo gehören wird. Sie wird zum *Trophoblasten*. Die Zellen des *Trophoblasten* wachsen und differenzieren sich weiter zum *Zytotrophoblasten* und zum *Synzytiotrophoblasten*. Dieser Vorgang ist keine autonome Leistung des Embryos mehr, sondern ein Resultat der Interaktion zwischen *Trophoblast* und Gebärmutterschleimhaut. Der *Synzytiotrophoblast* ist ein extrem aggressives Gewebe, das die Invasionsfront beim Eindringen in das Gewebe der Gebärmutter bildet. Am zehnten Tag ist die *Blastozyste* tief in der Schleimhaut der Gebärmutter verschwunden. *Zytotrophoblast* und *Synzytiotrophoblast* werden zur Schnittstelle zwischen Kind und Mutter. Der *Synzytiotrophoblast* öffnet mütterliche Blutgefäße, und am Ende der zweiten Woche entsteht dadurch der uteroplazentare Kreislauf. Aus den Zellen von *Zytotrophoblast* und *Synzytiotrophoblast* werden letzten Endes die Eihüllen und der Mutterkuchen, die *Plazenta*. Diese Gewebe sind lebensnotwendig für das Heranwachsen eines Kindes in der Gebärmutter. Nach der Geburt landet dieser Teil der Blastozyste aber achtlos im Müll oder wird an Firmen verscherbelt, die daraus Hautcremes machen. Kaprizieren wir uns auf die Gene, erscheint dieses Ende unangemessen und würdelos. Nur Stunden vor dieser Weichenstellung am Übergang zur zweiten Woche waren die Zellen des *Trophoblasten* noch zelluläre Alleskönner, denen manche Menschen gerne die gleichen Rechte und den gleichen Schutz angedeihen lassen wollen wie einem fertigen Menschen. Die Weichenstellung in Richtung *Embyroblast* oder *Trophoblast* erfolgt im Wesentlichen durch die Aktivität eines einzigen Gens, des Homöoboxgens Cdx-2.

Auch innerhalb der Zellen, die noch im eigentlichen Sinn zum Embryo gehören, deuten sich im Verlauf der zweiten Woche große Dinge an. Zwischen dem *Embryoblasten* und dem *Zytotrophoblasten* entsteht eine zweite Höhle, die *Amnionhöhle*, deren Boden vom Embryo gebildet wird, deren Wänden aber ebenfalls von *Embryoblasten*-Zellen ausgekleidet werden. Zwischen Amnionhöhle und Dottersack liegt jetzt die Zellschicht, aus der sich der eigentliche Embryo entwickeln wird. Die Lage zwischen Amnionhöhle und Dottersack schafft eine Polarität, die auch innerhalb des Embryos zur Differenzierung führt. Aus der ursprünglich homogenen Keimscheibe entstehen zweierlei Schichten. Die Zellen des *Epiblasten* wenden sich der Amnionhöhle zu und die Zellen des *Hypoblasten* bilden die Grenzen zum Dottersack. Damit ist die Lage von Bauch und Rücken des späteren Kindes festgelegt.

Binnen weniger Tage, irgendwann zwischen dem Ende der ersten und dem Beginn der zweiten Woche, wird die Zelle vom Thron gestoßen. Das Konzept des Individuums wechselt die Pferde – von der einzelnen befruchteten Zelle geht es auf den mehrzelligen Organismus über. Nach diesem Übergang ist die einzelne Zelle nur noch Mittel zum Zweck. Die Zeit, in der die befruchtete Zelle diesen exklusiven Status genießt, ist also kurz. Sie dauert von der Vereinigung der Vorkerne, knapp 23 Stunden nach dem Beginn der Befruchtung, bis zu dem Zeitpunkt, an dem wenige Tage später die Differenzierung beginnt und die Zellen der Blastozyste ihren Status als Alleskönner[29] verlieren. Der Unterschied scheint gravierend. Weder Theologen noch die strengsten Bioethiker weinen den einzelnen differenzierten Zellen eines ausgewachsenen Organismus eine Träne nach, solange mit ihrem Verlust kein Schaden für den Organismus verbunden ist.

Woran liegt das? An welcher biologischen Eigenschaft können wir diesen Unterschied festmachen? Die Gene sind es offensichtlich nicht. Als vor über 800 Millionen Jahren die Mehrzelligkeit erfunden wurde, benötigte die Evolution für den Übergang der Individualität vom Einzeller zu mehrzelligen Organismen vermutlich Millionen von Jahren.

Im Verlauf der Ontogenese vollzieht sich dieser Wechsel binnen Stunden. Der Grund *dafür* liegt in den Genen. Damals, in der Frühzeit der Stammesgeschichte, musste sich das genetische Programm für die Entwicklung vielzelliger Organismen erst über Generationen entwickeln. Als die genetische Grundlage der Vielzelligkeit angelegt war, mussten die molekularen Programme, die diesen Übergang steuern, nur abgerufen werden. Die Gene, die unsere individuelle Entwicklung regeln, sind das Erbe von Ereignissen, die sich zum Teil vor fast einer Milliarde Jahren abgespielt haben.

Betrachten wir nur den Text der Gene, ist das befruchtete menschliche Ei ohne Zweifel ein eigenständiges Individuum der Spezies *Homo sapiens*. Morphologisch und auch funktionell hat das neue Individuum aber selbst 14 Tage nach seiner Entstehung noch so gut wie nichts mit einem Menschen gemein.

38 Wochen später wird sich das radikal geändert haben. Die Entstehung eines Menschen ist ein Prozess, bei dem sich aus einem zellulären Alleskönner binnen kurzer Zeit ein Team aus Milliarden von Spezialisten für unterschiedlichste Aufgaben entwickelt. Dieser Prozess bedingt beides, Wachstum und Transformation. Anders als die Präformationstheoretiker dachten, wächst ein Mensch im Rahmen seiner vorgeburtlichen Entwicklung nicht, irgendwo auf diesem Weg entsteht er erst.[30] In der Natur solcher Prozesse liegt es, dass ihnen Gewalt antut, wer versucht, sie in klar voneinander abgrenzbare Phasen aufzuteilen. Aus didaktischen Gründen mag das sinnvoll sein. Solche Phasen sind aber Artefakte, die bestimmten Zwecken dienen, die wiederum außerhalb der biologischen Natur des Prozesses liegen. Das gilt auch für die Festlegung eines Zeitpunkts, von dem an wir das, was da entsteht, als Mensch bezeichnen wollen.

Und schon gibt es ein weiteres Problem: Die Festlegung dieses Zeitpunkts hängt davon ab, welche biologische Perspektive wir einnehmen. So macht es einen Unterschied, ob wir das Menschsein an unseren Genen festmachen oder ob wir versuchen, den Mensch auf einer anderen biologischen oder gar psychologischen oder soziologischen Ebene zu definieren. Jede Perspektive lässt bestimmte Aspekte des Menschseins aus und stellt andere in den Vordergrund. Die Wahl der Perspektive ist nicht beliebig, schon gar nicht zufällig, vielmehr ist sie von Kontexten abhängig und wird meistens (auch) von Interessen geleitet.

Als der echauffierte Chefredakteur der christlichen Zeitschrift und erklärter Gegner der »Pille danach« in der Fernsehdebatte um die Kölner Ereignisse aufstand und vollmundig erklärte: »Die Biologie hätte doch längst gezeigt, dass der Mensch bereits mit der Befruchtung zu existieren beginnt«,[31] hat er nichts grundsätzlich Falsches gesagt. Er hat sich allerdings darauf festgelegt, den Menschen auf der Ebene seiner Gene zu definieren. Denn selbst wer argumentiert, es sei nicht die Gestalt der befruchteten Eizelle, sondern das in ihnen angelegte Programm zur Entwicklung, das den Menschen ausmacht, der entkommt damit der Fixierung auf die Ebene der Gene nicht. Wie anders sollte schließlich dieses Programm in der Zygote realisiert sein als in Form genetischer Information?

Im vorherigen Kapitel haben wir über Gene geredet, in diesem Kapitel über Zellen. Beim Verfassen der beiden Kapitel ist mir immer wieder schmerzlich bewusst geworden, wie schwierig es ist, beide Ebenen voneinander zu trennen. Denn eigentlich können Gene und Zellen nicht ohneeinander. Und zwar in mehrfacher Weise. Nicht selten wird die Metapher vom Computerprogramm strapaziert, wenn von der Beziehung zwischen Gen und Zelle die Rede ist. Auf den ersten Blick ist die Metapher nicht unangemessen, denn es scheint, als wäre es die Bestimmung der Gene, das Leben einer Zelle zu regeln. Die Wirklichkeit der Beziehung zwischen Gen und Zelle ist aber komplizierter. Gene können aus sich heraus keine Zelle kreieren. Sie sind selbst auf die Zelle angewiesen, um sich zu vervielfältigen. Und mehr noch: Im letzten Teil dieses Kapitels werden wir sehen, wie das Genom das Leben der Zelle und die Zelle das Leben der Gene regelt. Fröhlich regieren sie in beide Richtungen, bottom-up nach top-down und umgekehrt. Daher ist es höchste Zeit, sich die biologischen Prozesse anzusehen, die Gene und Zellen zu einem sich wechselseitig beeinflussenden funktionellen Ganzen zusammenschweißen. Dabei können wir auch die Metapher des genetischen Programms verwerfen.

ZELLEN AN DER HAND DER GENE – GENE IN DER HAND VON ZELLEN

Wieso entsteht aus einem Fliegenei eine Fliege und aus einer befruchteten Mäusezelle eine Maus? Das Problem hatten wir schon im vorangehenden Kapitel. Auf diese gleichzeitig naive *und* tiefgründige Frage scheinen die Gene eine klare Antwort zu liefern. Jede Keimzelle birgt *speziestypische* Information in Form von Genen. Fliegen haben Fliegengene und Mäuse Mäusegene.

Die Gene werden in dieser Perspektive zu den Brahmanen eines umgedrehten reduktionistischen Kastensystems, in dem von unten nach oben, von klein nach groß durchregiert wird. Ein Organismus besteht aus Organen, diese aus Zellen, und diese werden durch die genetische Information in ihren Kernen gesteuert und letztendlich bestimmt. Die schöne Welt der Genetik könnte so einfach sein – wäre da nicht ein anderes, nicht minder kniffliges Problem: Von Beginn an beherbergt jede unserer Zellen exakt dieselbe genetische Ausstattung. Wenn Gene tatsächlich eine prägende Rolle spielen, warum sind dann Embryonen eben keine verkleinerten Menschen und warum bestehen wir aus vielen verschiedenen Zelltypen, die sich in Form und Funktion eklatant voneinander unterscheiden? Diese Frage war das vielleicht schwierigste biologische Problem der 1940er und 1950er Jahre.

Offensichtlich ist ein Mensch mehr als die vollständige Realisierung seiner genetischen Information. Dafür gibt es (auch) biologische Gründe. Unser Körper beheimatet ein Panoptikum von über 200 unterschiedlichen Zelltypen. Jeder Zelltyp spielt im Funktionsgefüge eines Organismus seine Rolle. Wir dürfen außerdem nicht vergessen: Zellen sind Lebewesen. Und Lebewesen sind mehr als genetische Roboter. Zellen sind flexibel. Sie können sich anpassen und auf Veränderungen in der Umwelt reagieren. Wenn Nachwuchs vonnöten ist, teilen sie sich.[1] Sie passen sich an Mangel oder Überfluss an und springen ein, wo andere Zellen ausfallen. Das Bild von der Zelle als einer Marionette, die an den Fäden des Genoms hängt, bedarf einer Ergänzung. Im vorherigen Kapitel habe ich das Genom mit einem sich selbst verdoppelnden Orchester verglichen. Dieses Bild muss jetzt mit molekularbiologischem Leben gefüllt werden. Das Stück, das die vielen zellulären Orchester zusammen aufführen, ist etwas Besonderes. Denn es wird getragen von einem gemeinsamen Thema, vom Anfang bis zum Ende. Im Lauf der Entwicklung eines Embryos wird das Stück aber immer polyphoner und muss trotzdem als kohärentes Ganzes funktionieren. Das ist umso erstaunlicher, weil dieses Stück, vorgetragen von Milliarden einzelner Orchester – wie gesagt –, viele Elemente des Jazz hat. Die zellulären Orchester improvisieren und variieren. Zu solchen Kapriolen werden sie dabei sowohl von den Kollegen wie auch vom Publikum, der Umwelt, angestiftet. So weit, so metaphorisch. Seit etwa 50 Jahren beginnen wir zu verstehen, was in den Zellen tatsächlich vor sich geht und wie dieser schwindelerregende Balanceakt zwischen genetischer Kohärenz, begrenzter Autonomie und Flexibilität funktioniert.

Wer regiert die Gene?

Eines sollte klar geworden sein: Beachtung finden Gene nur, wenn sie übersetzt werden.[2] Manche Gene werden ständig abgeschrieben, da ihre Produkte zur Grundausstattung jeder Zelle gehören. Beispiele sind Gene, die die Energieversorgung unterstützen. Aber beileibe nicht jedes Gen wird immer und überall gebraucht. Manche werden nur in bestimmten Situationen aktiviert, um zum Beispiel die Zellteilung anzustoßen. Fast alle Zellen können Gene auf Zuruf ablesen und wieder abschalten. Das Muster der bedarfsorientiert regulierten Gene kann von Zelltyp zu Zelltyp deutlich variieren, denn unter dieser Ebene der kurzfristigen Mechanismen der Ad-hoc-Genregulation liegt eine zweite, rigidere Ebene der *epigenetischen* Steuerung von Genaktivitäten. Auf dieser Ebene sind die zum Teil gravierenden Unterschiede zwischen den einzelnen Zelltypen festgelegt.

Die *Epigenetik* arbeitet wie ein gestrenger Bibliothekar, der über einen Korpus von über 20000 genetischen Schriftrollen wacht und viele von ihnen in der unzugänglichen Kammer des großen Archivs im Zellkern wegschließt. Viele Gene sind zeitweise oder dauerhaft stillgelegt. Unwiederbringlich verloren ist deren Information jedoch nicht.[3] Zu besonderen Anlässen können auch diese apokryphen Texte wieder herangezogen werden. Viele Entscheidungen darüber, welche Gene aktiviert, inaktiviert oder dauerhaft weggeschlossen werden, trifft die Zelle nach einer Art von Subsidiaritätsprinzip selbst. Eine Zelle kann somit als ein kybernetisches System betrachtet werden, durchwirkt von Regelkreisen mit positiven und negativen Rückkopplungsmechanismen. Dieses System ist aber nicht vollkommen autonom. Zellen stehen mit anderen Zellen über direkte Zell-Zell-Kontakte nicht nur mechanisch in Verbindung. An solche Kontakte sind Signalwege angeschlossen, die die Aktivität von Genen beeinflussen können.[4] Darüber hinaus ist der Körper durchzogen von chemischen Systemen zur Kommunikation über weite Distanzen. Zellen kommunizieren über chemische Botenstoffe,[5] transportiert vom Blutkreiskauf oder auch mithilfe elektrochemischer Signale. Auch der Organismus ist hinsichtlich der Regulation seiner Gene kein geschlossenes System. Die Außenwelt kann auf die verschiedenen Ebenen der Genregulation zugreifen und im Körper ihre Spuren hinterlassen. Wir sollten uns diese Schnittstellen einmal näher ansehen.

Ad-hoc-Genregulation[6]

Ein Gen kann als Satz aufgefasst werden, der die Information zur Konstruktion eines bestimmten Eiweißmoleküls bereithält.[7] Schon der allererste Schritt der Übersetzung ist ein Prozess, der einer inneren und äußeren Steuerung unterliegt. Damit ein Gen abgeschrieben und in Boten-RNA übersetzt wird, muss an einer spezifischen Startsequenz[8] ein sogenannter Initiationskomplex gebildet werden. Diese Startsequenz besteht aus einer charakteristischen Kombination von Nukleotidbuchstaben, die meist stromaufwärts des eigentlichen Eiweißbauplans gelegen sind. Dieser Schritt ist die Stellschraube, die entscheidet, ob ein Gen aktiv wird oder nicht.

Schauen wir uns einmal an, wie die Stellschraube durch innere oder äußere Ereignisse verändert werden kann. Nehmen wir die Versorgung einer Zelle mit Sauerstoff. Menschen brauchen Luft zum Atmen, weil ihre Zellen Luft zum Atmen brauchen. Natürlich hängt die Sauerstoffkonzentration in den Zellen auch von der Sauerstoffkonzentration in der Außenwelt ab. Jeder, der schon einmal im Himalaya unterwegs war, weiß, wovon ich rede. Aber der Sauerstoff in den Lungen oder im Blut ist noch lange nicht dort, wo er gebraucht wird. Und so gibt es viele innere Zustände,[9] die regional im Körper zur Unterversorgung mit Sauerstoff führen können, obwohl genügend Luft zum Atmen vorhanden ist. Dieser Mangel ist etwas, worauf Zellen reagieren müssen, unter anderem mit einer Veränderung ihrer genetischen Aktivität.

Wie machen sie das? Im Zytoplasma fast aller Zellen schwimmt ein Protein namens HIF-1, aufgebaut aus zwei Untereinheiten, HIF-1α und HIF-1β.[10] Ist ausreichend Sauerstoff vorhanden, ist die α-Komponente ein flüchtiger Gast. Kaum ist sie entstanden, vergeht sie auch schon wieder.[11] Diese Instabilität ist die Folge eines chemischen Prozesses, der vom Sauerstoff abhängt.[12] Sinkt die Sauerstoffkonzentration unter eine kritische Grenze, kommt diese chemische Zerfallsreaktion zum Erliegen. Der HIF-1α/HIF-1β-Komplex wird stabil. Die HIF-1-Konzentration steigt und der Komplex wandert in den Zellkern. Dort stößt er die Transkription all der Gene an, die über eine entsprechende Erkennungssequenz verfügen.[13] Gene werden aktiv, passende Boten-RNAs entstehen. Der Übersetzungsprozess wird durch eine RNA-Polymerase geleistet.[14] Voraussetzung ist, dass dieses RNA-Vervielfältigungsenzym fest an die Startsequenz vor den entsprechenden Genen gebunden wird. Diese Bindung muss durch zusätzliche Aktivatoren bekräftigt werden. Zum Initiationskomplex gehören verschiedene DNA-bindende Proteine, die Transkriptionsfaktoren selbst, DNA-Polymerasen, Aktivatoren und Repressoren.[15] Die Abschrift eines Gens ist also ein spezifischer und modularer Prozess mit mehreren Beteiligten. Die Menge der entstehenden mRNA hängt davon ab, welche Module durch welche Bindungsproteine zu einem bestimmten Zeitpunkt besetzt werden. Manche Gene verfügen über mehrere alternative Erkennungssequenzen (alternative Promotoren). Solche Gene können, je nach Promotor, verschiedene Boten-RNAs und demnach auch verschiedene Proteine hervorbringen. Ein schönes Beispiel ist ein riesiges, 2,4 Millionen Basenpaare messendes Gen namens *Dystrophin*.[16] Das *Dystrophin*-Gen besitzt gleich sieben alternative Promotoren. Nur drei davon gewährleisten Abschriften in voller Länge. Diese drei sind ausschließlich in den Zellen der Hirnrinde, der Muskulatur und des Kleinhirns aktiv, in den anderen Zellen des Körpers sind sie stillgelegt.

Eiweiße wie HIF-1 sind Transkriptionsfaktoren. Transkriptionsfaktoren wiederum sind das letzte Glied von Eiweiß-Signal-Ketten. Der Ursprung solcher Signalketten kann nebenan, innerhalb der Zelle, liegen. Der Anstoß kann aber auch aus weit entfernten Winkeln des Körpers oder aus der Außenwelt kommen. Die Zustände in der Zelle beeinflussen das Muster der exprimierten Gene, das wiederum auf den Zustand der Zelle zurückwirkt. Bestimmte Muster sind über längere Zeit stabil, andere ändern sich *ad hoc*. Eine Möglichkeit, die Aktivatoren oder Repressoren der Genexpression zu beeinflussen, besteht darin, deren Produktion zu kontrollieren, ein Prozess also, der selbst auf der Transkription von Genen[17] beruht. Diese Form der Kontrolle ist relativ langsam und dient vor allem der Aufrechterhaltung von stabilen Expressionsmustern. Eine andere, viel schnellere Möglichkeit sind chemische Veränderungen an den Eiweißen der vorgeschalteten Signalkette. Viele Eiweiße verfügen über chemische Schalter, die sich auf deren Aktivität und/oder Gestalt auswirken. Ein typischer chemischer Ein-/Ausschalter ist die Phosphorylierung. Dabei wird mithilfe spezieller Enzyme ein Phosphatmolekül an bestimmte Aminosäuren in einer Eiweißkette entweder angehängt oder abgespalten.[18]

Die Konzentration von Sauerstoff ist eine einfache chemische Größe. Aber schon ein so monomorpher Reiz kann in ein und derselben Zelle vielfältige, je nach Zustand der Zelle zum Teil sehr unterschiedliche Reaktionen auslösen. Oft stehen über hundert Gene unter der Kuratel eines einzigen Transkriptionsfaktors. Ob sie alle zur Wirkung kommen, hängt von vielen anderen Faktoren stromaufwärts und stromabwärts des Initiationskomplexes ab. Gleichzeitig setzt ein und derselbe Stimulus nicht selten gleich mehrere Transkriptionsfaktoren parallel in Aktion. Umgekehrt gibt es viele Transkriptionsfaktoren, die auf ganz unterschiedliche Stimuli reagieren.

Dieses an sich schon komplizierte Szenario wird noch unübersichtlicher durch die Tatsache, dass verschiedene Zelltypen auf ein und denselben Reiz ganz unterschiedlich reagieren können. Einige Transkriptionsfaktoren sind in fast allen Arten von Zellen aktiv, andere[19] nur in bestimmten Zellfamilien. Auch wenn die Gene in allen Zellen eines Körpers identisch sind,[20] sorgt schon der erste Übersetzungsschritt für erhebliche Unterschiede zwischen den verschiedenen Zelltypen.[21]

Das Transkriptom, Werk eines eigenwilligen Übersetzers

Mit dem Umschreiben eines Gens in Boten-RNA hat der Prozess der Übersetzung erst begonnen. Was dann folgt, erinnert an das Kinderspiel »Stille Post«, nur dass hier die Botschaft nicht erratisch verändert wird, sondern je nach momentaner Situation aktuellen Bedürfnissen angepasst werden kann.

Im vorangehenden Kapitel habe ich erwähnt, die Gene eukaryonter Zellen[22] enthielten im Gegensatz zu den Bakteriengenen viele Unsinnswörter (Introns). Dieser Unsinn muss aus der Boten-RNA erst herausgeschnitten werden, bevor ein Protein entsteht.[23] Auch dieser Prozess, den die Biologen *Splicing*[24] (Spleißen) nennen, unterliegt der Regulation. Das Spleißen ist weit mehr als eine Fußnote in der Geschichte der Genetik. Die Erfindung des Spleißens war eine evolutionäre Innovation mit beträchtlichen Auswirkungen und ist wiederum ein Beispiel dafür, dass kleine Veränderungen auf der einen Ebene manchmal gravierende Konsequenzen auf der anderen haben können.[25] Die Anzahl der Seiten im Buch der DNA kann nur langsam und schrittweise wachsen. Wenn durch einen Übersetzungstrick wie das alternative Spleißen plötzlich ein Mechanismus zur Verfügung steht, der die Kapazität des Datenträgers dadurch vervielfacht, dass aus demselben Ursprungstext gleich mehrere sinnvolle alternative Botschaften hervorgezaubert werden können, eröffnen sich der Evolution neue, ungeahnte Spielräume. Das alternative Spleißen trägt erheblich zur Komplexität eines Organismus bei. Bei einfachen Eukaryonten, wie zum Beispiel Hefezellen, ist Spleißen ein seltenes Phänomen. Kaum eine Handvoll Gene sind betroffen. Das ist bei der kleinen Taufliege *Drosophila melanogaster* anders. Die Taufliege besitzt weniger Gene als der weit einfachere, kaum einen Millimeter messende Fadenwurm *Caenorrhabditis elegans*. Drosophila verfügt aber, passend zu ihrer komplexeren Struktur, über deutlich mehr Proteine als der kleine Wurm. Diesen Unterschied verdankt sie im Wesentlichen der vielen Spleißvarianten ihrer Gene. Die Genetiker gehen davon aus, beim Menschen werde gut ein Drittel aller Genabschriften alternativen Spleißprozessen unterzogen. Und unser Genom mit seinen kaum mehr als 20 000 Genen bringt immerhin 80 000 bis 100 000 verschiedene Proteine hervor.[26]

An dieser Stelle lohnt ein kurzer Blick ins Allerheiligste unseres Ohres, in die *Cochlea*, das schneckenhausartige Hörorgan des Innenohrs. Dort findet sich ein schönes Beispiel für Segnungen alternativen Spleißens. Ohne alternatives Spleißen gäbe es keinen Bach, keinen Mozart, keinen Beethoven. In den Haarzellen der *Cochlea*[27] wird ein Gen namens *slo* exprimiert. Dieses Gen codiert für ein Protein, das den Ein- und Ausstrom von Kaliumionen an der äußeren Membran der Haarzellen reguliert. Die 35 Exons von *slo* werden auf unterschiedliche Weise gespleißt, und so entstehen aus einem einzigen Gen fast 500 verschiedene Proteinvarianten. Die Haarzellen des Ohres müssen sich mit Tonhöhen zwischen 20 bis fast 20000 Hertz herumschlagen. Wären alle Zellen gleich, wären sie mit dieser Frequenzbreite völlig überfordert. Wie mit einem Stimmschlüssel werden die einzelnen Haarzellen von verschiedenen *slo*-Proteinvarianten so eingestellt, dass sie jeweils nur von einem bestimmten Ausschnitt des Frequenzspektrums zum Klingen gebracht werden. Jede *slo*-Variante und damit jede Haarzelle hat ihr ganz spezielles Frequenzoptimum.[28]

Bei anderen Tieren werden mithilfe des alternativen Spleißens noch existentiellere Weichen gestellt. So ist die Entscheidung, ob Junge oder Mädchen, bei der Taufliege *Drosophila* nicht direkt im Genom verankert, sondern die Folge eines Prozesses, der durch alternatives Spleißen entschieden wird. Die Prä-mRNA des *Sxl*-Gens der Taufliege enthält ein Exon, das zur Disposition steht. Wenn dieses Exon mit dem davor liegenden Exon verbandelt bleibt, ist das resultierende *Sxl*-Genprodukt inaktiv und ein Männchen wächst heran. Wird das kritische Exon ausgelassen, entsteht ein funktionsfähiges *Sxl*-Eiweiß und die Fliege wird zum Weibchen.

Aber auch die fertige Boten-RNA ist noch nicht der Weisheit letzter Schluss. Das *Transkriptom* der Zelle kann weiter modifiziert werden, bevor der zweite Übersetzungsschritt beginnt. Ähnlich wie die DNA[29] kann auch die Boten-RNA durch chemische Reaktionen an den Seitengruppen der Nukleotide verändert werden. Die Boten-RNA des menschlichen Gens *B100* ist ein Beispiel für eine solche Form der »Editierung«.[30] In Leberzellen codiert das Gen für ein Eiweiß namens *Apolipoprotein B*, ein großes Protein bestehend aus 4563 Aminosäuren. Wird dasselbe Gen in den Darmzellen aktiviert, entsteht *Apolipoprotein B48*, ein Eiweiß, das nur 2153 Aminosäuren enthält. Die Ursache dieser Verstümmelung ist eine einzige *Desaminierung*, eine winzige chemische Veränderung an einer Base, einem Cytosin im Transkript des B100-Gens. Aus Cytosin wird Uracil, aus dem Basentriplett CAA in der *Apolipoprotein B48*-mRNA UAA. UAA ist ein Stoppcodon, das signalisiert: Halt! An dieser Stelle muss die RNA-Botschaft abgebrochen werden. Solchen chemischen Modifikationen verdanken wir zum Beispiel einen Teil der unglaublichen Vielfalt unserer Antikörper, dieser kleinen y-förmigen Eiweißmoleküle, die passgenaue Erkennungssequenzen für alle Arten von mikrobiellen Eindringlingen bereithalten. Daneben gibt es noch weitere Regulierungsschritte,[31] die vor allem die Menge des Transkripts modulieren. Der Prozess der Übersetzung kann außerdem durch kleine, zur mRNA komplementäre RNA-Schnipsel, sogenannte Micro-RNA, blockiert und unterbunden werden.[32] Schon diese flüchtigen Blicke auf die Mechanismen der Transformation genetischer Information zeigen, dass die Metapher von der »Übersetzung« unangemessen schlicht ist. Aber es kommt noch besser!

Proteome oder: Es kommt darauf an, was am Ende dabei herauskommt

Wer A sagt, muss also nicht automatisch auch B sagen. Genetische Botschaften können verändert oder sogar rückgängig gemacht werden. Auf A kann manchmal C, D, E oder F folgen. Alle diese Kapriolen, die im Zuge der Transkription vorkommen können, sind verlorene Liebesmüh, wenn nicht auch der zweite Schritt, die Übersetzung in die Sprache der Proteine, vollzogen wird. Die wirklich wichtige Momentaufnahme der genetischen Aktivität spiegelt sich vor allem auf der Ebene der Zellproteine, im Proteom wider. Mit dem Begriff *Proteom* bezeichnen die Zellbiologen den aktuellen Bestand der funktionsfähigen Eiweiße einer Zelle. Dieses Proteom lässt sich aber nicht eins zu eins aus dem *Transkriptom* ableiten.

Nachdem die Boten-RNA chemisch zugerichtet wurde, verlässt sie den Zellkern und wird ins Zytoplasma transportiert. Dort kommen DNA/RNA- und Proteinwelten zusammen. Als weiter oben das Inventar einer Zelle vorgestellt wurde, sind wir den *Ribosomen* begegnet, an denen Proteine hergestellt werden. Bakterien wie der Darmbewohner *Escherichia coli* verfügen über etwa 20 000 dieser Miniaturfabriken. Menschliche Zellen beherbergen ein Vielfaches mehr. Niemand hat sie bisher gezählt.

Ursprünglich waren viele Biologen der Meinung, die *Ribosomen* seien lediglich der Ort, an dem die beiden wichtigsten Zutaten der Translation sich nahekommen. Heute weiß man, dass *Ribosomen* mehr als nur stille Kämmerchen für ein Rendezvous sind. Sie sind aktiv an dem Prozess der Übersetzung beteiligt. *Ribosomen* koordinieren die Proteinsynthese, indem sie die *mRNA* und ihre Reaktionspartner zueinander in die richtige Position bringen. Sie agieren dabei selbst wie chemische Kupplerinnen. Enzymen ähnlich, wirken sie als Katalysatoren, sind also eine Art chemischer Brandbeschleuniger, der viele der Reaktionen, die an diesem Prozess mitwirken, erst mit den unerbittlichen Gesetzen der Thermodynamik in Einklang bringt. Der Raum, in und an dem sich das Geschehen abspielt, ist ein kaum mehr als 30 Nanometer[33] messendes Knäuel aus Eiweißen und ribosomaler RNA.

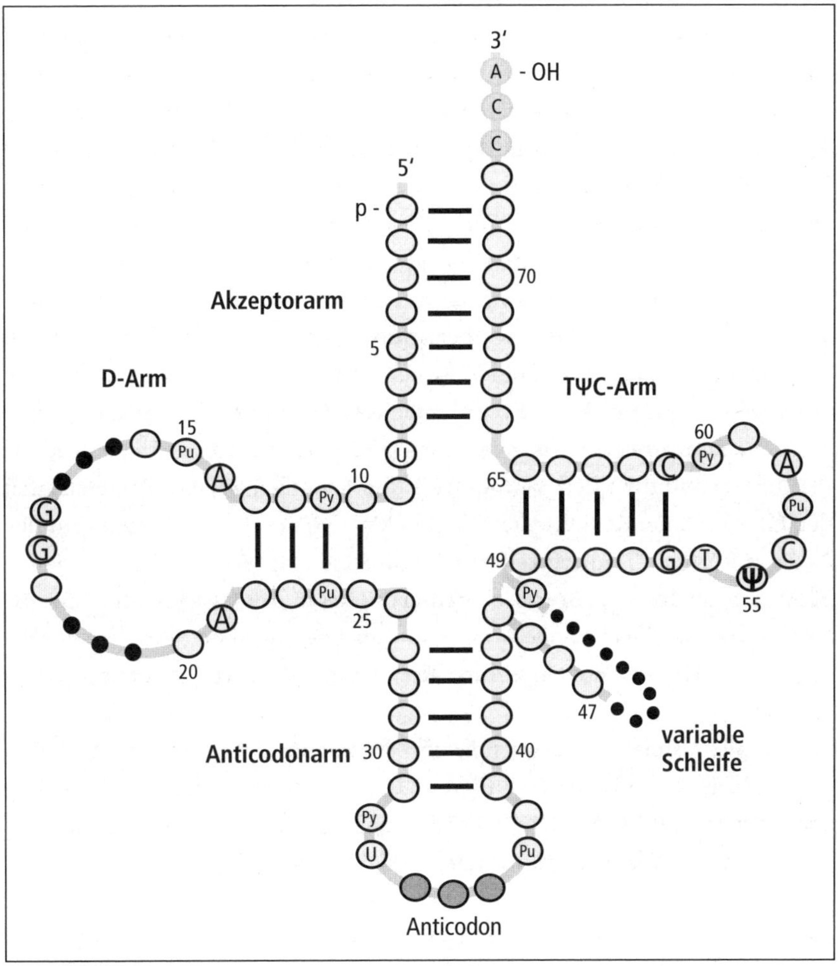

Abb. 3: Aufbau der Transfer-RNA (tRNA)

Die eigentliche Übersetzungsleistung ist eine Sache kleiner Moleküle, die nur aus 74 bis knapp über 90 Nukleotidbuchstaben bestehen, der sogenannten *Transfer-RNA* (*tRNA*). Die *tRNA* schlägt im wahren physikalischen Sinn eine Brücke zwischen der Welt der Nukleinsäuren und der Welt der Proteine. tRNAs sind molekulare Adapter, kleine RNA-Moleküle, deren Strang wie eine Haarnadel mit zwei Seitenästen so gefaltet ist, dass eine Art Kreuz entsteht. An der Basis des Kreuzes, dort, wo sieben Nukleotide eine enge Haarnadelkurve bilden, sitzt das *Anticodon*, ein Basentriplett, das komplementär zu einem entsprechenden Triplett in der Boten-RNA ist. Genau wie die Partner in der Doppelhelix der DNA ziehen sich das Codon der mRNA und das Anticodon der tRNA an. Der Basis gegenüber, an der Spitze des Kreuzes, liegt der Akzeptorarm der tRNA, an dem genau die Aminosäure befestigt ist, die durch das dem Anticodon komplementäre Basentriplett codiert wird. Den rechten Arm des Kreuzes bildet der D-Arm, den linken der TΨC-Arm der tRNA.[34] Schon die Beladung der tRNA mit passenden Aminosäuren ist ein hochspezifischer chemischer Vorgang. Diese Beladung muss absolut verlässlich sein, weil eine nicht zum Anticodon passende Aminosäure unweigerlich zum Einbau eines falschen Bausteins in die wachsende Eiweißkette führen würde. Sind die wichtigsten Mitspieler beisammen, entsteht mithilfe von einigen Proteinen ein sogenannter Präinitiationskomplex,[35] der schließlich ein Ende der mRNA auffädelt. Dieser Komplex gleitet an der Kette der mRNA entlang, bis er auf ein Startsignal, das *Startcodon*, trifft.[36] Jetzt wird das Ribosom komplettiert,[37] und die mRNA durchläuft den Komplex wie ein Papierstreifen den Drucker einer Registrierkasse. Jedes Mal, wenn der Translationskomplex an der mRNA ein Triplett weiterrückt, findet eine tRNA an die freiwerdende Stelle, schlägt dort eine Brücke zwischen mRNA und der wachsenden Eiweißkette und heftet die passende Aminosäure an. Das Eiweiß wird länger und länger, bis das Ribosom auf ein Stoppcodon in der mRNA trifft und der Prozess abbricht.

Wie nicht anders zu erwarten, unterliegt auch dieser Prozess vielfältigen Regulativen und ist von äußeren Umständen abhängig. Geraten Zellen unter Stress und leiden an Energieverknappung, können sie die Eiweißsynthese an den Ribosomen global herunterfahren. Sie schalten auf Sparmodus um.[38] Neben dieser kruden, unspezifischen Form der Regulation kann die Zelle auch selektiv die Translation ganz bestimmter mRNAs regulieren. Ein Beispiel ist die Produktion von *Ferritin*, unseres wichtigsten Eisenspeicherproteins. Fehlt Eisen, wird die Produktion von *Ferritin* gehemmt, indem sich bestimmte Proteine an sogenannte *Eisen-Response*-Elemente der *Ferritin*-mRNA binden und eine weitere Übersetzung blockieren. Ist genug Eisen vorhanden, lösen sich die Bremsklötze ab und die Eiweißproduktion läuft an.

Auch nach Abschluss der Translation gibt es noch weitere Mechanismen, die die Funktionalität von Proteinen verändern. Ein Protein, das die Ribosomen verlässt, ist oft noch nicht gebrauchsfertig. Eiweiße liegen in der Zelle nicht als lange Perlenketten vor. Wie ein vorher verdrilltes Gummiband, bei dem die Enden losgelassen werden, nehmen sie spontan eine bestimmte dreidimensionale Struktur an. Diese Faltung im Raum, die *Tertiärstruktur*, ist das, was oft die Funktionalität eines Proteins ausmacht. Lange Zeit dachte man, die räumliche Struktur sei durch die Abfolge der einzelnen Aminosäuren in der Kette und damit durch das betreffende Gen eindeutig festgelegt. Das scheint aber nur auf relativ kurze Eiweiße zuzutreffen. Bei längeren Ketten sind die Möglichkeiten der Faltung aufgrund der festgelegten Bindungswinkel zwischen den Molekülen und der Anziehungs- und Abstoßungskräfte zwischen den verschiedenen Seitenketten zwar nicht beliebig, aber oft sind alternative Faltvarianten möglich. Nicht alle davon sind funktionell. Deswegen verfügen Zellen über molekulare Anstandsdamen, sogenannte *Chaperone*, die die Proteine nach der Translation an die Hand nehmen und in die geeignete Form bringen. Manche Proteine werden zudem erst aktiv, wenn Teile abgespalten werden.

Das Alphabet der Proteine umfasst bekanntermaßen die 20 natürlichen Aminosäuren. Erst einmal ins Protein integriert, kann die Bandbreite der Aminosäuren aber durch chemische Modifikationen noch einmal erweitert werden. *Kinasen* oder *Phosphatasen* hängen Phosphatgruppen an oder ab und schalten damit Proteine ein oder aus. Enzyme versehen die Aminosäuren mit Methyl- oder Acetylgruppen oder hängen gleich ganze Zuckerketten an. Diese Reaktionen sind hochspezifisch und haben für die Eiweiße fast immer eine funktionelle Bedeutung. Wichtig ist: All diese Modifikationen sind nicht durch die Gene festgelegt. Und *last but not least* ist selbst der Abbau der Proteine eine Stellschraube, die das Proteom einer Zelle verändern kann.

Zellen sind also keine Marionetten, die nur an den Fäden ihrer Gene tanzen. Auf vielen Ebenen existieren Schnittstellen, über die Nachbarn oder andere, weit entfernt im Körper lokalisierte Systeme[39] und schließlich auch die Außenwelt Einfluss nehmen und das System *Zelle* verändern können.[40] Die Gene liefern die Baupläne aller Eiweiße und damit die »Hardware« der Zellen. Sie schaffen die Rahmenbedingungen für das Leben der Zelle. Ihr Funktionszustand ist jedoch etwas, bei dem auch viele Bewohner aller Stockwerke darüber[41] ein Wörtchen mitzureden haben.

Wunderbare Beispiele für die vielfältigen Wechselbeziehungen zwischen den verschiedenen Ebenen liefern die berühmten Hormone. Hormone sind chemische Botenstoffe, die auf lange Distanzen wirken. Sie werden in speziellen Drüsen wie Schilddrüse, Nebennieren, Hirnanhangsdrüse, Hoden, Eierstöcken etc. produziert und über die Blutbahn im Körper verteilt. Hormone können in ihren Zielzellen in die Aktivität von Proteinen eingreifen, Gene an- und ausschalten, den Stoffwechsel anregen oder dämpfen, Zellen zur Teilung anregen oder auch in den Tod treiben.

Natürlich haben Gene einen wesentlichen Einfluss auf die Konzentration mancher Hormone im Körper. Am deutlichsten wird das bei den Geschlechtshormonen. Männer haben viel mehr Testosteron im Blut als Frauen. Die Ursache liegt in den Genen. Im Jahr 1990 lokalisierten Genetiker jenen Abschnitt auf dem menschlichen Chromosom Y, der im Wesentlichen die Ausprägung männlicher Merkmale verantwortet.[42] Dabei handelt es sich um ein einziges Gen namens *SRY* (»sex-determining region Y«). Experimente mit Mäusen haben gezeigt, dass diese Erbanlage den Bauplan für ein Protein liefert, welches im Embryo die Entwicklung der Hoden anstößt. Die Hoden wiederum bilden den Löwenanteil des Hormons Testosteron (und andere Substanzen).[43] Und Testosteron ist maßgeblich für die Entstehung des männlichen Phänotyps. Es sorgt für Wachstum und für den Aufbau von Muskelmasse, von Fettspeichern und für die Spermienproduktion. Während der Pubertät bewirkt Testosteron bei den Jungs die Entwicklung von Penis und der akzessorischen Geschlechtsdrüsen. Bei Frauen kann eine künstliche Zufuhr von Testosteron zu einer Vermännlichung von Stimme, Muskulatur, Gesichtszügen, Behaarung und zur Vergrößerung der Klitoris führen.

Mit dem Niedergang des Patriarchats ist das Testosteron etwas in Verruf geraten.[44] Sein Ruf leidet vor allem darunter, dass es für einige fragwürdige, angeblich typisch männliche Verhaltensweisen wie Imponiergehabe, Aggressivität, Egozentrik und Begattungsdrang verantwortlich gemacht wird. Solche Zuschreibungen beruhen allerdings im Wesentlichen auf Untersuchungen an anderen Säugetieren: Wie jeder Pferdezüchter weiß, werden aggressive Hengste durch Kastration zu sanften, angepassten Wallachen. Beim Menschen sind die Zusammenhänge zwischen Gen, Hormon und Verhalten ein bisschen komplizierter.[45] Eine Zusammenfassung von insgesamt 45 Studien bei Menschen ergab zwar einen schwachen, immerhin aber signifikanten positiven Zusammenhang zwischen Aggressivität und Testosteron.[46] Wer jedoch genauer hinsieht, muss feststellen, dass es schwierig ist, daraus eine einfache Kausalkette vom Gen über das Hormon zum Verhalten zu konstruieren. Der britische Endokrinologe John Archer resümiert die Lage folgendermaßen: »Es gibt eine schwache inkonsistente Beziehung zwischen Testosteron und Aggressivität bei Erwachsenen, aber die Verabreichung von [zusätzlichem] Testosteron führt in der Regel nicht zu einer Steigerung des Aggressionsniveaus«.[47] Vor allem lässt sich für den Einzelfall aus dem Testosteronspiegel keine zuverlässige Prognose ableiten, ob sich das betreffende Individuum tatsächlich besonders aggressiv verhalten wird. Die Korrelation ist statischer Natur. Das gilt für Fische, Vögel, Mäuse *und* für Menschen. Testosteron ist ein klassisches Beispiel für ein Molekül mit »pleiotropen« Wirkungen. Es stärkt Selbstvertrauen und Optimismus, während es Furcht oder Angst reduziert. Das könnte etwa den »Gewinnereffekt« bei Labortieren wie Mäusen erklären. Die Bereitschaft, Auseinandersetzungen nicht zu scheuen, steigt, wenn solche Interaktionen in der Vergangenheit als erfolgreich erlebt wurden, was plausibel ist. Obwohl Testosteron als »antisoziales« Hormon verschrien ist, gibt es auch Studien, die zeigen, die Gabe von Testosteron reduziere bei Männern die Tendenz zum Lügen.[48] Eine andere Untersuchung erwies, Testosteron bei Frauen führe dazu, dass die Versuchsteilnehmerinnen in einem Verhandlungsexperiment fairere Angebote machten. Die Forscher erklärten diese Wirkung damit, das Hormon erhöhe die Sensitivität für den Status, und vermuteten, in der sozial komplexen Umwelt des Menschen sichere weniger Aggression, denn pro-soziales Verhalten den Status.[49] Die Wirkung von Testosteron scheint also – vorsichtig ausgedrückt – kontextabhängig zu sein. Ob mehr Testosteron mit antisozialem Verhalten und Aggressivität einhergeht, hängt gerade bei Menschen von einer Vielzahl sozialer Faktoren ab.

Die Kastration von Sexualstraftätern ist eine Praxis, die in einigen US-Bundesstaaten erlaubt ist. Die Ergebnisse sind aber uneinheitlich. Die Kastration scheint nur bei Tätern Wirkung zu zeigen, die von krankhaften Zwangsimpulsen geleitet wurden. Keine Wirkung hatte sie bei Tätergruppen, deren Sexualstraftaten von Machtgelüsten oder Zorn motiviert waren. Das bedeutet, je mehr Erfahrung ein Mensch mit Aggression gemacht hat, desto weniger ist er – trotz Hormonentzugs – in der Lage, sein Aggressionsniveau zu senken.[50]

Auf die Spitze getrieben wird dieses vertrackte Gen-Zell-Umwelt-Wechselwirkungsgeflecht durch die Beobachtung, dass die Kausalkette auch in umgekehrter Richtung wirken kann. Nicht vom Gen zum Hormon zur Zelle zum

Verhalten, sondern von Umwelt und Erfahrung bis hinunter zum Molekül. Ein wunderschönes Beispiel für eine solche »Top-down-Wirkung« liefert eine Untersuchung von Christopher W. Kuzawa von der Northwestern University in Evanston. Kuzawa hat die Beziehung zwischen Hormonspiegel und Familienstand bei philippinischen Männern untersucht.[51] Seine Gruppe maß Testosteronwerte von 465 männlichen Singles. 4,5 Jahre lang wiederholten sie die Messungen, erhoben aber gleichzeitig den aktuellen Familienstand der Probanden. Dabei machten sie zwei interessante Beobachtungen: Zum einen lebten Männer mit anfänglich hohem Testosteronwert später besonders häufig in einer festen Beziehung und waren Väter. Zum anderen lagen deren Testosteronwerte bei der zweiten Überprüfung um bis zu 26 % unter ihrem Ausgangswert! Wenn Männer Väter werden, verändert das ihren Hormonhaushalt offenbar dramatisch. Besonders ausgeprägt war der Effekt bei den Vätern, die sich aktiv und mindestens drei Stunden täglich um den Nachwuchs kümmerten. Die direkte Interaktion mit dem Kind scheint also die Ausschüttung von Testosteron zu hemmen.[52]

Gehen wir zurück in die Vogelperspektive: Auf der einen Seite steht die altehrwürdige, konservative Welt der Gene, deren Vorgaben sich zum Teil seit Jahrmillionen kaum verändert haben, auf der anderen Seite, die irrlichternde, schnelllebige Welt der biochemischen Ad-hoc-Kommunikation, in der Gene nach Bedarf aus- oder angeschaltet werden können. Viele Prozesse, die das Leben einer Zelle beeinflussen, kommen in dieser schnelllebigen Welt auch ohne direkten Zugriff auf die Ebene der Gene aus. Als ob diese Gemengelage nicht schon kompliziert genug wäre; zwischen beiden Ebenen existiert noch eine dritte, lange verborgene semikonservative Zwischenwelt, die von beiden Seiten, von den Genen und von der Umwelt, beeinflusst wird.

EPIGENETIK: DAS ELEFANTÖSE GEDÄCHTNIS DER ZELLEN

Seltsamerweise wurde diese Zwischenwelt erst in jüngster Zeit entdeckt, obwohl erst ihre Existenz die eingangs gestellte Frage beantworten kann: Warum bestehen wir aus vielen verschiedenen Zelltypen, die sich in Form und Funktion eklatant unterscheiden, obwohl in allen Zellen dieselben Gene stecken? Prinzipiell wären längerfristige Festlegungen auch auf der Basis kurzlebigerer Mechanismen zur Regulation der Genaktivitäten denkbar, zum Beispiel durch stabile positive Rückkopplungsschleifen. So etwas gibt es: Wenn der Transkriptionsfaktor Myo-D in den Stammzellen des Bindegewebes aktiv ist, entwickeln sich diese zu reifen Muskelzellen. Myo-D aktiviert gleich eine ganze Palette von Genen wie die Muskelproteine *Actin* und *Myosin*, deren Produkte zur Grundausstattung von Muskelzellen gehören. Das *MyoD-Protein* hat eine sich selbst verstärkende Komponente, die die eigene Transkription immer weiter stimuliert und die Zelle damit in ihrer Bestimmung zur Muskelzelle »festhält«.[1] Solche semistabilen Mechanismen können im Einzelfall für langfristige Verbindlichkeiten sorgen, aber sie erklären nicht die Existenz des ganzen Panoptikums der vielen spezialisierten Zelltypen eines ausdifferenzierten Organismus. Die meisten Zellen sind keine Flittchen, die ihre Fahne nach dem Wind hängen und jede beliebige Form oder Aufgabe annehmen. Die meisten Zellen eines ausgewachsenen Organismus haben ihre Bestimmung gefunden. Sie sind ausdifferenziert. Demnach muss es also etwas geben, das im Leben der Zellen verbindliche Weichen stellt.

Der Histon-Code

Noch einmal zurück zu den Wurzeln. Das Bild, das bisher von der DNA gezeichnet wurde, ist nur die halbe Wahrheit. Gene sind nicht wirklich wie Perlen an einer Schnur angeordnet. Eine solche Kette hätte eine Länge von immerhin knapp zwei Metern. Dieser Zwei-Meter-Faden muss aber in einer Kugel untergebracht werden, deren Durchmesser kaum fünf tausendstel Millimeter misst. Damit keine heillose Verwirrung entsteht, ist die Doppelhelix selbst wie ein Faden um unzählige kleine Eiweißspulen, die sogenannten Histone, gewickelt.[2] Diese DNA-beladenen Histonspulen, die *Nucleosomen*, sind Konvolute, die erst entpackt werden müssen, bevor Gene abgelesen werden können. Nicht jedes Gen liegt also auf dem Servierteller und wartet nur darauf, von einem Transkriptionsfaktor wachgeküsst zu werden. Ganz im Gegenteil. Damit Gene abgelesen werden können, muss der entsprechende DNA-Abschnitt wie ein Seil, das um eine Rolle geschlagen ist, erst ein Stück über diese Rolle gleiten und verschoben werden, bevor der Komplex, der die Transkription anwirft, sich an den Promotor des betreffenden Gens binden und die *RNA-Polymerase* loslegen kann.

Nicht jeder DNA-Abschnitt sitzt lose auf seiner *Histon*-Spule. Große Bereiche der DNA sind so verpackt, dass die Zelle an die dort codierte Information nicht ohne Weiteres herankommt.[3] Diese Bereiche werden *Heterochromatin* genannt. (Die Abschnitte, in denen die DNA fürs Ablesen zur Verfügung steht, heißen dagegen *Euchromatin*). Der entscheidende Unterschied zwischen *Heterochromatin* und *Euchromatin* liegt auf der Seite der Histone, nicht bei der DNA. Der Unterschied besteht in einer diskreten, aber funktionell bedeutenden chemischen Veränderung der Histonproteine. Dort, wo die DNA lose sitzt, abgespult und auch ablesen werden kann, sind an die Lysine der Histone Acetylgruppen angehängt. Über den Acetylierungsstatus entscheiden Enzyme, die *Histon-Acetylasen* (*HAT*) oder *Histon-Deacetylasen* (*HDAC*) genannt werden.[4] Neben der Acetylierung der Histone gibt es noch andere chemische Veränderungen (Phosphorylierung, Ubiquitinylierung, Methylierung), die den Zugang zur DNA im betreffenden Bereich beeinflussen. Allen gemeinsam ist, dass diese chemischen Modifikationen von ganz anderem Kaliber sind als die flüchtigen Wechselwirkungen, die in der Welt der kurzfristigen Veränderungen zellulärer Aktivitäten üblich sind. Die Aktivitäten von Proteinen in Signalketten oder auch die Aktivitäten von Transkriptionsfaktoren beruhen meist auf Veränderungen ihrer Tertiärstruktur,[5] die das Protein für seine Partner anziehend oder eben weniger anziehend machen. Diese Veränderungen sind flüchtiger als die festen chemischen Beziehungen,[6] die *Acetylgruppen* oder *Methylgruppen* mit ihren Partnern in den Histonen eingehen. Mit einigem enzymatischen Aufwand können auch solche stabilen (kovalenten) chemischen Bindungen wieder gelöst werden, aber in vielen Zelltypen bilden sie im wahrsten Sinn des Wortes einen Bund fürs Leben. Genau wie die genetische Sequenz wird auch das Acetylierungsmuster bei einer normalen Zellteilung (Mitose) in der Regel weitervererbt. Das erklärt (unter anderem), warum aus einer Zelle eines bestimmten Typs immer wieder derselbe Zelltyp hervorgeht – obwohl der genetische Text weit mehr Spielraum zuließe. Der Histon-Code überlagert den genetischen Code und wirkt wie ein eigenwilliger Exeget, der die Botschaft der Gene je nach Zelltyp und Kontext unterschiedlich auszulegen geneigt ist.

Gene mit Vorhängeschloss

Zellen können nicht nur Histone, sondern auch die DNA selbst an die Kette legen. In Bezug auf das Alphabet der DNA war bisher immer nur von vier Buchstaben (A, T, G, C) die Rede.[7] Das ist nicht ganz korrekt. Genau genommen existieren einige der Buchstaben in verschiedenen chemischen Variationen. Ähnlich wie bei den deutschen Vokalen (A + Ä) gibt es auch beim Cytosin »Umlautvarianten«. An manchen Cytosinbasen der chromosomalen DNA sind ein Kohlenstoffatom und drei Wasserstoffatome (eine sogenannte *Methylgruppe*) angehängt.[8] In einfachen Eukaryonten sind diese Umlaute selten. In höheren Wirbeltieren können dagegen bis zu 10 % der Cytosinbasen methyliert sein. Diese Kohlenstoffschwänzchen werden nicht an jedes beliebige Cytosin angehängt, sondern nur an Basen, zu deren Rechten[9] ein Guaninmolekül sitzt. Solche Konstellationen werden daher *CpG-Inseln* genannt. Eine *CpG-Insel* irgendwo im weiten Ozean des Genoms ist ein starkes Indiz dafür, dass sich in der Nähe dieser Insel ein Gen befindet.

Wenn die DNA während der S-Phase des Zellzyklus kopiert wird,[10] sorgt das Prinzip der *Erhaltungsmethylierung* dafür, dass auch am neu synthetisierten, antiparallelen Strang am schräg gegenüberliegenden Cytosin eine Methyl-

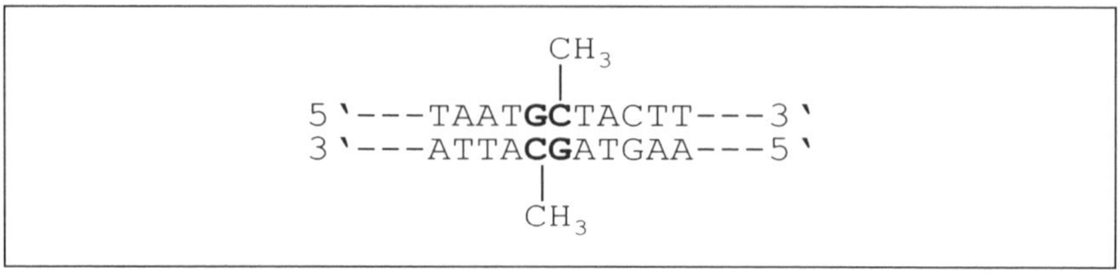

Abb. 4: CpG-Insel mit Methylierung (CH_3)

gruppe angeheftet wird. Die Tochter-DNA übernimmt also in der Regel das *Methylierungsmuster* des Elternstrangs.[11] Während die Gensequenz möglichst im Originalzustand an die nächste Generation weitergegeben werden sollte, können sich die Methylierungsmuster im Laufe des Lebens einer Zelle ändern. Solche Veränderungen nennt man (im Unterschied zur Erhaltungsmethylierung) *De-novo-Methylierung*.[12] Eine Methylierung an kritischer Stelle kann gewaltige Auswirkungen haben. Wenn Histone acetyliert werden, macht das die betreffenden Genabschnitte für Abschriften zugänglich. Ob abgelesen wird, ist eine andere Sache. Methylierungen sind rigoroser und wirken gegenläufig. Eine Methylgruppe versieht den betroffenen Genabschnitt mit einem Vorhängeschloss. Gene, die in kritischen Bereichen ihres Promotors methyliert sind, sind damit stillgelegt.

Eine Methylierung muss nicht, aber kann ein Leben lang halten. Nehmen wir die X-Chromosomen der Frau. In gewisser Weise scheinen Frauen gegenüber Männern privilegiert. Sie besitzen zwei X-Chromosomen, Männer dagegen nur eines und noch ein ziemlich kümmerliches Pseudo-Chromosom, das Y-Chromosom, auf dem kaum mehr als ein paar Dutzend Gene aktiv sind. Wären beide weiblichen X-Chromosomen voll aktiv, dann würden Frauen doppelt so viele x-chromosomale Proteine produzieren wie Männer. Masse ist in der Biologie aber nicht immer gleich Klasse. Im Gegenteil, das vermeintliche Privileg wäre in Wahrheit eine biochemische Katastrophe. Um eine Überproduktion x-chromosomaler Proteine zu verhindern, sorgt die Natur schon ganz früh in der Embryonalentwicklung für Gleichberechtigung. Sie schaltet das zweite X-Chromosom einfach ab. Im Zellkern verbleibt es als eine kleine kondensierte Struktur, die fast ausschließlich aus *Heterochromatin* besteht und *Barr-Körperchen* genannt wird.[13] Dieses Abschalten erfolgt durch Methylierung kritischer Regionen der x-chromosomalen DNA.

Die semikonservative Welt der Histon-Codes und der Vorhängeschlösser an der DNA bildet eine dritte Steuerungsebene, die Zwischenwelt, die die

Natur zwischen die schnelllebige Welt der kurzfristigen Regulation genetischer Aktivität und die eherne Welt der Gene geschoben hat. Dabei handelt es sich um die Welt der *Epigenetik*. Ihre Mechanismen und Eigenheiten erschließen sich erst seit einigen Jahrzehnten, und sie birgt sicher noch einige Überraschungen.

Die spannendste Frage im Kontext dieses Buches lautet: Wer hält in dieser Welt die Fäden in der Hand? Die Gene, die Umwelt oder beide? Anders formuliert: Wer ist letztendlich eher für die epigenetischen Veränderungen verantwortlich? Sind die Methylierungs- und Acetylierungsmuster weitgehend auf einen schon in den Genen angelegten Plan zurückzuführen, oder ist die Epigenetik ein Einfallstor, über das die Umwelt nachhaltigen Zugriff auf die Gene bekommt?

Ein Bund fürs Leben – oder gar darüber hinaus?

Noch vor 40 Jahren konnte kaum ein Zellbiologe etwas mit dem Begriff *Epigenetik* anfangen.[14] *Epigenetik* (oder *Epigenese*) wurde im Laufe der Geschichte immer wieder mit neuen, wechselnden Bedeutungen aufgeladen.[15] Was seine aktuelle Bedeutung angeht, möchte ich mich an die Definition halten, die im vermutlich ersten Lehrbuch zum Thema formuliert wurde: »Epigenetik ist das Studium von [...] *vererbbaren* Veränderungen der Genfunktion, die *nicht* durch Veränderungen der DNA-Sequenz erklärt werden können.«[16]

Diese Definition sollte nicht nur eingefleischte Darwinisten aufhorchen lassen. »Vererbbare Veränderungen, die nicht auf der DNA-Sequenz beruhen?« Das scheint mit der Evolutionstheorie nicht in Einklang zu bringen zu sein. Zwischen den genetischen Veränderungen, die nach klassischer Vorstellung die Grundlage der interindividuellen, vererbbaren Unterschiede zwischen Menschen bilden, und den Veränderungen der Genfunktion durch epigenetische Prozesse bestehen allerdings zwei gravierende Unterschiede. Erstens sind Genmutationen irreversible Veränderungen. Durch eine Mutation wird ein Buchstabe im Text ausgetauscht.[17] Damit geht die ursprüngliche Information unwiederbringlich verloren.[18] Epigenetische Veränderungen sind dagegen grundsätzlich reversibel. Sie verändern die ursprüngliche Information nicht, sondern kleben lediglich ein Stückchen des Textes ab. Unter der Folie existiert der Text weiter und kann bei Bedarf durch Demethylierung wieder hervorgeholt werden. Zweitens sind die epigenetischen Veränderungen an der DNA und den Histonen, anders als Mutationen, keine Zufallsprozesse. Sie sind oft feste Bestandteile der vielen Regelkreise einer Zelle oder eines Organismus. Epigenetische Veränderungen leiten viele der Metamorphosen ein, die notwendig sind für die geordnete Entwicklung eines Organismus im Lauf seiner Ontogenese. Und sie vermitteln – wie wir noch sehen werden – unter Umständen auch spezifische, nicht-zufällige Reaktionen des Körpers auf bestimmte Umwelteinflüsse.

Könnte die *Epigenetik* womöglich das ganze Gebäude der Evolutionstheorie zu Fall bringen? Ein grundsätzliches Problem für Darwins Vorstellung von Evolution würde entstehen, wenn die Epigenetik einen Mechanismus etabliert, der individuelle, nicht-zufällige Anpassungen an die Umwelt so im Körper verankert, dass sie beim Tod des betreffenden Individuums an Kinder und Kindeskinder weitergegeben werden würden. Das wäre Lamarckismus pur.

Ob die Epigenetik in diese Richtung weist, hängt wesentlich davon ab, wie wir die Wörter *vererbbar* und *nicht* in Gary Felsenfelds Definition verstehen. Er spricht von »*vererbbaren* Veränderungen [...], die *nicht* durch Veränderungen der DNA-Sequenz erklärt werden können.« Da wäre zunächst die Bedeutung des Wörtchens »nicht«. »Nicht« könnte in einer harmlosen Weise als »nicht unmittelbar« interpretiert werden. In diesem Falle gäbe es zwar vererbbare Veränderungen, die auf epigenetischen Mechanismen beruhen, die aber ihrerseits vollständig, wenn auch über Zwischenschritte, auf Schlüsselentscheidungen rückführbar sind, die wiederum in der genetischen Sequenz niedergelegt sind.

Genau das scheint oft der Fall zu sein. Nehmen wir zum Beispiel die *Prägung*. *Prägung* ist ein seltenes und etwas kurioses genetisches Phänomen. Über ihre biologischen Wurzeln wird noch spekuliert. Die Körperzellen eines Menschen sind von Ausnahmen abgesehen *diploid*. Das bedeutet, sie verfügen über jeweils zwei Kopien jedes Gens. Eine Kopie stammt von der Mutter, eine vom Vater, wie wir gesehen haben. Normalerweise tragen beide Genkopien ihr Scherflein zum Phänotyp bei. Aber etwa 60 der über 20 000 menschlichen Gene sind anders. Sie unterliegen der Prägung. Ganz zu Beginn der Ontogenese, in der frühen Embryonalphase, wird bei diesen Genen eine der beiden Kopien abgeschaltet. Je nach Gen ist es entweder immer nur die mütterliche *oder* die väterliche Kopie. In allen Zellen eines Organismus ist es aber stets dieselbe Kopie, die abgeschaltet wird. Die Entscheidung darüber, welche Kopie inaktiviert wird, ist im Gen selbst verankert. Sie variiert nicht von Individuum zu Individuum und ist nicht abhängig von äußeren Faktoren.[19]

Ein weiteres Beispiel für einen epigenetischen Mechanismus, der ebenfalls invariant und offensichtlich durch ein genetisches Programm vollständig determiniert ist, findet sich ganz am Anfang jedes neuen Lebens. Vor einiger Zeit habe ich zusammen mit meiner damals siebenjährigen Tochter ein Buch über die Entwicklung des Menschen durchgeblättert. Beim Bild eines Fetus, der in seiner Fruchtblase schwimmt, zog sie nachdenklich ihre Stirn kraus. »Papa, wie atmet ein Baby im Bauch eigentlich?« Ich zeigte auf die Nabelschnur: »Das Baby im Mutterleib atmet nicht, es bekommt seinen Sauerstoff durch die Nabelschnur, gelöst im Blut der Mutter.«[20] Es war jedoch längst Schlafenszeit, und deshalb habe ich ihr ein kleines Problem verschwiegen. Sauerstoff kann im Blut nur dann in größeren Mengen transportiert werden, wenn er an ein Transportmolekül namens *Hämoglobin* gebunden ist. Hämoglobin ist der Stoff, der dem Blut seine rote Farbe verleiht. Da die Kreisläufe von Mutter und Kind aber getrennt sind, muss Sauerstoff an einer Schnittstelle umgeladen werden. Diese Übergabe findet in dem feinen Kapillargeflecht der Plazenta statt, dort, wo sich mütterlicher und kindlicher Blutkreislauf bis auf wenige Mikrometer nahekommen. Wären das kindliche und das mütterliche Hämoglobin identisch, hätten die Sauerstoffmoleküle wenig Grund ihr Vehikel zu wechseln und hinüber ins kindliche Blut zu diffundieren. Dieses Problem hat die Natur dadurch gelöst, dass sie auf der anderen Seite etwas hingestellt hat, was am Sauerstoff kräftiger zieht als das mütterliche Hämoglobin (HbA). Das fetale Hämoglobin (HbF) hat eine höhere *Affinität* zum Sauerstoff. Das heißt, es »zieht stärker«. Nach der Geburt muss die Hämoglobinproduktion umgeschaltet werden. Das HbF-Gen wird mithilfe eines epigenetischen Mechanismus für den Rest des Lebens abgeschaltet und dafür das adulte HbA-Gen abgelesen.

Wären alle epigenetischen Phänomene genauso determiniert wie die *Prägung* oder der Wechsel zwischen den Hämoglobinvarianten, wäre die ganze Aufregung um die Epigenetik überflüssig. Sie wäre dann nur eine harmlose Fußnote zu dem großen Komplex der Regulation genetischer Aktivitäten, nichts als ein verlängerter Arm der Gene. Aber so einfach ist die Sache nicht!

Böse Kindheit und schlimme Winter werfen lange Schatten

Naturwissenschaft kann auch dunkel und makaber sein. Auf der anderen Seite des Atlantiks existiert eine pathologische Sammlung, die das Gruseln lehren kann. Die *Quebec Brain Bank* sammelt Gehirne von Verstorbenen. Unter anderem lagern dort 36 Hirne von Männern, die alle nur 34 oder 35 Jahre alt geworden sind. Für sie interessiert sich die *McGill Group of Suicide Studies*, denn zwei Drittel dieser Männer hatten ihrem Leben mit eigener Hand ein Ende bereitet. Die Hälfte der 24 Selbstmordopfer hatte eine schwierige Kindheit hinter sich, die andere Hälfte wuchs in unauffälligen Verhältnissen auf. Die restlichen zwölf waren nicht durch Selbstmord, sondern bei Unfällen ums Leben gekommen. Aus den 36 Gehirnen lassen sich also drei Gruppen von je zwölf Männern bilden, die alle jung verstorben sind.

Das Forschungsprojekt der *McGill Group of Suicide Studies* ist – vorsichtig ausgedrückt – ziemlich ambitioniert. Auf manche Menschen mag es wie ein Paradebeispiel naturwissenschaftlicher Hybris wirken. Denn die kanadische Gruppe will herausfinden, ob sich in den Gehirnen der Toten materielle biologische Indizien für eine Disposition zum Selbstmord finden lassen! Lange wussten die Neuropsychologen und Pathologen allerdings nicht, wonach sie eigentlich suchen sollten. Die Gehirne schienen an das weiter oben postulierte Gebot zu mahnen und zu flüstern: Überstrapaziere die Naturwissenschaften nicht.

Und schließlich war es ein Tierexperiment, das den Hirnforschern im Jahr 2004 eine Spur lieferte, an die sie anknüpfen konnten. Schon Jahre zuvor hatten der Neurowissenschaftler Michael Meaney und seine Mitstreiter am Douglas Mental Health University Institute in Montreal das Verhalten von Ratten in Stresssituationen untersucht. Sie hatten beobachtet, dass das Verhalten erwachsener Ratten stark davon abhängt, wie deren Mütter in den ersten Lebenswochen mit ihnen umgegangen waren. Fürsorglich betreute Rattenkinder, die von ihren Müttern oft geleckt und gepflegt worden waren, wuchsen zu neugierigen Tieren heran, die mutig und offen neue Umgebungen erkundeten. Ratten, die als Kinder vernachlässigt wurden, waren dagegen schreckhafter und ängstlicher.[21]

In akuten Stresssituationen produzieren Zellen im Zwischenhirn ein Hormon namens *CRF (Corticotropin Releasing Factor)*, das über einen Zwischenschritt die Nebennieren zur Produktion von *Glucocorticoiden* anregt. Diese Stresshormone dämpfen die Stressreaktion mithilfe eines negativen Rückkopplungsmechanismus wieder ab, indem sie sich an Glucocorticoidrezeptoren im Zwischenhirn binden und damit die Produktion von *CRF* hemmen.

Meaneys Gruppe stellte fest, die Gehirnzellen von Tieren, die in der Kindheit vernachlässigt worden waren, hatten nur wenige *Glucocorticoidrezeptoren*. Bei diesen Tieren ist also der negative Rückkopplungsmechanismus gestört. Sie können hormonelle Stressreaktionen schlecht wieder abfedern. Die eigentlich spannende Frage war aber: Wie können lange in der Kindheit zurückreichende Ereignisse eine solche Strahlkraft entwickeln, dass sie noch im Erwachsenenalter die Produktion eines Eiweißes unterbinden können? Zu ihrer Verblüffung mussten die Neurobiologen erkennen, dass hier ein epigenetischer Mechanismus am Werk ist. Bei den als Kind vernachlässigten Tieren war der Promotor des Glucocorticoid-Rezeptor-(GR)-Gens methyliert und das Gen damit stillgelegt.[22]

Vermutlich erraten Sie, wie die Geschichte weitergeht. Dasselbe Team, das die Rattengehirne untersucht hatte, analysierte jetzt das GR-Gen in den 36 Gehirnen der früh verstorbenen Männer. Dabei fanden sie heraus, dass bei den Gehirnen der Selbstmörder, die im Verlauf ihrer Kindheit Missbrauch und Vernachlässigung erduldet hatten, der Promotor des GR-Gens deutlich stärker methyliert war als bei den beiden anderen Gruppen.

Wie lässt sich dieser Befund interpretieren? Jedenfalls wäre es genau der falsche Schluss, die Neigung zum Selbstmord jetzt einer biologischen Disposition in die Schuhe zu schieben. Wir scheinen es hier eher mit einer Art von »Geist-Hirn-Schnittstelle« zu tun zu haben. Ich meine das ausdrücklich nicht im Sinne des berühmt-berüchtigten cartesianischen Schnitts.[23] Aber man könnte das Gehirn zumindest als so etwas wie einen »Bedeutungsgenerator« betrachten, der Situationen bewertet und ihnen eine emotionale Farbe verleiht. Vernachlässigung würde in düstere Farben übersetzt und als negativ eingeschätzt werden. Die negative Bewertung scheint etwas anzustoßen, was sich als biologisches Engramm in Form von Methylierungen niederschlägt.[24]

Ein weniger düsteres, aber nicht minder beeindruckendes Beispiel, wie die Umwelt mithilfe epigenetischer Mechanismen in die Welt der Gene hineinregieren kann, kennen wir aus der Welt der Bienen. Bienenvölker sind Monarchien, aber anders als die europäischen Königshäuser sind sie keine Dynastien. Die Unterschiede zwischen Königin und Volk sind in vieler Hinsicht gravierend. Die Bienenkönigin ist deutlich größer als die Arbeiterinnen. Sie verbringt ihr Leben im Stock, umsorgt und behütet und vor allem mit der Produktion von Nachwuchs beschäftigt. Dieses geruhsame Leben beschert ihr eine Lebenserwartung, die zehn- bis zwanzigmal höher ist als die der unzähligen Arbeiterinnen. Diese Unterschiede sind so eklatant, dass man Königin und Arbeiterinnen fast für zwei verschiedene Tierarten halten könnte. Umso mehr überrascht es, dass sich beide hinsichtlich ihrer Gene nicht unterscheiden. Wenn Bienenweibchen ihrem Ei entschlüpfen, sind alle

Larven gleich. Denn alle Larven sind Kinder der einen Königin. Die Arbeiterinnen sind steril. Die großen Unterschiede sind schlicht das Resultat unterschiedlicher Ernährung. Die rezente und die kommende Königin werden mit *Gelee royale* gefüttert, während die Arbeiterinnen mit einer einfachen Honig-Pollen-Diät Vorlieb nehmen müssen. Erst mithilfe neuester Sequenziermethoden haben Molekulargenetiker herausgefunden, was die verschiedenen Diäten bewirken und was letztlich den Unterschied zwischen Königin und Arbeiterklasse ausmacht. Etwa 500 Gene im Genom der Königin sind anders methyliert als im Genom der Arbeiterinnen. Ernährung kann also Schicksale verändern, und das mithilfe der Epigenetik. Das trifft nicht nur auf die Bienen zu.

Wir schreiben den 6. Juni 1944: D-Day! Als die Alliierten an den Stränden der Normandie landeten, schlugen viele Herzen im besetzten Europa höher. Und doch stand den Einwohnern einiger von der Wehrmacht unterworfener Gebiete das Schlimmste noch bevor. Besonders hart traf es die Menschen im westlichen Teil der Niederlande. Nach einem Streik der holländischen Eisenbahner verhängten die deutschen Besatzer im Herbst 1944 ein Lebensmittelembargo. In den betroffenen Gebieten lebten damals über 4,5 Millionen Menschen. Vor allem in den Städten gingen die Vorräte rasch zur Neige. Durch den früh einsetzenden und ungewöhnlich harten Winter verschlimmerte sich die Situation weiter. Die Häfen waren teilweise zerstört, die Kanäle zugefroren und auch die Landwirtschaft litt unter dem Krieg. In Amsterdam sank die tägliche Ration für einen Erwachsenen von knapp 1000 Kalorien pro Tag im November auf gerade mal 580 Kalorien im Februar. In diesem schlimmen Winter verhungerten in den Niederlanden fast 20000 Menschen. Mit dem Ende des Krieges und der Befreiung durch US-amerikanische Truppen im Mai 1945 endete das Martyrium zum Glück ziemlich abrupt. Schon im Juli 1945 standen den Holländern täglich wieder 2500 Kalorien pro Kopf zur Verfügung. Während des Hungerwinters litten nicht nur Erwachsene, sondern natürlich auch Alte, Kranke, Kinder – und selbst das noch ungeborene Leben. Letzteres sollte sich allerdings erst sehr viel später herausstellen. Hungersnöte gab und gibt es auf unserem Globus leider immer wieder, auch heute noch. Die Niederlande des 20. Jahrhunderts waren aber ein wohlhabendes, industriell entwickeltes Land mit einer effizienten Landwirtschaft und einer hervorragenden Infrastruktur, das seine Menschen bis dato immer gut ernährt hatte. Das galt bis zu jenem Winter im Jahr 1944 und es gilt seit dem Frühling 1945 bis heute.

Der niederländische Hungerwinter war also glücklicherweise eine einmalige und vor allem zeitlich genau begrenzte »Entgleisung«. Der Winter 1944/45 war grauenvoll, aber er bot eine nie dagewesene Gelegenheit, die Folgen des Hungers bei einer großen Gruppe von Menschen systematisch zu untersuchen. Die Zahl der Betroffenen war gewaltig, das Ausmaß des Hungers dank des trotz allem funktionierenden und akribisch dokumentierten Systems der Lebensmittelkarten in nie vorher dagewesenem Maße quantifizierbar. Und es existiert für die damals noch ungeborenen Kinder, die den Hunger *in utero* erlitten hatten, eine perfekte Vergleichsgruppe: Die glücklichen Kinder des Geburtsjahrgangs 1946, die unter ungleich günstigeren Umständen gezeugt und herangewachsen waren.

Ein groß angelegtes Forschungsprogramm zum Thema, die *Dutch Famine Birth Cohort Study*, förderte nach und nach einige bemerkenswerte Befunde zutage: Die Kinder der Mütter, die vor allem in der Frühschwangerschaft unter großem Hunger gelitten hatten, waren als Erwachsene anfälliger für Typ-II-Diabetes und für Krankheiten des Herz-Kreislauf-Systems. Sie litten auch öfter an Dickleibigkeit als die Kinder, die im Sommer 1946 geboren wurden. An diesem Zusammenhang ist nichts zu deuteln. Lange Zeit war aber völlig unklar, wie und warum ausgeprägter Hunger in einer bestimmten, eng begrenzten Phase der Embryonalentwicklung noch sechs Jahrzehnte später solche Probleme verursachen kann. Eine Gruppe niederländischer Forscher kam der Lösung des Problems schließlich auf die Spur.[25] Sie stellten fest, Kinder, die unmittelbar vor dem schrecklichen Hungerwinter gezeugt wurden, wiesen im Vergleich zu den Kindern, die in glücklicheren Tagen heranwachsen durften, noch sechs Jahrzehnte später eine Untermethylierung und damit eine höhere Aktivität eines Gens namens IGF2 auf.

Schon bei Experimenten mit Ratten war in Erfahrung gebracht worden, Rattenmütter, die in bestimmten Phasen der Schwangerschaft auf Diät gesetzt wurden, zeigen lebenslange Veränderungen im Methylierungsmuster ähnlicher Gene. Heijmans Arbeit demonstriert nicht nur einen nachhaltigen, lebenslang wirksamen Eingriff der Umwelt (Hunger) ins Räderwerk der Gene, sondern auch, dass es für solche Eingriffe oft ganz bestimmte sensible Fenster während der Entstehung eines Organismus zu geben scheint. So war die IGF-2-Hypo-Methylierung nur bei Frauen zu beobachten, deren Mütter in der Frühschwangerschaft hungern mussten, nicht bei jenen, bei denen der Hunger in die zweite Schwangerschaftshälfte fiel. Andere Effekte, wie zum Beispiel das vermehrte Auftreten von Schizophrenie, kamen dagegen bei Menschen vor, bei denen die Hungerperiode vor allem im mittleren Schwangerschaftsdrittel wirksam war.[26]

Die Ergebnisse der britisch-holländischen Studien zu den nachhaltigen Wirkungen des Hungers sind spektakulär und ein überzeugender Beleg für den langen Arm epigenetischer Programmierung. Mithilfe der Methylierung von Genen stellen vorgeburtliche Umwelteinflüsse Weichen, die ein ganzes Leben beeinflussen können.

Mit Vererbung hat das alles aber nichts zu tun. Schließlich war die betroffene Generation dem Hunger ja direkt ausgesetzt, wenn auch nur als Embryo. Die bisher besprochenen Formen epigenetischer Veränderungen widersprechen nicht der im vorletzten Kapitel skizzierten Version der Evolutionstheorie. Die Evolutionsbiologen könnten sich gelassen zurücklehnen, wäre da nicht eine weitere Beobachtung, die bei den Studien zum Hungerwinter gemacht wurde. Mädchen, die nach dem Hungerwinter geboren wurden, brachten als Erwachsene selbst wieder Kinder mit unterdurchschnittlichem Geburtsgewicht zur Welt![27] Wäre es demnach denkbar, dass epigenetische Informationen und damit umweltbedingte Veränderungen der Expression von Genen nicht nur von Zelle zu Zelle, sondern tatsächlich auch über Generationen von Individuum zu Individuum weitergegeben werden könnten?

Die eben geschilderten Geschichten zeigen, epigenetische Mechanismen sind mehr als nur Regulationsphänomene, die der genetischen Sequenz nachgeordnet sind. Mit Blick auf die oben genannte Definition epigenetischer Phänomene wird deutlich:[28] Viele epigenetische Programmierungen sind weder unmittelbar noch mittelbar auf die Gene zurückzuführen«. Epigenetische Muster sind also nicht vollständig durch die Gene determiniert, sondern zum Teil unabhängig und durch Umweltfaktoren beeinflusst. Die Epigenetik bildet eine Schnittstelle zwischen Genom und Umwelt und verschafft der Umwelt einen Zugriff auf die genetische Bibliothek. Sie gibt ihr die Chance, ganze Textpassagen zu blockieren und wieder freizugeben, und verschafft den Zellen damit ein Eigenleben jenseits ihres Genoms.[29] Geht es Darwin jetzt doch an den Kragen? Angesichts umweltbedingter, nicht-zufälliger Veränderungen der genetischen Aktivität, die auch noch an die Tochterzellen weitergegeben werden, scheint es, als stünde die Türe für Jean-Baptiste Lamarcks Idee von der Vererbung erworbener Eigenschaften plötzlich wieder sperrangelweit offen – wäre da nicht der Freiburger Biologe August Weismann (1834–1914)!

Weismanns Barriere

Als die Welt noch ausschließlich von Einzellern bevölkert wurde, war die Fortpflanzung ein triviales Geschäft. Die Teilung einer Zelle und die Vermehrung eines Individuums waren ein und dasselbe. Aus eins mach zwei. Diese Form der Vermehrung durch Zellteilung nennen die Biologen, wie wir unlängst erfahren haben, *Mitose.*[30] Bei der Mitose in komplexeren Organismen wie Säugetieren wird meist nicht nur der genetische Text, vielmehr werden auch viele der epigenetischen Fußnoten und Handlungsanweisungen an die Tochterzellen weitervererbt.[31]

Mit der Erfindung des Sex wurde die Welt schöner und komplizierter. Fortpflanzung erforderte jetzt zwei unterschiedliche Partner. Da aber vielzellige Partner nicht *in toto* zu einem neuen Ganzen verschmelzen können, musste der Akt der Verschmelzung auf die Ebene der Gene und auf zwei ganz bestimmte, dafür ausgerüstete zelluläre Spezialisten, Ei- und Samenzelle, reduziert werden. Auch diese reduzierte Form der Verschmelzung wirft das Problem auf, das schon in Kapitel Eins diskutiert wurde. Würden normale Körperzellen miteinander verschmelzen, käme es auf der Ebene der Gene bald zur Katastrophe. Das entstehende Wesen hätte 2 × 46 Chromosomen pro Zelle, die nächste Generation schon 2 × 92 Chromosomen und so fort.[32] Um das zu verhindern, hat die Natur vor die sexuelle Vereinigung erst die bereits erwähnten *Reife- oder Reduktionsteilungen* gesetzt.[33] Die Erfindung der Meiose war also die Voraussetzung für die sexuelle Fortpflanzung.[34]

Das Konzept der Keimzelle hat viele Vorteile. Es verlagert das komplizierte Problem der Verschmelzung zweier Individuen zurück auf die Ebene einzelner Zellen. Dadurch wird auch die Verschwendung relativiert, die die sexuelle Vermehrung im Unterschied zur Mitose oder zur Parthenogenese ja eigentlich darstellt. Die Trennung von Keimzellen und anderen Körperzellen kreiert allerdings einen engen Flaschenhals. Bei jeder neuen Generation muss das kollektive Gedächtnis der ganzen Art durch diesen Hals hindurch. Denn nur das genetische Archiv der Keimzellen hat Bestand und wird weitergegeben.

Und jetzt kommt's: Fast alle Informationen, die sich in den vielen, vielen Milliarden Körperzellen im Laufe eines langen Lebens akkumuliert haben, sei es in Form von echten Mutationen,[35] sei es in Form von epigenetischen Markierungen, werden bei diesem Übergang auf einen Schlag gelöscht. Der Erste, der diese Form zellulärer Arbeitsteilung und ihre Konsequenzen auf den

Punkt brachte, war der Freiburger Biologe August Weismann. Um das Jahr 1885, lange bevor die Biologie etwas von Epigenetik wusste, formulierte er seine *Keimplasmatheorie.* Weismann stellte damals fest, vielzellige Organismen bestehen aus zweierlei Typen von Zellen, aus spezialisierten Keimzellen (Ei- und Samenzellen), die die Informationen enthalten, aus denen ein neues Wesen hervorgeht, und aus den übrigen Zellen, die für die restlichen Körperfunktionen zuständig sind.

Seit Weismann sind Biologen der Meinung, alle Spuren, die ein langes und ereignisreiches Leben in einen Körper eingegraben hat, gingen mit dem Tod verloren. Weismanns Barriere wurde zu einem der wichtigsten Bollwerke der klassischen Evolutionstheorie. Gegen Ende des 19. Jahrhunderts schien sie den damals noch sehr populären *Theorien von der Vererbung erworbener Eigenschaften* (Lamarckismus und Telegonie) den Garaus zu machen. Die *Keimplasmatheorie* lieferte eine wunderbare Ergänzung zur Evolutionstheorie aus entwicklungsbiologischer Perspektive. Auch die Epigenetik hat an diesem Dogma lange nicht gerüttelt. Bei normalen Zellteilungen bleiben epigenetische Programmierungen, insbesondere die Methylierungsmuster, erhalten. Das sorgt dafür, dass aus einer Hautstammzelle nicht plötzlich ein Blutkörperchen entsteht. Bei der Entwicklung von Keimzellen steht aber etwas anderes im Vordergrund. Spätestens in der befruchteten Zygote muss der große *Re-Set*-Knopf gedrückt werden, um alle epigenetischen Festlegungen und Einschränkungen abzuschütteln. Denn die *Zygote* und ihre Nachkommen sind bis zum 16-Zell-Stadium des Embryos *totipotent.*[36] Diesen Zellen müssen alle Türen offenstehen. Sie müssen frei sein, denn aus ihnen muss wieder ein vollständiger Mensch heranwachsen. Aus diesem Grund hat lange niemand an der Undurchlässigkeit von Weismanns Barriere gezweifelt.

Doch noch ein Hintertürchen für Monsieur Lamarck?[37]

Die bisher berichteten Ergebnisse der holländisch-britischen Studie zum Hungerwinter sind erstaunlich und bahnbrechend. Sie haben aber die Fundamente der Evolutionstheorie nicht eingerissen. Diese Form von Epigenetik scheint sich bruchlos in das im vorletzten Kapitel skizzierte Konzept der Evolutionstheorie einzufügen – wäre da nicht eine seltsame Beobachtung, die der New Yorker Epidemiologe Lambert Lumey im Jahr 1997 publiziert hat.

Erstaunlicherweise hatte der Hungerwinter, wie erwähnt, nicht nur für das Leben der damals in der Gebärmutter heranwachsenden Mädchen Folgen, sondern auch für deren Kinder. Die Kinder des Hungerwinters 1944/45 blieben nicht nur zeitlebens kleiner und litten öfter an Stoffwechselkrankheiten als die im Jahr zuvor oder danach geborenen Niederländerinnen. Jahrzehnte später brachten diese Frauen selbst wieder unterdurchschnittlich große Kinder zur Welt!

Sind hier epigenetische, umweltbedingte Veränderungen doch durch Weismanns Barriere geschlüpft und haben sich auf Kinder oder gar Kindeskinder vererbt? Eine Publikation aus Schweden nährt ebenfalls diesen Verdacht: Die beiden Sozialmediziner Gunnar Kaatin und Lars Olov Bygren analysierten in den 1990er Jahren die Krankenakten von 303 Einwohnern (164 Männern und 139 Frauen), die in den Jahren 1890, 1905 oder 1920 in Överkalix, einem ziemlich gottverlassenen Flecken weit im Norden Schwedens, geboren worden waren. Im Jahr 1995, dem Jahr, in dem die Auswertung abgeschlossen wurde, waren noch 44 dieser 303 Männer und Frauen am Leben. Die schwedischen Forscher setzten Messgrößen dieser 303 Menschen, wie ihren Body-Mass-Index, ihre allgemeine Lebenserwartung und ihr Risiko, an Krankheiten des Herz-Kreislauf-Systems zu versterben, mit der Lebensmittelversorgung von deren Eltern und Großeltern in Beziehung, einer Gruppe von 1818 Menschen, die in der ersten Hälfte des 19. Jahrhunderts Kindheit und Jugend in Överkalix verbracht hatten.

Woher wussten Bygren und Kaatin, wie sich diese Menschen vor über 150 Jahren ernährt hatten? Ihre Studie verdankt sich einem recht ungewöhnlichen Zusammentreffen dreier Faktoren. Erstens waren nicht nur die untersuchte Överkalix-Generation, also die 303 Personen, deren Krankenakten durchforstet wurden, sondern auch deren Eltern und Großeltern ausgesprochen bodenständige Menschen. Sowohl die Generation 1890, 1905 oder 1920 wie auch deren Vorfahren haben die kleine Gemeinde Zeit ihres Lebens fast nie verlassen. Auch eine Migration in die Gemeinde fand praktisch nicht statt. Zweitens waren die Krankenakten der 303 Einwohner der Jahrgänge 1890, 1905 und 1920 ziemlich vollständig und deckten fast deren ganzes Leben ab. Und drittens sorgten die isolierte Lage und die schwierigen Lebensbedingungen, die in dieser kleinen Gemeinde im äußersten Norden im vorvergangenen Jahrhundert herrschten, dafür, dass das Wohl und Wehe der Gemeinde im frühen 19. Jahrhundert eng verknüpft war mit der lokalen Lebensmittelproduktion und mit den Ernten, die in den betreffenden Jahren erwirtschaftet worden waren. Anhand akribisch geführter Unterlagen über Ernteerträge und Lebensmittelpreise aus den Jahren zwischen 1820 und 1900 konnte man ziemlich genau rekonstruieren, in welchen Jahren es sich vergleichsweise gut leben ließ und wann Mangel herrschte.

In diesem riesigen Wust aus Daten sahen die Forscher zunächst den Wald vor lauter Bäumen nicht. Erst als sie sich auf eine bestimmte Phase in der Kindheit der Eltern- und Großelterngeneration konzentrierten, nämlich auf die Phase des langsamen Wachstums vor der Pubertät,[38] fiel ihnen ein bemerkenswerter Zusammenhang auf: Die Ernährung der Großväter zwischen deren neuntem und zwölftem Lebensjahr hatte einen messbaren Einfluss auf das Risiko der männlichen Enkel, als Erwachsene an Herz-Kreislauf-Krankheiten zu erkranken und zu versterben. Die Enkel der Großväter, bei denen in der kritischen Zeit Schmalhans Küchenmeister gewesen ist, waren seltener übergewichtig und auch im Durchschnitt gesünder als die Enkel von Großvätern, die in der betreffenden Entwicklungsphase gut genährt wurden. Auch die Ernährung der Großmütter während bestimmter sensibler Phasen ihrer Kindheit hatte Auswirkungen, auch hier wiederum nur auf die gleichgeschlechtlichen, nämlich die weiblichen Enkel. Hier hatte die Ernährung aber seltsamerweise genau den gegenteiligen Effekt.[39]

Auf den ersten Blick scheinen in beiden Fällen, dem holländischen wie dem schwedischen Beispiel, tatsächlich Informationen auf die Folgegeneration übertragen worden zu sein, die nicht in der Sequenz der DNA niedergeschrieben wurden. Bevor wir aber das Kind mit dem Bade ausschütten und gleich den kompletten Darwinismus über Bord werfen, sollten wir noch einmal genauer hinschauen. Zum einen müssen Effekte, die sich in der nächsten Generation niederschlagen, gar nicht auf Vererbung im engeren Sinn beruhen. Denn bei Licht besehen ist selbst diese Generation zu dem Zeitpunkt, an dem der Reiz einwirkt, schon anwesend. Die Urkeimzellen, aus denen schließlich reife Ei- und Samenzellen hervorgehen, werden bereits relativ früh im Verlauf der Embryogenese gebildet. Eine schwangere Frau trägt also nicht nur ihr eigenes Kind, sondern auch die Keimzellen, die dereinst zu ihren Enkeln werden können, schon in ihrem Bauch spazieren. Streng genommen waren also sogar die Enkel der Schwangeren im furchtbaren holländischen Hungerwinter schon präsent[40] und hätten potentiell unter der Mangelversorgung leiden können. Das gilt auch für die Kinder der Frauen und Männer, die im

Överkalix des 19. Jahrhunderts ihre Kindheit verbrachten. Solange eine Keimzelle bereits anwesend ist, wenn der kritische Reiz einwirkt, handelt es sich nicht um Vererbung im engeren Sinn, denn es könnte sein, dass die epigenetischen Effekte in der nächsten Generation abbrechen. So kann nicht einmal ausgeschlossen werden, dass die Jahrzehnte später in der nächsten oder sogar übernächsten Generation beobachteten Effekte womöglich gar nicht auf epigenetische Prägungen der Keimzellen beruhen, sondern durch ganz andere nachhaltige Veränderungen in ihrem zellulären Milieu verursacht werden.[41]

Auf den ersten Blick erscheint diese Unterscheidung ein wenig spitzfindig. Aus der Perspektive der Evolutionsbiologie ist sie aber fundamental. Alle Mechanismen, die ihren Ursprung in der Keimzelle, nicht aber in deren Genom haben, würden spätestens in den übernächsten Generationen verschwinden, weil die Keimzelle spätestens dann im Meer des neuen Organismus aufgeht. Wir stünden vor einem Phänomen von Informationen, die durch nicht-genetische Vererbung erworben wurden, das allerdings nur ein, maximal zwei Generationen weit trägt und daher für die Evolution bedeutungslos wäre. Um ganz ehrlich zu sein: Zumindest was den Menschen angeht, wissen wir im Moment nicht, was wirklich hinter den Phänomenen steckt, die transgenerationelle Vererbung erworbener Veränderungen nahelegen. Wenn wir die Överkalix-Studie ernst nehmen und eingestehen, Reize, die in der Zeit vor der Pubertät der Großelterngeneration präsent waren, könnten noch Einfluss auf das Leben der Enkel ausüben, kann das als ein Indiz für Schlupflöcher in Weismanns Barriere interpretiert werden. Dafür spricht, dass solche Schlupflöcher bei anderen, einfacheren Spezies bereits gefunden wurden.[42]

Muss die Theorie der Evolution jetzt umgeschrieben werden? Ich glaube nicht. Die Evolutionstheorie war immer »work in progress«. Die von Darwin formulierten Grundprinzipien wurden dadurch nie widerlegt oder ersetzt, sie wurden allerdings ergänzt und spezifiziert. Die Epigenetik sollte eher als Fußnote zu Darwin gelesen werden, auch wenn nicht auszuschließen ist, dass die lamarckistische Evolution insbesondere bei Einzellern oder Pflanzen den klassischen Dreiklang von Mutation, Variation und Selektion um fremde Töne ergänzen könnte. So würde endlich der oft verlachte Franzose Lamarck zu späten Ehren kommen.

Aber die transgenerationelle Weitergabe epigenetischer Veränderungen bedeutet nicht, die Epigenetik müsse bei langfristigen evolutionären Veränderungen oder gar bei der Entstehung neuer Arten ihre Finger im Spiel haben.

Denn da wäre zum einen das Problem der Nachhaltigkeit. Um das Gesicht einer Art wirksam zu verändern oder gar neue Arten entstehen zu lassen, müssten Informationen über eine Vielzahl von Generationen stabile biologische »Engramme« hinterlassen. Bisher konnten epigenetische Effekte bei Säugern nur über wenige Generationen nachverfolgt werden. Aus der Perspektive der Evolutionsbiologie könnte sich hier der Vorzug epigenetischer Mechanismen – ihre Fähigkeit zur raschen und flexiblen Anpassung an aktuelle Umweltbedingungen – in ein Handicap verkehren, weil solche Informationen unter veränderten Bedingungen eben auch rasch wieder überschrieben und gelöscht werden könnten.

Zum anderen gibt es noch einen grundsätzlicheren Einwand. Bisher fehlt meines Erachtens der Nachweis, dass eine konkrete epigenetische Reaktion auf einen Umweltreiz eine Anpassung darstellt, die sich direkt auf die Fitness des betroffenen Organismus auswirkt.[43] Nur wenn epigenetische Informationen echte Anpassungen sind, können sie durch Selektion begünstigt werden und über Generationen akkumulieren.

Umgekehrt könnte ein Schuh daraus werden. Die Fähigkeit zur phänotypischen Anpassung und zur Flexibilität auf der Grundlage epigenetischer Mechanismen könnte *per se* ein Selektionsvorteil sein, der seinerseits eine genetische Grundlage hat und der auf dieser Grundlage von der Selektion begünstigt werden kann. Je nach Spezies stellt die Natur sehr unterschiedliche Anforderungen an die phänotypische Anpassungsfähigkeit. Menschen und ihre näheren Verwandten betreiben einen sehr hohen (metabolischen) Aufwand, um ihr inneres Milieu relativ konstant und unabhängig von den Pendelschlägen der Außenwelt zu halten. Schon warmblütige Winterschläfer, die Monate ohne Nahrung und Wasser verbringen, sind mit ganz anderen Schwankungen konfrontiert. Ganz zu schweigen von den Tier- und Pflanzenarten, bei denen die circadianen oder auch jahreszeitlichen Veränderungen der Außenwelt voll auf ihr internes Milieu durchschlagen. Viele Pflanzen, Amphibien und Insekten nehmen je nach Jahreszeit ganz unterschiedliche Zustandsformen an. Und bei den Einzellern sind viele physikalische Parameter der Innenwelt wie die Temperatur fast eins zu eins mit der Außenwelt korreliert. Was möchte ich damit andeuten? Epigenetik ist nicht gleich Epigenetik. Je nach Spezies sind sowohl die Spielräume für, aber auch die Anforderungen an die Epigenetik unterschiedlich groß. Auch wenn die Epigenetik nicht zu einer grundlegenden Revision der Evolutionsbiologie zwingt, für das Verständnis der Beziehung zwischen Umwelt, Zellen, Genen und Phänotyp hat sie eine überragende Bedeutung. Das *Epigenom* kann durch Umwelteinflüsse verändert werden. Das haben unzählige Studien an Fliegen, Mäusen und Menschen gezeigt. Solche epigenetischen Prägungen können ein Leben verändern, unter Umständen wirken sie sogar in die nächste Generation!

DRITTE ZWISCHENBILANZ: DIE BIOLOGIE DER ZELLEN

Das dritte biologische Konzept, das vorgestellt wurde, ist das Konzept der Zelle. Die Zelle ist für das Verständnis des Lebens und des Menschen genauso wichtig wie Gene und Evolution. Zellen und nicht Gene sind die »Atome des Lebens«. Die Zelle ist das Band, das alle Lebewesen miteinander verbindet. Mit der Erfindung der ersten Zelle wurde das *Leben* erfunden. Diese erste Zelle ist der gemeinsame Vorfahr aller heutigen Lebewesen, inklusive des Menschen. Dunkel sind die Anfänge, die Entstehung der ersten proto-zellulären Molekülsysteme, die sich zu konkurrierenden selbstverdoppelnden Strukturen entwickelten. Doch selbst hier zeichnet sich in groben Zügen ab, was vor rund 3,5 Milliarden Jahren passiert sein könnte. Bemerkenswert ist, dass die ganze Geschichte ohne metaphysische Zutaten auskommt. Sie erklärt die Entstehung des Lebens im Rahmen der Gesetze der Naturwissenschaften und löst damit die Wette der Physik ein, die besagt, wir lebten in einer Welt, die von einheitlichen allgemein gültigen Gesetzen durchzogen wird.

Zellen verdanken ihre Existenz einem genetischen Plan. Sie sind jedoch weit mehr als nur die Bühne, auf der Gene das Drama des Lebens inszenieren. Die Zellen selbst sind Akteure mit »eigenem Kopf«. Auch wenn Gene Rahmenbedingungen setzen, das Verhalten einer Zelle lässt sich in vielen Situationen nicht aus der Kenntnis seiner Gene ableiten. Zellen sind durch ihre Gene nicht determiniert (und Organismen daher erst recht nicht). Und vor allem: Kausalbeziehungen sind in Zellen keine Einbahnstraßen vom Gen zur Zelle! In Zellen werden Entscheidungen getroffen, die – *top-down* – nach unten ins Reich der Gene hineinregieren – und *vice versa*. Zellen sind in der Hand ihrer Gene, die Gene an der Hand der Zellen.

Mit den Genen ist es wie mit der Sprache, die wahre (funktionelle) Bedeutung der Information erschließt sich im Kontext. Und die Zelle ist der unmittelbarste Kontext, in dem die Gene ihre Wirkung entfalten. Ein zweiter Blick auf das Wechselspiel von Gen und Zelle zeigt auch die Grenzen der Textmetapher. Seit der Entstehung der ersten Zellen bilden Gen und Zelle ein verflochtenes kybernetisches System. Die Gene konstituieren die Zellen und die Zellen regulieren die Entfaltungsmöglichkeiten der Gene. Die Umwelt ist in diesem Bund der unkalkulierbare Dritte. Dieser dritte Spieler macht alles noch komplizierter, nicht zuletzt deshalb, weil Umwelt und Gene meist nicht direkt miteinander reden. Die Zelle ist die Schnittstelle zwischen Umwelt und Körper.[1] Seitdem wir Zellen besser verstehen, lernen wir, wie diese Schnittstellen gestrickt sind und dass wir sie auf fast allen Ebenen der biologischen Organisation einer Zelle finden können. Das zweidimensionale Spannungsfeld zwischen Genen und Evolution erweitert sich um eine dritte Dimension, um die Ebene der Zelle.

Auch diese dritte Dimension kann einige interessante Aspekte zu unserer Frage nach der »conditio humana« beisteuern. So ist es kein Zufall, dass die Evolution erst in Schwung kam, als Zellen zu den Objekten der Selektion wurden. Ironischerweise waren es Ereignisse auf zellulärer Ebene, die dafür sorgten, dass (manche) Zellen einen Teil ihrer Kompetenzen an eine übergeordnete Ebene abtraten.[2] Mit der Evolution vielzelliger Organismen wurde die Zelle vom Thron gestoßen. Die Selektion wechselte ihr Ziel. Mit der Spezialisierung verliert die Zelle ihre Allmacht, sie gewinnt dafür aber neue funktionelle Möglichkeiten. Eine privilegierte Kaste von Zellen, die Keimzellen, war darauf abgestellt, die Archive des stammesgeschichtlichen Wissens zu hüten.

Zellen stehen am Anfang der universellen Geschichte des Lebens auf unserem Globus. Sie stehen auch am Anfang jeder individuellen Lebensgeschichte. Und schließlich ist es der Tod bestimmter existentieller Zellgruppen, der das Ende eines Lebens markiert. Eines jedoch sollten wir festhalten: Bei allem Respekt, eine Zelle ist noch kein ganzer Mensch! Selbst wenn es sich dabei um eine befruchtete Eizelle handelt. Genau wie die Arten haben auch Individuen ihre Entwicklungsgeschichte. Menschwerdung ist ein Prozess, an dessen Anfang die Zelle steht.

ATOME DES LEBENS: MYTHEN VOM ANFANG UND VOM ENDE, VON DEN GRENZEN, DEN BESONDERHEITEN UND DEN FREIHEITEN MENSCHLICHER EXISTENZ

Wann beginnt und wann endet menschliches Leben? Was unterscheidet Menschen von anderen Tieren? Die Fragen klingen akademisch, sind aber existentiell, weil wir uns darauf geeinigt haben, allen, die zum exklusiven *Homo-sapiens-Club* gehören, besondere und unveräußerliche Rechte einzuräumen. Haben wir uns darauf geeinigt? Jedenfalls gibt es Menschen, die sogar das bestreiten …

Der Anfang …

Als im Jahr 2012 Kölner Notärzte versuchten, eine vergewaltige Frau in eine Notaufnahme zu bringen, wurden sie von zwei Kölner Krankenhäusern abgewiesen. Über diese finstere Geschichte habe ich bereits berichtet. Die Frau wurde abgelehnt, weil die katholischen Häuser befürchteten, in ihren Mauern könnte menschlichem Leben ein Ende gesetzt werden. Damals ging ein Kopfschütteln durch die Republik. Schließlich ging es um nichts anderes, als einer vergewaltigten Frau die sogenannte »Pille danach« zu verabreichen, um ihr weiteres potentielles Leid, nämlich die Möglichkeit einer mehr als ungewollten Schwangerschaft zu ersparen.[1] Vermutlich hat die große Mehrzahl der Menschen in Deutschland an diesem Punkt intuitiv eine andere Vorstellung von Moral als die Kirche. Die Frage nach der Legitimität von Schwangerschaftsabbrüchen ist normativer Natur und fällt nicht in den Zuständigkeitsbereich der Biologie. Sie hat in diesem Buch eigentlich nichts verloren.

Der springende Punkt ist, dass sich die Kirche in ihrer Ablehnung der »Pille danach« zum Teil auf die Biologie beruft. Lassen wir den damaligen Vertreter der Kölner Katholiken Joachim Kardinal Meisner (1933–2017) zu Wort kommen: »Wenn nach einer Vergewaltigung ein Präparat, dessen Wirkprinzip die Verhinderung einer Zeugung ist, mit der Absicht eingesetzt wird, die Befruchtung zu verhindern, dann ist dies aus meiner Sicht vertretbar. Wenn ein Präparat [gegeben wird], dessen Wirkprinzip die Nidationshemmung ist, ist das nach wie vor nicht vertretbar, weil damit der befruchteten Eizelle, der der Schutz der Menschenwürde zukommt, die Lebensgrundlage aktiv entzogen wird.«[2]

Wow! Das ist schon ziemlich raffiniert. Was steckt hinter dieser subtilen Unterscheidung? Der Kardinal operiert mit Begriffen aus der Biologie und suggeriert, es gäbe eine klare Grenze zwischen Noch-nicht-Mensch (Eizelle und Spermium) und Mensch (befruchtete Eizelle). Da seiner Meinung nach eine befruchtete Eizelle ein Mensch ist, genießt sie alle menschlichen Rechte. Punktum. Da scheint nichts verhandelbar.

Wer sich Argumente aus der Biologie holt, muss genau hinschauen. Wir haben das in diesem Kapitel versucht und festgestellt, dass Menschwerdung ein Prozess ist! Selbst die Befruchtung ist kein punktförmiges Ereignis, sondern kann in viele Teilschritte zerlegt werden, die quasi kontinuierlich ineinander übergehen. Prozesse haben die unangenehme Eigenschaft, dass die Übergänge zwischen einzelnen Phasen fließend sind. Wenn Grenzen gezogen werden, hat das andere, äußere Gründe. Solche Grenzen existieren nicht objektiv. Sie sind willkürlich und meist instrumentell. Sie werden aus didaktischen Gründen gezogen, oder wenn es Abgrenzungen braucht, um Gesetze zu verfassen.

Der zweite Einwand ist gravierender. Wie kommt der Kardinal eigentlich auf die Idee, bei einer befruchteten Eizelle würde es sich um einen Menschen handeln? Weder morphologisch noch funktionell gibt es irgendwelche Ähnlichkeiten. Der Mensch ist zu dieser Zeit ein mikroskopisch kleines Kügelchen. Ein Katholik könnte einwenden, die Antwort liege auf der Hand: Na klar, die befruchtete Eizelle hat eine Seele! Dem kann ein Biologe nichts entgegensetzen, außer vielleicht die Bemerkung, dies sei eine rein (inner-)religiöse Einschätzung, die wissenschaftlich weder zu beweisen noch zu widerlegen ist.

Mit diesem Argument wird allerdings jeder Versuch, die Naturwissenschaften in den Zeugenstand zu rufen, *ad absurdum* geführt.

Interessanterweise hat die christliche Lehre selbst lange Zeit einen anderen Standpunkt vertreten. Das mag daran liegen, dass der griechische Philosoph Aristoteles, eine Art adoptierter Säulenheiliger der mittelalterlichen Kirche, die Lehre der »Sukzessivbeseelung« (*Epigenismus*) begründet hat. Für Aristoteles ist die Beseelung ein Prozess, der im Verlauf einer Schwangerschaft *stufenweise* fortschreitet.[3] Dieser Ansicht schlossen sich christliche Philosophen wie Augustinus von Hippo (354–430) oder Thomas von Aquin (1225–1274) an. In einer merkwürdigen Verquickung von immaterieller Seele und materieller Basis behauptete Augustinus, eine menschliche Seele könne nur in einem Körper existieren, der eine menschliche Form hat. Die mittelalterliche Scholastik definierte den Menschen als ein Wesen mit einer »vernünftigen« Seele. In seiner *Summa theologica* schreibt Thomas von Aquin: »in generatione hominis prius est vivum, deinde animal, ultimo autem homo« (»in der Entstehung des Menschen gibt es zuerst Leben, dann ein Tier, zuletzt jedoch einen Menschen«). Obwohl die Sukzessivbeseelung im Mittelalter nie unumstritten war, unterschied das katholische Kirchenrecht des *Decretum Gratiani* von 1140 bis ins Jahr 1869 zwischen dem *fetus inanimatus* oder *informatus* und dem *fetus animatus* oder *formatus*, dem unbeseelten oder ungeformten und dem beseelten oder geformten Fetus.

Die religiöse Praxis änderte sich. Der sittenstrenge Papst Sixtus V. (1521–1590)[4] stellte in der Bulle *Effraenatam Perditissimorum* auch die Abtreibung des unbeseelten Embryos unter Exkommunikation und Todesstrafe, was aber schon 1591 von seinem Nachfolger[5] Gregor XIV. (1535–1591) wieder rückgängig gemacht wurde. Papst Innozenz XI. (1611–1689) legte im Jahr 1679 das Heilige Offizium zwar zugunsten der Vorstellung einer Simultanbeseelung fest, diese wurde jedoch erst fast 200 Jahre später in das Kirchenrecht übernommen. Ein Schwangerschaftsabbruch galt damals aus katholischer Sicht als Sünde, aber nur bei einem beseelten Fetus wurde er als Mord betrachtet und entsprechend geahndet. Im mittelalterlichen *Corpus Iuris Canonici* hieß es jedoch: »Der ist kein Mörder, der eine Abtreibung vornimmt, bevor die Seele dem Körper eingegossen ist.«[6]

Im Judentum sah man das ähnlich. Allerdings wird dort die Frage nach der Seele des Embryos nur am Rande diskutiert. Im *Alten Testament* wird Leben oft mit Atmen gleichgesetzt. Dort finden sich die Begriffe »Lebenshauch« (ruach) und »Atemseele«. Im *Talmud* liest man, die befruchtete Eizelle sei bis zum 40. Tag »bloß Wasser« (*mayim b'alma*). Selbst danach ist der Fetus nach talmudischem Recht nicht eigenständiges Leben, sondern zunächst Teil der Mutter.[7] Schwangerschaftsabbrüche sind im Judentum zwar nicht beliebig freigegeben, aber aus anderen Gründen, wie zum Beispiel dem Fortpflanzungsgebot der *Thora*.

Auch der Islam betrachtet die Menschwerdung eher als Prozess und nicht als ein punktförmiges Ereignis. Der Koran gliedert die Entwicklung des Embryos im Mutterleib in drei Phasen.[8] In den *Hadithen*[9] ist davon die Rede, dass jede dieser drei Phasen 40 Tage dauert. Danach empfängt der »Klumpen Fleisch« am 120. Tag der Schwangerschaft die Seele, die ihm von einem Engel eingehaucht wird.[10] Nach Meinung vieler Gelehrter darf deshalb eine Schwangerschaft in ihrer frühen Phase bei körperlichem oder seelischem Leiden der Schwangeren abgebrochen werden.

Die Seele in der befruchteten Eizelle ist eine Spezialität der katholischen Kirche der Neuzeit. Die Unterscheidung zwischen unbeseeltem und beseeltem Fetus wurde erst von Papst Pius IX. (1792–1878) im Jahr 1869 in der Bulle *Apostolicae Sedis* aufgehoben. Seitdem spricht das Kirchenrecht nur noch vom Fetus; in der deutschen Fassung wird *fetus* mit »Kind« übersetzt.[11] Und dort steht, das Kind empfange seine Seele bereits zum Zeitpunkt der Zeugung.[12] Interessant sind die Gründe für den Sinneswandel. Sie sind weniger objektiver, als innerreligiöser Natur und mit Veränderungen innerhalb der kirchlichen Dogmatik verbunden: Im Jahr 1854 war es ebenfalls Papst Pius IX., der die unbefleckte Empfängnis Mariens zum kirchlichen Dogma erhob. Was hat das mit dem Zeitpunkt der »Beseelung« des Embryos zu tun? Die Antwort ist bezeichnend: Der Leibarzt von Innozenz X., Paolo Zacchia, argumentierte, die vernunftbegabte Seele (*anima rationalis*) müsse dem Menschen im Augenblick der Empfängnis eingegossen werden, weil sonst das Fest der unbefleckten Empfängnis ja eine vernunftlose Materie feiern würde, was doch Marien »unangemessen« sei.

Warum schreibe ich das alles? Nicht weil ich die religiösen Argumente für besonders stichhaltig halte. Sie sind typische Kinder einer bestimmten Zeit und Kultur. Der Punkt ist: Wenn selbst innerhalb der Religionen die These von der Seele im befruchteten Ei umstritten ist, dann sollten wir dieses Argument nicht allzu ernst nehmen.

Gibt es bessere Gründe im befruchteten Ei einen Menschen zu sehen? Lassen wir noch einmal die Kirche zu Wort kommen. Die Kongregation für die Glaubenslehre schreibt in ihrer lehramtlichen Instruktion *Donum vitae* von

1987: »Von dem Augenblick an, in dem die Eizelle befruchtet wird, beginnt ein neues Leben, welches weder das des Vaters noch das der Mutter ist, sondern das eines neuen menschlichen Wesens […]. Es würde niemals menschlich werden, wenn es das nicht schon von diesem Augenblick an gewesen wäre.«[13] Demnach geht es also um *Individualität* und *Potentialität*. Übersetzt in die Biologie des befruchteten Eies, könnte das bedeuten: Das Ei zählt als Mensch, weil es über einen genetischen Code verfügt, der einzigartig (individuell) ist und der es eindeutig als Mitglied der Spezies *Homo sapiens* ausweist. Dem ist nicht zu widersprechen.

Dieser Code enthält außerdem das Programm, das die Entwicklung des Eies bis zur Geburt vorantreibt und aus der Möglichkeit Wirklichkeit macht. Diese Bewertung der befruchteten Zelle ist hier keine Ableitung aus der inneren Logik kirchlicher Dogmen. Im Gegenteil, die Kirche beruft sich explizit auf die Biologie. Sie sieht sich in den »Forschungsergebnissen der Humanbiologie bestätigt, die anerkennt, dass in der aus der Befruchtung hervorgehenden Zygote sich die biologische Identität eines neuen menschlichen Individuums bereits konstituiert hat.«[14]

Bemerkenswert finde ich, dass ausgerechnet die Kirche Gene, ein wenig Flüssigkeit und ein paar Eiweiße, als hinreichend ansieht, um menschliche Identität und Individualität zu konstituieren. Irgendwie scheint den Autoren zu schwanen, hier könnte ein Problem lauern, verwenden sie doch im Zusammenhang mit der Identität das Adjektiv »biologisch« und nicht »menschlich«. Trotzdem verkündete Papst Johannes Paul II. (1920–2005) donnernd von der Kanzel: »Mit der Autorität, die Christus Petrus und seinen Nachfolgern übertragen hat, erkläre ich deshalb […], dass die direkte, das heißt als Ziel oder Mittel gewollte Abtreibung immer ein schweres sittliches Vergehen darstellt, nämlich die vorsätzliche Tötung eines unschuldigen Menschen.«[15]

Innerkirchliche oder philosophische Argumente sind nicht Thema dieses Buches. Wenn es die katholische Kirche bei der angemessenen Würdigung der Jungfrau Maria belassen hätte, hätte ich mir diesen Abschnitt sparen können. Aber hier wird die Biologie interpretiert und vereinnahmt. Der katholische Standpunkt unterstellt, es gäbe eine klare und objektive Grenze, die markiert, wann menschliches Leben beginnt. Wenn die Kirche sich ehrlich eingestanden hätte, »wir ziehen diese Grenze, aber sie ist ein Artefakt, der uns vor ermüdenden und schwierigen ethischen Diskussionen über Einzelfälle schützen soll«,[16] wie sie vorgibt, auch dann hätte dieses Thema nichts in diesem Buch verloren. Das tut sie aber nicht:

Daher mein Einspruch! Erstens ist die Idee einer scharfen biologischen Grenze am Beginn eines menschlichen Lebens ein Mythos. Menschwerdung *ist* ein Prozess. Dass im Rahmen dieses Prozesses die Natur selbst die Nidation des befruchteten Eies in fast der Hälfte aller Fälle verhindert, dass einige Tage nach der Befruchtung die Hälfte der Zygote sich abgetrennt und in ein außerembryonales Organ verwandelt, das später verworfen wird, das sind Pikanterien am Rande. Die menschliche Identität erschöpft sich (auch) in biologischer Perspektive nicht in der Sequenz der DNA. Natürlich bin ich der Meinung, wir müssten Zeitpunkte definieren, die die Rechte von Embryonen und Feten markieren. Aber solche Festlegungen sind *Konventionen*, hinter denen subjektive Bewertungen objektiver biologischer Landmarken stehen. Wir sollten uns darüber im Klaren sein, dass solche Konventionen bestimmte Zwecke verfolgen. Sie sollten daher Eigenschaften oder Fähigkeiten des Embryos oder Fetus berücksichtigen, die über den genetischen Code hinausgehen. Die Gesetzestexte fast aller Länder Nordamerikas, Europas und Asiens[17] beruhen implizit auf einer solchen Logik der Güterabwägung und einer graduellen Bewertung des Lebens, die an bestimmte Entwicklungsstadien gekoppelt ist. Intuitiv folgen die meisten Menschen dieser Logik.

Gestatten Sie mir zum Schluss ein Gedankenexperiment: Stellen Sie sich vor, Sie hätten Nachtdienst auf einer Frühgeborenenstation. Im Inkubator liegt ein Neugeborenes. Im Nebenraum ist ein Labor, in dem künstliche Befruchtungen vorgenommen werden. Dort steht ein Stickstofftank, in dem 1000 befruchtete Eizellen eingefroren sind. Plötzlich bricht ein Feuer aus. Sie müssen sich entscheiden. Sie können entweder sich und das Neugeborene oder den Kasten mit den eingefrorenen Embryonen retten. Beides geht nicht.[18] Ich kenne niemanden, der in einer solchen Situation der Logik der großen Zahl folgen würde.

… und Ende

Im Vergleich zu den neun Monaten zwischen Zeugung und Geburt kann das Ende eines Menschen sehr vielgestaltig sein.[19] Auch Sterben ist ein Prozess, der allerdings durch Krankheit, Unfall oder Gewalt auf Minuten oder gar Sekunden zusammengedrängt werden kann, so dass die Frage, wann genau der Tod eintrat, meistens ohne praktische Bedeutung ist. Auch in den vielen Fällen, in denen das Sterben langsam vonstattengeht, stehen andere Dinge im Vordergrund als eine biologische Skalierung des verlöschenden Lebens.

Mit einer Ausnahme! Allein in Europa leben über 60 000 Menschen mit einem Damoklesschwert über dem Kopf. Sie leiden an einer irreversiblen Schädigung eines lebenswichtigen Organs. Diese Menschen werden nur mühsam und unter Aufbietung aller Tricks der modernen Medizin am Leben gehalten. Auf lange Sicht kann nur ein Spenderorgan sie retten. Für eine Minderheit bietet die Lebendspende von Familienangehörigen eine Perspektive.[20] Für die Mehrzahl bleibt als einziger Ausweg eine sogenannte »*postmortale*« Organspende.[21] Ich habe das Adjektiv »*postmortal*« in Anführungszeichen gesetzt, nicht weil ich an der Praxis zweifle, sondern weil in diesem Wörtchen das Problem steckt, um das es hier geht. In Deutschland gilt die »Tote-Spender-Regel«.[22] Ein Mensch, der Organe spendet, muss tot sein. Seine Organe allerdings müssen noch leben, denn sonst könnten sie nicht transplantiert werden.

Das ist ein Dilemma, denn es wirft eine Frage auf: Ist ein Mensch, dessen Organe entnommen werden, also nur partiell tot? Die Medizin kennt neben dem *Herztod*, dem irreversiblen Herzstillstand, eine zweite Form des Todes, den *Hirntod*. Beim Herztod ist die Sache einfach. Gewebe, das nicht mehr von arteriellem Blut durchströmt wird, stirbt rasch ab. Wenn ein Herz länger als zehn oder 15 Minuten stillsteht,[23] gehen die nicht mehr versorgten Körperzellen unwiederbringlich zugrunde. Der Mensch ist dann tatsächlich kein Mensch mehr, sondern eine Leiche, die sukzessive alle Phasen des Verfalls durchmacht.

Der Hirntod ist definiert als »der irreversible vollständige Funktionsausfall des gesamten Gehirns.« Die Medizin hat eine Reihe von Tests[24] entwickelt, um den Hirntod mit hinreichender Sicherheit zu diagnostizieren. Wenn das Hirn seinen Dienst versagt, kann der restliche Körper mithilfe der Intensivmedizin oft noch eine Weile am Leben gehalten werden. Für Menschen, die auf Spenderorgane warten, ist das ein Glück. »Herztote« eignen sich in der Regel nicht als Organspender.[25]

Ich persönlich erachte das Hirntodkriterium für sinnvoll und trage unter anderem auch deshalb einen Spenderausweis mit mir herum – nicht zuletzt aus dem Grund, weil ich die Idee des Gehirns als Sitz unserer bewussten Individualität für plausibel halte.

Nichts könnte besser illustrieren, dass es sich hier eher um einen Streit um die Bedeutung von Worten und nicht um die Richtigkeit biologischer Fakten handelt, als ein Bericht des US-amerikanischen *President's Council on Bioethics* aus dem Jahr 2008.[26] Der *Council* kommt, für mich überraschend, zu dem Ergebnis, eine naturwissenschaftliche Begründung des Hirntodes sei nicht länger gerechtfertigt. Interessant ist seine Argumentation. Der Bioethikrat schreibt, die Forschung habe gezeigt, dass die Integration des Organismus eine Leistung sei, die der Organismus als Ganzes erbringe, die sich also nicht, wie bisher angenommen, allein dem Gehirn zuschreiben lasse.

Ich halte diese Begründung für eine Verwechslung von hinreichenden und notwendigen Bedingungen. Natürlich ist der Mensch mehr als sein Gehirn. Ein Gehirn ohne Körper ist eine kontrafaktische Spekulation.[27] Der Körper kann nicht ohne Hirn, das Hirn nicht ohne Körper. Umgekehrt würde deshalb ein Schuh aus der »systemischen Perspektive«: Wenn das Gehirn zerstört ist, fällt es schwer, im Rest ein vollwertiges menschliches Leben zu sehen. Offensichtlich hatten die Ethikexperten auch ein bisschen Angst vor der eigenen Courage. Trotz seiner Einschätzung hält der *President's Council* nämlich weiter am Hirntod als legitimes Kriterium für eine Organentnahme fest. Die Begründung dafür ist aber keine naturwissenschaftliche, sondern eher eine naturphilosophische. Denn man fragt nicht mehr, wann ein Mensch biologisch tot ist, sondern was sein Leben ausmacht. Dabei setzt der President's Council auf aktive Fähigkeiten des Menschen, wie zum Beispiel das Atmen. Nun ist das Atmen zumindest intellektuell eine recht bescheidene Tätigkeit. So gesehen ist das Kriterien der »aktiven Fähigkeit« wieder allenfalls eine notwendige, aber keine hinreichende Bedingung, das Menschsein zu definieren.

Chauvinisten zugunsten der eigenen Art?

Wer mag schon Rassisten und Sexisten? Intuitiv werden die meisten Leser zustimmen, es sei nicht schön, Menschen aufgrund eines Gruppenmerkmals wie der Zugehörigkeit zu einer bestimmten »Rasse« oder einem bestimmten Geschlecht zu diskriminieren. Wenn wir aber fragen, warum nicht, dann kommt die Antwort nicht immer wie aus der Pistole geschossen. Fragen wir also einen Profi. Für den australischen Moralphilosophen Peter Singer sind Rassismus und Sexismus Verstöße gegen das *Gleichheitsprinzip*.[28]

Ein Rassist würde antworten: Stimmt nicht! Wir haben dieselben Vorstellungen von Fairness wir ihr, wir akzeptieren das *Gleichheitsprinzip*. Nur sind diejenigen, die wir diskriminieren, nicht gleich, sondern anders und im Zweifel »minderwertig«.[29] Zum Wesensmerkmal des Rassismus (oder Sexismus) gehört es, dass diese angebliche Überlegenheit als invariant (also biologisch festgelegt) verstanden wird. Minderwertigkeit oder Unterlegenheit ist in dieser Logik keine Folge von Kultur, Erziehung oder Ausbildung, sondern ererbt und unveränderlich, denn sonst wäre ja Kompensation und nicht Diskriminierung das Gebot der Stunde.

Mithin sollte klar geworden sein, dass Rassismus auf die Schützenhilfe der Biologie verzichten muss.[30] Peter Singer treibt das Gleichheitsprinzip aber weiter. Das stammesgeschichtliche Kontinuum der Evolution im Hinterkopf, geißelt er – in Analogie zum Rassismus – eine weitere vermeintliche Unart des Menschen, den »*Speziesismus*«, den »Chauvinismus zugunsten der eigenen Art«. Seiner Meinung nach geht aus dem Gleichheitsprinzip und der Evolutionstheorie hervor, wir dürften Lebewesen weder aufgrund ihrer Rassen«- oder Geschlechtszugehörigkeit noch aufgrund ihrer Artzugehörigkeit diskriminieren. Damit hebt er die Grenze zwischen Menschen und anderen Tieren auf.

Und sorgt für Probleme! Wer so argumentiert, der darf auch keine Grenze zwischen Schimpansen und Pavianen, Pavianen und Lemuren, Lemuren und Löwen, zwischen Mäusen und Amseln, Kolibris und Krokodilen, zwischen Eidechsen und Kröten, Forellen und Tintenfischen ziehen. Am Ende führt das Argument des evolutionären Quasi-Kontinuums zum Pantoffeltierchen und hinein ins Absurde.

Jedenfalls gibt es viele Situationen, in denen wir gar nicht anders können, als zwischen Tierarten zu differenzieren. Als es noch keine Möglichkeit gab, Insulin gentechnisch herzustellen, mussten dafür Schweine sterben. War das artchauvinistischer Massenmord oder eine legitime Maßnahme, die unzähligen Diabetikern das Leben gerettet hat? Auf Wiener Schnitzel und aufs Rasenmähen[31] werden hartgesottene Tierrechtler vielleicht verzichten. Werden sie auch ins Grübeln kommen, wenn sie sich einer Zecke entledigen oder eine Bandwurmerkrankung oder Amöbenruhr mit Medikamenten behandeln? (Und dabei unweigerlich den Tod dieser Tiere in Kauf nehmen).

Wenn wir akzeptieren, dass wir Grenzen zwischen Arten ziehen dürfen – müssen –, liefert die Biologie hier im Unterschied zu den Grenzübergängen am Anfang eines Menschenlebens sogar ein paar ganz nützliche Kriterien. Trotz der Verwandtschaft haben Genetiker keinerlei Probleme, ein menschliches Genom von dem anderer Menschenaffen zu unterscheiden. Lebende Übergänge oder Schimären von Menschen und anderen Affen gibt es schon lange nicht mehr.[32] Kreuzungen zwischen Menschen und Schimpansen müssen ins Reich der Phantasie verwiesen werden. Abstruse Experimente des Biologen Ilja Iwanowitsch Iwanow (1870–1932), der versuchte, Affenweibchen mit menschlichem Sperma zu befruchten, waren glücklicherweise schon im Ansatz zum Scheitern verdammt.[33] Wir können hier also mithilfe der Biologie Grenzen ziehen. Die Frage ist, wie eine solche Grenze bewertet und wozu sie genutzt wird. Die Bewertung ist eine Frage der Kultur. Ironischerweise spricht genau das dafür, zwischen dem *Homo sapiens* und seinen nächsten Verwandten, Schimpansen und Bonobos,[34] eine schärfere Grenze zu ziehen als zwischen anderen Menschenaffen. Die Tatsache, *dass* Menschen (und nur Menschen) solche Bewertungen vornehmen, dass wir uns überhaupt fragen, ob es legitim ist, andere Tiere zu verspeisen, offenbart unsere besondere Auszeichnung als Menschen.

In Kapitel Eins wurde deutlich, dass einige unserer moralischen Kategorien etwas spezifisch Menschliches sind. Die zweitpersonale Moral der Fairness ist anderen Affen eher fremd. Kein anderes Tier verfügt über die kognitiven Voraussetzungen, die Maximen seines Handelns explizit zu formulieren, infrage zu stellen oder zu verteidigen. Diese kognitiven Fähigkeiten bildeten auch die Grundlagen für die oben skizzierte »drittpersonale Moral« der Normen und Gesetze, etwas, was zwar in der Biologie wurzelt, aber nur als Kulturprodukt wirklich verstanden werden kann. Um die biologischen Grundlagen dieses »kleinen« Unterschieds wird es im nächsten Kapitel gehen.

Wie sehr Gut und Böse, Recht und Unrecht Begriffe einer *menschlichen* Kultur sind, merken wir, wenn wir versuchen, diese Kategorien in die Natur zu übertragen. Wer ist der Schurke, der Wolf, der das Reh schlägt, oder der alte Rehbock, der sich verweigert und den Wolf und seine Jungen dem Hungertod preisgibt? Viele Menschen halten es für unmoralisch, Tierversuche durchzuführen. Mehr als drei Viertel der Versuche werden mit Mäusen gemacht, in Deutschland etwa zwei Millionen Tiere pro Jahr.[35] Die Zahl klingt hoch, die Zahl der Mäuse, die in der Natur eines gewaltsamen frühen Todes sterben, ist zigmal höher. Wir können von Glück sagen, dass das so ist. Andernfalls würde die Erde bald in einem Ozean von Nagern ertrinken. In der Biologie sind Kategorien wie das *ökologische Gleichgewicht* essentiell und gelten als erstrebenswert. Die Idee, Menschen im Namen des *›ökologischen Gleichgewichts‹ an der Fortpflanzung* zu hindern oder sie gar zu dezimieren, wäre dagegen monströs.

DRITTE SCHLUSSFOLGERUNG: DIE GRENZEN DES MENSCHSEINS

Zellen sind die Atome des Lebens. Sie sind die Bühne, auf der die Gene ihr Stück in Szene setzen. Erst seit wir in den Mikrokosmos Zelle hineinschauen können, beginnen wir zu verstehen, wie die Schnittstellen zwischen Umwelt und Körper realisiert sind. Einflussnahme findet auf jeder Ebene statt, bei den Genen, ihren Transkripten und ihren Produkten, den Proteinen. Ganz wichtig dabei ist: Die Einflüsse der Umwelt treffen auf ein System, das in vielfacher Weisen rückbezüglich ist.

Am Anfang jedes Lebens steht eine einzige befruchtete Zelle. Auch unser Ende, der Tod, manifestiert sich als Tod von Zellen. Wie verhält es sich also mit der Biologie der Zelle und den Grenzen des Menschseins? Ich plädiere dafür, sich von der Idee einer scharfen, objektiven *biologischen* Grenze zwischen Nicht-Sein und Sein am Anfang des Lebens zu verabschieden. Jede Grenze, die wir hier ziehen, ist eine kulturelle Konvention. Die Biologie kann beschreiben, wozu ein werdender Mensch zu einem bestimmten Zeitpunkt seiner Entwicklung imstande ist und wozu nicht. Sie kann zum Beispiel klarmachen, dass Eigen- und Fremdwahrnehmung oder Schmerzempfinden erst vorhanden sind, wenn das Nervensystem einen hinreichenden Reifegrad erreicht hat. Mehr nicht!

Wenn wir uns am Ende des Lebens auf die Biologie verlassen, um den Hirntod zu definieren, ziehen wir keine Grenze, wir beschreiben einen Zustand. Die Frage, wann das Gehirn vom Leben in den Tod übergetreten ist, spielt hier keine Rolle. Entscheidend ist, dass der ›Hirntod‹ mit hinreichender Sicherheit diagnostiziert werden kann. Ob wir Tod und Hirntod gleichsetzen,[1] ist wiederum eine Frage der Konvention.

Wenn Moralphilosophen wie Peter Singer oder radikale Tierrechtler aber mit der Biologie von Evolution und Zelle argumentieren und aus ihr ein großes Kontinuum ableiten, das uns prinzipiell verbietet, uns von anderen Arten abzugrenzen, verwechseln sie die Bezugsebenen. Die Übertragung des Äquivalenzprinzips auf andere – womöglich alle – Tierarten ist ein typisches Beispiel für einen Kategorienfehler. Das entwicklungsgeschichtliche Kontinuum nimmt die Perspektive der Gene ein. Zwar können wir den *Homo sapiens* auf dieser Ebene als eine eigenständige Art definieren. Aber wenn wir nur auf unsere Evolution, auf die Buchstaben unseres genetischen Textes oder unsere Zellen starren, können wir tatsächlich keine Grenze zwischen Mensch und Schimpanse erkennen, die sich prinzipiell von der Grenze zwischen Schimpanse und Gorilla, Gorilla und Orang-Utan usw. unterscheiden würde.[2] Der kategoriale Unterschied zwischen Menschen und anderen Tieren (auch Menschenaffen) findet sich nicht auf dieser Ebene. Das bedeutet nicht, ich wäre der Meinung, Tiere seien verfügbar wie Kartoffeln. Schließlich gibt es viele gute Gründe – moralische, praktische und auch eigennützige –, andere Tiere zu schützen. Was jedoch in endlose Antinomien führt, ist der Versuch, die Menschenrechte – eine zutiefst kulturelle Errungenschaft – eins zu eins auf andere Tierarten zu übertragen.

Obwohl wir fest im Humus der Evolutionsgeschichte wurzeln, sind wir ziemlich spezielle Affen. Denn es gibt tatsächlich etwas, das uns kategorial von anderen Tieren unterscheidet. Wir haben eine zweite Form von Evolution eingeläutet, die Evolution der Kultur. Biologische und kulturelle Evolution weisen verführerische Analogien auf, aber die kulturelle Evolution ist viel schneller, weil hier *Meme* nicht nur individuell erworben werden, sondern sich auch innerhalb einer Generation – horizontal – rasend schnell verbreiten können. Auch die kulturelle Evolution hat ihre Voraussetzungen in der Biologie. Um sie zu verstehen, müssen wir aber auf die nächsthöhere Ebene der Organisation blicken, in ein sehr spezielles Organ – unser Gehirn. Dort steckt das, was wir als menschliche Individualität empfinden. Und es ist das Organ, durch das wir menschliche Individualität empfinden. Je weiter wir in diese Ebene vordringen, desto deutlicher wird uns vielleicht die Legitimität, unsere Art mit gewissen Sonderrechten auszustatten. Höchste Zeit, sich dieses Organ näher anzuschauen.

TEIL IV
GEHIRNE

COGITO, ERGO SUM: DAS ICH-ORGAN

»In ihm bewegen wir uns und sind wir«.[1] Jesus zog die Grenzen um den Menschen mithilfe seines Gottes. Nun wird über Gott trefflich gestritten. Wer, wie oder was Gott ist, darüber konnten sich die Menschen seit Jesus nicht verständigen. Darum möchte ich, was die Grenzziehung um den Menschen angeht, ein bescheideneres und besser zugängliches Konzept vorschlagen. Ich würde behaupten, wir sind zunächst einmal in unserem Körper. Wenn wir überhaupt etwas wissen und fühlen, dann ist es die existentielle Erfahrung der Subjektivität. Wir nehmen uns wahr als ein von der Welt abgegrenztes, einmaliges und einigermaßen autonomes Selbst-Wesen. Diese Eigenwahrnehmung ist die elementarste Erfahrung, die wir machen können. Nicht umsonst hat René Descartes das »cogito, ergo sum«-Gefühl[2] zum archimedischen Punkt seines Denkens gemacht:[3] In uns gibt es etwas, das denkt, fühlt, wahrnimmt und handelt. Dieses Etwas vermittelt das – möglicherweise trügerische – Gefühl, eine Einheit, ein *Individuum* zu sein, das lateinische Wort für das Unteilbare.

Und jetzt kommt der Unterschied zu Descartes! Die derzeitige Arbeitshypothese der Mehrheit aller Biologen lautet: Dieses Selbstgefühl ist das Produkt eines sehr speziellen Organs.[4] Und ebendieses Organ, das Gehirn, das die Subjektivität herstellt, ist das Thema dieses Kapitels. Das Gehirn liefert gleich zweierlei, Wissen über uns selbst und Wissen über die Welt. Da ich mich in diesem Buch für Menschen interessiere und nicht für Goldhamster oder Nasenbären, soll es in diesem Kapitel vor allem um die speziellen Eigenheiten des menschlichen Gehirns gehen. Manchmal ist aber gerade der Vergleich mit anderen Tieren erhellend.

Organe sind Zusammenschlüsse verschiedener Zelltypen zu einem kooperativen Zweckverbund. Die meisten Organe haben klar definierte Aufgaben. Die Leber ist eine Chemiefabrik; die Nieren sind – *cum grano salis* – Filter zur Blutwäsche, das Herz eine Pumpe. Lassen sich die Aufgaben des Gehirns in ähnlicher Weise auf einen Punkt bringen? Nun, in diesem Fall wären es mindestens drei Punkte. Zunächst einmal ist das Gehirn ein Organ der *Wahrnehmung.* Ohne Gehirn würden wir uns selbst nicht spüren. Und es produziert laufend innere Repräsentationen von Vorgängen in der Außenwelt. Unser Körper verfügt über spezielle Oberflächen, die verschiedenste physikalische Qualitäten detektieren und in eine Sprache übersetzen, die unser Nervensystem versteht. Keiner der fünf Sinne[5] kommt dabei ohne den großen Integrator aus, der am Ende der Verarbeitungskette steht. Ohne die Rekonstruktion und Interpretation der Information, die über Augen, Ohren oder Nase ins Gehirn fließen, würden die Kanäle der Wahrnehmung im Dunkeln enden oder nur einfache Reflexe produzieren.

Auch die zweite Funktion des Gehirns liegt auf der Hand. Das Gehirn ist der Ort, von dem (fast) alle Handlungen ausgehen.[6] Handlungen, die sich der Außenwelt mitteilen,[7] gründen letztendlich auf Bewegungen.

Damit sind die Funktionen des Gehirns aber noch nicht erschöpft.[8] Zwischen Wahrnehmen und Handeln klafft eine Lücke. Mitten in dieser Lücke sitzt unser archimedischer Punkt. Das Gehirn ist das *Ich-Organ.* Es produziert ein (Selbst-)Bewusstsein, das die Welt in zwei Teile teilt, in ein Innen und ein Außen.[9] Es versieht dieses Selbst mit einem Gefühl von Einzigartigkeit (ich bin ich – und kein anderer), mit einem Gefühl von Kohärenz (ich bin eine Einheit, die als solche handelt und der alle meine Wahrnehmungen und Handlungen zuzuschreiben sind) und es konstruiert dieses Selbst mithilfe einer Autobiographie (ich erinnere mich an gestern; auch gestern war ich ich, wenn auch vielleicht nicht genau derselbe).

Das *Ich*-Organ versorgt uns nicht nur mit Bewusstsein und der Fähigkeit zur Selbstreflexion, es ist auch der Kreativitätsgenerator unseres Körpers. Es erschafft im wahrsten Sinn des Wortes ganze Welten. Die Welt der Kunst und des Wissens, die spekulativen Welten einer erträumten oder gefürchteten Zukunft, die ganz individuelle Welt unserer biographischen Vergangenheit, alle diese Welten sind Schöpfungen des Gehirns. Ob das Gefühl autonomer und sich selbst bewusster Individualität gerechtfertigt ist, darüber wird noch zu reden sein. Wie dem auch sei: Das Gefühl existiert! Es ist vielleicht noch existentieller als das sich selbst wahrnehmende bewusste Denken. Nicht ohne Grund hat der Neurologe Antonio Damasio (*1944) Descartes' *Cogito* modifiziert und einem seiner Bücher den suggestiven Titel *Ich fühle, also bin ich* verliehen.

Im ersten Kapitel des Buches sprach ich über Individuen als Objekte der Evolution. Jetzt geht es um das Individuum als Subjekt, besser gesagt, es geht um das Organ, das uns nach Ansicht vieler Biologen zum Subjekt macht. So stehen seine Sicht auf sich, auf die Welt, und seine Möglichkeiten in der Welt im Fokus.

Dieses Kapitel ist ohne Zweifel der anmaßendste Teil des Buches. Selbst die Spezialisten, die Neurobiologen, begegnen dem Gehirn mit einer gewissen Ehrfurcht: Schließlich handelt es sich um die komplizierteste Struktur, die uns in diesem Universum bis *dato* begegnet ist. Diese Struktur hat bislang nur einen Bruchteil ihrer Geheimnisse preisgegeben. Die wesentlichste Anmaßung besteht allerdings in der Behauptung, die menschliche Individualität sei nichts als das Produkt eines Organs. Diese Behauptung ist – zugegeben – zunächst nur eine Arbeitshypothese. Ich vertrete sie, ein Großteil der Neurobiologen tut das, und doch steht sie im Widerspruch zu fast allem, was Menschen seit Anbeginn ihrer Zeit über menschliche Individualität dachten.

Vermutlich gab und gibt es keine Kultur, die nicht Begriffe wie Seele, Geist oder Psyche entwickelt hat, die sie als Antinomie Materie und Körper gegenüberstellt. Das antike Ägypten schuf die Figur des Vogels Ba mit Menschenkopf als Allegorie für eine unsterbliche Seele, die nach dem Tod den Körper verlässt. In den altindischen Upanishaden symbolisiert die Taube den Geist, der dem sterbenden Körper entschwebt. Ich möchte an dieser Stelle eine große Flasche Champagner ausloben für denjenigen, der mir eine lebende oder versunkene Kultur dieser Welt nennen kann, die nicht mehrheitlich mindestens implizit davon ausgeht, Geist und Körper seien kategorial voneinander zu trennende, unterschiedliche paar Schuhe. Die großen monotheistischen Religionen leben vom Dualismus. Die Idee von den zwei Welten findet sich in vielen Schlüsseltexten des abendländischen Denkens, von Platons (*428/427–348/347 v. Chr.) *Timaios* über Thomas von Aquins *Summa theologica* bis natürlich zu René Descartes' *Discours*, die den *Dualismus* explizit machten. Eine – vielleicht die einzige – Ausnahme bildet die transnationale, weltumspannende Minderheitenkultur der modernen Naturwissenschaft.

Descartes machte es sich nicht leicht. Erst nach jahrelangem Nachdenken über die Natur und die Funktion des Gehirns kam er zu der Überzeugung, der menschliche Geist sei immaterieller Natur und entziehe sich den Gesetzen der Physik. Ursprünglich wollte Descartes genau das Gegenteil. Er wollte ein geschlossenes, kohärentes »wissenschaftliches« Weltbild setzen. Am Ende musste er mit dem Wissen seiner Zeit aber zu dem Schluss kommen, die damaligen mechanistischen Vorstellungen von der Arbeitsweise des Körpers könnten keine plausible Erklärung für die höheren Fähigkeiten des Geistes liefern.[10] Die meisten Menschen ziehen auch heute noch diese Grenze zwischen der Welt des Geistes und der Welt der Materie. Die dualistische Sicht hat ihren Charme, umgeht sie doch viele Probleme, die die Naturwissenschaften mit Konzepten wie dem angeblich freien menschlichen Willen,[11] mit Begriffen wie Absicht, Intention oder Gut und Böse haben.

Dafür beschert der Dualismus aber das ungelöste Problem des *cartesianischen Schnitts.* Wenn Geist und Materie, *res cogitans* und *res extensa,*[12] wirklich zwei real bestehende, getrennt nebeneinander existierende Welten wären, in denen unterschiedliche Gesetze gelten, wie sollten dann beide miteinander in Wechselwirkung treten? Alle Versuche, diese ominöse Schnittstelle zu identifizieren, sind bisher grandios gescheitert.

Ich möchte die Grenze gar nicht niederreißen. Ich versuche, sie nur anders zu ziehen. Die Welt der Naturwissenschaft ist eine Welt, die universelle Gesetze postuliert. Aber diese Universalität ist kompatibel mit der Idee von einer Welt in Schichten oder Stockwerken, wie ich sie im Prolog des Buches skizziert habe. Ob diese Schichten heuristische Artefakte sind, die nur im Hirn des Betrachters entstehen, oder ob wir sie in guter platonischer Tradition als die Manifestation einer höheren, »eigentlichen« Realität verstehen, das ist ein Streit, den ich gerne den Philosophen überlassen möchte. Wichtig ist hier nur, dass Menschen, wenn sie sich über die Welt verständigen, über *keine* universelle Sprache verfügen, die in allen Stockwerken des Weltgebäudes uneingeschränkt Geltung hat.

Daher mündet die monistische Arbeitshypothese nicht zwangsläufig in großmäuligen Reduktionismus, der sich anmaßt, alle Facetten menschlichen Verhaltens dereinst durch das Wispern von Nervenzellen oder gar durch den Tanz von Molekülen erklären zu können. Wie geschildert, produzieren viele komplexe Systeme *emergente Phänomene,* die sich nicht in der Sprache beschreiben lassen, die für die Beschreibung einzelner Komponenten dieser Systeme entwickelt wurde. Beim Gehirn ist das ohne Zweifel der Fall. Wer wollte sich schon Shakespeares *Hamlet,* Beethovens Neunter oder dem Code Napoleon mit nichts als dem Wörterbuch der Biologie im Gepäck nähern?

Das bedeutet aber nicht, die Produkte der Sphäre des Geistes seien vogelfrei und existierten völlig losgelöst von ihrer materiellen Basis. Daher lohnt es sich durchaus, das Gehirn und seine speziellen Eigenheiten näher in Augenschein zu nehmen. Wissenschaftler, die sich mit dem Gehirn beschäftigen, nehmen schon aus methodischen Gründen meist keine universelle Perspektive auf das Objekt ihrer Begierde ein. Das Brot der Naturwissenschaft ist hart. Ihr Zugang zur Wirklichkeit ist das Experiment, und Experimente müssen sich beschränken.

Das Gehirn ist eine Welt im Kleinen. So kann es daher ebenfalls als ein System hierarchisch übereinandergestapelter Ebenen beschrieben werden.[13] Experimentatoren müssen sich entscheiden, wo sie einsteigen. Die unterste Ebene, auf der biologische Unterschiede zwischen einzelnen Gehirnen (innerhalb einer Art oder auch zwischen verschiedenen Arten) identifiziert werden könnten, ist die Ebene der Gene. Auf der nächsthöheren Ebene müssen wir Zellbiologie und Elektrophysiologie betreiben. Hier liegt die Perspektive auf einzelnen Zellen und ihren Verknüpfungen. Noch eine Ebene darüber liegt die Beschäftigung mit der strukturellen und funktionellen Anatomie des Gehirns. Wir haben wundervolle Maschinen entwickelt, von denen es oft heißt, sie könnten dem Hirn »beim Denken zuschauen«. In Wahrheit stellen sie Korrelationen her. Sie zeigen, ob und unter welchen Umständen sich eine bestimmte Tätigkeit in einer gesteigerten elektrischen oder metabolischen Aktivität einer bestimmten Gehirnregion niederschlägt – nicht mehr und nicht weniger. Und natürlich können wir uns dem Gehirn auch auf der allerobersten Ebene nähern und uns direkt mit seinen Leistungen und Fehlleistungen auseinandersetzen. Das fällt dann in die Zuständigkeit der Neuropsychologie.

Auf jeder Ebene wurden spektakuläre Teilerfolge erzielt. Was bisher nicht gelang, ist, die verschiedenen Phänomene und Befunde systematisch zur Deckung zu bringen und zu einer einzigen kohärenten Theorie des Gehirns zu verknüpfen. Wir haben noch keine Ahnung, wie das neuronale Korrelat einer Erinnerung an die Abiprüfung oder auch nur an das Rezept für *Spaghetti Carbonara* aussehen könnte.

Von allen Karten im großen Atlas der Biologie ist die Karte des menschlichen Gehirns diejenige, die die hartnäckigsten weißen Flecken aufweist.

Wie entsteht Liebe, Wut, Intelligenz oder die Interpretation eines Gedichts aus dem Gezwitscher einzelner Nervenzellen? Noch vertrackter ist die Frage, warum aus dem Wechselspiel elektrischer Entladungen zwischen Zellen überhaupt so etwas wie ein *subjektives* Gefühl eines sich erkennenden Selbst aufscheint. Und es kommt noch schlimmer: Dieses Selbst nimmt für sich auch noch in Anspruch, autonom und frei in seinen Entscheidungen zu sein, und behauptet damit, das Prinzip der Kausalität aushebeln zu können. Nicht umsonst war »Bewusstsein« für die meisten seriösen Hirnwissenschaftler bis tief in die 1990er Jahre ein Un-Wort.[14]

Inzwischen hat die Neurowissenschaft Mittel und Wege gefunden, sich auf den verschiedenen Ebenen Zugänge zum Gehirn und seinen Leistungen zu verschaffen. Meistens muss sie sich entscheiden, durch welches Fensterchen sie ins Hirn blickt. Diese Einengung des Blickwinkels bringt Probleme mit sich. Ich werde versuchen, aus der Not eine Tugend zu machen. Wir schauen einfach nach, wo es etwas für unsere Frage nach der *conditio humana* zu holen gibt. Arbeiten wir uns Stockwerk für Stockwerk nach oben.

DIE GENE DES GEHIRNS

Wie jedes Organ besteht das Gehirn aus Zellen. Und jede Zelle verfügt über dieselben Gene.[1] In diesem Sinne gibt es keine spezifischen ›Gene des Gehirns‹.[2] Auf den ersten Blick scheint auf dieser Ebene also nicht viel zu holen zu sein. Sollten wir vielleicht erst in einem Zwischengeschoss darüber, im Subtext epigenetischer Prägungen nach dem spezifisch Menschlichen suchen? Dort spielt schließlich die Musik, die die Mannigfaltigkeit der Zellen eines Körpers hervorbringt.[3]

Andererseits sind es aber ausgerechnet die Gene, die die Grenze ziehen, die uns wiederum von anderen Tierarten trennt.[4] Und so müssen auch die Unterschiede zwischen Gehirnen von Menschen, Schimpansen oder Fröschen letztendlich in den Genen begründet liegen, auch wenn es vielleicht nur der Flügelschlag eines Schmetterlings war, der den Sturm entfachte und schließlich die große Lücke zwischen unseren und anderen Primatenhirnen aufriss.[5] Unser engster lebender Verwandter ist der Schimpanse.[6] Unser letzter gemeinsamer Vorfahr lebte vor etwa sechs Millionen Jahren. Zu den gemeinsamen Vorfahren von uns und anderen Menschenaffen müssen wir noch weiter zurückreisen. Vor etwa acht Millionen Jahren haben sich die Wege von Mensch und Gorilla getrennt. Vor rund zwölf bis 16 Millionen Jahren lebte der letzte gemeinsame Urahn von Mensch und Orang-Utan.

Für die Evolution sind sechs Millionen Jahre eine Petitesse. Daher ist es eigentlich keine Überraschung, dass die genetischen Texte von Mensch und Schimpanse zu mehr als 98 % übereinstimmen.[7] Trotzdem löste diese Ähnlichkeit, je nach Geisteshaltung, nicht Achselzucken, sondern Begeisterung, Enttäuschung und in manchen Kreisen auch Abwehr aus. Fundamentalistische Christen sahen in der genetischen Ähnlichkeit einen Affront gegen die Idee der Gottesähnlichkeit und der Sonderstellung des Menschen.[8] Sie suchten krampfhaft nach Argumenten, um die genetische Distanz zwischen den Arten wieder zu vergrößern. Fundamentalistische Tierrechtler[9] sahen sich dagegen in ihrer Haltung bestärkt. Wenn von einem Unterschied von 1,3 % die Rede ist, meinen die Genetiker im Wesentlichen diejenigen Buchstaben des genetischen Textes, die durch Punktmutationen verändert wurden. Übersetzt in Proteine, können solche Punktmutationen die Aminosäuresequenzen der codierten Eiweiße verändern und dadurch deren Gestalt und Funktion beeinflussen. Aber bei weitem nicht jeder Austausch eines Nukleotidbuchstabens führt zur Umdeutung der DNA-Botschaft. Aufgrund des redundanten Codes[10] sind viele davon konservative Mutationen, die zwar ein neues Basentriplett ausbilden, aber keine neue Aminosäuresequenz. Außerdem liegt die Mehrzahl der Punktmutation in DNA-Abschnitten, die gar nicht in Eiweißbotschaften übersetzt werden. So betrachtet sind die Abweichungen zwischen Menschen und Schimpansen sogar noch kleiner.

Ist das eine gute Nachricht für »Antispeziesisten«[11] und eine Katastrophe für schriftgläubige Christen? Man kann Genetik auch genau entgegengesetzt deuten. Die molekulare Evolution eines Genoms beruht auf mehreren Mechanismen. *Frame-shift- oder* Abbruchmutationen können ganze Textabschnitte umdeuten. Gene können verdoppelt werden oder verloren gehen. Manchmal lassen solche komplexeren Mutationen sogar Gene fast wie aus dem Nichts heraus neu entstehen. Wenn wir nicht nur Punktmutationen, sondern auch solche Verschiebungen, Verdopplungen oder Verluste ganzer Genabschnitte berücksichtigen, sind die Unterschiede zwischen Menschen und Schimpansen etwas größer als die oft zitierten 1,3 %.

Wie dem auch sei, aus den vorigen beiden Kapiteln[12] haben wir gelernt, dass auch Zwischentöne die Melodie machen können.[13] Rein quantitative Vergleiche der Sequenz sagen über die qualitative Bedeutung der betreffenden Veränderung oft nicht allzu viel aus. Die Verfechter einer herausgehobenen Stellung des Menschen könnten sich aus dieser ganzen Debatte natürlich auch vornehm heraushalten und all das als irrelevante biologische Spitzfindigkeiten abtun. Sie könnten schlicht darauf hinweisen, der Blick auf die Lebenswirklichkeit und unsere kognitiven Möglichkeiten zeige doch, dass der Mensch eklatant aus dem Quintett der fünf Menschenaffenarten[14] heraussticht. Wer redet schon über Gene, wenn in uns der göttliche Funke brennt?

Die genetischen Distanzen zwischen den verschiedenen Menschenaffenspezies sind recht ähnlich. Genetisch stehen sich Mensch und Schimpanse kaum näher als Schimpanse und Gorilla. Trotzdem besiedeln inzwischen fast sieben Milliarden Menschen die Erde, während alle anderen Menschenaffen, Orang-Utan, Gorilla und Schimpanse, vom Aussterben bedroht sind.

Irgendeinen wesentlichen funktionellen Unterschied muss es also zwischen uns und unseren nächsten Verwandten geben. Menschen jagen und sammeln nicht nur, sie produzieren Lebensmittel, sie bauen Städte, Bibliotheken, Fabriken und Krankenhäuser, leider auch Waffen. Menschen fliegen zum Mond und tauchen auf den Grund der Ozeane. Sie haben körperliche Arbeit »outgesourcet« und überlassen sie raffiniert konstruierten Maschinen, die mehr sind als schlichte Werkzeuge wie Stöcke oder Steine, weil sie selbst (im physikalischen Sinn) Arbeit verrichten und dabei Energie verbrauchen. Der wichtigste Punkt ist aber, dass Menschen es geschafft haben, Information zu abstrahieren, in Symbolsysteme zu überführen und dadurch von einem biologischen Träger zu entkoppeln. All das und vieles mehr bezeichnen wir mit der Chiffre *Kultur*. Zwar gibt es auch dazu Analogien im Tierreich, die oft aber nicht mehr sind als eben das: Analogien.

Dualisten haben an dieser Stelle leichtes Spiel. Sie betrachten Kultur als ein Produkt der Welt des Geistes. Die Verfechter eines einheitlichen monistischen Weltbildes könnten dagegen behaupten, die Ebene der Gene sei schlicht irrelevant für das, was sich mehrere Stockwerke darüber im Weltengebäude abspielt. Auch sie könnten die Entwicklung der Kultur als das exklusive Phänomen einer höheren Ebene charakterisieren. Damit würde das Problem aber nur verschoben werden, denn sie müssten andere biologische Ursachen benennen, die die Ausnahmestellung des Menschen begründen.

Ich würde einen dritten Ansatz favorisieren: Die Ebene der Gene halte ich durchaus für relevant. Genmutationen waren die Steinchen, die alles ins Rollen brachten. Genetische Mutationen waren es, die dem Ast, auf dem unser letzter gemeinsamer Vorfahr saß, eine Gabelung verpassten und dafür sorgten, dass sich Mensch und Schimpanse auf verschiedenen Ästen weiterentwickelten. Abgesehen von allen Errungenschaften menschlicher Kultur springen auch einige handfeste biologische Unterschiede zwischen Menschen und den anderen Affen ins Auge: Menschen bewegen sich zweibeinig fort und haben daher ihre vorderen Gliedmaßen frei für »höhere« Aufgaben. Das menschliche Gehirn ist nicht nur absolut, sondern auch relativ zum Körpergewicht ungleich größer als das unserer haarigen Vettern. Und die Menschen haben ein System phonetischer Kommunikation entwickelt, das auf vollkommen anderen Prinzipien beruht als die akustischen Signale, mit denen andere Menschenaffen »miteinander reden«. Zumindest diese Unterschiede sind ohne genetische Basis kaum vorstellbar.

Die 1960er und 1970er Jahre waren geprägt von dem Glauben an eine alles überragende Bedeutung der Sozialisation. Der Glaube an die Macht von Erziehung war so stark, dass sogar Artgrenzen überwindbar schienen. Damals gab es eine Reihe aus heutiger Sicht durchaus fragwürdiger Versuche, Schimpansen zu menschenähnlichen Wesen zu erziehen. Schimpansenkinder wurden von menschlichen Familien »adoptiert« und zusammen mit den leiblichen Kindern wie kleine Menschen großgezogen.

Konnten die ungeliebten Gene dadurch vom Spielfeld verwiesen werden? Tatsächlich erlernten einige der Tiere Teilaspekte menschlichen Verhaltens. Sie nutzten Symboltafeln, um einfache Zwei-Wort-Sätze zu konstruieren. Sie konnten Haushaltsgeräte bedienen, Fahrrad fahren und übernahmen sogar einige unserer schlechten Angewohnheiten wie das Rauchen. Zu Menschen wurden sie dadurch noch lange nicht. Die letztendlich erfolglosen Versuche, Schimpansen zu Menschen zu »erziehen«, legen nahe, nicht nur der bipedale Gang und der abweichende Gebrauch der Hände hätten eine genetische Basis, sondern auch die gesamte explosionsartige Entwicklung menschlicher Kulturtechniken der vergangenen 50 000 Jahre. Natürlich sind Menschen mehr als ein Produkt ihrer Gene. Gene sind eine notwendige, aber keine hinreichende Voraussetzung für Kultur.

Ein typisch mittelalterliches, nicht zuletzt religiös motiviertes Problem war die Frage nach der »Ursprache« des Menschen. Aus heutiger Sicht mag es etwas naiv klingen, aber damals stritten die Gelehrten, ob die ersten Menschen wohl lateinisch, griechisch, hebräisch oder aramäisch gesprochen hätten. Vom Stauferkönig Friedrich II. (1194–1250), einem, gemessen an den Maßstäben der Zeit, ungewöhnlich gebildeten und wissbegierigen Potentaten, wurde behauptet, er habe das Problem klären wollen, indem er Neugeborene von ihren Eltern isoliert und sie ohne Zugang zu menschlicher Sprache habe aufziehen lassen. Glücklicherweise ist diese Geschichte vermutlich nur ein böswilliges, politisch motiviertes Gerücht, das der Franziskanermönch Salimbene von Parma (1221–ca. 1288) in die Welt gesetzt hatte, um Friedrich, der einige Sträuße mit der Kirche ausgefochten hatte, als Ketzer zu diskreditieren. Mittelalterliche *Fake News*.

Die Kinder und die Eltern hätten einem leidtun müssen. Das imaginäre Experiment wäre außerdem grandios gescheitert. Aus einer ganzen Reihe von Berichten über »Wolfskinder« wie die von Kaspar Hauser wissen wir, dass Kinder, die ohne Sozialisation, isoliert von menschlicher Gemeinschaft aufwachsen, schwere intellektuelle und soziale Defekte aufweisen. Defizite, die auch dann im späteren Leben nicht mehr vollständig reparabel sind, wenn solche Kinder in die Gemeinschaft anderer Menschen aufgenommen und entsprechend gefördert werden.[15] Um Menschen zu menschlichen Individuen zu machen, die alle relevanten Kultur- und Sozialtechniken beherrschen, braucht es Gene *und* Sozialisation.

Bringen wir das Problem auf den Punkt: Gibt es Gene, die uns zum Menschen machen? Die Frage klingt simpel, die Antwort ist es nicht. Da wäre zunächst die Schwierigkeit, genetische und phänotypische Unterschiede zu korrelieren. Die phänotypischen Unterschiede zwischen Menschen und Schimpansen sind viel größer als beispielsweise die zwischen den Mäusespezies *Mus musculus* und *Mus spretus*. Die genetischen Abstände sind aber vergleichbar, wenn wir nur Buchstaben zählen. Hunderassen haben sehr unterschiedliche Phänotypen, dabei ist die Variation auf der Ebene der DNA-Sequenz zwischen den Rassen mit nur 0,15 % ziemlich gering. Wenn wir etwas aus den vorangegangenen beiden Kapiteln gelernt haben sollten, dann dies: Einfache, lineare Korrelationen zwischen genotypischen und phänotypischen Veränderungen sind eine Ausnahme.

Gerade weil sich die Genome von Schimpanse und Mensch so ähnlich sind, ist der Blick auf die wenigen Unterschiede vielleicht umso aufschlussreicher.[16] 1,3 % klingt nach nicht allzu viel; bei drei Milliarden Buchstaben handelt es sich aber immerhin um etwa 40 Millionen Punktmutationen.[17] Dazu kommen komplexere Veränderungen, die dazu führen, dass ganze Gene verstümmelt werden oder verloren gehen. So wurden beim Schimpansen 17 Gene vollkommen zerstört und 36 Gene teilweise verstümmelt, die im Menschen noch ihren Dienst tun.[18] Die potentiell bedeutsamen Veränderungen müssen also näher eingegrenzt werden. Die meisten Mutationen, die in einem Genom über Generationen akkumulieren, sind neutral, Produkte zielloser genetischer Drift. Nur ein kleinerer Teil der Varianz besteht aus adaptiven Mutationen.[19] Ein Teil der Unterschiede zwischen den Arten wird zudem durch das »genetische Rauschen« der Polymorphismen innerhalb einer Art überlagert.

Allerdings ist die genetische Distanz zwischen Menschen und Schimpansen etwa zehnmal so groß wie die Unterschiede innerhalb des Menschengeschlechts. Auch wenn durch den Ausschluss irrelevanter Veränderungen die Schlinge um die potentiellen Kandidatengene enger wird, bleibt nichts übrig, als den Blick auf die *biologischen Funktionen* verdächtiger Gene zu lenken. Viele Unterschiede zwischen Menschen und Schimpansen betreffen Gene, die mit der Ernährung oder dem Immunsystem und nichts unmittelbar mit dem Gehirn zu tun haben. Das ist kein Wunder. Sowohl der Erfolg bei der

Nahrungsbeschaffung wie auch die Fähigkeit, Parasiten abzuwehren, unterliegen einem erheblichen Selektionsdruck. Wir suchen aber Gene, von denen bekannt ist, dass sie direkt in die Funktionen des Gehirns eingreifen. Dadurch wird die Liste der Verdächtigen kürzer.

Ende der 1980er Jahre erregte eine Londoner Familie die Aufmerksamkeit zahlreicher Psychologen, Kinderärzte, Neurologen und Genetiker. Etwa die Hälfte der 30 lebenden Familienmitglieder hatte erhebliche Schwierigkeiten mit Grammatik, Satzbau, Wortschatz und der Artikulation von Sprache. Am ärgsten betroffen war die Großmutter. Ihre Sprachprobleme waren so gravierend, dass selbst ihr Ehemann sie nur mit großer Mühe verstehen konnte. Alle drei Töchter, einer ihrer beiden Söhne und zehn von 24 Enkelkindern hatten ähnliche Symptome. Das Verteilungsmuster über die Generationen legte nahe, es handele sich um eine Krankheit, die nach den Mendelschen Regeln[20] vererbt wird. Im Jahr 1998 gelang es dem Genetiker Anthony Monaco (*1959), die kritische Mutation auf dem *Chromosom 7* zu finden. Betroffen war ein Gen namens *Forkhead-Box-Protein P2* (kurz *FOXP2*). Die seltene Erbkrankheit wird inzwischen als *verbale Entwicklungsdyspraxie*[21] bezeichnet. Das *FOXP2-Gen* codiert für ein zelluläres Multitalent, für einen *Transkriptionsfaktor*, der die Abschrift von bis zu 1000 verschiedenen anderen Genen ankurbelt. Ein Teil seiner Zielgene ist noch immer nicht bekannt. Der Defekt im FOXP2-Gen ist ein typisches Beispiel für eine kleine Ursache mit großer Wirkung. Inzwischen haben die Neurobiologen einiges über die Konsequenzen eines Ausfalls von *FOXP2* gelernt. Wirklich interessant wurde die Story, als der Vergleich mit dem Schimpansengenom zeigte, dass ausgerechnet im *FOXP2-Gen*, das in der Entwicklungsgeschichte bisher sehr gut konserviert worden war, in der Abstammungslinie zum *Homo sapiens* zwei charakteristische neue Mutationen auftreten, die bei Schimpansen nicht vorhanden sind.

Wir wissen inzwischen in groben Zügen, wofür *FOXP2* zuständig ist. Das *Protein* wird bereits im Embryo exprimiert und ist an der Entwicklung einer ganzen Reihe von Organen beteiligt. Im Gehirn ist es vor allem in den Bereichen aktiv, aus denen sich später der *präfrontale Cortex*, die Hirnregion hinter der Stirn, das Kleinhirn (*Cerebellum*), der *Thalamus* und die *Basalganglien* entwickeln. Letztere beide sind Ansammlungen von Nervenzellen, die tief unter der Hirnrinde im Inneren des Gehirns zu finden sind. Das Kleinhirn und die Basalganglien spielen beim Erlernen komplexer motorischer Fähigkeiten eine wichtige Rolle. Und Sprechen gehört schließlich zu den motorisch anspruchsvollsten Tätigkeiten, die Menschen im Lauf ihrer Entwicklung zu lernen haben.[22]

Im *präfrontalen Cortex* sitzt ein Zelltyp, der zu den großen Kommunikatoren unter den Nervenzellen gehört. Diese sogenannten *Pyramidenzellen* sind wie riesige Bäume, ausgestattet mit einem Stamm (dem *Axon*) und einer Vielzahl von Ästen mit unzähligen Verzweigungen (*Dendriten*). Die Pyramidenzellen von Menschen mit intaktem *FOXP2* pflegen oft mehr als 15 000 Kontakte zu anderen Nervenzellen. Das Besondere an diesen begnadeten Netzwerkern ist ihre Beziehung in die Ferne, zu Zellen, die weit über den menschlichen Cortex verteilt sind. Dieser hohe Grad an Vernetzung zwischen verschiedenen Hirnarealen ist ein besonderes Kennzeichen menschlicher Gehirne.

Interessanterweise ist nicht nur bei Menschen mit Defekten im *FOXP2*-Gen der Grad der Konnektivität deutlich geringer. Auch bei unseren haarigen Vettern sind die Zellen im präfrontalen Cortex längst nicht so verzweigt wie bei Menschen. Die Mutation, die unser FOXP2-Gen von dem anderer Affen unterscheidet, sitzt gar nicht im Gen selbst, sondern davor, in einem Schalter, der das Gen an- oder ausschaltet.[23] Deshalb ist das Gen im Gegensatz zu anderen Affen auch in einer Hirnregion aktiv, die Area X genannt wird und für die Sprachproduktion zuständig ist.

FOXP2 ist aber weit mehr als ein »Sprachgen«. Auch bei Säugetieren, denen die menschliche Sprache denkbar fremd ist, spielt *FOXP2* eine wichtige Rolle. Schon die starke Konservierung der Sequenz im Verlauf der Evolution ist ein Indiz für seine Bedeutung. Will man mehr wissen, so kann man sogenannte *FOXP2-Knock-out-Mäuse* herstellen. Werden bei Mäuseembryonen beide Kopien des Gens zerstört, führt dies zu schwerwiegenden Störungen der Motorik, einem Ausbleiben der Verständigung mittels Ultraschalles und schließlich zu vorzeitigem Tod. Pflanzt man den Mäusen dagegen die menschliche Variante des Gens ein, so beobachtet man einen deutlich höheren Vernetzungsgrad zwischen ihren Pyramidenzellen, der einhergeht mit einer verbesserten Lernfähigkeit im Vergleich zur Durchschnittsmaus. Allerdings wird sich auch diese Supermaus nie über das Wetter unterhalten oder ein gutes Buch zur Hand nehmen.

Die FOXP2-Geschichte zeigt zumindest, wie einfache, punktuelle Veränderungen auf der Ebene der Gene ausgesprochen komplexe Auswirkungen auf vielen nachgeordneten Ebenen haben können.[24] Insbesondere Paläogenetiker waren elektrisiert vom *FOXP2-Gen*. Mithilfe raffinierter mathematischer

Modelle berechneten sie, dass die heute verbreitete menschliche Variante des Gens zwischen 100 000 und 200 000 Jahre alt ist.[25] In diesen Zeitraum fällt auch das Leben der sagenumwobenen »Eva der *Mitochondrien*«, der Frau, von der die mitochondriale DNA[26] der gesamten heute lebenden Menschheit abstammt.[27] Eine verlockende Duplizität der Ereignisse. Sollte die Mutation im FOXP2-Gen etwa den Geburtstag des modernen Menschen markieren, weil sie den glücklichen Mutationsträgern ein neues Kommunikationsinstrument mit unschätzbaren Vorteilen verschafft hat?

Aber schon 200 000 Jahre früher, vor etwa 400 000 Jahren, begannen die Entwicklungslinien zum *Homo sapiens* und zum *Homo neandertalensis* auseinanderzulaufen. Lange Zeit koexistierten beide Hominiden nebeneinander, bis der Neandertaler vor etwa 30 000 Jahren ausstarb. Manche Paläoontologen und Anthropologen schlossen daraus, der Neandertaler habe nicht über eine dem heutigen Menschen vergleichbare Befähigung zur Sprache verfügt. Sie vertraten die Meinung, die schnelle Verbreitung des für den Spracherwerb so elementaren *FOXP2-Gens* spreche dafür, dass die Sprache eine treibende Kraft für die Ausbreitung des modernen Menschen und die Verdrängung des Neandertalers war.

Fast zu schön, um wahr zu sein.[28] Aber die Entwicklung der Sprache lässt sich nicht auf eine einzige Genmutation reduzieren. Umgekehrt geht die Bedeutung des *FOXP2-Gens* weit über seine Rolle als genetische Komponente der Sprachkompetenz hinaus.[29] Aus Fossilienfunden wissen wir, dass das Volumen des Gehirns nach der Aufspaltung der Entwicklungslinie von Mensch und Schimpanse vor über 4,5 Millionen Jahren stetig, aber zunächst relativ langsam zugenommen hat. Vor etwa 1,5 Millionen Jahren nahm das Hirnwachstum dann deutlich an Fahrt auf. Im Laufe der folgenden Million Jahre hat sich das Hirnvolumen noch einmal mehr als verdoppelt. Hinter einem solchen Megatrend über viele hunderttausend Jahre steckt sicher mehr als eine einzige kritische Genmutation.

Neben dem FOXP2 gibt es weitere interessante Unterschiede zwischen dem Menschen- und Schimpansengenom, zum Beispiel im *ASP-Gen*[30] und in einem Gen mit dem vielsagenden Namen *Microcephalin*.[31] Beide Gene sind notwendig für die ungestörte Entwicklung des embryonalen Großhirns. Sie sind auch für die Größe der reifen humanen Großhirnrinde verantwortlich. Weitere, im Vergleich zum Schimpansen, abweichende Gene wie das *AHI1-Gen*[32] steuern die Aussprossung ihrer Nervenzellfortsätze bei einer ganzen Reihe unterschiedlicher Neuronentypen.

Die nicht-proteincodierenden Regionen des Genoms wurden aus prinzipiellen Überlegungen und aufgrund methodischer Probleme lange Zeit links liegen gelassen.[33] Das änderte sich, als Katherine Pollard im Jahr 2006 eine Strategie entwickelte, nach selektionsbedingten, nicht-zufälligen Genveränderungen zu fahnden, ohne dabei zwischen codierenden und nicht-codierenden Regionen explizit unterscheiden zu müssen. Durch den Vergleich der Genome verschiedener Säugerspezies konnte sie 34498 Genabschnitte identifizieren, die über die Evolution hinweg auffällig gut konserviert waren. Eine solche Form genetischer Stabilität ist ein starkes Indiz für die biologische Relevanz des entsprechenden Genomabschnitts – unabhängig davon, ob die Regionen in codierenden oder nicht-proteincodierenden Abschnitten liegen. In diesen hoch konservierten Regionen entdeckte Pollard 49 Bereiche, die sich zwischen Schimpansen und Menschen stark unterscheiden, während sie innerhalb der anderen Säugerspezies weitgehend identisch sind.[34] Diese Abschnitte tauften die Genetiker folgerichtig *HAR* für *human accelerated regions*. Die Hitliste der Unstetigkeit wird angeführt von einem Genomabschnitt namens *HAR1*, einer bisher wenig untersuchten Region auf der letzten Bande des langen Armes von Chromosom 20. Dort finden sich auf einer Strecke von nur 118 Nukleotiden nicht weniger als 18 Punktmutationen zwischen Mensch und Schimpanse, während in den 100 Millionen Jahren zuvor nur zwei Nukleotide verändert wurden. In dieser Region sind zwei überlappende Gene lokalisiert, *HAR1F* und *HAR1R*, die durch alternatives Spleißen[35] der Transkripte dieses Genomabschnitts entstehen.[36] Vor allem *HAR1F* scheint bei der Entwicklung des Gehirns eine nicht unbedeutende Rolle zu spielen. Das Gen ist in der Großhirnrinde des Embryos zwischen der siebten und der 19. Schwangerschaftswoche sehr aktiv, einer kritischen Periode, in der viele Neuronen zu ihrem Bestimmungsort wandern und dort auf ihr weiteres zelluläres Schicksal festgelegt werden. Die *HAR1F-RNA* wird vor allem in sogenannten *Cajal-Retzius*-Neuronen exprimiert. Diese Zellen sind so etwas wie die Architekten der typischen sechsschichtigen Struktur, die die menschliche Großhirnrinde auszeichnet. Im Duo mit einem Protein namens *Reelin* scheint *HAR1F* eine Art von Matrix der sechs Stockwerke der sich entwickelnden Hirnrinde zu liefern, die den Neuronen hilft, ihren angestammten Platz zu finden. David Haussler (*1953), Direktor des Zentrums für Biomolekularwissenschaften der Universität von Kalifornien, spekulierte, genau diese Mutationen könnten für die erstaunliche Größenzunahme der Hominidengehirne in den vergangenen drei bis vier Millionen Jahren verantwortlich sein.[37]

Bisher ist der Befund kaum mehr als eine auffällige Koinzidenz. Wir wissen nicht, was die Mutationen für phänotypische Konsequenzen haben. Vielleicht werden auch die anderen 48 *human accelerated regions* noch die eine oder andere Überraschung bereithalten. Auch über die Ursachen der plötzlichen Hypermutabilität dieser bisher gut konservierten Regionen kann momentan nur spekuliert werden. David Haussler mutmaßt, der enorme Veränderungsdruck, der dadurch entstand, dass sich die Hominiden aufrichteten und begannen, auf zwei Beinen zu gehen, könnte für die rapide Evolution in solchen Regionen verantwortlich sein. Ein weiterer Unterschied zwischen Menschen- und Schimpansengenom findet sich in einem Gen namens GADD45G. Krebsmedizinern ist dieses Gen schon seit längerem aufgefallen, denn es handelt sich hier um ein sogenanntes Tumor-Suppressor-Gen. Tumor-Suppressor-Gene produzieren molekulare Bremsen, die die Zellteilung begrenzen und dafür sorgen, dass die Bäume der betreffenden Zellfamilie nicht in den Himmel wachsen. Ähnlich wie FOXP2 codiert GADD45G für einen Transkriptionsfaktor, also auch für einen dieser molekularen Manager, die die Aktivität anderer Gene dirigieren. Gerade Veränderungen solcher »Manager-Gene«[38] können massive Konsequenzen haben, da viele andere Gene von ihnen abhängen. Die winzigen Veränderungen in GADD45G könnten bei unseren Vorfahren zelluläre Bremsen gelockert haben, die der Vermehrung von Nervenzellen bei den anderen Menschenaffen einen Riegel vorschieben.[39]

Diese Erkenntnisse sind inzwischen knapp zehn Jahre alt. Der Vergleich von Schimpansen- und Menschengenom lag nahe, weil es sich beim Schimpansen um unseren nächsten noch lebenden Verwandten handelt. Auch zehn Jahre nach der Entschlüsselung des Schimpansengenoms sind wir jedoch noch weit davon entfernt, die entscheidenden genetischen Weichenstellungen auf dem Weg vom Affenhirn zum Menschenhirn rekonstruieren zu können.

Suchen wir vielleicht an der falschen Stelle, wenn wir Mensch und Schimpanse vergleichen – ähnlich wie bei dem Witz von dem Mann, der unter einer Straßenlaterne nach seinem verlorenen Schlüssel fahndet, weil dort Licht ist, obwohl er ihn zwei Häuserblocks weiter hinten im Dunklen verloren hat?

Für die Evolution sind sechs Millionen Jahre kaum mehr als ein Augenzwinkern. Für einen Kulturgeschichtler sind sechs Millionen Jahre eine Ewigkeit. Gemessen an der kulturellen Entwicklung der vergangenen 50 000 Jahre waren die augenfälligen »phänotypischen« Unterschiede zwischen den »Kulturen« der vielen Hominidenvorläufer, angefangen von den Australopithecus-Varianten über den Homo erectus und Homo habilis, bemerkenswert gering. Über hunderttausende von Jahren war der wichtigste sichtbare kulturelle Fortschritt die schrittweise Perfektionierung von Faustkeilen. Mehrmals auf diesem Weg wäre die Gattung *Homo* fast ausgestorben.

Vor 50 000 Jahren ging es dann Schlag auf Schlag. Vor 40 000 Jahren wurden die Kunst und vermutlich auch die ersten Proto-Religionen »erfunden«, vor 12 000 Jahren die Landwirtschaft, dann Städte, das Rad, die Schrift, Segelschiffe, Buchdruck, Medizin, Dampfschiffe, Elektrizität, Raketen, Computer ... Erst der *Homo sapiens* setzte diese Dynamik in Gang. Obwohl Neandertaler größer und kräftiger waren, obwohl ihre Gehirne etwas mehr Volumen hatten als die unsrigen, starben sie vor etwa 30 000 Jahren sang- und klanglos aus. Die Evolution des Hominidengehirns war sicher ein mehrschrittiger genetischer Prozess. Waren es vielleicht erst die allerjüngsten Genmutationen, die das Fass zum Überlaufen brachten? Sollten wir besser Mensch und Neandertaler vergleichen, wenn wir nach Genen suchen, die das Menschenhirn zur Wiege der Kultur machten?

Noch vor 30 Jahren wäre ein solches Projekt als *Science-Fiction* abgetan worden. Im Jahr 1997 gelang es jedoch einem Team um den Paläogenetiker Svante Pääbo (*1955), aus einem Stückchen Neandertalerknochen *mitochondriale DNA* zu isolieren, zu vervielfältigen und schließlich zu lesen. Plötzlich öffnete sich ein ganz neues, ein genetisches Fenster in die jüngere Urzeit.[40] 13 Jahre später lag die vollständige Sequenz des Neandertalergenoms vor. Mittlerweile haben Pääbo und seine Mitstreiter[41] einen ganzen Katalog von Veränderungen erarbeitet, der die Mutationen auflistet, die uns von unserem engsten Verwandten, dem Neandertaler, unterscheiden. Gemessen an der schieren Masse der über 3,2 Milliarden Basenpaare sind die quantitativen Unterschiede marginal. Um es mit Pääbos Worten zu sagen: »Das genetische Rezept für die Herstellung des modernen Menschen ist nicht sehr lang.[42] [...] Dieser Katalog enthält 31389 Einzelnucleotid-Veränderungen sowie 125 Insertionen und Deletionen von wenigen Nucleotiden. Davon führen [nur] 96 zur Veränderung an Aminosäuren in Proteinen und vielleicht 3000 betreffen Sequenzen, die das An- und Abschalten von Genen steuern.«[43]

Bezogen auf das Gehirn sind die Unterschiede noch dezenter. In diesem Zusammenhang erhielt auch der Hype um das *FOXP2-Gen* einen Dämpfer: Die relevanten proteincodierenden Sequenzen des *FOXP2*-Gens von Neandertaler und modernem Menschen sind identisch. Entweder ist also *FOXP2* in seiner humanen Variante nur eines von mehreren Puzzlestückchen, die erst in ihrer Gesamtheit die Grundlage einer sehr komplexen menschlichen Befähigung zur Sprache bilden. Oder die menschliche Sprache ist ihrerseits nur ein Teilaspekt einer allgemeineren kognitiven Disposition, die erst beim Homo sapiens so erblüht ist, dass sie zur erblichen Grundlage der Kultur wurde. Oder Homo sapiens und Neandertaler weisen in Hinblick auf ihre sprachlichen Fähigkeiten gar keine großen Unterschiede auf.

Und noch eine Überraschung hielt das Neandertalergenom bereit: Folgt man der in der klassischen Evolutionstheorie oft benutzten Definition der Art als einer Gruppe von Individuen, die untereinander fruchtbare Nachkommen zeugen, dann sind Mensch und Neandertaler noch nicht einmal zwei verschiedene Arten. Das *Neandertal Genome Analysis Konsortium* konnte nachweisen, dass es in einem Zeitraum vor etwa 90 000 bis 40 000 Jahren zur Vermischung der Arten kam. Jeder von uns trägt im Durchschnitt etwa 2 % Neandertaler-DNA mit sich herum; Europäer und Asiaten etwas mehr als Afrikaner.[44] Genetisch sind sich *Homo sapiens* und *Homo neandertalensis* also ausgesprochen ähnlich. Diese Ähnlichkeit wirkt allerdings auch wie ein Vergrößerungsglas, das die wenigen verbliebenen Unterschiede in den Fokus rückt. So verlockend der Gedanke ist, dort die genetischen Wurzeln der menschlichen Zivilisation zu verorten, die Fokussierung auf diese wenigen Gene und auf ein schmales Zeitfenster in der Hominidenentwicklung wird in die Irre führen, wenn sie mit einer zu naiven Vorstellung von der Beziehung zwischen Genotyp und Phänotyp verpaart ist. Über den Erfolg oder Misserfolg einer bestimmten Genvariante entscheidet meist der Kontext. Dazu gehören nicht nur die aktuellen Lebensbedingungen, sondern auch der innere genetische Kontext, in den eine Mutation hineinplatzt. Der Beitrag einer einzelnen Genvariante zum »Erfolg« ist oft nicht durch eine Rechenoperation abzubilden, die A + B + C nur zusammenzählt. Insofern ist auch das Bild vom Tropfen schief, der das Wasserfass zum Überlaufen bringt. Wir sollten uns an dieser Stelle vom Wasserfass verabschieden und das menschliche Genom eher mit Miraculix' berühmtem Zaubertrank vergleichen, einem Trank, der seine frappierende Wirkung erst in der richtigen Kombination *aller* Ingredienzen entfaltet. Erst die letzte Zutat macht den Phasenübergang von Suppe zum Wundermittel aus. Halbe Zaubertränke gibt es nicht!

Der zweite Trugschluss beruht nicht auf einer schiefen Metapher, sondern eher auf einem unzulässigen Kurzschluss. Denn es stellt sich die Frage, ob die Gene überhaupt eine relevante Bezugsebene sind, wenn nach Erklärungen für augenfällige Unterschiede zwischen den Kulturen von Neandertaler und modernem Menschen gesucht wird. Selbst wenn Menschen Bücher lesen und Flugzeuge bauen und Neandertaler nicht, muss *diese* Diskrepanz[45] nicht unmittelbar auf genetische Ursachen zurückzuführen sein. Auch die Tatsache, dass die *Homo-sapiens*-Population bald die Acht-Milliarden-Grenze reißt, während der Neandertaler ausgestorben ist, muss keine direkte genetische Ursache haben. Das zeigt der Blick auf die Mannigfaltigkeit menschlicher Kulturen. Auch heute, im Informations- und Atomzeitalter, existieren noch archaische Jäger- und Sammlerkulturen, deren Leben dem der Neandertaler ähnlicher ist als unsere Lebensrealität. Diese »Gleichzeitigkeit des Ungleichzeitigen« hat keine biologischen Ursachen. Alle Versuche, ein Schimpansenkind zum Quasi-Menschlein zu sozialisieren, waren zum Scheitern verurteilt. Ein Kind der wenigen noch heute existierenden Jäger- und Sammlerkulturen, das direkt nach der Geburt seiner angestammten Umgebung entrissen und als Adoptivkind in einer deutschen Mittelklassefamilie erzogen werden würde, entwickelte sich vermutlich ohne Weiteres zu einem modernen Mitteleuropäer. Wie sich ein Neandertalerbaby bei einem solchen »Experiment« schlagen würde, wissen wir nicht. Wir müssen uns an den Gedanken gewöhnen, dass irgendwann auf dem Weg zur modernen Menschheit ein Punkt erreicht wurde, vom dem an die biologische Evolution der Gene an Bedeutung verlor und die Evolution der Kultur die Zügel in die Hand nahm.

Das menschliche Gehirn muss in diesem Zusammenhang als Möglichkeitsraum betrachtet werden, als ein Labor, das mit einer bestimmten Hardware ausgestattet wurde, in dem aber (auch) andere Faktoren darüber entscheiden, welche Experimente im Rahmen seiner Möglichkeiten verwirklicht werden. Folgt man einer These des Genetikers Pääbo, liefert ausgerechnet die lange Geschichte der Koexistenz von Menschen und Neandertaler ein Indiz dafür, die Morgenröte des kulturellen Primats könnte sich schon vor über 50 000 Jahren angekündigt haben. Aus Fossilienfunden konnte rekonstruiert werden, dass *Homo sapiens* und Neandertaler in der Gegend des heutigen Israel und des südlichen Libanon fast 50 000 Jahre lang mehr oder weniger friedlich nebeneinander her lebten, ohne dass es zu einer wesentlichen Verschiebung der Kräfteverhältnisse gekommen wäre. Vor 50 000 Jahren änderte sich plötzlich alles. In das Gebiet wanderte eine weitere Gruppe *Homo sapiens* ein. Diese Menschen repräsentierten die Auswanderungswelle aus Afrika, die zunächst den Nahen Osten besiedelten und sich schließlich über die ganze Welt ausbreiteten. Diese »Verdrängungshorde«[46] unterschied sich von den bis dahin in der Gegend siedelnden Menschen durch eine verfeinerte Werkzeugkultur, die bei den Archäologen als *Aurignacien* bekannt ist. Unter den vielen neuartigen und raffinierten Werkzeugen, die in *Aurignacien*-Fundstätten ausgegraben wurden, finden sich auch Speer- und Pfeilspitzen, die ersten menschengemachten Distanzwaffen.[47] Das ist zwar pure Spekulation, aber vielleicht war es in diesem Fall die *kulturelle* Überlegenheit dieser neuen *Homo-sapiens*-Gruppe, die das seit tausenden von Jahren existierende Gleichgewicht zwischen angestammter Homo-sapiens-Population und der Neandertalerbevölkerung zuungunsten der Neandertaler kippte.

Das ist nicht das Ende von der Geschichte der Gene, die die Unterschiede zwischen Menschenhirnen und Menschenaffenhirnen begründen. Es ist eher das Ende des Anfangs. Den entschlüsselten Genomen der Schimpansen und Neandertaler geht es nicht anders wie dem umjubelten *Human Genome Project*. Die genetischen Texte sind nichts als das Ausgangsmaterial, das uns befähigt, weitreichendere und tiefgründigere Fragen zu stellen.[48] Was bisher weitgehend fehlt, sind Vergleiche auf der nächsten Ebene der Boten-RNA und der Proteine. Noch interessanter als die Frage, worauf die Fähigkeiten des Menschenhirns (genetisch) beruhen, ist das Problem, wie sie (funktionell) zustande kommen und wie sie gestrickt sind. Vielleicht finden sich auf der nächsthöheren Organisationsebene des Gehirns ein paar Antworten?

DIE ZELLEN DES GEHIRNS

Für all die Wissenschaftler, die sich im 19. Jahrhundert über ihr Mikroskop beugten, um in die Welt der Zellen vorzudringen, war das Gehirn ein Alptraum. Während andere Organe eine einigermaßen übersichtliche Gewebearchitektur haben, schien im Hirn das blanke Chaos zu regieren. Die frühen Hirnforscher sahen buchstäblich den Wald vor lauter Bäumen nicht. Dank eines Geniestreichs des Italieners Camillo Golgi (1843–1926) gelang es, diesen Gordischen Knoten durchzuschlagen. Golgi experimentierte mit unterschiedlichen Färbetechniken und entwickelte schließlich eine Silbernitratlösung, die nur einen kleinen Teil der im Gewebe vorhandenen Nervenzellen (Neuronen) selektiv anfärbte. Durch diese später sogenannte *Golgi-Färbung* traten einzelne Nervenzellen aus dem Nebel ins Licht. Die Blicke auf diese Zellen müssen für Histologen ähnlich faszinierend gewesen sein wie die erste Konfrontation von Meeresforschern mit den bizarren Wesen der Tiefsee. Das Panoptikum der Neuronen unterscheidet sich deutlich von allen anderen bekannten Zellen. Ein Zeitgenosse Golgis, der Spanier Santiago Ramón y Cajal (1852–1934), wurde zum profiliertesten Kartographen dieser neuen Welt. Cajal suchte das System hinter dem amorphen Pudding. Im Gegensatz zu Golgi sah er das Gehirn nicht als kontinuierlichen Faserfilz, sondern als ein Konstrukt aus Milliarden einzelner und eigenständiger Zellen, die auf eine bisher noch unbekannte Weise miteinander vernetzt sind. Mit Akribie machte Cajal sich daran, die Protagonisten dieses Systems zu identifizieren und in unzähligen Zeichnungen festzuhalten. Da gab es Zellen, die wie Kraken anmuten, andere erinnern eher an gewaltige Bäume. Manche Zellen sehen aus wie Spindeln mit zwei langen Fasern an den gegenüberliegenden Polen, wieder andere erinnern an Sterne oder Polypen.[1] Eines haben alle gemein: Im Zentrum jeder dieser Zellen sitzt ein Zellkörper, der sich hinsichtlich Größe und Funktion nicht wesentlich von dem anderer Zellen unterscheidet.[2] Aus diesen Zellkörpern ragen jedoch, anders als bei anderen Zellen, lange, faserartige Fortsätze, die *Neuriten*, hervor. Betrachten wir das Größenverhältnis von Zellkörper und der Länge mancher Fortsätze, ist das Bild vom Baum etwas irreführend. Der Durchmesser des Zellkörpers von Neuronen beträgt knapp ein hundertstel Millimeter. Die ungleich zarteren Neuriten[3] können bei manchen Neuronen aber bis zu einem Meter lang werden.[4] Übertragen auf den Maßstab eines Eisenbahnzuges, entspräche das Verhältnis von Länge zu Durchmesser einem Zug, der von Kairo bis Kapstadt reicht.

Diese Fortsätze waren es, die Cajal davon überzeugten, Neuronen müssten etwas Besonderes sein.[5] Obwohl Cajal damals nicht ahnen konnte, was in ihrem Innern vor sich geht, schlug er vor, ein Neuron, inklusive seiner Neuriten, sollte eine eigenständige Zelle darstellen, die mit anderen Neuronen ein Kommunikationsnetzwerk knüpfen kann. Er postulierte spezielle »Verbindungen«, über die sich Nervenzellen untereinander austauschen. Diese Hypothese wurde zur Grundlage der *Neuronenlehre*, die der Nervenzelle die Rolle des kleinsten handelnden Akteurs im Nervensystem zuerkennt.[6] Was bei anderen Organen Ende des 19. Jahrhunderts längst *common sense* war, galt nicht für das Gehirn. Ausgerechnet Cajals kongenialer Mitstreiter Camillo Golgi sah die Sache ganz anders. Er betrachtete das Nervengewebe als ein zusammenhängendes Geflecht, vergleichbar mit einem Netz von Kanälen. Einer gewissen Ironie entbehrt es daher nicht, dass sich die Kontrahenten im Jahr 1906 den Nobelpreis teilen mussten. Bei der Verleihung kam es zum *Showdown*. Golgi verfocht seine »Netzwerktheorie«, Cajal konterte mit der »Neuronentheorie«.

Bald danach neigte sich die Waagschale allerdings zugunsten des Spaniers. Daran hatte insbesondere der britische Neurophysiologe Sir Charles Scott Sherrington (1857–1952) erheblichen Anteil. Cajal sollte Recht behalten: Die funktionelle Grundeinheit des Nervensystems ist die einzelne Zelle. Der Blick durch das Elektronenmikroskop bestätigte die Neuronentheorie knapp 50 Jahre später. Er zeigte aber noch etwas anderes: Er zeigte, dass die Äste des *Neuriten*-Baumes nicht kahl sind. Neuronen erinnern an Bäume im März. Ihre Äste tragen Knospen.

Wie Cajal war Sherrington von Anfang an der festen Überzeugung, das Gehirn sei aus eigenständigen Zellen aufgebaut und diese Zellen »redeten« auf irgendeine besondere Art und Weise miteinander. Golgis Bild vom Netzwerk war nicht vollkommen falsch. Ohne das Kommunikationsprinzip lässt sich ein Gehirn nicht verstehen. Nur dürfen wir uns das Netzwerk nicht als ein kontinuierliches System kommunizierender Röhren oder Kabel vorstellen, das Botschaften durchreicht wie eine Kette fallender Dominosteine. Wir müssen es eher als einen Zusammenschluss von Akteuren verstehen, die Signale aufnehmen und weitergeben, sie unter Umständen aber auch modifizieren, verstärken, abschwächen, gar zurückhalten oder neue Signale erzeugen.

Sherringtons Leistung bestand darin, sich mit vergleichsweise simplen und gut zugänglichen Komponenten des peripheren Nervensystems beschäftigt, daraus aber viele grundlegende Schlüsse über die Konstruktion des Gehirns insgesamt gezogen zu haben.[7] Jeder kennt den Kniesehnenreflex, der ausgelöst wird, wenn der Neurologe mit seinem Hämmerchen auf die Sehne unterhalb der Kniescheibe schlägt. Solche Reflexe dienten Sherrington als Modell, die Beziehungen zwischen Reiz und Reaktion zu erforschen. Selbst dieser einfache Reflex ist nicht so invariant, wie vielleicht zu erwarten gewesen wäre. Zwischen der Stärke des Reizes und der Reaktion besteht kein direkter Zusammenhang. Sherrington beobachtete außerdem Schwellenphänomene. Sehr schwache Reize liegen offenbar unterhalb der Schwelle und bleiben ohne Antwort. Nach oben hinaus tritt dagegen eine Art von Sättigung auf. Immer heftigeres Klopfen verursacht ab einem bestimmten Punkt keine heftigeren Kontraktionen mehr. Bei häufiger Wiederholung wird die Reizantwort außerdem schwächer. Neben Erschöpfbarkeit und dem Schwellenphänomen sind bei manchen Reflexen auch Summationseffekte zu beobachten. Und dann ist die Beziehung zwischen Reiz und Antwort keineswegs unabhängig vom inneren Zustand des Körpers. Besonders interessant ist die Beobachtung, dass sich Reflexe durch chemische Substanzen wie bestimmte Medikamente verstärken, aber auch unterbinden lassen.

Latenz, Erschöpfbarkeit, Summationseffekte und Schwellenphänomene, die Abhängigkeit von inneren Zuständen und die Beeinflussbarkeit durch Pharmaka, das waren die Zutaten, die Sherrington nutzte, um eine erste Skizze vom Innenleben des Nervensystems zu entwerfen, eine Skizze, die im Grundsatz noch heute Bestand hat: Umweltreize werden durch spezifische Rezeptoren aufgenommen und in eine Art universelle Sprache übersetzt. Diese Botschaft wird über eine Kette von Neuronen weitergeleitet und das System schließlich zu einer spezifischen Reaktion veranlasst. Demnach muss es also Schnittstellen zwischen den Nervenzellen geben, die Informationen übermitteln. Diese Signalübertragung muss physikalisch-chemischer Natur, gleichzeitig aber auch sehr schnell sein. Für die Schnittstellen prägte Charles Scott Sherrington schon im Jahr 1897[8] den Begriff *Synapse*, ohne zu wissen, was sich dahinter verbarg.[9] Aus seinen Beobachtungen extrahierte er aber einige Schlussfolgerungen über allgemeine Eigenschaften der postulierten *Synapse*. *Synapsen* waren seiner Meinung nach Einbahnstraßen. Sie geben den Botschaften im Nervensystem eine Richtung. Die Informationsübertragung an der *Synapse* ist der geschwindigkeitsbestimmende Schritt der Informationsverarbeitung. Die Übertragung an der Synapse ist offensichtlich anderer Natur als die Fortleitung in den Nervenzellfortsätzen. Phänomene wie Erschöpfbarkeit, pharmakologische Beeinflussbarkeit und Refraktärzeit[10] brachten Sherrington zu dem Schluss, dort würden chemische Substanzen die Signale übertragen, Substanzen, die an den *Synapsen* ausgeschüttet und anschließend im Neuron wieder aufgefüllt werden mussten.

Inzwischen hat die Neurobiologie viele Hausaufgaben gemacht. Hundert Jahre nach Sherrington wissen wir in groben Zügen wie eine *Synapse* funktioniert. Der Blick durch das Elektronenmikroskop zeigt, dass eine Synapse aus zwei separaten Teilen besteht.

Streng genommen ist sie ein *Joint Venture* zweier Zellen. Dort, wo sie Kontakte knüpfen, bilden die Membranen der Zellfortsätze kleine Auftreibungen, die an die Köpfchen winziger Champignons erinnern. In den Champignons, genauer in der präsynaptischen Auftreibung, finden sich viele kleine Bläschen. Ein schmaler Spalt von etwa 50 Nanometern[11] trennt das Köpfchen von seinem Gegenüber, der postsynaptischen Auftreibung. Der postsynaptische Pilzkopf wirkt etwas eingedellt und enthält keine Bläschen. Dafür ist seine Zellmembran gespickt mit speziellen Rezeptoren. Die Bläschen in der präsynaptischen Auftreibung umfassen kleine Moleküle, die sogenannten *Neurotransmitter*.[12] Wenn eine Botschaft über den synaptischen Spalt hinweg auf die nachgeordnete Zelle übertragen werden soll, verschmelzen die Bläschen mit der präsynaptischen Zellmembran und schütten ihren Inhalt in den schmalen Spalt zwischen beiden Zellen aus. Die *Transmitter* diffundieren zur Membran des postsynaptischen Bläschens, docken dort an Rezeptoren an und lösen – unter Umständen – eine Reaktion im nachgeschalteten Neuron aus. Die Asymmetrie zwischen prä- und postsynaptischer Auftreibung – *Transmitter* auf der einen, Rezeptoren auf der anderen Seite – gibt der Informationsübertragung ihre Richtung. Eine Synapse besteht aus Sender und Empfänger. Die Botschaft wird immer von der präsynaptischen Seite auf die postsynaptische Seite übertragen, nie umgekehrt. *Neurotransmitter* sind relativ kleine chemische Verbindungen, die meisten nicht viel größer als ein Zuckermolekül. Wenn wir die *Transmitter* als das Vokabular bezeichnen, mit dem sich

Neuronen unterhalten, ist das ein wenig großspurig gesprochen. Denn auf dieser Ebene ist die Unterhaltung recht einsilbig. Im Endergebnis besteht die Botschaft aus genau zwei Wörtern – *Ja* oder *Nein*.

Neurobiologen kategorisieren Botenstoffe aufgrund ihrer Wirkung in erregende (*exzitatorische*) oder hemmende (*inhibitorische*) Transmitter. Ein *exzitatorischer* Transmitter verleitet das nachgeschaltete Neuron zur Reaktion, ein *inhibitorischer* Transmitter möchte genau das verhindern. Seltsamerweise nutzt das Gehirn auf dieser chemischen Ebene nicht eine *Lingua franca*, sondern bedient sich verschiedener Sprachen, um Ja oder Nein zu sagen. Wir kennen inzwischen über 100 verschiedene Neurotransmitter, die entweder *inhibitorisch* oder *exzitatorisch* wirken. Jedes Neuron ist allerdings auf einen bestimmten Transmittertyp festgelegt. Neurobiologen bewerten Neuronen daher nach dem verwendeten Transmittermolekül und sprechen von *GABA*-ergenen,[13] *cholin*ergenen oder *glutamin*ergenen Neuronen. Trotz dieser babylonischen Sprachverwirrung werden an Synapsen nur zwei Kategorien von Botschaften übertragen: Sie flüstern entweder »Reagiere!« oder »Reagiere nicht«!

Eigentlich ist Kommunikation mittels chemischer Botenstoffe ein alter Hut. Das Prinzip der chemischen Signalübertragung – Botenstoffe, die an spezifische Rezeptoren andocken – wurde bereits im vorigen Kapitel vorgestellt. Chemische Botenstoffe sind ein bekanntes Prinzip der Kommunikation innerhalb von Zellen, zwischen Zellen und auch zwischen Organsystemen. Die Nervenzellen haben das Rad also nicht neu erfunden, sie haben es aber in zweierlei Hinsicht perfektioniert. Kommunikation im Nervensystem stellt ungleich höhere Anforderungen an zeitliche Auslösung und räumliche Präzision, Anforderungen, die die einfachen, diffusen und langsamen endokrinen oder parakrinen Systeme niemals erfüllen könnten.

Transmitter wirken nur auf aller kürzeste Distanz. Binnen weniger Millisekunden diffundieren sie durch den Spalt und binden sich an ihre Rezeptoren. Nicht nur die räumliche, auch die zeitliche Auflösung sucht ihresgleichen. Der gesamte Prozess von der Ausschüttung der *Transmitter*, der Überbrückung des Spalts, dem Andocken, dem Wiederfreigeben des Rezeptors und dem Recycling der *Transmitter* durch aktive Wiederaufnahme in den präsynaptischen Anteil dauert oft nur Bruchteile von Sekunden. Während dieser Zeit ist die Synapse gesperrt für weitere Signale, sie ist *refraktär*, ein Befund, der sich wunderbar mit Sherringtons Beobachtungen zur Übertragungsgeschwindigkeit von Reflexen deckt.

Das Geschehen an der Synapse erklärt die Übertragung von Botschaften zwischen Neuronen. Wer aber produziert die Botschaften? Wie werden sie innerhalb der Neuronen transportiert? Und was geschieht im postsynaptischen Neuron, nachdem es die Nachricht erhalten hat? Wer nach dem Urheber der Botschaft fahndet, muss zwei Szenarien unterscheiden. Beim Kniesehnenreflex und allen anderen »Wahrnehmungsprozessen«, egal ob Sehen, Hören, Tasten, Riechen oder Schmecken, sitzt der Urheber außerhalb des Körpers. In diesem Fall müssen unterschiedliche Reizqualitäten[14] erst einmal in die universelle Sprache des Nervensystems übersetzt werden. Über diesen Übersetzungsprozess werden wir uns später den Kopf zerbrechen.

Noch sind wir bei einzelnen Nervenzellen. Auch ohne erkennbaren äußeren Anlass zwitschern Milliarden von Neuronen im Gehirn ständig miteinander. Und dieses Gezwitscher ist es, das eine Nervenzelle ausmacht, denn die Neuronen haben zusätzlich zur altbekannten, wenn auch verfeinerten chemischen Kommunikation eine zweite, völlig neue Sprache erfunden. Innerhalb der Nervenzelle, entlang der Fortsätze, sind es *elektrische* Impulse, die Informationen transportieren. In erster Näherung könnte man die Nervenzellfortsätze als eine Art Stromkabel betrachten. Nehmen wir die Pyramidenzelle. Beim Blick auf diese Zellen fällt auf, dass es zwei Typen von Fortsätzen gibt. Wenn der Zellkörper als eine auf der Spitze stehende Pyramide betrachtet wird, entspringt dieser Spitze eine einzelne, etwas dickere Faser, die von den Hirnforschern *Axon* getauft wurde. Jede Nervenzelle verfügt über ein *Axon*, dessen Stamm sich allerdings fern vom Zellkörper verzweigen kann. An der Basis der Pyramide münden dagegen bis zu 50 einzelne, oft ebenfalls verzweigte Äste, die – *nomen est omen – Dendriten*[15] genannt werden. Wie *Synapsen* sind sowohl *Dendriten* als auch *Axone* Einbahnstraßen. *Dendriten* nehmen Informationen von anderen Nervenzellen auf und transportieren sie zum Zellkörper. Dort wird eine Art Gesamtbilanz der eingegangenen Signale gezogen und das Axon gibt das Resümee der verrechneten Impulse dann gegebenenfalls an andere Zellen weiter (oder auch nicht).

Allerdings müssen wir uns an dieser Stelle leider schon wieder von der griffigen Stromkabelmetapher verabschieden. Die *Neuriten* (*Axone* und *Dendriten*) sind keine Drähte, sondern vollständig von der Zellmembran umschlossene, fingerförmige Ausstülpungen der Nervenzellen.[16] Die Zellmembran zieht eine Grenze zwischen zwei unterschiedlichen wässerigen Milieus. Neben großen Molekülen wie Eiweißen, die insbesondere im Zellinnern zu finden sind, schwimmen in dieser Suppe vor allem Salze. Wenn wir Kochsalz in Wasser rühren, lösen sich die Kristalle und es entsteht eine klare Lösung aus positiv geladenen *Natriumionen* (Na^+) und negativ geladenen *Chlorionen* (Cl^-). Diese geladenen Teilchen finden sich in allen Körperflüssigkeiten. Daneben schwimmen in der Suppe noch einige andere positiv oder negativ geladene Ionen. Das prominenteste davon ist *Kalium* (K^+).

Wie im vorherigen Kapitel berichtet, ist eine Zellmembran mehr als eine schlichte Trennwand. Da gibt es wächterbewehrte Tore, die größere Moleküle selektiv hinein- oder herauslassen. Die Membranen sind auch durchsetzt von engen kleinen Löchern, durch die manche der kleineren Moleküle, wie zum Beispiel *Kalium*, einfach hindurchschlüpfen können. Wie bei einer großen Stehparty, bei der sich die Gäste nach anfänglichem Gedränge am Buffet nach und nach auf alle Räumlichkeiten verteilen, würde die Existenz solcher Schlupflöcher eigentlich unweigerlich dazu führen, dass auch im Gehirn innerhalb und außerhalb der Zellen dasselbe gemischte Publikum anzutreffen ist.

Die Membran einer Nervenzelle hat aber zwei Eigenschaften, die zusammengenommen eine Ungleichverteilung zwischen außen und innen herstellen, und zwar sowohl bezüglich der Konzentration der verschiedenen Moleküle und Ionen als auch hinsichtlich der Verteilung der elektrischen Ladungen. In der Membran sitzen Pumpen, die ständig und unter hohem Energieaufwand damit beschäftigt sind, *Kalium* (K^+) in die Zelle hinein und *Natrium* (Na^+) aus der Zelle heraus zu pumpen.[17] Diese Pumpen sorgen für eine asymmetrische Verteilung dieser beiden Kationen.[18] Im Zellinnern findet sich eine hohe Konzentration von *Kaliumionen*, gleichzeitig sind nur wenige *Natriumionen* anzutreffen. Außen ist es umgekehrt.

Da die entsprechenden Anionen den Kationen auf Schritt und Tritt folgen, produziert die Pumpe zunächst nur einen Konzentrationsgradienten, aber noch keine Ungleichverteilung der elektrischen Ladungen. Die Spannungsdifferenz zwischen innen und außen entsteht dadurch, dass die Membranen sehr kleine Schlupflöcher haben, durch die ein Teil der *Kaliumionen*, dem Konzentrationsgefälle folgend, entgegen der Pumprichtung wieder nach draußen schlüpft. Diese Schlupflöcher sind so klein, dass sie nur für Kalium, nicht aber für andere Kationen oder Anionen durchgängig sind.

Daher schwächen die flüchtenden *Kaliumionen* den Konzentrationsgradienten wieder ein Stück weit ab, gleichzeitig steigt dadurch außen die Zahl der positiv geladenen Teilchen an. Der partielle Konzentrationsausgleich der *Kaliumionen* sorgt also dafür, dass an der Membran ein elektrisches Spannungsgefälle zwischen innen und außen entsteht. Wenn die Spannung etwa

70 Megavolt[19] erreicht hat, pendelt sich das System in einem Zustand prekärer Stabilität ein. Konzentrationsgefälle und Spannung verhalten sich in dieser Konstellation wie zwei gleichstarke Wölfe, von denen jeder ein Ende der Beute zwischen den Zähnen hält. Sie ziehen, ohne dass einer die Oberhand gewinnt. Diesen Zustand nennen die Neurophysiologen, etwas unpassend, ein *Ruhemembranpotential.*[20] Denn die Ruhe an der Membran ist trügerisch, in zweierlei Hinsicht: Zum einen kann sie nur unter hohem Energieverbrauch, mithilfe der unzähligen, ständig laufenden Na^+/K^+-Pumpen aufrechterhalten werden.[21] Diese Pumpen verbrauchen so viel Energie, dass das kleine, kaum 1500 g schwere Gehirn fast ein Drittel des Energieverbrauchs des gesamten Körpers dafür beansprucht.[22] Da das Gehirn selbst nicht über größere Vorräte an ATP, Zucker oder Sauerstoff verfügt, bricht das ganze wundervolle System binnen kürzester Zeit zusammen, wenn der Nachschub ausbleibt.[23]

Prekär ist das fragile Gleichgewicht zwischen Konzentrations- und Spannungsgradient aber auch, weil eine Nervenzelle in diesem Zustand einem gespannten Bogen gleicht. Nun sind wir haargenau an der Schnittstelle zwischen chemischer und elektrischer Kommunikation angekommen. Der Impuls, der den Pfeil von der Sehne lässt, kommt (meist) von den *Synapsen.* Wenn genügend *exzitatorische* Neurotransmitter an der postsynaptischen Membran andocken, verformen sich Tunnelproteine, bilden Poren und lassen blitzartig massenhaft *Na^+-Ionen* ins Zellinnere strömen. An den Synapsen gibt es auch andere, ähnlich veranlagte Kontaktstellen, die bei entsprechender Stimulation Kanäle bilden, durch die vermehrt *Kalium* nach außen strömt. Nach nur zehn Millisekunden ist der Spuk vorüber und die Türen schließen sich wieder, als wäre nichts geschehen.

Klopfen nur wenige Transmitter an die Tür, kann die Nervenzelle die Signale ignorieren. Docken aber viele gleichzeitig an oder wird die Zelle parallel von mehreren Synapsen erregt, sinkt das Potential an der Membran unter eine kritische Schwelle und es gibt kein Halten mehr. Andere spannungsabhängige Schleusen[24] öffnen sich, mehr und mehr Natrium strömt in die Zelle und das Ruhemembranpotential bricht an dieser Stelle in sich zusammen. Kurzfristig kommt es sogar zu einer Umkehr der Verhältnisse und das Zellinnere ist im Vergleich zur Umgebung positiv geladen. Die Umkehr der elektrischen Verhältnisse wirkt auf benachbarte spannungsabhängige Ionenkanäle. Wie bei einem Seebeben pflanzt sich die durch den Zusammenbruch des Ruhemembranpotentials ausgelöste Welle vom Ort des Ursprungs über den Neuriten aus. Schon während die Welle flutet, nehmen die Ionenpumpen wieder ihre

Arbeit auf und bemühen sich, so schnell wie möglich ein neues Ruhemembranpotential aufzubauen.[25]

Bei der Fortpflanzung der Signale auf den *Dendriten*, also von der Peripherie ins Zentrum, zum Zellkörper, schwächt sich der Effekt der Ladungsverschiebung immer weiter ab, je mehr er sich vom Ursprungsort entfernt. Da das Zellinnere ein einziger großer Raum kommunizierender Röhren ist, tragen alle Eingänge ihr Scherflein zur Veränderung des Milieus in der Zelle bei. Eine Nervenzelle erhält oft viele tausend solcher »Informationen« von anderen Zellen, die in der Konsequenz alle die Verteilung elektrischer Ladungen innerhalb und außerhalb des Zellkörpers beeinflussen. Im Zentrum werden alle diese Eingänge registriert, aufsummiert, bilanziert und schließlich wird die Entscheidung gefällt, ob die eingehenden Botschaften einer Reaktion wert sind oder nicht. Neben dem Input, der auf der »Haben-Seite« registriert wird und das Milieu in Richtung Depolarisierung verschiebt, erhält der Zellkörper oft gegenläufige Informationen, die als »Soll« verbucht werden müssen. Werden *inhibitorische* Synapsen bedient, führt das zu Membranveränderungen, die das Ruhemembranpotential stabilisieren und die Wirkungen der Botenstoffe an den erregenden Synapsen konterkarieren.

Bei dem ganzen Verfahren geht es allerdings nicht streng demokratisch zu. Wie bei George Orwells *Farm der Tiere* sind einige Synapsen »gleicher« als andere, etwa weil sie besonders nahe am Zentrum der Macht sitzen und ihre Einflüsterungen größeres Gewicht haben.[26] Der Zellkörper arbeitet wie ein Buchhalter. Er registriert alle Eingänge, die wichtigen und die weniger wichtigen, die *inhibitorischen* und die *exzitatorischen*, und zieht Bilanz. Die Verrechnungsstelle sitzt genau dort, wo die einzige Nervenfaser entspringt, die Informationen vom Zentrum in die Peripherie schickt. An dieser Stelle, dem *Axonhügel*, sitzen besonders viele Kanäle für Natriumionen in der Membran, die sensibel auf Spannungsveränderungen reagieren und sich öffnen, sobald eine kritische Potentialdifferenz unterschritten wird. Wenn diese Schwelle nicht erreicht wird, »verschluckt« das Neuron sämtlichen Input und es bleibt stumm.

Wird die Grenze unterschritten, öffnen die spannungsabhängigen Natriumkanäle am Axonhügel ihre Schleusen und das Ruhemembranpotential bricht zusammen. Anders als bei den *Dendriten* oder am Zellkörper schwächt sich die Wirkung hier mit zunehmender Entfernung vom Ort des Ereignisses nicht ab. Dafür sorgen weitere spannungsgesteuerte Natriumkanäle, die entlang der Axonmembran aufgereiht sind wie Dominosteine in einer Reihe. Jeder Stein ist genau so weit vom Nachbarn entfernt, dass er vom Impuls des fallenden Nachbarn mitgerissen wird. Dank dieser Anordnung wandert die Welle mit unveränderter Wucht über die gesamte Länge des Axons. Den wandernden Spannungspuls nennen die Neurophysiologen *Aktionspotential*. Jedes *Aktionspotential* beginnt als streng lokalisiertes Ereignis am Axonhügel und pflanzt sich zu den präsynaptischen Anteilen der *axonalen* Synapsen fort. Ein »Zurück« gibt es nicht, da – wie bei den Dominosteinen – das Potential hinter der Front ja zusammengebrochen ist.

Unmittelbar nach dem Puls schließen sich die Ionenkanäle wieder, *Natrium-Kalium*-Pumpen springen an, schaffen *Natriumionen* aus der Zelle und pumpen *Kalium* hinein, um die ursprünglichen Konzentrations- und Ladungsverteilungen wiederherzustellen. Bis diese Arbeit abgeschlossen ist, sind der Zelle die Hände gebunden. Die Dauer der *Refraktärzeit* ist von Zelltyp zu Zelltyp unterschiedlich, aber in manchen Hochleistungsneuronen währt sie dank sehr effektiver Pumpen nur wenige Millisekunden. Ein Neuron kann unter Umständen mehr als hundert Pulse pro Sekunde aussenden. Die Impulsfrequenz verleiht der Information, die durch das *Axon* transportiert wird, eine zusätzliche Dimension. Sie ist mehr als ein einfaches *Ja* oder *Nein*. Die Anzahl der Potentiale pro Zeiteinheit, die an den axonalen Synapsen eintreffen, übersetzt sich in ein quantitatives Signal. Je hochfrequenter die Aktionspotentiale, desto mehr *Transmitter* schüttet die nachgeschaltete Synapse aus. Diese ineinander verschränkte elektrochemische Kommunikation mischt also digitale und analoge Komponenten. Das einzelne Aktionspotential beruht auf einer *Ja-oder-Nein*-Entscheidung. Die Wirkung eines einzelnen Transmitters ist entweder *exzitatorisch* (Plus) oder *inhibitorisch* (Minus). Ein analoges »*Mehr oder Weniger*« entsteht durch die Integration vieler externer Signale in einer einzelnen Nervenzelle und durch die zeitliche Dimension der neuronalen Botschaft, nämlich die Frequenz, mit der ihr Axon feuert.

Zeit, einmal kurz durch zu schnaufen. Von dem Tag, als die neue Färbetechnik Camillo Golgis erstmals den Blick auf eine Nervenzelle freigab, bis heute, wo wir diesen sehr komprimierten Zwischenbericht über ihr Innenleben abliefern können, war es ein langer Weg.[27] Trotz des vielen Hirnschmalzes, den die Neurophysiologen in die Aufklärung der Funktionsweise von Neuronen investiert haben, wirkt der Bericht irgendwie entmutigend. Wie sollen diese Erkenntnisse, die eher klingen, als würden sie das Innenleben eines Transistorradios beschreiben, die schillernden Facetten des menschlichen Geistes erklären? Dazu sei zunächst gesagt: Nervenzellen sind etwas

Besonderes. Jedoch unterscheiden sich menschliche Nervenzellen – um gleich wieder etwas Wasser in den Wein zu gießen – nicht prinzipiell von den Nervenzellen von Mäusen, Tintenfischen oder Fruchtfliegen. (Fast) alle Zelltypen, die wir im Menschenhirn antreffen, finden sich auch in den Hirnen anderer Säugetiere.[28] Bei aller Raffinesse: Auch auf dieser Ebene scheinen die Schlüssel zu den Geheimnissen des menschlichen Gehirns nicht zu finden zu sein. Das Wissen über die Funktionsweise einer Nervenzelle kann eine Fährte sein. Mit den Nervenzellen gibt es ein ähnliches Problem wie mit dem Genom. Wir können weder aus den Bauplänen der Gene noch aus den Bauplänen der Zellen direkt auf die Leistungen und Fehlleistungen des Gehirns schließen. Trotzdem sind diese Baupläne nicht bedeutungslos – im Gegenteil. Sie sind wie raffiniert verschlüsselte Schatzkarten. Ohne Karte finden wir nie zum neuronalen Selbst, aber selbst mit der Karte stehen wir am Anfang eines vertrackten Labyrinths. Höchste Zeit, auf die nächste Ebene zu wechseln.

KARTE UND SCHALTPLAN[1] DES GEHIRNS

Fast 30 Jahre ist es nun her. Trotzdem erinnere ich mich noch gut an meine widersprüchlichen Gefühle, als ich es zum ersten Mal nackt und bloß vor mir auf dem Tisch liegen sah. Einem Blumenkohl mit Strunk in Größe und Form nicht unähnlich, schien mir in diesem Anblick die ganze Hybris der Hirnforschung zu kulminieren. Das Gehirn auf dem stählernen Tablett wirkte fast profan, gleichzeitig aber fragil und verletzlich. Kaum zu glauben, dass dieser Pudding die komplexeste Konstruktion sein sollte, die unser Globus je hervorgebracht hat. Der Widerstreit der Gefühle wuchs noch, als sich der Oberpräparator näherte. Seine gedrungene Gestalt, der massige Körper, die säulenartigen Beine, die in Schnürstiefeln, wollenen Kniestrümpfen und einer abgewetzten hirschledernen Kniebundhose steckten, hätten eher in die Tiroler Berge gepasst als in den neon-kalt ausgeleuchteten, blassgrün gekachelten Saal der Tübinger Anatomie. Er nahm das kleine, dreipfündige Organ in seine Bratpfannenhände und hielt es uns unter die Nase. Der Präparator drehte und wendete es, und wir sollten beschreiben, was wir sahen:

Im Unterschied zum Blumenkohl ist das Gehirn achsensymmetrisch. Der größte und auffälligste Teil erinnert an den Kern einer Walnuss. Dieser Großhirn genannte und entwicklungsgeschichtlich jüngste Abschnitt, dessen konvexe Oberflächen aus vielen girlandenartig nebeneinandergelegten Windungen und Furchen bestehen, zerfällt in zwei symmetrische Hälften, die durch einen tiefen Spalt, den *Sulcus centralis*, voneinander getrennt sind. Schiebt man den Zeigefinger in diesen Spalt, so stößt man nach wenigen Zentimetern auf eine Struktur von etwa 15 cm Länge, den *Balken*, der die Verbindung zwischen den beiden Hirnhälften bildet.

Als der Präparator das Gehirn mit der flachen Unterseite nach oben drehte, zeigte sich, ähnlich wie beim Blumenkohl, ein Strunk, der aus dem Spalt zwischen den Großhirnhälften hervorragte. Der Strunk hat keinen kreisförmigen Querschnitt, sondern ist queroval mit mittigen Einkerbungen in Längsrichtung hinten und vorne. Dieser Strunk ist der Hirnstamm, die Verbindung zum Rückenmark. Im spitzen Winkel zwischen Hirnstamm und Großhirn hängt ein weiteres Hirnteil, das wie ein kleiner Bruder des Großhirns daherkommt. Die Oberfläche dieses *Kleinhirns* ist von deutlich feineren Windungen und Furchen durchzogen. Das Kleinhirn besteht ebenfalls aus zwei Hemisphären mit einer wurmartigen Struktur in der Mitte. Die Konsistenz des Gehirns wiederum erinnerte mich eher an einen gekochten Champignon als an rohen Blumenkohl. Dieser Sachverhalt wurde deutlich, als das lange Messer des Präparators das Gehirn in horizontale, etwa fingerdicke Scheiben schnitt. Beim Blick ins Innere fällt die Unterteilung in weiße und graue Substanz auf. Die Großhirnrinde ist eine wenige Millimeter dicke, graue Schicht. Das Hirninnere darunter wird vorwiegend von weißer Substanz ausgefüllt. Tief im Inneren finden sich, rechts und links neben einem schmetterlingsförmigen Hohlraum,[2] einzelne weitere Inseln grauer Substanz.

Wenn wir die Gehirne anderer Tiere wie Haifisch, Knochenfisch, Frosch, Vogel oder phylogenetisch älterer Säugetiere neben ein Menschenhirn legen, werden Gemeinsamkeiten, aber auch eklatante Unterschiede deutlich.

Der augenfälligste Unterschied ist vielleicht gar nicht so interessant, denn der resultiert schlicht daraus, dass sich die gesamte Anordnung aufgrund des aufrechten Gangs des Menschen im Vergleich zu anderen Tieren um 90° in die Senkrechte gedreht hat und dadurch der Hirnstamm von hinten nach unten gerutscht ist. Wenn wir die einzelnen Komponenten betrachten, wirkt es, als ob die Evolution eine Doppelstrategie gefahren hätte. Neben der sukzessiven Veränderung bestehender Teile scheinen in jüngerer Zeit auch Neuentwicklungen hinzugekommen zu sein.

Stammhirn, Kleinhirn (Cerebellum), Riechkolben (Bulbus Olfaktorius), Sehrinde sowie die Nervenzellhaufen, die beim Menschen das Zwischenhirn bilden (Hypothalamus, Pallium und Subpallium), und die Hohlräume (Ventrikel) , die mit Hirnwasser gefüllt sind, finden sich schon bei Haifischen, Tieren also, die sich seit 300 Millionen Jahren kaum verändert haben. Bei der Betrachtung von Vogelgehirnen fällt hingegen auf, dass sich ihr Kleinhirn massiv vergrößert hat. Wenn man weiß, dass dieser Teil sehr viel mit der Koordination und Steuerung komplexer Bewegungen, mit Balance und mit Gleichgewicht zu tun hat, verwundert das nicht. Die motorischen Anforderungen an eine Seemöwe sind schließlich ungleich höher als an eine Flunder. Bei den Säugetieren schiebt sich ein Hirnteil mehr und mehr in den Vordergrund, das bisher unter dem Namen *Pallium* ein eher unscheinbares Dasein

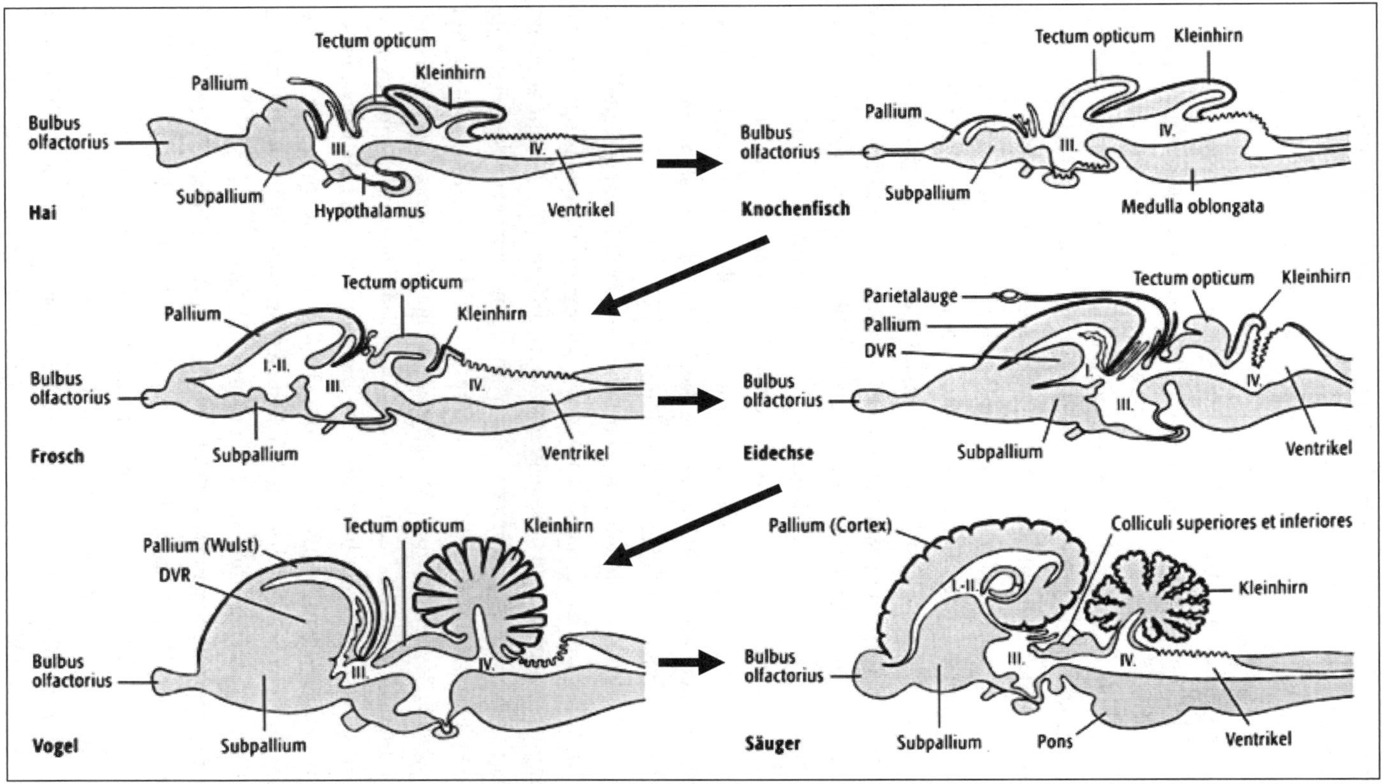

Abb. 5: Verschiedene Gehirne im Vergleich, geordnet nach dem entwicklungsgeschichtlichen Alter (Hai ▸ Knochenfisch ▸ Frosch ▸ Eidechse ▸ Säugetier)

gefristet hatte. Diese Metamorphose findet ihren Höhepunkt im Menschenhirn, wo das zum Groß- oder Endhirn (Telencephalon) mutierte *Pallium* fast alle anderen Komponenten überwölbt, so dass das Zwischenhirn in seinem Innern verschwindet.

Der Vergleich verschiedener Tierhirne ist mehr als eine phylogenetisch-anatomische Spielerei. Man kann den verschiedenen Entwicklungsabschnitten auch verschiedene Ebenen des Handelns zuordnen. Komponenten, die bereits in Fisch- oder Froschhirnen angelegt sind, kümmern sich um automatisierte Steuerungsfunktionen, die Herzschlag, Blutdruck, Muskeltonus oder Atmung regulieren. Beim Menschen werden diese Teile des Nervensystems als »autonom« bezeichnet, weil sie einer bewussten Einflussnahme durch höhere Ebenen entzogen sind.[3] Solche Funktionen sitzen im Stammhirn. Ob wir wollen oder nicht, wenn wir uns körperlich anstrengen, meldet der Körper beim Gehirn höheren Sauerstoff- und Energiebedarf an und das autonome Nervensystem antwortet mit schnellerem Puls, höherem Blutdruck, erhöhter Atemfrequenz, ganz wie ein Thermostat, der bei absinkender Außentemperatur die Heizung hochregelt, um das Raumklima konstant zu halten. Alles automatisch, mechanisch, reflexhaft. Erfahrung, subjektive Bewertung oder komplexe innere Repräsentationen der Außenwelt, die »Welt als Wille und Vorstellung«, spielen auf dieser Ebene keine Rolle.

Solche Funktionen sind im Wesentlichen im Endhirn angesiedelt, dem Abschnitt des Gehirns, der sich im Zuge der Evolution der Säugetiere zu emanzipieren beginnt. Ich habe bewusst den Begriff »emanzipieren« gewählt, weil komplexe Säugergehirne tatsächlich ein Eigenleben entwickelt zu haben scheinen. Sie bringen Verhaltensweisen hervor, die nicht mehr so einfach mit den einfachen Reiz-Reaktions-Mustern eines Thermostaten zu erklären sind. Wer verstehen will, was sich unter der Oberfläche der ausladenden Großhirnhälften verbirgt, steht beim Blick auf die geschnittenen Scheiben wie der sprichwörtliche Ochse vorm Berg. Tote Hirne können nicht sprechen. Wir können ihr Gewebe in noch so feine Scheiben schneiden, über die Funktionen ihrer Komponenten werden wir dabei nicht viel erfahren.

Die funktionelle Organisation des Gehirns war den Anatomen und Medizinern lange ein Rätsel. Kaum etwas zeigt diese Unkenntnis besser als die Tatsache, dass die Hirntheorie des Abendlandes mehr als 1600 Jahre kaum über die Mutmaßungen eines römischen Arztes aus dem 2. Jahrhundert n. Chr. hinauskam und zu allem Übel im Laufe des Mittelalters durch die Kirchenväter noch verschlimmbessert wurde. Claudius Galenus vermutete, die flüssigkeitsgefüllten Hohlräume – die Ventrikel – seien »die Speicher des Pneumas«.[4] Er gestand der Hirnsubstanz aber zumindest eine untergeordnete Rolle bei kognitiven Tätigkeiten zu. Im Laufe des Mittelalters führte die medizinisch-theologische »Transformation« Galens dazu, dass die Ventrikel ganz ins Zentrum rutschten und bis ans Ende des 18. Jahrhunderts als Sitz der »unsterblichen Seele« galten. Autopsien waren bis weit in die Renaissance tabu. Und da bis heute niemand aus purer Neugier an lebenden menschlichen Gehirnen herumschnippeln darf, war die Hirnforschung auf Zufall und Beobachtungsgabe angewiesen.

Der Schwede Emanuel Swedenborg (1688–1772) war einer der Ersten, der auf die Idee kam, verschiedene Hirnareale könnten unterschiedliche Funktionen haben. Aufgrund von beobachteten Funktionsausfällen bei örtlich begrenzten Hirnverletzungen stellte er Vermutungen zur Lokalisation von Bewegungsfunktionen und zur Funktion des Frontalhirns an. Seine Schriften blieben jedoch weitgehend unbeachtet und wurden erst Ende des 19. Jahrhunderts wiederentdeckt. Die *Lokalisationstheorie* wurde dann um das Jahr 1800 durch den deutschen Anatomen Franz Joseph Gall (1758–1828) populär. Leider interessierte sich Gall wenig für konkrete Bezüge zwischen zu beobachtenden Funktionsausfällen und pathologischen Veränderungen. Er vermutete, schon die äußere Form des knöchernen Schädels könnte Aufschluss über die Ausprägung darunterliegender Funktionen und sogar über bestimmte Charakterzüge geben. Seine *Phrenologie* entbehrte jeder empirischen Grundlage. Trotzdem oder vielleicht gerade deswegen füllte er die Säle mit Scharen von interessierten Laien. Von den meisten Wissenschaftlern wurde er zu Recht skeptisch beargwöhnt. In Frankreich wurden ihm Vorträge sogar durch kaiserliches Edikt untersagt. Mitte des 19. Jahrhunderts krähte kein Hahn mehr nach der Phrenologie. Mit ihr geriet leider auch die prinzipiell zutreffende Idee von der Lokalisierbarkeit neurologischer Funktionen in Misskredit. Erst im Lauf der zweiten Hälfte des 19. Jahrhunderts waren es vor allem die Beobachtungen von Klinikern, die ein Umdenken herbeiführten. Die Neurobiologie profitierte dabei von Menschen, bei denen Unfälle oder Krankheiten umschriebene Regionen des Gehirns zerstört hatten, und von Ärzten, die solche neurologischen Ausfälle beschrieben und dokumentierten. Allerdings konnte meist erst nach dem Ableben der Betroffenen durch die Autopsie der Bezug zwischen anatomischem Defekt und Funktionsausfall hergestellt werden.

Einer der ersten und berühmtesten Fälle dieser Art war die tragische

Geschichte des Arbeiters Phineas Gage. Beim Hantieren mit Sprengstoff trieb ihm eine vorzeitige Explosion eine Eisenstange mitten durch den Frontallappen, den vorderen Teil der Großhirnrinde. Wundersamerweise überlebte Gage. Der Unfall verwandelte ihn aber von einem freundlichen und zuverlässigen Zeitgenossen in einen unangenehmen, unzuverlässigen und impulsiven Soziopathen. Sein Krankheitsbild lieferte damals, im Jahr 1848, einen ersten Hinweis darauf, das Frontalhirn könnte offensichtlich etwas mit Charakter und Sozialverhalten zu tun haben.

Auf ähnliche Weise entdeckte man, dass es im Bereich der dritten Gehirnwindung[5] des Frontallappens der linken Gehirnhälfte eine Region gibt, die für die Sprachproduktion von Bedeutung ist. Paul Broca (1824–1880), der berühmte französische Chirurg, Anatom, Pathologe und Anthropologe, kümmerte sich Mitte des 19. Jahrhunderts im Pariser Hôpital Kremlin-Bicêtre um Menschen mit Sprachstörungen. Einer seiner ersten Patienten hieß Leborgne, der nur noch die Silbe ›Tan‹ aussprechen konnte, weswegen er den Spitznamen »Tan« verliehen bekam. Tans Sprachverständnis war nicht beeinträchtigt. Seine Sprachproduktion war jedoch schwer gestört. Bei der Autopsie nach Tans Tod stellte sich heraus, dass die Syphilis eine Region zwischen dem Frontallappen und dem Temporallappen in Tans linker Hirnhälfte zerstört hatte. Broca interpretierte diese Region als »motorisches Sprachzentrum« und stellte seine Hypothese im Jahr 1861 bei einer Tagung der Société d'anthropologie de Paris vor. Damals erntete er noch heftige Kritik von den Anhängern einer »holistischen« Theorie des Gehirns. Viele Zuhörer fanden den Gedanken absurd, ausgerechnet die Sprache sollte von einem klar umschriebenen, kleinen Teilbereich des Gehirns produziert werden.

In den nächsten Jahrzehnten wendete sich das Blatt. Einer der Vorkämpfer der Lokalisationstheorie war der deutsche Neuroanatom und Psychiater Korbinian Brodmann. Am *Neurobiologischen Laboratorium* der Universität Berlin, dem späteren Kaiser-Wilhelm-Institut für Hirnforschung, untersuchte er in jahrelanger akribischer Kleinarbeit die zelluläre Architektur der Hirnrinde von Halbaffen. Ihm fiel auf, dass deren Hirnrinde nicht überall gleich aufgebaut war. Nach histologischen Kriterien konnte er 52 verschiedene Felder identifizieren, die heute als Brodmann-Areale bekannt sind.[6] Obwohl Brodmann bereits in Ansätzen die funktionelle Bedeutung einzelner Parzellierungen erkannte, wurde für die Mehrzahl der Areale erst später klar, was für eine Funktion dort lokalisiert ist. Im Jahr 1909 fasste Brodmann seine Ergebnisse unter dem Titel *Vergleichende Lokalisationslehre der Großhirnrinde, in ihren*

Prinzipien dargestellt auf Grund ihres Zellenbaues zusammen.[7] Die Frage nach der Lokalisierbarkeit neurologischer Funktionen geht über akademisches Interesse hinaus. Das weiß niemand besser als die Neurochirurgen. Für sie und vor allem für ihre Patienten ist die Erkundung der neuronalen Landkarte der Hirnrinde ein existentielles Problem. Nur wer weiß, wo was zu finden ist (und wo nicht), der kann im Gehirn operieren, ohne massiven Flurschaden zu hinterlassen.

Und so ist es kein Zufall, dass eine wesentliche Verfeinerung dieser Karte zwei Neurochirurgen zu verdanken ist. In einer Zeit, als noch keine Medikamente zur Behandlung der Epilepsie zur Verfügung standen, war die chirurgische Entfernung des epileptischen Fokus bei schweren Fällen oft die einzige Möglichkeit, den Patienten Linderung zu verschaffen. Eine solch brachiale Therapie birgt aber zwei wesentliche Probleme. Zum einen muss der Fokus identifiziert werden und zum anderen sollte sichergestellt sein, dass eine Entfernung des betreffenden Areals keine gravierenden Defekte hinterlässt. Der kanadische Neurochirurg Wilder Penfield (1891–1976) operierte in 30 Berufsjahren mehr als 750 solcher Epilepsiepatienten, anfangs mit sehr begrenztem Erfolg. Frustriert resümierte er: »Gehirnchirurg ist ein schrecklicher Beruf«.

Nun ist das Gehirn ein Organ, das selbst keine Schmerzempfindung hat. So ist es also möglich, Patienten, sobald die Gehirnoberfläche freigelegt ist, aus der Narkose erwachen zu lassen und die weitere Operation im Wachzustand durchzuführen. Penfield begann also in den 1930er Jahren, Patienten in örtlicher Betäubung zu operieren und das offene Gehirn mit einer dünnen Nadel schwach elektrisch zu stimulieren, um den Epilepsieherd besser zu lokalisieren. Dabei machte er eine erstaunliche Entdeckung: Die leichten Stromstöße lösten bei vielen Patienten Halluzinationen oder Träume aus, provozierten spontane Bewegungen oder weckten sogar komplexe Erinnerungen an längst Vergessenes.[8] Seine Methode erlaubte es ihm, nicht nur den Epilepsieherd besser zu lokalisieren. Sie lieferte auch Informationen über die Lokalisation von neurologischen Funktionen. Penfield begann, die Hirnoberfläche systematisch zu untersuchen. In vielen Bereichen war der Erfolg begrenzt. Zu abrupt änderte sich von einem Zehntelmillimeter zum nächsten die Wirkung der Stimulation. Aber vor allem vor und hinter der sogenannten Zentralfurche[9] – dem Sulcus centralis – wurde er fündig. Vor der Furche ließen sich Muskelkontraktionen auslösen, dahinter Sinneswahrnehmungen auf gegenseitigen Körperhälften erzeugen. Die systematische Erforschung dieser Rindenareale enthüllte schließlich ein verzerrtes Abbild der Oberfläche des Körpers, den *sensorischen Homunkulus* und damit ein fundamentales Prinzip der Hirnorganisation, die Somatotopie.[10]

Topographische Anatomie ist gut und schön und hilfreich für Neurochirurgen. Die Lokalisation hilft aber wenig, wenn wir wissen wollen, wie ein Gehirn funktioniert. Dafür müsste der Blick tiefer hinein ins Räderwerk gehen. Der Blick durch das Mikroskop verrät, dass ein Gehirn ein undurchdringliches Dickicht aus Neuronen ist, viele davon mit unzähligen Fortsätzen, umschlungen von Milliarden Zellen, die die Neuronen stützen, einbinden und ernähren, alles durchzogen von einem unendlich feinen Geäste aus Blutgefäßen. Eine im Jahr 2009 publizierte Arbeit kommt auf eine Schätzung von etwa 86 000 000 000 Nervenzellen, verteilt auf ein Hirnvolumen von knapp 1,5 Litern. Die Zahl der Stütz- oder Gliazellen liegt deutlich darüber. Diese Gliazellen[11] sitzen zwischen den Nervenzellen und ihren Neuriten wie ein Kitt, der alles zusammenhält.[12] Ihre Bedeutung war lange geheimnisumwittert. Die *Glia* bringt das Hirn nicht nur in Form, sie hält die Neuronen auch auf Distanz voneinander. Schließlich sind die Fortsätze von Nervenzellen wie stromführende Drähte. Ohne eine Isolierung würden ihre elektrischen Entladungen in einer einzigen großen Kakophonie enden. Tatsächlich bilden viele Gliazellen eine Substanz, die die Neuriten umkleidet wie die Kunststoffisolierung das Stromkabel.[13] Sie beteiligen sich damit zwar nicht direkt am großen elektrochemischen Gezwitscher, aber sie haben durchaus Einfluss auf die Verarbeitung von Information. Die Dicke der Isolierung, die sogenannte *Myelinschicht*, variiert von Zelltyp zu Zelltyp und mit ihr die Geschwindigkeit, mit der die Aktionspotentiale am Fortsatz entlang huschen. Je dicker die Isolierung, desto höher ist die Leitungsgeschwindigkeit.

Die Diskrepanz zwischen unspektakulärer Außenansicht und atemberaubendem Innenleben ist irritierend. Noch unüberbrückbarer erscheint aber die Kluft zwischen der Mannigfaltigkeit der menschlichen Verstandesleistungen und den begrenzten Ausdrucksmöglichkeiten einer einzelnen Nervenzelle. Der deutsche Physiologe Emil du Bois-Reymond (1818–1896)[14] hatte schon vor mehr als 150 Jahren entlang der Fasern rege elektrische Aktivität beobachtet und gemutmaßt, Impulse würden entlang der Nervenfasern in Form elektrischer Signale transportiert. Knapp 50 Jahre später hat David Ferrier (1843–1928)[15] gezeigt, dass die elektrische Stimulation von Hirnarealen an anderer Stelle Bewegungen oder sogar Empfindungen produzieren kann.

Elektrische Impulse sind aber nur eine Seite der Medaille. Der eigentlich interessante Aspekt der elektrischen Aktivität ist weniger physiologischer, als immaterieller, fast geisterhafter Natur. Zu tieferem Verständnis dafür, wie Reize im Nervensystem übertragen werden, fanden die Physiologen erst, als sie Anleihen bei der Nachrichtentechnik machten. In einer Zeit, in der sich Telegraphie und Telefonie rasant entwickelten, in der Botschaften mithilfe von Stromkabeln über viele Kilometer transportiert wurden, schien sich eine Analogie geradezu aufzudrängen:

Könnten nicht die Aktionspotentiale auch *Botschaften* übermitteln? Die duale Natur einer Nachricht wird deutlich, wenn wir an die Druckerschwärze denken, mit der die Lettern dieses Buches gedruckt sind. Der materielle Aspekt der Buchstaben ist dabei zweitrangig. Für die Nachricht ist es egal, ob wir schwarze, rote oder blaue Tinte verwenden. Wichtig ist die Struktur, die Farbe zu Buchstaben, Buchstaben zu Wörtern und Wörter zu Sätzen macht. Im Wort *In-Formation* schwingt die Bedeutung von Form und Struktur bereits mit. Demgemäß schlugen Warren McCullogh (1889–1969) und Walter Pitts (1923–1969) im Jahr 1943 vor, das einzelne Neuron sollte die fundamentale Einheit der Informationsverarbeitung im Gehirn darstellen.[16] Auf den ersten Blick klingt diese Hypothese ein wenig gewagt, wenn man an ihr begrenztes Vokabular denkt.

Hierzu ließe sich ein biblisches Analogon anführen: »Eure Rede aber sei: Ja, ja; nein, nein. Was darüber ist, das ist vom Übel.«[17] Nervenzellen scheinen sich diese biblische Kommunikationsempfehlung zu eigen gemacht zu haben. Ihr »Vokabular« ist, wie bereits erwähnt, auf *Ja* und *Nein* begrenzt. Allerdings können Neuronen Nachrichten unterschiedlich gewichten, je nachdem, von welchem Partner sie kommen und an welcher Stelle sie der Zelle übergeben werden.[18] Dabei wird das gute alte demokratische Prinzip »ein Mensch, eine Stimme« verletzt. Eine Nervenzelle sammelt die Signale ein wie ein zur Parteilichkeit neigender Auswerter einer Volksbefragung. Sie gewichtet und bilanziert die Stimmen und gibt dann ihr Votum ab. Je nach Naturell – je nachdem, ob es sich um ein erregendes oder ein hemmendes Neuron handelt – stimmen Zellen entweder grundsätzlich mit *Ja* oder grundsätzlich mit *Nein.* Auf *dieser* Ebene ist die Ähnlichkeit zur Computerwelt mit ihren Bits und Bytes, Nullen und Einsen verführerisch. Viele Modelle, die die Eigenschaften von Nervenzellnetzwerken mithilfe mathematischer oder elektronischer Methoden simulieren und erkunden wollen, repräsentieren die einzelne Nervenzelle als sogenanntes *Schwellenelement.*[19] Schwellenelemente sind »informationsverarbeitende« Elemente, die Input sammeln und, sobald eine kritische

Schwelle überschritten wird, mit *Ja* oder *Nein* antworten. Die Reaktionen eines Schwellenelements sind also denkbar simpel und mittels zweier mathematischer Symbole, zum Beispiel 0 und 1, abzubilden. Das ist genau die Art von Sprache, die Computer verstehen. Die Gleichsetzung von Nervenzellen mit Schwellenelementen wird allerdings dadurch verkompliziert, dass im Nervensystem eine weitere Dimension hinzutritt: der Faktor Zeit. Die Darstellung eines Reizes als einzelnes, quasi punktförmiges und somit eindimensionales Aktionspotential ist nur bei extrem schnellen Reaktionen legitim. In vielen Situationen entspricht ein Reiz eher einer ganzen Salve einzelner Potentiale. Bei solchen Salven variiert die Frequenz der Aktionspotentiale mit der Stärke des Reizes. So kommt zum aktiven Wortschatz der Neuronen mit dem digitalen *Ja* oder *Nein* eine analoge Komponente dazu. Wenn es um den Transport von Information geht, gibt es mit dem Vorschlag von McCullogh und Pitts kein großes Problem. Wir müssen nur an das Morsealphabet denken. Ein langer und ein kurzer Ton reichen aus, um Shakespeares *Hamlet* durch ein Transatlantikkabel zu schicken. Beim Transport von Information stehen eher quantitative Probleme zur Debatte. Der Finger des Morsenden würde vermutlich schon nach dem ersten Akt lahm werden, aber prinzipiell steht dem Projekt nichts im Wege. Für Nachrichtentechniker oder Programmierer ist es wichtig, wie viel »Bits« nötig sind, um eine Botschaft zu codieren.[20]

Unter diesem Gesichtspunkt beinhaltet allerdings ausgerechnet eine völlig »bedeutungslose« Zufallszahl, wie zum Beispiel 38419831519838562873601498205108475618, die größte Menge an Information. Denn es gibt keine Möglichkeit, die Zahl durch einen Ausdruck zu codieren, der kürzer ist als sie selbst. Ganz anders verhält es sich mit (fast) gleichlangen Zahlenreihen wie 123123123123123123123123123123123123 oder 12481632641282565121024204840968192.[21] Im Gegensatz zur ersten Zahl sind diese beiden »redundant«. In ihnen steckt ein Bildungsgesetz, ein Algorithmus, allgemeiner ausgedrückt eine Struktur oder »Zusatzinformation«, die kürzer ist als die Zahl selbst, diese aber vollständig beschreiben kann.

Ein technokratischer Geist könnte auf die Idee kommen, Redundanz sei etwas Überflüssiges. Das Gegenteil ist der Fall: Im realen Leben ist Redundanz nicht nur deswegen nützlich, weil sie Botschaften resistenter gegen Unkenntlichkeit durch Verstümmelungen macht. Sie verweist auch auf eine zweite Dimension von Information. Nehmen wir folgendes Wort: INF.RM.T.ON. Jeder, der des Deutschen mächtig ist, wird ohne Problem die drei fehlenden Buchstaben ergänzen können. Das geht bei der Zufallszahl nicht.

Sprache ist fast immer redundant. Warum ist das so? Buchstabenfolgen bekommen in dem Moment, in dem sie zu Worten werden, eine *Bedeutung*. Die oben skizzierte technokratische, »objektive« Perspektive auf die Information, die Welt der Bits und Bytes, ist nur die eine Seite der Medaille. Auf der anderen Seite steht das, was die Produzenten von Information im Sinn haben, und das, was die Information bei den Empfängern auslöst. INFORMATION ist ein schwierigerer, quecksilbriger Begriff, weil diese Ambivalenz gerne übersehen wird.

Noch einmal zurück zu Shakespeare. Natürlich kann ein geduldiger Morsetechniker den *Hamlet* über den Atlantik funken. Aber das KURZ-KURZ-LANG-KURZ-KURZ-Gepiepse eines Telegraphen wird niemanden zu Tränen rühren. Der Text entfaltet seine Wirkung erst, wenn er in einem Gehirn ankommt, das ihn rückübersetzen und in einen Erfahrungszusammenhang stellen kann. Diese Ebene der Verarbeitung von Information verstehen wir bisher nur in Ansätzen. Wenn die Botschaft aus Nullen und Einsen (oder Aktionspotentialen) eine geeignete übergeordnete Struktur – einen »semantischen Kern« – hat, rekonstruiert das Gehirn diese Struktur, transformiert Information dadurch auf eine höhere Ebene und produziert das, was wir *Bedeutung* nennen:

»Jakob war immer über die Gleise gegangen«. Mit diesem lapidaren Satz beginnt der berühmteste Roman des Schriftstellers Uwe Johnson.[22] Ich habe diesen Einstieg immer bewundert, weil es dem Autor mithilfe des kleinen Wörtchens »immer« gelingt, sofort den Argwohn des Lesers zu wecken. In diesem Wort deutet sich die Vorahnung von etwas Außerordentlichem an, was mit dem gewohnten Gang der Dinge, des »immer«, bricht. Tatsächlich folgt das Unheil auf dem Fuß. Dieses Mal laufen die Dinge nicht wie »immer«. Dieses Mal wird der Reichsbahnbeamte Jakob Abs beim Überqueren der Gleise von einer Lokomotive erfasst und zerquetscht. Die Katastrophe schreit nach Erklärung. Was folgt, sind die Mutmaßungen des Erzählers über Jakob und über die Ursache seines unglücklichen Todes: War es Unfall, Selbstmord oder gar Mord?

Diese spektakuläre Wirkung eines einzigen Wörtchens ist eine Frage des Kontextes und vor allem eine Frage der Erfahrungen und Erwartungen des Lesers. Wenn Information in Form von Sprache ins Bewusstsein tritt, macht sie eine Metamorphose durch. Das ist die zweite Seite der Medaille. Auf dieser Seite ist Information nicht so leicht zu skalieren.

Sie ist hier weder objektiv noch in Form von Bits und Bytes zu quantifizieren, weil sie auf etwas verweist, was jenseits der Zeichen des »Textes« liegt, etwas, was der Betrachter, mithin sein Gehirn hinzufügt.

Doch zurück auf den Boden. Wir wissen momentan noch nicht einmal genau, wie nahe das einfache »Schwellenelementmodell«[23] den Eigenschaften einer echten Nervenzelle tatsächlich kommt. Aber selbst wenn wir uns auf dieses Modell einlassen und eine Nervenzelle auf ein einfaches Schwellenelement mit *Ja-oder-Nein-*Output reduzieren, müssen wir feststellen, dass eine intelligente Anordnung solcher (einfachen) Elemente »Wesen« mit ganz erstaunlichen Eigenschaften hervorbringen kann: Der vor einigen Jahren verstorbene Hirnforscher Valentin Braitenberg (1926–2011) hat Mitte der 1980er Jahre ein schmales und tiefsinniges Büchlein verfasst, in dem er zu einem Spaziergang durch eine von ihm entworfene Spielzeugwelt einlädt. In dem Buch stellt er 14 imaginäre Vehikel vor, 14 Gedankenexperimente. Das Innenleben dieser Vehikel besteht aus wenigen Schwellenelementen, die in wechselnder Kombination angeordnet sind. Für den Beobachter, der nichts von ihrem Innenleben weiß, gebärden sie sich allerdings wie ein Stall lebendiger Tiere mit durchaus interessanten Eigenschaften. Das Frappierende an den Vehikeln sind die Zuschreibungen, die Beobachter fast automatisch vornehmen, wenn sie sich auf das konzentrieren, was jahrzehntelang ganz im Fokus der Neuropsychologie stand, nämlich auf das *beobachtbare Verhalten.*

Nehmen wir die ersten beiden Vehikel. Stellen Sie sich ein Fahrzeug mit Rollen vor, ein kleines Boot, angetrieben von Propellern, meinetwegen auch ein Raumfahrzeug, ausgestattet mit Raketentriebwerken, das zwischen Sternen und Planeten hin und her gondelt. »Wie Sie sich diese Fahrzeuge vorstellen ist gleichgültig. Sie sollten sich an eine Denkweise gewöhnen, bei der die materielle Ausführung einer Idee sehr viel weniger bedeutend ist als die Idee selbst«.[24] Das erste Vehikel ist vorne mit einem Sensor und hinten mit einem kleinen Motor ausgestattet, die miteinander in einer ganz simplen Weise verschaltet sind. Je stärker der Sensor von einer bestimmten Eigenschaft der Außenwelt, sagen wir zum Beispiel Wärme, gereizt wird, desto mehr Gas gibt der Motor, desto schneller werden Rad, Schraube oder Triebwerk angetrieben. Egal wo sich das Vehikel befindet, es fährt zunächst immer in die Richtung, in die seine Schnauze zeigt.

Was passiert? Im Weltraum würde sich das Vehikel mit wechselnder Geschwindigkeit schnurgerade durch den Raum bewegen.[25] So weit, so banal.

Nehmen wir aber zwei Zutaten der realen irdischen Welt hinzu, Reibung und Klima, können erstaunliche Dinge geschehen. In wärmeren Gefilden gibt das Vehikel Gas, aber Abkühlung und Reibung bremsen es rasch wieder ab. Manchmal bleibt das Wesen sogar stehen, denn auch wenn die Temperatur nie auf den absoluten Nullpunkt von –273°C absinkt, so kann es doch in Gegenden geraten, die so kalt sind, dass die Kraft des Motors nicht mehr ausreicht, die Reibung zu überwinden. Dann bleibt es stehen, bis das Wetter sich ändert. Nun ist aber die Reibung ein Produkt vieler mikroskopisch kleiner Kontakte zwischen Boden und Reifen und zwischen Karosserie und Luft und nie ganz symmetrisch. Das Vehikel kommt unweigerlich vom geraden Kurs ab und beginnt herumzustreunen. Wenn wir es eine Weile beobachten, könnten wir auf die Idee kommen, es folge einem Plan. Wir könnten den Eindruck gewinnen, es sei ein arktisches Wesen. Es scheint Kälte zu mögen, weil es dort verharrt. Sobald es irgendwo warm wird, flieht es diesen Ort. Würden wir dieses Wesen in freier Natur beobachten, würden wir kaum Zweifel hegen, dass es lebendig ist.[26] Seinem Verhalten Rechnung tragend, könnten wir Vehikel Eins den *thermophoben Streuner* nennen.

Vehikel Zwei ist zunächst einmal eine schlichte Verdoppelung von Vehikel Eins, durch Spiegelung an der Längsachse. Es besitzt hinten zwei Motoren und vorne zwei Sensoren. Der Sensor wirkt in gleicher Weise auf den Motor wie bei Vehikel Eins. Wenn der Reiz einwirkt, dann gibt der Motor Gas und das Vehikel versucht, in reizärmere Gegenden zu entkommen. Bei der Entwicklung von Vehikel Eins zu Zwei kam es allerdings zu einer kleinen *Mutation*,[27] so dass zwei Varianten von Vehikel Zwei existieren.[28] Die Variante Zwei A beruht tatsächlich nur auf einer Spiegelung an der Längsachse: Der linke Sensor ist mit dem linken Motor verschaltet und der rechte Sensor mit dem rechten Motor. Bei Variante Zwei B wurden Motor und Sensor über Kreuz verschaltet, so dass der rechte vordere Sensor den linken hinteren Motor antreibt und umgekehrt.

Nehmen wir dieses Mal einen Reiz, der räumlich besser zu lokalisieren ist als Wärme. Nehmen wir Licht. Auch Vehikel Zwei streunt durch den Raum, je nach aktuellen Lichtverhältnissen mal schneller, mal langsamer. Wenn sie einer Lichtquelle nahekommen, zeigen die Varianten A und B aber ganz unterschiedliche Temperamente. Beide geben Gas, wenn sie direkt auf die Lichtquelle zurollen. Wenn die Quelle aber nicht direkt lotrecht, sondern leicht schräg vor ihnen liegt, verhalten sie sich diametral verschieden. Variante A dreht von der Quelle ab, da der Motor und damit das Hinterrad, das näher an der Quelle ist, stärker beschleunigt werden als der Motor auf der abgewandten Seite der Hinterräder.

Bei Variante B ist es umgekehrt. Hier werden die Motoren über Kreuz gesteuert. Das Vehikel stürmt auf die Quelle zu. Wie würde ein unbefangener Beobachter, der von Vehikel Eins gelernt hat, dass Vehikel Reize nicht mögen, die Szenerie interpretieren? Variante A des zweiten Vehikels gibt Gas, um dem Licht zu entkommen, es dreht sogar aktiv von der Quelle ab. Wir könnten meinen, es zeige Furcht. Variante B hingegen stürmt auf die Quelle zu und rammt sie. B scheint eine Kämpfernatur zu sein. Sie zeigt aggressives Verhalten und möchte die Lichtquelle zerstören.

Aus ähnlich einfachen Grundelementen, Sensoren, Motoren und Schwellenelementen, bastelte Braitenberg zwölf weitere Gedankengespinste. Diese Vehikel zeigen Verhaltensweisen, die außenstehende Beobachter als Liebe, wertendes Urteilen und das Ausleben von Vorlieben, als Entwicklung von Begriffen, logisches Schlussfolgern, die Entwicklung von Konzepten wie Raum, Ding und Bewegung, das Erkennen von Gestalten, die Entwicklung eigener Ideen, das Beachten von Gesetzen und Regelmäßigkeiten, als Verknüpfen von Gedanken, das Treffen von Vorhersagen oder als egoistisches oder altruistisches Verhalten interpretieren könnten. Hinter jedem dieser enigmatisch agierenden Vehikel verbirgt sich aber nichts als die relativ simple Kombination nicht allzu vieler der genannten Schwellenelemente. Wer's nicht glaubt, der sollte es nachlesen![29]

Was lernen wir daraus? Valentin Braitenberg hat es *das* »Gesetz der einfachen Synthese und der komplizierten Analyse« genannt. Selbst die krude Karikatur, die unser stark vereinfachtes Porträt einer Nervenzelle zeichnet, kann bei entsprechender Verknüpfung Netzwerke bilden, die geeignet sind, erstaunlich komplexe Verhaltensweisen zutage zu fördern, wenn wir sie von außen betrachten.

Das ist überraschend. Nicht mehr und nicht weniger! Aber lässt sich daraus schließen, die Rekonstruktion des Schaltplans aller unserer Nervenzellen führe auf einen Weg, an dessen Ende der Topf mit Gold, die Entschlüsselung aller Geheimnisse unseres Gehirns liegt?

Braitenbergs raffiniert erdachte Vehikel sind natürlich nicht von Motiven getrieben. Diese Illusion entsteht im Auge des Betrachters. Sobald wir ihr Innenleben durchschauen, würden wir uns von der Idee verabschieden, ihr Verhalten einem sich selbst reflektierenden Wesen zuzuschreiben, etwas, das dem entsprechen könnte, was wir ›Psyche‹ nennen.

Unser Ich-Bewusstsein, das Gefühl von Bedeutung und das Gefühl, jederzeit (freie) Entscheidungen treffen zu können, das sind die härtesten Nüsse, die die Biologie zu knacken hat.[30] Auch wenn wir die Zahl der Elemente solcher Vehikel milliardenfach steigern würden, ist zunächst nicht ersichtlich, wo in diesem gigantischen Maschinenhaus Platz für so exotische Pflänzchen wie Bewusstsein, Wille oder Freiheit entstehen sollte. Nicht nur deswegen soll dieses Problem vertagt werden. Selbst wenn wir die Grundsatzfrage beiseitelegen, sind die praktischen Probleme immens, den Schaltplan des Gehirns zu entschlüsseln. Naturwissenschaftler sind versessen auf Modellsysteme, weil sie mit ihrer Hilfe die überkomplexe Wirklichkeit auf Menschen- und Labormaß reduzieren können. Im Modell lassen sich einzelne Variablen isoliert und gezielt verändern, um Kausalbeziehungen zu identifizieren und Aufschlüsse über die Rolle einzelner Elemente im System zu gewinnen. Wissenschaftler pflegen zu ihren Modellen eine intensive Hassliebe. Modelle sind notwendig und aufschlussreich. Oft ist aber unklar, wo die heuristischen Grenzen eines Modells liegen, an welcher Stelle sie die Wirklichkeit auf unzulässige Weise verkürzen oder verzerren.

Seit einigen Jahren macht ein neues Modewort die Runde. In Anlehnung an Genom oder Proteom – die Gesamtheit aller Gene oder Proteine – träumen die Neurobiologen vom *Konnektom*, also von einer Karte der Gesamtheit aller Verbindungen zwischen den Zellen eines Nervensystems. Während Werkzeuge zur Entschlüsselung von Genom oder Proteom zur Verfügung stehen, ist das Konnektom des Menschenhirns Zukunftsmusik.

Bisher müssen sich Konnektomforscher mit Modellen behelfen. Ihre Erfolgsgeschichte heißt *Caenorrhabditis elegans*. Die Verbindungen zwischen den Nervenzellen dieses kleinen, kaum einen Millimeter langen Wurmes sind tatsächlich inzwischen vollständig entschlüsselt. Nur wirken die gerade mal 300 Nervenzellen des Wurmnervensystems neben den 100 Milliarden Neuronen unseres Gehirns ziemlich bescheiden. Hinzu kommt, dass menschliche Nervenzellen im Vergleich zu ihren Wurmkollegen wahre Kommunikationswunder sind. Ein Neuron der menschlichen Großhirnrinde kann mit tausenden von Partnern gleichzeitig kommunizieren. Dagegen wirken die Zellen von *Caenorrhabditis elegans* wie Autisten. Schon in einem Kubikmillimeter menschlichen Hirngewebes stecken einige Kilometer Fasern. Die Gesamtlänge aller Fasern würde ausgestreckt mehrere Millionen Kilometer erreichen. Von der Erde bis zum Mond und wieder zurück könnten wir damit ein paar Dutzend Telefonleitungen legen. Aber selbst das bescheidene *Konnektom* des kleinen Wurmes hat die Neurowissenschaftler fast zehn Jahre in Atem gehalten.

Momentan müssen sich die Hirnforscher also noch entscheiden, ob sie zum Mikroskop oder zum Fernrohr greifen. Ähnlich wie in der Quantenphysik, wo nur entweder der Ort *oder* der Impuls eines Teilchens genau gemessen werden kann, scheint es auch in der Neurobiologie bisher schwierig zu sein, die verschiedenen Perspektiven zur Deckung zu bringen.

Aber selbst die Erfüllung aller Träume der Konnektomforscher, die vollständige Karte des menschlichen Gehirns, wäre nicht das Ende der Neurobiologie. Denn die drei Dimensionen des Raumes reichen nicht aus, um zu beschreiben, wieso uns das Gehirn zum Menschen macht. Menschen und Gehirne haben ihre Biographie. Jede noch so detaillierte Karte des neuronalen Netzwerkes wäre nicht der Weisheit letzter Schluss ohne die vierte Dimension der Zeit. Gehirne sind plastisch. Wir brauchen die Perspektive auf die Veränderungen des Gehirns in der Zeit, um seine Erfolgsgeschichte zu verstehen. Lernen und Gedächtnis sind Funktionen des Gehirns. Sie beruhen darauf, dass sich das Gehirn in Auseinandersetzung mit sich und der Umwelt permanent verändert.

DIE BIOGRAPHIE EINES GEHIRNS

Die Vogelperspektive

Wer kennt Henry Molaison (1926–2008)? Molaison gehörte nicht zu den Reichen und Mächtigen dieser Welt. Er war kein Künstler, kein Wissenschaftler, kein genialer Erfinder. Henry war Fließbandarbeiter. In Kreisen der Gedächtnisforscher ist er trotzdem zur Berühmtheit geworden. Sein Schicksal prägte unser modernes Bild vom Gedächtnis.

In seiner Kindheit hatte Henry einen Fahrradunfall. Danach litt er immer wieder an epileptischen Anfällen. Die Anfälle wurden immer schlimmer, so dass er im Alter von 25 Jahren arbeitsunfähig wurde und fortan kein normales Leben mehr führen konnte. Da es Anfang der 1950er Jahre kaum Möglichkeiten gab, eine Epilepsie mit Medikamenten wirksam zu behandeln, entschlossen sich die Ärzte zu einem verzweifelten Schritt. Im Jahr 1953 entfernte ihm der Neurochirurg William Scoville (1906–1984) in beiden Schläfenlappen eine Hirnregion, die unter den Neurologen als *Hippocampus* bekannt ist. Die Operation schien erfolgreich gewesen zu sein. Henrys Anfälle traten kaum noch auf, und es ging dem damals 27-jährigen zunehmend besser. Das Skalpell hatte ihn weitgehend von der Epilepsie befreit – allerdings zu einem hohen Preis. Die Operation hatte erstaunliche und gravierende Nebenwirkungen. Henry konnte sich ohne Probleme an sein Leben vor der Operation erinnern. Aber er war vollständig unfähig, Neuigkeiten zu behalten. Wenn er mit unbekannten Namen, Personen, Gesichtern, Fakten oder Geschichten konfrontiert wurde, waren diese Informationen für knapp eine Minute präsent und dann verschwand alles im tiefen Schlund des Vergessens. Diese Form der *Amnesie*[1] ging so weit, dass er lebenslang unfähig war, sich den Namen der kanadischen Psychologin Brenda Millner (*1918) zu merken, obwohl Millner ihn nach der Operation über 30 Jahre hinweg betreute. Wenn sie ihn zum Beispiel bat, die

Zahl 567 zu memorieren, konnte er die Zahl nachsprechen und sie – wenn er sich konzentrierte – auch fortgesetzt wiederholen. Sobald er aber abgelenkt wurde, war sie weg.

So tragisch die Situation für Henry war, so interessant war sein »Fall« für die Neuropsychologen. Denn bis in die 1950er Jahre zweifelten viele Hirnforscher daran, das Gedächtnis sei eine Funktion, die sich bestimmten Hirnregionen zuordnen lässt. Einige waren sogar der Meinung, das Gedächtnis sei überhaupt keine unabhängige Funktion des Geistes, sondern untrennbar mit ihm verbunden und daher sozusagen eine »intrinsische Eigenschaft« eines konkreten »Engramms«, einer Episode, eines Bildes, Geräusches oder Geruchs, einer sprachlichen Information oder einer bestimmten motorischen Fertigkeit. Die Arbeit mit Henry und ähnlichen Patienten veranlasste Brenda Millner dazu, einige dieser Ansichten über das Gedächtnis zu korrigieren. Millners Arbeiten bestätigten diejenigen, die im Gedächtnis eine eigenständige Funktion sahen, die klar zu unterscheiden ist von perzeptiven, motorischen und kognitiven Fähigkeiten. Gedächtnis schien außerdem eine Eigenschaft zu sein, die durchaus lokalisierbar ist. Wie der ›Fall Molaison‹ zeigt, führen Zerstörungen des *Hippocampus* zu massiven Beeinträchtigungen der Fähigkeit, Langzeiterinnerungen neu anzulegen, während sich Schäden anderer Gehirnregionen oft gar nicht oder nur unwesentlich auf diese Form von Gedächtnis auswirken. Henrys Geschichte machte außerdem deutlich, dass zwischen Kurzzeit- und Langzeitspeichern unterschieden werden muss.

Unser Kurzzeit- oder Arbeitsgedächtnis hat eine relativ begrenzte Kapazität, sowohl was die Menge parallel zu bewältigender Information als auch die Dauer der Verfügbarkeit angeht. Alles, was nicht in nachhaltigere Speicher überführt wird, geht verloren. Zumindest diese Transferleistung ist also an eine ganz bestimmte Hirnstruktur, den Hippocampus, gekoppelt.

Brenda Millner musste auch feststellen, dass es unterschiedliche Formen von Gedächtnis gibt. Henry konnte zwar keine Namen, Daten, Fakten oder Episoden mehr behalten, aber das Einüben neuer Bewegungsmuster war nicht gestört. Millner untersuchte weitere Patienten mit Hippocampusschäden und anterograder Amnesie und fand heraus, insbesondere Formen des Lernens, die unter Umgehung des Bewusstseins stattfinden, würden durch Schäden im Hippocampus nicht beeinträchtigt.

Viele Lernvorgänge laufen unterbewusst – *quasi* automatisiert ab. Oft beruhen sie auf ständiger Wiederholung. Dieses implizite oder auch prozedurale Gedächtnis spielt eine Rolle beim Einüben komplexer Bewegungsfolgen wie

Zähneputzen, Autofahren oder Klavierspielen. Solche Tätigkeiten verlangen, sobald sie verinnerlicht sind, keine bewusste Erinnerung oder ein bewusstes Abrufen einzelner Komponenten des Gesamtkunstwerks. Im Gegenteil, eine Rückkopplung über das Bewusstsein wäre eher störend.

Bei oft wiederholten Handlungen findet irgendwann ein Transfer explizit erarbeiteter Erinnerung in ein prozedurales, unterbewusstes Gedächtnis statt. Während sich Fahrschüler bei ihrer Prüfung noch viele der Abläufe schwitzend ins Bewusstsein rufen müssen, ist Autofahren für den Routinier etwas, was fast vollkommen unbewusst abläuft. Solche Verschiebungen vom expliziten Gedächtnis in Speicher, aus denen Erlerntes bei Bedarf automatisch abgerufen werden kann, ist vor allem für motorische Fertigkeiten typisch. Prozedurales, implizites Lernen ist sehr alt. Einfache Formen finden sich selbst bei Tieren, die im strengen Sinn gar kein Gehirn, sondern nur ein simples netzartiges Nervensystem haben. Die berühmten Hundeexperimente des russischen Psychologen Iwan Pawlow (1849–1936) sind klassische Beispiele für außerbewusstes Lernen. Jedes Mal, wenn er seinen Hunden das Futter anrichtete und ihnen in froher Erwartung der Mahlzeit der Speichel über die Lefzen lief, ließ er ein Glöckchen erklingen. Schon bald reichte der Klang, um den Speichel fließen zu lassen, auch wenn weit und breit kein Futter zu sehen war. Das Grundprinzip dieser *klassischen Konditionierung* beruht darauf, dass ein (unkonditionierter) Reiz, der reflexartig eine bestimmte Reaktion auslöst, regelhaft mit einem neutralen Reiz verknüpft wird, der außerhalb dieser Kombination nur achselzuckend zur Kenntnis genommen werden würde. Durch ständige Paarung von unkonditioniertem Reiz und neutralem Reiz gewinnt der neutrale Reiz »Bedeutung«[2] und löst schließlich dieselbe Reaktion aus, wie der ursprüngliche Auslöser, auch wenn der *unkonditionierte Reiz* weggelassen wird. Der neutrale Reiz macht Karriere und wird zum konditionierten Reiz.

Pawlows Experimente waren bahnbrechend. Trotzdem waren speichelnde Hunde nicht das, was sich viele seiner Zeitgenossen unter einem geeigneten Rollenmodell für die subtilen Triebkräfte der menschlichen Psyche vorstellten. Nicht Pawlow, sondern der österreichische Neurologe Sigmund Freud wurde zum berühmtesten Seelenkundler des 20. Jahrhunderts. Und das obwohl oder gerade weil Freud eine völlig andere Perspektive auf die Psyche einnahm als Pawlow. Freuds Psychoanalyse ist in vieler Hinsicht genau das Gegenteil von Pawlows »Reflexologie«.

Die Psychoanalyse ist ein opulentes, aber in vielen Aspekten spekulatives

Theoriengebäude zur Struktur der menschlichen Psyche und zur Psychogenese psychiatrischer Krankheiten. Im Gegensatz zu Pawlows Arbeiten ist ihre empirische Grundlage dürftig. Freuds beredte Reisen in die verborgenen Kammern unserer Seele verhalfen ihm trotzdem zu ungeheurer Popularität. Sie ernteten aber auch bald Widerspruch. Im Jahr 1913 veröffentlichte der Verhaltensforscher John B. Watson einen Aufsatz, der sich wie ein Anti-Freud-Manifest liest. Der Artikel beginnt mit zwei lakonischen Sätzen: »Psychologie ist [...] ein vollkommen objektiver, experimentell arbeitender Teil der Naturwissenschaft. Ihr Ziel ist die Vorhersage und die Kontrolle von Verhalten«.[3] Die Psychoanalyse und ihre introspektiven Verfahren lehnte Watson hingegen als »Nicht-Wissenschaft« ab. Was ihn interessierte, war das Beobachtbare – das Verhalten. Folgerichtig nannte er seinen wissenschaftlichen Ansatz auch *Behaviorismus*.[4] Psychologie war in seinen Augen entweder Teil der Naturwissenschaft oder gar keine Wissenschaft. Verhalten, so Watsons Credo, lasse sich auf universelle Mechanismen reduzieren, die für Mensch und Tierreich gleichermaßen gültig sind. Watson war außerdem der Meinung, jeder Organismus könne nur durch Interaktion, also durch auf ihn einwirkende Reize, etwas über seine Umwelt in Erfahrung bringen. Grundlage des Lernens ist nach Ansicht der Behavioristen die *Konditionierung*. Die Möglichkeit angeborener Erkenntnis ignorierte Watson und stand damit ganz in der lockeschen Tradition des Empirismus. Die klassische Konditionierung hatte aber einen Haken oder vielmehr eine Erklärungslücke. Pawlows Experimente demonstrierten nämlich, dass ein bestimmtes Verhalten von den Stimuli abhängig war, die vorher oder parallel zum unkonditionierten Reiz dargeboten wurden. Lernen aus Erfahrung beruht aber meist auf einer anderen Reihenfolge. Erst im Nachhinein zeigt sich, ob ein bestimmtes Verhalten opportun, also von Erfolg gekrönt ist oder nicht.

Diese Lücke im Gebäude des Behaviorismus geschlossen zu haben, war vor allem das Verdienst des amerikanischen Psychologen Burrhus Frederic Skinner (1904–1990). Skinner erdachte Experimente mit Ratten und später mit Tauben, um nach Mechanismen zu fahnden, mit denen die Wahrscheinlichkeit eines ursprünglich spontanen Verhaltens durch die unbewusste Verknüpfung mit dem, was danach folgt, verändert wird. Diesen Prozess nannte er *operante* oder *instrumentelle Konditionierung*. Stimuli, die in einem gewissen Abstand auf ein bestimmtes Verhalten folgten, können vom Versuchstier als Belohnung oder Bestrafung interpretiert werden. Skinner bevorzugte die deskriptiven Begriffe *positive* oder *negative Verstärkung*. Den Begriff *Lernen* mied er wie der Teufel das Weihwasser. Seiner Meinung nach schwingt bei *Lernen* etwas mit, was auf die ungeliebten mentalen Prozesse verweisen könnte, die die Behavioristen ja zu ignorieren versuchten. Mithilfe seiner berühmten *Skinner-Box*[5] demonstrierte er, dass ein Verhalten, auf das regelhaft ein als positiv empfundener Reiz folgt, verstärkt wird. Positive Verstärkung erhöht die Wahrscheinlichkeit, dass besagtes Verhalten in Zukunft wieder auftritt. Umgekehrt kann konditioniertes Verhalten wieder verlernt werden, wenn die erwartete Belohnung regelhaft ausbleibt. Durch Bestrafung mittels unangenehmer (*aversiver*) Reize oder durch den Entzug positiver Reize kann Verhalten auch negativ verstärkt werden, so wird sein Auftreten unwahrscheinlicher. Konditioniertes Verhalten kann auch wieder verlernt werden, folgen plötzlich negative (*aversive*) statt positive Reize.

Irgendwie erinnert das Szenario an die darwinsche Selektion. Genau wie die Frequenz günstiger Allele nimmt auch die Frequenz positiv verstärkten Verhaltens mit jeder neuen Bestätigung zu.[6] Diese Analogie ist kein Zufall. Skinners Box war inspiriert durch die Versuche des berühmten amerikanischen Psychologen Edward Lee Thorndike (1874–1949), der zur selben Zeit wie Pawlow Versuche zum Lernen mittels Versuch und Irrtum anstellte. Thorndike entwickelte einen sogenannten ›Problemkasten‹, in den er eine Katze setzte. Im Kasten befanden sich mehrere Hebel. Nur einer der Hebel öffnet die Tür, die es dem Tier ermöglicht, dem Gefängnis zu entkommen und an das Futter zu gelangen, welches Thorndike als zusätzliche Motivation vor den Käfig stellte.

Thorndike war glühender Darwinist. Für Skinner und Thorndike war die Analogie zwischen dem »Lernen« und der evolutionsbiologischen Selektion tiefgründiger, als es auf den ersten Blick erscheinen mag. Wie bei der Evolution, die wie ein »blinder Uhrmacher«[7] durch naturgesetzliche, nicht-intentionale und nicht auf langfristige Ziele gerichtete Prozesse wirkt, sahen beide im Lernen einen mechanistischen Vorgang, bei dem das Bewusstsein keine wesentliche, vor allem keine kausale Rolle spielt. Für Skinnerianer ist Verhalten weniger die passive Reaktion auf einen Reiz, sondern eher etwas, was *spontan emittiert* und dann durch die anschließenden Konsequenzen modifiziert wird – ähnlich wie die spontanen Genmutationen, die erst in den folgenden Generationen je nach Anpassungswert positiv oder negativ selektiert werden.[8]

Nach dem Erscheinen von Skinners Hauptwerk *Science and Behaviour* im Jahr 1953 wurde seine Lesart des Behaviorismus mehr und mehr zu einer Art heuristischer Allzweckwaffe, einer umfassenden Theorie, die den Anspruch erhob, alle Aspekte erlernten Verhaltens bei Tier und Mensch durch einen universellen Mechanismus zu erklären. Aber wie so oft, wenn sich eine Theorie zur Erklärung für alles aufschwingt, läuft sie Gefahr, ihre empirische Basis zu verlassen und in die Nebel der Spekulation abzutauchen. Skinners Konzept beruhte vor allem auf Versuchen mit Tauben. Die verwendeten Verstärker waren Belohnungen, die unmittelbare und handfeste Vorteile boten und keiner weiteren Ausdeutung bedurften. Dabei ging es um Futter, angenehme Gerüche, Wärme, Nähe und Schutz im Rudel. Skinner dehnte sein Konzept aber weit darüber hinaus aus und ergänzte die Theorie um sogenannte *sekundäre Verstärker*, deren Bewertung zum Beispiel durch Konditionierung erst erlernt und so mit einer positiven oder negativen Bedeutung belegt werden musste, bevor sie ihrerseits wirken konnten. Unter solchen potentiellen sekundären Verstärkern können wir uns kulturelle Errungenschaften wie soziale Bestätigung, Geld oder Statussymbole vorstellen. Problematisch daran ist allerdings, dass sich viele dieser hypothetischen Verstärker im Tierexperiment kaum nachvollziehen lassen, da es hier ja nicht »das Ding an sich«, sondern seine symbolische Bedeutung ist, die sie zum Verstärker macht.

Ein schönes Beispiel wäre die Faszination, die *Mode* auf manche Menschen ausübt. Nicht allein das Aussehen, Material oder gar Funktionalität bestimmt den Wert eines Kleidungsstücks. Zum Statussymbol wird Mode erst durch das ›Label‹ oder die Signatur eines berühmten Designers. Dieser Wert steht in keinem objektiven Zusammenhang zum Produkt, sondern ist die Folge einer Übereinkunft innerhalb einer bestimmten Gruppe von Menschen. Mode ist eine kulturelle Konvention mit begrenzter Halbwertszeit. Was heute chic ist, gilt morgen als altbacken. Die einzige Konstante ist das hektische Bemühen, stets auf der vordersten Welle der Innovation zu surfen. Nicht umsonst landen jedes Jahr tausende von Tonnen intakter Kleidung in Müllsäcken; nur weil sie »unmodern« geworden ist.

Ein anderes Beispiel für den weit ausgreifenden Geltungsanspruch des radikalen Behaviorismus stammt von Skinner selbst. Wie sein Vorgänger Watson hielt auch Skinner nicht viel von Religion. Watson sah in allen Religionen tief irrationale und daher gefährliche Kulturprodukte, die geeignet sind, Menschen anfällig zu machen für Manipulation und Ausbeutung. Für Watson war Religion nichts, womit sich ein anständiger Wissenschaftler beschäftigen sollte. Skinner war genauso religionskritisch. Anders als Watson fand er es aber keineswegs anstößig, die Religion selbst zum Objekt seiner Psychologie zu machen. Er war der Meinung, Religion sei als ein – wenn auch unglückliches – Produkt operanter Konditionierung zu erklären. Skinner wäre nicht Skinner, wenn er nicht gleich auch »experimentelle Belege« für seine These nachgeschoben hätte: Wenn Tauben in Käfige gesetzt werden, bei denen sich in regelmäßigen Abständen und völlig ohne ihr Zutun die Klappen zum Futter öffnen, vollführen die Tiere während des Wartens auf die nächste Ration scheinbar vollkommen funktionslose Bewegungsrituale. Sie behalten diese Rituale noch lange, nachdem sie die Käfige verlassen haben, bei, obwohl sie außerhalb vollkommen unabhängig von ihren Tänzen gefüttert werden.[9] Skinner interpretierte diese Tänze als eine Art von abergläubischem Ritus, der während der Zeit im Käfig operant konditioniert wurde, den die Tiere aber nicht ablegen, in der Überzeugung, damit die Zukunft in ihrem Sinne positiv beeinflussen zu können.

Diese Interpretation deutet an, dass der Behaviorismus Gefahr lief, weit über das hinaus zu schießen, was die Experimente hergaben. Die Etikettierung des täubischen Verhaltens mit dem Begriff »Aberglauben« ist fragwürdig. Eigentlich verstößt Skinner selbst damit gegen das zentrale Dogma des Behaviorismus, denn er wirft hier einen ziemlich spekulativen, weil interpretierenden Blick in die Taubenpsyche. Ein Begriff wie *Aberglaube* macht in diesem Kontext nur Sinn, wenn wir den Tauben unterstellen, sie *glaubten*,[10] ihre drolligen, aber sinnfreien, ritualisierten Bewegungsmuster wären geeignet, die Öffnung der Futterklappen positiv zu beeinflussen. Dabei sind auch ganz andere Interpretationen der Taubentänze denkbar. So könnte es sich etwa schlicht um Hospitalisierungssymptome handeln.[11] Selbst wenn wir den Begriff Aberglaube akzeptieren, muss menschlicher Aberglaube und der Aberglaube der Tauben nicht auf identischen Prozessen beruhen. Und zum Schluss bleibt die Frage, inwieweit dieser »Aberglaube der Tauben« wirklich als Modellsystem für ein so schillerndes Phänomen wie die menschlichen Religionen taugt.

Damit ist Skinners Interpretation nicht widerlegt. Ich möchte nur auf ein Problem des Konzepts der sekundären Verstärker hinweisen. Wenn äußere Stimuli erst durch interne Bewertungssysteme mit Bedeutung aufgeladen werden müssen, um als Verstärker wirksam zu werden, schleicht sich durch dieses Hintertürchen unweigerlich die ungeliebte Instanz des menschlichen Gehirns in die Theorie. Skinner war natürlich viel zu klug, um dieses Problem zu übersehen. Auf die einfache Rückkopplungsschleife seines Konditionierungsschemas (Stimulus ⇒ Response ⇆ Consequence)[12] setzte er immer neue

Lernschleifen, die ihrerseits in der Vergangenheit die Bewertungsinstanzen mit einem bestimmten, durch operante Konditionierung entstandenen Inhalt[13] versorgt haben. Er machte dadurch alle Formen von persönlichen Ansichten, Meinungen, Vorlieben und Abneigungen zu einer Art von *verdecktem Verhalten*, zu etwas, das durch operante Konditionierung erlernt werden konnte. Auch wenn er die Theorie damit formal zu retten versuchte, machte er den Behaviorismus so zu einem Theoriemonstrum. Mit jedem weiteren Schritt wurde das Konstrukt komplexer *und* spekulativer.

Insbesondere der Versuch, die menschliche Sprache als alleiniges Resultat operanter Konditionierung zu deuten,[14] stieß auf heftige Kritik. In der verheerenden Rezension, die der große amerikanische Sprachtheoretiker Noam Chomsky zu Skinners Buch *Verbal Behavior* verfasste, sahen manche den Sargnagel des Behaviorismus. Chomsky drehte den Spieß um und fragte schlicht: Was ist hier eigentlich Henne und was Ei? Für ihn ist Sprache ein klassisches Beispiel für eine *conditio humana* – sie muss genetische Wurzeln haben und verdankt sich nicht nur dem Lernen. So vielgestaltig und unterschiedlich die menschlichen Sprachen auch sind, alle basieren auf einem (grammatischen) System, das regelt, wie die verschiedenen Symbolkategorien zu übergeordneten bedeutungstragenden Einheiten, zu Sätzen und Texten, zusammengestellt werden. Die allgemeine Fähigkeit zum Erwerb einer Sprache haben alle Menschen, egal ob sie in Asturien, der Kalahari oder in New York, egal ob sie heute, vor 100 Jahren oder zu Homers Zeiten geboren wurden. Diese Fähigkeit, *irgendeine* Sprache zu erlernen, muss eine biologische Basis haben, die nichts mit (individuellem) Lernen zu tun hat.

Skinner leugnete nicht, es gebe angeborene Aspekte des Verhaltens. Nur spielte die Unterscheidung von »angeboren« und »erworben« für ihn eine untergeordnete Rolle. Wichtig ist der Mechanismus, mit dem sich Verhalten in einem Individuum oder eben in einer Art etabliert. Das Prinzip *selection by consequences* sah Skinner sowohl bei der biologischen Evolution als auch beim individuellen Lernen am Werk. In seiner Begeisterung für dieses universelle Prinzip ignorierte er allerdings, dass es sich hier nur um eine schöne Analogie handelt. Denn beide Prozesse des »Lernens« haben vollkommen unterschiedliche biologische Grundlagen. »Phylogenetisches Lernen«[15] durch Mutation und Selektion geht am Individuum vorbei. Evolutionäre Anpassung ist ein Prozess, der Generationen in Anspruch nimmt und sich auf Populationen, nicht auf Individuen bezieht. Die angeborenen Programme des Verhaltens sind in den Genen angelegt. Bezogen auf das Individuum, schafft phylogenetisches Lernen keine Spielräume, im Gegenteil, es engt sie ein. Die Gene setzen den Rahmen, in dem individuelles Lernen stattfinden kann.

Das biologische Substrat der operanten Konditionierung findet sich nicht in den Genen, sondern in der Architektur des Nervensystems. Mit dem Tod des Individuums gehen diese erworbenen Engramme verloren. Durch die Erfindung der Kultur hat der Mensch Schlupflöcher geschaffen, um diesem anti-lamarckistischen Dogma ein Stück weit zu entrinnen. Die Erfindung von Sprache und Schrift befähigt uns, die Ergebnisse individueller Lernprozesse aus dem Gehirn auszulagern, mit anderen zu teilen und über Generationen zu bewahren und zu kommunizieren.

Die Idee angeborener Aspekte menschlichen Denkens und Verhaltens ist älter als der Behaviorismus. Ihr prominenter Fürsprecher ist Immanuel Kant. In seiner *Kritik der reinen Vernunft*[16] führt er seine Idee von Kategorien und Anschauungsformen menschlichen Denkens aus, die *a priori*, das heißt schon bei Geburt und vor aller Erfahrung vorhanden sind.[17]

Nicht nur die Schwierigkeiten, in die sich der Behaviorismus durch die Überschreitung des Geltungsbereichs seiner empirischen Modelle manövrierte, läuteten Anfang der 1970er Jahre die sogenannte *kognitive Wende* ein. Noch andere Gründe bewegten die Psychologen dazu, sich wieder dem Organ des Denkens selbst zuzuwenden. Einer der Gründe waren die Arbeiten von Brenda Millner zur Struktur des Gedächtnisses. Denn *das* menschliche Gedächtnis als eine monolithische Einheit schien gar nicht zu existieren. Wie ein Lichtstrahl, der durch ein Prisma fällt, zerfällt das Gedächtnis bei genauerer Analyse in Einzelkomponenten. Lernen und Gedächtnis umfassen ein ganzes Bündel von Teilaspekten und Teilsystemen. Gedächtnis wurde zum Sammelbegriff für mehrere verschiedene »Prozesse und Systeme, die für die Einspeicherung, die Aufbewahrung, das Vergessen und den Abruf von Informationen zuständig sind, sobald die ursprüngliche Quelle der Information nicht mehr verfügbar ist«.[18]

Betrachten wir das Gedächtnis unter dem Aspekt *Nachhaltigkeit*, müssen wir mindestens ein Ultrakurzzeitgedächtnis, ein Kurzzeitgedächtnis und ein Langzeitgedächtnis unterscheiden. Das Ultrakurzzeitgedächtnis hält den aktuellen sensorischen Input, Bilder, Szenen[19] oder auch Geräusche,[20] nur wenige Sekunden fest. Das Kurzzeitgedächtnis macht ein größeres Zeitfenster über etwas mehr als eine Minute auf. Seine Aufnahmekapazität ist begrenzt. Nur etwa sieben (± zwei) Informationseinheiten kann es gleichzeitig präsent halten. Das Langzeitgedächtnis muss je nach Art der gespeicherten Information in mindestens zwei Systeme unterteilt werden. Das erste Langzeitsystem ist das »explizite« oder auch »deklarative« Gedächtnis. Es archiviert semantische Information und Fakten der Art »Wer hat die Glühbirne erfunden?« oder »Was ist am 11.9.2001 in New York passiert?«. Solche Informationen sind oft wie kleine Filmschnipsel, sprachlich oder szenisch. Sie dringen ins Bewusstsein, wenn wir sie abrufen. Daneben gibt es ein zweites System, das implizite, unbewusste Lerninhalte langfristig speichert. Dazu gehören Gesichter, Geräusche, Gerüche, vor allem aber motorische Fertigkeiten, die durch Training angeeignet wurden. Wenn es so viele verschiedene Formen von Gedächtnis gibt, hat das Gehirn vielleicht auch verschiedene Strategien entwickelt, Engramme von Gedächtnisinhalten herzustellen und zu speichern. Darunter könnten Prozesse sein, die über das Paradigma der operanten Konditionierung hinausgehen.

Anfang der 1970er Jahre endete die Zeit der Bescheidenheit. Hirnforscher schickten sich an, auf die Suche nach den neuronalen Korrelaten der Hirngespinste von Philosophen und Psychologen zu gehen. Eines der ambitioniertesten und erfolgreichsten Projekte war ironischerweise der Versuch, die behavioristische Furcht vor dem Black-Box-Gehirn dadurch zu überwinden, dass ausgerechnet die neuronalen und molekularen Mechanismen der operanten Konditionierung entschlüsselt werden.

Die Froschperspektive

Im vorigen Abschnitt habe ich mit dem sonst gepflegten Prinzip dieses Buches gebrochen. Statt mich brav von unten nach oben zu arbeiten, vom Einfachen zum Komplexen, habe ich – der Chronologie der Forschung folgend – Lernen und Gedächtnis zuerst aus der Vogelperspektive der Psychologie betrachtet. Die Stockwerke darunter ignorierte ich dabei, obwohl wichtige Fragen dort angesiedelt sind: Wie funktioniert Gedächtnis? Was ist seine neuronale Basis? Was verändert sich im Gehirn, wenn wir lernen oder uns etwas merken?

Insbesondere im Bereich des expliziten, episodischen Gedächtnisses bestehen viele Gedächtnisinhalte aus *Assoziationen*, also dem Zusammendenken von Elementen, die wir in früheren Situationen als kohärent erlebt haben. Wenn es blitzt, warten wir auf den Donner. Wir assoziieren beide Phänomene und denken sie zusammen als Gewitter. Wir erinnern uns eventuell an Erlebnisse, die uns das letzte Sommergewitter beschert hat, als wir leicht geschürzt vom Badesee nach Hause radelten.

Ein anderes Beispiel für assoziierendes Denken ist, sich die Bedeutung eines Wortes zu vergegenwärtigen. Nehmen wir »Katze«. Die willkürliche Buchstabenfolge KATZE füllt sich mit Bedeutung, weil sie mit einem ganzen Bündel visueller, semantischer, haptischer und selbst olfaktorischer Merkmale verknüpft wird, die alle zu dem gehören, was wir uns unter »Katze« vorstellen.

Auch wenn wir Fakten memorieren, setzen wir Elemente zueinander in Beziehung. Nehmen wir den Satz: »Am 6. Juni 1944 landeten die Westalliierten in der Normandie«. Wir assoziieren das Subjekt, die Westalliierten, mit einer bestimmten Tätigkeit, der Landung, und denken das Ganze zusammen mit einem bestimmten Ort und einem bestimmten Zeitpunkt. Je nachdem, wie intensiv wir uns mit diesem Ereignis auseinandergesetzt haben, werden unwillkürlich weitere Verknüpfungen aktiviert (»D-Day, Montgomery, Eisenhower, Omaha Beach, der Soldat James Ryan, die Stadt Caen, der Regisseur Steven Spielberg …«). Die Metapher, etwas habe sich »ins Gedächtnis eingegraben«, erinnert an die Entstehung eines Wadis. Bei starken Regengüssen verteilt sich Wasser zunächst mehr oder weniger zufällig in einer Ebene. Je nach Zufluss und Bodenbeschaffenheit werden manche Abschnitte des Geländes stärker ausgewaschen als andere. Kleine Rinnen entstehen. Schon beim nächsten Guss geben diese Rinnen Vorzugsrichtungen an. Sie werden tiefer, Gräben und schließlich Täler entstehen. Jede weitere Flut gräbt vor allem bereits etablierte Abflüsse weiter aus, und tiefer und tiefer frisst sich das Wadi in die Landschaft.

Vielleicht hat dieses Bild den kanadischen Psychologen Donald Hebb (1904–1985) im Jahr 1949 zu seinen berühmten ›Lernregeln‹ inspiriert. Die hebbschen Regeln sollen erklären, was in einem Netzwerk miteinander verknüpfter Neuronen beim assoziierenden Lernen vor sich geht: »Wenn ein Axon der Zelle A […] die Zelle B erregt und wiederholt und dauerhaft zur Erzeugung von Aktionspotentialen in Zelle B beiträgt, so resultiert dies in Wachstumsprozessen oder metabolischen Veränderungen in einer oder in beiden Zellen, die bewirken, dass die Effizienz von Zelle A in Bezug auf die Erzeugung eines Aktionspotentials in B größer wird.«[21] Je häufiger also Neuron A gleichzeitig mit Neuron B aktiv ist, desto enger wird die Verbindung zwischen beiden. Umso wahrscheinlicher wird es, dass sie in der Zukunft als Ensemble agieren. Um es mit Hebb zu sagen: »What fires together, wires together«.[22] Für Donald Hebb war das neuronale Korrelat assoziativ erstellter Gedächtnisinhalte ein lokales Netzwerk von Nervenzellen,[23] dessen Neuronen mehr oder weniger fest miteinander verknüpft sind. Wenn solche Netzwerke lernen, verändert sich die Stärke der Verknüpfung zwischen den Elementen. Verknüpft sind Neuronen durch Synapsen, das hatte Hebb von Sherrington gelernt. Lernen ist also ein Produkt synaptischer Plastizität.

Hier endet die Analogie zum Wadi. Zwar fließt die Information, wie das Wasser, innerhalb von Nervenzellen und an den Synapsen in eine festgelegte Richtung. Da aber eine einzige Nervenzelle bis zu 10 000 Kontakte mit anderen Zellen pflegen kann, erregende und hemmende Neuronen in Serie, aber auch kreisförmig zusammengeschaltet werden können, können neuronale Netze schon bei einer relativ bescheidenen Zahl von Elementen ziemlich schnell zu ziemlich komplizierten Konstrukten werden, mit Rückbezüglichkeiten, positiven oder negativen Rückkopplungsschleifen. Ein weiterer Unterschied zu Flussläufen besteht darin, dass Neuronen auf mehreren Hochzeiten gleichzeitig tanzen können. Ein einzelnes Neuron kann gleichzeitig Akteur in mehreren Netzen sein und manchmal in diesem, manchmal in jenem Kontext aktiviert werden.

Hebbs Modell des synaptischen Lernens war visionär, damals aber noch reine Theorie. Ende der 1940er Jahre war über elektrophysiologische und molekulare Details von Neuronen und Synapsen wenig bekannt. Noch einige Jahre sollte es dauern, bis die beiden Elektrophysiologen Alan Hodgkin (1914–1998) und Andrew Huxley (1917–2012) ihre Ionentheorie formulierten, die erklärt, wie Ruhemembranpotential und Aktionspotential zustande kommen und wie Botschaften innerhalb der Nervenzellfortsätze weitergeleitet werden.[24] Auch der Mechanismus der Kommunikation *zwischen* Nervenzellen war im Jahr 1949 noch sehr umstritten. Die Welt der Neurophysiologie war damals in zwei Lager gespalten, die »Sparkisten« und die »Soupisten«. Die Anhänger der *Spark*-Theorie (von engl. *spark* = Funke) glaubten, Botschaften würden zwischen den Zellen genau wie innerhalb der Zelle durch Ionenströme, also auf elektrischem Wege transportiert. Die Verfechter der *Suppen-(soup)*-Theorie waren dagegen überzeugt, chemische Botenstoffe, eine molekulare Suppe,[25] übertrügen die Signale an der Synapse. Die Kontroverse blieb bis in die Mitte der 1950er Jahre unentschieden. Dann begann sich die Waagschale zugunsten der Soupisten zu neigen. Das war im Wesentlichen das Verdienst des Neuseeländers John Eccles (1903–1997). Auch wenn es im Gehirn tatsächlich rein elektrische Synapsen gibt, ist die oben beschriebene Form der

Signalübertragung mittels chemischer Botenstoffe (Neurotransmittern) die Regel, die elektrische Signalübertragung die Ausnahme.

Die Mechanismen der Kommunikation zwischen Nervenzellen nahmen in den nächsten beiden Jahrzehnten nach Hebb langsam Kontur an. Ein experimentelles Modell, mit dessen Hilfe die von Hebb postulierten synaptischen Veränderungen hätten überprüft werden können, schien aber im Jahr 1949 weit jenseits aller Möglichkeiten zu liegen. Eines war jedoch klar: Wer sich dem Problem empirisch nähern will, der muss sich in radikaler Bescheidenheit üben. Diese Bescheidenheit bei der Wahl eines experimentellen Modellsystems nennen die Wissenschaftstheoretiker *Reduktionismus*.

Auch wenn *Reduktionismus* für manche Menschen fast ein Schimpfwort ist, beruhen die meisten experimentell gewonnenen Erkenntnisse in der Biologie auf dem Prinzip der Reduktion. Reduktionistisches Arbeiten ist legitim, wenn das Modell die wesentlichen Kernelemente des biologischen Problems aufweist, das es zu enträtseln gilt. Um es mit den Worten des Molekulargenetikers Sydney Brenner (1927–2019) zu sagen: »Man muss das System finden, das sich am besten eignet, um das Problem experimentell zu lösen [...] solange es **allgemein** genug ist, wird sich dort auch die Lösung finden«.[26]

Was allerdings menschliches Lernen anging, waren viele Verhaltensforscher bis weit in die 1960er Jahre skeptisch, ob tierische Modellsysteme hier weiterhelfen könnten. Menschliches Denken, Lernen und Handeln schienen zu herausgehoben, zu speziell zu sein. So war die Gemengelage, als Mitte der 1950er Jahre ein junger Mediziner namens Eric Kandel (*1929) an die Tür des renommierten New Yorker Neurobiologen Harry Grundfest (1904–1983) klopfte. Kandel, der sich gerade in der Weiterbildung zum Facharzt für Psychiatrie befand, erklärte fröhlich, er habe nichts Geringeres vor, als die biologischen Korrelate der berühmten drei Elemente der freudschen Strukturtheorie des Geistes, Es, Ich und Über-Ich, aufzuspüren.[27] Ein weniger offener Geist als Grundfest hätte Kandel möglicherweise gleich wieder vor die Tür gesetzt. Grundfest jedoch versuchte, ihn zu überzeugen, zunächst kleinere Brötchen zu backen. Er solle den Blick doch erst einmal auf die einzelne Nervenzelle richten. Kandel nahm sich den Rat zu Herzen, aber bei aller Bescheidenheit, was die Wahl seines Modellorganismus anging, verlor er die großen Ziele nicht aus den Augen. Allerdings verschob er sein Interesse an den nebulösen freudschen Instanzen des Geistes auf etwas Handfesteres. Ihm schwebte vor, ein experimentelles Modell zu entwickeln, mit dem er die neuronale Grundlage des menschlichen Gedächtnisses erforschen konnte. Die meisten

Neurobiologen waren damals der Meinung, Tiermodelle zur Erforschung menschlicher Gedächtnisleistungen würden nur etwas taugen, wenn sie dem Menschenhirn möglichst ähnlich sind. Das Problem war jedoch, dass Affen- oder selbst Mäusegehirne viel zu kompliziert waren, um das zu tun, was Kandel vorhatte. Er wollte Lernprozesse bis hinunter in die molekularen Details einzelner Synapsen verfolgen. Der Verhaltensgenetiker Chip Quinn brachte das Dilemma nicht ohne Sarkasmus auf den Punkt: »Ein idealer Versuchsorganismus sollte nicht mehr als drei Gene besitzen, Cello spielen oder zumindest klassische griechische Texte rezitieren können und diese Aufgaben mit einem Nervensystem bewältigen, das nur zehn große [...] leicht erkennbare Neurone enthält«.[28]

Nach Monaten des Denkens und Recherchierens glaubte Kandel die eierlegende Wollmilchsau gefunden zu haben: Der kalifornische Seehase, *Aplysia californica*, ist eine große Meeresschnecke, die bis zu 30 cm lang und mehrere Pfund schwer werden kann. Diese Schnecke hat kein Gehirn im eigentlichen Sinn. Ihr Nervensystem besteht aus neun separaten Zellhaufen (*Ganglien*) mit insgesamt kaum mehr als 20000 Neuronen. Natürlich ist die Schnecke weit davon entfernt, Platon im Original lesen zu können. Aber sie verfügt über eine Reihe von modifizierbaren Verhaltensmustern, die durchaus als einfache Formen des Lernens verstanden werden können. Eines dieser Verhaltensmuster ist der sogenannte *Siphonrückzugsreflex*.

Am Bauch der Schnecke findet sich eine Öffnung, der *Siphon*, der von den Kiemen und einer lippenartigen Ausstülpung umgeben ist. Reizt man den Siphon, zieht das Tier Siphon und Kiemen in die Bauchhöhle zurück.[29] Dieser Reflex wird ausschließlich vom *Abdominalganglion*, einem am Bauch der Schnecke lokalisierten Nervenzellhaufen kontrolliert. Kandel begann mit dem einfachsten Modell, das denkbar war, um Habituierung, Sensitivierung und klassischer Konditionierung auf zellulärer Ebene nachzuspüren.[30] Er präparierte das Abdominalganglion und setzte die Zellen in eine Kammer mit belüftetem Meerwasser.[31] Dort können solche Zellen für einige Zeit überleben. So konnte er gezielt einzelne Neuronen reizen und ihre Antworten aus den Zellen ableiten, die den stimulierten Neuronen nachgeschaltet waren. Vorzugsweise platzierte er seine Messelektrode in einer großen Zelle, die er R2 taufte. Diese Zelle aktiviert die Muskeln, die für den Siphonschutzreflex verantwortlich sind.

Zunächst stimulierte er ein sensorisches Neuron (S1), das mit R2 verbunden ist, mehrmals hintereinander mit einem schwachen Reiz.[32] Zu seiner tiefen Zufriedenheit verlief die Reaktion von R2 genauso, wie bei einer Habituierung[33] zu erwarten wäre: Je öfter er die R2-Zelle mit dem schwachen (neutralen) Reiz konfrontierte, desto schwächer wurde ihr Synapsenpotential. Diese Form der Gewöhnung hielt einige Minuten nach der Habituierung an. Wenn das Neuron S1 einige Stunden nach der Prozedur aber erneut gereizt wurde, reagierte die synaptische Verbindung, als hätte sie nie zuvor Signale von S1 erhalten. Diese Synapse war, wenn man so will, das Kurzzeitgedächtnis von R2 für wiederholte schwache Reize aus S1.

Kandel modifizierte den Versuch. Dieses Mal reizte er kurz vor der Stimulation von S1 ein zweites Neuron (S2), das ebenfalls mit R2 verschaltet ist. Er stimulierte dieses zweite Neuron fünfmal kurz hintereinander sehr intensiv – als Korrelat für ein schmerzhaftes oder potentiell schädliches Ereignis. Die Konfrontation von R2 mit einem starken, potentiell schmerzhaften Reiz kurz vor dem eigentlichen Ereignis führte dazu, dass die synaptische Reaktion nach Stimulation von S1 deutlich stärker ausfiel als üblich. Damit hatte Kandel ein einfaches neuronales Modell zur Sensitivierung implementiert.[34] Ermutigt wandte sich Kandel jetzt dem ganzen Tier zu. Das Zellkulturmodell hatte gezeigt, bestimmte Stimulationsmuster würden die Stärke synaptischer Verbindungen verändern. Was noch fehlte, war der Nachweis, dass sich dadurch das reale Verhalten eines realen Tieres ändert. Hebbs Hypothese war damals nicht unumstritten. Uneinigkeit herrschte darüber, ob die Veränderlichkeit von Synapsen tatsächlich eine Basis des Lernens ist. In den folgenden Jahren gelang es Eric Kandel in mühevoller Kleinarbeit, alle am Siphonrückzugsreflex beteiligten Neuronen zu identifizieren. Er musste feststellen, dass nur sechs sensorische Nervenzellen ihre Information an wiederum sechs Motoneuronen weiterleiten. Das war die ganze neuronale Grundlage des Siphonschutzreflexes. Die neuronale Architektur des Reflexbogens war bei jeder Schnecke exakt identisch. Jede Nervenzelle hat offenbar eine klar festgelegte und charakteristische Aufgabe. Dieser Aspekt des Systems war also genetisch fixiert.[35] Wenn die neuronalen Akteure im System bei verschiedenen Individuen derselben Art identische Rollen spielen, spricht das umso mehr dafür, dass individuelle Prägungen durch Veränderungen an den Verknüpfungen *zwischen* diesen Zellen entstehen.

Die *Ganglien* im Glas taugen nur zur Untersuchung kurzfristiger Phänomene. Die Schnecke sollte aber auch ein Modell zur Erforschung des Langzeitgedächtnisses werden. Tatsächlich gelang es, Habituierungseffekte hier auch für Wochen zu konservieren, wenn mehrere Habituierungsphasen hintereinander durchgeführt wurden, die von mindestens 24-stündigen Ruhepausen unterbrochen waren.[36]

Kandel hatte es geschafft, am Beispiel der Schnecke zu zeigen, dass einfache Verhaltensmuster durch Habituierung oder Sensitivierung moduliert werden können. Und er hatte nachgewiesen, beide Lernformen ließen bei geeignetem Training sowohl ein Kurz- als auch ein Langzeitgedächtnis entstehen. Jetzt konnte er sich ans Eingemachte wagen. Er wollte die behavioristische *Blackbox* öffnen und dem Gedächtnis in sein molekulares Räderwerk schauen. Auch Kandel war der Überzeugung, unterschiedliche Gedächtnismodalitäten beruhten auch auf unterschiedlichen zellulären und molekularen Prozessen. So betrachtet war das Modell der Schnecke ein Modell für »implizites Lernen«, also für Modalitäten, die beim Menschen weitgehend dem unbewussten Erlernen motorischer Fähigkeiten entsprechen. Aber das Gedächtnis der Schnecke zeigte immerhin Kurz- und Langzeitkomponenten. Und *Aplysia* war in der Lage, mehrere einfache Modalitäten des Lernens zu realisieren.[37]

Auf der Suche nach dem *molekularen* Korrelat des Kurzzeitgedächtnisses fing Kandel wieder ganz unten an. Er ging wieder in die Zellkultur und betrachtete zunächst die Synapse, die die Information über die Berührung des Siphons auf das Motoneuron überträgt, was den Rückzugsreflex auslöst. Habituierung oder Sensitivierung verändern dort vor allem die präsynaptische Seite. Bei der Gewöhnung schüttet das sensorische Neuron immer geringere Mengen des erregenden Neurotransmitters *Glutamat* aus. Wenn die Zelle vorher sensitiviert wurde, war es genau umgekehrt.

Aber was veranlasst das sensorische Neuron dazu, seinen Glutamatausstoß zu verändern? Nehmen wir die Sensitivierung. Sie wird durch einen Stromstoß, weit von der Synapse entfernt, am Schwanz des Tieres eingeleitet. Über mehrere Interneuronen gelangt diese Information zur sensorischen Zelle des Kiemenrückzugsreflexbogens. Dort machten Kandel und seine Mitstreiter eine seltsame Beobachtung. Das Synapsenpotential zwischen sensorischem Neuron und Motoneuron dauert in der Regel nur wenige tausendstel Sekunden. Ein vorangegangener Elektroschock erhöht die Transmitterausschüttung aber für mehrere Minuten. Diese Zeitspanne passte nicht zu dem blitzartigen *Auf und Zu* der transmittergesteuerten Ionenkanäle.

Kurz zuvor hatte der Molekularbiologe Earl Sutherland (1915–1974) bei Fett- und Muskelzellen einen sehr grundlegenden Mechanismus der Signalübertragung entdeckt. Grob skizziert funktioniert das Ganze wie folgt: Ein Botenstoff namens *Serotonin* dockt an einen sogenannten »metabotropen«

Rezeptor an. Dadurch wird das Enzym *Adenylatcyclase* aktiv und produziert ein kleines Molekül namens *cAMP*, den »zweiten Boten« (*second messenger*), der dann in der Zelle eine ganze Signalkaskade anstößt. Diese Form der Übertragung eines Signals von außen nach innen ist ein universeller Mechanismus zellulärer Kommunikation, vom Einzeller bis zum Primaten. Sie ist wesentlich langsamer als das blitzartige *Auf und Zu* der Ionenkanäle. Und sie würde gut zu der einige Minuten anhaltenden Sensibilisierung nach einem Elektroschock passen. Kandel untersuchte die Synapsen der Interneuronen, die den Elektroschock auf das sensorische Neuron des Reflexbogens übertragen. Und tatsächlich stimulierte auch hier *Serotonin* einen Rezeptor, der die Produktion von *cAMP* anwirft. Die *Adenylatcyclase*[38] ist Minuten aktiv und wirkt wie ein gewaltiger Verstärker. Ein einziges Serotoninmolekül sorgt dafür, dass über 1000 cAMP-»second messenger« produziert werden.

Kandel stellte die These auf, das Kurzzeitgedächtnis beruhe auf biochemischen Prozessen, die *ad hoc* veränderlich sind und ohne den Zugriff auf die Gene und ihren etwas schwerfälligen Apparat zur Produktion neuer Eiweiße auskommen: Serotonin sorgt für den Anstieg der *cAMP*-Konzentration, das aktiviert ein Eiweiß namens *Proteinkinase A*,[39] das wiederum verändert über eine Reihe von Zwischenschritten den Zustand eines Kaliumkanals in den präsynaptischen Enden des sensorischen Neurons.

Dieser Kaliumkanal ist im Ruhezustand offen und trägt zum Zustandekommen des Ruhemembranpotentials bei. Bei einem Aktionspotential strömen durch den unverändert offenen Kanal K^{+}-Ionen rasch aus der Zelle hinaus. Wenn eine Zelle aber unmittelbar vor dem Aktionspotential eine Serotoninbotschaft erhalten hat, sorgt die Signalkette über *cAMP* dafür, dass dieser Typ von Kanälen geschlossen wird. Dadurch wird das Aktionspotential »deformiert«. Es wird breiter, denn der Kaliumstrom ist verlangsamt. Durch die zeitliche Dehnung des Aktionspotentials kann mehr Calcium aus der Zelle in den synaptischen Spalt strömen. Calcium ist ein wichtiger Stimulus für die Freisetzung des Neurotransmitters Glutamat.[40] Und mehr Glutamat führt schließlich dazu, die Endstrecke des Kiemenrückzugsreflexbogens, des Motoneurons – genau das, was wir bei einer Sensitivierung erwarten würden – stärker zu aktivieren.

Inzwischen wurden weitere molekulare Prozesse entschlüsselt, die das Zeitfenster für kurzfristige plastische Veränderungen an den Synapsen auf Stunden, Tage oder sogar Wochen erweitern. Im Unterschied zu der gerade beschriebenen Sensitivierung einer synaptischen Verbindung durch einen *dritten* Mitspieler[41] erinnern diese Prozesse, die unter Neurobiologen als Langzeitpotentierung (LTP)[42] bekannt sind, eher an die hebbsche Vorstellung, die wiederholte Nutzung einer Verbindung stärke das Band zwischen zwei Neuronen.[43] Der Zeiträume, in denen solche Effekte wirken, können sehr unterschiedlich sein. Wird ein Neuron einige Sekunden lang in einer Frequenz von 100 Hertz stimuliert, ist die Empfänglichkeit für nachfolgende Reize für Minuten bis Stunden erhöht. Werden solche Salven alle zehn Minuten wiederholt, können Sensibilisierungseffekte sogar über Wochen anhalten.

Die Langzeitpotentierung erweitert den Horizont des Kurzzeitgedächtnisses. Auch sie verändert den Zustand des Gehirns, ohne dass dabei Gene die Hände direkt im Spiel haben.

Trotzdem setzen Gene natürlich Rahmenbedingungen. Und so waren es genetische Experimente, die zeigten, dass es nicht eine einzige, sondern mehrere molekulare Realisationen des Kurzzeitgedächtnisses gibt. Das Kurzzeitgedächtnis ist partitioniert: Verschiedene Lernprozesse und Gedächtnisqualitäten basieren auf unterschiedlichen molekularen Systemen. Lernvorgänge, die räumliche Zusammenhänge betreffen, etwa beim Wiederfinden von Futterquellen, beruhen bei Nagetieren auf der Langzeitpotentierung an *NMDA-Rezeptoren* und *APMA-Rezeptoren*, wie wir aus Experimenten mit sogenannten »Knock-out-Mäusen« wissen. Diese »*NMDA-Knock-out-Mäuse*« sind bei Aufgaben zur räumlichen Orientierung schnell überfordert, während andere Arten des Lernens noch funktionieren.[44]

Für die genetischen Rahmenbedingungen des Kurzzeitgedächtnisses interessierten sich auch Chip Quinn und Yadin Dudai (*1944), damals Studenten am berühmten Fliegenlabor des Genetikgroßmeisters Seymour Benzer (1921–2007). Das Duo dachte sich eine ganze Reihe außerordentlich schlauer Experimente aus, die am Ende die von Kandel postulierte Schlüsselrolle von *cAMP* bei der Entstehung kurzfristiger Engramme in wunderbarer Weise bestätigten. Quinn, Dudai und ihr *Spiritus Rector* Seymour Benzer haben ein schlaues Experiment zur klassischen Konditionierung bei der unscheinbaren Fruchtfliege ersonnen: Sie setzten die Tiere in eine kleine Kammer und boten ihnen nacheinander zwei verschiedene Gerüche an. Einer der Gerüche war mit einem unangenehmen kleinen Stromstoß verbunden. Nach einer gewissen Lernperiode mussten die Fliegen in eine zweite Kammer umziehen, an deren beiden Enden jeweils einer der beiden Gerüche wahrzunehmen war. Nichtkonditionierte Tiere verteilten sich mehr oder weniger gleichmäßig in diesen Kammern, während die konditionierten Tiere konsequent die Ecke mieden, der der Geruch entströmt, der wiederum mit dem Stromstoß assoziiert gewesen war. Unter tausenden von Fliegen entdeckten Quinn und Dudai aber Varianten, die trotz entsprechender Konditionierung nicht in der Lage waren, die Ecke mit dem »gefährlichen« Geruch zu meiden. Genetische Untersuchungen brachten es ans Licht: Diese *Dunce*-Varianten[45] trugen ein defektes Gen, das den Abbau von *cAMP* hemmt. Dadurch waren die Synapsen durch exzessiv hohe *cAMP*-Konzentrationen so übersättigt, dass sie nicht wie gewohnt ihren Dienst verrichten konnten.

Darwin wäre entzückt gewesen. Die Tatsache, dass zwei so unterschiedliche Tiere wie Fruchtfliege und Schnecke sich derselben Instrumente bedienen, passt wunderbar zu der Idee eines gemeinsamen »Urprungs der Arten«

Aber auch aus einem ganz anderen, für dieses Buch ziemlich zentralen Grund lohnt es sich, noch kurz bei diesem frühen Triumph der Verhaltensgenetik zu verweilen. Kandel identifizierte einen Mechanismus zur kurzfristigen Gedächtnisspeicherung, der im Gehirn Spuren hinterlässt und nicht auf die Aktivierung von Genen angewiesen ist. Quinn und Dudai hatten dagegen festgestellt, diese Systeme fielen aus, wenn ein zentrales genetisches Element, nämlich das Gen zum Abbau von *cAMP*, zerstört wird. Dieser scheinbare Widerspruch löst sich auf, wenn wir uns an die vorigen beiden Kapitel erinnern. Wir haben hier ein schönes Beispiel, wie und auf welche Weise Gene und Umwelt bei der Ausgestaltung eines Verhaltensmerkmals zusammenwirken. Jedes Eiweiß verdankt seine Existenz einer Bauanleitung eines entsprechenden Gens. Fast alle Gene existieren in einer Population in mehreren Varianten (Allelen). Manche dieser sogenannten *Polymorphismen* sind ohne Belang für diese Funktion, andere dagegen schon. Würde das *Dunce*-Gen der Fruchtfliege bei allen Fliegen nur in einer Variante vorliegen, wäre die Modulationsbreite dieses Teils des Kurzzeitgedächtnisses ausschließlich durch die Umwelt bestimmt. In der Natur existieren aber verschiedene Polymorphismen dieses Gens, die jeder Fliege eine genetische Voreinstellung mitgeben, die dann wiederum durch die Umwelt weiter variiert wird.

Soviel zu den molekularen Mechanismen des Kurzzeitgedächtnisses. Wie sieht es aber mit dem Langzeitgedächtnis aus? Wie könnten die zellulären oder molekularen Korrelate der Erinnerung an den ersten Schultag, das Einmaleins oder unsere Hochzeitsnacht aussehen? Dabei stellt sich zunächst die Frage: Wo mit der Suche beginnen? Ein Langzeitspeicher muss nicht auf Veränderungen von Synapsenstärken zwischen bereits vorhandenen Verbindungen beruhen. Schon im Jahr 1894 schlug Ramón y Cajal vor, Erinnerung könnte sich auch in *anatomischen* Veränderungen zwischen Neuronen manifestieren. Plastizität könnte auf ganz verschiedenen Ebenen stattfinden. Wenn Erinnerungen dauerhaft gespeichert werden, ändert sich dann die Architektur des Neuritenbaumes, entstehen neue Synapsen, neue Verzweigungen,[46] die bisher unverknüpfte Neuronen miteinander verbinden, oder bringt das Gehirn gar neue Nervenzellen hervor?

Auf den ersten Blick scheint Aplysia hier überfordert zu sein. Kandel war allerdings anderer Ansicht. Nach der bewährten Maxime »vom Einfachen zum Komplexen« fokussierte er sich wieder auf Veränderungen der synaptischen Verbindungen seiner geliebten Schnecke. Um gezielt einzelne molekulare Stellschrauben manipulieren zu können, versuchte er, das Modell noch weiter zu vereinfachen und den Kiemenrückzugsreflexbogen auf seine essentiellen Bestandteile zu reduzieren. Mit einigen Tricks gelang es, eine Minimalvariante des Reflexbogens, bestehend aus einem sensorischen Neuron und Motoneuron, in einer Zellkultur zu züchten. *Serotonin*-Injektionen, direkt in den synaptischen Spalt zwischen beiden Zellen, übernahmen dabei die Rolle des Interneurons. Die Forscher stellten dabei fest, eine Injektion von Serotonin setzt genau dieselbe durch *cAMP* vermittelte Prozesskette in Gang, die bei dem lebendigen Tier beobachtet worden war, wenn man es mit einem Elektroschock am Schwanz sensibilisierte. In beiden Fällen – in der Zellkultur und bei der Schnecke – wurde die synaptische Verbindung zwischen beiden Zellen für einige Minuten gestärkt.

Craig Bailey hatte einige Jahre zuvor bei lebendigen Schnecken beobachtet, dass bei der längerfristigen Speicherung von Lernprozessen neue Synapsen entstehen, ohne jedoch den Mechanismus dahinter entschlüsseln zu können. Die Entstehung neuer Synapsen ist ein Vorgang, der nicht ohne Proteinsynthese, also nicht ohne eine direkte Beteiligung von Genen zu erklären ist. Louis Flexner (1902–1996) hatte schon in den 1960er Jahren bemerkt, das Langzeitgedächtnis sei bei Mäusen und Ratten blockiert, wenn ihre Proteinsynthese gehemmt wird. Das war der Punkt, an dem Kandel ansetzen wollte. Zusammen mit Kollegen am *Howard Hughes Medical Institute* machte er sich daran, nach Proteinen zu fahnden, die bereitgestellt werden müssen, wenn kurzfristige Erinnerungen in Langzeitspeicher übertragen werden. Am Anfang der Prozesskette muss eine Weiche gestellt werden, die die Serotoninbotschaft umwidmet. Einzelne *Serotonin*-Injektionen sind das Korrelat flüchtiger Reize von kurzfristiger Bedeutung. Werden diese Injektionen aber mehrfach hintereinander wiederholt, simuliert das einen Reiz, der auch langfristig Spuren hinterlassen könnte. Tatsächlich produzierte eine Serie von fünf Injektionen kurz hintereinander nachhaltige Veränderungen der synaptischen Stärke. Nicht nur die vorhandenen Synapsen wurden verändert, dabei entstanden auch neue Verknüpfungen!

Der Schlüssel zur qualitativen Umwidmung des Signals war erstaunlich simpel. Es war schlicht die Menge an produziertem *cAMP*. Eine zunächst rein quantitative Veränderung geht in eine veränderte Qualität über, wenn eine kritische Konzentration überschritten wird.[47] Bei sehr hohen *cAMP*-Konzentrationen verrichtet die nachgeschaltete *Proteinkinase A* ihr Geschäft nicht mehr vor Ort an den Synapsen. Sie wandert stattdessen in den Zellkern.[48] Dort aktiviert sie einen *Transkriptionsfaktor*[49] mit dem sperrigen Namen *cAMP response element binding protein* – kurz *CREB* –, der die Proteinsynthese anstößt, die wiederum zur Bildung neuer Synapsen notwendig ist.[50]

Auf den ersten Blick scheint auch dieser Vorgang zur Theorie der *Hebb-Synapse* zu passen. Aus der Nähe besehen ist die Sache komplizierter. Denn hier ist es nicht die wiederholte Nutzung einer einzigen Verbindung, die die Beziehung zweier Neuronen festigt. In diesem Fall schweißt das Zutun eines Dritten, des Interneurons, sensorisches Neuron und Motoneuron durch zusätzliche Synapsen enger zusammen. Wir könnten versuchen, Hebb zu retten, indem wir das gesamte Ensemble als eine Art von Metasynapse betrachten und unter dem Begriff Hebb-Synapse subsumieren. Die Neurobiologen jedenfalls unterscheiden zwischen *homosynaptischer* (hebbscher) Plastizität und *heterosynaptischer* Plastizität. Letztere wird durch die Hilfe Dritter vermittelt.

Im untersuchten Modell entscheidet die *cAMP-Konzentration* darüber, ob der Schalter umgeworfen wird und dauerhafte Veränderungen der neuronalen Verbindungen entstehen. Die Konzentration von *cAMP* wird aber nicht durch die absolute Anzahl der Wiederholungen, sondern durch die Frequenz, also die Anzahl der Wiederholungen pro Zeit bestimmt. Nur wenn das nächste Aktionspotential eintrifft, bevor das *cAMP* der vorigen Botschaft noch nicht vollständig abgebaut wurde, kann *cAMP* kumulieren und schließlich die Schwelle überspringen. Auf das Timing kommt es also an. Daher ist zumindest denkbar, auch singuläre Ereignisse könnten unter Umständen so viel *cAMP* produzieren, dass neue Synapsen sprießen können.

Wenn wir den Blick von der Schnecke weg ins menschliche Gehirn lenken, finden sich dort Neuronen, die mit mehr als 10 000 anderen Nervenzellen synaptische Kontakte pflegen. Ein einzelnes Ereignis könnte also, wenn es

»bedeutsam« genug ist und hinreichend viele Verknüpfungen parallel einbezieht, auch dauerhaft ins neuronale Netz eingeschrieben werden. Jeder von uns hatte Erlebnisse, die zeitlebens nicht mehr vergessen werden – gerade *weil* sie einzigartig waren. Meist handelt es sich um Episoden, denen wir eine große emotionale Bedeutung beimessen – im Guten wie im Schlechten. Auch heute noch, nach über 70 Jahren, schildern meine Eltern manche Bombennächte des Krieges so plastisch, als hätte sich alles erst gestern ereignet. Zum Glück gilt das auch für die schönen Dinge des Lebens, den ersten Kuss, den ersten Sonnenuntergang am Meer. Diese Erinnerung an einmalige Erlebnisse ist in der klassischen *Hebb*-Theorie eigentlich nicht vorgesehen. Genau deswegen ist der *cAMP*-Mechanismus so interessant. Er könnte Erinnerungen erklären, die nicht ständiger Wiederholung bedürfen.

Ein anderes Beispiel für das Zusammenwirken von Genen und Umwelt ist das räumliche Gedächtnis von Mäusen. Mäuse mögen keine hellen, offenen Plätze. Sie fliehen ins Dunkle. Diese Vorliebe nutzen Kognitionsforscher, um das räumliche Erinnerungsvermögen der Tiere zu testen. Der Versuchsansatz beruht auf einer gut beleuchteten kreisförmigen Arena, in deren Wände 40 vermeintliche Fluchtlöcher platziert sind. 39 der 40 Löcher enden aber blind. Nur eines führt in die rettende Kammer, die Geborgenheit vermittelt. Die Wände um die Fluchtlöcher sind mit verschiedenen charakteristischen Mustern verziert. Wird die Maus zum ersten Mal in die Arena gesetzt, ist sie auf Versuch und Irrtum angewiesen. Setzt man die Maus zum zweiten Mal in die Arena, so kann sie Muster erinnern, um die Prozedur abzukürzen und direkt in die Kammer zu finden. Das Ortsgedächtnis der Mäuse lässt sich testen, indem man Tiere wiederholt in die Kammer setzt und misst, wie schnell sie den Ausgang finden. Tiere, deren *NMDA-Gen* ausgeschaltet wurde, taten sich deutlich schwerer als gesunde Artgenossen. Umgekehrt präsentierten sich Mäuse, bei denen ein natürlicher Gegenspieler von *CREB*, der *CREB-2-Suppressor*, blockiert worden war, als kleine Orientierungsgenies. Bei der Untersuchung ihrer Hirne stellte sich heraus, dass sich verstärkt neue Synapsen in der Hippocampusregion entwickelt hatten.

An dieser Stelle ist eine Warnung angebracht! Wir sollten nicht alle Facetten menschlichen Lernens auf diese simplen Prinzipien herunterbrechen. Konditionierung ist ohne Zweifel ein nützlicher und wichtiger Mechanismus. Aber wer überall Konditionierung am Werk sieht, der hat eine ziemlich grobschlächtige Vorstellung von der Welt.[51] Menschen verfügen über unterschiedliche, teils verwobene, teils auch voneinander unabhängig arbeitende Systeme, die jeweils bestimmte Teilleistungen des Lernens und Erinnerns erbringen. *Das* Gedächtnis gibt es nicht.

Allen diesen Unkenrufen zum Trotz können wir die geschilderten Befunde aus der Hirnforschung nicht hoch genug schätzen. Auch wenn viele Engramme im menschlichen Gehirn auf anderen molekularen Systemen und Mechanismen beruhen mögen, auch wenn wir die Ebene der Zellen und Moleküle an vielen Stellen noch nicht mit der funktionalen Ebene der Psychologie des Lernens, Behaltens und Vergessens zur Deckung bringen können, die Schnecke zeigt uns, wie es im Prinzip funktionieren könnte. Der Vergleich von Schnecke und Maus zeigt außerdem, dass die Evolution nicht stehen geblieben ist. Anders als beim impliziten Gedächtnis der Schnecke sind beim räumlichen Gedächtnis der Maus neben *CREB* noch weitere Genregulatoren beteiligt. Das Gedächtnis von Mäusen ist nicht nur komplexer, es sind auch weitere Akteure ins Spiel gekommen.[52]

Die These, nahezu alle vielzelligen Lebewesen, die über ein Nervensystem verfügen, teilten sich elementare molekulare Mechanismen des Lernens, hat sich als grundsätzlich richtig erwiesen. Bei aller Begeisterung für das Modell der Schnecke hat es doch auch seine Grenzen. Bei den Weichtieren gibt es keine direkte Entsprechung zum expliziten, episodischen Gedächtnis. Schnecken memorieren keine Lateinvokabeln, sie lesen keine Romane, erzählen nichts über ihre Kindheit.

Bei der Verwendung von Begriffen wie Information, Bedeutung, Belohnung oder Strafe ist eine gewisse Vorsicht geboten. Solchen (semantischen) Bewertungen nimmt ein System wie der »Kiemenrückzugsreflexbogen« natürlich nicht vor. Wenn wir diese Begriffe benutzen, sind das metaphorische Zuschreibungen durch den Beobachter. Eine kurze Erinnerung an Valentin Braitenbergs »Vehikel« sei hier platziert: Aus der Binnensicht des Systems vollziehen sich alle Veränderungen im Wortsinn »automatisch«. Der Rest ist Interpretation.

Bei der Beschreibung des expliziten Gedächtnisses des Menschen kommen wir momentan ohne Semantik kaum aus. Auch wenn es den Behavioristen ein Graus sein mag, dort scheint die interne Bewertung eines Geschehnisses oder einer Erinnerung eine Rolle zu spielen.

Nehmen wir zum Beispiel die Vorgänge beim Betrachten eines Bildes. Beide, Menschen und Digitalkameras, stellen innere Repräsentationen visueller Szenarien der Außenwelt her. Was die Detailtreue der Reproduktion angeht, sind die Digitalkameras dem Gehirn überlegen. Trotzdem sind Kameras (oder

Computer) (noch) ziemlich blind für eine andere Kategorie von Information.[53] Sie übersehen den semantischen Gehalt eines Bildes. In irgendeiner Weise legt das Gehirn seine Folien der Erfahrung über das wahrgenommene Bild, gleicht Gesehenes mit Erinnerung ab und bewertet. Bilder können Zuneigung oder Abneigung, Gleichgültigkeit oder Interesse, Lust, Freude, Abscheu, Wut, Furcht oder Trauer auslösen. Der Anblick einer nackten Venus hinterlässt andere biochemische Spuren als das Lachen eines Kindes, die Fratze eines Folterknechts oder der Anblick eines gequälten Körpers. Bewertungen wie *gut – schlecht, angenehm – unangenehm, gefährlich* oder *harmlos* sind mit Emotionen verknüpft.[54] Momentan ist die Neurobiologie (noch) damit überfordert, alle diese Aspekte in ihre Modelle so zu integrieren, dass die zugrunde liegenden Mechanismen auf der Ebene von Zellen, Synapsen, Molekülen und Aktionspotentialen zutage treten.

Aber eines kann die (Neuro-)Biologie heute schon leisten. Sie kann Korrelate für Gefühle identifizieren. Sie kann die molekularen und physiologischen Fußabdrücke von Unbehagen, Glück oder Wut nachweisen. Auch kann sie die neuronalen Systeme benennen, die aktiv sind, wenn wir wahrnehmen, erinnern und unsere eigene interne Bewertung der Ereignisse zu spüren bekommen. Emotionale Zustände manifestieren sich in handfesten physiologischen Prozessen, die sich messen lassen. Beim Denken und Fühlen wird eine Vielzahl von Neurotransmittern, Hormonen und Endorphinen[55] freigesetzt. Solche Substanzen lassen sich nachweisen, auch ihre Wirkung auf unseren Körper lässt sich belegen. Unsere großen kybernetischen Systeme, das Nervensystem, das System der Hormone und das Immunsystem, sind keine voneinander unabhängigen Parallelwelten. Im Gegenteil, sie sind in hohem Masse quervernetzt und beeinflussen sich wechselseitig.

Interessant und verwirrend ist der Eindruck, die Bedeutung eines Ereignisses, zum Beispiel die Bewertung *gut* oder *schlecht, angenehm* oder *unangenehm*, scheine selbst zu einer gestaltenden Kraft im Nervensystem zu werden.[56] An dieser Stelle erinnere ich nochmals an den *cAMP*-Schalter. So ein Mechanismus könnte dafür sorgen, dass sich einmalige Erlebnisse für immer ins Gehirn eingraben. Wenn sich die emotionale Färbung, die unser Gehirn einem Ereignis verleiht, auf eine große Zahl von Neuronen auswirkt, die alle auf einer bestimmten Zelle konvergieren, könnte auf diese Weise der Schalter umgelegt werden und einmalige Ereignisse könnten dauerhaft die zelluläre Anatomie des Gehirns verändern und neue Synapsen entstehen lassen. Wer möchte, kann in diesem einfachen und schon vor Jahrmillionen erfundenen molekularen Schalter gar eine Manifestation des cartesianischen Schnittes, der Schnittstelle zwischen der Welt der Materie (*res extensa*) und der Welt des Geistes (*res cogitans*), sehen. Das soll jetzt nicht als Plädoyer für den Dualismus missverstanden werden. Denn *Bedeutung* ist in diesem Zusammenhang keine transzendente Spukgestalt aus der Welt der Geister. Sie ist das Produkt einer konzertierten Aktion vieler Elemente des Gehirns, ein Produkt, das jedoch mehr ist als die Summe der Teile, weil es nur als makroskopisches Ganzes den Zustand einzelner Elemente des Systems auf den Ebenen darunter, zum Beispiel den Zustand einzelner Zellen, beeinflussen kann. Wenn dem so wäre, würden Kausalbeziehungen in dieser »Welt in Schichten« nicht nur von unten nach oben wirken. Auch makroskopische Phänomene der oberen Stockwerke könnten das Leben in den Etagen unter ihnen beeinflussen. Das Problem des cartesianischen Schnitts ist damit natürlich nicht gelöst. Es ist nur verschoben. Wie aus dem Konzert vieler Neuronen, dem Tanz ihrer Transmitter und Ionenströme subjektive Erlebnisse wie *Bedeutung* und *Bewusstsein* entstehen, das ist immer noch ein Rätsel. Selbst mit dem bescheideneren Projekt, das Gedächtnis zu enträtseln, ist die Biologie noch längst nicht am Ende. Die Bedeutung des Gedächtnisses für unsere Individualität ist offensichtlich. Der Psychologe Daniel Schacter (*1952) bringt es in einem Buchtitel auf den Punkt: *Wir sind Erinnerung.*[57]

Einige Aspekte zum Gedächtnis sollten wir festhalten: Unser Gedächtnis und damit unsere Individualität ist ein dynamisches Produkt. Das Gehirn sammelt, was uns im Lauf unseres Lebens widerfährt. Aus dem, was hängen bleibt, konstruiert sich unsere Biographie. Ständig kommen neue Informationen hinzu. Altes geht teilweise verloren. Einiges davon ist uns bewusst oder kann zumindest als explizite Erinnerung wieder ins Bewusstsein gerufen werden. Vieles aber formt uns, ohne dass uns das in jedem Moment bewusst wäre. Auf den ersten Blick scheint das ganz gut zum Bild von der *Tabula rasa* zu passen, dem Credo radikaler Empiristen.

Aber wir sollten die Rechnung nicht völlig ohne den Wirt machen. Das Gehirn ist kein Speicher, der Informationen nur aufnimmt und bei Bedarf wieder abruft. Bei aller Plastizität sollten wir nicht vergessen, dass Lernen (und Vergessen) aktive Prozesse sind, die durch die Konstruktion des Gehirns bedingt und gestaltet werden. Individualität entsteht in einem iterativen, konstruktiven Wechselspiel zwischen Gehirn und Welt.

DIE LEISTUNGEN UND FEHLLEISTUNGEN DES GEHIRNS

Wahrnehmen

Alles, was wir über die Welt zu wissen glauben, steckt im Gehirn. Aber wie ist es da hineingekommen? Genau genommen führen zwei Wege ins Gehirn. Einer ist offensichtlich, der andere versteckter. Kümmern wir uns zunächst um den offensichtlichen Weg. Wir haben alle fünf Sinne beisammen!

An der Zuverlässigkeit von Sinneseindrücken kam allerdings schon vor 2500 Jahren Zweifel auf: Platon lässt am Anfang des siebten Buches seines Dialogs *Politeía* (Vom Staat) seinen Lehrer Sokrates zu Wort kommen: Sokrates beschreibt eine Höhle, von der aus ein steiler Gang nach oben zur Erdoberfläche führt. In der Höhle leben Menschen, die dort ihr ganzes Leben als Gefangene verbracht haben. Sie sind sitzend so festgebunden, dass sie immer nur nach vorn auf die Höhlenwand blicken können. Vom Ausgang der Höhle hinter ihrem Rücken wissen sie nichts. Auch sich selbst und die anderen Gefangenen können sie nicht sehen; das Einzige, das sie zu Gesicht bekommen, ist die Wand vor ihren Augen. Erhellt wird ihre Behausung von einem Feuer, das hinter ihnen weit oben in der Ferne brennt. Die Gefangenen sehen nur ihre Schatten, die das Licht auf die Wand wirft. Zwischen dem Inneren des Gefängnisses und dem Feuer befindet sich eine kleine Mauer, die nicht so hoch ist, dass sie das Licht des Feuers abschirmt. Längs der Mauer tragen Menschen unterschiedliche Gegenstände hin und her, Nachbildungen menschlicher Gestalten und anderer Lebewesen aus Stein und aus Holz. Diese Gegenstände ragen über die Mauer hinaus, ihre Träger aber nicht. Die bewegten Gegenstände werfen auf die Höhlenwand Schatten, die die Höhlenbewohner wahrnehmen. Wenn jemand spricht, hallt das Echo von der Höhlenwand zurück, so, als ob die Schatten sprächen. Daher sehen die Gefangenen in den Schatten Lebewesen und deuten alles, was geschieht, als deren Handlungen. Das, was sich auf der Schattenwand abspielt, ist für sie die Wirklichkeit. Und so entwickeln sie eine Wissenschaft von den Schatten und versuchen, deren Gesetzmäßigkeiten zu ergründen und daraus Prognosen abzuleiten.[1]

Ohne zu sehr in die philosophische Exegese des Höhlengleichnisses abzugleiten, in einer Hinsicht hatte der griechische Philosoph doch recht! Wir sollten unserem Bild von der Welt misstrauen, denn das Gehirn hat keinen unmittelbaren Zugang zur Wirklichkeit. Am Anfang jeder Wahrnehmung stehen zwei Probleme. Sinnesorgane müssen eine Auswahl treffen und sie müssen die Botschaft aus der Außenwelt übersetzen.[2] Die Zellen des Nervensystems kommunizieren mithilfe des beschriebenen raffinierten Zusammenspiels von Chemie und Elektrizität. Im Vergleich dazu erinnern die Botschaften aus der Welt an babylonische Sprachverwirrung. Was die Welt uns mitteilt, besteht aus Licht, Schall, Druck oder Wärme, alles Botschaften, die primär nicht biologischer Natur sind. Lediglich die chemischen Moleküle, die die Rezeptoren unseres Geruchs- und Geschmackssinnes kitzeln, ähneln wenigstens entfernt dem Vokabular des Nervensystems. Die Welt kommuniziert mit uns durch unsere Sinnesorgane, Augen, Ohren, Nase, Mund, sowie die verschiedenen Rezeptoren für Temperatur, Druck oder Schmerz, die überall in unserer Haut verteilt sind.

So unterschiedlich diese Schnittstellen sind, es gibt doch auch Gemeinsamkeiten. Alle servieren uns nur einen Ausschnitt der Realität und nie die ganze Wahrheit. Ein schönes Beispiel sind die Zellen der Netzhaut. Wir sehen Licht, einen ziemlich kleinen Ausschnitt aus dem großen Spektrum elektromagnetischer Wellen. Für Wellen jedoch, die kürzer als 380[3] oder länger als 800 Nanometer[4] sind, fehlt uns die Antenne. Für andere Aspekte der Realität, wie zum Beispiel für Magnetfelder,[5] haben wir gar kein Sensorium.

Der Auswahlprozess betrifft nicht nur die Reizqualität, er hat auch eine quantitative Seite. Ein Reiz muss eine gewisse Intensität erreichen, um wahrgenommen zu werden. Die Höhe der Reizschwelle hängt von der »Bauart« des Rezeptors ab. Nicht nur nach unten, auch nach oben sind den Sinnesorganen Grenzen gesetzt. Das gilt für Licht, Schall und erst recht für Druck und Temperatur. Wenn ein Reiz zu intensiv wird, zerstört er den Rezeptor.

Es gibt viele Tierarten, die uns hier und dort übertreffen. Hunde riechen tausendmal besser, nachtaktive Tiere sehen in Situationen, wo für uns nur Dunkelheit herrscht. Was Sehschärfe angeht, ist uns der Adler himmelhoch überlegen. Allerdings sind Menschen recht gute Generalisten. Mögen auch die einzelnen Sinne nicht für Weltrekorde taugen, wäre Wahrnehmung eine Art moderner Fünfkampf, würden sich Menschen ziemlich ordentlich schlagen.

Das Fenster der Rezeptoren ist nur *eine* Einschränkung, Zugang zur Welt zu erlangen. Dass Sinnesorgane wählerisch sind, mag nicht überraschen. Aber wie sieht es mit den Reizen aus, die das sensible Fenster passieren und registriert werden? Können wir hier darauf vertrauen, dass sie ein getreues Abbild der Realität liefern? Dabei ist Skepsis angebracht. Schon die Übersetzung eines Textes von einer natürlichen Sprache in eine andere hat ihre Tücken. Das gilt erst recht für die Übersetzung physikalischer (oder chemischer) Reize in die Sprache der Nerven. Bei dieser Art von Übersetzung handelt es sich um einen zweistufigen Prozess, der aus Analyse[6] und anschließender Synthese besteht. Alles, was wir erleben, muss zerlegt werden, bevor es ins Gehirn transportiert wird. Im Gehirn wird die Sinnesinformation wieder zusammengesetzt. Insbesondere bei der zweiten Phase, der Synthese, benimmt sich unser Gehirn wie ein versierter Geschichtenerzähler – im Guten wie im Schlechten. Unwichtige, scheinbar auf Nebengleise führende Details werden gerne mal weggelassen. Dafür wird an anderer Stelle der Realität nachgeholfen und etwas dicker aufgetragen, wenn es der Geschichte dient.

Genau genommen empfängt das Gehirn Informationen aus zwei verschiedenen Welten, aus der Außenwelt und aus dem Körperinnern. Die Schnittstelle zur Außenwelt sind die Sinnesorgane. Die Botschaften aus dem Körper dienen der Eigenwahrnehmung. In allen Sehnen und Muskeln des Körpers befinden sich zum Beispiel kleine Spannungsfühler, deren Dehnungsgrad Rückschlüsse auf die relative Stellung unserer Extremitäten zueinander und zum Körper erlauben.

Sitzen Sie gerade an einem Tisch? Zeit für ein kleines Experiment. Stellen Sie ein Glas mit frisch gezapftem Bier vor sich auf den Tisch. Legen Sie jetzt die rechte Hand auf den Oberschenkel und greifen Sie dann nach dem Glas. Kein Problem. Jetzt schließen Sie die Augen und wiederholen Sie die Prozedur. Wiederum kein Problem. Selbst wenn Sie blind die Ausgangsposition der Hand verändern, Sie mal hinter den Kopf, mal auf das andere Knie legen, der zielgerichtete Griff zum Glas wird gelingen. Unser Gehirn hält offensichtlich nicht nur eine 3D-Respräsentation der Umgebung, sondern auch eine aktuelle räumliche Repräsentation unseres Körpers bereit. Ohne diese Informationen wären zielgerichtete Bewegungen nicht möglich. Die räumliche Repräsentation des Körpers beruht nicht auf visueller Information. Dank der vielen *Propriozeptoren*,[7] die dem Gehirn jede Sekunde Informationen über die Position jedes Teils unseres Körpers liefern, »weiß« das Gehirn, wo sich die Glieder befinden.[8] Im Unterschied zu den Informationen, die die fünf Sinne aus der Außenwelt liefern, dringt diese Art des Wissens allerdings kaum ins Bewusstsein vor.

Lässt sich aus dem Bierglasexperiment auch etwas über unser Bild von der Welt draußen lernen? Nun, da wäre zunächst die Erkenntnis, innere Repräsentationen könnten nicht vollkommen willkürlich sein, sondern etwas mit der Realität zu tun haben. Dort, wo das Hirn die Hand hinführt, steht ja wirklich ein Bierglas. Auch die innere Repräsentation des Körpers ist insofern realistisch, als dass sie Distanzen und Winkel so abbildet, dass der Griff zum Glas ein Erfolg wird.

Wie das Navigationssystem eines Wagens weiß das Gehirn Start- und Zielpunkt korrekt zu lokalisieren und in eine räumliche Matrix einzubetten. Die Repräsentationen von Körper und Welt sind mehr als Trugbilder, denn sie belohnen uns mit einem realen Getränk.[9]

Trotzdem sind die Repräsentationen keine Abbilder. Ein Gehirn ist keine Kamera. Wenn wir von Bildern im Kopf reden, denken wir zunächst an Informationen, die die Augen liefern. Das geht auch anders. Denken Sie an die Fledermäuse. Fledermäuse müssen sich in stockdunklen Höhlen zurechtfinden. Dort navigieren die kleinen pelzigen Flieger nicht nur virtuos, sie fangen sogar winzige, schnell fliegende Insekten aus der Luft! Fledermäuse haben gelernt, mit den Ohren zu »sehen«! Sie senden Schallwellen im Ultraschallbereich aus, die von der Umgebung reflektiert und wieder aufgefangen werden. Ähnlich einem Echolot oder einem Sonographiegerät konstruieren die Tiere daraus ihr »Bild« der Welt. In einem viel zitierten Essay mit dem Titel »How a Bat Sees the World«[10] ruft der Philosoph Thomas Nagel (*1937) die Fledermaus in den Zeugenstand, um seine These zu illustrieren, dass die subjektive Sicht der Welt etwas Exklusives ist, das sich nicht einfach mit anderen teilen lässt. Nagel hat natürlich recht, was das subjektive, bewusste Erleben angeht. Sogar Teile der eigenen Wahrnehmung sind oft nicht bewusst zugänglich, wie die räumlichen Repräsentationen unseres Körpers zeigen. Das bedeutet jedoch nicht, die mentalen Karten der Welt wären beliebig. Zwischen den verschiedenen individuellen Repräsentationen der Welt muss es objektive Gemeinsamkeiten geben. Wahrnehmung muss feste, reproduzierbare Bezüge zu bestimmten Aspekten der Außenwelt erzeugen, selbst wenn es sich um zwei so unterschiedliche Wesen wie Mensch und Fledermaus handelt. Die inneren

Karten müssen objektive Parameter enthalten, wie zum Beispiel Proportionen von Gegenständen oder Winkel zwischen Objekten der Außenwelt.[11]

Sinnesempfindungen sind mehrdimensional. Alle Dimensionen müssen erfasst, zerlegt, übersetzt, transportiert und wieder zusammengesetzt werden. Auch dabei geht es nicht zu wie beim Kopieren eines Bildes. Zumindest zwei Variable sind allen Reizen gemein: Dauer und Intensität. Die Dauer scheint relativ resistent gegen subjektive Verzerrungen. Ein Reiz dauert, so lange er dauert. Und so lange feuert auch das Neuron – könnte man meinen. Aber selbst hier müssen innere und äußere Uhr nicht im Gleichklang ticken. Zum Beispiel beim Tastsinn ist die Lage komplizierter. Konstante mechanische Reize können uninteressant werden. Viele Druckrezeptoren passen sich an konstanten Druck an. Wenn nichts Neues passiert, stellen sie irgendwann ihre Tätigkeit ein und hören auf zu feuern. Konstante Reize sinken auf diese Weise unter die Aufmerksamkeitsschwelle.

Im Gegensatz zur Dauer kann sich die Intensität eines Reizes ganz unterschiedlich manifestieren. Je nach Wahrnehmungsmodalität handelt es sich um Lichtintensität, Druck, Lautstärke, Temperatur oder um die chemische Konzentration eines Stoffes. Bei der Übersetzung in die Sprache der Neuronen gibt es mehrere Möglichkeiten, die Intensität zu codieren. Eine Option ist die Modulation der Entladungsfrequenz der Neuronen. Je intensiver ein Reiz, desto höher die Frequenz. Diese Form der Codierung hat allerdings eine obere Grenze, die durch die Refraktärzeit des Nerves bestimmt wird. Eine weitere Möglichkeit besteht darin, mehrere sensorische Neuronen gleichzeitig zu reizen. Starke Stimuli aktivieren mehr Zellen als schwache. Weiter zentral, Richtung Gehirn, können die verschiedenen parallel aktivierten Neuronen auf einer weiterverarbeitenden Zelle konvergieren, wo dann durch die große Zahl an gleichzeitig eintreffenden Signalen auf einmal ziemlich hohe Konzentrationen an Botenstoffen anfluten.[12]

Akustische und optische Reize enthalten noch eine Dimension, die ans Gehirn weitergeleitet werden muss. Wir sehen Farben und hören hohe und tiefe Töne. Beides beruht auf den unterschiedlichen Frequenzen (von Schall- oder Lichtwellen). Innen, im spiralförmig sich nach oben windenden Hohlraum der Schnecke des Innenohres ist ein flüssigkeitsgefülltes Säckchen aufgespannt. Die Wände dieses Säckchens sind mit Sinneszellen ausgekleidet, die ihrerseits wiederum mit kleinen Härchen versehen sind. Schallwellen versetzen das Trommelfell in Schwingung. Über die Gehörknöchelchen des Mittelohrs werden diese Schwingungen auf eine zweite Membran zwischen

Mittel- und Innenohr übertragen. Ihre Schwingung löst Wellen in der Flüssigkeit innerhalb der Schnecke aus. Diese Wellen laufen entlang der Windungen immer weiter nach oben, um schließlich die härchenartigen Fortsätze einer Hörsinneszelle zu verbiegen. In den Haarzellen wird der mechanische Impuls in ein elektrisches Signal übersetzt. Die Verformung der Härchen öffnet Ionenkanäle in der Zellmembran der Haarsinneszelle, und ein elektrischer Impuls entsteht. Die Schallwellen haben – je nach Frequenz – unterschiedliche Laufstrecken. Je höher die Frequenz, je höher der Ton, desto weiter läuft die Welle Richtung Spitze. Diese örtliche Auflösung unterschiedlicher Frequenzen erlaubt es dem Gehirn, aus dieser Ortsinformation das subjektive Hörerlebnis verschiedener Tonlagen zu rekonstruieren.[13]

Eine feste topographische Beziehung zwischen Peripherie und Zentrum ist ganz grundsätzlich die Voraussetzung dafür, dass unser Gehirn die Sinne auseinanderhalten kann. Denn bei der Übersetzung der verschiedenen Reize in den universellen neuronalen Code geht die Reizqualität verloren. Aktionspotentiale von Nervenzellen gleichen sich wie ein Ei dem anderen, egal ob es sich um Seh-, Tast- oder Hörnerv handelt. Wenn der Reiz erst einmal übersetzt ist, ist der Botschaft nicht mehr anzusehen, welche Art von Sinneserfahrung da transportiert wird. Einzig aus der Herkunft kann das Gehirn die Sinnesmodalität rekonstruieren.

Die Transportwege vom Rezeptor zum Gehirn sind weniger spektakulär als die Transformationsprozesse an den Rezeptoren. Alle Sinnesreize werden von Nerven ins Gehirn transportiert. Auf den ersten Blick scheint sich dieser Transport kaum von der Übertragung von Informationen in einem Telefonkabel zu unterscheiden.[14] Nehmen wir den Tastsinn. Auf dem Weg von der Fingerspitze zur Großhirnrinde liegen nur drei Schaltstellen. Die Dendriten des ersten sensorischen Neurons greifen die Information an der Haut ab und leiten sie an das Zentrum. Wie die verschiedenen Zuflüsse eines Stroms finden verschiedene Fasern nach und nach zu immer dickeren Bündeln[15] zusammen. Diese *peripheren Nerven* ziehen zum Zellkörper des ersten sensorischen Neurons im Hinterhorn der grauen Substanz des Rückenmarks, auf der Höhe, wo die Faserbündel ins Rückenmark eintreten. Von dort läuft die Botschaft über das Axon des ersten sensorischen Neurons im Rückenmark weiter hoch zum Zellkörper des zweiten sensorischen Neurons. Die Zellkörper der zweiten Neuronen bilden im Bereich des Hirnstamms zwei kleine Nervenzellhaufen.[16] Dort wird zum zweiten Mal umgeschaltet. Die Botschaft gelangt dann zu einem weiteren Zellhaufen, der sich mitten im Zentrum des Gehirns direkt

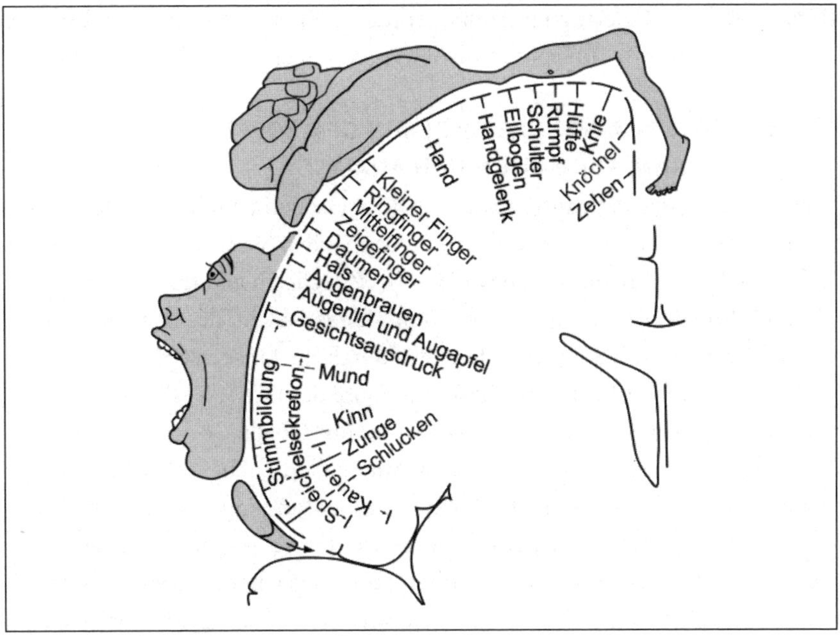

Abb. 6: Repräsentation des Körpers im sensorischen Cortex

oberhalb der Schädelbasis befindet. Dort, im *Thalamus*, sitzt die dritte Schaltstation. Die *Thalamusneuronen* leiten die Information dann bis in den Bereich der Hirnrinde, den die Neurobiologen den *somatosensorischen Cortex*[17] nennen.[18] Dieses Areal erstreckt sich als breiter Streifen beidseits von den Ohren bis zum Scheitel. Dort sind die einzelnen Körperregionen so repräsentiert, dass sie in ihrer Gesamtheit ein kleines, wenn auch dysproportioniertes Menschlein bilden, den *sensorischen Homunkulus*.

Wer über den Wochenmarkt schlendert und Gemüse kauft, muss sich auf die Herkunftsangaben verlassen. Dem Gehirn geht es ähnlich. Es muss darauf vertrauen, dass seine Zugänge anatomisch korrekt verdrahtet sind. Einer Gurke ist kaum anzusehen, ob sie vom Biohof um die Ecke oder aus einem holländischen Gewächshaus stammt. Genauso wenig kann das Gehirn den Aktionspotentialen, die in der Sehrinde ankommen, ansehen, ob sie durch Licht auf der Netzhaut ausgelöst wurden. Das geschilderte Szenario von Zerlegung, Transport und (Re-)Konstruktion von Sinneseindrücken erweckt wenig Vertrauen in unseren Zugriff auf die Realität. Scheinbar objektive Kategorien wie Bild oder Klang werden zu Konstruktionen des Gehirns. Diese

Konstruktionen liefern kein Abbild, sondern einen Ausschnitt und immer auch eine bestimmte Interpretation der Wirklichkeit.

EXKURS **WIE KOMMEN DIE BILDER IN DEN KOPF? PHASE 1: TRANSFORMATION UND ANALYSE**

Nichts könnte das Spannungsverhältnis zwischen Abbildung und Konstruktion besser illustrieren als das Sehen. Stellen Sie sich vor, sie schlendern ziellos durch die Uffizien in Florenz. Plötzlich bleibt Ihr Blick an Botticellis Bild der schaumgeborenen Venus kleben. Licht, das von der Venus zurückgeworfen wird, findet den Weg durch die Linse auf die Netzhaut. Durch Hornhaut, Linse und Glaskörper wird das Licht so gebündelt, dass diejenigen Strahlen, die von einem Punkt des Objekts ausgehen, auf der Netzhaut wieder in einem Punkt zusammenfallen.[19] Aber selbst hier, ganz am Ursprung, ist Sehen nicht nur ein passiver Vorgang. Das Gehirn trifft eine Auswahl. Körper, Kopf und Auge werden so ausgerichtet, dass die Lichtstrahlen, die von dem gewählten Punkt ausgehen, möglichst mittig durch die Linse und auf die Region der Netzhaut fallen, die ziemlich exakt am hinteren Augenpol lokalisiert ist. Diesen Ort nennt man wegen der hohen Dichte an Sehzellen die *Fovea centralis*, den Ort schärfsten Sehens.

Diese Auswahl kann willkürlich oder unwillkürlich erfolgen. Sicher nicht ganz zufällig findet sich genau im Zentrum von Botticellis Bild die Scham der Venus, die von ihrer Hand und dem mehr als knielangen, roten Haupthaar nur knapp bedeckt wird. Viele Untersuchungen zu Blickbewegungen zeigen, dass sich männliche Blicke überzufällig häufig auf primäre oder sekundäre Geschlechtsmerkmale eines attraktiven weiblichen Gegenübers richten.[20] Nicht alle Männer sind deswegen gleich unverbesserliche Sexisten. Die Steuerung der Blickrichtung erfolgt unwillkürlich und beruht zum Teil auf uralten genetischen Programmen. Erinnern Sie sich an Kapitel Eins und die Macht der sexuellen Selektion?[21] In diesem Fall sind wir Männer Opfer der phylogenetischen Prägung unseres Gehirns.

Das ist ein Punkt, der im Hinterkopf behalten werden sollte. Unser Gehirn trifft oft Entscheidungen, die uns nicht bewusst sind. Wenn wir der Neurobiologie folgen und annehmen, unsere Individualität – unser ICH – sei das Produkt eines Organs, in dem Erbe und Umwelt konvergieren, sind uns solche Entscheidungen natürlich trotzdem *zuzurechnen*. Ob bewusst oder nicht – es sind *unsere* Entscheidungen. Ob sie frei sind, das ist eine andere Sache. Davon wird noch die Rede sein.[22]

Das Sehen bedarf noch einer weiteren *aktiven* Zutat, die unbewusst beigesteuert wird. Lichtstrahlen, die von weit entfernten Punkten ausgehen, treffen annähernd parallel auf die Linse. Die Brechkraft des optischen Apparats (Hornhaut, Linse und Glaskörper) ist so justiert, dass parallel einfallende Strahlen bei entspannter Linse so gebeugt werden, dass sie in der Ebene der Netzhaut in einem Punkt zusammenfallen. Nur dann sehen wir scharf.

Die Lichtstrahlen, die von einem Punkt auf einem Objekt ausgehen, divergieren umso stärker, je näher das Objekt dem Auge kommt. Wenn sich die Strahlen auf der Netzhaut immer noch in einem Punkt treffen sollen (die Voraussetzung für scharfes Sehen), muss das Auge die Brechkraft mit abnehmender Distanz immer weiter steigern. Die einzige Möglichkeit, die Brechkraft aktiv zu verändern, besteht in der Anpassung der Linsenkrümmung. Diese Abstimmung besorgen kleine Muskeln in der Aufhängung der Linse. Auch in dieser Hinsicht ist Sehen ein aktiver Prozess, da der optische Apparat von den Interessen des Gehirns gelenkt wird.

So wird auf der Netzhaut stets ein scharfes, allerdings seitenverkehrtes und auf dem Kopf stehendes Bild erzeugt. Diese verkehrte Welt wurde schon Anfang des 17. Jahrhunderts von dem Jesuitenmönch und Professor für Astronomie und Mathematik Christoph Scheiner (1573–1650) entdeckt.[23] Ebenso funktioniert die *Camera obscura*, die seit der Antike ein beliebtes Spielzeug war. Eine *Camera obscura* ist nichts als ein schwarzer Kasten, in dessen Vorderseite eine kleine Öffnung gebohrt wurde. Zur Freude der Zuschauer projizieren sich helle Gegenstände durch das Loch auf die innere Rückwand des Kastens. Allerdings sind die Bilder, die dort erscheinen, seitenverkehrt und stehen auf dem Kopf. Scheiner erdachte ein simples Experiment, um zu klären, ob auch das Auge Gegenstände wie eine *Camera obscura* abbildet. Er entfernte die dicke Lederhaut an der hinteren Hälfte eines Schafsauges. Objekte, die sich durch die Schafslinse auf die Netzhaut projizierten, schimmerten jetzt durch die verbliebene hauchdünne Netzhaut nach außen durch. Scheiner justierte das Auge so, dass der Blick auf eine Kerze gerichtet war. Und siehe da, das Bild der Kerze auf der Netzhaut war seitenverkehrt und stand auf dem Kopf. Erst das Gehirn rückt die Verhältnisse also wieder zurecht!

Die Netzhaut erinnert an einen unendlich feinen orientalischen Teppich, geknüpft aus mehr als 100 000 000 Knötchen.[24] Jedes Knötchen steht für eine Lichtsinneszelle, die Lichtteilchen mithilfe einer photochemischen Reaktion in elektrische Spannungspulse übersetzt. Die Mehrzahl der Zellen sehen unter dem Mikroskop aus wie kleine Stäbchen. Diese Stäbchenzellen haben einen Durchmesser von zwei bis drei tausendstel Millimeter. Betrachtet man sie mit dem Elektronenmikroskop, so fallen im Außensegment der Stäbchen kleine Scheiben ins Auge, die aussehen, als wären dort ein paar Münzen aufeinandergestapelt worden. Drehen wir die Vergrößerung noch weiter hoch, stellen sich die Scheiben als kleine, flach gepresste Bläschen dar, deren Wände ähnlich wie Zellmembranen aufgebaut sind. In der Membran sitzen die Moleküle, die die Schnittstelle zwischen der Welt der Physik draußen und der Welt der Biologie drinnen bilden. Hier wird Licht in Strom umgewandelt.

Schon im 19. Jahrhundert fiel Ärzten beim Blick mit dem Augenspiegel durch die Linse die orangerote Färbung der Netzhaut auf. Als der junge Anatom und Physiologe Franz Christian Boll (1849–1879) in seinem Labor in Rom im Jahr 1876 Froschaugen präparierte, musste er erstaunt feststellen, das dünne Netzhäutchen ist binnen weniger Sekunden verblasst, sobald es Tageslicht ausgesetzt war. Boll schloss daraus, nicht Blut, sondern eine lichtempfindliche rötliche Substanz verleihe der Netzhaut ihre Farbe. Seine Beobachtung brachte ihn auf die Idee, dieser Stoff fange Licht ein und werde dadurch chemisch verändert. Licht würde also in ein chemisches Signal umgewandelt. Boll nannte das mutmaßliche Sehrot *Erythroopsin* und machte sich mit Feuereifer daran, den geheimnisvollen Stoff aus den Augen toter Tiere zu isolieren. Leider war ihm nicht vergönnt, seine Experimente zu Ende zu führen. Er starb jung an Tuberkulose. Kurze Zeit später gelang dem Heidelberger Physiologen Wilhelm Kühne (1837–1900) die Isolierung des Sehfarbstoffs. Er taufte ihn auf den (endgültigen) Namen *Rhodopsin*.

Die Details der photochemischen Reaktion wurden erst viel später geklärt: *Rhodopsin*-Moleküle bestehen aus zwei Komponenten, einem Eiweißanteil, dem *Opsin*, und einigen sehr kleinen Molekülen, die Abkömmlinge des Vitamins A sind. Das *Opsin* ist groß, länglich und geformt wie eine Schlange, deren Windungen siebenmal die Membran kreuzen. Zwischen der dritten und siebten Windung ist je das Molekül *11-cis-Retinal* eingekeilt und stabilisiert dadurch die Schlangenform. Das *11-cis-Retinal* ist die eigentliche Schnittstelle zwischen Physik und Chemie: Es besteht aus einem Kohlenstoffsechseck, an dem ein Fähnchen aus elf Kohlenstoffatomen hängt. In der *cis*-Form sind die letzten vier Atome der Kette im 90°-Winkel nach unten geklappt. Trifft ein Lichtteilchen auf das Fähnchen, so überträgt sich dessen Energie auf die Kette und klappt deren Ende nach oben, so dass jetzt alle elf Atome in Reihe liegen (*all-trans-Retinal*). Diese Veränderung setzt eine ganze Kette von biochemischen Veränderungen in Gang, an deren Ende der Verbrauch eines kleinen Moleküls namens cGMP[25] steht. Verschwindet cGMP, so schließen sich Natrium-Kalium-Kanäle in der Membran der Zelle, wodurch letztendlich die Ausschüttung von Botenstoffen an den Synapsen und die Überleitung zu den unmittelbar nachgeschalteten Zellen, den sogenannten *bipolaren Zellen*, der zweiten Zellschicht der Netzhaut, blockiert werden.

Wenn man so will, ist also die erste Variante des Bildes, das sich das Auge macht, so etwas wie ein Filmnegativ: Viel Licht wird in wenig Signal übersetzt. Aber schon auf der Ebene der bipolaren Zellen in der Netzhaut dreht sich das wieder um. Die Hemmung dieser *inhibitorischen* zweiten Neuronen sorgt dann in der dritten und letzten zellulären Station der Netzhaut, den *Ganglienzellen*, für einen Anstieg der Aktivität.

Lichtsinneszellen haben ihre Schwellenwerte. Fällt zu wenig Licht ein, bleiben sie stumm. Blicken wir direkt in die Sonne, kann die Netzhaut zerstört werden. Und auch Netzhautzellen werden aufmerksam bei Veränderungen. Konstante Reize werden mit der Zeit uninteressant. Im Unterschied zu einem Photochip sind in der Netzhaut nicht alle »Knötchen« identisch. Etwa 5 % der Lichtsinneszellen bestehen aus zapfenartigen Zellen. Nur dank dieser Zapfen sehen wir die Welt in Farbe. Zapfen kommen in drei Varianten vor. Jede Variante enthält eine von drei Versionen des Moleküls *Opsin*. Das *Rhodopsin* der Stäbchen absorbiert Licht am effektivsten bei einer Wellenlänge von etwa 500 Nanometern, wird aber auch von kurz- oder langwelligerem Licht aktiviert. Zapfen-*Opsine* sind wählerischer. Sie absorbieren Licht entweder bei 430 oder 530 oder 560 Nanometer (blau, grün oder rot). Die Zapfen sind Schönwetterzellen und ein wenig kapriziös. Die Zäpfchen sind nicht nur deutlich spezifischer im Hinblick auf »ihre« Wellenlänge, sie brauchen auch sehr viel mehr Licht. Daher stimmt der Spruch »Nachts sind alle Katzen grau«. Bei wenig Licht sind es fast ausschließlich die nicht-farbspezifischen Stäbchen, die zum Entstehen eines Bildes beitragen. Die Zäpfchen sind nicht wahllos über die Netzhaut verteilt. Sie sind vor allem dort konzentriert, wo der Zentralstrahl und mithin das meiste Licht hinfällt – in der *Fovea centralis*.[26]

Eine Sache ist beim Sehen von weit größerer Bedeutung als beim Riechen oder Hören. Sehen produziert Repräsentationen des Raumes und der Anordnung wie auch der Gestalt von Objekten im Raum. Beim Sehen geht es um die Codierung von Dimensionen, Entfernungen, Lagebeziehungen und Bewegungen. Wir nehmen Räume oder Objekte in guter alter euklidischer Tradition in drei Dimensionen war: Länge, Höhe und Breite. Die Topographie der Objekte muss bei der Übersetzung in mentale Repräsentationen also erhalten bleiben. Punkte, die auf realen Objekten nebeneinanderliegen, werden auch auf der Netzhaut nebeneinander abgebildet. Ähnlich wie beim sensorischen Homunkulus bleiben diese Lagebeziehungen bis in die primären Rindenregionen im Gehirn erhalten. Das Gehirn »weiß« also, dass Signale, die von benachbarten Lichtsinneszellen der Netzhaut stammen, Punkte abbilden, die auch auf dem realen Objekt nebeneinanderliegen.

EXKURS WIE KOMMEN DIE BILDER IN DEN KOPF? PHASE 2: TRANSPORT UND REKONSTRUKTION

Sehen ist ein kontinuierlicher Prozess der Verarbeitung optischer Informationen im Auge, auf dem Weg ins Gehirn und erst recht im Gehirn selbst. In gewisser Weise erinnern die Strukturen, die dem Prozess zugrunde liegen, einem Flusslauf, der sich aus vielen Quellen speist, dessen unzählige Rinnsale nach und nach zu Bächen, Flüssen und dann zu Strömen werden.

Beginnen wir an der Quelle. Die Lichtinformation stammt aus den etwa 95 000 000 Stäbchen und 5 000 000 Zapfen der Netzhaut. Ramón y Cajal verdanken wir eine frühe Karte der Retina, die der Wirklichkeit aber recht nahekommt:

Beim Blick durchs Mikroskop fallen sechs Schichten auf. Die Lichtsinneszellen, Stäbchen und Zapfen, befinden sich paradoxerweise in der hintersten, am weitesten von der Augenlinse entfernten Schicht. Das Licht muss also erst durch die fünf anderen Schichten hindurch, bevor es eingefangen wird. Dieser *Rezeptorschicht* folgt die *äußere Körnerschicht*, die den Zellkörpern und Zellkernen der Stäbchen und Zapfen ihren Namen verdankt. Darüber liegt eine ziemlich zellarme Region, die wegen ihres Nervenfasergeflechts äußere *plexiforme*[27] Schicht genannt wird. Dort werden die Signale mithilfe von Synapsen von den Lichtrezeptoren an die Dendriten der nächsten Neuronenschicht, den sogenannten bipolaren Zellen, weitergereicht. Darauf folgt die innere Körnerschicht, in der die

Zellkörper der bipolaren Zellen liegen. Diese Zellen bilden eine Brücke zwischen den Lichtrezeptoren und der dritten und letzten Zellschicht der Netzhaut, den *Ganglienzellen*. Dazwischen liegt noch die innere plexiforme Schicht, ein Fasern- und Synapsengewirr, das die bipolaren Zellen mit den Ganglienzellen vernetzt.

Bereits in der Netzhaut werden Informationen gebündelt. Die Axone mehrerer Stäbchen oder Zapfen münden in jeweils eine der bipolaren Zellen. Diese wiederum sind so mit der dritten Zellschicht der Netzhaut, den Ganglienzellen, verknüpft, dass die Information aus etwa 100 Millionen Lichtrezeptoren in knapp einer Million Ganglienzellen zusammenfließt. Die Aktivität einer Ganglienzelle repräsentiert also nicht einen einzelnen Lichtpunkt, sondern einen ganzen Bereich der Netzhaut. Dieser Bereich wird das *rezeptive Feld* (der Ganglienzelle) genannt.[28]

Man sollte jetzt nicht den Fehler machen und glauben, eine Ganglienzelle würde so etwas wie das Puzzlestück eines Bildes repräsentieren. Nein, diese Ebene der Verarbeitung liefert eine extreme Abstraktion. So gibt es zwei Haupttypen von Ganglienzellen, die *On-Center- und* die *Off-Center*-Zellen. *On-Center*-Zellen reagieren und feuern verstärkt, wenn Licht in das Zentrum ihres rezeptiven Feldes fällt. Dagegen senken sie die Rate an Aktionspotentialen, wenn periphere Bereiche des Feldes stärker belichtet werden. *Off-Center*-Zellen verhalten sich genau anders herum. Beide Zelltypen spielen eine wichtige Rolle bei der Identifikation von Objektkonturen, wobei die Wahrnehmung meist einem abrupten Wechsel der Lichtverhältnisse unterliegt.[29]

Dieser Effekt beruht auf dem Prinzip der *lateralen Inhibition*. In der äußeren plexiformen Schicht finden sich sogenannte *Horizontalzellen*. Signale aus der Peripherie des rezeptiven Feldes sind nicht direkt auf die bipolaren Zellen verschaltet, sie nehmen den Umweg über die Horizontalzellen. Diese Zellen schütten hemmende Transmitter aus. Fällt also Licht auf die Peripherie eines rezeptiven Feldes von *On-Center*-Ganglienzellen, so werden diese gehemmt und ihre Aktionspotentialfrequenz sinkt.[30] On- und Off-Center-Zellen verstärken Kontraste. Die Realität wird also bereits im Auge aufgehübscht.

Die Axone der *Ganglienzellen* bündeln sich zum Sehnerv und ziehen durch die Augenhöhlen und die knöcherne Schädelbasis in den Schädel hinein. Sie kreuzen direkt oberhalb der Hirnanhangsdrüse in der Sehnervenkreuzung, wobei jeweils nur die Fasern, die von der inneren Hälfte der Netzhaut stammen, die Seite wechseln. Die Fasern ziehen dann rechts und links im *Tractus opticus* weiter zur ersten Umschaltstation, dem äußeren Kniekörper[31] im *Thalamus*. Dort werden die Axone der *On- und Off-Center*-Ganglienzellen so verschaltet, dass in den Zielzellen Kanten (Bereiche, in denen ein Helligkeitswechsel stattfindet) oder Balken (Helligkeitswechsel und Rückkehr zur Ausgangsintensität) repräsentiert werden. Auf dieser Ebene kann die Aktivität eines einzelnen Neurons also schon ein bestimmtes Bildelement wie eine Kontur repräsentieren.

Die nächste Verarbeitungsebene befindet sich im primären visuellen Cortex,[32] einer am Hinterkopf angesiedelten Rindenregion. Wie im somatosensorischen Cortex bleiben dabei die räumlichen Beziehungen zunächst erhalten. Die zunehmende Konvergenz visueller Informationen setzt sich aber fort. Je weiter wir zum Zentrum vordringen, desto komplexer werden die rezeptiven Felder und damit die Botschaften, die durch elektrische Aktivität eines einzelnen Neurons »abgebildet« werden. Wesentliche Erkenntnis über diese Grundlagen des Sehens verdanken wir David Hubel (1926–2013) und Thorsten Wiesel (*1924). Die beiden Physiologen platzierten feine Elektroden in einzelne Zellen der Sehrinde von Katzen und boten den Tieren anschließend Lichtreize und einfache visuelle Formen[33] wie Lichtbalken an, die sie mithilfe eines Diaprojektors auf einen Schirm vor ihren Augen projizierten.[34] Sie leiteten dann die elektrische Aktivität verschiedenster Neuronen des visuellen Cortex ab. Nach unzähligen Versuchen und Ableitungen in unterschiedlichen Abschnitten der Sehrinde und benachbarten Regionen trat Schritt für Schritt die Struktur eines stufenförmigen Verarbeitungsprozesses zutage. Im primären visuellen Cortex stießen Hubel und Wiesel zunächst auf Zellen, die ähnlich gestrickt sind wie die *On- oder Off-Center*-Zellen in der Netzhaut und die in analoger Weise auf Lichtreize reagieren.

Hubel und Wiesel entdeckten aber auch andere Zellen. Diese Zellen bleiben bei simplen punktförmigen Lichtreizen im Zentrum oder in der Peripherie des rezeptiven Feldes der Ganglienzelle stumm. Sie sind anspruchsvollere Kost gewöhnt und werden aktiv, wenn ihnen ein Balken in einem bestimmten Winkel angeboten wird. Manche dieser Neuronen reagieren auf senkrechte Balken (~ 0°), andere feuern bei Balken, die zum Beispiel im 30°-Winkel oder im 60°-Winkel geneigt sind.

Die Sehrinde ist kein chaotisches Konvolut von Zellen, sondern eine anatomisch wohl geordnete Struktur. Sie besteht aus sechs Schichten parallel zur Hirnoberfläche. In die Tiefe gruppieren sich die Nervenzellen zu Säulen. Werden Elektroden senkrecht zur Hirnoberfläche Schritt für Schritt vorgeschoben, zeigt sich, dass die Neuronen innerhalb einer Säule alle auf Signale mit derselben Raumorientierung ansprechen, egal in welcher Schicht sie liegen. Wird die Elektrode schräg zur Oberfläche vorgeschoben, so dass sie in der Tiefe benachbarte Säulen ableitet, dreht sich die Vorzugsrichtung langsam aus der Zentralachse.

Als Hubel und Wiesel die primäre Sehrinde verließen und sich mit ihren Elektroden in die benachbarten Regionen V2, V3, V4 wagten, stießen sie mit zunehmender Entfernung von der primären Sehrinde auf immer größere und komplexere »rezeptive Felder«. In V2, der sekundären Sehrinde, finden sich Zellen, die auf zwei in einem bestimmten Winkel zueinanderstehende Balken ansprechen. In V3, der tertiären Sehrinde, tauchen zusätzlich *Neuronen vom hyperkomplexen Typ* auf. Sie reagieren nur auf Ecken bestimmter Ausrichtung, Größe und Position. Noch weiter vorne liegt die quartiäre Sehrinde, eine Art ›Formenfabrik‹, die aus dem, was ihr die Zulieferer aus V1, V2 und V3 übermitteln, einfache Figuren zimmert. Dort sitzen Zellen, deren Aktivität zum Beispiel ein ganz spezifisches Dreieck in einer bestimmten Ausrichtung repräsentiert. Das Gehirn scheint dabei wie ein Zeichner vorzugehen, der zunächst Punkte setzt, diese zu Linien verbindet und daraus Flächen, Formen und schließlich Objekte formt. Müssen wir uns visuelle Wahrnehmung also wie eine Stufenpyramide vorstellen, deren Steine in jeder Ebene einzig zu dem Zweck aufgeschichtet werden, den jeweils exklusiveren Klub von Bausteinen der nächsthöheren Ebene zu tragen? Steht ganz an der Spitze ein neuronales Konstrukt, das dann ein komplexes »semantisches Objekt« repräsentiert?

Die Konstruktion von Bedeutungsvollem aus kleinen, für sich bedeutungslosen oder nur bedeutungsunterscheidenden Elementen erinnert wieder an die menschliche Sprache. Aus Buchstaben werden Worte[35] und die wiederum können zu einer potentiell unendlich großen Zahl von Sätzen und Texten zusammengesetzt werden. Sinnesphysiologen nennen komplexe »semantische« Objekte der Wahrnehmung »Perzepte«. Ein Perzept kann das Porträt Einsteins oder das Gesicht unserer Großmutter sein. Wie die »Spitze« der imaginären Wahrnehmungspyramide, wie das reale neuronale Korrelat eines »Perzepts« beschaffen ist, das ist die Eine-Million-Dollar-Frage der Sinnesphysiologie.

Im Jahr 1969 gab der Kognitionswissenschaftler Jerry Lettwin am *Massachusetts Institute of Technology* einen Kurs zum Thema »Biological Foundations for Perception and Knowledge«. Anders als es der nüchterne Titel vielleicht vermuten ließe, ist Lettwin ein ausgesprochen eloquenter und vielseitig interessierter Kopf, der gerne über den Tellerrand schaut. Um die Aufmerksamkeit seiner Hörerschaft sofort auf sich zu ziehen, konfrontierte er sie zunächst mit einer kleinen, selbst verfassten Parodie. Dafür borgte sich Lettwin den Titelhelden des damals gerade erschienenen Romans *Portnoy's Beschwerden* von Philipp Roth (*1933).

Alexander Portnoy, der unglückliche Held der Geschichte, leidet Zeit seines Lebens unter dem Andenken an seine ängstliche, überfürsorgliche, aber auch sehr dominante Mutter. In seiner Parodie konfrontiert Lettwin Portnoy mit der imaginären Figur des begnadeten, gleichwohl ziemlich unbekannten russischen Neurochirurgen Akakhi Akakhievitch. Akakhievitch erzählt, er habe ein Verfahren entwickelt, Nervenzellen zu identifizieren, deren Aktivität eine ganz bestimmte und sehr spezifische Vorstellung, wie zum Beispiel die Erinnerung an eine bestimmte Person, repräsentiert. Und nicht nur das, der Chirurg behauptet, er könne solche Zellen mithilfe eines operativen Eingriffs entfernen, ohne dabei die übrigen Fähigkeiten des Gehirns zu beeinträchtigen. In seiner Not willigt Portnoy ein. Als er nach überstandenem Eingriff aus der Narkose erwacht, entspinnt sich der folgende Dialog:

»Portnoy?«
»Ja?«
»Erinnern Sie sich an Ihre Mutter?«
»Hmh?«
(Akakhi Akakhievitch kann sich kaum zügeln. Im Geiste sieht er sich schon zusammen mit Portnoy auf dem Weg nach Stockholm, dorthin, wo die Nobelpreise vergeben werden)
»Erinnern Sie sich an Ihren Vater?«
»Ja, natürlich.«
»Mit wem war Ihr Vater verheiratet?«
(Portnoy blickt ins Leere)
»Erinnern Sie sich an ein rotes Kleid, das Pantoffeln-tragend bei Ihnen zuhause herumschlurft?«
»Oh sicher«

»Wer trug das Kleid?«
(Stille)
»Erinnern Sie sich an die Blintzen, die Sie so gerne jeden Donnertag gegessen haben?«
»Oh, sie waren wundervoll.«
»Und, wer hat sie zubereitet?«
(Pause)
»Erinnern Sie sich an das Gezeter, jedes Mal, wenn Sie ein Mädchen anschleppten?«
»Oh Gott, ja! Das war schrecklich!«
»So, wer veranstaltete das Gezeter?«
(Pause)
Und so ging es weiter. … Egal wie – Portnoy hatte keine Mutter mehr. Den allgemeinen Begriff der Mutter konnte er nachvollziehen. Aber: »Meine Mutter«, das gab es nicht mehr. So spezifisch war der Eingriff …[36]

Lettwins kleine Geschichte war ein nicht ganz ernst gemeintes Gedankenexperiment, das seine Zuhörer verführen sollte, das hierarchische Modell der visuellen Wahrnehmung über seine empirische Basis hinaus bis ans Ende zu denken: Wenn wir die zunehmende Komplexität der »rezeptiven Felder« extrapolieren, landen wir fast automatisch bei dem, was Lettwin als »Großmutterneuron« bezeichnet hat. Auch wenn es für ihn selbst eher ein Gedankenspiel war, binnen kurzer Zeit wurde die Hypothese vom »Großmutterneuron« ein heftig diskutiertes Problem der Neurobiologie. Streng genommen ist Lettwin nicht der Vater des Gedankens. Er gab dem Kind aber einen griffigen Namen. Kurz zuvor hatte der polnische Neuropsychologe Jerzy Konorski (1903–1973) ein Buch mit dem Titel *Integrative Activity of the Brain* veröffentlicht.[37] In diesem Buch stellt Konorski eine ganze Reihe weitreichender Spekulationen über die Mechanismen der Wahrnehmung und des Lernens an. Eine dieser Spekulationen war die Idee von den *gnostischen Zellen.* Er meinte damit einzelne Neuronen, die spezifisch (und exklusiv) auf sehr komplexe Stimuli wie Gesichter, Hände, bewegte Objekte, Orte oder Ähnliches reagieren. Solche Zellen würden relevante Teilinformationen zu einem ganz bestimmten Objekt auf sich versammeln und immer dann aktiv werden, wenn genügend Aspekte registriert werden, um das codierte Objekt mit hinreichender Sicherheit zu identifizieren. Konorski war der Meinung, die *gnostischen Neuronen* seien nicht zufällig über den Cortex verteilt, sondern würden in ganz bestimmten Bereichen der Hirnrinde akkumulieren. Konorskis Idee speiste sich aus drei verschiedenen empirischen Quellen. Er kannte die Arbeiten von Hubel und Wiesel. Er wusste auch, dass kleine, räumlich genau definierte Läsionen im Bereich des unteren Temporallappens bei Affen zu sehr spezifischen Störungen der visuellen Wahrnehmung führen.[38] Und aus eigener Erfahrung, aber auch aus den Arbeiten des berühmten russischen Psychologen Alexander Lurjia (1902–1977),[39] wusste er von Menschen, die nach Schlaganfällen oder Verletzungen des Gehirns an sehr seltsam anmutenden, sehr spezifischen Störungen bestimmter Wahrnehmungsaspekte litten. Eine dieser Störungen ist die *Prosopagnosie* (Gesichtsblindheit). Verletzungen oder Schlaganfälle, die einen bestimmten Teil des *Gyrus fusiformis* zerstören, können dazu führen, dass die Kranken unfähig sind, auch gute Bekannte oder Verwandte anhand ihres Gesichtes zu identifizieren, obwohl sie problemlos einzelne Merkmale des Gesichts erkennen können. Prosopagnostiker haben die betreffende Person nicht etwa vergessen. Sie können sie anhand anderer Merkmale wie Stimme, Kleidung oder Frisur durchaus erkennen. Dabei handelt es sich also offensichtlich um eine selektive Schädigung der visuellen Wahrnehmung auf einer sehr fortgeschrittenen Ebene des Erkennens.

Konorskis Buch war visionär, aber spekulativ. Doch schon kurz nach seiner Veröffentlichung wurden Experimente publiziert, die seine Hypothese zu stützen schienen. In den frühen 1970er Jahren entdeckte eine Gruppe von Wissenschaftlern um Charles Gross (*1936) am Massachusetts Institute of Technology im unteren Temporallappen von Affen Zellen, die selektiv auf den Anblick von Händen oder Gesichtern reagieren.[40] Solche Zellen sind zuständig für das Erkennen nicht spezifischer Gesichter ganz bestimmter Personen; sie extrahieren Schlüsselmerkmale wie ovale Form, quer stehende Linien (Augen und Augenbrauen) im oberen Drittel, Achsensymmetrie, senkrechte Linien (Nase) usw. und sie abstrahieren einen allgemeinen »Begriff des Gesichts«, wenn genügend Teilkriterien erfüllt sind.

Diese Form der Reduktion von Wirklichkeit geht sparsam mit neuronalen Ressourcen um. Die Kehrseite davon ist: Sie kann zu Trugschlüssen führen. Diese Erfahrung musste Charles Gross machen, als er im Cortex der Affen eine Zelle entdeckte, die auf alle vollbärtigen Mitglieder seiner Arbeitsgruppe reagierte. Dieselbe Zelle feuerte allerdings auch beim Anblick einer Klobürste mit halbkreisförmig angeordneten Borsten! Bei der Bewertung von Korrelationen zwischen Außenwelt und internem neuronalen Zustand ist also Vorsicht geboten!

15 Jahre später setzte Rodrigo Quian Quiroga, ein Neurowissenschaftler an der Universität von Leicester, noch eins drauf.[41] Quiroga hatte Gelegenheit bekommen, Blicke ins menschliche Gehirn zu werfen, die der Wissenschaft normalerweise verwehrt sind. Schließlich kann man Menschen zu Forschungszwecken nicht einfach Elektroden ins Gehirn pflanzen. Quiroga aber hatte Zugang zu einer Gruppe von Epilepsiepatienten, denen solche Elektroden aus medizinischen Gründen eingesetzt worden waren. So konnte er die Reaktionen einzelner Neuronen auf bestimmte visuelle Stimuli direkt beobachten. Im Zuge unzähliger Versuche entdeckte er eine Zelle, die immer dann aktiv wurde, wenn dem Probanden ein Bild von Jennifer Aniston gezeigt wurde. Die Zelle war im wahrsten Sinn des Wortes »elektrisiert« von der Schauspielerin. Egal welche Kleidung oder Frisur sie trug, egal welche Rolle sie spielte, das Neuron wurde aktiv. Bei anderen weiblichen Filmstars, wie zum Beispiel Julia Roberts, zeigte es keine Reaktion. »Ich konnte es nicht fassen«, erinnert sich Quiroga, überrascht von der Spezifität der Zelle.[42] Seine Forschergruppe war damals gar nicht auf der Suche nach »Großmutterzellen«. Sie war am Problem der *visuellen Invarianz* interessiert. Dabei geht es um die Frage, wieso das Gehirn Objekte korrekt identifiziert, auch wenn diese in ganz verschiedenen Blickwinkeln, Kontexten und Variationen präsentiert werden. Warum erkennen wir eine bestimmte Person, egal ob wir sie live oder auf einem Foto, im Skianzug, im Kleid oder im Bikini sehen?

Quirogas Team zeigte den Patienten unzählige Fotografien von bekannten Bauwerken, Tieren oder Prominenten und nahm dabei Ableitungen der neuronalen Aktivitäten im Temporallappen vor. Anschließend wurden alle die Bilder nochmals gezeigt, auf die mindestens eines der fast tausend abgeleiteten Neuronen im ersten Durchgang reagiert hatte. Beim zweiten Mal präsentierten die Forscher jedes der ausgewählten Motive mehrmals aus unterschiedlichsten Blickwinkeln und in den verschiedensten Variationen. Nach vielen Versuchen kristallisierten sich Neuronen heraus, die sehr spezifische Vorlieben hatten. Manche reagierten auf den Basketballspieler Kobe Bryant, andere auf den Schiefen Turm von Pisa, wieder andere auf Spinnen oder Seehunde. Bei einem der Patienten stießen die Wissenschaftler auf eine Hale-Berry-Zelle. Für das Problem der *visuellen Invarianz* war diese Zelle besonders aufschlussreich. Sie reagierte auf unterschiedlichste Fotos der Schauspielerin, auch in ihrer Verkleidung als Catwoman, auf Zeichnungen und sogar auf den Schriftzug »Hale Berry«. Auch wenn das alles stark an das Konzept der Großmutterzelle erinnert, versuchte Quiroga diesen Begriff zu vermeiden. Entscheidend war für ihn, dass diese Zellen spezifisch auf sehr komplexe, *supramodale*[43] »semantische« Konzepte reagieren. Daher taufte Quiroga sie auch »Konzeptzellen«, nicht etwa »Hale-Berry-Neuronen« oder »Jennifer-Aniston-Zellen«.

Hier, ganz am Ende der Kette, verwischen die Grenzen zwischen den verschiedenen Sinnesmodalitäten. Diese Zellen sind sehr spezifisch, aber multimodal. Sie reagieren auf visuelle Information, allerdings abstrahieren und reduzieren sie die Information auf den entscheidenden semantischen Kern. Ein Foto von Hale Berry hat schließlich rein visuell nichts mit dem Schriftzug »Hale Berry« gemein. Solche Konzeptzellen können sogar über ein konkretes Objekt hinausgehen und die Realität unter noch abstrakteren Aspekten kategorisieren. Im Jahr 2009 präsentierte Quirogas Gruppe eine Nervenzelle, die sowohl bei Luke Skywalker als auch bei Meister Yoda feuerte, beides Charaktere der Science-Fiction-Reihe *Star Wars*.[44]

Damit sind wir an einer Schnittstelle zwischen Wahrnehmung und Gedächtnis gelandet. Ein abstraktes Konzept wie ›Star Wars‹ muss erlernt sein. Niemand kommt mit einem Star-Wars-Neuron zur Welt. »Wir glauben«, sagt Quian Quiroga, »dass diese Neurone entscheidend sind für das Formen von Erinnerungen. Am Ende des Pfades der visuellen Verarbeitung im medialen Temporallappen können sie die konkrete Wahrnehmung in abstrakte Gedächtnisinhalte umwandeln.«[45] Nicht jedes Objekt, das uns begegnet, wird mit der Erschaffung einer eigenen »Konzeptzelle« geadelt. Verankert werden nur relevante Konzepte. Wir erinnern uns an das, was uns in irgendeiner Weise bedeutsam erscheint.

Bei der »Star-Wars«-Zelle drängt sich eine Frage auf: Führt die Spitze der Wahrnehmungspyramide auch bei anderen Säugetieren in ähnlich schwindelnde Höhen der Abstraktion oder endet sie früher, bei einfacheren Konzepten? Bei Affen wurden immerhin Zellen nachgewiesen, die spezifisch für Gesichter sind. Wenn wir auf der phylogenetischen Leiter nach unten klettern, müssten wir irgendwann auf Tiere stoßen, die keine abstrakten Konzeptzellen entwickeln. Wo genau diese Grenze verläuft, ist bisher nicht geklärt. Ratten können ihre eigenen Artgenossen ohne Zweifel besser auseinanderhalten als ein menschlicher Beobachter. Ob die Nagetiere deshalb über Analoga zu den Jennifer-Aniston-Zellen verfügen, ist zumindest fraglich.[46]

Metaphern wie die der Pyramide oder des Flusslaufs oder Begriffe wie Großmutterneuron, gnostische Zelle oder Konzeptzelle haben etwas Verführerisches. Sie scheinen alle auf elegante Weise zu erklären, wie im Verlauf eines Wahrnehmungsprozesses, ähnlich wie in der Produktionsstraße einer Fabrik, Teilelemente zu zunehmend komplexeren Objekten zusammengesetzt werden. Am Ende steht dann etwas, was einen bestimmten Menschen, ein Auto oder einen Baum durch die neuronale Aktivität einzelner oder einiger weniger Zellen repräsentiert.

Ausgerechnet Itzak Fried, der Mensch, der die feinen Elektroden mitentwickelt hat, die es erlauben, im lebenden Gehirn selektiv Ableitungen einzelner Neuronen vorzunehmen, hebt an dieser Stelle warnend den Finger. Er meint, wir sollten mit Begriffen wie *Konzeptzelle* oder *Großmutterneuron* vorsichtig umgehen. Er erinnert daran, seine kleinen Meisterwerke leiteten zwar selektiv die Aktivität einzelner Neuronen ab, solche Elektroden würden aber normalerweise vollkommen willkürlich in *irgendeiner* Nervenzelle platziert werden. In einem Kubikzentimeter Hirnrinde drängeln sich viele hundert Millionen Neuronen. Die Punktion ist mikroskopisch betrachtet ein Zufallsprozess. Daher scheint es höchst unwahrscheinlich, dass wir auf diese Weise ein potentielles Konzeptneuron treffen, dem wir im Anschluss zufällig das passende Objekt präsentieren. Einzelne Konzeptneuronen sind vermutlich eben keine solitären neuronalen Repräsentationen eines bestimmten Objekts, sondern vielmehr Mitspieler in verschiedenen spezifischen, sich aber teilweise überlappenden neuronalen Netzwerken.

Auch die anatomische Wirklichkeit des Gehirns ist komplizierter. Die Verarbeitung sensorischer Information ist hierarchisch *und* arbeitsteilig organisiert. Das Bild des Flusslaufes wird schon der Anatomie der Sehbahn nicht gerecht, von den visuellen Rindenarealen ganz zu schweigen. Die rezeptiven Felder einzelner Neuronen werden zwar immer größer, gleichzeitig divergieren die Informationen aber, nachdem sie das Nadelöhr zwischen Sehnerv und lateralem Kniekörper passiert haben. Der Sehnerv bündelt nur etwa eine Million Fasern. In der primären Sehrinde ist die

Zahl der Neuronen, die visuelle Informationen verarbeiten, jedoch bereits größer als die Zahl der Lichtsinneszellen in der Retina. Im Gehirn selbst sind viele Milliarden Neuronen an der Verarbeitung des Sehens beteiligt. Auf jeder Verarbeitungsebene existieren innerhalb der Ebene erregende und hemmende Querverbindungen zwischen den verschiedenen Neuronen, die Signale so modulieren, dass zum Beispiel Kontraste durch entsprechende Rückkopplungsvorgänge noch verstärkt werden. Darüber hinaus empfangen die Neuronen im lateralen Kniekörper weit mehr Signale aus höheren Sehbereichen als aus der Peripherie,[47] ein anatomisches Indiz dafür, dass das Gehirn eben keine Kamera ist, sondern ein Organ, das das Sehen zu einem aktiven und konstruktiven Vorgang macht.

Jenseits der primären Sehrinde zerfällt außerdem die topographische Kohärenz der neuronalen Repräsentation des Bildes. Mehr als zwei Dutzend *extrastriatale*[48] Rindenareale, vor allem im Schläfen- und Scheitellappen, verarbeiten die Sinnesinformationen weiter. Sensorische Informationen werden in ganz bestimmte Teilaspekte zerlegt, die jeweils von spezialisierten Subsystemen in den sekundären visuellen Rindenarealen (Area 18 und 19/V2-V5) bearbeitet werden. Andere Parameter des »Bildes« wie Farbe[49] oder Bewegungsgeschwindigkeit oder oft auch komplexere formale Teilaspekte werden durch die Aktivität spezialisierter Neuronen repräsentiert, die an ganz verschiedenen Orten der Hirnrinde lokalisiert sind.

In derselben Ausgabe der Zeitschrift *Nature*, in der Quian Quiroga seine Studie zu den »Jennifer-Aniston-Neuronen« veröffentlichte,[50] schrieb der Neurowissenschaftler Charles E. Connor (*1955): »Niemand möchte den Verdacht auf sich ziehen, an Großmutterzellen zu glauben.« Auch Quiroga selbst stellte klar: »Die Neurone, die wir gefunden haben, sind keine Großmutterzellen. Diese Zellen feuern zwar auf sehr konzeptuelle Weise zu verschiedenen Bildern, beispielsweise von Jennifer Aniston. Aber das bedeutet nicht, dass sie nur bei dieser einen Person feuern können.«[51]

Ein System, das nach dem Prinzip *ein Konzept eine Zelle* funktioniert, müsste eine kaum zu begrenzende Zahl an Zellen vorhalten, um immer neue Repräsentationen zu entwickeln. Außerdem würden wir bei einem solchen System jedes Konzept – und sei es noch so bedeutsam – verlieren, wenn die zuständige Zelle zerstört wird. Die erstaunlich robuste und gegen Schädigungen der grauen Zellen ziemlich inerte Erinnerung an wichtige Menschen oder Episoden unseres Lebens spricht eher für eine erhebliche Redundanz der neuronalen Engramme.

Je komplexer das *Perzept*, desto mehr Zwischenstationen werden auf dem Weg von der Retina bis zur abgeleiteten Zelle passiert.[52] Stephen Waydo und Quian Quiroga haben einmal versucht auszurechnen, wie viele Neuronen einem Perzept wie Jennifer Aniston zugrunde liegen müssten. Dazu haben sie die Anzahl aller denkbaren Stimuli geschätzt, mit der ein Mensch im Laufe seines Lebens konfrontiert wird, und sie mit der Menge an Material in Beziehung gesetzt, die Quirogas Arbeitsgruppe den Epilepsiepatienten tatsächlich gezeigt hatte. Dann verglichen sie die Zahl an Neuronen, von denen sie elektrische Signale abgeleitet hatten, mit der Gesamtzahl an Nervenzellen im medialen Temporallappen. So kamen sie zu dem Schluss, Jennifer Aniston werde vermutlich von bis zu zwei Millionen Neuronen repräsentiert.

Die Spezifität für ein ganz bestimmtes Objekt oder eine ganz bestimmte Person scheint eher das Ergebnis einer spezifischen Kombination vieler einzelner neuronaler Elemente zu sein. Jedes einzelne Neuron reagiert wahrscheinlich außerdem auf einige Dutzend verschiedener Individuen oder Objekte. Tatsächlich konnten die Forscher bei einem der Patienten eine Zelle ableiten, die beim Anblick sowohl von Jennifer Aniston als auch von Lisa Kurdrow zu feuern beginnt.[53]

Gegen die orthodoxe Variante des Großmutterneuronenkonzepts sprechen noch weitere Argumente. Da wäre die Geschwindigkeit, mit der wir Gesichter erkennen. Obwohl moderne Computer mit Taktfrequenzen von mehr als 1000 MHz serielle Informationen tausendmal schneller als unser Gehirn verarbeiten können, sind sie uns beim Erkennen von Gesichtern immer noch klar unterlegen. Auch das spricht dafür, dass im Gehirn massive Parallelverarbeitung am Werk ist.

Nicht selten lesen wir – auch in diesem Buch – Formulierungen wie die »Aktivität des abgeleiteten Neurons sei die neuronale Repräsentation des entsprechenden optischen Stimulus« – egal ob es sich um einen Lichtpunkt, einen Balken oder um Jennifer Aniston handelt. Diese Interpretation ist ein bisschen nassforsch. Denn: »Wenn in einem Radio ein bestimmtes Bauteil ausfällt und das Radio dann zu Piepsen anfängt, dann sollten wir daraus nicht schließen, dass es sich bei dem Bauteil um ein Element zur Piepsunterdrückung handelt.«[54]

Doch vollkommen gleich, ob meine Großmutter von einer einzigen

Zelle, von hundert oder von zwei Millionen Zellen repräsentiert wird, das größte Rätsel der Wahrnehmung wird von der Frage nach der schieren Zahl der Beteiligten gar nicht berührt. Die Mechanismen der elektrochemischen Kommunikation entlang der Fasern und Synapsen erklären, wie neuronale Informationen durch den Körper *transportiert* werden. Wie gesagt – selbst eine so simple Konstruktion wie ein Morseapparat kann Shakespeares *Hamlet* mühelos über Kontinente transportieren. Genau wie Morsecode oder Druckerschwärze sind die Aktionspotentiale von Neuronen zunächst nur ein Transportmittel. Bedeutungen, Gefühle, die subtilen Konnotationen, die ein solcher Text transportiert, erschließen sich nicht unmittelbar aus dem elektrochemischen Gezwitscher. Wie aus solchen Einzelteilen ein kohärentes Bild mit einer dezidierten Bedeutung entsteht, ist dagegen schwer zu erklären. Das Gehirn sollte nicht als Apparat missverstanden werden, der nur die Puzzleteile wieder aneinandersetzt, die ihm die Sinnesorgane liefern, und daraus die äußere Wirklichkeit *en miniature* zusammenfügt. Die Bedeutung, mit der wir ein Bild füllen, ist ein Produkt des Gehirns. Sie hat in erheblichem Maß mit individuellem Vorwissen, Erfahrungen, Werten und Präferenzen des Betrachters zu tun. Damit sind wir mitten beim vielleicht schwierigsten und in der Tat noch vollkommen ungelösten Problem der Hirnforschung gelandet. Bisher wurde ganz pauschal von *visueller Wahrnehmung* gesprochen. Dabei gibt es genau genommen zwei Typen visueller Wahrnehmung.

Das Duo Auge und Hirn sieht mehr, als wir annehmen. Vieles davon dringt nie ins Bewusstsein vor: Unsere Pupillen schließen sich unwillkürlich, wenn wir in die Sonne blicken. Die Wanderung vom Zentrum der Netzhaut immer weiter Richtung Peripherie ist wie eine Reise in die Vergangenheit der Stammesgeschichte des Sehens. Bewegungssehen ist phylogenetisch viel älter als die Fähigkeit, unbewegte Objekte wahrzunehmen.[55] Noch die äußerste Peripherie unserer Netzhaut wird von bewegten Gegenständen erregt, aber diese Botschaften von den Rändern bleiben unterbewusst. Sie lösen allerdings reflektorische Blickbewegungen aus, die den bewegten Gegenstand zunächst weiter ins Zentrum der Netzhaut projizieren, dorthin, wo dann bewusstes Sehen stattfinden kann.[56]

Sehen ist also eine Frage der Definition. Wenn wir darunter die Wahrnehmung eines Lichtreizes verstehen, der eine spezifische Reaktion auslöst, *sehen* auch braitenbergsche Vehikel. Diese Form des Maschinensehens ist längst Realität. Inzwischen sind selbst billige Digitalkameras auf erstaunliche, ja fast beängstigende Weise in der Lage, Gesichter zu »erkennen«.[57] Auch in der Tierwelt existiert diese Variante des Sehens schon seit hunderten Millionen von Jahren. Lichtsinneszellen gibt es seit Jahrmillionen. Fische und Gliederfüßler waren schon vor 500 Millionen Jahren mit einfachen Augen ausgestattet. Von den vielen oben angeführten praktischen Einwänden einmal abgesehen, wäre diese Definition des »Sehens« gut mit dem Konzept des Großmutterneurons in Einklang zu bringen: Das Gehirn würde visuelle Informationen sammeln und so zusammensetzen, dass die neuronale Repräsentation aller optischen Details, die unsere Großmutter definieren, in einer einzelnen Zelle münden. Und die Reaktion dieser Zelle ruft dann die spezifische Antwort des Gehirns hervor.

Der Verhaltensforscher Niko Tinbergen (1907–1988) hat sich ausführlich mit dem Sehen von Vögeln beschäftigt. Er musste feststellen, dass Vögel ganz bestimmte Kernelemente aus einer komplexeren visuellen Situation extrahieren und auf der Basis dieser Vereinfachung dann ihre »Schlüsse« ziehen. Hühner und Enten suchen Deckung, wenn Pappkreuze über sie hinweg ziehen, die sich in Richtung des kurzen Kreuzendes bewegen. Wenn sich dieselben Pappkreuze in die umgekehrte Richtung bewegen, bleiben die Tiere unbeeindruckt. Offensichtlich deuten die Tiere im ersten Fall das Pappkreuz als Silhouette eines Raubvogels

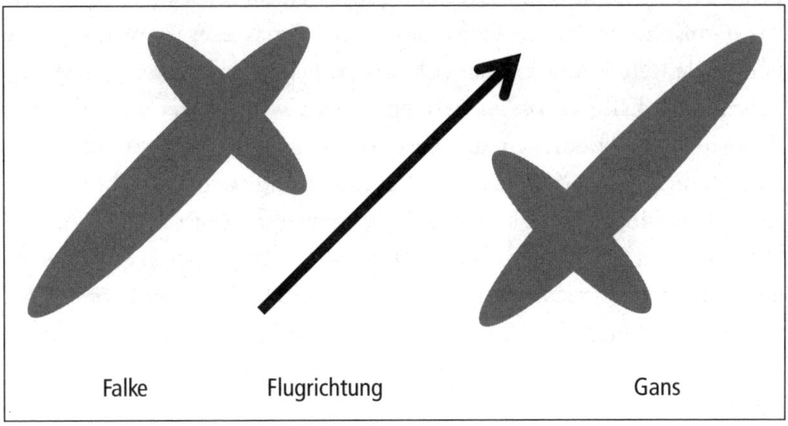

Abb. 7: Schematisches Sehen bei Vögeln: Die Bewegungsrichtung bestimmt die Interpretation.

und assoziieren *Gefahr*, während ein in Richtung auf sein langes Ende ziehendes Kreuz eine harmlose Gans imitiert.[58]

Behavioristen könnten zufrieden sein. Diese Form des Sehens passt wunderbar in ihr *Reiz-Reaktions-Paradigma*. Selbst der ungeliebte Begriff *Bedeutung* wäre in dieser Perspektive unterzubringen, da die *Bedeutung* des Gesehenen – zum Beispiel die Interpretation eines in Richtung kurzem Ende fliegenden Kreuzes als Gefahr – die Reaktion des Tieres *interpretiert* und daher zunächst nur die Zuschreibung ist, die ein Beobachter vornimmt. Sie sagt nichts darüber aus, was im Kopf des Tieres vor sich geht.

Das Problem mit der *Bedeutung* hat sich damit aber nicht in Luft aufgelöst. Auch eingefleischten Behavioristen klebt es am Schuh wie ein lästiger Kaugummi. Im beobachteten Gehirn ist es verschwunden, gleichzeitig taucht es im Gehirn des Beobachters wieder auf. Dabei stellt sich die Frage, ob wir die Begriffe *Bedeutung* und *Bewusstsein* überhaupt voneinander trennen können oder ob *Bedeutung* bewusste Wahrnehmung eigentlich voraussetzt. Auf dieses vertrackte Problem komme ich noch zurück. Der gemeinsame Nenner der genannten Beispiele visueller Wahrnehmung besteht darin, dass der Vorgang des Sehens seinem Protagonisten eben nicht zwingend bewusst werden muss. Die gerade eingeführte Definition des Sehens kommt ohne die subjektive visuelle Empfindung eines »Bildes« oder einer Szene aus.

Wenn wir vom menschlichen Sehen reden,[59] meinen wir in der Regel etwas anderes. Sehr verzwickt ist die Frage, wie hilfreich ein Konzept wie das »Großmutterneuron« oder eines neuronalen Netzes ist, wenn wir die neuronale Repräsentation der *subjektiven Bewertung* komplexer Wahrnehmungsinhalte verstehen wollen. Wenn wir vor der australischen Küste im Meer schnorcheln und plötzlich ein graues Dreieck aus den Wellen auftaucht, erschöpft sich der Wahrnehmungsvorgang nicht in einer Reflexhandlung, die uns so schnell wie möglich zurück zum Boot bringt. Wir »wissen« um die mögliche Gefahr. Wir interpretieren das Dreieck bewusst als die Rückenflosse eines Haifischs, mit all den Konnotationen und Assoziationen, die der Hai in unserem Kopf auslöst. Unsere Reaktion beruht nicht nur auf dem kollektiven, stammesgeschichtlich erworbenen und genetisch fixierten Vorwissen unserer Spezies. Sie fußt zum großen Teil auf individuell (ontogenetisch) erworbenem, explizitem Wissen oder wird zumindest durch eine solche Form des Wissens modifiziert.

Ein Meeresbiologe, der die Gewässer und die Haie kennt, reagiert unter Umständen völlig anders als ein unerfahrener Tourist, der kurz zuvor den *Weißen Hai* im Kino gesehen hat.

Die Erklärung der bewussten Aspekte der Wahrnehmung stellt ganz andere Probleme als die unbewusster Wahrnehmungsvorgänge, die im Rahmen des Reiz-Reaktions-Paradigmas erklärt werden können. Bewusste Wahrnehmung produziert eine subjektive Empfindung und Bewertung innerer Bilder.[60] Solche rein subjektiv erlebten und für Außenstehende unzugänglichen Empfindungen nennen die Neurophilosophen *Qualia. Qualia* sind etwas im wörtlichen Sinn *Exklusives.* Sie sperren die Außenwelt aus. Nur der Empfindende selbst hat den Zugang zu dem Film, der in seinem Gehirn abläuft.

Für Biologen sind *Qualia* eine harte Nuss, denn sie sind eben keine objektiven »Gegenstände«, die sich einfach als Experiment auf den Seziertisch legen ließen.

Wenn wir ein rotes Tuch sehen, können wir feststellen, welche Hirnregionen aktiv werden, während wir Rot sehen. Wir können beobachten, dass bei der Wahrnehmung blauer Tücher andere Neuronen beteiligt sind. Aber wir wissen nicht, ob zwei Menschen wirklich den identischen inneren Film »vor Augen« haben, wenn sie sagen, sie sähen einen roten Gegenstand. Das mag sich so verhalten, aber wir können uns dessen nicht sicher sein.

Nehmen wir an, auf einer einsamen Insel im Pazifik existierte ein Volksstamm, bei dem es in grauer Vorzeit zu einer Genmutation gekommen ist, die die Farbwahrnehmung beeinflusst. Nehmen wir an, diese Mutation würde nichts verändern, außer dass alle Bewohner der Insel Licht im Wellenlängenbereich zwischen 600 und 640 Nanometer – für uns die Farbe Rot – subjektiv als Blau wahrnehmen würden – und umgekehrt. Eine solche Mutation würde zunächst niemandem auffallen, da ja alle Konnotationen unserer Rotempfindung identisch sind mit denen des pazifischen Blaus und umgekehrt. Die Insulaner sehen eben »blaue« Kirschen, ihre Sonne geht blau am Horizont unter und sie starren in die blaue Glut, wenn sie abends ums Feuer sitzen. Die Blauempfindung des Stammes könnte also alle Assoziationen wecken, die wir bei der Farbe Rot haben. Ihr Begriff für das pazifische Blau würde im Deutschen ganz selbstverständlich mit dem Wörtchen *rot* übersetzt werden.

Wenn ich mit meiner Tochter morgens beim Frühstück auf dem Balkon sitze und ihr krabbelt ein Marienkäfer über das Handgelenk, weiß ich nicht, ob das Rot seiner Flügel in ihrem Kopf dieselbe Empfindung auslöst wie in meinem. Trotzdem macht uns die Exklusivität unserer inneren Filme nicht zu kommunikationsunfähigen Autisten. Wir können uns sehr wohl über den Marienkäfer verständigen. Wenn plötzlich ein zweiter Marienkäfer auftaucht, sind wir uns schnell darüber einig, beide hätten die *gleiche* Farbe. Wir können uns auch darüber einigen, die Tiere trügen kreisförmige Punkte auf den Flügeln und nicht etwa Dreiecke. (Ein spitzfindiger Zweifler könnte an dieser Stelle einwenden, dass auch die subjektive Wahrnehmung von Dreiecken und Kreisen bei uns vertauscht sein könnte. Aber so beliebig sind Wahrnehmungen dann doch nicht.) Im Gegensatz zu dem Begriff *Rot*, der nichts als eine willkürliche Chiffre für eine unmittelbare Sinnesempfindung ist, können wir uns über den Begriff des Kreises auch anhand abstrakter Kriterien verständigen. Wir können uns zum Beispiel vergegenwärtigen, ob das, was wir sehen, einen Rand hat, bei dem jeder Punkt des Randes dieselbe Distanz zum Mittelpunkt hat.

Ob unsere *Qualia* mit der Realität deckungsgleich sind, ist gar nicht die entscheidende Frage. Die Frage ist, ob sie funktionieren. Funktionieren bedeutet, sich mithilfe von Empfindungen in der Welt zurechtzufinden, ohne gefressen zu werden, Nahrung, und wenn es gut läuft, auch einen Partner zur gemeinschaftlichen Fortpflanzung zu finden. Speziell im zwischenmenschlichen Bereich ist es ein weiteres Kriterium des Gelingens, wenn zwei Menschen über ein erlebtes Szenario zu einer Übereinstimmung gelangen.[61]

Wenn wir das subjektive Erleben unserer inneren Filme auf neuronaler Ebene erklären wollen, hilft das Großmutterneuron nicht weiter. Denn es ist schwer vorstellbar, einzelne Neuronen könnten ohne weitere[62] Zutat solche inneren Filme produzieren. Ein weiteres neuronales System wäre notwendig, ein innerer Beobachter, der das Blinken des Großmutterneurons registriert, das Bild der Großmutter evoziert und damit ins Bewusstsein ruft. Und schon sind wir mitten im Strudel eines unendlichen Zirkels.[63] Denn wenn dieser innere Beobachter ähnlich hierarchisch organisiert wäre wie die postulierte »Wahrnehmungspyramide«, stünden wir am Ende wieder am Anfang und bedürften eines weiteren Beobachters.

Die Mechanismen bestimmter Teilaspekte des Sehens sind uns inzwischen ganz gut verständlich.[64] Völlig unklar ist aber, wo und wie das Gefühl des subjektiven Erlebens entsteht. Aus gutem Grund haben die Hirnforscher die *Qualia* und das Problem des Bewusstseins lange gemieden wie der Teufel das Weihwasser. Trotzdem lässt sich auch über die bewussten Aspekte visueller Wahrnehmung einiges sagen. Dazu muss jedoch die Beschreibungsebene gewechselt werden. So lange wir keinen direkten Zugriff auf den neuronalen Mechanismus haben, müssen wir uns in guter alter Behavioristenmanier um die funktionellen Leistungen und Fehlleistungen des Gehirns kümmern. Wir müssen von der Neurophysiologie zur Neuropsychologie wechseln. Vielleicht kommen wir auf dieser Ebene sogar dem vertrackten Problem der Qualia und des Bewusstseins ein Stückchen näher.

EXKURS **WIE KOMMEN DIE BILDER IN DEN KOPF? PHASE 3 – KONSTRUKTION: VOM SEHEN ZUM ERKENNEN**

Die Kamerametapher hat etwas Beruhigendes. Bei einem Foto erscheinen Bild und Realität in einem festen und verlässlichen Verhältnis zueinander. Empiristen wie John Locke oder George Berkeley (1685–1753) mutmaßten, elementare Sinnesinformationen könnten einfach zu einem vollständigen Bild aufaddiert werden. Diese Perspektive wäre mit der Kamerametapher noch in Einklang zu bringen. Wir könnten in ihr so etwas wie den Übergang von der analogen zur digitalen Fotografie sehen.

Anfang des 20. Jahrhunderts änderte sich die Sicht auf die Rolle des Gehirns. Vor allem deutsche Psychologen wie Max Wertheimer (1880–1943), Kurt Koffka (1886–1941) oder Wolfgang Köhler (1887–1967) verstanden Wahrnehmung plötzlich nicht mehr als rezeptiven, sondern eher als schöpferischen Akt. Aufgrund ihrer *Gestaltpsychologie* sahen sie im Gehirn einen Regisseur, der sein Skript im Kopf hat und die Elemente seiner Wahrnehmung in einem schöpferischen Akt so zusammenstellt, dass dabei etwas Neues entsteht. Dieses neue Ganze sei mehr als die Summe seiner Teile, das war das Credo der *Gestaltisten*.[65]

Kreiert das Gehirn tatsächlich Dinge, die es draußen nicht gibt? Kreativität ist eine feine Sache, aber wir wollen schließlich keine kopfgeborenen Theaterstücke sehen, sondern durch sie etwas über die Welt erfahren.[66] Für die Gestaltpsychologie ist Wahrnehmung wie eine Wette auf die Wirklichkeit. Das Gehirn gleicht die Informationen von den Sinnesorganen mit internen Modellen ab und wählt die Option, die am plausibelsten erscheint. Selbst handfeste Empiriker wie der berühmte Physiologe Hermann von Helmholtz (1821–1894) stützen diese Sicht. Helmholtz verglich die Abbildungsqualität des optischen Apparats der Augen mit optischen Geräten und musste feststellen, dass unser Auge ziemlich schlecht abschneidet. Eigentlich kann ein menschliches Auge keine brauchbaren Bilder liefern. Helmholtz schloss daraus, ihm müsse das Gehirn irgendwie unter die Arme greifen. Vor über 100 Jahren schrieb er: »Es mag erlaubt sein, die psychischen Akte der gewöhnlichen Wahrnehmung als unbewusste Schlüsse zu bezeichnen«[67] – *Schlüsse*, die wegen unvollständigen Materials gezogen werden. Die Schlussfolgerungen werden durch vorausgegangene Wahrnehmungserfahrungen[68] unterstützt. Wenn dem so ist, würden wir zu gerne wissen, ob diesem Schöpfungsprozess wenigstens verlässliche Regeln zugrunde liegen. Werfen Sie einen Blick auf die Abbildung 8:

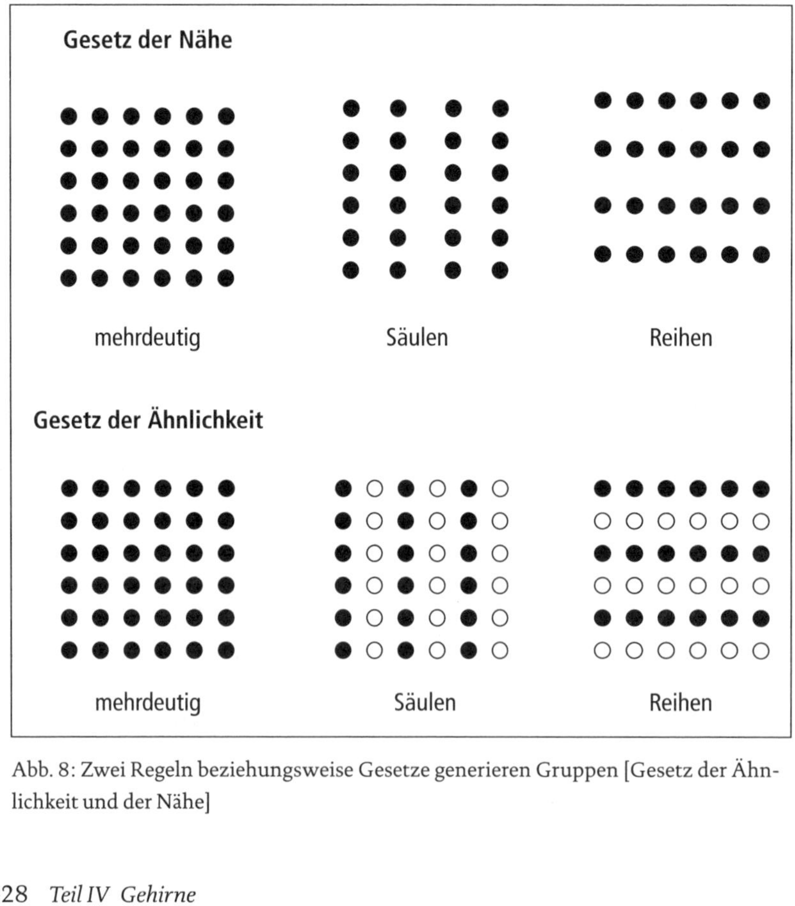

Abb. 8: Zwei Regeln beziehungsweise Gesetze generieren Gruppen [Gesetz der Ähnlichkeit und der Nähe]

Alle sechs Figuren werden durch kleine Kreise erzeugt, die in ihrer Gesamtheit als Quadrat wahrgenommen werden. Während die erste Figur in jeder Reihe außer der Eigenschaft Quadrat keine weiteren strukturellen Besonderheiten zeigt, zergliedert das Gehirn die Quadrate in der Mitte in Spalten, die Quadrate ganz links in *Reihen*. Hinter dieser Zuschreibung stecken zwei einfache Regeln:

Bilde Gruppen aus Elementen, die benachbart oder *einander ähnlich sind (z.B., weil sie alle weiß oder alle schwarz sind). [Gesetz der Ähnlichkeit und Gesetz der Nähe.]*

Wie logische Schlussfolgerungen oder die rasche Bewertung von Situationen scheint auch der Prozess des visuellen Erkennens unbewussten Faustregeln zu gehorchen. Philosophen sprechen etwas vornehmer von *Heuristiken.* Da solche Heuristiken implizit und außerbewusst sind, braucht es ein paar Kunstgriffe, sie zu enttarnen. Den Versuch ist es wert, denn nur so können wir uns der Frage nähern, wann und wie weit wir dem Film in unserem Kopf vertrauen können.

Während sich bei dem ersten Beispiel ein wundervoll sophistischer Streit vom Zaun brechen ließe, ob die Reihen oder Spalten etwas Reales

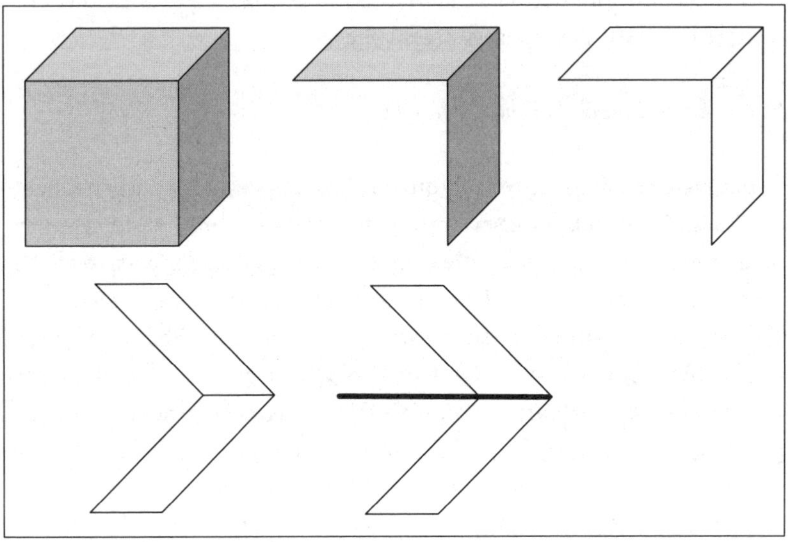

Abb. 9: Die Suggestion von Räumlichkeit I: Je nach Kontext konstruiert das Gehirn aus zwei Parallelogrammen 2D- oder 3D-Eindrücke.

oder Projektionen des Gehirns sind,[69] konstruiert das Gehirn im nächsten Fall etwas, was in der Wirklichkeit definitiv nicht vorhanden ist: Was sehen Sie beim Blick auf die Figur oben links in der Abbildung 9?

Die meisten Menschen werden antworten: »Ich sehe einen Würfel«. In Wahrheit handelt es sich um eine zweidimensionale Struktur auf einem Blatt Papier, um ein Quadrat, das an zwei Parallelogramme grenzt. Ändert sich der Kontext, so wird die Suggestion der Räumlichkeit immer uneindeutiger.

Auch die sechs Kreise auf den Rechtecken der Abbildung 10 erscheinen plastisch, obwohl das Bild natürlich vollkommen flach ist. Auch hier ist die dritte Dimension eine Erfindung des Gehirns. Wir sehen die Kreise nicht nur räumlich, links nehmen wir Vorwölbungen wahr, rechts Vertiefungen. Woran liegt das? Gegenstände, die vom Licht angestrahlt werden, werfen Schatten. Der Schatten zeigt dabei immer von der Lichtquelle weg. Die Faustregel, die uns dazu verleitet, die linken Kreise als konvex, die rechten als konkav wahrzunehmen, heißt:

Licht kommt von oben, nicht von unten.

Schon Hermann von Helmholtz hatte entdeckt, dass das Gehirn visuelle Eindrücke mithilfe der ›*Licht kommt von oben*‹-Regel verarbeitet. Eine weitere Regel hat dieselben Wurzeln. Sie lautet:

Es gibt keine doppelten Schattenwürfe.

In der Natur ist die hellste Lichtquelle stets die Sonne. Natürliche, lichtabhängige Wahrnehmungserfahrungen sind durch ihre Position geprägt. So gibt es je nur *einen* Lichtreflex auf einem Augapfel, der bei natürlicher Beleuchtung stets rund ist. Diese Faustregeln setzen uns auf eine interessante Spur. Die Sonne hat die gesamte Evolution begleitet. Sonnenlicht kam dabei niemals von unten. Der Verdacht liegt also nahe, die »*Licht kommt von oben*«-Heuristik sei eine stammesgeschichtlich erworbene, genetisch fixierte Anpassung. Künstliche Lichtquellen, die diese Regel verletzen, kennen wir erst seit wenigen Generationen.

Die stammesgeschichtliche Verankerung erklärt, warum die visuellen Schöpfungen unseres Gehirns meist zutreffende Hypothesen über die Außenwelt liefern. Wir stoßen uns nicht ständig den Kopf. Wir greifen

Abb. 10: Die »Licht kommt von oben«-Heuristik

nicht dauernd ins Leere. Die Pfeile unserer Vorfahren trafen oft genug ihr Ziel – sonst wären es nicht unsere Vorfahren. Erinnern Sie sich an die gekreuzten Pappovale, mit denen Niko Tinbergen das Sehen von Hühnern untersucht hat. Auch die »Raubvogelheuristik« ist ein genetisch fixiertes, ererbtes Merkmal. Das Konzept der angeborenen Faustregeln kommt etwas bodenständiger daher, erinnert aber an die berühmten Anschauungsformen und Kategorien menschlichen Denkens *a priori*, wie sie Immanuel Kant in seiner *Kritik der reinen Vernunft* postuliert hat. Kant war der Meinung, jeder Mensch verfüge über einen bestimmten Fundus von angeborenen Regeln des Denkens, die universell und vor aller Erfahrung existieren.[70] Er begab sich damit in Opposition zu den Empiristen und der Idee, der Mensch würde als »leere Tafel« geboren. Die Biologie löst diesen Konflikt nicht vollständig auf. Sie bringt die Kontrahenten aber näher zusammen. Denn das, was aus der Perspektive des Individuums angeboren, also *a priori* existiert, ist das Resultat der kollektiven Erfahrungen aller Vorfahren, wenn man so will, ein stammesgeschichtliches *a posteriori*. Wenn dem so wäre, könnten wir uns wieder ein Stück weit beruhigen. Die Regeln des visuellen Erkennens wären dann weder vollkommen beliebig noch reine Privatsache. Sie würden zum kollektiven Instrumentarium der menschlichen Spezies gehören und wären in der Wirklichkeit verankert, da sie ja als Anpassung an sie entstanden sind.

Allerdings ist auch das *phylogenetische a posteriori* nicht immer der Königsweg zur Wirklichkeit. Wir können uns auf unsere Faustregeln aus mehreren Gründen nicht blind verlassen: Erstens hinken adaptive Anpassungen Veränderungen der Umwelt prinzipiell immer ein Stückchen hinterher. Zweitens – und das ist noch viel gravierender – sind visuelle Szenarien oft mehrdeutig. Das Gehirn steht vor der schwierigen Aufgabe, aus mehreren möglichen Deutungen die wahrscheinlichste auszuwählen. Selbst wenn ihm das gelingt: Die wahrscheinlichste Interpretation ist nicht immer die Richtige. Heuristiken können irren oder konkurrierende, miteinander unvereinbare Deutungen liefern. Das zeigt die Abbildung 11:

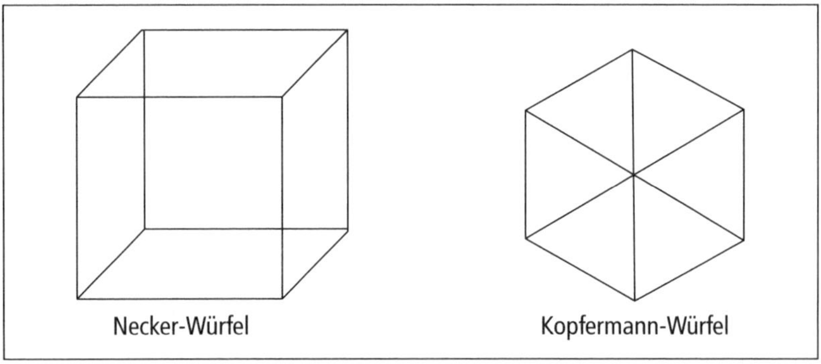

Abb. 11: Zwei Figuren, die mit unterschiedlicher Wahrscheinlichkeit einen Würfel repräsentieren

Wir können die beiden Figuren als zwei Darstellungen eines Würfels aus zwei verschiedenen Blickrichtungen deuten. Der rechte Würfel[71] ist allerdings vieldeutiger; insbesondere dann, wenn er nicht zusammen mit dem linken, dem »Necker-Würfel«, sondern isoliert betrachtet wird. Einzeln gesehen kann die rechte Figur aber auch als Sechseck wahrgenommen werden. Eine der Faustregeln, die dafür sorgt, dass wir 2D-Figuren als 3D-Gegenstände interpretieren, lautet wie folgt:

Wenn die Enden zweier Linien in 2D in einem Punkt zusammenfallen, so fallen sie auch in 3D zusammen.

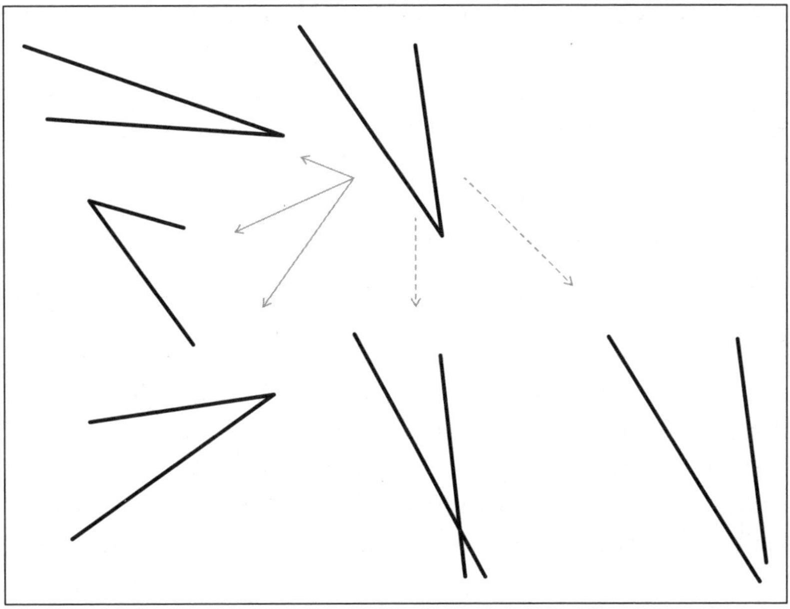

Abb. 12: Wenn die Enden zweier Linien in 2D in einem Punkt zusammenfallen, so fallen sie auch in 3D zusammen [Prinzip der wahrscheinlichsten Interpretation].

Bei Anwendung dieser Regel wäre der Kopfermann-Würfel kein Würfel, sondern ein Sechseck, zusammengesetzt aus Dreiecken. In den meisten Fällen macht die Regel Sinn, denn sie gehorcht dem Gesetz der Wahrscheinlichkeit. Schließlich gibt es nur eine mögliche Perspektive, bei der die Enden der Linien im Mittelpunkt zusammenzufallen scheinen, obwohl sie in Wahrheit auseinanderliegen. Wenn sie zusammenhängen, können wir die Linien drehen, wie wir wollen, die Länge der Linien und die Winkel werden sich – abhängig von unserer Perspektive – ändern, ihre Enden sich aber immer in einem Punkt treffen.

Eine verwandte Regel beruht ebenfalls auf dem Prinzip der wahrscheinlichsten Perspektive; sie lautet:

Interpretiere eine gerade Linie in 2D auch als gerade Linie in 3D.

Nur eine gerade Linie erscheint aus jedem denkbaren Blickwinkel als Gerade. Dagegen gibt es nur einen Spezialfall, bei dem wir eine Kurve – zum Beispiel die Kante eines Kreises – als Gerade wahrnehmen; nämlich dann, wenn wir genau orthogonal, also exakt parallel zur Kreisfläche auf die Kante blicken. Die beiden gerade genannten Regeln erklären, warum wir den Kopfermann-Würfel nicht so leicht als Würfel interpretieren wie den Necker-Würfel. Dem Wahrscheinlichkeitsprinzip folgt auch die nächste Regel:

Interpretiere zwei Linien, die im 2D-Bild kollinear sind, auch in 3D als kollinear.

Wenn mehrere Linien gleichzeitig im Spiel sind, kann es allerdings zu Konflikten kommen. Werfen Sie einen Blick auf die Abbildung 13. Zunächst erscheint die Szene eindeutig: Die kleinere Schachtel liegt auf der größeren. Richten Sie aber das Augenmerk auf die vordere rechte senkrechte Kante beider Schachteln und betrachten Sie sie als in einer Linie liegend, beginnt die kleine über der großen Schachtel zu schweben.

Hier gilt: *Interpretiere eine Kurve, die im 2D-Bild stetig ist, auch in 3D als stetig.*

Auch bei krummen Linien greift die Stetigkeitsregel: Aus diesem Grund wird die linke Figur in Abbildung 14 nicht räumlich empfunden. Die Stetigkeitsregel wäre nicht mit der Perspektive auf einen 3D-Ring in Einklang zu bringen. Eine weitere Regel betrifft krumm verlaufende Grenzen zwischen zwei Flächen. Sie lautet:

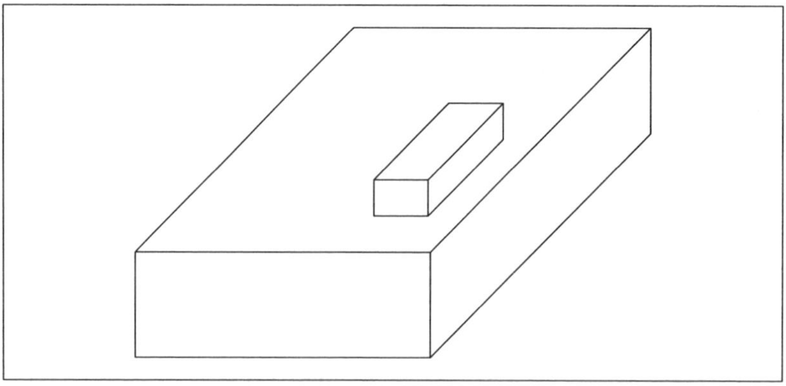

Abb. 13: Zwei »aufeinanderliegende« Schachteln

Wenn möglich, interpretiere eine Kurve in 2D als Umriss einer Fläche oder Figur in 3D.

Wäre die Figur links dreidimensional wie ein Donut, dann würde die obere Linie des inneren Kreises dem unteren hinteren Rand des Donuts entsprechen und die untere Linie des inneren Kreises dem vorderen oberen Rand. Beide könnten nicht stetig ineinander übergehen. Die obere Linie des inneren Kreises würde hinter der unteren verschwinden. Das liegt auch an folgender Regel:

Interpretiere konvexe Abschnitte einer Kontur als konvexe Abschnitte des Umrisses einer Figur.

Dank dieser Regel nehmen wir die Figur rechts durchaus räumlich wahr. So könnte es sich um eine Schale handeln, die von einem schwarzen gewölbten Deckel gekrönt wird. Obwohl die Figur von einem homogen schwarzen, vollkommen flachen Oval bedeckt wird, interpretiert das Gehirn dieses schwarze Oval als gewölbten Deckel.

Maler machen sich diese Heuristiken – meistens unbewusst – zu eigen: Wir scheinen die körperlichen Rundungen vor allem bei Sancho Pansa mehr als nur zu ahnen. Obwohl der Künstler vollkommen auf das Spiel von Licht und Schatten verzichtet, schafft er durch die bogigen Konturen den Eindruck von Räumlichkeit. Die Liste der Faustregeln ist damit noch lange nicht erschöpft.[72] Das Prinzip aber sollte klar geworden sein.

Jetzt zu einer anderen Art von Konstruktion: zurück zu den Farben: Die Welt ist bunt. Aber wenn wir nach einer physikalischen Entsprechung der Farben suchen, erleben wir eine herbe Enttäuschung.[73] Schon beim ersten

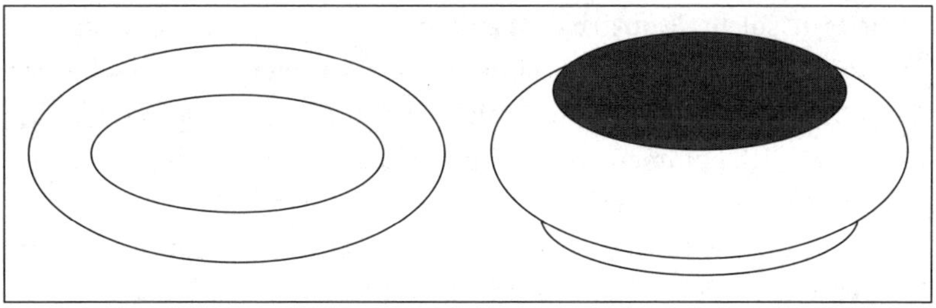

Abb. 14: 2D oder 3D?

Schritt der Farbwahrnehmung wird das kontinuierliche Wellenspektrum des Lichts in Teile zerlegt. Die Chemie des Auges kann nur drei verschiedene Farben unterscheiden. Die Zäpfchen der Netzhaut sind entweder auf blaues, rotes oder grünes Licht spezialisiert. Nun zieht die Chemie aber meist keine messerscharfen Grenzen. Chemische Reaktionen laufen unter Umständen auch zwischen suboptimal passenden Reaktionspartnern ab. Ein ins Grün gehendes Blau spricht vor allem die Blauzäpfchen an, produziert aber auch in Grünzellen ein schwaches Signal. Die Mischung beider Signale wird im Gehirn dann als blaugrünes oder grünliches Blau wahrgenommen. So weit, so gut. Diese Art des Mischens ist nahe an der Wirklichkeit des Farbkastens. So mischen wir Farben beim Aquarellieren. Gelbes Licht jedoch aktiviert vor allem Grün- und Rotzäpfchen. Wollten wir Gelb durch Mischen von Grün und Rot im Farbkasten herstellen, so würden wir verzweifeln. Im Gehirn sorgt die Koaktivierung von Grün- und Rotzellen jedoch für die subjektive Empfindung eines satten Gelbtons. Gelb ist also eher Konstruktion des Gehirns als Rekonstruktion der Wirklichkeit.

Unser Wissen über die Farbe eines Objekts hallt nach. Sehen hängt auch davon ab, wie wir Objekte zu sehen gelernt[74] haben – nachts sind eben alle Katzen grau. Wegen ihrer begrenzten Lichtempfindlichkeit funktionieren Zäpfchen nur bei guten Lichtverhältnissen. Trotzdem schreibt das Gehirn bekannten Objekten auch bei diffusem Licht noch Farben zu, die wir objektiv nicht mehr wahrnehmen. Für unser Gehirn ist eine Tomate rot. Streng genommen ist sie das nicht. Sie reflektiert rotes Licht, wenn sie mit weißem Licht[75] angestrahlt wird. Wird sie plötzlich mit blauem Kunstlicht beleuchtet, kann sie kein Rot reflektieren. Objektiv ist sie blau, im Kontext der bläulich eingefärbten Szenerie nimmt sie das Gehirn aber trotzdem als einen roten Gegenstand wahr, weil rote Tomaten einfach unserer Sehgewohnheit entsprechen.[76]

Die Liste solcher Konstruktionen könnte noch lange fortgesetzt werden. Zum Schluss dieses Abschnitts über Wahrnehmung möchte ich aber noch ein paar Gedanken darauf verwenden, woher solche Heuristiken eigentlich kommen und wie sie entstehen. Sind sie angeboren oder müssen sie individuell erlernt werden? Die »Licht kommt von oben«-Heuristik spricht für die erstgenannte Variante. Aber gilt das für alle Perspektiven, die unser Gehirn auf die Realität hat?

Neugeborene kommen mit funktionsfähigen Augen zur Welt. Trotzdem müssen sie das Sehen in einem gewissen Sinn erst lernen. Sie erblicken zwar bei Geburt im wahren Sinn des Wortes »das Licht der Welt«. Vom Hell-Dunkel-Sehen eines Neugeborenen bis zum Erkennen von Objekten ist aber noch ein weiter Weg. Erste Kontraste werden ab der zweiten Lebenswoche wahrgenommen, aber in diesem Alter können Kinder Objekte noch nicht mit dem Auge verfolgen. Und es dauert bis weit ins Kindergartenalter, bis sie die Sehfähigkeit von Erwachsenen erreicht haben. In den ersten Lebensjahren ist das Gehirn *work in progress*. Milliarden von Zellen und Synapsen gehen zugrunde, neue Verbindungen werden geknüpft. Wir sollten es uns mit dem Begriff *Angeboren* also nicht zu einfach machen. Die Gene stecken den Rahmen für die Entwicklung der neuronalen Architektur ab, aber der Prozess selbst ist ein Wechselspiel zwischen genetischem Programm und Umwelt. Beim Sehen-Lernen sind viele Aspekte der Entwicklung fehlertolerant und fast eigendynamisch. Egal wo, wie und wann Menschen auf unserem Globus aufwachsen, sie erwerben große Teile des oben skizzierten heuristischen Instrumentariums wie von selbst.

Diese Art von implizitem »Wissen« ist universell und gehört – wenn man so will – zum kollektiven Unterbewusstsein der Menschheit. Nicht nur die Aneignung, auch der Gebrauch der beschriebenen Faustregeln vollzieht sich unbewusst und mühelos. Trotzdem sind diese Prozesse nicht vollkommen unabhängig von der Außenwelt. Das zeigt unter anderem ein Experiment aus dem Jahr 1963, das ebenfalls aus dem Labor von David Hubel und Thorsten Wiesel stammt. Junge Katzen, denen unmittelbar nach der Geburt eines ihrer Augenlider verschlossen wurde,[77] entwickelten auf dem betroffenen Auge nie ein voll funktionsfähiges Sehvermögen, auch dann nicht, wenn die Lider drei Monate später wieder geöffnet wurden. Die Nervenzellen in der primären Sehrinde, die normalerweise mit dem zugenähten Auge verdrahtet waren, bildeten nach einiger Zeit Verbindungen zum anderen, offenen Auge, um den fehlenden Input zu kompensieren, was aber nur unvollständig gelang. Entscheidend ist, dass die beobachteten Veränderungen der Architektur in der Sehrinde irreversibel sind. Auch bei den erwachsenen Tieren blieben die Säulen in der Area 17, die mit dem in der Kindheit verschlossenen Auge verbunden waren, abnormal klein und verkümmert, während die Säulen, die vom anderen Auge angesteuert wurden, kompensatorisch vergrößert waren.

Bei Menschen verbieten sich solche Experimente. Manchmal versteigt sich aber die Natur selbst dazu. Sehr selten kommen Kinder mit einem angeborenen grauen Star[78] zur Welt. Ist die Trübung der Linse sehr ausgeprägt, ist das betroffene Auge *de facto* blind. Wenn diese Linse in den ersten Lebenstagen entfernt und durch eine Kunstlinse ersetzt wird, entwickeln die Kinder ein völlig normales Sehvermögen. Kommt die Operation aber zu spät, bleibt das Sehen auf dem betroffenen Auge unterentwickelt. Solche Beobachtungen begründeten die *Hypothese von der sensiblen Phase*, die weit über die Neurologie hinaus bis tief hinein in die Entwicklungspsychologie und Pädagogik für Furore gesorgt hat. Etwas platt könnte man sie wie folgt auf den Nenner bringen: »Was Hänschen nicht lernt, lernt Hans nimmermehr«. Schön und selten genug ist es, dass wissenschaftliche Ergebnisse jenseits ihrer Fachdisziplin bei breiterem Publikum Gehör finden. Die Popularisierung birgt aber die Gefahr, Schlussfolgerungen über den zulässigen Geltungsbereich hinaus zu verallgemeinern, weil übersehen wird, in welchem (experimentellen) Kontext die Befunde erarbeitet wurden. Wir sollten nicht den Fehler machen, das »Sehen-Lernen« mit allen Formen individuellen Lernens in einen Topf zu werfen.[79] »Sehen-Lernen« ist etwas anderes als das Erlernen der Grundrechenarten. Sehen ist ein artspezifischer Entwicklungsprozess, der eng an der Kandare eines genetisch fixierten Programms hängt.

Rechnen hingegen ist eine Kulturtechnik. Natürlich hat auch Rechnen letztendlich eine neuronale Basis. Anders als beim Sehen lernen wir Lesen, Rechnen und Schreiben aber nicht »inhaltsunabhängig« und quasi von selbst. Solche Kulturtechniken erwerben Kinder nur, wenn sie darauf trainiert werden. Für diese Art des Lernens brauchen sie – in welcher Form auch immer – menschliche Lehrer. Das Erlernen expliziter, auch abstrakter *Inhalte* ist eine besondere Stärke menschlicher Gehirne. Darin sind wir allen anderen Tieren überlegen. Auch die Art und Weise, wie Menschen ihr Bild der Welt *reproduzieren* und anderen zugänglich machen, ist von Kulturtechniken abhängig. Und so lohnt sich ein kurzer Blick in die Geschichte der Malerei. Schon im Kindergartenalter faszinierten mich Wasserfahrzeuge aller Art. So begann ich im Alter von etwa vier Jahren zu zeichnen. Das war der Beginn einer fast zehn Jahre währenden Massenproduktion von Skizzen und Gemälden von Schiffen und Booten aller Art. Damals hatte ich genau ein Qualitätskriterium: Fotorealismus war das ästhetische Ideal meiner Kindheit, ein Anspruch, der im zarten Alter von fünf Jahren schwer einzulösen war. Ich empfand es daher als

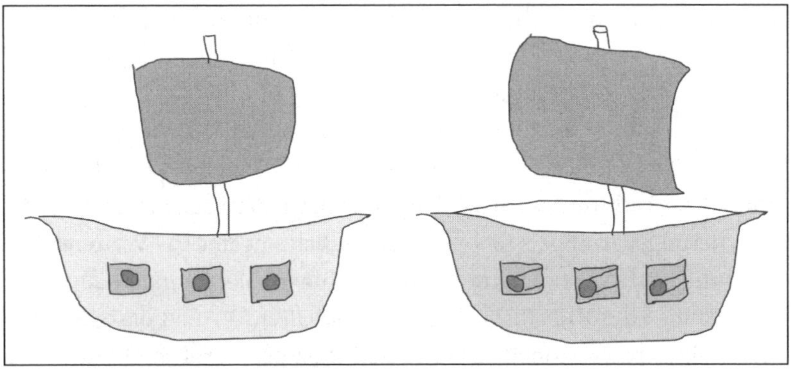

Abb. 15: Zwei Schiffe, links: Zeichnung des vierjährigen M. B.; rechts: des siebenjährigen

echten künstlerischen Durchbruch, als ich endlich begriff, wie ich den Kanonen in den Geschützluken meiner Piratenschiffe den Eindruck von Räumlichkeit verleihen konnte. Auch wenn die rechte Zeichnung noch nicht alle Regeln der Zentralperspektive beherzigt, so war ich damit deutlich zufriedener als mit dem linken Bild, einem Produkt aus der Kindergartenzeit.

Ich erzähle diese Geschichte, um bewusst zu machen, dass man außerordentlich genau beachten muss, um welches Abstraktionsniveau es sich handelt, wenn man ermitteln möchte, ob ein Merkmal angeboren oder erworben ist.

Menschen sind die einzigen Primaten, die gegenständliche Zeichnungen anfertigen. Die grundsätzlichen kognitiven Voraussetzungen dafür sind vermutlich angeboren. Aber schon mit meiner ungelenken Kinderzeichnung auf der rechten Seite stehe ich auf den Schultern der Riesen der Kunstgeschichte. Heute empfinde ich die Höhlenbilder der Steinzeitmenschen von Lascaux oder auch die Zeichnungen antiker Krieger auf griechischen Vasen als ästhetische Meisterwerke. Der sechsjährige Martin B. hätte die fehlende räumliche Perspektive dieser frühen Zeichnungen bemängelt. Tatsächlich ist die Zentralperspektive eine Erfindung der Renaissance. Das ist umso erstaunlicher, weil sich unser Gehirn implizit vieler Regeln zur Konstruktion der Zentralperspektive bedient.[80] Unser Gehirn beherrscht diese Regeln, ohne dass wir davon wissen. Aber erst wenn wir diese Tricks explizit und zu einer Kulturtechnik machen, können wir sie auch bewusst einsetzen, um zum Beispiel räumlich wirkende

Bilder zu zeichnen. In der Rückschau wirken solche Geniestreiche fast banal. Dabei vergessen wir aber, dass sich Generationen kluger Köpfe zuvor daran die Zähne ausgebissen hatten.

Daneben gibt es auch vorbewusste Aspekte der Wahrnehmung, die individuell erlernt werden müssen. Menschen können bis zu 200 unterschiedliche Farbtöne wahrnehmen. Erstaunlicherweise ist dieses Differenzierungsvermögen nicht ausschließlich angeboren. Weitere Verfeinerung lässt sich trainieren. Versierte Kunstmaler können nicht 200, sondern bis zu 500 Farbtöne auseinanderhalten.[81] Auch das geschulte Gehör eines professionellen Musikers liefert beeindruckende Beispiele für die Trainierbarkeit der Sinne. Manche Kulturen leben in Umgebungen, die arm sind an Geraden und Kanten, wie wir sie von unseren Städten kennen. Solche »aperspektivischen« Gesellschaften finden sich zum Beispiel bei den noch traditionell lebenden südafrikanischen Zulus. Ihre Welt wurde einmal als Kultur der Kreise und Bögen beschrieben. Sie leben in runden Hütten mit runden Türen. Sie pflügen sogar ihre Felder in Form von Kreisen.[82] Noch stärker erfahrungsabhängig ist die Wahrnehmung konkreter Gestalten und Figuren. Was vertraut ist, sticht rasch ins Auge, denn Sehen ist mehr als die mentale Reproduktion von Farb- und Helligkeitswerten. Wenn wir bei der Wanderung zu einem Alpengipfel stehen bleiben und ins Tal zurückblicken, sehen wir kein abstraktes Kontinuum von Farben, Hell und Dunkel. Wir sehen Bäume, Bäche, Gehöfte, Kühe, Blumen, Wiesen und Wälder. Beim Sehen diskretisieren[83] wir die Welt. Wir zerlegen sie in Objekte, denen wir einen Namen und damit eine Bedeutung geben.

Und natürlich malt das Gehirn keine Bilder, es dreht Filme. Viele Objekte sind in Bewegung. Trotz des sich ständig ändernden Inputs bleiben sie für uns, was sie sind. Wir sehen Adler kreisen und aus den Kaminen unten im Dorf kleine Rauchwolken aufsteigen. Adler bleibt Adler und Rauch bleibt Rauch, auch wenn sich ihre Form ständig ändert. Die Objektkonstanz und auch die Stetigkeit von Bewegungen scheinen uns ebenso natürlich wie real.[84] Wenn wir aber auf die Ströme der Daten zwischen Auge und Hirn blicken, wird das Fraglose plötzlich fragwürdig. Das Gehirn produziert eine Form von Realität, die sich nicht unmittelbar aus der Information ableiten lässt, die die Augen ans Gehirn senden. Wir blinzeln, und unsere Augäpfel vollziehen ständig schnelle, ruckartige Rückbewegungen, Sakkaden. Trotzdem präsentiert sich die Welt nicht wie ein Film der dänischen Filmemachergruppe *Dogma,* die die nervöse, sich ruckartig bewegende Handkamera zu ihrem Stilmittel erhoben hat. Wir sehen die Welt in Cinemascope-Qualität, mit einem, allerdings nicht unwesentlichen Unterschied: Wir sehen räumlich. Räumliches Sehen ist alles andere als selbstverständlich. Vielen Tieren geht diese Fähigkeit ab.

Die 3D-Sicht verdanken wir unserer Binokularität. Das zweite Auge ist mehr als eine Sicherungskopie. Schon im Jahr 1838 bemerkte Charles Wheatstone (1802–1875), die beiden Augen lieferten keine deckungsgleichen, sondern leicht divergierende Bilder.[85] Wir selbst nehmen diese Doppelprojektion aber nicht wahr. Die Diskrepanz rechnet das Gehirn weg. Wir sehen nur dann doppelt, wenn die Abweichung bestimmte Grenzen überschreitet. Wheatstone fand heraus, dass das Gehirn die Divergenz nutzt, um einen räumlichen optischen Eindruck zu schaffen. Über diesen kleinen Umweg kam er auf die Frage, was wohl passiert, wenn dem rechten und dem linken Auge zwei verschiedene Bilder präsentiert werden. Da das im normalen Leben nicht vorkommt, baute er aus mehreren Spiegeln ein sogenanntes *Stereoskop,* mit dessen Hilfe er zwei verschiedene Bilder synchron auf die rechte und die linke Netzhaut projizieren konnte.

Bei der Analogfotografie kann es passieren, dass die Kamera den Film nicht weitertransportiert und sich zwei verschiedene Szenen auf einem Bild übereinander projizieren. Im Gegensatz zum doppelt belichteten Film blieb die Wahrnehmung bei Wheatstones Experiment aber eindeutig, sie wurde dafür aber extrem instabil. Das bewusste Gehirn muss sich ständig zwischen zwei Bildern entscheiden und wechselt sprunghaft zwischen A und B hin und her. 150 Jahre nach Wheatstone ist es möglich, diesen Prozess bis tief ins Gehirn hinein zu verfolgen.[86] Der Neurobiologe Nikos Logothetis (*1950) wollte herausfinden, was im Gehirn vor sich geht, wenn zwei Bilder im Zuge der »binokularen Rivalität« um die bewusste Aufmerksamkeit buhlen.[87] Er stellte fest, im Gehirn seien beide Realitäten repräsentiert. In der primären Sehrinde[88] spiegelt die Aktivität der Neuronen synchron die Sichtweise *beider* Augen wider. Weiter oben, auf den komplexeren Ebenen, changieren die neuronalen Aktivitäten hin und her, je nachdem, welches der beiden Bilder der jeweiligen Ebene ins Bewusstsein tritt.

Was lernen wir daraus? Zunächst einmal dies: Unser Gehirn »weiß« mehr über die Welt, als wir denken.[89] Diese unbewussten Aspekte der

Wahrnehmung verpuffen nicht etwa wirkungslos im Nirwana der Neuronen. Wie am Beispiel des peripheren Sehens gezeigt, können auch sie spezifische Reaktionen auslösen. Das Gehirn arbeitet gerne nach dem Subsidiaritätsprinzip. Manchmal ist es effizienter, oft auch schneller, das Bewusstsein außen vor zu lassen. Diese Form der Arbeitsteilung ist nicht nur ökonomisch, sie hat auch stammesgeschichtliche Ursachen. Lange bevor Gehirne komplex genug wurden, um so etwas wie Proto-Bewusstsein oder gar Bewusstsein zu entwickeln, mussten Nervensysteme Umweltreize verarbeiten und spezifische Reaktionen koordinieren. Und offensichtlich kommen viele Tierarten mit solchen impliziten Reiz-Reaktions-Strukturen gut zurecht.[90]

Die Bilder, die Kernspintomographen liefern, wenn das Bewusstsein zwischen zwei alternativen Szenen hin und her schaltet, sind ein Korrelat (keine Erklärung!) für bewusstes Erleben. Logiker kennen den Satz vom ausgeschlossenen Dritten (*Tertium non datur*).[91] Wenn etwas heiß ist, kann es nicht gleichzeitig kalt sein; wenn es groß ist, nicht klein, allgemein gesprochen, eine Aussage kann entweder wahr oder falsch sein, eine weitere Option (*Tertium*) kennen wir nicht (*non datur*). Dieses Prinzip gilt für die bewusste – aber nicht unbedingt für unbewusste Wahrnehmung. Wir wissen *a priori*, dass nicht zwei verschiedene Objekte zur gleichen Zeit am selben Ort sein können. Daher muss das Bewusstsein zwischen zwei Alternativen wählen. Der logische Satz vom ›ausgeschlossenen Dritten‹ scheint vor allem deshalb etwas zutiefst Objektives zu sein, weil wir uns die Welt nicht anders vorstellen können.[92]

Gleichzeitig ist das ausgeschlossene Dritte ein sehr menschlicher Blick auf die Welt. Es ist eine Funktion des Bewusstseins. Subsidiäre Teilsysteme des Gehirns scheinen kein fundamentales Problem mit alternativen Interpretationen der Wirklichkeit zu haben. Auf dieser Ebene hat der Satz vom *Tertium non datur* keine universelle Gültigkeit.[93] Wir wissen auch nicht, was ein Chamäleon mit seiner ihm eigenen Logik zu diesem Thema zu sagen hätte.[94]

Trotzdem ist das Gehirn kein Kronzeuge postmoderner Beliebigkeit. Viele Handlungen sind von Erfolg gekrönt. Zwischen innerer Repräsentation und äußerer Welt muss es *strukturelle Isomorphien* geben, zumal die Auswahl der »inneren Folie«, an der wir unsere Wahrnehmung spiegeln, nicht willkürlich erfolgt. Die Auswahl gehorcht Regeln. Ein paar solcher Regeln (Heuristiken) wurden oben vorgestellt. Wir dürfen ihnen ein gewisses Grundvertrauen entgegenbringen, weil viele das Produkt evolutionärer Anpassungen sind.[95]

Bei mehrdeutigen Szenarien muss das Bewusstsein mithilfe bestimmter Schlüsselmerkmale Objekte herausdestillieren. Schon in den 1930er Jahren postulierte der Philosoph Kenneth Craik (1914–1945), es bediene sich dabei präformierter innerer Modelle, die wie Folien über den sensorischen Input gelegt werden.[96] Solche Festlegungen spiegeln naturgemäß nie die ganze Wirklichkeit wider, sondern eine bestimmte (momentan relevante) Interpretation der Realität. Bis zu diesem Punkt gibt es keine fundamentalen Unterschiede zwischen der Wahrnehmung von Mäusen und Menschen. Trotzdem gibt es auch einen spezifisch menschlichen Blick auf die Welt. Mehr als bei allen anderen Tieren wird beim Menschen Wahrnehmung durch Lernen und Erfahrung optimiert und individuell angepasst. Das betrifft vor allem die Aspekte, die mit bewussten *expliziten* Inhalten zu tun haben. Hier handelt es sich um etwas, was als Lernen im engeren Sinn bezeichnet werden könnte. Beim Lesen, Rechnen und Schreiben geht es meist um die bewusste Verarbeitung sprachlicher Information. Solche Lernprozesse prägen den Blick nicht auf einer artspezifischen, sondern auf einer individuellen und/oder kulturspezifischen Ebene. Etwas pathetisch formuliert, könnte man sagen, hier gehe es um das Erkennen einer tieferen Wirklichkeit. Ein unbefangener Beobachter wird eine gotische Kathedrale mit anderen Augen sehen als ein Kunstgeschichtlicher. Auf dieser Ebene der Wahrnehmung gilt: *Man sieht nur, was man weiß.* Wahrnehmung baut also auf zwei Ebenen auf vorhandene Wahrnehmungserfahrungen auf. Die kollektiven Erfahrungen der Spezies stecken in den Genen,[97] die individuellen Erfahrungen manifestieren sich in der Struktur des Gehirns. Das Gehirn hat aber mehr zu tun, als interne Repräsentationen der Welt zu erschaffen. Weit stärker als bei anderen Tieren hat es sich vom direkten Input der Umgebung emanzipiert. Es hat begonnen, ein ziemlich buntes Eigenleben zu führen. Um dieses Eigenleben soll es im nächsten Teil des Kapitels gehen.

Denken und Handeln

Während eines Spaziergangs habe ich meiner damals achtjährigen Tochter folgende Frage gestellt:

»Lina, wenn du erklären müsstest, wozu das Gehirn da ist, was würdest sagen?«:

Wie aus der Pistole geschossen kam die Antwort:

»Zum Denken, Papa, das ist doch klar«.

»Und ist da noch was?«

»Na ja, das Gehirn entscheidet, was wir tun.«

Denken und Handeln! Wenn Sie nach den Funktionen des Gehirns gefragt werden würden, würden Sie spontan vielleicht ähnlich antworten. *Wenn* Denken und Handeln irgendwo im Körper angesiedelt sind, dann doch zwischen den Ohren?

Das war nicht immer Konsens. Demokrit und Aristoteles glaubten, unser Geist sei nicht lokalisierbar, sondern durchziehe den Körper wie ein Fluidum. Die Stoiker vermuteten die Seele im Herzen, Empedokles in den Adern und der griechisch-römische Arzt Galen war der Meinung, jedes Körperteil habe seinen eigenen Geist. Heute wirken solche Vorstellungen eher wie skurrile, überkommene Fußnoten zur Philosophiegeschichte.

Allerdings hat meine Tochter Lina mit ihrer letzten Bemerkung leichten Herzens die jahrtausendealte und lange »alternativlose« dualistische Sicht der Welt über Bord geworfen. Denn sie räumt einem 1500 g schweren Zellklumpen einen ziemlich vornehmen Platz ein: »… das Gehirn entscheidet, was wir tun.« Dieser Gedanke widerspricht den Vorstellungen nahezu aller Kulturen, Wille, Bewusstsein oder Geist könnten Produkte eines Organs sein.

Unter den vielen, beeindruckenden Felsmalereien in den Höhlen von Lascaux findet sich die rund 18000 Jahre alte Zeichnung eines schlafenden Mannes neben einem Vogel. Der Neurowissenschaftler Michel Jouvet (1925–2017) deutete die Zeichnung als Bild eines Träumenden. Der Vogel symbolisiere die Seele, die den Körper im Traum verlassen habe.[98] Auch wenn diese Interpretation eines der frühesten Kunstwerke der Menschheitsgeschichte vielleicht ein wenig spekulativ ist, die Allegorie des Vogels als Symbol für eine unsterbliche, von der Materie unabhängige Seele war in vielen antiken Kulturen verbreitet. Für die alten Ägypter verkörperte der Vogel Ba die unsterbliche, immaterielle Seele. In den Upanishaden der Hindus wird die Seele durch eine

Taube dargestellt, die den Körper zum Zeitpunkt des Todes verlässt. Auch der griechische Philosoph Platon propagierte diesen geteilten Blick auf die Welt. Geringschätzig sprach er vom Körper als dem »Grab unserer Seele.«[99] Nicht nur das frühe Christentum hat sich diesen Aspekt platonischen Denkens zu eigen gemacht. Hier scheinen sich die drei großen monotheistischen Weltreligionen einmal einig zu sein: Körper und Geist sind Kinder verschiedener Sphären. Um mich aber nicht schon an dieser Stelle in den Abgründen dieses alten philosophischen Streits zu verlieren, mache ich es wie meine Tochter. Ich beginne pragmatisch und nehme einfach einmal an, Handeln und Denken seien die Funktionen eines Organs. Mal sehen, wie weit diese Hypothese trägt.

Handeln

Tun wir einmal so, als wären Denken und Handeln zweierlei paar Schuhe. Unter Handlungen sollen dabei alle Aktionen des Gehirns verstanden werden, die Botschaften nach außen senden, die also auf die Ausführung von Bewegungen angewiesen sind. Handlungen sind zumindest prinzipiell für Außenstehende wahrnehmbar. Auch die Sprache ist natürlich ein Produkt von Bewegungen.[100]

Bewegung entsteht (in der Regel), wenn Nervenzellen entsprechenden Muskelgruppen kohärente Anweisungen geben. Wer sich ein wenig mit der Anatomie der motorischen Systeme beschäftigt, wird auf viele Relikte aus der Stammesgeschichte stoßen. Viele unwillkürliche Bewegungen werden in Komponenten des Nervensystems erzeugt, die sehr alt sind und so oder ähnlich auch bei einfacheren Wirbeltieren zu finden sind.[101] Die Evolution reißt etablierte Konstruktionen nicht einfach nieder, sie modifiziert und überlagert Altes mit Neuem.[102] Einfache Formen der Bewegung werden oft auf unteren Hierarchieebenen koordiniert. Nehmen wir noch einmal den Kniesehnenreflex. Ein leichter Schlag auf die Sehne provoziert Aktionspotentiale, die über afferente Fasern über das Hinterhorn ins Rückenmark geleitet werden. Sie münden an einer großen Nervenzelle im Rückenmark, dem α-Motoneuron. Das Motoneuron feuert und löst eine Muskelkontraktion aus.

Diese Art von Bewegungshandlung ist ein Fest für Behaviouristen. Reiz-Reaktion pur. Die Verknüpfung von Input und Output scheint so fest zu sein, dass die oberste Instanz unseres Nervensystems kaum dazwischenfunken kann.[103] Auf dieser Hierarchieebene haben Handlungen nichts Magisches. Auch die Koordination komplexerer, aber weitgehend automatisierter Bewegungen wie Atmen, Gehen, Kauen oder die schlängelnde Fortbewegung von Fischen, Reptilien und Amphibien haben wir inzwischen recht gut verstanden. Diese stereotypen Bewegungen sind das Produkt lokaler Mustergeneratoren, Ensembles raffiniert verschalteter Neuronen im Rückenmark.[104] Die Komponenten gehen auf Strukturen zurück, die zum Teil mehr als 300 Millionen Jahre alt sind. Wir finden sie in Säugetieren, Reptilien, Amphibien und in Fischen. Die Steuerung solcher Bewegungshandlungen hat nichts Geheimnisvolles mehr. Das war schon René Descartes aufgefallen. In seiner Abhandlung *Über den Menschen* schreibt er: »Ich wünsche, dass man schließlich aufmerksam beachte, dass alle Funktionen, die ich dieser Maschine [dem Gehirn] zugeschrieben habe […], die inneren Bewegungen des Appetits […] und schließlich die äußeren Bewegungen aller Glieder […] alle von Natur aus allein aus der Disposition ihrer Organe hervorgehen, nicht mehr und nicht weniger, als die Bewegungen einer Uhr oder eines anderen Automaten von der Anordnung ihrer Gewichte und ihrer Räder abhängen«[105]

Descartes endete mit einer Bemerkung, die alle, die ihn bisher als den Stammvater des Dualismus wahrgenommen haben, überraschen wird. Er sagte: »Daher ist es in keiner Weise erforderlich hier für diese [die Maschine, das Gehirn] eine vegetative oder sensitive Seele anzunehmen«.[106] Ursprünglich wollte Descartes tatsächlich mithilfe seines hydraulischen Hirnmodels eine umfassende und vollständige Beschreibung des menschlichen Gehirns erarbeiten. Am Ende blieben aber zwei Phänomene, vor denen er kapitulieren musste. Sie zwangen ihn, den Geist (*res cogitans*) als eine zweite, fundamental von der Materie (*res extensa*) zu unterscheidende Sphäre in sein Weltmodell einzuführen. Da war zum einen die »Mannigfaltigkeit menschlicher Gedanken«. Descartes kam zu dem Schluss, »es [sei] […] unmöglich, dass es deren so viele in einer Maschine gibt, um in allen Vorkommnissen des Lebens so zu handeln, wie wir es durch die Vernunft tun können«. Der zweite Punkt war die Fähigkeit »Wörter und Zeichen so zusammenzusetzen, wie wir es tun, um unsere Gedanken anderen mitzuteilen«.

Denken, das wir nicht bemerken

»Ich denke, also bin ich.« Auch die Methode des radikalen Zweifelns braucht einen sicheren Hafen, von dem aus sie ins Abenteuer Welterkundung aufbrechen kann. Für Descartes war der Hafen das *cogito*.[107] Man kann den Skeptizismus aber noch ein Stückchen weitertreiben. Descartes hat in diesem kurzen Satz zwei Dinge miteinander verknüpft, die nicht zwangsläufig deckungsgleich sein müssen – das (bewusste) Ich und das DENKEN. Sein archimedischer Punkt war das Denken, das sich seiner selbst bewusst ist – mit anderen Worten, das *Bewusstsein*. Im Gegensatz zu unseren Handlungen hat das (bewusste) Denken – zumindest für diejenigen, die es erforschen wollen – eine sehr unangenehme Eigenschaft. Bewusstsein entsteht im Verborgenen, dort, wo zunächst nur der Denkende selbst Zugriff hat. Descartes setzte also an den Anfang seiner Erkenntnistheorie etwas, was Naturwissenschaftler normalerweise meiden, wie der Teufel das Weihwasser – die subjektive Perspektive.

Man kann sich dem Denken auch von einer anderen Seite nähern, nicht von innen, sondern von außen. Wenn Denken funktionell betrachtet wird, als eine mentale[108] Strategie zur Repräsentation von internen und externen Gegenständen oder zur Lösung von Problemen, ist zunächst offen, ob solche Prozesse bewusst oder unbewusst ablaufen. Im Prinzip könnten wir auch die Problemlösungsstrategien einer »denkenden« Maschine zum Gegenstand der Untersuchung machen. Descartes' *cogito* setzt nicht nur voraus, ICH sei es, der da denkt und nicht etwa etwas, was in mir denkt, sondern auch, mir sei bewusst, dass ICH gerade denke. Intuitiv haben die meisten von uns keine Schwierigkeiten mit der Vorstellung, das Bewusstsein sei innerhalb der Grenzen des ICHs zuhause.

Was ist aber mit den unbewussten mentalen Operationen des Gehirns? Die Idee, in unserem Hirn konkurrierten mehrere Instanzen miteinander, ist vor allem mit dem Namen Sigmund Freud verknüpft.[109] Freud war (richtigerweise) der Meinung, unser Gehirn wisse und tue mehr, als uns bewusst wird. Freud stellte dem bewussten *Ich* das *Über-Ich* und das *Es* an die Seite und verkündete die wenig erfreuliche Botschaft, wir seien nicht mehr der Herr im eigenen Hause. Freud hat seine »Entdeckung« nicht eben bescheiden als die »dritte kopernikanische Revolution« bezeichnet. Das Unterbewusstsein ist – nach Freud – die dritte große narzisstische Kränkung des Menschengeschlechts.[110] Freud hat die Reichweite des Denkens[111] über das (bewusste)

ICH hinaus ausgedehnt, allerdings um den Preis der Spaltung der menschlichen Psyche. Er hat damit den Blickwinkel der Psychologie ohne Zweifel erweitert. Die freudsche Dreifaltigkeit ES, ICH und ÜBER-ICH hat aber auch viel Verwirrung gestiftet.

Deswegen ist an dieser Stelle eine Klarstellung angebracht: Wenn ich in diesem Buch vom INDIVIDUUM rede, schließt das die bewussten *und* die unbewussten Operationen des Gehirns ein. Denn all das muss ja der Person, die da denkt und handelt, zugerechnet werden.

Diese Perspektive auf das Denken unterscheidet sich von der Descartes'. Denn wenn Denken als eine funktionelle Operation des Gehirns betrachtet wird, gehen die Grenzen des Denkens über das Bewusstsein hinaus.

Die Einsicht, mentale Prozesse könnten auch ohne Bewusstsein ablaufen, ist im Grunde ein alter Hut. Schon der römische Arzt Claudius Galenus (129 oder 131–205 oder 215 n. Chr.) und der Philosoph Plotin (205–270) bemerkten, vieles von dem, was wir tun, geschehe ohne bewussten Befehl. Quer durch die Geistesgeschichte des Abendlandes, von Augustinus über Thomas von Aquin und Spinoza (1632–1677) bis hin zu Leibniz zieht sich das Bild des Menschen als eines Wesens, das sowohl von bewussten Motiven wie auch von unbewussten Wünschen und Trieben gesteuert wird.

Wir können es auch eine Nummer kleiner haben. Wir können uns dem Unterbewusstsein ganz pragmatisch nähern. Wenn es im Gehirn keine Instanz gäbe, die die ständig anflutenden Informationen bewertet und auswählt, was ins Bewusstsein vordringen soll, wenn wir alles, was unser Körper tut, bewusst entscheiden müssten, würden wir in diesem semantischen Sturm mit fliegenden Fahnen untergehen. So weit, so trivial. Auch Regenwürmer bewegen sich, ohne dass dabei Bewusstsein im Spiel wäre. Bis dahin würde wohl niemand widersprechen.

Viel interessanter ist jedoch die Frage, ob unser Gehirn auch *semantische* Informationen registriert, verarbeitet oder gar produziert, ohne dass uns das bewusst wird. Auf den ersten Blick scheint ein solcher Gedanke absurd, ja nachgerade ein Widerspruch in sich zu sein. Sigmund Freud sah das anders. Sein »ES« agiert wie ein dunkler Strippenzieher und regiert mit »semantischen Mitteln« in alle Facetten der menschlichen Psyche hinein. Freud ging davon aus, viele mit Bedeutung aufgeladene Erlebnisse würden aus dem Bewusstsein verdrängt werden, aber nicht verschwinden, sondern unterschwellig Leben und Denken bis ins Grab beeinflussen. Nur scheint sich diese Art von unbewussten Prozessen weder im Rahmen einfacher Reiz-Reaktions-Paradigmen abbilden zu lassen, noch einem objektiven experimentellen Zugriff zugänglich zu sein. Freuds Wege zum Unterbewusstsein waren aber kaum das, was sich ein Naturwissenschaftler unter einem belastbaren wissenschaftlichen Werkzeug vorstellt. Liegen Unterbewusstsein und Bewusstsein, das freudsche ES und ICH, also jenseits des Zugriffs der Biologie?[112] Anders gefragt, wie könnte die rein subjektive Perspektive auf die Realität einer objektiven Untersuchung zugänglich gemacht werden? Und so spricht es Bände, dass Hirnforscher berichten, das berüchtigte B-Wort[113] sei unter Kognitionswissenschaftlern bis weit in die 1980er Jahre tabu gewesen.[114] Das hat sich aber in den vergangenen 30 Jahren geändert. Mittlerweile haben die Hirnforscher ihre Berührungsängste überwunden und Methoden entwickelt, unbewusste und bewusste kognitive Prozesse zu beobachtbaren Objekten zu machen.

Nehmen wir den sogenannten Troxler-Effekt. Werfen Sie einen Blick auf die Abbildung 16 und konzentrieren Sie sich auf das kleine schwarze Kreuz in der Mitte. Nach einigen Sekunden werden die zwölf grauen Kreise aus dem Bannkreis Ihres Bewusstseins verschwinden, um kurze Zeit später wiederaufzutauchen. Wenn Sie weiterhin auf das Kreuz blicken, wechseln die Kreise ständig zwischen Wahrnehmung und Verdrängung hin und her. Ein konstanter und real vorhandener optischer Reiz spaziert scheinbar zufällig ins Bewusstsein hinein und wieder hinaus. Nun hat die Neurobiologie seit knapp 20 Jahren Instrumente wie die funktionelle Kernspintomographie (fMRT) oder Positronenemissionstomographie (PET) zur Verfügung, die sichtbar machen können, welche Regionen im Gehirn bei bestimmten Tätigkeiten besonders aktiv werden. Wenn es darüber hinaus gelänge, die Verschiebungen der Aktivitätsmuster mit den Phasen der Wahrnehmung und Verdrängung zu korrelieren, hätten wir tatsächlich ein objektives Korrelat eines bisher rein introspektiv zugänglichen Phänomens in der Hand. Mehr noch, uns läge damit unter Umständen ein Hinweis darauf vor, wo im Kopf Wahrnehmung bewusst wird.

Damit ist die Frage nach der Entstehung von Bewusstsein natürlich nicht beantwortet. Das Bewusstsein und das Problem des freien Willens sind vielleicht die beiden größten ungelösten Rätsel der Biologie. Beim »freien Willen« fangen die Schwierigkeiten schon bei der Begrifflichkeit an. Ein Begriff wie *Wille* kann im Grunde *per definitionem* im Wörterbuch der Biologie nicht vorkommen, weil er die Existenz einer autonomen, rein geistigen, die Materie lenkenden Instanz implizit voraussetzt.[115] Außer diesem prinzipiellen Einwand zur Konstruktion der Frage hat dieses Buch allerdings zur Lösung dieses Rätsels auch nichts weiter beizutragen.

Abb. 16: Der Troxler-Effekt

Der kleine Exkurs über das Denken ist damit jedoch noch nicht am Ende. Was fehlt, ist die Frage, welchen (biologischen) Grenzen das menschliche Denken unterworfen ist. Dazu haben Neurobiologie und Kognitionspsychologie inzwischen einiges beizusteuern. In beiden Disziplinen interessieren sich ihre Vertreter für das Gehirn. Sie nähern sich dem Objekt ihres Interesses allerdings aus entgegengesetzten Richtungen. Während die Kognitionspsychologen Aufgaben stellen und aus den Leistungen und Fehlleistungen ihrer Probanden Schlüsse ziehen, suchen die Neurobiologen nach den objektiven Korrelaten und Mechanismen subjektiver Zustände.[116]

Vor knapp 30 Jahren machten sich Leute wie Francis Crick und Christof Koch daran, die Neurobiologie des Bewusstseins vom Reißbrett endlich in die Labors zu tragen.[117] Inspiriert durch Phänomene wie den *Troxler-Effekt*, schlugen Crick und Koch vor, dass sich die Erforschung des Bewusstseins zunächst um seine visuellen Aspekte kümmern sollte. Zum einen war das Sehen der Wahrnehmungsmodus, der bis dato am besten verstanden war. Zum anderen existieren viele optische Phänomene, die geradezu prädestiniert sind, bewusst wahrgenommene und nur unterbewusst registrierte Stimuli vergleichend zu untersuchen. Der Trick hinter dieser Art von Forschung besteht darin, die unbewusst wahrgenommenen Stimuli als eine Art kontrastierende Folie zu nutzen. Vor diesem Hintergrund soll im Gehirn nach Aktivitäten gesucht werden, die in dem Moment auftreten, in dem ein Stimulus vom Unterbewusstsein ins Bewusstsein wechselt.[118]

Bewusstsein ist auf Aufmerksamkeit angewiesen. Aufmerksamkeit ist allerdings ein zwiespältiges Instrument. Wie ein Suchscheinwerfer rückt sie immer nur einen begrenzten Aspekt der Realität ins Rampenlicht. Dieser Vorgang ist mit dem des Fotografierens vergleichbar: Wenn ein helles Objekt in seinen Details aufgelöst werden soll, verschwimmen die Grautöne dahinter im diffusen Dunkel. Mit anderen Worten: Objekte, die das Licht des Scheinwerfers der Aufmerksamkeit auf sich ziehen, können blind für andere Dinge machen. Wie blind, das haben die beiden Psychologen Daniel Simons (*1969) und Christopher Charbis (*1966) mithilfe eines kleinen Experiments eindrucksvoll demonstriert:

Eine Gruppe von Testpersonen sollte sich dazu den Videoclip eines Basketballspiels anschauen. Die Probanden bekamen die Aufgabe, alle Pässe zu zählen, die Team Weiß spielte. Der eigentliche Sinn des Experiments wurde natürlich nicht verraten. In Wahrheit ging es nicht um das Basketballspiel. Am Ende des kleinen Filmes wurden die Testpersonen nach der Anzahl der gespielten Pässe befragt. Und sie sollten Auskunft geben, ob ihnen während des Spiels sonst irgendetwas aufgefallen sei. Die Mehrzahl der Kandidaten verneinte. Im Eifer des Zählens hatten sie einen Mann im Gorillakostüm glatt übersehen, der sich für mehrere Sekunden deutlich sichtbar unter die Spieler gemischt hatte.[119]

Dieses Experiment wirft die Frage auf, wie betriebsblind das Gehirn ist.[120] Mit anderen Worten: Wie viel Information schleicht sich am Bewusstsein vorbei und hinterlässt Spuren, ohne dass wir das bemerken? Die im Gorillaexperiment provozierte Form von Blindheit durch Ablenkung ist ein ziemlich instabiles und unzuverlässiges Phänomen. Einige Probanden hatten den Gorilla durchaus bemerkt. Die Wahrnehmung ist hier stark von der Kontextinformation abhängig. Wenn Sie wissen, ein Gorilla werde auftauchen, werden Sie ihn trotz Pässezählens nicht übersehen.

Für Experimente mit dem Unterbewussten wäre ein Reiz geeigneter, der in allen Fällen unsichtbar bleibt, unabhängig von Vorinformationen oder der aktiven Bemühung, ihn wahrzunehmen. Tatsächlich lassen sich Bilder so »verstecken«, dass wir sie nicht (bewusst) wahrnehmen können. Dafür nutzen die Psychologen den Faktor *Zeit*. Sie sprechen von *Maskierung*. Unser Bewusstsein hat nur ein schmales Fenster zur Realität. Das gilt nicht nur für die Zahl der Objekte, die wir gleichzeitig bewusst wahrnehmen. Der Wechsel der Aufmerksamkeit von einem Objekt zum anderen unterliegt einem gewissen Trägheitsmoment, ähnlich wie beim Wechsel zwischen zwei Diapositiven. Diese *Refraktärzeit* ist nichts, was dem begrenzten zeitlichen Auflösungsvermögen des visuellen Systems geschuldet ist. Einen Lichtblitz nehmen wir wahr, auch wenn er die Dunkelheit nur für eine Millisekunde durchbricht. Wenn aber zwischen einzelnen Bildern eines Filmes plötzlich für einige Millisekunden etwas völlig anderes erscheint, zum Beispiel ein geschriebenes Wort, entgeht das der bewussten Wahrnehmung. Das Zeitfenster für die Maskierung von Bildern ist eng. Sehr kurze Reize hinterlassen überhaupt keine Spuren, auch nicht im Unterbewusstsein. Umfasst das Zeitfenster mehr als 60 Millisekunden, entgeht die Abweichung in der Regel unserer Aufmerksamkeit nicht. Leuchtet ein Bild aber 30 bis 40 Millisekunden zwischen vor- und nachgeschalteten Bildern auf, findet es seinen Weg ins Gehirn, dringt aber nicht bis ins Bewusstsein vor.

Die Maskierung eignet sich hervorragend als Modell zur Untersuchung von unbewussten und bewussten Prozessen. Die Rahmenbedingungen solcher Experimente lassen sich gut kontrollieren. Geringfügige Veränderungen der Reizdauer lassen Reize aus dem Bewusstsein verschwinden und wiederauftauchen. Der Untersuchungsgegenstand hat dabei zwei Komponenten, eine subjektive und eine objektive. Die subjektive Komponente beruht auf der Selbstauskunft des Probanden: Wurde das maskierte Wort bemerkt oder nicht?[121] Auf der anderen Seite der Gleichung stehen die neuronalen Signaturen, die maskierte oder bewusst wahrgenommene Reize hinterlassen.[122] Dabei stellt sich die Frage: Lässt sich das freudsche Es mit solchen Mitteln endlich auf den Seziertisch der Naturwissenschaft verlegen? Bescheidener formuliert: Hinterlassen maskierte, subjektiv unsichtbare Reize objektive Spuren?

Hierbei sei kurz auf eine milliardenschwere Branche verwiesen, die von der Kunst der Manipulation lebt – die Werbeindustrie. Die meisten von uns werden sich für Zeitgenossen halten, die kritisch genug sind, Werbung als solche zu erkennen und mit einem Augenzwinkern abzutun. Der Gedanke, Werbung könnte sich durch ein unbewachtes Hintertürchen direkt ins Unterbewusstsein schleichen und dort Wirkungstreffer setzen, ist daher ziemlich unangenehm.

Während des französischen Präsidentschaftswahlkampfs in den 1980er Jahren wurde in die große Zwei im Logo eines französischen Fernsehsenders eine Zeitlang das zart durscheinende Porträt von François Mitterrand projiziert. Etwas hemdsärmeliger ging das Wahlkampfteam von George W. Bush im Jahr 2000 vor. In einem den Wirtschaftsplan des Konkurrenten Al Gore diskreditierenden Spot wurde die Textzeile »The Gore Prescription Plan: Burocrats decide!« noch einmal groß mit den vier letzten Buchstaben des Wörtchens BUROC**RATS**[123] hinterlegt.[124] Das manipulative Vorgehen dieser Wahlkämpfer hätte schon fast orwellsche Züge, würde es funktionieren. Auch wenn Mitterrand und Bush die Wahl damals gewannen, so bleibt die Frage, ob solche Manipulationen tatsächlich wirksam sind. Allgemeiner gefragt: Können maskierte Bilder unser Denken und Entscheiden beeinflussen?

Die Wahlkampfstrategen ließen sich möglicherweise von einer Geschichte inspirieren, die seit Jahrzehnten in Psychologenkreisen die Runde macht. In den 1950er Jahren hatten clevere Werber angeblich in verschiedenen Kinofilmen unterschwellige Bilder eingeschleust. Alle diese Bilder verkündeten: »Drink Coca-Cola!« Der Konsum des Getränks sei angeblich daraufhin weltweit steil nach oben geschnellt. Leider ist jedoch ausgerechnet dieser angebliche Klassiker der unterschwelligen Manipulation selbst nicht mehr als ein Gerücht!

Kann unbewusste Wahrnehmung im Gehirn nun nachhaltige Spuren hinterlassen oder nicht? Ein Experiment muss her, um über Spekulationen hinauszukommen. Hier springt uns die Natur bei. Es gibt eine Reihe von krankhaften Schädigungen des Gehirns, die bestimmte Aspekte bewusster Wahrnehmung zerstören können. Anfang des 20. Jahrhunderts entdeckte der Schweizer Neurologe Édouard Claparède, dass Patienten, die an vollständigem Gedächtnisverlust leiden, sich unbewusst trotzdem an ganz bestimmte Reize erinnern können. Claparède bediente sich bei seinem Experiment eines ziemlich perfiden Tricks. Wenn er einem Betreffenden zum ersten Mal die Hand schüttelte, stach er gleichzeitig mit einer kleinen Nadel zu. Die Amnesie dieser Patienten war so ausgeprägt, dass sie Claparède schon am nächsten Tag nicht wiedererkannten und ihn behandelten, als wären sie ihm nie zuvor begegnet.

Trotzdem weigerten sie sich hartnäckig, »dem Fremden« zur Begrüßung die Hand zu geben![125]

Das Experiment ist beeindruckend und tückisch zugleich. Ein Skeptiker könnte einwenden, hier sei unbewusste Erinnerung, nicht aber unbewusste Wahrnehmung nachgewiesen worden. Den Schmerzreiz haben die Betroffenen schließlich aller Wahrscheinlichkeit nach bewusst erlebt. Die Amnesie sorgt aber dafür, dass der Reiz in Kammern des Gehirns abgelegt wurde, auf die die bewusste explizite Erinnerung keinen Zugriff hat. Implizite, unbewusste Formen des Gedächtnisses sind nichts Neues.

Ein belastbareres Indiz für die Existenz unbewusster Wahrnehmung liefert das Phänomen des »Blindsehens«. Leider gibt es viele Wege zur Blindheit. Trotz intakter Augen und Sehnerven können Menschen erblinden, wenn die zentrale Verarbeitung visueller Reize zerstört wird. So erging es der kanadischen Patientin D. F. Sie erlitt im Alter von 34 Jahren eine schwere Kohlenmonoxidvergiftung, die weite Teile ihres primären visuellen Cortex zerstörte. D. F. war nicht vollkommen blind. Sie konnte Licht und Dunkelheit wahrnehmen, aber selbst einfache Formen wie Quadrate und langgezogene Rechtecke nicht voneinander unterscheiden – ein Phänomen, das die Neurologen als »visuelle Formagnosie« bezeichnen. Sie konnte auch nicht erkennen, ob die Linien vertikal, horizontal oder schräg ausgerichtet waren. Wenn sie aber aufgefordert wurde, eine Postkarte durch einen schrägen Schlitz zu stecken, bewegte sie ihre Hand ohne zu zögern im richtigen Winkel auf den Kasten zu, so dass die Karte ohne Problem den Weg durch den Briefschlitz fand. D. F. konnte zielgerichtete Bewegungen also ausführen, ohne sich der notwendigen visuellen Information bewusst zu werden.[126]

Noch skurriler ist eine Form von partieller Blindheit, die die Neurologen als *Hemi-Neglect* bezeichnen. *Hemi-Neglect*-Patienten ist entweder die rechte oder die linke Hälfte der Welt abhandengekommen. Verletzungen oder Infarkte in der Nähe des unteren Scheitellappens führen dazu, dass die Betroffenen die gegenseitige Hälfte des Raumes nicht mehr wahrnehmen. Das geht soweit, dass sie sich in der Kantine über zu kleine Portionen beschweren und Nachschlag einfordern, obwohl das Essen auf der linken Hälfte des Tellers nicht angerührt wurde. Trotzdem haben *Neglect*-Patienten diese Hälfte der Welt nicht völlig verloren. Wenn Patienten mit einem linksseitigen *Neglect* das Bild eines Hauses gezeigt bekommen, nehmen sie, wie erwartet, nur dessen rechte Hälfte wahr. Zeigt man ihnen zwei identische Bilder desselben Hauses, die sich nur darin unterscheiden, dass bei einem der Häuser aus den

Fenstern der *linken* Haushälfte Flammen schlagen, fällt ihnen dieser Unterschied nicht auf. Wenn sie aber gefragt werden, in welches der Häuser sie lieber einziehen würden, dann bevorzugen sie regelhaft das Haus, das nicht in Flammen steht.

Solche seltsamen Launen der Natur weisen darauf hin, dass unser Hirn mehr weiß und wahrnimmt, als wir glauben. Doch erst seit etwa 20 Jahren laufen systematische Projekte zur kontrastierenden Untersuchung bewussten und unbewussten menschlichen Denkens. Eines der meist diskutierten Probleme ist die Frage, in welche Sphären das unbewusste Denken eigentlich vorstoßen kann.

Auf welchen Abstraktionsebenen laufen unbewusste Denkvorgänge ab? Verfährt das Gehirn dabei wie eine Rechenmaschine, die (abstrakte) Symbole anhand formaler Verknüpfungsregeln kombiniert und so zu bestimmten Ergebnissen kommt? Oder kann (auch) das unbewusste Denken ein »semantisches Verständnis« für die Bedeutung einzelner verwendeter Elemente entwickeln? Ganz trivial ist es nicht, sich den Unterschied zwischen beiden Formen des Denkens überhaupt klar zu machen. Und schließlich gibt es durchaus Leute, die in Abrede stellen, es gebe einen solchen Unterschied überhaupt.[127]

Oben habe ich die Aufmerksamkeit mit einem Scheinwerfer verglichen, der ein Objekt ins Licht des Bewusstseins rückt. Die Metapher ist ganz hübsch. Aber sie lässt die Frage offen: Wer steuert den Scheinwerfer? Wenn das Bewusstsein die Aufmerksamkeit auf ein Objekt lenken müsste, damit es ins Licht des Bewusstseins tritt, erinnert das an die Geschichte des Lügenbarons von Münchhausen, der behauptete, sich am eigenen Zopf aus dem Sumpf gezogen zu haben.

Unbewusstes »semantisches« Denken wäre ein Ausweg aus dem Dilemma. Wenn das Gehirn auch unterhalb der Bewusstseinsschwelle ein echtes »semantisches« Verständnis für Situationen, Begriffe, Szenarien oder mentale Operationen entwickelt hätte, könnten solche Dinge bei gegebenem Anlass ins Scheinwerferlicht der Aufmerksamkeit gerückt werden.

Nur wie sollte so etwas nachzuweisen sein? Der Psychologe Anthony Greenwald (*1939) kam in diesem Zusammenhang auf die Idee, hier könnten die bereits beschriebenen Phänomene Maskierung und Bahnung weiterhelfen. Sein Experiment war folgendermaßen konzipiert: Probanden bekamen auf einem Bildschirm Begriffe gezeigt, mussten so schnell wie möglich entscheiden, ob der Begriff positive oder negative Assoziationen weckt, und dann eine entsprechende Reaktionstaste drücken. Was die Versuchsteilnehmer nicht wussten: Vor jedem Begriff huschte für Millisekunden ein maskiertes Wort über den Bildschirm, was entweder kongruent (z. B. glücklich zu Freude) oder inkongruent (Mord zu Freude) zum gezeigten Begriff war.

Sie ahnen, was passierte? Tatsächlich waren die Reaktionszeiten kürzer, wenn kongruente Bild/Wort-Paare gezeigt wurden.[128] Ist das der Beweis für vorbewusstes »semantisches« Denken? Leider goss Greenwald selbst kurze Zeit später Wasser in den Wein. In dem Versuch wurde nur eine relativ begrenzte Zahl von Begriffen verwendet und die Kombinationen wurden mehrfach wiederholt. Vielleicht hatte das Gehirn im Zuge der Bahnung nicht Bedeutung, sondern schlicht eine maskierte Buchstabenkombination mit den gezeigten Begriffen verknüpft. In einer zweiten Versuchsreihe veränderte Greenwald deshalb die maskierten Begriffe und ersetzte zum Beispiel *happy* durch *hypap*. Er konnte tatsächlich ähnliche Effekte erzielen, wenn die bedeutungslose Buchstabenkombination *hypap* ein paarmal zusammen mit den Begriffen mit positiver Konnotation gezeigt wurde. Etwas Ähnliches passierte, als er die Kombination *Humor* (maskierter Begriff) und *Tulpe* – die von allen Teilnehmern als kongruent positiv aufgefasst wurde – beim nächsten Durchgang durch *Tumor* und *Tulpe* ersetzte. Leider wurde auch diese Kombination schlicht aufgrund der formalen Ähnlichkeiten als kongruent »positiv« bewertet.[129]

Alles nur Konditionierung? Daraus lässt sich jedenfalls zweierlei lernen: Erstens: Nicht nur Entwurf und Durchführung, auch die Interpretation von Experimenten kann schwierig sein. Zweitens: Beobachtungen können sehr unterschiedliche Mechanismen zugrunde liegen, auch und gerade wenn es um das Gehirn geht. Die Hypothese von der unbewussten Verarbeitung semantischer Information war damit nicht vom Tisch: Inspiriert durch Arbeiten wie die von Greenwald machte sich die Gruppe um den französischen Kognitionsforscher Stanislas Dehaene (*1965) daran, maskierte und unmaskierte Wörter in entsprechenden Experimenten miteinander zu koppeln. Sie wollten herausfinden, ob und unter welchen Umständen sich der maskierte Begriff auf die Verarbeitung des darauffolgenden bewussten Reizes auswirkt. Zu diesem Zweck setzten sie Testpersonen vor einen Bildschirm, auf dem in regelmäßiger Folge Begriffe wie Haus, Auto, Katze oder Blattlaus auftauchten. Je nachdem, ob der gezeigte Begriff ein Artefakt oder ein Lebewesen beschrieb, mussten die Probanden so rasch wie möglich einen von zwei passenden Knöpfen drücken. Zwischen die sichtbaren Begriffe waren maskierte Wörter eingestreut. Obwohl sie unbemerkt blieben, zeigten die maskierten Wörter

Wirkung. Wenn der maskierte und der gekoppelte sichtbare Begriff identisch waren, erfasste die Testperson die Bedeutung des gekoppelten Begriffs rascher und konnte schneller die Unterscheidung zwischen Lebewesen und Artefakt treffen. Diese Form der Bahnung funktionierte interessanterweise auch, wenn der maskierte Begriff und der gekoppelte Begriff nicht identisch waren, aber aus einem ähnlichen semantischen Umfeld stammten (z.B. Haus und Hütte). Maskierte Worte hingegen, die inhaltlich nichts mit dem gekoppelten Begriff zu tun hatten, zeigten keine Wirkung, auch wenn beide Begriffe Artefakte beschrieben (z.B. Haus und Radio).

Die Bahnung scheint also auf der unbewusst aufgefassten *Bedeutung* eines Begriffes zu beruhen. Der Effekt ist unabhängig von der visuellen Form des maskierten Wortes. Radio bahnt für Radio, egal ob der maskierte Begriff **RADIO**, radio oder R a d i o geschrieben wird.[130] Um auch hartnäckige Zweifler zu überzeugen, legten Dehaene und sein Kollege Lionel Naccache (*1969) weitere Experimente nach. Sie wechselten vom Wort zur Zahl: Dieses Mal wurden den Teilnehmern Zahlen gezeigt. Sie mussten dann so rasch wie möglich entscheiden, ob die Zahl größer oder kleiner als 5 war. Genau wie vorher wurde einigen der Zahlen eine maskierte Zahl vorangestellt. Sie ahnen, was passierte? War die maskierte Zahl kleiner als 5, so reagierte der Proband schneller, wenn die nachfolgende sichtbare Zahl ebenfalls kleiner als 5 war. War die maskierte Zahl größer als 5 und die gekoppelte, sichtbare Zahl kleiner als 5, verlangsamte das die Reaktionszeit.

Mithilfe funktioneller Kernspintomogramme versuchten die Forscher nachzuvollziehen, was dabei im Hirn vor sich ging. Sie stellten fest, maskierte Reize lösten eine Art vorbereitende Aktivierung von Bewegungsarealen aus. Diese Areale erzeugen ein Bewegungsprogramm, das die Hand zum entsprechenden Buzzer führt, *bevor* der gekoppelte bewusste Reiz gezeigt wird. Um letzte Zweifel auszuräumen und auszuschließen, dass der beobachtete Effekt nicht doch durch eine irgendwie geartete direkte Verknüpfung visueller Formen (und nicht von Inhalten) zustande kam, ersetzten Dehaene und Naccache die maskierten Ziffern durch entsprechende Zahlwörter.[131] Der Bahnungseffekt blieb erhalten. Die Kognitionsforscher verfolgten die Hirnaktivitäten und mussten erkennen, maskierte Zahlen oder Zahlwörter führten zum Anstieg der Aktivität in Hirnregionen, von denen bekannt war, dass dort quantitative Dimensionen von Zahlen repräsentiert sind. Erstaunlicherweise führten die Gehirne der Probanden sogar einfache, unbewusste Kalkulationen durch: Der stärkste Bahnungsseffekt trat auf, wenn die maskierte und die gekoppelte Zahl identisch waren. Bei diskrepanten Zahlen wurde der Bahnungseffekt immer schwächer, je größer der Abstand zwischen maskierter und gekoppelter Zahl wurde (3 vor 4 > 2 vor 4 > 1 vor 4 …).

Auch emotionalere Reize können maskiert werden. Wenn wir Wut, Angst, Furcht, Abscheu oder Ekel[132] verspüren, hat die Amygdala, ein Kerngebiet an der Hirnbasis, ihre Finger im Spiel. Das Gehirn scheint affektive Bewertungen auch dann vorzunehmen, wenn der betreffende Reiz am Bewusstsein vorbei geschmuggelt wird. Bekommen Probanden maskierte Worte wie Krieg, Tod oder Vergewaltigung gezeigt, erzeugt das maskierte Wort eine spezifische Aktivität in der Amygdala. Bei emotional indifferenten maskierten Kontrollbegriffen wie *Kühlschrank, Bleistift* oder *Heftklammer* bleibt die Region stumm.

Auch bei der Unterscheidung von eigen und fremd legt das Gehirn eine unterbewusste Voreingenommenheit an den Tag. Es nimmt blitzschnell und vorbewusst Dichotomisierungen wie WIR oder SIE vor. Zeigt man Weißen für Sekundenbruchteile das Gesicht eines Menschen mit schwarzer Hautfarbe, zu kurz, um es bewusst wahrzunehmen, lassen sich trotzdem verstärkte Aktivitäten in der Amygdala registrieren, der Hirnregion, die bei unangenehmen (aversiven) Reizen tätig wird. (Das funktioniert leider auch umgekehrt). Selbst wenn wir überzeugt sind, Hautfarbe spiele für uns keine Rolle, das Gehirn spricht manchmal eine andere Sprache. Entsprechende Tests haben allerdings auch gezeigt, dass die Aktivierungen umso stärker sind, je größer die explizite Neigung der Testpersonen zu rassistischen Vorurteilen ist.[133]

Der *implizite Assoziationstest* (IAT) ist eine weitere Möglichkeit, die Neigung zu unbewusster Voreingenommenheit nachzuweisen. Stark vereinfacht funktioniert er folgendermaßen: Versuchspersonen bekommen entweder Bilder von Menschen gezeigt, die ihnen ähnlich sind oder erkennbar einer anderen Ethnie angehören. Gleichzeitig zeigt der Computerbildschirm entweder Adjektive mit positiven oder negativen Konnotationen (ehrlich, schlau, gütig – durchtrieben, falsch, aggressiv). Die Versuchspersonen erhalten die Anweisung, bei bestimmten Paarungen entweder einen roten oder blauen Knopf zu drücken. Der interessante Punkt ist: Lautet die Anweisung: Eigengruppe + positiver Begriff = blau *oder* Fremdgruppe + negativer Begriff = rot, sind die Reaktionszeiten im Durchschnitt kürzer als bei den Paarungen Eigengruppe + negativ = blau beziehungsweise Fremdgruppe + positiv = rot – offensichtlich, weil im zweiten Fall die Verknüpfung unbewusst als disharmonischer oder fragwürdiger empfunden wird.

Ein Experiment, das in dieselbe Richtung weist, stammt von der Neuropsychologin Elizabeth Phelps. Bei diesem klassischen Konditionierungsexperiment wurden Probanden Fotos von Gesichtern gezeigt. Eines der Gesichter wurde jedes Mal mit einem leichten, aber unangenehmen Stromstoß verknüpft. Die Konditionierung funktionierte wie im Lehrbuch. Nach einer entsprechenden Zahl von Wiederholungen löste bereits das Foto eine entsprechende Reaktion in der Amygdala als Korrelat der konditionierten Furchtreaktion aus. Das eigentlich interessante und etwas perfide Ergebnis des Experiments war aber, dass die Furchtkonditionierung schneller ablief, wenn das konditionierte Foto andersethnische Gesichter zeigte![134]

Das ist die schlechte Nachricht. Die gute lautet: Bei Reizen, die lange genug präsent sind, um ins Bewusstsein zu dringen, scheint eine rationale Kompensation unterschwelliger Vorurteile möglich. Bei bewussten Reizen werden unter Umständen Areale in der frontalen Hirnrinde, insbesondere im anterioren cingulären und im dorsolateralen frontalen Cortex aktiv, die kognitive Kontrolle ausüben und die dunklen Aversionen der Amygdala dämpfen. Wir scheinen den vorurteilsbeladenen unterbewussten Teil unserer Kriegerhirne also an die Kandare nehmen zu können, wenn wir entsprechend sozialisiert worden sind.[135]

Neben bildgebenden Verfahren[136] und der Ableitung von Aktivitäten einzelner Zellen mithilfe feiner Elektroden gibt es noch eine weitere Möglichkeit, Nervenzellen bei der Arbeit zuzusehen. Das *Elektroenzephalogramm* (*EEG*) misst Hirnströme mittels Elektroden, die nicht im Gehirn, sondern an der Kopfhaut angebracht sind. Solche Elektroden sind zwar deutlich weniger sensitiv als die Ableitungen aus einzelnen Zellen und reagieren nur, wenn sehr viele Zellen gleichzeitig aktiv sind, dafür lässt sich das Verfahren aber niederschwellig bei gesunden Testpersonen anwenden. Auch mit dem EEG lassen sich neuronale Korrelate unterbewusster Verarbeitung nachweisen. Verschiedene Aktivitätszustände des Gehirns erzeugen unterschiedliche Wellenmuster im EEG. Über aktive Rindenareale der Sprachverarbeitung lassen sich sogenannte N400-Wellen ableiten. Wenn Adjektiv und Substantiv zueinander passen, wie bei »grüne Wiese« oder bei »saftiges Steak«, sind die N400-Wellen klein und flach. Bei widersprüchlichen Kombinationen, wie dem Adjektiv »glücklich« und »Krieg« oder bei einem Oxymoron wie »schwarzer Schimmel«, zeigen sich hohe, steile N400-Wellen. Dieser Effekt lässt sich auch beobachten, wenn das vorangestellte Adjektiv maskiert ist, also vorbewusst bleibt.

Das führt zu der unangenehmen Frage, wer beim Denken die Hosen anhat. Tatsächlich sind mir schon einige meiner besseren Ideen ohne bewusste Vorarbeit spontan beim Duschen gekommen. Das scheint größeren Geistern ähnlich zu gehen. Hören wir Henri Poincaré (1854–1912), einen der berühmtesten Mathematiker aller Zeiten: »Ich wandte meine Aufmerksamkeit der Untersuchung einiger arithmetischer Fragen zu, [...] ohne viel Erfolg [...]. Meines Scheiterns überdrüssig, verbrachte ich ein paar Tage am Meer und dachte an andere Dinge. Eines morgens, beim Spaziergang über die Klippe kam mir [plötzlich die] unmittelbare Gewissheit [...], dass die arithmetischen Transformationen indefiniter ternärer quadratischer Formeln mit denen in der nicht euklidischen Geometrie identisch waren.«[137]

Wer oder was denkt hier? Diese Frage hat auch der Chemiker August Kekulé (1829–1892) auf einer Feier gestellt, die die Deutsche Chemische Gesellschaft ihm zu Ehren gegeben hat: »Man hat von Genie gesprochen und die Benzoltheorie als genial bezeichnet. Ich habe mich oft gefragt: Was ist eigentlich genial? [...] Vielleicht ist es für Sie von Interesse, wenn ich, durch höchst indiscrete Mittheilungen aus meinem geistigen Leben, Ihnen darlege, wie ich zu einzelnen meiner Gedanken gekommen bin [...]. Während meines Aufenthaltes in Gent [...] bewohnte ich elegante Junggesellenzimmer in der Hauptstraße. Mein Arbeitszimmer aber lag nach einer engen Seitengasse und hatte während des Tages kein Licht. Für den Chemiker, der die Tagesstunden im Laboratorium verbringt, war dies kein Nachtheil. Da saß ich und schrieb an meinem Lehrbuch; aber [...] mein Geist war bei anderen Dingen. Ich [...] versank in Halbschlaf. Wieder gaukelten die Atome vor meinen Augen. Kleinere Gruppen hielten sich diesmal bescheiden im Hintergrund. Mein geistiges Auge, durch wiederholte Gesichte ähnlicher Art geschärft, unterschied jetzt größere Gebilde von mannigfacher Gestaltung. [...] Alles in Bewegung, schlangenartig sich windend und drehend. Und siehe, was war das? Eine der Schlangen erfasste den eigenen Schwanz und höhnisch wirbelte das Gebilde vor meinen Augen. Wie durch einen Blitzstrahl erwachte ich; auch diesmal verbrachte ich den Rest der Nacht um die Consequenzen der Hypothese auszuarbeiten.« Kekulé schloss mit der Bemerkung: »Lernen wir träumen, meine Herren, dann finden wir vielleicht die Wahrheit.« Allerdings nicht ohne hinzuzufügen: »... aber hüten wir uns, unsere Träume zu veröffentlichen, ehe sie durch den wachenden Verstand geprüft worden sind.«[138]

Alle diese Geschichten zeigen, dass unser Gehirn bis weit in semantische Höhen nicht zwingend auf Bewusstsein angewiesen sein muss. Das Unterbewusste scheint irgendwie auf nackte Bedeutung zu reagieren. Maskierte Reize wirken (auch) durch ihren semantischen Kern, durch die Bedeutungsgleichheit oder Bedeutungsähnlichkeit zu dem bewusst verarbeiteten, gekoppelten Begriff.

Unterhalb der Bewusstseinsschwelle brodelt es, wobei es im Hirn verschiedene Ebenen des Vorbewussten gibt. Viele unterschwellige Reize oder Prozesse sind so gestrickt, dass sie nie über die Bewusstseinsschwelle gelangen. Bei vielen »Brot und Butter«-Tätigkeiten des Gehirns, zum Beispiel den Systemen, die für das reibungslose Funktionieren von Atmung oder Herzschlag mitverantwortlich sind, wäre das auch kaum opportun. Aber offensichtlich kann das Unterbewusstsein auch mit »höheren« semantischen Informationen umgehen. Manchmal treten diese blitzartig ins Bewusstsein und entfalten dort ihre Wirkung. So bleibt am Ende die Frage: Wozu brauchen wir ein Bewusstsein?

Denken, das wir bemerken

Die Grenzen des Ichs reichen über das Bewusstsein hinaus. Um es mit den Worten meines Freundes Niels Birbaumer (*1945) zu sagen: »Unser Gehirn weiß mehr, als wir denken.«[139] Wozu also dient das Bewusstsein? Schließlich gibt es viele Tiere, die auch ohne das, was wir Bewusstsein nennen, gut zurechtkommen.[140] Die Frage ist brisant. Denn Bewusstsein ist die höchste Hürde, die es zu nehmen gilt, wenn wir »intelligente Maschinen« bauen wollen. Wäre Bewusstsein verzichtbar, würde die Grenze zwischen Hirn und Maschine ziemlich unscharf werden.

Die Frage nach dem Sinn des Bewusstseins spaltet die Kognitionsforscher. Einige von ihnen gehen tatsächlich so weit, Bewusstsein als reinen Zierrat abzutun. Die Anhänger dieser Denkschule sind der Meinung, unser Bewusstsein sei nichts als eine Art kognitiver Beifang, der sich automatisch in den Maschen verfängt, wenn neuronale Netze hinreichend mächtig und fein genug geknüpft sind – ein Beifang, der selbst keinen funktionellen Mehrwert hat.[141] Der Wissenschaftsautor Tor Nørretranders (*1955) prägte dafür das schöne Wort »Nutzerillusion«.[142] Hirnforscher wie Stanislas Dehaene halten dagegen. Für sie hat das Bewusstsein durchaus eine tragende, biologisch und funktionell bedeutsame Rolle. Ich neige zur zweiten Position. Theoretisch könnte der Streit ganz einfach entschieden werden: Er wäre zu klären, indem sich Probleme formulieren ließen, die ein Nervensystem ohne Bewusstsein oder eine entsprechende Maschine nicht lösen kann. Oben habe ich den englischen Philosophen Kenneth Craik erwähnt. Der vertrat schon in den 1930er Jahren die Auffassung, das Gehirn gleiche am Ende der Wahrnehmungskette das erarbeitete Modell des sensorischen Inputs mit präformierten inneren neuronalen Modellen ab. Wahrnehmung, so Craik, werde in dem Moment kohärent und eindeutig, wo das Gehirn Input und Modell zur Deckung bringt und sich für eine ganz bestimmte »Schablone« und damit eine bestimmte Interpretation der Realität entscheidet. Diese Annahme führt direkt zu Dehaenes erster Hypothese über das Bewusstsein: Seiner Meinung nach entsteht eine Festlegung auf eine ganz bestimmte Interpretation der Realität *durch* den Akt des Bewusstwerdens.

Viele Leser kennen die zweideutigen Bilder in Büchern über optische Täuschungen. Das Besondere an solchen Bildern ist, dass das Gehirn hier scheinbar wahllos zwischen zwei Interpretationen hin und her springt. Die irritierende Mehrdeutigkeit und der sprunghafte Wechsel können im Rahmen von Dehaenes erster Hypothese über die Funktion des Bewusstseins sehr gut erklärt werden: Die vorbewussten Zustände sind vieldeutig und repräsentieren alternative Interpretationen der Wirklichkeit. Das unbewusste Gehirn leistet Vorarbeit und arbeitet wie ein Statistiker, der den verschiedenen Interpretationen Wahrscheinlichkeitswerte zuweist. Sobald eine Lesart ins Bewusstsein tritt, bricht die Mehrdeutigkeit zusammen. Das Bewusstsein hat sich für die plausibelste Deutung entschieden, auch wenn bei mehrdeutigen Bildern die alternativen Auslegungen gleich wahrscheinlich sind. Keine ist »realer« als die andere. Da sich das Bewusstsein aber festlegen muss, wird es ständig zwischen wechselnden Deutungen hin und her springen. Oben wurde berichtet, dass die Festlegung auf eine von mehreren möglichen Perspektiven einfachen Heuristiken folgt, die jeder Interpretation Wahrscheinlichkeitswerte zuteilen und dann die wahrscheinlichste auswählen. Eigentlich eine kluge Strategie. Die Kehrseite: Das Bewusstsein wird auf die Nase fallen, wenn die Realität mal nicht die wahrscheinlichste Option ist.

Ein schönes Beispiel dafür ist das *Öffnungsproblem*. Dabei geht es um die Wahrnehmung von Bewegungsrichtungen. Bewegungen, die ein Punkt im Raum vollzieht, sind mehrdeutig, wenn die Perspektive auf den Punkt zu eng ist und die Kontexte fehlen. Wir können Bewegungen nur relativ zu ande-

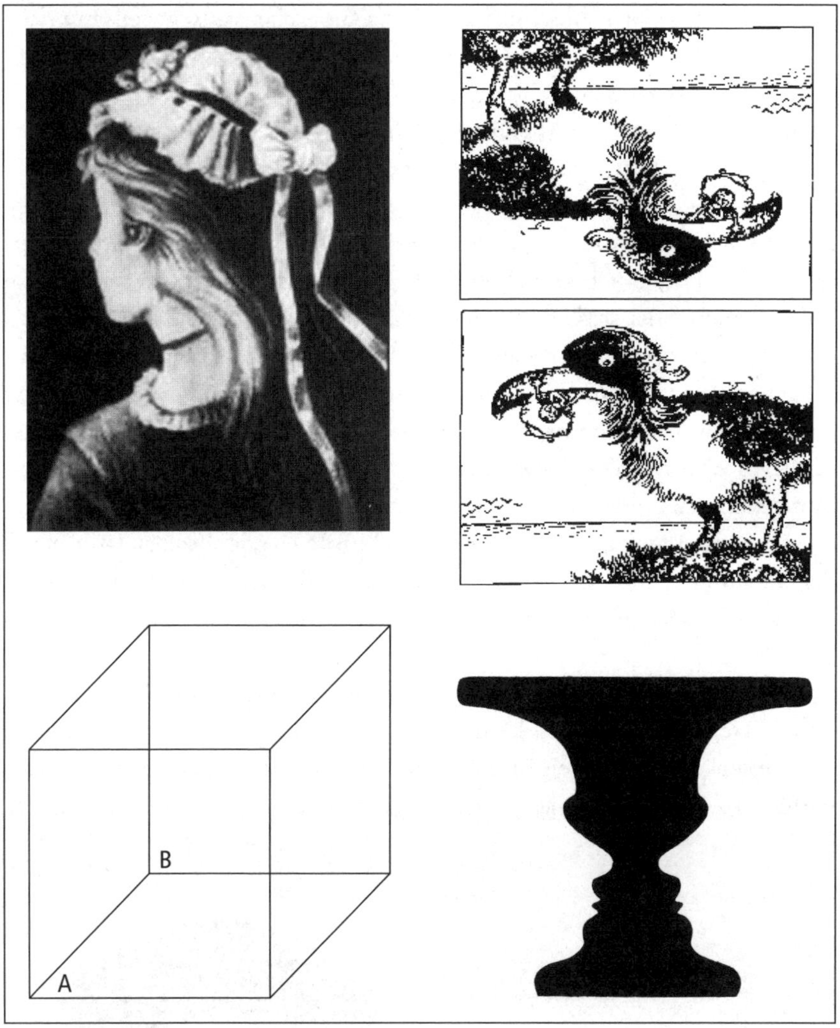

Abb. 17: Vier Mehrdeutigkeiten: alte Frau/junges Mädchen – Würfel schräg oben rechts/schräg unten links – Teich mit Insel, Baum, Boot und Fisch/Vogel – eine Vase/zwei Gesichter im Profil?

ren Objekten lokalisieren. Genau dieser Kontext fehlt aber oft auf den unteren Ebenen der Verarbeitung visueller Information. Erinnern Sie sich an das *Konzept des rezeptiven Feldes.* Im mittleren temporalen Cortex sitzen Nervenzellen, die aktiviert werden, wenn sie Bewegungen in einer bestimmten Vorzugsrichtung registrieren. Jedes dieser Neuronen erhält seine Informationen nur aus einem kleinen Abschnitt der Retina. Sie »sehen« also jeweils nur Ausschnitte des Bildes, das sich auf die Netzhaut projiziert. Wir können ihre Sicht auf die Welt nachahmen.

Dies geschieht etwa in Abbildung 18: In der Mitte der Kreisflächen befindet sich ein rundes Loch, das den Blick auf die Szenerie dahinter freigibt. Zieht ein um 45° gegen den Horizont gekippter Stab hinter dem Guckloch vorbei, ist seine Bewegungsrichtung uneindeutig, wenn die Enden des Stabes verdeckt sind. Tatsächlich könnte er (links) streng horizontal von rechts nach links wandern oder sich im 90°-Winkel zu seiner Längsausdehnung bewegen (rechts). Im mittleren temporalen (MT-)Areal des Gehirns hat diese Mehrdeutigkeit noch eine Entsprechung. Dort werden gleichzeitig mehrere Neuronen aktiviert, die jeweils unterschiedliche Bewegungsrichtungen codieren. Weiter oben, wo Wahrnehmung bewusst wird, ist Mehrdeutigkeit aber unerwünscht. Wir sehen einen Stab, der sich senkrecht zur Achse des Stabes bewegt, der also von links unten nach rechts oben durchs Bild wandert, selbst dann, wenn der Stab hinter dem Loch in Wahrheit genau horizontal von links nach rechts bewegt wird. Manchmal führt der Zwang zur Festlegung das Bewusstsein also in die Irre.

Kommen wir zur zweiten Hypothese Dehaenes über die Funktion des Bewusstseins. Bewusstsein könnte dazu dienen, eine Information in allen ihren Aspekten über die eigentliche Dauer des entsprechenden Reizes hinaus verfügbar zu halten und sie so allen möglichen neuronalen Subsystemen des

Abb. 18: Illustration des sogenannten Öffnungsproblems, rechts: wahrgenommene Bewegungsrichtung; links: tatsächliche Bewegungsrichtung

Gehirns zugänglich zu machen. Nehmen Sie an, Sie würden einen Text lesen. Sie sind ein geübter Leser. Die Augen fliegen nur so über die Zeilen. Plötzlich stoßen Sie auf das Wort »Sonnenanbeter«. Irgendetwas an diesem Wort nimmt ihre Aufmerksamkeit gefangen. Der Begriff wird verfügbar, er »hallt« sozusagen nach, auch wenn die Augen längst einige Textzeilen weiter sind. Unter Umständen keimt aus dem Begriff ein Gedanke. So gesehen könnte das Bewusstsein als eine Art »Ultrakurzzeitgedächtnis« betrachtet werden. Oder – um einmal eine Computermetapher zu bemühen – als Arbeitsspeicher, der Informationen allen möglichen assoziativen Hirnregionen zur Verfügung stellt. Der Nobelpreisträgers Gerald Edelman (1929–2014) drückt es eleganter aus: »Bewusstsein stattet uns mit erinnerter Gegenwart aus …«.[143]

Zu dieser These passt ein Experiment, das sich Robert Clark und Larry Squire ausgedacht haben. Dieses Experiment knüpft an die berühmten Versuche von Iwan Pawlow an. Clark und Squire konditionierten allerdings Kaninchen, nicht Hunde. Wie wir schließen Kaninchen unwillkürlich die Augen, wenn ihre Hornhaut gereizt wird. Clark und Squire bliesen den Tieren einen kurzen Lufthauch ins Auge, der unwillkürlich den Lidschlussreflex auslöste. Sie koppelten dann den Lufthauch mit einem Warnton, der sich unmittelbar anschloss. Und es trat das ein, was Pawlow mit seiner Theorie zur klassischen Konditionierung voraussagt: Nach einigen Versuchen reicht alleine der Warnton aus, um den Reflex zu provozieren. Der Lidschlussreflex ist schnell, unwillkürlich und unvermeidlich, scheinbar ein klassisches Beispiel vorbewusster neuronaler Aktivität.

Der Lidschluss selbst wie auch seine Konditionierung sollten also ohne Bewusstsein auskommen. In der Tat funktioniert diese Art von Konditionierung auch bei Kaninchen ohne Großhirnrinde, die nur noch über ein intaktes Stammhirn verfügen. Überraschenderweise klappt die Konditionierung bei den »Stammhirn-Kaninchen« aber nur, wenn Warnton und Lufthauch direkt aufeinanderfolgen oder sich zeitlich sogar überlappen.[144] Sind Ton und Lufthauch durch eine kurze Pause getrennt, ist die Konditionierung auf ein intaktes Großhirn angewiesen. Clark und Squire sind der Meinung, diese sogenannte »Gedächtnisspurkonditionierung«[145] erfordere Bewusstsein. Nun ist die Entfernung großer Teile des Gehirns eine ausgesprochen brachiale Methode, bei der mehr auf der Strecke bleibt als nur das Bewusstsein. Natürlich wäre es denkbar, nicht fehlendes Bewusstsein, sondern schlicht ein defektes, aber unbewusstes Kurzzeitgedächtnis blockiere die Gedächtnisspurkonditionierung. Allerdings scheint für diese Konditionierung nicht nur ein intakter

Hippocampus,[146] vielmehr auch ein intakter präfrontaler Cortex notwendig zu sein. Dies und die Tatsache, dass nicht nur ältere, demente Menschen, sondern auch Gesunde, die aktiv abgelenkt werden, keinerlei Konditionierungserfolge der zweiten Art aufweisen, stützen die These, Bewusstsein fungiere als eine Art Ultrakurzzeitspeicher. Damit ist nicht bewiesen, dass die geschilderte notwendige Form ›Verfügbarkeit von Information‹ zwangsläufig Bewusstsein erfordert. Schlichtweg könnte es sich ja auch um einen Zustand des Gehirns handeln, der Information für alle möglichen Hirnregionen zugänglich macht, ein Zustand, der aber nicht notwendigerweise an die Eigenschaft »bewusst« gekoppelt ist. Bewusstsein könnte auch hier nur ein Epiphänomen dieser Form von Verfügbarkeit sein. Das implizite Gedächtnis, zum Beispiel das Bewegungslernen, liefert viele Beispiele für Informationen, die unbewusst gespeichert und wieder abgerufen werden können. Wie heißt es so schön? Fahrradfahren verlernt man nicht!

Vielleicht hilft es weiter, danach zu fragen, wo ein *bewusstes* Ultrakurzzeitgedächtnis besonderen Nutzen haben könnte, um der Funktion des Bewusstseins auf die Spur zu kommen. Wir müssen dabei nach kognitiven Operationen suchen, die zwingend Bewusstsein erfordern: Nehmen wir das Lösen komplexerer Rechenaufgaben. Oben haben wir gelernt, dass das unbewusste Gehirn über Strategien zur Lösung einfacher mathematischer Probleme verfügt. Aber die mathematischen Fähigkeiten des Unterbewusstseins haben ihre Grenzen: Versuchen Sie einmal 17 × 12 im Kopf zu rechnen. Im Gegensatz zum kleinen Einmaleins kommt hier die Antwort in der Regel nicht wie aus der Pistole geschossen. Ich zumindest brauche einige Sekunden, bis ich die Lösung präsentieren kann. Das liegt daran, dass ich die Aufgabe strategisch zerlege: Beispiel: (17 × 10 = 170) + (17 × 2 = 34). Konträr zu einschrittigen Kalkulationen ist mehrschrittiges Rechnen auf Bewusstsein angewiesen. Anders als bei der Lösung von 8 × 8 bin ich mir im Fall der Berechnung von 17 × 12 meiner Lösungsstrategie bewusst.[147] Sie lautet: Zerlege die Aufgabe in kleinere, direkt handhabbare Bruchstücke. Diese Strategie funktioniert nur, wenn das Bewusstsein für die Dauer des Rechenvorgangs die Gesamtaufgabe und alle Teilelemente präsent hält. Damit wären wir bei der dritten Hypothese über die Funktion des Bewusstseins: Strategisches Denken und das Lösen komplexer mehrschrittiger Probleme erfordern Bewusstsein.[148]

Diese These wird durch ein Experiment gestützt, das auf raffinierte Weise feine Unterschiede in der Verarbeitung maskierter (= unbewusster) und nichtmaskierter Reize offenlegt. Das Unterbewusstsein ist in der Lage, Häufigkeiten abzuschätzen und Mengen miteinander zu vergleichen. Das entsprechende Experiment funktioniert folgendermaßen: Probanden werden gleichzeitig fünf Pfeile gezeigt, von denen einige nach links, andere nach rechts weisen. Die Testpersonen müssen rasch entscheiden, wohin die Mehrheit der Pfeile gerichtet ist, und anschließend eine entsprechende Taste drücken. Für Menschen mit einem bewussten, wachen Geist ist das ein Kinderspiel.

Dann werden die Bedingungen verschärft. Die fünf Pfeile werden so kurz präsentiert, dass sie unter die Wahrnehmungsschwelle rutschen. Die Pfeile sind jetzt maskiert. Den Probanden bleibt also nur zu raten. Erstaunlicherweise liegt ihre Trefferquote immer noch deutlich über der Zufallswahrscheinlichkeit. Eine weitere Modifikation der Versuchsbedingungen bringt einen wichtigen Unterschied zwischen bewusstem und unbewusstem Denken ans Licht. Wenn die fünf Pfeile nicht gleichzeitig, sondern alle nacheinander zu sehen sind, kann die Aufgabe unter Umständen vorzeitig entschieden werden. Sobald drei Pfeile über den Schirm geflimmert sind, die alle in dieselbe Richtung zeigen, ist der Fall geklärt. Eine solche Abkürzung ist aber nur dem bewussten Geist möglich. Sind die Pfeile maskiert *und* werden sequentiell gezeigt, ist dem Gehirn diese Schlussfolgerung verwehrt. Die Präsentation aller fünf Pfeile musste abgewartet werden, bevor das Unterbewusstsein eine Entscheidung fällen konnte.[149]

Wenn Bewusstsein notwendig ist, um Teilschritte einer Lösung oder Teilaspekte eines komplexen Gegenstandes zu integrieren und in einer einheitlichen Lösung oder in einem einzigen Begriff zusammenzufassen, sind bewusste Gehirne im Vorteil. Durch Reduktion und Abstraktion komplexer Information im Bewusstsein würde die Komplexität von Einzelfällen auf das Wesentliche reduziert. Bewusstsein würde das Denken ökonomisieren, weil es uns in die Lage versetzt, mit unseren Kapazitäten zur Informationsverarbeitung sparsam umzugehen.

Das wäre die vierte Hypothese zur Funktion des Bewusstseins: Das Bewusstsein könnte eine Art *Lingua franca* des Gehirns sein, die eine besonders schnelle Form von Binnenkommunikation zwischen unterschiedlichen Hirnteilen und damit die Integration verschiedener Sinnesmodalitäten ermöglicht. Mit dieser Form der Reduktion von Information nähert sich das Bewusstsein einem Phänomen an, das in seiner elaborierten Form als Alleinstellungsmerkmal der Spezies Mensch betrachtet werden kann. Ich meine die Sprache. Bei allen Unterschieden, jede menschliche Sprache operiert mit Begriffen, die in gewisser Weise platonische Abstraktionen sind. Wörter wie

Stuhl, Auto, grün oder *schwimmen* reduzieren die unendliche Vielfalt möglicher Einzelfälle auf ein paar wesentliche Kernelemente. Mit dieser Form der Codierung durch einen Begriff verlieren wir zwar die Nuancen, wir gewinnen aber ein sehr effizientes Instrument, Information zu speichern und vor allem mitteilbar zu machen. Die normale Lautsprache überträgt etwa 40 bis 60 Bits/Sekunde, sehr viel weniger als auch nur ein bescheidenes Modem. Weiter oben habe ich demonstriert, dass das Unterbewusstsein einfache Symbole auch inklusive ihrer semantischen Dimension erfassen kann. Das *Verständnis* komplexer Texte oder ganzer Bücher ist jedoch ohne einen bewussten Leser (bisher) kaum vorstellbar.[150]

Sprachliche Information in Kommunikationssituationen ist mehrdimensional. Die eben erwähnte Übertragungsrate wird dem, was zwischen Sender und Empfänger wirklich passiert, sicher nicht gerecht. Wenn wir reden, transportieren wir mehr, als Buchstaben ausdrücken können. Nehmen wir einen Satz wie: »Schließlich traf Heinrich Schrade«. Das könnte bedeuten, ein Herr Heinrich Schrade habe nach vielen Versuchen – etwa beim Luftgewehrschießen – endlich einmal getroffen. Daneben könnten aber auch zwei verschiedene Personen gemeint sein, Heinrich, der eine zweite Person, nämlich Schrade, getroffen hat, vielleicht auf dem Markt oder in der Eckkneipe. Diese zweite Variante lässt sich abwandeln. Vielleicht handelt es sich nicht um ein harmloses Treffen, sondern um einen Akt brutaler Gewalt. Vielleicht traf Heinrich Herrn Schrade mit einer Pistolenkugel mitten ins Herz. Selbst in dieser Interpretation kann der Satz beim Hörer oder Leser sehr unterschiedliche Gefühle auslösen; Entsetzen oder sogar Erleichterung, etwa wenn Schrade ein gewissenloser Terrorist war, der gedroht hatte, sich zusammen mit einem Dutzend unschuldiger Geiseln in die Luft zu sprengen. Sprachliche Information ist also kontextabhängig. Wenn Menschen miteinander sprechen, fließt Information gleichzeitig auf vielen Ebenen.[151] Denn in den Gehirnen von Sender und Empfänger klebt an dem verwendeten Begriff manchmal ein ganzes Universum an Assoziationen und Konnotationen.[152]

Die vierte Hypothese führt fast automatisch zu einer fünften Hypothese über die Funktion des Bewusstseins: Weil das Bewusstsein Information in eine handhabbarere Form bringen kann, wird nicht nur der Grad der Vernetzung innerhalb des Gehirns erhöht. Das Bewusstsein macht den Menschen in besonderem Maß zu einem sozialen Wesen. Sprache als Instrument der zwischenmenschlichen Kommunikation ist ohne bewusste Sprecher und Hörer schwer vorstellbar. Dieser Gedanke ist alles andere als neu: Implizit steckt er schon in Aristoteles' berühmtem Diktum vom Menschen als einem *Zoon politikon*.[153] Aber keiner hat ihn schöner ausgedrückt wie Friedrich Nietzsche (1844–1900): »Bewusstsein ist eigentlich nur ein Verbindungsnetz zwischen Mensch und Mensch – als solches hat es sich entwickeln müssen: Der einsiedlerische und raubtierhafte Mensch hätte seiner nicht bedurft«.[154] Sprache ermöglicht den Menschen eine elaborierte Form sozialer Interaktion und Möglichkeiten sozialen Lernens, die weit über alles hinausgehen, was im übrigen Tierreich zu beobachten ist.

Ich möchte an dieser Stelle noch einmal Theodosios Dobzhansky zitieren: »Nichts in der Biologie macht Sinn, außer im Licht der Evolution«. In diesem Licht gewinnt die These vom Bewusstsein als sozialem Kitt zusätzlichen Charme. Und so ist es nicht unplausibel, dass vormenschliche Hominidengesellschaften, die in Gruppen von bis zu 150 Mitgliedern zusammenlebten,[155] von dieser elaborierteren Strategie der Kommunikation profitierten und dementsprechend befähigtere Gehirne einen Selektionsvorteil hatten.[156]

Sprache ist *die* Schnittstelle zwischen Natur und Kultur. Unsere allgemeine Befähigung zur Sprache wurzelt fest in der Biologie. Sprache ist aber gleichzeitig die Keimzelle der zweiten Evolution, der Entwicklung der Kultur. Wer wie Dehaene glaubt, Bewusstsein sei mehr als nur Zierrat, der muss eingestehen, ohne Bewusstsein wären diese obersten Stockwerke unseres Weltgebäudes verwaist. Und schließlich fällt es schwer, diese Ebene der Welt ohne Akteure zu denken, die (auch) von bewussten Motiven getrieben sind.

Nun aber ist es an der Zeit, die ins Kraut schießenden Gedanken wieder an die Leine zu nehmen. Hirnforscher, die sich dem Bewusstsein nähern wollen, können es nicht bei klugen Spekulationen bewenden lassen. Die Bildung intelligenter Hypothesen ist ein erster Schritt, mehr nicht. Der Nachweis eines materiellen Korrelates des Zustandes, den wir Bewusstsein nennen, wäre ein spektakulärer zweiter Schritt. Spektakulär deswegen, weil dieses Unterfangen fast so vertrackt zu sein scheint, wie die Quadratur eines Kreises. Schließlich ist das Bewusstsein kein Forschungsgegenstand wie jeder andere. Es ist eigentlich überhaupt kein Gegenstand und unterscheidet sich daher kategorial von allem, was sonst auf den Seziertischen der Naturwissenschaften landet. Wenn wir Wahrnehmung erforschen, steht den Aktivitäten im Gehirn in der Umwelt etwas gegenüber, was wir messen, objektivieren, gegebenenfalls sogar in die Hand nehmen können. Nicht so beim Bewusstsein. Hier handelt es sich bestenfalls um ein Objekt »zweiter Art«. Der Zugang zum Bewusstsein erfordert Auskünfte des bewussten Subjekts. Wer solche Auskünfte ernst nimmt und sie zu seinem Untersuchungsgegenstand macht, der hat den ersten Schritt zur objektiven Annäherung an das Bewusstsein getan.

Lange Zeit waren Hirnforscher auf Zerstörung angewiesen, wenn sie etwas über die Funktion einer bestimmten Hirnregion erfahren wollten. Sie mussten zum Beispiel Tiere mit ziemlich grobschlächtigen Methoden manipulieren und ihnen bestimmte Hirnteile entfernen, um aus den angerichteten Schäden klug zu werden. Mittlerweile ist die Neurowissenschaft besser ausgestattet. Vor allem in populärwissenschaftlichen Texten lesen wir inzwischen sogar, wir könnten »dem Gehirn beim Denken zuschauen.«[157] Ganz so einfach ist es nicht. Jedes bildgebende oder elektrophysiologische Verfahren, das Aufschluss über die neuronalen Aktivitäten des Gehirns geben soll, ist auf Umwege angewiesen. Solche Verfahren liefern Daten, die übersetzt und interpretiert werden müssen und bestenfalls in mittelbarer Beziehung zu dem stehen, was wir einen Gedanken nennen. Wenn wir mit einer Wärmebildkamera einen Verbrennungsmotor fotografieren, können wir aus dem Bild zwar gewisse Rückschlüsse auf die Aktivitäten im Motor ziehen, wir wissen aber noch lange nicht, wie er funktioniert. Auch wenn diese Analogie etwas an den Haaren herbeigezogen zu sein scheint, ist sie gar nicht so weit von der Beziehung zwischen Bildgebung und Denken entfernt. Gleichwohl war die Entwicklung der funktionellen Kernspintomographie (fMRT) durch den Japaner Seiji Ogawa (*1934) und andere Anfang der 1990er Jahre eine Revolution. fMRT ist ein sehr aufwendiges, aber schmerzloses und unschädliches radiologisches Verfahren, das, anders als die konventionelle Kernspintomographie, nicht nur statische Schnittbilder unserer Hirnanatomie liefert, sondern mithilfe sequentieller Aufnahmen und eines kleinen Tricks[158] diejenigen Areale markieren kann, die gerade hohe neuronale Aktivität aufweisen. Wir können also wache und gesunde Menschen in einen MRT legen, ihnen bestimmte Aufgaben vorsetzen und beobachten, welche Regionen des Gehirns im Zuge der Lösung der Probleme aktiv werden.

Ein interessantes Experiment dieser Art stammt von der Neurowissenschaftlerin Kalanit Grill-Spector. Sie legte Testpersonen in einen Magnetresonanztomographen und zeigte ihnen Serien von Bildern. Zwischen den Bildern wurden Zufallsmuster eingestreut. Einige der Bilder flackerten nur kurz über den Bildschirm, so dass sie dem Bewusstsein des Probanden entgehen mussten, andere wurden bis zu einer achtel Sekunde lang präsentiert, lange genug, um bewusst wahrgenommen zu werden.[159] Grill-Spector scannte dabei die Sehrinde und die umgebenden Hirnareale der Probanden – mit einem eindeutigen Ergebnis: Die unteren Ebenen der visuellen Verarbeitung, die primäre Sehrinde und unmittelbar nachgeschaltete Regionen wurden von allen Bildern gleichermaßen aktiviert, egal ob sie bewusst oder maskiert waren. Wenn aber die kritische Zeitspanne überschritten wurde und die Bilder sich »demaskierten«, konnte sie Aktivitäten beobachten, die deutlich über diese Eingangsebene hinausreichten. Plötzlich wurden Rindenareale im Bereich des parietalen und frontalen Cortex aktiv, die weit entfernt von der Sehrinde liegen.

Bei maskierten Reizen erschöpfte sich dieser Effekt nach knapp 300 Millisekunden. Das Aktivitätsniveau der Cortexneuronen fiel auf das Ausgangsniveau zurück. Ganz anders bei Reizen, die bewusst werden. Sie verebben nicht. Sie stoßen im Gegenteil weitere Aktivitäten an, die weit jenseits der ursprünglichen sensorischen Rindenareale liegen. Das gilt nicht nur für optische, sondern auch für akustische Reize. Dieser abrupte, nicht-lineare Phasenübergang ist wie eine Art globale Zündung weiterer Bereiche der Hirnrinde. Diese Zündung nennt Dehaene die erste objektive Signatur des Bewusstseins.

Eine zweite objektive Signatur liefert das EEG. Während maskierte Reize elektrische Aktivitäten anstoßen, die nach etwa 200 Millisekunden wieder verebben, verursachen bewusst wahrgenommene Wörter oder Bilder 250 bis 500 Millisekunden nach dem Reiz eine ausgeprägte und charakteristische Veränderung im EEG, die sogenannte P3-Welle. Die P3-Welle tritt nach dem Alles-oder-Nichts-Prinzip auf. Bei maskierten Reizen suchen wir sie daher vergebens.

Wenn die P3-Welle wirklich ein objektives Korrelat des Bewusstseins ist, bedeutet das, dass wir der Realität immer ein Stückchen hinterherhinken. Ist der anflutende Reiz schwach oder muss erst einmal eine Reihe von Sinnesdaten gesammelt werden, um zu einer eindeutigen Beurteilung zu kommen, kann zwischen dem Signal auf der Netzhaut und dem Aufflackern bewusster Wahrnehmung schon mal eine halbe Sekunde liegen. Experimente zur P-Welle weisen zudem noch auf einen weiteren, uns wohl bekannten Aspekt des Bewusstseins hin. Das bewusste Gehirn arbeitet hochgradig seriell. Wir können unsere Aufmerksamkeit in der Regel nicht zwei Dingen gleichzeitig schenken. Wenn zwei Worte kurz hintereinander präsentiert werden, die so gewählt sind, dass die erste Buchstabenfolge von der zweiten ablenkt, entgeht dem Probanden oft der zweite Reiz. Dazu passend bleibt auch die zweite P-Welle aus.

Mithilfe des EEGs lassen sich noch zwei weitere Charakteristika bewusster Wahrnehmung identifizieren. Werden Informationen zwischen verschiedenen Abschnitten des Gehirns, zum Beispiel zwischen Hirnrinde und Thalamus, ausgetauscht, hinterlässt das elektrophysiologische Spuren: Im EEG zeigen sich hochfrequente Oszillationen, sogenannte γ-Band-Aktivitäten. Wenn Informationen ins Bewusstsein vordringen, steigt die γ-Band-Aktivität knapp 300 Millisekunden nach der Präsentation an. Diese elektrische Aktivität spiegelt den konzertierten Austausch von Information zwischen weit auseinanderliegenden Hirnarealen wider. Bewusste Aktivitäten scheinen ein Gemeinschaftsprojekt zu sein, zu dem viele verschiedene Modalitäten des Gehirns ihr Schärflein beitragen müssen. Während die γ-Band-Aktivitäten bei maskierten Reizen nach 300 Millisekunden wieder verlöschen, kommt es bei bewusst wahrgenommenen Reizen dann zu einem massiven Anstieg dieser Oszillationen – Dehaene zufolge ein EEG-Korrelat zur »Zündung des Bewusstseins«. Dehaene beschreibt noch eine EEG-Signatur, die seiner Ansicht nach nur bewusstes Erleben hinterlässt, nämlich eine Synchronisierung der EEG-Aktivität über weite Distanzen hinweg. Die Elektroden verzeichnen dabei Aktivitäten in beide Richtungen, von den primären oder sekundären sensorischen Arealen ins Gehirn, aber auch von den höheren Rindenarealen zurück in die Peripherie des Gehirns.

Was könnte sich hinter der »Zündung«, Vernetzung und Synchronisierung weit auseinanderliegender Hirnregionen verbergen? Im Abschnitt über die Wahrnehmung habe ich beschrieben, wie das Gehirn Schritt für Schritt Objekte »zusammensetzt«. Aus einfachen, punktförmigen rezeptiven Feldern werden Felder, die Kanten repräsentieren. Kanten werden zu Konturen, die Flächen begrenzen, und Schritt für Schritt entsteht die neuronale Repräsentation eines 3D-Objekts.

Im Moment des bewussten »Erkennens«, etwa wenn eine aus schwarzen und weißen Fünfecken zusammengesetzte Kugel zu einem Fußball wird, öffnet sich unter Umständen ein ganzes Universum an Assoziationen, Ideen, Geschichten und Erinnerungen – an das Wunder von Bern, die Hinterhöfe der Kindheit, das Wembley-Tor. Belegt das Bewusstsein ein Objekt mit Bedeutung, kann das Objekt zum Akteur in einem unserer inneren Filme werden. Solche Geschichten sind auf Verknüpfungen zwischen den Protagonisten angewiesen, auf etwas, das, ähnlich wie die Struktur eines Satzes, die Beziehung zwischen den einzelnen Elementen definiert und dadurch eine ganz bestimmte Bedeutung herstellt. Auch mag es sein, dass die Phänomene, die Dehaene und andere Kognitionsforscher als »Signaturen des Bewusstseins« bezeichnen, Korrelate solcher Verknüpfungen sind, notwendig, eine kohärente Szene oder einen kohärenten Gedanken zu erzeugen. Die Bühne, auf der die vielen verschiedenen Elemente und Teilinformationen präsentiert und dem Regisseur zur Verfügung gestellt werden, nennt Dehaene den »globalen Arbeitsbereich«. Bewusstsein ist nach dieser Vorstellung eine besonders effiziente und ressourcenschonende Methode, die vielen disparaten Informationen, die auf der Bühne des globalen Arbeitsbereichs erscheinen, zu einer Geschichte oder einem Gedanken zu verknüpfen.

Auf ihrer Jagd nach den objektiven Spuren des Bewusstseins ist die Neurobiologie in den vergangenen 25 Jahren ein Stück vorangekommen. Wenn diese ›Signaturen‹ tatsächlich objektive Korrelate bewussten Denkens sind, lässt sich damit einiges anfangen. Ein »Bewusstseinsdetektor« könnte Klarheit verschaffen, wenn der Mensch selbst keine Auskunft über sein Bewusstsein mehr geben kann. Dieser »Bewusstseinsdetektor« wäre allerdings keine Gedankenlesemaschine, denn er würde nur anzeigen, dass (bewusst) gedacht wird, nicht aber, was gedacht wird. Tatsächlich lassen sich bei manchen Menschen, die ins Wachkoma gefallen sind, auch bei Säuglingen und sogar bei nichthumanen Primaten mithilfe raffiniert konzipierter Stimuli einige dieser »Signaturen des Bewusstseins« nachweisen.[160] Bei Makaken und selbst bei Mäusen finden sich neurophysiologische Spuren eines »globalen Arbeitsbereichs«.

Genau das sollte allerdings hellhörig machen. Denn bei Licht besehen ist Bewusstsein ein Begriff mit vielen doppelten Böden: *Mir kann bewusst sein, vor einem gefährlichen Raubtier zu stehen. Ich kann mir bewusst sein, dass ich es bin, der gerade die bewusste Konfrontation mit einem gefährlichen Raubtier erlebt. Ich kann mir meiner Reaktionen und Gefühle in dieser Situation bewusst sein. Und ich kann mir vorstellen, was andere in dieser Situation denken oder tun würden.*

Bewusstes Denken kann recht unterschiedliche Ansprüche an ein Gehirn stellen. Insbesondere rückbezügliches, metakognitives Denken (»Ich weiß, dass du nicht weißt, dass ich dich angeschwindelt habe.«) oder sprachliches Denken ist ohne ein ganz bestimmtes Trägermedium für uns[161] nicht vorstellbar: Das menschliche Gehirn hat eine »Sprache des Geistes« entwickelt, die im Tierreich einzigartig ist. Noam Chomsky hat in den 1960er Jahren die These aufgestellt, jedes menschliche Gehirn verfüge über eine Art eingebaute »Tiefengrammatik«, die in eleganter Weise dazu geeignet ist, sprachliche »Repräsentationen« der Welt hervorzubringen. Die menschliche Sprache ist dabei nicht nur das Produkt, sondern gleichzeitig ein Instrument des Denkens, ohne das wir manche mentalen Operationen gar nicht ausführen können. Sprache stellt symbolische Repräsentationen von Objekten oder Prozessen zur Verfügung und liefert dazu Verknüpfungsregeln. Die Kombination von Symbol und Syntax macht die Sprache zu einem extrem flexiblen und produktiven Medium zur Repräsentation von Wahrnehmungen, Gedanken und Ideen. Sprache lädt zum Spielen und zum Weiterdenken geradezu ein. Mit der Sprache können wir Gedanken explizit und mitteilbar machen. Sprache erlaubt es uns, nicht nur auch kontrafaktische Szenarien und virtuelle Realitäten zu entwerfen, dadurch können wir auch diese Kopfgeburten mit anderen teilen.

Was diesen Aspekt des menschlichen Denkens angeht, kann die Biologie momentan kaum mehr als staunen. Wir wissen nicht, wie die eklatanten Unterschiede zwischen den mentalen Fähigkeiten von Menschen und anderen Menschenaffen[162] oder wie überhaupt bewusster Geist zustande kommt.

Computer vollbringen inzwischen wahre Wunderdinge. Schachcomputer schlagen Weltmeister, und was arithmetische Fähigkeiten angeht, so müssen wir selbst gegen Billig-PCs gar nicht erst antreten. Die Rechengeschwindigkeit von Computern hat sich exponentiell entwickelt, und noch ist kein Ende abzusehen. Trotzdem glauben die Wenigsten, wir würden dadurch irgendwann quasi wie von selbst bei einem Rechner mit Bewusstsein landen. Für manche Menschen ist eine Maschine mit Geist gar ein Widerspruch in sich.

Ist es überhaupt prinzipiell möglich, Maschinen mit Bewusstsein zu bauen? Auch an dieser Frage scheiden sich die Geister. Stanislas Dehaene ist der Meinung, es gäbe keine prinzipiellen, unüberbrückbaren Unterschiede der Informationsverarbeitung zwischen Gehirn und Computer. Ein prominenter Vertreter der Gegenposition ist der Sprachphilosoph John Searle (*1932). Er hat versucht, seine Sicht des Problems mithilfe eines Gedankenexperiments deutlich zu machen: »Stellen Sie sich vor, Sie wären in einem Zimmer eingeschlossen, in dem mehrere Körbe mit chinesischen Schriftzeichen stehen. Und stellen Sie sich vor, dass Sie […] kein Wort Chinesisch verstehen, dass Ihnen aber ein auf Deutsch verfasstes Regelwerk für die Handhabung dieser Symbole gegeben worden wäre. Diese Regeln geben rein formal – nur mit Rückgriff auf die Syntax, nicht auf die Semantik dieser Symbole – an, was mit den Symbolen gemacht werden soll. […]. Nehmen wir nun an, dass Ihnen irgendwelche anderen chinesischen Symbole in das Zimmer gereicht werden und Ihnen zusätzliche Regeln dafür gegeben wurden, welche chinesische Symbole jeweils aus dem Zimmer hinauszureichen sind. Die hineingereichten Symbole werden von den Leuten draußen ›Fragen‹ genannt, die hinausgereichten ›Antworten‹ – allerdings ohne Ihr Wissen. Nehmen wir außerdem an, dass Ihre Programme so trefflich [...] sind, dass sich Ihre Antworten schon bald nicht mehr von denen eines chinesischen Muttersprachlers unterscheiden lassen«.[163]

Searles Geschichte vom »chinesischen Zimmer« stammt aus dem Jahr 1980. Etwas verkürzt gesagt, wollte er deutlich machen, Systeme wie Computer operierten mithilfe formaler Regeln mit Symbolen und könnten so für den Beobachter sinnvolle Resultate produzieren, ohne sich der Bedeutung der Symbole bewusst sein zu müssen. Inzwischen scheint die Realität die Philosophie sogar eingeholt zu haben. Wir haben etwas, was in der Philosophie Seltenheitswert hat; den Export eines Gedankenexperiments in die reale Welt: Als ich vor längerer Zeit abends aus der Klinik nach Hause kam, nahm mich meine 86-Jährige Mutter beiseite und erzählte mir stirnrunzelnd, meine damals siebenjährige Tochter habe sich mithilfe des I-Pads via Internet mit jemandem unterhalten. Meine Mutter wollte sich vergewissern, ob das in Ordnung gehe. Als ich nachfragte, stellte sich heraus, Lina habe mit SIRI, dem virtuellen Frage-Antwort-System von Apple, geplaudert. Offensichtlich in einer Weise, dass Oma nicht klar wurde, dass am anderen Ende der Leitung kein Mensch saß. Trotz der Findigkeit der Apple-Programmierer scheint diese Anekdote Searles Position eher zu stützen, als zu widerlegen. Schließlich würde niemand außer meiner Mutter und ein paar indigenen Stämmen vom Oberlauf des Amazonas auf die Idee kommen, SIRI Bewusstsein zu unterstellen. Bei dem Programm handelt es sich um einen Algorithmus, der zur Beantwortung einfacher, geschlossener Fragen programmiert wurde. Die schöne Fassade gegenseitigen Verstehens bricht aber schnell zusammen, wenn wir SIRI einen Witz erzählen, mit Ironie begegnen oder eine Gedichtinterpretation zumuten.

Bei genauem Hinschauen weist die Anekdote aber auch auf die Achillesferse von Searles scheinbar hermetischem Argument: Möglicherweise operiert er mit einem kontrafaktischen Szenario. Es wäre erst zu beweisen, dass ein formales metasprachliches Regelwerk mächtig genug gestaltet werden kann, um jede denkbare Kommunikationssituation so zu erfassen, dass sie für den Betrachter »echt« wirkt.[164] Schließlich haben die natürlichen Sprachen neben Syntax und Semantik noch eine dritte, die pragmatische Dimension. Ein Algorithmus, der wirklich all das berücksichtigen könnte, müsste vielleicht genau das schaffen, was Searle ausschließen wollte, nämlich Bewusstsein.

Und genau hier, an der Schwachstelle, nähern sich die Positionen beider Lager in gewisser Weise an: Denn auch Searles Kontrahent Dehaene kommt nicht ganz ohne spekulative Annahmen aus. Er ist zwar der Meinung, es gäbe keine prinzipiellen Schranken, die uns hindern, eine Maschine mit Bewusstsein zu bauen. Er räumt allerdings ein, ein solcher »Computer« müsste sich in drei wesentlichen Aspekten von der Architektur heutiger Rechner unterscheiden.[165] Die Programme, die auf dem »bewussten« Rechner laufen, müssten Dehaenes Ansicht nach zwar arbeitsteilig bestimmte Teilaspekte wie Gesichtserkennung, räumliche Orientierung, Spracherzeugung oder Bewegungssteuerung koordinieren, sie müssten aber, im Gegensatz zur heutigen Programmarchitektur, viel stärker untereinander kommunizieren. Jede Information im Arbeitsspeicher müsste nicht einem, sondern gleichzeitig allen auf dem Rechner implementierten Programmen zur Verfügung stehen. Der Input, den die Programme erhalten, kommt dann nicht mehr ausschließlich von »außen«, vom Benutzer, sondern aus dem Rechner selbst, aus den vernetzten Programmen.

Neben Konnektivität wäre Plastizität eine zweite notwendige Voraussetzung. Alle Programme müssten mit einem leistungsfähigen Lernalgorithmus ausgestattet sein, so dass sie sich beständig selbst verändern. Das dritte gewünschte Merkmal wäre Autonomie: Auch ohne Interaktion mit einem Nutzer müsste der Rechner selbst, mithilfe interner Bewertungssysteme, Entscheidungen treffen können.

Bisher ist dieser Katalog noch eine Utopie. Wir wissen nicht, ob sich ein Computer mit den geforderten Systemeigenschaften auf einem Rechner mit herkömmlicher physikalisch-elektronischer Hardware implementieren ließe. Wir wissen auch nicht, ob der Rechner dann Bewusstsein entwickeln würde. Möglicherweise sind es gerade die »Hardwareeigenschaften« biologischer Systeme mit ihrer hochgradig parallelen, (eigen-)dynamischen Art der Informationsverarbeitung und ihrer komplexen Verschränkung von diskret-digitalen und kontinuierlich-analogen Prozessen, die die Bedingungen schaffen, um bewusstes Denken zu ermöglichen.

Auch dann wäre dem Materialismus genüge getan. Der Nachbau eines solchen »Bio-Systems« würde aber in einem sehr sophistischen Streit um Worte münden. Konstruieren wir in diesem Fall einen (Bio-)Rechner oder erschaffen wir ein Wesen? Bisher sind wir davon noch meilenweit entfernt. Für meinen Geschmack ist das ganz gut so! Ich habe nichts gegen Computer, aber wir ersparen uns eine Menge Probleme, wenn solche Maschinen intelligente »Teilleister« bleiben, die ohne Bewusstsein auskommen.

Für das Grundproblem dieses Buches, den Anteil unserer Biologie an der *conditio humana*, ist es gar nicht so entscheidend, ob und auf welche Weise Denken und Bewusstsein aus Materie hervorgehen können. Interessanter und vor allem praktisch bedeutsamer ist die Frage, ob und in welcher Weise die Konstruktion unseres Gehirns dem menschlichen Denken Grenzen setzt. Welche Art von Perspektive hat unser Gehirn auf die Welt? Schreibt es uns vor, wie wir denken? Wie viel »Vorurteil« ist in der Architektur des Gehirns verankert? Setzt es dem, was wir denken können, Grenzen? Sind wir rationale Rechner? Führt uns das Gehirn manchmal systembedingt in die Irre?

Um diesen Fragen nachzugehen, lohnt es sich, im Weltgebäude noch ein Stockwerk nach oben zu klettern. Der letzte Abschnitt dieses Kapitels überschreitet die Grenze von der Biologie hin zur Psychologie. Vieles von dem, was die Psychologen über das Gehirn herausgefunden haben, lässt sich (noch) nicht auf die Ebene von neuronalen Schaltkreisen, Zellen und Synapsen herunterprojizieren. Aber auch wenn beide Ebenen bisher nicht zusammengehen, passt einiges von dem, was die Psychologen in den vergangenen 30 Jahren an Erkenntnissen gewonnen haben, ganz gut zu Konzepten wie dem »globalen Arbeitsbereich« und anderen neurobiologischen Annäherungen an das menschliche Denken.

DIE GRENZEN DES GEHIRNS

»Aufklärung ist die Befreiung des Menschen aus seiner selbst verschuldeten Unmündigkeit«. Dieser schöne Satz ist in der Dezembernummer der *Berlinischen Monatsschrift* des Jahres 1784 zu lesen. Der Satz ist die Quintessenz eines Essays, den der Philosoph Immanuel Kant als Antwort auf einen Artikel des Pfarrers Johann Friedrich Zöllner verfasst hatte, der in derselben Zeitschrift die Frage gestellt hatte: »Was ist Aufklärung?«[1]

Seither sind fast 250 Jahre vergangen. Auch wenn wir meiner bescheidenen Meinung nach im Vergleich zum Jahr 1784 ein Stückchen vorangekommen sind,[2] ist es sicher nicht immer aufgeklärte Vernunft, die die Welt regiert. Der »ewige Frieden« lässt auf sich warten und der Zustand der Welt noch zu wünschen übrig. Ich selbst und vermutlich auch die meisten Leser werden trotzdem für sich in Anspruch nehmen, aufgeklärte und vernunftbegabte Zeitgenossen zu sein. Natürlich werden wir eingestehen, manchmal machten uns Emotionen – Hass, Furcht, Euphorie oder Liebe – dabei einen Strich durch die Rechnung. Aber an solchen »Betriebsunfällen« ist nicht das Denken schuld. Unsere Emotionen sind es, die dem vernunftbegabten Teil des Gehirns manchmal die Sinne vernebeln. Bis tief in die 1970er Jahre war das der *common sense* vieler Sozialwissenschaftler.[3]

Aber ist das wahr? Das, was wir bisher über das Gehirn gelernt haben, sollte misstrauisch machen. Wir haben gesehen, dass Wahrnehmung ein aktiver Prozess ist, der Interpretationen von Realität liefert, die nicht immer mit objektiven physikalischen Strukturen der Außenwelt zur Deckung zu bringen sind. Wieso sollte das bewusst denkende und urteilende Gehirn, das sich ebenfalls durch Anpassung an Ausschnitte der Wirklichkeit entwickelt hat, nicht ähnlichen Begrenzungen und Verzerrungen unterliegen wie unser visuelles System? Gerade in Situationen, mit denen die Hirne von Steinzeitmenschen nicht konfrontiert wurden, ist Vorsicht geboten. Wir haben außerdem gelernt, dass das Gehirn Urteile fällt, von denen wir nichts bemerken. Können wir diesen intuitiven, vor-bewusst getroffenen Urteilen vertrauen? Lassen wir es auf einen Versuch ankommen; schauen Sie sich folgende Aufgabe an.[4]

Ein Schläger und ein Ball kosten zusammen 1,10 Euro.
Der Schläger kostet einen Euro mehr als der Ball.
Wie viel kostet der Ball?

Wenn Sie jetzt zehn Cent sagen, befinden Sie sich in guter Gesellschaft. Genau diese Antwort gaben auch über 80 % aller amerikanischen Collegestudenten und immerhin noch mehr als 50 % der Studenten von Eliteuniversitäten wie Harvard oder Princeton. Natürlich ist die Antwort falsch![5] Das wird sofort deutlich, wenn wir die falsche Antwort in die Rechenaufgabe einsetzen:

Ein Schläger kostet 1 Euro.
Ein Ball kostet 10 Cent. (= *zusammen 1,10 Euro!*)
Wie groß ist die Preisdifferenz zwischen Schläger und Ball?

Natürlich 90 Cent und nicht ein Euro. Zugegeben, die falsche Antwort ist extrem suggestiv. Aber warum? Sie ist eben nicht das Produkt einer bewusst nachvollzogenen Kalkulation. Unser intuitives Gehirn drängt sie uns auf. Und wir können uns ihr eigentlich nur dadurch entziehen, dass wir den Apparat anwerfen, der (bewusst) nachrechnet. Das Gehirn verfügt also offensichtlich über zwei verschiedene Modalitäten des Denkens.

Der erste Modus arbeitet schnell, intuitiv, weitgehend automatisch und ziemlich mühelos. Er fällt Urteile und legt uns Antworten auf die Zunge, die im Wesentlichen ohne bewusstes Zutun konzipiert wurden. Im Nachhinein fällt es oft schwer zu erklären, wie wir zu Einschätzungen solcher Art gekommen sind. Dieser erste Modus des Denkens leistet Erstaunliches. Wer weiß, wie viele Mühe und Rechenleistung es erfordert, einen Computer auf die Erkennung von Gesichtern zu trainieren, könnte schon an dieser Stelle den Hut vor dem Gehirn ziehen. Es leistet aber mehr. Mühelos und auf einen Schlag erfassen wir nicht nur die Person, sondern viele andere Aspekte einer komplexen Situation. Wir bewerten den Gesichtsausdruck, interpretieren und ordnen alles in einen situativen Kontext ein. In verlässlicher Antizipation des Wutausbruchs zucken wir schon einmal innerlich zusammen oder gehen in Abwehrhaltung.

Dieser intuitive Modus des Denkens geht über visuelle Wahrnehmung hinaus. Im rauschenden Stimmengewirr einer Party hören wir aus der allgemeinen Kakophonie plötzlich den eigenen Namen heraus. Schon gilt unsere Aufmerksamkeit dem Sprecher. Auch Tätigkeiten wie Autofahren (routinierter Fahrer), das Erfassen von Schlagwörtern auf großen Reklametafeln, Kalkulationen wie 2 × 2 oder 3 × 5 oder das Gespür für die emotionalen Schwingungen in einer Diskussionsrunde gehören in den Zuständigkeitsbereich von Modus 1.

Der zweite Modus des Denkens ist langsamer, erfordert Aufmerksamkeit, Konzentration, mentale Anstrengung und Bewusstsein. Hier ist wenig Platz für Multitasking. Dieser Modus arbeitet weitgehend seriell ein Problem nach dem anderen ab. Er belohnt uns dafür allerdings mit dem unersetzlichen Gefühl der Autonomie. Wir fühlen uns als Herr (oder Frau) dieser mentalen Prozesse der zweiten Art. Auch wenn das Gehirn im Laufe des Tages vermutlich weit mehr Zeit im Autopilotmodus von System 1 verbringt, Modus 2 wird dennoch als die Krone des Denkens empfunden. Vieles von dem, was wir in Schule und Beruf tun, fällt in seinen Zuständigkeitsbereich, zumindest seitdem viele Menschen ihr Brot nicht mehr monotonen manuellen Tätigkeiten verdanken. Rechenaufgaben wie 17 × 13, das Ausfüllen der Steuererklärung, das Entwickeln von Strategien, das Schreiben eines Aufsatzes, ein Streitgespräch, aber auch die ersten Noten, die ein Klavierschüler vom Blatt zu spielen lernt, all das sind Aufgaben, für die System 2 zuständig ist.

Die Idee, das Denken als System aus zwei Komponenten zu betrachten, stammt von den Psychologen Keith Stanovich und Richard West.[6] Sie nannten die beiden Modi schlicht das System 1 und das System 2. Offensichtlich war ihnen bei dieser terminologischen Verdinglichung nicht ganz wohl. Schließlich handelte es sich zunächst um eine rein funktionelle Beschreibung, durch die man den »Systemen« keine bestimmte Struktur im Gehirn zuordnen kann. Inzwischen sprechen sie und viele andere Kognitionspsychologen lieber von Typ-1- und Typ-2-Prozessen oder – wie es der Nobelpreisträger Daniel Kahneman (*1934) kurz und prägnant ausdrückt – vom *schnellen* und vom *langsamen Denken*.

Dem aufmerksamen Leser wird nicht entgangen sein, dass diese Zweiteilung Parallelen zur oben vorgenommenen Unterscheidung von bewusstem und unbewusstem Denken aufweist. Das ist kein Zufall. Selbst wenn die intuitiven Urteile von System 1 bewusst werden, konfrontiert uns unser Gehirn damit, in der Art etwa, wie ein Koch, der dem Gast die fertige Mahlzeit auf den

Tisch knallt. Sie wird serviert, ohne dass wir einen Blick in die Küche werfen durften.

Die Arbeitsteilung müsste kein Kopfzerbrechen bereiten, wenn die Aufgaben des Gehirns und seine Perspektiven auf die Welt fein säuberlich der einen oder der anderen Sphäre des Denkens zuzuordnen wären. Aber wie die kleine, vertrackte Rechenaufgabe zum Preis von Ball und Schläger zeigt, ist das nicht der Fall. Schnelles und langsames Denken kooperieren, sie können aber auch zu konkurrierenden Urteilen kommen. So wertvoll und effizient intuitives »schnelles« Denken sein kann, gibt es doch auch Situationen, in denen die Intuition systematisch und systemimmanent auf den Holzweg führt und dem langsamen, bewussten Denken Knüppel zwischen die Beine wirft.

Solche »Verzerrungen des Denkens«, die aus Konflikten zwischen den beiden Modalitäten entstehen, sind ein Hauptinteressensgebiet der beiden Kognitionspsychologen Daniel Kahneman und Amos Tversky (1937–1996). Ich werde im letzten Abschnitt dieses Kapitels ein paar eklatante Beispiele solcher Verzerrungen vorstellen, weil sie zeigen, wie sehr unser Urteilsvermögen durch die Konstruktion unserer Gehirne beeinflusst wird. Damit sind wir mitten im Kernthema dieses Buches.

Halten Sie kurz inne und denken Sie an Sebastian Schweinsteiger. Allen fußballaffinen Lesern werden zwangsläufig Begriffe wie *Fußball*, *Bayern München*, *Weltmeister*, *Sommermärchen* durch den Kopf gehen. Ob wir wollen oder nicht, unser Gehirn ist darauf programmiert, »Assoziationen« herzustellen. Jeder gehörte, gedachte oder gesehene Begriff erhöht die Wahrscheinlichkeit, dass uns bedeutungsverwandte Wörter in den Sinn kommen. Die Psychologen bezeichnen dieses Phänomen als *Priming*. Das Prinzip des Primings ist uns in ähnlichem Gewand schon über den Weg gelaufen. Auch die Bahnung von Begriffen durch vorbewusste, zum Beispiel maskierte Reize, ist nichts anderes als ein *Priming*-Effekt. Wichtig ist, dass *Priming* sowohl durch bewusst als auch durch unbewusst wahrgenommene Reize ausgelöst werden kann und dass sowohl Urteile als auch Verhalten *geprimt* werden können.

Ein schönes Beispiel für die unterschwelligen Wirkungen von System 1 stammt aus England: In der Büroküche eines Universitätsinstituts stand eine Kaffeemaschine. Jeder Mitarbeiter konnte sich frei bedienen. Als Gegenleistung sollten allerdings ein paar Münzen in eine kleine Kasse neben der Maschine geworfen werden. Eine Gruppe von Psychologen pinnte nach einiger Zeit kommentarlos ein großes buntes Poster neben der Kasse an die Wand, was einmal pro Woche gewechselt wurde. Das Poster zeigte im Wechsel eine

Blumenwiese oder ein großes Augenpaar. Sie ahnen, was passierte? In den »Augenwochen« waren die eingezahlten Geldbeträge zwei bis sechsmal höher als in den »Blumenwochen«![7]

Während dieses Beispiel schmunzeln lässt, stimmt das nächste Experiment nachdenklich: *Priming-Effekte* verzerren nicht nur unbewusste Handlungen, sondern auch Entscheidungen, von denen wir glauben, sie wären ganz rational zustande gekommen. Eine Untersuchung über das Abstimmungsverhalten von Wählern in Arizona aus dem Jahr 2000 zeigte, dass die Unterstützung für ein Wahlprogramm, das die Erhöhung von Bildungsausgaben propagiert, deutlich steigt, wenn die Abstimmung in einer Schule und nicht in einem neutralen Gebäude abgehalten wird. Menschen,[8] die mit dem Thema Geld *geprimt* wurden, handeln egozentrischer, und Menschen, die man mit der Vorstellung an die eigene Sterblichkeit *geprimt* hat, scheinen eine größere Affinität zu autoritären Ideen zu entwickeln. All das klingt wie die empirische Bestätigung des skeptischen Bildes, das Sigmund Freud schon vor über 100 Jahren vom menschlichen ICH[9] gezeichnet hat. Freud hatte das sich seiner Motive stets bewusste ICH vom Sockel gestürzt und es zu einem Spielball der dunklen Kräfte des Unbewussten degradiert.

Vielleicht schoss er aber ein bisschen über das Ziel hinaus. Ganz so dramatisch ist es um unsere Ratio nicht bestellt. Zwar ist System 2 nicht autonom in seiner Urteilsfindung, jedoch ist es den Einflüsterungen des vorbewussten Systems 1 nicht schutzlos ausgeliefert. *Priming*-Effekte sind ohne Zweifel messbar, ihr Einfluss ist aber nicht immer wesentlich. Sie modulieren Verhalten und Urteil eher, als dass sie sie verdrehen oder ins Gegenteil verkehren.

Wie gesagt: Unser Gehirn ist eine permanente Assoziationsmaschine. *Assoziationen* gruppieren isolierte Phänomene oder Begriffe zu Geschichten, die der Welt Sinn und Kohärenz verleihen. Diese Fähigkeit zum »Zusammendenken« ist eine ganz wesentliche Leistung des Gehirns. Ab und an übertreibt es aber, sieht Zusammenhänge, wo keine sind, und interpretiert mehr in die Welt hinein, als objektiv vorhanden ist. Dabei hebelt das System 1 manchmal sogar die Gesetze der Logik aus. Schauen wir uns noch ein Experiment von Kahneman an. In diesem Experiment wird eine fiktive Person namens Linda vorgestellt:[10]

Linda ist 31 Jahre alt, Single, freimütig und intelligent. Sie hat Philosophie studiert. Als Studentin interessierte sie sich sehr für Themen wie soziale Gerechtigkeit, Chancengleichheit und war in der grünen Bewegung aktiv.

Nachdem die Testpersonen diese fiktive Linda kennengelernt hatten, mussten sie eine Liste von acht Aussagen über das jetzige Leben von Linda danach ordnen, welches Szenario sie für das wahrscheinlichste hielten. Unter den acht Aussagen waren auch folgende zwei Sätze zu lesen:

1. *Linda ist Bankkassiererin.*
2. *Linda ist Bankkassiererin und in einer feministischen Bewegung aktiv.*

Viele Probanden hielten Aussage 2 für wahrscheinlicher als Aussage 1. Das widerspricht aber den Gesetzen der Logik! Ein wenig Mengenlehre kann helfen: Betrachten wir die Bankkassiererinnen als eine Menge. Diese Menge enthält Teilmengen, die Teilmenge der blonden Bankkassiererinnen, die der irisch-stämmigen Bankkassiererinnen und eben die der Bankkassiererinnen, die gleichzeitig in einer feministischen Bewegung aktiv sind. Eine Gesamtmenge ist mächtiger als ihre Teilmengen. Wir wissen natürlich nicht wirklich, was Linda momentan tut. Sie könnte alles sein, Professorin für Philosophie, eine verheiratete Hausfrau, Aktivistin in einer NGO oder Bankkassiererin. Die Wahrscheinlichkeit aber, Mitglied der viel größeren Menge aller Bankkassiererinnen zu sein, ist ohne Zweifel höher, als die Wahrscheinlichkeit, dass sie zu der kleineren Teilmenge der feministischen Bankkassiererinnen gehört. Trotzdem hielten nur 15 % der Testpersonen Szenario 1 für wahrscheinlicher als Szenario 2. Diese Art von Trugschluss, den wir unserem kohärenzversessenen System 1 verdanken, nennen Kahneman und Tversky den *Konjunktionsfehlschluss*: Die Verknüpfung zweier Ereignisse mit einer Wahrscheinlichkeit von < 1 wird gegen die Gesetze der Logik für wahrscheinlicher gehalten als die Einzelereignisse für sich.[11]

Warum tut das Gehirn so etwas? Nach Kahnemans Ansicht neigt es zu *Repräsentativitätsurteilen*. Was bedeutet das? Das Gehirn hält Geschichten für plausibel, wenn sie detailreich und mit vielen Informationen gespickt sind, zumal dann, wenn die einzelnen in der Geschichte enthaltenen Informationen und Begriffe in anderem Zusammenhang bereits als ein kohärentes Ensemble wahrgenommen wurden. Diese Neigung erleichtert das Wiedererkennen und gibt uns die Chance, aus gemachten Erfahrungen zu lernen. Wenn wir aber, wie im Fall Linda, auf Mutmaßungen angewiesen sind und Information über die »echte« Linda fehlen, macht uns dieser an sich sinnvolle Mechanismus anfällig für Stereotypen und Klischees.

Unser rationales System 2 ist faul und langsam. Und schließlich kostet es

Mühe, sich Zugang zu Wahrscheinlichkeitswerten zu verschaffen, diese zu bewerten und zu gewichten. Daher ersetzen wir gerne die oft nicht zugängliche statistische Wahrscheinlichkeit eines Ereignisses (System 2) durch (intuitive) Plausibilität (System 1). Eine gute Nachricht gibt es in diesem Punkt: System 2 ist Konjunktionsfehlschlüssen nicht hilflos ausgeliefert. Wird es mit der Nase auf das Problem gestoßen, kann es die Klippe umschiffen. Wenn den Testpersonen nicht mehr eine lange Liste von verschiedenen Mutmaßungen über Linda, sondern nur zwei Alternativen präsentiert wurden (Was ist wahrscheinlicher? Satz 1 oder Satz 2?), urteilten plötzlich 64 % der Probanden zutreffend, dass Satz 1 das wahrscheinlichere Szenario darstellt.

Kommen wir zu einem anderen, noch grundlegenderen Problem, das ebenfalls der Kombination von Vorwitzigkeit (System 1) und Trägheit (System 2) geschuldet ist. Lesen Sie sich das folgende Kurzporträt eines fiktiven Herrn X. durch:

Herr X. ist scheu und verschlossen, hilfsbereit, aber wenig an anderen oder den Vorgängen in der Welt interessiert. Er ist ein ruhiger, sanftmütiger Mensch, der Ordnung liebt, eine Passion für Details hat und eine feste Struktur in seinem Leben braucht.[12]

Ist Herr X. eher Bibliothekar oder eher Landwirt? Die meisten Menschen, mich eingeschlossen, werden spontan antworten: Herr X. ist eher Bibliothekar. Wir verlassen uns demnach auf ein Stereotyp, das Klischee vom typischen Bibliothekar. Dieses Klischee enthält unter Umständen sogar ein Fünkchen Wahrheit. Bestimmte Berufe erfordern durchaus bestimmte Charaktereigenschaften und ziehen daher auch überproportional viele Menschen mit entsprechenden Neigungen an. Und so ist es gar nicht so unplausibel, dass Menschen mit der oben skizzierten Persönlichkeitsstruktur im Beruf des Bibliothekars überrepräsentiert sind. Trotzdem blendet unser vorschnelles Urteil einen Aspekt völlig aus, der aber für die Antwort eminent wichtig ist. Dieser Aspekt lautet: Wie viele Landwirte und wie viele Bibliothekare gibt es eigentlich auf der Welt? Diese Art von Information nennen die Psychologen die *Basisrate* eines Ereignisses. Niemand von uns wird spontan die richtige Antwort parat haben. Aber ohne Zweifel leben auch heute noch sehr viel mehr Bauern als Bibliothekare auf dem Globus. Auch wenn Menschen mit der skizzierten Persönlichkeitsstruktur unter den Bibliothekaren überrepräsentiert wären, wird die Wahrscheinlichkeit, ob X. Landwirt oder Bibliothekar ist, stärker durch die Basisrate der Berufe beeinflusst.[13]

Bei der Schätzung der Wahrscheinlichkeit eines konkreten Ereignisses sollten wir immer zwei Arten von Informationen berücksichtigen: Die konkreten Bedingungen des Einzelfalls und die Basisrate vergleichbarer Ereignisse. Die Berücksichtigung von Basisraten ist eine typische Leistung von System 2. Leider gibt es viele Situationen, bei denen Überlegungen zur Basisrate unter den Tisch fallen.

Nehmen wir ein aktuelleres Beispiel: Im Sommer 2016 wollte eine Umfrage der R+V Versicherung herausfinden, wovor sich die deutsche Bevölkerung am meisten fürchtete.[14] Das Ergebnis war ebenso bezeichnend wie erschreckend. Ganz oben auf der Liste rangierte die Furcht vor Terroranschlägen. Über 70 % der Deutschen äußerten, ihre größte Angst sei, Opfer eines islamistischen Terroranschlages zu werden.

Die Aussage ist erstaunlich, weil sie eine komplette Ignoranz gegenüber den *Basisraten* von Lebensrisiken verrät.

Wenn wir den 11. September 2001 als Beginn der Ära willkürlicher und wahlloser islamistisch motivierter Terrorakte auf Menschen in westlichen Industrienationen setzen, müssen wir feststellen, dass in den vergangenen knapp 15 Jahren in Deutschland fast niemand einem islamistischen Terrorangriff zum Opfer fiel. In Frankreich, das europäische Land, das am stärksten unter dem Terror litt, sind gemittelt über die vergangenen 15 Jahre knapp 50 Tote aufgrund von Anschlägen pro Jahr zu beklagen. Selbst in den USA, wo allein der monströse Anschlag von 2001 über 3000 Menschen das Leben gekostet hat, kommen wir im Durchschnitt über die vergangenen eineinhalb Jahrzehnte auf weniger als 300 Terroropfer pro Jahr. Selbstverständlich ist jeder Anschlag ein bestialisches Verbrechen und hinter jedem einzelnen Opfer steht eine furchtbare Tragödie. Aber wir reden hier über die Wahrnehmung und Gewichtung von Risiken. In den USA werden außerhalb von terroristischen Zusammenhängen jedes Jahr fast 30000 Menschen durch Schusswaffen getötet, die dort inflationär verbreitet sind. Wenn wir das Risiko durch Terroranschläge in Relation zu anderen Lebensrisiken setzen, müssen wir aber feststellen, dass wir uns »vor dem Falschen fürchten«.[15] Der Blick auf die Basisraten der folgenden Risiken stimmt hoffentlich nachdenklich:[16]

- Opfer islamistischen Terrors in Deutschland: ca. 1 Toter/Jahr
- Opfer islamistischen Terrors in Frankreich: < 50 Tote/Jahr
- Morde in Deutschland: 343 Tote/Jahr[17]
- Brandunfälle in Deutschland: 400 Tote/Jahr[18]
- Badeunfälle in Deutschland: 450 Tote/Jahr
- Verkehrsunfälle in Deutschland: 3500 Tote/Jahr
- Unfälle im Haushalt in Deutschland: 10 000 Tote/Jahr
- Krebserkrankungen in Deutschland: 230 000 Tote/Jahr[19]
- Herz-/Kreislauferkrankungen in Deutschland 350 000 Tote/Jahr

Wie kommt es zu dem gewaltigen Missverhältnis zwischen gefühltem und realem Risiko? Kahneman und sein Kollege Tversky machen dafür ein Phänomen verantwortlich, das sie *Verfügbarkeitsheuristik* nennen. Die *Verfügbarkeitsheuristik* ist letztendlich eine Problemlösungsstrategie, bei der eine schwierige Frage durch eine einfachere ersetzt wird. Die *Verfügbarkeitsheuristik* ist also eine Art Kurzschluss des Denkens. Statt an der nicht direkt zugänglichen realen Wahrscheinlichkeit von Ereignissen orientiert sich das Gehirn an ihrer Verfügbarkeit: Wenn uns spontan ein passendes Beispiel einfällt, ist ein bestimmtes Risiko leicht verfügbar und dann sind wir auch geneigt, es für häufig und bedeutend zu halten. Zu dieser Art kognitiver Verzerrung neigen beide Systeme unseres Denkens, das schnelle System 1 und das langsame System 2.[20]

Als unser Weltbild noch wesentlich durch das geprägt wurde, was sich in der unmittelbaren Umgebung abspielte und was wir selbst erlebt haben, lag die Korrelation zwischen der Häufigkeit und der Verfügbarkeit eines Ereignisses recht nah an der Realität. Heute aber entsteht Repräsentativität immer weniger durch eigene Erfahrung, sondern zunehmend durch medial vermittelte und daher selektierte Information. Die Hitliste der Ängste hat daher oft wenig mit der realen Dimension der Bedrohungen zu tun. Nicht von ungefähr kokettieren Medienleute manchmal mit der zynischen Bemerkung: »Bad News are good News«. Tatsächlich sorgen detailliert präsentierte Morde, live-übertragene Entführungen oder spektakuläre Attentate für gigantische Einschaltquoten. Grelle Bilder sind Einladungen an das System 1. Dieses Dauerbombardement mit schlechten Nachrichten macht nicht nur schlechte Laune, es verzerrt auch nach und nach die Wahrnehmung der Realität.

Manchmal ist uns ein intuitives Urteil offensichtlich so lieb, dass wir die Basisraten ignorieren, selbst wenn sie offensichtlich sind. Das mag auch an der Vorzugsrichtung unseres Denkens liegen. Denn wir neigen viel eher dazu, aus dem Besonderen, dem Einzelfall, eine allgemeine Regel abzuleiten als umgekehrt.

Auch dazu gibt es ein schönes Experiment, das sich Richard Nisbett (*1941) und Eugene Borgida ausgedacht haben. Sie erzählten einer Gruppe von Studenten von einem anderen berühmten Experiment, einem Experiment zum Phänomen der »Verantwortungsdiffusion«. Der Begriff »Verantwortungsdiffusion« beschreibt die wenig rühmliche, aber sehr verbreitete menschliche Neigung, sich einer Verantwortung, zum Beispiel der Pflicht zur Hilfeleistung, dann zu entziehen, wenn weitere Personen in der Nähe sind, die alternativ in die Bresche springen könnten. Das klassische Experiment zur Verantwortungsdiffusion lief wie folgt: Während eines Gruppeninterviews täuschte ein instruierter Teilnehmer einen epileptischen Anfall vor. In dieser Konstellation war die Neigung zur Hilfe ernüchternd. Nur vier von 14 (28 %) der Teilnehmer des Gruppeninterviews eilten der Person, die den Anfall simulierte, zu Hilfe. Bei Einzelinterviews jedoch, wenn kein potentieller zweiter Helfer in der Nähe war, war die Neigung zur Hilfeleistung (erwartungsgemäß) deutlich höher.

Nisbett und Borgida erzählten ihren Studenten also von besagtem Experiment, allerdings unterrichteten sie die Hälfte der Studenten nur über den Versuchsaufbau, nicht aber über den Ausgang des Experiments. Die andere Hälfte erfuhr die ganze Wahrheit. Anschließend spielten sie beiden Gruppen Videos mit Kurzporträts einer Reihe von Personen vor. Diese Videos zeigten junge Menschen, die über ihre Hobbys berichteten. Die Filmchen waren ziemlich nichtssagend und enthielten keinerlei verwertbare Information über irgendeine konkrete Neigung zur Hilfsbereitschaft. Danach sollten beide Gruppen von Studenten schätzen, wer von den vorgestellten Personen im Notfall eingegriffen hätte und wer nicht. Erstaunlicherweise bestand zwischen den beiden Studentengruppen keinerlei Unterschied in der Einschätzung der Hilfsbereitschaft. Die geschätzten »Helferraten« waren in beiden Gruppen identisch und lagen deutlich über der realen empirischen (Basis-)Rate von 28 %. Die Studenten, die über die Basisrate für »Helfer« informiert worden waren, schienen diese Information vollkommen zu ignorieren. Auch sie verließen sich ganz und gar auf die Beurteilung des Einzelfalles, obwohl die Einzelfälle – die Videoporträts – eigentlich gar keine relevante Information beinhalteten. Nur konkrete Beispiele von Menschen, die zwar sympathisch wirkten, dann aber den Hilfesuchenden die kalte Schulter zeigten, waren geeignet, das überoptimistische Weltbild der Studenten zu korrigieren.

Lernen am Beispiel funktioniert also. Beispiele, Einzelfälle, Geschichten »aus dem wahren Leben« scheinen für uns einprägsamer und suggestiver zu sein als einfache Grundsätze der Wahrscheinlichkeitsrechnung oder abstrakte Informationen über tatsächliche Wahrscheinlichkeiten. Um es mit Nisbett und Borgida zu sagen: »Der Unwille der Probanden, das Besondere aus dem Allgemeinen abzuleiten, reichte allenfalls an die Bereitwilligkeit heran, mit der sie aus dem Besonderen das Allgemeine folgerten«.[21]

Zudem gibt es noch weitere Verzerrungen: Wenn es um die Interpretation von Informationen geht, schießt unser Gehirn gerne über das Ziel hinaus. Die Assoziationsmaschine ist geradezu vernarrt in das Prinzip *Kausalität*. Sie sucht überall nach Ursachen und Wirkungszusammenhängen, auch da, wo nur Zufall am Werk ist. Das gilt insbesondere für den Blick zurück in die Vergangenheit. Die Psychologen sprechen dabei vom *Rückschaufehler*. Wir haben die Neigung, einer Geschichte im Nachhinein den Anschein von Zwangsläufigkeit zu verleihen. Uns beschäftigt das, was passiert ist, viel stärker als der Gedanke an das, was auch hätte passieren können. Das liegt vermutlich an den vielen kleinen Weichenstellungen, die dafür sorgen, dass sich eine Geschichte so und nicht anders ereignet hat, und in der Rückschau nicht wahrgenommen werden. Die Geschichte vom schwindelerregenden Aufstieg des Internetgiganten Google ist dafür ein Beispiel: Zwei kreative Studenten einer Eliteuniversität haben eine brillante Idee, treffen einige richtige Entscheidungen, und wenige Jahre später gehören sie zu den reichsten Menschen der Welt. Diese wundervolle Kombination von Idee, Brillanz, kreativem Umfeld, Findigkeit, Zielstrebigkeit und Unternehmergeist musste einfach zum Erfolg führen. Die Legende der Zwangsläufigkeit wird erst erschüttert, wenn der Leser erfährt, dass die beiden Gründer ein Jahr nach der Gründung das Unternehmen eigentlich für eine Million Dollar verkaufen wollten. Der Deal kam nur deshalb nicht zustande, weil den potentiellen Käufern der Preis zu hoch war.[22]

Die Illusion von Zwangsläufigkeit findet sich nicht selten auch in Geschichtsbüchern. Bei der Lektüre mancher Werke entsteht der Eindruck, die fatale Mischung aus pubertärem Nationalismus, verlorenem Weltkrieg, drückenden Reparationen und Weltwirtschaftskrise habe Deutschland und die Welt unausweichlich in den Abgrund des Nationalsozialismus reißen müssen. Niemand aber weiß, wie die Geschichte verlaufen wäre, wenn Adolf Hitler als Kunstmaler erfolgreicher gewesen wäre oder wenn Georg Elsers Bombe im Bürgerbräukeller 20 Minuten früher gezündet hätte.

Unser System 1 mag den Konditional, das spekulative »Wäre« und »Hätte« nicht. Die Abneigung gegenüber dem »Prinzip Zufall« demonstriert folgende Geschichte: Als sich einige findige Köpfe in Großbritannien die Verteilung von Leukämieerkrankungen auf der Landkarte des Vereinigten Königreichs ansahen, mussten sie feststellen, diese seltene Krankheit sei nicht gleichmäßig über das Land verteilt gewesen. Als dann jemand bemerkte, solche Erkrankungen träten gehäuft in der Nähe militärischer Anlagen auf, war die Aufregung zunächst groß. Chemische oder gar radioaktive Kontamination der Bevölkerung wurde befürchtet. Der Schönheitsfehler dabei war: Beim zweiten Blick auf die Karte wurde deutlich, dass es sich bei den »militärischen Anlagen« um Burgen aus dem Mittelalter handelte. Wir suchen nach Mustern und vermuten hinter Mustern, lokalen oder zeitlichen Häufungen von Ereignissen gerne ein kausales Prinzip. Oder: An einem unseligen Wochenende im Juli des Jahres 2016 wurden innerhalb von nur drei Tagen in Deutschland vier brutale Gewalttaten verübt. Bei Licht besehen waren alle Taten sowohl hinsichtlich der Täter, der Motive als auch des Tathergangs sehr unterschiedlich. Trotzdem waren in den Tagen danach die Gazetten voll von feinsinnigen Versuchen, hinter all der sinnlosen Gewalt ein gemeinsames Prinzip, eine Art »Krankheit der Zeit«, zu identifizieren.[23] Eine ganz banale mögliche »Ursache« für die Häufung von Gewalt an einem Wochenende wurde nirgends erwähnt: Der Zufall! Wie bei den Leukämieerkrankungen halten wir gleichförmige Verteilungen von Einzelereignissen über die Zeit oder den Ort gerne für Produkte des Zufalls, während wir bei Clustern, lokalen Häufungen und Mustern sofort nach einem Verursacher suchen. Uns lässt es kalt, wenn beim Roulette die Kugel in der Reihenfolge SRRRSSRSRRRSSSRSRRSSRR in die roten und schwarzen Kästchen fällt. Bei der Verteilung RRRRRRRRRRRSSSSSSSSSSS werden dagegen viele Spieler argwöhnisch. Vermutlich werden wir im Jahr 2026 auf den Juli 2016 zurückblicken und feststellen, dass dieses Jahr 2016 in Deutschland nicht mörderischer war als die zehn Jahre zuvor und danach.

Dazu tritt noch ein Phänomen, mit dem unser kausalitätsverliebtes Gehirn schwer zurechtkommt. Die Rede ist von der schon erwähnten »Regression zur Mitte«. Sehr große Menschen bekommen in der Regel Kinder, die groß sind, aber etwas kleiner als sie selbst, bei sehr kleinen Menschen ist es umgekehrt. Allgemeiner ausgedrückt, extreme Ereignisse neigen dazu, sich bei Wiederholung in Richtung Durchschnittswert abzuschwächen. Solche Regressionseffekte treten überall auf, wir übersehen sie nur gerne: Schüler, die bei einer Klassenarbeit einen rabenschwarzen Tag erwischt haben, machen es beim nächsten Mal oft besser. Auch hinter dem sogenannten »*Sports-Illustrated-Effekt*« steckt letztendlich die Regression zur Mitte. Auf der Titelseite dieser großen Sportzeitung landen meist Sportler, die eine brillante Saison gespielt haben. Irgendwann einmal fiel einem Sportjournalisten auf, dass ein Coverfoto für die Sportler wie ein Menetekel ist. Ihre Leistung fiel nach der Veröffentlichung meist deutlich ab.[24]

Wir suchen in solchen Fällen nach Gründen, dabei regiert hier jedoch der Zufall. Hinter der *Regression zur Mitte* steckt kein geheimnisvoller Dämon, sondern ein triviales, aber mächtiges Prinzip, das plausibel wird, wenn wir uns klarmachen, dass viele Merkmale, viele Leistungen, auch viele biologische Parameter invariable, systembedingte *und* variable, situationsabhängige, zufällige Komponenten haben. Bob Beamons Jahrhundertweitsprung in Mexico City war ein Resultat aus Talent, hartem Training *und* aus einmaligen, situativen Faktoren wie Klima, Wind, Höhenlage und einem »guten Tag«. Auch die Körpergröße hat systematische, zum Beispiel genetische, *und* individuelle Komponenten. So liegt es in der Natur der Sache, dass solche Zufallskomponenten eben auch zufallsverteilt sind und daher das Ergebnis mal nach oben und mal nach unten ziehen. Auf Dauer mitteln sich gegenläufige Effekte heraus. Je öfter sich ein Ereignis wiederholt, desto unerbittlicher schlägt das Gesetz der großen Zahl zu; desto stärker nähert sich der Durchschnitt der Ereignisse dem rechnerischen Mittelwert an. In gewisser Hinsicht können wir auch Krankheiten als Extremzustände des Körpers betrachten. Viele Krankheiten heilen aus, auch wenn wir sie nicht behandeln. Egal ob wir auf dem Zenit eines Schnupfens zu Globuli greifen oder nicht: Die Symptome werden sich bessern. Die Regression zur Mitte hat es gerichtet.

Eine Korrelation birgt keine Garantie, dass sich hinter ihr Ursache und Wirkung verbergen. Eine falsche, nämlich kausale Interpretation von Regressionseffekten kann den Blick in die Zukunft trüben. In diesem Sinn neigen wir etwa dazu, spätere Studienleistungen von frühreifen Kindern zu überschätzen und die von Spätentwicklern zu unterschätzen.

Neben seiner Obsession für Kohärenz, Kausalität und Bedeutung hat unser Gehirn noch eine weitere Unart, die den Blick auf die Wirklichkeit manchmal verstellt: Das System 1 ist mit einem Urteil rasch bei der Hand. In eindeutigen Situationen kann das von Vorteil sein. Wenn eine Situation uneindeutig oder ambivalent ist, kann es aber zu unangemessenem Schwarz-Weiß-Denken führen. Viele Menschen haben zum Beispiel ein Faible für einfache Geschichten mit Schurken und Helden. Zuviel System 1 macht anfällig für populistische Vereinfacher, denn eine Annäherung an ambivalente Figuren oder komplexe Situationen fordert unser bekanntermaßen arbeitsscheues System 2. Das System 1 fällt sein Urteil aufgrund von Informationen und Assoziationen, die im Moment präsent sind. Relevante Informationen, die auch zur Einschätzung der Situation beitragen würden, aber irgendwo in den Kammern unseres Gedächtnisses schlummern, werden vom vorschnellen System 1 oft ignoriert.

Kahneman nennt das die WYSIATI-(*What you see is all there is*)-Regel. Das Gehirn berücksichtigt demgemäß vor allem aktuelle, aktivierte Vorstellungen. Der erste Eindruck zählt. Das geht so weit, dass Testpersonen, denen eine Liste von sechs menschlichen Eigenschaften präsentiert wird, von denen drei eher positiv und drei eher negativ sind, diejenige Person sympathischer bewerten, deren positive Eigenschaften zuerst gezeigt werden.

Wir sollten die Repräsentativitätsheuristik jedoch nicht prinzipiell beargwöhnen. Oft sind abstrakte Informationen, wie zum Beispiel Basisraten, nicht zugänglich. Wenn Repräsentativität das Produkt von Erfahrungslernen ist, liefert sie eine ganz ordentliche Richtschnur. Umgekehrt kann fehlende Repräsentativität auch dazu führen, Risiken zu unterschätzen. Ereignisse, die nicht medial vermittelt werden oder die so selten sind, dass wir sie in der Regel nicht erleben, können auch kaum verfügbar gemacht werden. Aus den Augen, aus dem Sinn. Ein drolliges Beispiel dieser Art von verzerrter Wahrnehmung lief mir vor einigen Wochen im wahrsten Sinne des Wortes über den Weg. Kopfschüttelnd musste ich zur Kenntnis nehmen, gleich drei Aktivisten auf einer Demo gegen Dieselabgase hatten eine brennende Zigarette zwischen den Lippen.[25]

Ferner gibt es noch einen Aspekt, der das rationale, aber etwas bequeme System 2 in den Hintergrund drängt und den Prinzipien *Repräsentativität* und *Verfügbarkeit* Vorfahrt vor dem Prinzip *Wahrscheinlichkeit* verschafft: den Aspekt der *Gefühle*. Je stärker ein Ereignis emotional besetzt ist, desto präsenter und wirkungsmächtiger ist es – unabhängig davon, wie wahrscheinlich es ist. Das gilt für spektakuläre Verbrechen, Attentate oder Terroranschläge ebenso wie für die erfreulichen Dinge des Lebens. Gefühle spielen eine große Rolle bei intuitiven Urteilen (System 1). Intuitive Urteile spuckt unser Gehirn am laufenden Band aus. Wir finden ein Bild schön oder nicht, einen Menschen sympathisch oder nicht, wir sind misstrauisch oder vertrauensselig, oft ohne klar benennen zu können warum. Das ist abermals die Handschrift von System 1. Die Strategie dahinter lautet wieder:

Ersetze eine schwierige Frage durch eine einfache(re).

Ein Beispiel dafür ist die *Affektheuristik.* Die Frage »Wie bewerte ich etwas?« wird ersetzt durch »Mag ich das?« Nehmen wir den amerikanischen Präsidentschaftswahlkampf. Das Amt des US-Präsidenten ist vermutlich immer noch die wichtigste Personalie der Welt. Die Anforderungen an diese Funktion sind fast übermenschlich. Der Kandidat sollte intelligent sein, sich schnell in komplexe politische, ökonomische und ökologische Zusammenhänge eindenken können, ein Gespür für Menschen haben, kommunizieren können, zugleich kompromissfähig, überzeugend und durchsetzungsstark, eigenständig, aber nicht beratungsresistent sein. Er sollte gefestigte demokratische Grundüberzeugungen haben, Probleme priorisieren und in einen historischen und politischen Kontext stellen können, und, und, und …

Gemessen daran fokussieren sich Presse und auch die Imagekampagnen der Parteien gerne auf völlig abseitige Details. Viele Jahre wirkte es, als wären alle Präsidentschaftskandidaten zum selben Herrenfriseur gegangen. Keine Kampagne ohne »first cat« oder »first dog«, kein Kandidat ohne ostentativ vermarktetes Familienleben. Und selbst in Zeiten von Präsidenten mit schwarzer Hautfarbe und von weiblichen Präsidentschaftskandidaten wäre ein aktives Bekenntnis zum Atheismus vermutlich ein politischer Selbstmord, obwohl es keinerlei Indizien dafür gibt, dass gläubige Menschen bessere Präsidenten sind als Agnostiker. Die Antwort auf die Frage »*Mag ich ihn?*« dominiert in der Wahlkabine über die eigentliche Frage: »Halte ich ihn für geeignet?«[26]

In den 1970er Jahren isolierten die Chemiker Monroe Wall (1916–2002) und Mansukh Wani (1925–2020) aus den Blättern der pazifischen Eibe eine Substanz, die die Fähigkeit hatte, das Wachstum von Krebszellen zu hemmen. Sie nannten den Stoff *Taxol*, nach *Taxus*, der Eibe. Die Substanz wurde ein voller Erfolg. Inzwischen ist Taxol eines der wichtigsten und umsatzstärksten Krebsmittel. Wenn ich Patienten über die nicht unerheblichen Nebenwirkungen dieses Medikaments aufkläre und dabei erwähne, es handele sich um eine rein pflanzliche Substanz, ernte ich oft erstauntes Kopfschütteln. Was aus der Natur kommt, halten wir für gut, schonend und gesund, während uns Produkte der chemischen Industrie suspekt sind. Bio ist gut, Chemie ist gefährlich. Viele Werbekampagnen spielen auf der Klaviatur dieser Art von Affektheuristik und zielen dabei auf System 1 ab – Informationen über den wirksamen, aber ziemlich nebenwirkungsträchtigen Pflanzenextrakt wirken da verstörend. Unser Gehirn strebt nach affektiver Konsistenz. Es vermeidet ambivalente Gefühle.

Affektheuristiken machen die Welt einfacher, allerdings manchmal zu einem hohen Preis. Dieser Sachverhalt war Gegenstand einer Untersuchung. Eine Gruppe von Psychologen an der Universität Chicago befragte Probanden, unter welchen Bedingungen sie an einer fiktiven Lotterie teilnehmen würden. Ging es nur um Geld, berücksichtigten die Kandidaten die realen Verlust- und Gewinnrisiken sehr viel stärker als bei Gewinnen, die (auch) emotional besetzt waren. Kurioserweise riskieren Testpersonen auch dann mehr Geld, wenn die Gewinnchancen zwar identisch sind, das Szenario der Geldübergabe aber konkret ausgemalt wird. Hier ist sie wieder, die Macht der Bilder. Wie groß diese Macht sein kann, zeigt auch folgendes Experiment: Studenten sollten an einer Lotterie teilnehmen. Vor ihnen waren zwei Urnen aufgestellt. Beide Urnen enthielten rote und weiße Kugeln. Die roten Kugeln galten als Treffer, die weißen als Nieten. Den Studenten wurde erklärt, die Urne A enthalte zehn Kugeln, eine davon sei rot (~ Gewinnchance 10 %). Die Urne B beinhalte 100 Kugeln, davon seien acht rot (~ Gewinnchance 8 %). Obwohl Studenten einfaches Prozentrechnen natürlich beherrschen sollten, wählten mehr als 30 % die Urne B. Die bildliche Vorstellung von acht roten Murmeln auf einem Haufen ist offensichtlich so suggestiv, dass sie Gedanken an den statistischen Hintergrund, die weißen Kugeln, erfolgreich verdrängt. Der Psychologe Paul Slovic (*1938) nennt diesen Effekt die *Nennervernachlässigung* (*Denominator-Neglect*).[27] Demnach berücksichtigen wir das, was über dem Bruchstrich steht, den Zähler, stärker als die Zahl im Nenner, die die Größe eines Stichprobenraums repräsentieren kann. System 1 drängelt sich wieder einmal nach vorn. Dazu passt, dass wir mit Angaben zu absoluten Häufigkeiten sehr viel besser umgehen können als mit Risiken, die man uns in Form einer Prozentzahl präsentiert. Ich erlebe das fast jede Woche im Krankenhaus. Schildere ich Patienten die Risiken eines Eingriffs und erwähne, das Risiko für die Lähmung des Gesichtsnervs liege dabei bei 1 %, ernte ich oft nur gleichgültiges Achselzucken. Erkläre ich dagegen, nach dem Eingriff erleide einer von hundert Patienten eine Gesichtsnervenlähmung, provoziert das nicht selten besorgte Rückfragen. Diese Verzerrung des Denkens lässt sich auch experimentell nachweisen. Teilnehmer, die sich im Rahmen einer Studie zu den Risiken fiktiver Krankheiten äußern sollten, schätzten eine Krankheit, von der sie wussten, dass sie »1286 von 10000 Menschen umbringt« als gefährlicher ein, als eine fiktive Krankheit B, die »21 % der Betroffenen das Leben« kostet.

Nicht nur die Präsentation von Zahlen kann unser Urteil verzerren. Auch eine nackte Zahl reicht unter Umständen aus. Lesen Sie sich zur Veranschaulichung kurz die beiden folgenden Fragen durch:

1. Wie hoch ist der höchste Baum der Erde?
2. Ist der höchste Baum der Erde höher oder niedriger als 219 m? Schätzen Sie seine Höhe.

Je nach Fragestellung fallen die Antworten unterschiedlich aus. Die durchschnittlichen Schätzwerte von Menschen, die mit der neutralen Frage 1 konfrontiert werden, sind niedriger als die Durchschnittswerte der Gruppe, der die Frage 2 gestellt wird. Obwohl 219 m weit übertrieben sind, zeigt die Zahl Wirkung. Sie ist so etwas wie eine rettende Boje in einem Meer von Orientierungslosigkeit. Wenn wir die Antwort nicht wissen, dann greift das Gehirn gerne zum erstbesten Strohhalm, der vorbei schwimmt. Psychologen nennen dieses Phänomen den *Ankereffekt.*

Ankereffekte sind weitverbreitet. Sie sind interessant, aber auch gefährlich, denn Anker lassen sich verwenden, um Urteile oder Entscheidungen zu manipulieren. Daniel Kahneman schildert in diesem Zusammenhang ein schönes Experiment zur Spendenbereitschaft. Testpersonen wurden aufgefordert, Geld für den Schutz von Seevögeln zu spenden. War der Spendenaufruf neutral formuliert, so lag der durchschnittliche Spendenbeitrag bei 64 Dollar. Wenn hingegen gefragt wurde: »Wären Sie bereit zu spenden – fünf Dollar würden schon helfen«, dann lag der Spendendurchschnitt bei knapp 20 Dollar. Wurde aber im Spendenaufruf ein Anker bei 400 Dollar gesetzt, so spendeten die Menschen durchschnittlich immerhin 142 Dollar.[28]

Wenn wir überhaupt keine Ahnung haben, in welcher Größenordnung die korrekte Antwort anzusiedeln ist, mag die Orientierung an Ankern Sinn machen. Denn oft sind solche Anker eben keine vollkommen willkürlichen oder gar in manipulativer Absicht genannten Größen, sondern haben einen gewissen Bezug zur Realität. Seltsamerweise wirken Zahlen aber selbst dann als Anker, wenn sie ganz offensichtlich in keiner sinnvollen Beziehung zur gestellten Frage stehen können. Das zeigt ein weiteres Experiment von Tversky und Kahneman. Die Teilnehmer dieses Versuchs mussten an einem Glücksrad drehen, das entweder bei der Zahl 10 oder bei 65 stehen blieb. Diese Zahl sollten sie notieren. Dann mussten sie schätzen, wie hoch der Prozentsatz afrikanischer Staaten in der Vollversammlung der Vereinten Nationen ist. Sie erraten, was passierte? Der mittlere Schätzwert derjenigen Probanden, die die Zahl 10 gelost hatten, lag bei 25 %. Der durchschnittliche Schätzwert der Teilnehmer, bei denen der Zeiger des Glücksrades auf der Zahl 65 stehen geblieben war, lag bei 45 %!

Auf den ersten Blick wirkt dieses Experiment vor allem kurios. Übertragen auf reale Situationen können Ankereffekte aber auch beunruhigen. Einer Gruppe erfahrener deutscher Strafrichter wurde der fiktive Fall einer Frau geschildert, die Geld gestohlen hatte. Nach der Lektüre der Akten sollten die Richter zwei Würfel werfen, die allerdings ohne ihr Wissen vorher gezinkt worden waren. Ein Würfelpaar zeigte immer die Summe 3, das andere 9. Die Richter, die eine Neun gewürfelt hatten, sprachen tatsächlich signifikant höhere Strafen aus, als diejenigen, die nur eine Drei gewürfelt hatten.[29]

Der Frage nach dem höchsten Baum könnte eine »Ankerheuristik« zugrunde liegen, die in etwa nach dem folgenden Algorithmus funktioniert: »Nimm die Ankerzahl, überlege, ob sie eher zu hoch oder zu niedrig erscheint. Dann bewege sie in die gewünschte Richtung mental vom Anker weg«. Da wir dem Anker einen gewissen Bezug zur Realität unterstellen, endet die Anpassung an die Wirklichkeit in der Regel zu früh, so dass der Schätzwert irgendwo zwischen Anker und realem Wert liegen wird. Eine solche Erklärung interpretiert den Ankereffekt als ein rationales Prinzip, das wir auch System 2 zuordnen könnten.

Anker, die ganz offensichtlich willkürlich sind, wie die Würfel oder das Glücksrad, scheinen dieser Erklärung zu widersprechen. Sie müssen andere Wurzeln haben, Wurzeln, die im nicht-bewussten System 1 zu finden sind.[30] Dazu passt, dass wir nicht nur Zahlen, sondern auch Suggestivfragen als eine Art von Anker verstehen können, weil sie die Antwort tendenziös in Richtung Frage lenken. Eine Frage wie: »Verspüren Sie ein leichtes Wärmegefühl?« verführt viele Menschen dazu, mit Ja zu antworten, auch wenn objektiv nichts unternommen wurde, was dieses Gefühl rechtfertigen würde. Kahneman und Tversky sehen bei Ankereffekten tatsächlich zwei unterschiedliche Mechanismen am Werk. Einer davon wurzelt im System 2, der andere im System 1. Während das System 2 in einem rationalen Akt Anker und Realität aneinander anzunähern versucht, wirken Anker aus System 1 durch Suggestion. Die Psychologen interpretieren Suggestionen mittlerweile als Priming-Effekte, also als (vorbewusste) Versuche des Gehirns, eine Situation zu konstruieren, die in sich möglichst kohärent ist und in die der Anker hineinpasst.

Nun ist es Zeit, einen Schnitt zu machen. Mühelos ließen sich viele weitere

Beispiele aufzählen, die zeigen, dass die Konstruktion des Gehirns unserer Wahrnehmung, unserem Denken und unserer Erkenntnisfähigkeit Grenzen setzt. Für unser Problem sind dabei weniger die prinzipiellen Grenzen der menschlichen Erkenntnisfähigkeit interessant als vielmehr die systematischen Verzerrungen, denen viele unserer Urteile unterliegen. Selbst die schärfsten Denker sind davor nicht völlig gefeit. Denn vieles von dem, was dem Denken eine tendenziöse Richtung verleiht, ist das Produkt unseres intuitiv und vorbewusst arbeitenden Systems 1. Jedoch soll nicht der Eindruck entstehen, in unserem Gehirn arbeiteten *good guy* gegen *bad guy*. Fehlleistungen gibt es nicht nur, weil sich System 2 nicht von den Einflüsterungen seines archaischen Paten freimachen kann. Und es ist keineswegs so, dass der intuitive Teil des Gehirns die rationale Perspektive immer verzerrt. System 1 macht vieles richtig. Viele Urteile kommen ohne eine intuitive Komponente gar nicht aus. Umgekehrt zeigen viele der oben geschilderten Experimente auch die Fehleranfälligkeit des langsamen, bewusst arbeitenden Systems 2.

Ohne das System 1 wären wir allerdings ziemlich verloren. Schließlich ist es eben nicht nur für Fehlleistungen, sondern auch für viele erstaunliche Leistungen des Gehirns verantwortlich. Das System 1 erzeugt das himmlische Gefühl »kognitiver Leichtigkeit.«[31] Es nimmt dem Bewusstsein viele banale Alltagsarbeiten ab, so dass sich dieses auf Höheres kaprizieren kann. System 1 lässt uns Autofahren, einem Hindernis ausweichen und es sagt uns, ob uns der Mann, der uns eine Versicherung verkaufen möchte, sympathisch oder unsympathisch, dubios oder vertrauenswürdig erscheint. Quasi in Echtzeit versorgt es uns trotz ständig wechselnder Szenarien mit einer kohärenten Interpretation der Umwelt.

Jenseits des intuitiven, automatisierten Wahrnehmens und Handelns ist unser Verhältnis zur Wirklichkeit oft das Produkt eines Wechselspiels beider Systeme. Leider gibt uns das System 1 keine Auskunft darüber, wie begründet seine Urteile sind. Wir merken nicht, wenn sie auf tönernen Füßen stehen. Zweifel gehört nicht zu seinen Stärken.

Da mag es beruhigen, dass die Beziehung zwischen den Systemen keine Einbahnstraße ist. Das System 2 ist den Einflüsterungen von System 1 nicht hilflos ausgeliefert. Wenn wir uns die Mechanismen der Täuschung explizit (bewusst) machen, kurz innehalten und nachdenken, können wir intuitive Einschätzungen durchaus korrigieren. Manchmal reicht die Kenntnis der Basisrate eben doch, um ein vorschnelles Urteil zu revidieren. Voraussetzung ist jedoch, sich die Fallstricke bewusst zu machen.

Damit haben wir die Ebene der genetisch präformierten Fähigkeiten des Gehirns zum Teil hinter uns gelassen. Denn wenn wir über explizite Regeln, Normen oder Fähigkeiten nachdenken, stecken wir mitten in der Kultur.[32] Die Inhalte – nicht der *Modus operandi*[33] – des bewussten Denkens sind großenteils individuell erworben. Sie sind »*a posteriori*« und Teil des kulturellen und nicht des biologischen Erbes.[34] Angeborene und kulturell erworbene Fähigkeiten des Gehirns beruhen beide auf Informationen, die in biologischen Strukturen niedergelegt wurden. Allerdings werden diese Informationen auf ganz unterschiedlichen Ebenen und in verschiedenartigen »Datenträgern« gespeichert. Träger der vererbbaren Information ist die *DNA*. Individuell erworbene Information manifestiert sich dagegen in der neuronalen Architektur des Gehirns, die sich Erbe und Umwelt verdankt. Bemerkenswerterweise sind Menschen die einzige Spezies, die solche Informationen auch auf nicht-biologische Speichermedien übertragen können. Diese Emanzipation vom Körper ist zentraler Aspekt der menschlichen Kultur. Denn dadurch kann individuell erworbenes Wissen massenhaft und schnell verbreitet werden, über Generationen und über Kontinente hinweg. Weil nicht jede Generation das Rad neu erfinden muss, sondern sich »auf die Schultern von Riesen« stellen kann, entwickelt die kulturelle Evolution ihre exponentielle Dynamik.

VIERTE ZWISCHENBILANZ: SCHLUSSFOLGERUNGEN AUS DER BIOLOGIE DES GEHIRNS

Grenzfläche zwischen Tier und Mensch

Das menschliche Gehirn ist eine Chimäre. Aus der Perspektive der Evolution steht es fest auf dem Boden der Biologie. Wir sind Säugetiere und gehören zur Ordnung der Primaten. Auf den ersten Blick unterscheidet sich unser Hirn, abgesehen von seiner schieren Größe, wenig von den Hirnen anderer Affen.[1]

Trotzdem entsteht dort alles, was Menschen zu Menschen macht. Hier manifestiert sich eine individuelle Biographie. Hier hat der ganze Kosmos menschlicher Ideen – Musik, Literatur, Kunst, Philosophie, Wissenschaft und Technik, Recht, Staat und Gesellschaft, leider auch Waffen, Drogen, Kriege und Kriminalität – seinen Ursprung. Wer sich aber aufmacht und nach den biologischen Quellen dieser spezifisch menschlichen Errungenschaften sucht, läuft (bisher) ziemlich ins Leere. Offensichtlich gibt es fundamentale Unterschiede zwischen den kognitiven Fähigkeiten von Menschen und denen anderer Primaten. Aber obwohl diese Unterschiede letztendlich von Genen verantwortet werden, fällt es außerordentlich schwer, sie auf dieser Ebene zu identifizieren. Denn es führt kein direkter Weg vom Genom zur Funktion von Menschenhirnen. Selbst die nächst größeren Bausteine unserer Gehirne, die Zellen, gleichen denen anderer Affen wie ein Ei dem anderen.

Was bedeutet das? Zumindest so viel: Zwischen den Elementen auf den verschiedenen Beschreibungsebenen existieren keine einfachen, gar linearen Kausalzusammenhänge. Kleine Veränderungen auf der einen Ebene können große Wirkungen auf der nächsthöheren verursachen – oder gar keine. Aus unzähligen vergleichenden Untersuchungen zu kognitiven Leistungen von Menschen und anderen Menschenaffen zieht der Anthropologe Michael Tomasello den Schluss, »dass die meisten, wenn nicht alle artspezifischen kognitiven Fähigkeiten des Menschen keine direkte Folge der biologischen Vererbung sind, sondern vielmehr aus einer Vielfalt historischer und ontogenetischer Prozesse hervorgehen, die von der spezifischen menschlichen, biologisch vererbten kognitiven Fähigkeit in Gang gesetzt werden.«[2]

Worin die spezifisch menschliche, biologisch verankerte kognitive Fähigkeit eigentlich besteht, ist nicht unumstritten. Der augenfälligste Unterschied zu anderen Primaten ist die Sprache, sie jedoch scheint ohne ein grundlegenderes Fundament nicht denkbar. Tomasello vertritt außerdem die Ansicht, wir verfügten über ein im Tierreich einzigartiges Verständnis für Kausalität und für die Absichten und Intentionen unserer Mitindividuen.[3] Neben kategorialen mag es auch schlicht quantitative Unterschiede zwischen unserem Denken und dem Denken nicht-humaner Primaten geben. Ein Indiz liefert die sogenannte Dunbar-Zahl.[4]

Noch ein Aspekt könnte eine sehr menschliche Bestimmung zur Unbestimmtheit sein. Menschen brauchen nach der Geburt ungewöhnlich lange, um sich zu selbständigen Kreaturen zu entwickeln. Sie sind offensichtlich weniger »präformiert« als viele andere Säugetiere. Diese relative Unreife bürdet den Eltern zwar größere Lasten auf, stattet Menschenkinder aber mit einer großen ontogenetischen Flexibilität und Anpassungsfähigkeit aus.

Mit anderen Worten: Mit dem Verhältnis zwischen der Biologie des Gehirns und vielen seiner Leistungen verhält es sich ein wenig wie mit der Beziehung zwischen einem Flugzeug und seiner Startbahn. Ohne geeignete Piste klebt der Vogel am Boden. Wenn alle kritischen Bedingungen zusammenkommen, kann er abheben und die Erde hinter sich lassen. Oben in der Luft eröffnen sich Freiheitsgrade, von denen die Welt am Boden nur träumen kann.

Grenzfläche zwischen Irrtum und Erkenntnis

Die evolutionären Wurzeln sind nichts, was wir völlig hinter uns lassen können. Sie stecken den Rahmen unserer Möglichkeiten ab. Die Konstruktion des Gehirns setzt dem Denken Grenzen. Sie verleiht uns einen sehr menschlichen, auch vorurteilsbehafteten Blick auf die Wirklichkeit. Denken Sie an die Farben. Denken Sie an den scheinbar absoluten, kontinuierlichen und dreidimensionalen Raum. Um zu verstehen, dass er eine Interpretation unserer Gehirne ist, müssen wir uns noch nicht einmal die allgemeine Relativitätstheorie aneignen. Vielleicht würde es ausreichen, in das Hirn einer Schnecke, eines Frosches oder eines Chamäleons zu schlüpfen. Selbst die ewige, ätherische und absolute Zeit ist vermutlich ein menschliches Vorurteil. Alle Versuche, die Probleme der Physik, Mathematik oder der Logik an ein definitives Ende zu denken, sind bisher gescheitert.[5] Die Physik konnte die fundamentalen Kräfte, die die Welt in ihrem Innersten zusammenhalten, bisher nicht unter den Hut einer einheitlichen Theorie bringen. Der Mathematiker Kurt Gödel (1908–1978) scheint den ambitionierten Versuch, alle mathematischen Wahrheiten widerspruchsfrei aus einem wohldefinierten Satz von Axiomen und Schlussregeln abzuleiten, ein für alle Mal in den Orkus der Wissenschaftsgeschichte geschickt zu haben.[6] Selbst das kristalline Reich der Logik wimmelt bei näherem Hinsehen nur so von Antinomien und Paradoxien.[7] Vielleicht sind all das Indizien für die Grenzen unserer Erkenntnisfähigkeit aufgrund der Konstruktion des Gehirns. Schließlich sind Nervenzellen so verknüpft, dass die Muster ihrer Aktivitäten in wunderbarer Weise relationalen logischen Verknüpfungen wie UND, ODER oder NICHT entsprechen. Vielleicht sagt selbst die Logik mehr über die Struktur des Denkens als über die Struktur der Welt.

Die Fähigkeiten menschlicher Gehirne sind Folge von Anpassungen an Ausschnitte der Wirklichkeit. Kein Wunder, dass unser Gehirn in fremder Umgebung zu schiefen Ergebnissen kommen kann. Die Logik der Evolution bedingt, dass das Gehirn ein Konvolut aus Komponenten ist, die aus verschiedenen Epochen stammen. Archaische Subsysteme müssen mit einem Großhirn koexistieren, das in nur wenigen hunderttausend Jahren zu menschlicher Größe gefunden hat. Und selbst dieses sich evolutionsgeschichtlich fast im Zeitraffer entwickelnde Großhirn ist eine Anpassung an das Leben in der Steinzeit. Mit der atemberaubenden Geschwindigkeit der kulturellen Evolution der vergangenen 10000 Jahre kann es nicht immer Schritt halten. So nimmt es nicht wunder, im modernen Leben mit Situationen konfrontiert zu sein, mit denen unser Steinzeitgehirn seine liebe Mühe hat.

In unserem Kopf kooperieren (und konkurrieren) ein langsamer und ein schneller Modus des Denkens. Nicht immer sind beide Institutionen einer Meinung. Unser Hirn ist ein Apparat, der sich vieler einfacher Faustregeln (Heuristiken) bedient, die dem Denken Tendenz und Richtung verleihen. Solche Heuristiken sind, wie erwähnt, nützlich und notwendig, verführen aber manchmal zum Denken in einfachen Schwarz-Weiß-Schablonen und machen uns anfällig für Stereotypen. Wir unterschätzen den Zufall und haben den Drang, überall Ursache und Wirkung, Kausalität statt Korrelation am Werk zu sehen. Wir sehen die Welt »anthropomorph«, verweben die Physik der Welt mit unserem unmittelbaren Erfahrungsraum, in dem Intentionen und Ziele eine Rolle spielen. Wo uns der Einblick in die physikalischen Zusammenhänge verwehrt ist, wittern wir gerne verborgene Absichten und Kräfte. Ein Hang zu Magie und Esoterik ist dem Menschenhirn nicht abzusprechen. Es ist zudem gierig nach Kohärenz. Es liebt schlüssige Geschichten. Es gewichtet Ereignisse nicht wie ein Finanzbuchhalter. Die Bedeutung nackter Zahlen wird gerne unterschätzt, wenn die emotionale Farbe fehlt. Je präsenter, konkreter, plastischer und persönlicher ein Ereignis, je mehr »lebendiges Fleisch« an den Knochen einer Geschichte hängt, desto mehr Gewicht bekommt sie. Das Bild des ausgezehrten Kindes rührt zu Tränen, nicht die Statistik über Säuglingssterblichkeit in Afrika.

Allerdings ist dies kein Grund, den Kopf in den Sand zu stecken! Unsere entwicklungsgeschichtliche Tradition macht uns nicht zu hoffnungslos vorurteilsbeladenen Ignoranten. Denn gerade diese Tradition ist auch eine Art Gütesiegel. In der Konstruktion des Gehirns ist Vorwissen über die Welt gespeichert. Die Entwicklungsgeschichte der Nervensysteme ist als adaptiver Vorgang zu verstehen. Die Vorfahren unserer Gehirne waren diejenigen, die sich bewährt haben. Das Hirn produziert zwar keine Abbilder der Wirklichkeit, aber (oft) wohlbegründete Hypothesen, die zutreffende Voraussagen und erfolgreiches Handeln erlauben.

Zudem gibt es noch einen Punkt, der zur Ehrenrettung des Gehirns beiträgt: seine zuvor erwähnte genetische Bestimmung zur Unbestimmtheit. Die ontogenetische Entwicklung eines einzelnen Menschenhirns ist ein Prozess, der offener ist und der Umwelt mehr Chancen zu ausformender Einflussnahme einräumt als bei den meisten anderen Säugetieren. Am Ende steht ein Nervensystem, das mehr lernen kann, als das jedes anderen Tieres.

Grenzfläche zwischen Körper und Geist

Zum Schluss das Schwierigste, die Grenze zwischen Körper und Geist. Auch wenn sich (fast) alle Biologen einig sind, »Geist« sei eine Eigenschaft des Gehirns, ist eine biologische Erklärung des Geistes nicht in Sicht. Selbst gravierende »Krankheiten des Geistes« wie die Schizophrenie scheinen im Gehirn kaum biologische Spuren zu hinterlassen, obwohl wir wissen, dass sie eine gewichtige genetische Komponente haben.[8] Auch beim Sehen entsteht in dem Moment, in dem ein Sinneseindruck ins Bewusstsein tritt, manchmal eine massive Diskrepanz zwischen visuellem Bewusstseinseindruck und den objektiven optischen Parametern. Ein Fernsehbild flimmert zum Beispiel mit 50 Hertz, im visuellen Cortex finden sich neuronale Korrelate dieser 50-Hertz-Frequenzen, wir aber sehen ein Kontinuum. Dafür gibt es unzählige weitere Beispiele: Bei Gehen im Raum (+ Augenbewegung) wechseln ständig die Bilder, was bleibt, ist aber der Eindruck des konstanten Raumes. Den blinden Fleck auf der Retina rechnet das Gehirn einfach heraus, in der Fovea centralis finden sich fast nur Stäbchen, während die Zapfen das Farbsehen vermitteln und weiter in der Peripherie liegen. Trotzdem ist unser Gesichtsfeld überall gleichermaßen farbig. Und, und, und …

Die Ebenen scheinen einfach nicht zusammenzufinden. Am deutlichsten wird das bei der (zu) oft strapazierten Frage nach dem »freien Willen«. Kleidet sich das Problem in dieses sprachliche Gewand, ist die semantische Falle schon gestellt. Denn »Wille« ist ein Begriff, der im Lexikon der Biologie nicht zu finden ist, weil er ohne so etwas wie einen »immateriellen Akteur« kaum zu denken ist. So gesehen könnte es sich bei dem Problem schlicht um einen Kategorienfehler handeln, der entsteht, wenn zwei Begriffsebenen in einen Topf geworfen werden, die nicht zusammengehören.[9]

Etwas neutraler kommt das Problem daher, wenn wir fragen, ob wenigstens eine freie Entscheidung mit einer biologischen Perspektive auf das Gehirn in Einklang zu bringen ist. Aber was heißt hier frei? Nehmen wir zur Veranschaulichung ein imaginäres selbstfahrendes Auto:

Der Version 1.0 hat der Programmierer ein GPS und eine Karte eingepflanzt. Das Fahrziel ist festgelegt, ebenfalls die Vorgabe »schnellste Route«. Route und Geschwindigkeit werden hier ausschließlich durch äußere Faktoren (vorgeschriebene Höchstgeschwindigkeit, physikalische Gegebenheiten der Strecke) bestimmt. Die Route kann das Auto zwar aufgrund externer Informationen über den augenblicklichen Straßenzustand, Wetter, Verkehr etc. wählen. Diese Wahl wäre aber nicht frei, da sie vollkommen durch das Programm und die außerhalb des Fahrzeugs liegenden Parameter determiniert ist.

Nun kommt die komplexere Version 2.0 auf den Markt. Im Unterschied zur Version 1.0 verfügt dieses Auto über einen internen Bewertungsmodus, der Einfluss auf Route und Geschwindigkeit nimmt. Diese *internen Präferenzen* können die Vorgabe »schnellste Route« überstimmen, wenn sie genügend Gewicht haben. Solche internen Bewertungen könnten zum Beispiel in ästhetischen Urteilen über die Landschaft bestehen, die nach einem Punktesystem vorgenommen werden. Bei 10 Punkten = idyllisch verweilt der Wagen, bei 0 Punkten strebt er raschen Ortswechsel an. Die Programmierer waren zudem verspielt und haben jedem Fahrzeug unterschiedliche individuelle Algorithmen einprogrammiert. Manche bewerten auch die Bedeutung des Fahrziels, wer dort anzutreffen ist, wer das Ziel vorgegeben hat usw.

Aus der Perspektive des Gesamtsystems – was die Programmierer einschließt – ist auch dieses Fahrzeug nicht frei, obwohl viele seiner Entscheidungen von außen betrachtet so wirken. Grenzt man die Perspektive aber auf das Fahrzeug selbst ein, muss man zugeben, dass es vorrangig dem *eigenen Willen* gehorcht – wenn wir die *internen Präferenzen* so nennen wollen.

Was heißt das übertragen auf den Menschen? Erstens: Je nachdem, wie weit die Perspektive auf ein System ist, kann das Wort *frei* zutreffen oder nicht. Wenn wir *frei* mit *autonom* gleichsetzen und nur auf das Vehikel selbst und nicht seine Entstehungsgeschichte blicken, ist das Vehikel 2.0 frei. Es ist frei (oder teilautonom) in Bezug auf die aktuelle äußere Situation, weil seine Entscheidungen durch diese nicht vollständig determiniert sind.[10] Das kleine Gedankenexperiment zeigt aber, dass *autonom* nicht gleichbedeutend mit *bewusst* sein muss. In einem System, das sich seiner Präferenzen bewusst ist, entsteht vielleicht automatisch das wunderbare Gefühl von Autonomie und Selbstbestimmtheit, sobald es in Übereinstimmung mit seinen Präferenzen handeln kann. Nun werden Menschen aber nicht programmiert (außer wir würden die ganze Welt und ihre Geschichte an den Programmierertisch setzen). Wenn wir also sagen, eine Entscheidung sei frei, sofern sie unseren Vorlieben folgt, sind Menschen in dieser Hinsicht vermutlich frei.

Wer ist aber *verantwortlich*, wenn unsere Entscheidungen im genannten Sinn autonom sind, es aber keine Rolle spielt, ob wir sie bewusst oder unbewusst treffen? (Vorsicht, *Verantwortung* ist schon wieder ein Wort, das nicht ins Lexikon der Biologie gehört). Was die Rolle des Bewusstseins in diesem Spiel angeht, so kommt es darauf an, ob wir Bewusstsein als Epiphänomen betrachten oder nicht.[11] Aber selbst wenn wir das täten, würden wir einen krassen Kategorienfehler begehen, sollten wir deshalb Menschen aus der Verantwortung für ihre Taten entlassen. Im täglichen Leben können wir gar nicht anders, als die Handlungen von Menschen zu bewerten und sie ihnen zuzurechnen. Ohne das würde eine Gesellschaft auf längere Sicht nicht funktionieren.

Zurück zu Stanislas Dehaene, der glaubt, Bewusstsein sei eine notwendige Daseinsform der Information, die sich in unserem globalen Arbeitsbereich befindet. In dem Moment, in dem ein »kognitives Objekt« ins Bewusstsein tritt, wird es mit Bedeutung gefüllt und besetzt eine Rolle in einem unserer inneren Filme. Das bewusste Objekt kann zum Akteur werden. Wenn wir realisieren, dass am Ende der Zahnarzt wartet, bremst dieses Wissen womöglich die bisher flotte Fahrt. Halten wir den Taxifahrer für ein Schlitzohr, werden wir in ein anderes Taxi steigen oder zu Fuß gehen. Das wäre dann ein schönes Beispiel für Kausalbeziehung von oben nach unten, »*top-down*« und nicht »*bottom-up*«, wie wir es sonst von den Kausalbeziehungen vieler Naturphänomene gewohnt sind. Verleiht unser internes Bewertungssystem einer bunten, aber im chemischen Sinne vollkommen wirkungslosen Pille die Rolle »wirkungsvolles Schmerzmittel«, schlägt sich das messbar im Körper nieder. Das Gehirn produziert endogene Opiate, die zur subjektiven, aber gleichzeitig im biologischen Sinne »realen« Linderung des Schmerzes führen. Wenn solche bewussten Objekte Wirkung entfalten, können sie unsere Biographie und Persönlichkeit beeinflussen. Sie flüstern uns zu, auf welche Schule wir gehen, welchen Beruf wir ergreifen oder wo wir uns niederlassen wollen.

Ein Individuum ist ein kaum entwirrbares Geflecht aus Erbe und Umwelt, bewussten und unbewussten Motiven, Urteilen und Entscheidungen. Zu allem Überfluss koexistieren alle diese Faktoren nicht einfach, sie beeinflussen sich gegenseitig in rekursiver Art und Weise.[12] Im täglichen Leben, in der Politik, in der Rechtsprechung, immer wenn wir moralisch urteilen, ist es oft nicht möglich, zwischen bewussten oder unbewussten Motiven einer Tat klar zu unterscheiden. Ab und an müssen dafür Gerichte bemüht werden. Aber genau dieses Konglomerat macht Menschen aus und macht sie zu einzigartigen Individuen. Die Grenzen des Individuums sind weiter gefasst als die des bewussten Ichs. Und schließlich wollen wir uns selbst kennenlernen und werden das vielleicht nie vollständig tun. Oder wie es der französische Philosoph Paul Ricœur (1913–2005) etwas kryptisch formuliert hat: »Jeder von uns repräsentiert sich selbst als ein anderer«.[13]

INDIVIDUUM, ICH *ODER* ES? – SPIEGEL, BÜHNE *ODER* KONSTRUKTEUR DER WIRKLICHKEIT?

Mythen vom Maschinenmenschen und vom Geist in der Maschine, vom Animal rationale, von der vernünftigen Vernunft, vom Hirn im Glas und vom Blick in die Wirklichkeit

Wo entsteht Wirklichkeit, im Kopf oder in der Welt?

Es gab einmal eine Zeit, in der der Glaube an die Macht der Vernunft schier grenzenlos war. Wer unbedingt eine Geburtsstunde dieser Art zu Denken benennen möchte, der könnte einen klirrend kalten Tag im Winter des Jahres 1620 wählen. An diesem Tag suchte René Descartes, damals in Diensten der Armee Maximilians von Bayern, im Hinterzimmer eines Gasthofs in dem kleinen Städtchen Neustadt an der Donau Zuflucht vor der grausamen Kälte. Drei Tage verbrachte er dort am bullernden Ofen. Zu den Legenden der Philosophiegeschichte gehört es, dass ihm in dieser Zeit dreimal ein göttlicher Bote vor dem inneren Auge erschienen sei. Dieser Bote skizzierte die Umrisse von Descartes' künftiger Philosophie. Egal ob Legende, Vision, Wein oder nur die klaustrophobische Einsamkeit der Kammer, sicher ist, Descartes hing danach seine Offizierskarriere an den Nagel. Er nahm sich nichts Geringeres vor, als das menschliche Wissen endlich auf eine objektive Grundlage zu stellen.

Sein Werkzeug war der radikale Zweifel. Descartes war auf der Suche nach einem archimedischen Punkt, auf dem er ein nach rationalen und logischen Prinzipien konstruiertes Gebäude des Denkens errichten konnte. Er glaubte, diesen Punkt im berühmten *cogito, ergo sum* gefunden zu haben: »Auch wenn ich alles anzweifele, die subjektive Erfahrung des Zweifelns sagt mir, es gibt da ein denkendes Wesen, was sich seiner selbst bewusst ist«. Aus dieser Erkenntnis versuchte Descartes, eine Erkenntnistheorie in deduktiver Manier abzuleiten und so ein hermetisches und widerspruchsfreies Gedankengebäude zu errichten.

So weit, so gut. Was das Wissen über die Welt angeht, hat dieser archimedische Punkt einen gewaltigen Haken. Das *Cogito* ist eine höchst private Erfahrung. Auch wenn der denkende Geist sich selbst bewusst ist, wie soll er verlässliches Wissen über die Welt außerhalb erwerben? Descartes' Ausweg war die Zuflucht zu einem vollkommenen Gott, der so etwas wie eine Garantenstellung übernimmt: Wir können uns auf unser Bild von der Welt verlassen, weil Gott nicht lügt.[1] Für Rationalisten ist dieser Ausweg unbefriedigend. Und Descartes ist mit seinem Versuch, alles Denken auf eine logische Grundlage zu stellen, letztendlich gescheitert. Aber das ist nicht der Punkt. Wichtiger ist, dass er überhaupt die Chuzpe hatte und glaubte, unsere Vernunft wäre zu solchen Herkulestaten imstande. Das war neu. Descartes' Hybris markiert eine Wende im europäischen Denken. Von nun an galten Logik und Ratio, galten kluge Argumente mehr als Bibelzitate und graue Bärte. Descartes machte sich nicht nur Gedanken über die Zuverlässigkeit menschlicher Erkenntnis. Er wollte auch die Phänomene der Natur durch Vernunft und ohne Magie erklären, nicht zuletzt auch unseren Körper. In dieser Hinsicht war er ganz Materialist.

Beim Gehirn stieß er allerdings an Grenzen. Nach langem Ringen musste er sich eingestehen, mit dem Wissen seiner Zeit die höheren Fähigkeiten des Geistes nicht erklären zu können.[2] Die Folgen sind bekannt. Descartes floh in den Dualismus.

Die beiden Pole Geist und Vernunft sind für Cartesianer Gegenstände jenseits der Natur. Die sie motivierenden Fragen »Was können wir erkennen?«, »Wie weit reicht Erkenntnis?« waren seit der Antike ureigenstes Terrain der Philosophie. Und so lag es lange außerhalb jeder Vorstellungskraft, Naturwissenschaftler hätten zu diesen Problemen Substantielles beizutragen. Descartes' dualistisches Denken aber agiert wie ein Gespenst in einer Maschine, als etwas, was nicht den Gesetzen der Natur unterworfen ist. In gewisser Hinsicht kann dieser Standpunkt als natürlicher Verbündeter der *Tabula-rasa-Doktrin* angesehen werden.[3] Ein immaterieller Geist kann sich demnach schwerlich Strukturen verdanken, die auf einem ererbten genetischen Programm beruhen.

Nun hat sich die *Tabula-rasa*-Doktrin als falsch erwiesen – wie wir gesehen haben. Auch viele Empiristen gestehen dem Geist gewisse »Voreinstellungen« zu, die vor aller individuellen Erfahrung vorhanden sind. Das wird umso deutlicher, wenn wir den Blick auf unsere näheren Verwandten lenken. Viele Aspekte tierischen Instinktverhaltens sind angeboren. Ausgerechnet David Hubel und Thorsten Wiesel, deren berühmte Experimente zur inputabhängigen Entwicklung des Sehens bei Katzen gerne als Beleg für die Plastizität des Gehirns gesehen werden, haben am Beispiel von Affen gezeigt, dass zahlreiche der basalen Verdrahtungen schon bei Geburt angelegt sind.[4] Viele Physiologen, die sich im 19. Jahrhundert daran machten, die Mechanismen der Wahrnehmung zu entschlüsseln, schlugen sich zumindest partiell auf die Seite Kants und der Idee der Anschauungsformen und Kategorien, die *a priori* – vor der Erfahrung – existieren.

Hermann von Helmholtz sah in der Dreidimensionalität eine angeborene Anschauungsform, der wir uns nicht entziehen können. Ebenso hielt Konrad Lorenz (1903–1984) die Grundzüge des räumlichen Vorstellungsvermögens für angeboren.[5] Auch wenn hier die Grenzen zwischen angeborenen Affekten und angeborenen Prinzipien des Denkens zerfließen, und auch wenn menschliches Denken und Verhalten sicher flexibler und vielschichtiger sind, ist es wenig plausibel, dass wir die einzigen Tiere sein sollten, die als unbeschriebenes Blatt auf die Welt kommen. Als Locke, Hume, Descartes oder Kant ihre Gedanken zu Papier brachten, lag die Welt im Inneren unseres Kopfes in schwärzerem Dunkel als die Rückseite des Mondes. Das hat sich geändert. Wer die Biologie ernst nimmt und zumindest die Möglichkeit einräumt, unsere Erkenntnisse seien das Produkt eines Organs, der sollte die Argumente der Philosophen mit dem Bild abgleichen, das die Biologie vom Gehirn gezeichnet hat.

UNSER GEHIRN HAT EINE GESCHICHTE

Wie bei allen Teilen des Körpers handelt es sich beim Gehirn um eine Weiterentwicklung von Vorgängermodellen. Einfache Nervensysteme gab es schon vor hunderten Millionen von Jahren. In dieser Hinsicht hat das Gehirn den »Praxistest« also längst bestanden. Es konstruiert ein Bild der Welt, das zumindest innerhalb eines bestimmten Ausschnitts[1] Voraussagen erlaubt, die beim Überleben helfen.

Kants a priori wird zu Darwins a posteriori

Nehmen wir die kantschen Anschauungsformen *Raum* und *Zeit.* »Unser« Raum ist kontinuierlich und dreidimensional. Das ist vermutlich so, weil wir mit diesem Model in der Realität gut zurechtkommen. Im täglichen Leben spielen Distanzen von Millimetern bis Kilometern eine Rolle. In diesem Ausschnitt der Wirklichkeit liefert das Konzept des dreidimensionalen Raumes vermutlich eine recht ökonomische Grundlage für neuronale Kalkulationen, die die Umwelt hinreichend präzise abbilden: Wir fangen Bälle, werfen Speere, klettern auf Bäume und können abschätzen, ob wir die Wasserstelle vor Anbruch der Nacht erreichen können. Wie zur Bestätigung dieses stammesgeschichtlich entwickelten Apparates lieferte Euklid (um 300 v. Chr.) vor knapp 2300 Jahren noch den mathematischen Formalismus nach,[2] der uns gestattet, 3D-Objekte mit wunderbarer Präzision zu beschreiben und zu berechnen.

Wenn wir auf die kantschen *Kategorien* schauen, scheinen viele davon Funktionsprinzipien neuronaler Systeme widerzuspiegeln. Die dichotomen Kategorien der Modalität (Möglichkeit versus Unmöglichkeit, Dasein versus Nicht-Sein) erinnern an dichotome Strukturen im Nervensystem, wie erregende und hemmende Neuronen oder exzitatorische und inhibitorische Transmitter. Neuronale Verschaltungen, wie beim Kniesehnenreflex, wirken wie ein Lehrbeispiel zur Veranschaulichung von Kausalität.

Unser Gehirn ist also präformiert. Unsere Wirklichkeit entsteht im Kopf. Sie ist oft weniger ein Abbild als eine Konstruktion, eine Konstruktion jedoch, die nach Regeln gebildet ist, die sich in der Wirklichkeit bewähren mussten. Damit neigt sich die Waagschale weder ganz auf die Seite Platons und Kants noch auf die Seite der Empiristen. Kant konnte von der Evolution der Nervensysteme nichts wissen. Diese Geschichte öffnete die Tür erst für die Empiristen. Bezogen auf ein einzelnes Gehirn mögen die kantschen Kategorien und Anschauungsformen *a priori*, vor aller Erfahrung, sein. Aus der Perspektive der Evolution sind sie es nicht – und so wurde aus dem ontogenetischen *a priori* ein phylogenetisches *a posteriori*. In unseren Hirnen stecken 500 Millionen Jahre Erfahrung. Kein Wunder also, dass »*Erkenntnis- und Realkategorien*«[3] zueinander passen. Aber sie müssen deshalb nicht notwendigerweise »wahr« sein.[4]

Gehirne lügen (nicht)

Der entwicklungsgeschichtliche Erfolg schien lange ein Gütesiegel für die Verlässlichkeit unserer angeborenen Erkenntnisstrukturen gewesen zu sein. Der Aufstieg der empirischen Wissenschaften im 18. und 19. Jahrhundert stärkte zunächst das Vertrauen in die Macht der Vernunft. Die Königin der objektiven Wissenschaft war die Physik. Sie schien den Geheimnissen der Natur so nah auf die Pelle gerückt zu sein, dass vor 120 Jahren namhafte Physiker jungen, vielversprechenden Köpfen schon abrieten, überhaupt noch in die Disziplin einzusteigen, weil hier »nichts Wesentliches mehr zu entdecken« sei.[5] An der Schwelle zum 20. Jahrhundert galt das Gebäude der Physik als nahezu abgeschlossen. Der Tempel ruhte auf dicken, scheinbar unverrückbaren Säulen wie den newtonschen Konzepten eines dreidimensionalen, stetigen und unendlichen Raumes, der Materie, einer stetigen und absoluten, gerichteten Zeit und dem Prinzip der Kausalität. Umso größer war der Schock, als eine Handvoll Aufsätze eines Patentbeamten zweiter Klasse das altehrwürdige und so wunderbar intuitiv errichtete Kartenhaus zusammenstürzen ließ. Albert Einstein hat deutlich gemacht, dass der 3D-Raum und sogar die absolute, gerichtete Zeit Fehleinschätzungen zu sein scheinen, die unserer begrenzten Perspektive auf irdische Maßstäbe geschuldet sind. Als dann wenige Jahre später die Quantenmechanik auf subatomarer Ebene sogar das Kausalitätsprinzip infrage stellte, war der Scherbenhaufen perfekt.

Weder die subatomare Welt[6] noch die kosmischen Distanzen waren für unsere Vorfahren überlebenswichtig. Daher ist es beim Menschen also kein Wunder, kein Organ zu haben, das uns direkte Einblicke in diese Welt der großen oder kleinen Dimensionen verschafft. Erst die Prothesen der modernen Physik erlaubten es uns, in diese Sphären vorzudringen. Wir mussten staunend zur Kenntnis nehmen, dass Einstein recht hatte und der Raum »in Wahrheit« gekrümmt ist[7] und mit der Zeit zu einem 4D-Raum-Zeit-Kontinuum verquickt war.[8] Schlaue Leute können sich gekrümmte oder gequantelte Räume zwar mithilfe mathematisch-physikalischer Konstrukte aneignen, aber sie können sich von dieser Art des Raumes kein *Bild* im eigentlichen Sinn des Wortes machen. Auch Einstein sah vor seinem inneren Auge keine vierdimensionalen Körper und keinen gekrümmten Raum, weil der Raum im Gehirn eben nur in drei Dimensionen repräsentiert ist.

Existiert die euklidische Geometrie nur im Gehirn, draußen aber nicht? Hat die Physik das Gehirn desavouiert? Lügen Gene und Gehirne? Wenn die angeborenen Strukturen unseres Verstandes die Wirklichkeit nicht so abbilden, wie sie ist, wem können wir dann trauen? Gibt all das nicht radikalen Skeptikern recht, die behaupten, wir könnten nichts erkennen und alle Erkenntnis sei subjektiv, konstruiert, beliebig und verhandelbar? Sind wir womöglich Hirne, die im Reagenzglas schwimmen und ihren Input über Elektroden erhalten, die eine Bande zynischer Superwissenschaftler eingepflanzt hat.[9] Solche radikal-solipsistischen Sandkastenspiele lassen sich genauso wenig entkräften wie die Argumente dogmatischer Kreationisten. Plausibel sind sie trotzdem nicht. Ich finde sie belanglos, weil sie nichts erklären, jenseits aller Empirie liegen und sich daher jeder Debatte verweigern.

Dürfen wir Wahrnehmungen trauen?

An die Welt der »mittleren Dimensionen« ist unser Gehirn immerhin ganz gut angepasst. Bei irdischen Geschwindigkeiten ist die Dehnung der Zeit zu vernachlässigen. Wenn wir den Rauminhalt eines Containers berechnen, brauchen wir keine nicht-euklidische Geometrie. »Absolute Wahrheit« ist hier nicht gefragt. Entscheidend ist, dass wir mithilfe unseres biologischen Konzepts von Raum und Zeit erfolgreich planen und handeln können. Wahrnehmung ist ein Prozess, bei dem Informationen durch Codierung und Decodierung verändert werden. Im ersten Teil des Kapitels wurde hoffentlich deutlich, dass jede Form der Wahrnehmung in mindestens dreierlei Hinsicht subjektiv ist:[10]

Erstens: Wahrnehmung ist *selektiv*. Die Größe der Fenster zur Wirklichkeit ist stammesgeschichtlich, teils auch individuell limitiert und ihre Funktion variiert von Spezies zu Spezies. Sinnesorgane sind Anpassungen. Froschaugen erinnern eher an Bewegungsdetektoren als an Augen. Sie liefern keine Bilder im herkömmlichen Sinn. Hunde leben in einem Kosmos von Gerüchen, der uns verschlossen ist. Und Fledermaushirne erschaffen ihre topographische Karte der Umwelt nicht mithilfe von Licht, sondern von Schallwellen.

Die zweite Einschränkung der Wahrnehmung ist subjektiverer Natur. Sie betrifft die *Perspektive*. Wahrnehmung ist von der Position des Wahrnehmenden abhängig.[11] Wenn wir auf einem Bahngleis stehen und in Richtung der Schienen blicken, sieht es so aus, als würden die Schienen in der Ferne in einem Punkt zusammenlaufen. Schauen wir von oben lotrecht auf die Gleise, sind die Schienen parallel. Gerade das Sehen zeigt demnach, dass Gehirne keine Bilder knipsen, sondern *Konstruktionen* zur Verfügung stellen. Diese (Re-)*Konstruktion* der Welt ist die dritte Form der Subjektivität. Konstruktionen liefern Hypothesen und Interpretationen der Wirklichkeit, keine Abbilder.

Auch die verschiedenen *Heuristiken*, die das Gehirn verwendet, fallen unter die Rubrik subjektive Konstruktion. Wir müssen ihnen deswegen nicht gleich misstrauen. Menschen neigen dazu, die Umwelt nicht als Kontinuum wahrzunehmen. Eine Banane ist eine Banane, gleich ob sie uns von oben oder unten, bei Tag oder Nacht, in reifem oder unreifem Zustand, auf einem Foto oder auf dem Obstteller begegnet. Und das ist auch gut so, denn es ist hilfreich, nützliche und gefährliche Objekte unter wechselnden Bedingungen erkennen zu können. Die Wahrnehmungsphysiologen sprechen in diesem Kontext von Objektkonstanz oder, zerlegt in Teilaspekte, von Farbkonstanz,[12] Formkonstanz[13] oder auch Richtungskonstanz.[14] Objektkonstanz ist eine konstruktive Leistung des Gehirns. Sie ist nicht nur nützlich, sie hat auch den zwingenden Charme der Plausibilität. Die Hypothese, in der Welt draußen existierten Objekte mit invarianten Eigenschaften, gehört zu den unausgesprochenen Grundannahmen der Biologie. Erkenntnistheoretiker nennen dieses Postulat den *hypothetischen Realismus*: »Wir nehmen an, dass es eine reale Welt gibt, dass sie gewisse Strukturen hat und dass diese Strukturen teilweise erkennbar sind, und prüfen, wie weit wir mit diesen Hypothesen kommen«.[15]

Natürlich ist die Hypothese angreifbar, aber das ist nicht unser Thema. Widerlegt ist sie jedenfalls nicht. Wie wir gesehen haben, sind viele Heuristiken der Wahrnehmung und des Denkens angeboren. Einiges ist erlernt.[16] Mit der Verlässlichkeit der individuell erworbenen Wahrnehmung verhält es sich ähnlich wie mit den stammesgeschichtlich erworbenen Kategorien und Anschauungsformen *a priori*. Es kommt darauf an, wie hart sie getestet wurden. Individuell erworbene Erkenntnisse über die Welt sind oft täuschungsanfälliger als angeborene Voreinstellungen des Denkens. Wir machen Fehler, wenn wir mit selektierter, unvollständiger Information gefüttert werden oder wenn wir plötzlich in eine Umgebung wechseln, in der andere Regeln gelten. Und so hilft es, sich dieses Problems bewusst zu sein. Noch besser wäre der Versuch, aktiv über den Tellerrand zu blicken. Schon mehr als nur eine Zeitung zu lesen und mit Menschen aus anderen Milieus und mit anderen Anschauungen zu reden, ist ein Anfang. »Filterblasen« gab es lange bevor soziale Medien erfunden wurden. Seitdem das Internet aber der eigenen, kleinen Stimme ein Forum bietet, das ihr potentiell weltweit Gehör verschafft, merken wir, dass diese gigantische Kommunikationsprothese Segen *und* Fluch ist. Das *World Wide Web* könnte die Realisierung des Traumes von einer weltumspannenden und zugleich basisdemokratischen Kommunikationsplattform sein. Jeder darf seine Meinung äußern.

Leider findet sich dort aber auch viel Abseitiges, Gerüchte und Unwahrheiten. Das kann zum Problem werden, wenn wir die Führung durch diesen Dschungel Algorithmen überlassen, die so programmiert sind, dass sie vor allem Menschen mit ähnlichen Vorurteilen zusammenführen und sich ein positiver Rückkopplungsmechanismus verbreitet, der in eine Spirale der Selbstbezüglichkeit führt. Dagegen helfen Skepsis, Toleranz, Offenheit und der aktive Versuch, von Zeit zu Zeit die Perspektive zu wechseln.

Schön wäre aber auch ein Katalog von Gütekriterien für Argumente, Hypothesen und Theorien aller Art. Innerhalb der Wissenschaften existieren solche Kataloge.[17] Auch sie haben ihre Tücken. Erstens wird Wissenschaft von Menschen betrieben, so dass nie ausgeschlossen ist, dass das Interesse an objektiver Erkenntnis durch subjektive Motive oder Vorurteile kontaminiert wird. Und zweitens gibt es viele Fragen, die von vornherein so konstruiert sind, dass sie außerhalb des Kompetenzbereichs der Wissenschaft liegen. Dazu gehören zum Beispiel Probleme ästhetischer, ethischer oder allgemein normativer Natur. Es gibt kein Experiment, das uns sagt, ob Bach oder Mozart oder ob Meere oder Berge schöner sind, ob Ehebruch legitim oder was ein gelungenes Leben ist.

Der menschliche Geist hat eine materielle Basis und eine Geschichte. Er hat sich in ständiger Auseinandersetzung mit und als Anpassung an die Realität entwickelt. Das gilt für die angeborenen und die erworbenen Aspekte des Denkens. Beide Arten von Anpassungen kann man als Lernen bezeichnen. Was allerdings verschieden ist, sind sowohl die Mechanismen als auch die Ziele dieser beiden Formen des Lernens. Hinter dem phylogenetischen »Lernen« steht einzig und allein das darwinsche Prinzip von Mutation und Selektion in Richtung einer optimierten Fitness. Wir alle wissen, dass die Ziele und Motive individuellen Lernens vielschichtiger und manchmal auch widersprüchlicher sind.

Wie vernünftig ist die Vernunft? Wie vernünftig sollte sie sein?

Moralphilosophen haben ein Faible für Straßenbahnen. Straßenbahnen spielen eine tragende Rolle in einem berühmten Gedankenexperiment, das sogenannte »Trolley«-Problem:[18]

Stellen Sie sich vor, eine außer Kontrolle geratene Straßenbahn rast auf eine Weiche zu. Auf dem linken Gleis dahinter steht eine Gruppe von fünf Passanten, auf dem rechten ein einsamer Spaziergänger. Sie sitzen im Stellwärterhäuschen und haben genau eine Handlungsoption, Sie können einen Hebel betätigen und die Bahn vom linken auf das rechte Gleis lenken. 70 bis 90 % aller befragten Kandidaten – mich eingeschlossen – würden genau das tun, auch wenn durch ihr Handeln ein Mensch zu Tode kommt. So weit, so gut.

Zwischen der moralischen Intuition und der Arithmetik der Vernunft scheint es keinen Konflikt zu geben. Fünf Menschenleben zählen eben mehr als eines.

Sobald das Setting aber nur leicht verändert wird, ändern sich die Präferenzen drastisch. Bei einer alternativen Variante des Dilemmas muss ein Mensch aktiv von einer Brücke gestoßen werden, um ein Fahrzeug aus der Bahn zu lenken, das auf fünf Personen zurast. Bei dieser zugegebenermaßen etwas kruden Variante würde nur knapp ein Drittel der Befragten aktiv tätig werden, obwohl die Konsequenzen der Handlung objektiv betrachtet dieselben sind wie in Variante 1.

Intuitiv fühlen wir, es gibt einen Unterschied zwischen beiden Szenarien, auch wenn dieser Unterschied nicht leicht zu benennen ist. Wir könnten die Gedankenspiele auf die Spitze treiben und fragen, wer das Leben seines eigenen Kindes opfern würde, um fünf Unbekannte zu retten.

Die »Vernunft des Gehirns« ist offensichtlich nicht immer deckungsgleich mit der »Vernunft« des Taschenrechners. Woran liegt das? Die beiden Psychologen Joshua Green und Jonathan Cohen konfrontierten Probanden mit dem »Trolley«-Problem in beiden Varianten.[19] Das Votum der Testpersonen fiel aus, wie erwartet. Während der Befragung lagen die Probanden aber in einem Hirnscanner, der die Aktivität verschiedener Hirnregionen während der Entscheidungsfindung analysierte. Bei Variante 1 war lediglich der dorsolaterale präfrontale Cortex (dlPFC) aktiv, eine Region, die bei rationalen Entscheidungen beteiligt ist. Im zweiten Fall leuchteten zusätzlich Neuronen im Mandelkern, der für emotionale Bewertungen zuständig ist und speziell auf aversive Reize anspricht. Wenn man so will, konnte man hier das Ringen zwischen der Moral des Kopfes (dem Prinzip Fairness) und der Moral des Bauches (dem Prinzip Empathie) in Echtzeit beobachten.[20] Dieses Experiment[21] zeigt also, dass im Gehirn manchmal unterschiedliche Subsysteme in Konkurrenz treten. Auf keine der Instanzen sollten wir verzichten, denn beide sind Adaptionen, mit denen uns die Evolution ausgestattet hat, um mit bestimmten Anforderungen klarzukommen.

In der Science-Fiction-Serie *Raumschiff Enterprise* gibt es einen Protagonisten, der wunderbar vor Augen führt, dass die »reine Vernunft« keine gute Alternative zu diesem Ringen der Instanzen ist. Der Vulkanier Spock, erster Offizier des Raumschiffs, ist keine unsympathische Figur. Trotzdem ist er ein wenig suspekt. Er ist hochintelligent, scheitert aber in der einen oder anderen Situation, weil er emotional völlig unbedarft ist und seine Entscheidungen ausschließlich auf »reiner Vernunft« beruhen.

Jeder wird eingestehen, Emotionen, egal ob Hass, Furcht, Euphorie oder Liebe, beeinflussen Urteile. Nicht immer zu unserem Nachteil. Manchmal führen Bauchentscheidungen und instinktive Abkürzungen schneller ans Ziel als der Versuch, eine Entscheidung nur auf der Basis rationalen Kalküls zu treffen.[22] Ein schönes Beispiel dafür lieferte ausgerechnet Charles Darwin. Als der damals 29-jährige über Eheschließung nachdachte, erstellte er eine lange Liste von »pros and cons of marriage«. »Kinder (so Gott will)«, »dauernde Begleiterin (und Freundin im Alter)«, »ein Haus und jemand, der es versorgt«, verbuchte er auf der Habenseite. Auf die Gegenseite stellte er den Verlust von »Zeit« und der »Freiheit, dahin zu gehen, wo man will«. Ein weiterer Nachteil der Ehe: »Verwandte besuchen – schreckliche Zeitverschwendung«. Am Ende resümierte Darwin: »Mein Gott, es ist unerträglich sich vorzustellen, dass man sein Leben wie eine geschlechtslose Arbeitsbiene verbringt. Stell dir den ganzen Tag vor in einem schmutzigen Haus. Halte das Bild einer sanften Frau dagegen. Also: Heiraten, heiraten, heiraten.« Er schloss – wie bei mathematischer Beweisführung – mit »quod erat demonstrandum«.[23] Tatsächlich hielt Darwin nach dieser skurrilen Aufrechnung um die Hand seiner (wohlhabenden) Cousine Emma Wedgwood (1808–1896) an. Und – oh Wunder – sie akzeptierte! Auch wenn Darwins Ehe von Dauer und – soweit man weiß – glücklich war, ein Heiratsantrag, der diesen Entscheidungsprozess offenlegt, wäre sicher nicht immer von Erfolg gekrönt.

Auch ohne Affekte zeigt sich die Tätigkeit verschiedener Akteure im Gehirn. Darüber habe ich berichtet. Der langsam agierende, explizite Teil des Denkens (System 2) ist auf Bewusstsein und Sprache angewiesen.[24] In dieser Form finden wir ihn daher nur beim Menschen. An seiner Seite steht System 1, das uns blitzartig mit Urteilen versorgt, von denen wir allerdings nicht wissen, wie sie zustande gekommen sind. Da beide Teile nacheinander entstanden sind und allenfalls eine Art von Koevolution durchgemacht haben, verwundert es nicht, dass sie sich manchmal in die Quere kommen. Demgegenüber gibt es Aufgaben, bei denen die Zuständigkeiten klar geregelt sind. Bei der Abiprüfung sollte eher System 2 tätig werden. Ein routinierter Autofahrer überlässt das Steuer dagegen besser System 1. Wir haben gesehen, dass oft beide Komponenten ihren Teil beitragen. Das kann hilfreich sein, unter bestimmten Umständen aber auch zu typischen Konflikten führen. Diese systemimmanenten »Verzerrungen des Denkens« haben wir auch schon kennengelernt: Wir halten für wichtig und wahrscheinlich, was präsent ist (*Verfügbarkeitsheuristik*). Ereignissen, die verpackt in eine anrührende Geschichte daherkommen, schenken wir mehr Beachtung als nackten Zahlen, auch wenn sich hinter der Zahl womöglich die wichtigere Botschaft verbirgt.[25] Die Hierarchisierung von Problemen aufgrund von Verfügbarkeitsheuristiken ist eine biologische Disposition, die für Menschen lange Zeit einigermaßen unkritisch war. Als der *Homo sapiens* noch in kleinen, voneinander isolierten Gruppen lebte, wurde fast alles, was an Information von Bedeutung war, durch persönliche Erfahrung erarbeitet.[26] Damals waren Häufigkeit und Verfügbarkeit von Ereignissen vermutlich recht gut korreliert. Lernen am Beispiel ist effektiv und im Prinzip eine feine Sache, kann aber zum Problem werden, wenn das Beispiel nicht repräsentativ ist.

Heute werden Weltbilder immer stärker durch Informationen aus zweiter Hand, Zeitungen, Fernsehen und Internet, geprägt. Heute kümmert uns nicht nur, was in unserem Dorf passiert. Und natürlich wird unser ganz reales Leben fast in Echtzeit durch Ereignisse beeinflusst, die sich tausende Kilometer entfernt abspielen. Medien machen aber oft sehr selektive Fenster zur Realität auf. Sie haben andere Prioritäten, als ein möglichst objektives Bild der Realität und ihrer Risiken zu vermitteln. Reichweite und Aktualität zählen. Die Verfügbarkeit eines Ereignisses spiegelt oft nur die Aufmerksamkeit wider, die die Medien einem bestimmten Problem widmen.[27] Ein eklatantes Beispiel für die Macht dieses Effekts ist die oben erwähnte »größte Angst der Deutschen« des Sommers 2016.[28] Terroristen verfügen kaum über reale militärische Macht, sie sind aber, dank der Struktur unserer Medienwelt, intuitive Meister in der Kunst, Verfügbarkeitskaskaden auszulösen.

Vergessen wir sie und wenden wir uns wirklichen Menschheitsproblemen zu: Als ich mich vor über 39 Jahren als 16-jähriger Schüler in einen Hörsaal der Tübinger Universität setzte, war mir nicht klar, dass ich einen sehr deprimierenden Abend verleben würde. Das Thema des Vortrags lautete »Die Grenzen des Wachstums«. An ein Dia erinnere ich mich genau, das zu einer prägenden Erfahrung meiner Jugend wurde. Ich saß davor, wie das Kaninchen vor der berühmten Schlange. Das Dia zeigte eine Grafik, die das Wachstum der Erdbevölkerung seit der Steinzeit bis ins Jahr 1980 in Form einer Kurve wiedergab. Die Kurve war eine Exponentialfunktion, die immer steiler wurde und unweigerlich in einer Katastrophe münden musste. Die Apokalypse schien eine Frage von Jahrzehnten. Zumal weitere Kurven, die an diesem Abend gezeigt wurden, einer scheinbar zwingenden Logik folgend, spiegelbildlich genau in die andere Richtung wiesen. Ihnen zufolge schien in den 150 Jahren, seit die industrielle Revolution an Fahrt aufgenommen hatte, die Menschheit ihr Lebenselixier, das Erdöl, fast verfeuert zu haben. Und das, obwohl bis dato nur ein kleiner Teil der Menschheit davon profitiert hatte. Auf dem größten Kontinent, in Asien, herrschte bittere Massenarmut.

Nun hat Asien mittlerweile eine spektakuläre Aufholjagd hingelegt. Mit dem ökonomischen Wachstum verlangsamt sich das Bevölkerungswachstum. Global hat die Zahl der Menschen, die hungern müssen, zwischen den Jahren 1980 und 2017 deutlich abgenommen.[29] Im Gegensatz zu den 1980er Jahren scheint heute ein Umstieg auf regenerative Erzeugung von Energie, wenn auch schwierig, so doch zumindest möglich. Seltsamerweise werden diese drei ausgesprochen erfreulichen Megatrends kaum zur Kenntnis genommen und tragen daher zur öffentlichen Befindlichkeit wenig bei. Pessimismus hingegen überwiegt, unter anderem weil Statistiken medial kaum repräsentiert werden und auch ein wenig dröge sind. Obwohl sie oft die entscheidenden Botschaften transportieren, haben es Zahlen, Tabellen und Diagramme schwer gegen dramatische Bilder und rührselige Geschichten.

Neulich saß ich in einem belebten Café bei der Zeitungslektüre. Am Nebentisch saß eine ältere Dame, die eine dicke Schlagzeile zu einem Sexualmord an einem sechsjährigen Mädchen mit den Worten kommentierte: »Schrecklich. Früher hätte es sowas nicht gegeben.« Zufällig las ich genau im selben Moment ein Interview mit Christian Pfeiffer (*1944), dem Direktor des Kriminologischen Forschungsinstituts in Hannover. Der Text war angereichert mit aufschlussreichen Statistiken, die klar zeigen, dass in Deutschland seit den 1970er Jahren nicht nur die Zahl der Morde insgesamt, sondern auch die Zahl der Sexualmorde und insbesondere die Zahl der Sexualmorde an Kindern beständig und deutlich rückläufig ist. Ich machte die Dame auf die Grafik aufmerksam, erntete allerdings nur Kopfschütteln und die Bemerkung: »Das kann ich mir nicht vorstellen«.

Noch eine Vorliebe des Gehirns kann zur Realitätsverzerrung beitragen. Das Gehirn ist »kohärenzverliebt«. Es neigt dazu, aus Schnipseln eine möglichst kohärente Geschichte, sein »Narrativ«, zu basteln. Der *globale Arbeitsbereich*, der nach Ansicht des Neurobiologen Dehaene Bewusstsein herstellt, ist eine Assoziationsmaschine, wie wir erfahren haben. Wir halten Geschichten für besonders plausibel, wenn sie mit vielen Details gespickt sind. Durch das Assoziieren von Einzelheiten kreiert das Hirn Sinn und Bedeutung. Manchmal mehr, als in der Welt vorhanden ist. Ein schönes Beispiel dafür sind die *Rückschaufehler*.[30] Die Neigung, Ereignisse zu Geschichten zu verknüpfen, verführt außerdem zu den sogenannten *Konjunktionsfehlschlüssen*. Entgegen aller Gesetze der Logik und Mengenlehre halten wir die Verknüpfung zweier Ereignisse mit einer Wahrscheinlichkeit von < 1 für wahrscheinlicher, als die Wahrscheinlichkeit der Einzelereignisse für sich.[31] Wenn wir mit unvollständiger Information konfrontiert werden, etwa bei der ersten Begegnung eines Menschen, tendiert das Gehirn dazu, das zu nehmen, was es zur Verfügung hat. Das können Äußerlichkeiten sein, bestimmte soziale Chiffren, Kleidung, Informationen über Beruf, Schulabschluss, Herkunft oder Nationalität. Wir füllen die Lücken mit Mutmaßungen, die sich an dem Fundus unserer Erfahrung orientieren. Diese Form des Urteilens aufgrund unvollständiger Information ist das, was die Psychologen *Repräsentativitätsurteile* nennen. *Repräsentativitätsurteile* sind *per se* nichts Schlechtes. Sie sind im Gegenteil oft effizient und vor allem unverzichtbar. Denn wer hat immer alle relevanten Informationen parat? Das Hirn ist auf *Repräsentativitätsurteile* trainiert, aber diese durchaus sinnvolle Disposition macht es, wie ich bereits beschrieben habe, gleichzeitig anfällig für Stereotypen und Klischees.

Im Grunde bedarf es keiner psychologischen Experimente, um die Probleme von Repräsentativitätsurteilen zu illustrieren.[32] Ständig nutzen wir nur statistisch fassbare Merkmale oder »Gruppenstereotype« dazu, Prognosen über einzelne Mitglieder der Gruppe abzugeben (»Schwaben sind sparsam, Finnen melancholisch, Spanier heißblütig«). Das nimmt sich wie Diskriminierung aus. Genau das ist es auch.[33] Und Diskriminierung klingt ziemlich übel und ungerecht.

Trotzdem bewerten wir nicht jede Form von Diskriminierung als unmoralisch. Nehmen Sie zum Beispiel die Diskriminierung aufgrund des Lebensalters. In Deutschland dürfen Menschen ab dem Alter von 18 Jahren wählen und Auto fahren. 17-jährige dürfen das nicht, obwohl mancher 17-jährige durchaus reflektiertere politische Ansichten haben wird als der eine oder andere Mitfünfziger und vielleicht auch besser Auto fährt. Aber selbst diejenigen, die für eine Absenkung der Altersgrenze votieren, werden kaum bestreiten, dass es wenig Sinn macht, Dreijährige hinters Steuer oder an die Wahlurne zu lassen. Natürlich gibt es Achtjährige mit mathematischen Fähigkeiten, die andere auch mit 40 nicht erreichen. Aber statistisch betrachtet gibt es eine stabile Korrelation zwischen Lebensalter und bestimmten körperlichen und geistigen Fähigkeiten. Da wir weder die Instrumente noch die Kapazitäten haben, die Führerscheintauglichkeit oder gar die Wahlmündigkeit[34] individuell zu prüfen, bleibt uns nichts, als ein *Repräsentativitätsurteil* zu fällen, bei dem das Lebensalter als Surrogatparameter herhalten muss. Vorurteile sind Vorurteile, aber nicht zwangsläufig Fehlurteile. Manche stellen eine gute Annäherung an die Realität dar, andere liegen daneben. Die Akzeptanz von *Repräsentativitätsurteilen* ist nicht nur eine Frage von wahr oder falsch, sondern auch eine Sache des gesellschaftlichen Konsens. Obwohl der IQ während der ersten 20 Lebensjahre gut mit dem Alter korreliert, würden die meisten Menschen die Idee befremdlich finden, das Wahlrecht nicht an das Alter, sondern an einen Mindest-IQ zu koppeln.

Eine weitere Konsequenz aus den »zwei Systemen« sind die Voreinstellungen, die der »schnelle« Aspekt des Denkens vornimmt. So gibt es zahlreiche Experimente, die zeigen, dass gehörte, gedachte oder gesehene Dinge oder Begriffe, egal ob sie explizit oder nur unterschwellig wahrgenommen werden, die Wahrscheinlichkeit erhöhen, bedeutungsverwandte Begriffe in unseren Sinn gelangen zu lassen.[35] Solche Experimente zeigen aber auch an, das Kind nicht mit dem Bade auszuschütten und uns als Marionetten des Unterbewusstseins zu verstehen. *Priming*-Effekte sind real und messbar, aber oft nicht allzu ausgeprägt. Ein verwandtes Phänomen ist der *Framing-Effekt*, eine Art Spezialfall des *Primings*, der damit zu tun hat, wie unser Gehirn mithilfe von Sprache Bedeutung produziert. Obwohl sich *Framing*-Effekte vor allem im obersten Stockwerk unseres Weltgebäudes manifestieren, dort, wo Kulturtechniken, wie zum Beispiel politische Debatten, zuhause sind, sind sie Kinder biologischer Dispositionen. *Framing*-Effekte entstehen aus der Tendenz des Gehirns, Dinge und Begriffe zu Bedeutungszusammenhängen zu assoziieren. Wer möchte, kann die Wurzeln noch tiefer verorten. *Framing* passt gut zum hebbschen Konzept des Lernens an neuronalen Synapsen: »What fires together, wires together«. Wenn wir Dinge zusammen wahrnehmen oder denken, werden immer wieder die gleichen Ensembles von Neuronen und Synapsen aktiviert und dadurch die entsprechenden synaptischen Verbindungen gestärkt. Die Struktur der Sprache *und* die Semantik der Begriffe prägen unser Denken. Während wir in Begriffen denken, aktiviert das Gehirn um den Begriff herum ein *Frame*.[36] Erst in diesem Kontext entfaltet ein Begriff seine subjektive Bedeutung. *Frames* erweitern Begriffe, sind aber gleichzeitig selektiv. Sie heben bestimmte Aspekte hervor und drängen alternative Interpretationen in den Hintergrund.

Politische Debatten etwa können als Wettkämpfe um das Setzen von *Frames* verstanden werden. Politik ist auch die Kunst, das öffentliche Bewusstsein mit den »eigenen« Frames zu besetzen. Ein und derselbe Akteur wird mit unterschiedlichen Augen gesehen, je nachdem, ob wir ihn als Terrorist oder als Freiheitskämpfer bezeichnen.[37] Wenn wir bei Diskussionen über Migration Sätze hören, wie »Das Boot ist voll«, setzt die Metapher vom Boot einen ganz bestimmten Interpretationsrahmen. Die Nation ist das Boot und schwimmt auf hoher See. Boote sind fragil und haben nur begrenzte Nutzlast. Wenn die Last überschritten wird, droht der Untergang. Die Metapher vom Boot impliziert auch: Schutz finden wir nur hier, in *unserem* Boot. Jenseits der Bordwand lauert der nasse Tod. Die Metapher vom Boot blendet Aspekte aus, die dazu verleiten könnten, das Thema Migration ambivalenter zu sehen. Wer denkt bei vollen Booten schon an Überalterung der Gesellschaft, Geburtenrückgang, Bevölkerungsschwund oder Fachkräftemangel. Andere Frames tauchten schon oben im Abschnitt über die Entstehung der »dritten Säule der Moral« auf.[38] Da wäre zum Beispiel der Begriff der Reinheit. Religionen neigen dazu, eine Art »Moral der Reinheit« zu kreieren. Damit setzten sie einstmals *Frames*, die heute noch mächtig sind. *Framing-Effekte* beeinflussen nicht nur Wahrnehmung, Denken und Diskurse, sie nehmen auch direkt Einfluss auf unser Handeln, indem sie jegliche Form von bewusster Abwägung umgehen. Im vorangehenden Kapitel habe ich gezeigt, dass auch Zahlen und Größenordnungen *Frames* setzen. Verbraucher ziehen Joghurts mit der Aufschrift »97 %-fettfrei« Produkten vor, die mit »3 %-Fett« beschriftet sind. *Fett* ist ein Begriff, der in der westlichen Welt negative Frames aktiviert. *Framing* oder *Priming* mit Wörtern kann pro- oder antisoziales Verhalten fördern. Ökonomen etwa verwendeten in einer Untersuchung Spielszenarien, die auf der Grundstruktur des berühmten »Gefangenendilemmas« beruhen, um herauszufinden, ob und unter welchen Umständen Menschen erkennen können, wann es sich lohnt zu kooperieren und wann zu konkurrieren. Interessanterweise hängen die Ergebnisse auch davon ab, ob das Spiel den Teilnehmern unter der Chiffre »Wall-Street-Spiel« oder als »Gemeinschaftsspiel« verkauft wird. Je nachdem tendieren sie – unabhängig vom objektiven Nutzen der jeweiligen Strategie – im ersten Fall zu konkurrenzorientierterem, im zweiten Fall eher zu kooperativerem Verhalten.

Ich könnte noch etliche Beispiele für weitere Verzerrungen der Vernunft nennen. Entscheidend dabei ist: Es handelt sich um Verzerrungen, die aus biologischen Dispositionen entstehen. Wir müssen mit ihnen klarkommen. Wer alle diese Anfechtungen an die Vernunft Revue passieren lässt, dem könnte mulmig werden und er könnte Anlass haben zu der Frage: Dürfen wir uns noch als *Animal rationale* oder als *Homo sapiens* bezeichnen?

Wir sollten unser Licht nicht zu sehr unter den Scheffel stellen. Dass uns diese systemimmanenten Einschränkungen bewusst werden und wir beginnen, ihre biologischen Grundlagen zu verstehen, ist keine geringe Leistung. Die Geisteswissenschaften mit ihren hermeneutisch-interpretativen Methoden, genauso wie das abstrakte Universum der Mathematik und die auf Empirie beruhenden Naturwissenschaften sind Produkte sozial-interagierender Gehirne. Man könnte sie auch als Neuroprothesen bezeichnen, denn sie ermöglichen dem Gehirn, eine kritische Perspektive zu sich selbst einzunehmen. Wer das so sieht, muss kein hoffnungsloser Reduktionist sein.

Der interessante Punkt ist der: In diesem speziellen Verhältnis erschafft nicht nur ein Produzent ein Produkt, sondern das Produkt wirkt auch umgekehrt auf den Produzenten zurück und verändert ihn. Gehirn prägt Kultur prägt Gehirn prägt Kultur ... Wir haben bereits Beispiele von Top-down-Effekten kennengelernt.[39] Die Entstehung der Laktosetoleranz etwa zeigt, wie eine Kulturtechnik sogar bis hinunter ins Stockwerk der Gene wirkt. Top-down-Wirkungen scheint es auch innerhalb des Gehirns zu geben – vorausgesetzt wir sehen das Bewusstsein nicht nur als Epiphänomen.[40] Bewusste Information kann sich in vielfältiger Weise auf Körperfunktionen auswirken, im Guten wie im Schlechten. Denken Sie an Placebo- oder Nocebo-Effekte. Diese Phänomene haben objektive physiologische Korrelate. Teilt man Patienten vor einer Injektion mit, die Einstichstelle werde vorher durch eine (objektiv wirkungslose) Creme betäubt, lindert dieses Wissen die Schmerzempfindung. Im präfrontalen Cortex wird jetzt eine Hirnregion aktiv, die in die Amygdala hineinstrahlt und deren Aktivitäten dämpft. Hier wirkt, wenn man so will, »reines Wissen«. Demgemäß ist der Vorschlag des US-amerikanischen Anthropologen Daniel E. Moerman (*1941) aus dem Jahr 1983, den Begriff des »Placeboeffekts« durch »meaning response« (Reaktion auf Bedeutung) zu ersetzen, durchaus sinnvoll.[41]

Top-down-Wirkungen können nicht nur *ad hoc*, sondern auch nachhaltig die Einstellungen des Gehirns verändern. Darauf beruht die kognitive Verhaltenstherapie, eine sehr wirksame Form der Psychotherapie.[42] Bestimmte Phobien wie die Angst vor Schlangen oder Spinnen sind tatsächlich angeboren. Nicht nur bei Menschen, auch andere Säugetiere fürchten sich vor Schlangen. Trotz der genetischen Disposition können gerade Menschen solche Phobien durch Rationalisierung gezielt und intentionell verlernen.

Menschen haben ein Instrument zur Herstellung von Bedeutung entwickelt, das im Tierreich einzigartig ist.[43] Unsere Sprache ist der Stoff, aus dem Kultur entsteht, eigentlich eine klassische Domäne der Geisteswissenschaften. Sprache ist aber auch ein Produkt des Gehirns und kann gleichzeitig dessen Voreinstellungen verändern. Gedanken sind vielleicht doch mehr als nur die Schaumkronen einer Welle.

Alkohol steht in dem Ruf, aggressives Verhalten zu fördern. Das stimmt nicht generell. Tatsächlich verstärkt Alkohol solche vorhandenen Dispositionen nur bei Menschen, die von vornherein eine gewisse Bereitschaft zu aggressivem Verhalten haben. Interessanterweise jedoch verstärkt Alkohol auch die Neigung zur Aggression bei Menschen, die *per se* gar nicht aggressiv sind, die aber glauben, Alkohol hätte genau diese Wirkung. Explizites Wissen und soziales Lernen können also auch hier die Einstellungen des Gehirns in einem ganz materiellen Sinn verändern.[44]

Ein letztes Beispiel für die verwirrenden Wechselwirkungsgeflechte von Kultur, Denken, Lernen, Zellen und Molekülen: das »Männerhormon« Testosteron. Außer bei Kraftsportlern hat das männliche Geschlechtshormon kein gutes Image, steht es doch in dem Ruf, aggressives und antisoziales Verhalten zu fördern.

Die Empirie scheint diesem (Vor-)Urteil recht zu geben. In allen menschlichen Kulturen und auch bei vielen Säugetierspezies sind es die Männer, die den Löwenanteil an Aggression und Gewalt stellen. Bei fast allen Tierarten haben die Männchen deutlich höhere Konzentrationen von Testosteron im Blut als die Weibchen.[45] Männchen sind außerdem zu den Zeiten besonders aggressiv, in denen auch ihr Testosteronspiegel hoch ist (bei Menschen während der Pubertät, bei männlichen Vögeln während der Paarungszeit saisonaler Brüter; ausgerechnet im Mandelkern, der Hirnregion, die Angst und Wut hervorbringt, finden sich besonders viele Testosteronrezeptoren). Die Biologie scheint die Hypothese vom Aggressionshormon zu stützen.

Alles gut und schön, aber ein ordentlicher Wissenschaftler sollte vorsichtig sein. Die erwähnten Befunde sind Korrelationen. Korrelation ist nicht immer gleich Kausalität! Ein entsprechendes Experiment muss also her! Solche Experimente gibt es: Wenn etwa männliche Nagetiere kastriert werden, sinkt ihr Aggressionsniveau. Gegenprobe: Bekommen die kastrierten Tiere Testosteron injiziert, stellt sich das ursprüngliche Aggressionsniveau wieder ein. Braucht es noch Beweise? Männer sind also Opfer ihrer Hormone!?

Die Wahrheit ist komplizierter: Auch Tiere, deren Testosteronproduktion komplett ausgeschaltet wurde, zeigen aggressives Verhalten, wenn auch auf niedrigerem Niveau. Aggression existiert auch ohne Testosteron. »Kastrationsexperimente« wurden nicht nur bei Ratten, sondern in ganz anderen

Zusammenhängen und mit ganz anderer Zielsetzung auch bei Menschen durchgeführt. In einigen Bundesstaaten der USA ist die chemische Kastration von Sexualstraftätern erlaubt.[46] Die Ergebnisse sind aufschlussreich, stimmen aber nachdenklich. Bei Sexualstraftätern, die aufgrund eines zwanghaft gesteigerten Sexualtriebes straffällig wurden, senkt die Kastration tatsächlich die Rückfallgefahr, nicht aber bei Tätern, die Frauen aufgrund von Machtgelüsten oder schlicht aus Zorn vergewaltigt hatten! Männer, die vor der Kastration viel Erfahrung mit Aggressivität gemacht hatten, waren auch nach der Kastration aggressiver.[47] Wie sind solche Befunde zu interpretieren? Soziale Lernerfahrungen wirken über biologische Mechanismen[48] in die Zukunft und entkoppeln aggressives Verhalten bis zu einem gewissen Grad vom aktuellen Testosteronspiegel.

Ein weiterer Punkt sei noch angemerkt: Weiter oben habe ich erwähnt, Männer seien in Phasen hoher Testosteronproduktion aggressiver. Studien mit Gefangenen bestätigen diese Korrelation. Sie zeigen aber auch, dass aggressives Verhalten zu höheren Testosteronspiegeln führt. Was also ist hier Henne, was Ei? Wenn wir individuelle Testosteronspiegel messen, egal ob bei Tieren oder Menschen, lässt sich aus den Messungen kaum vorhersagen, ob sich das betreffende Individuum aggressiv verhalten wird oder nicht. Als sozial-prognostisches Verfahren taugt dieser einfache biochemische Test also nicht. Ausnahmen sind Situationen, bei denen die Testosteronspiegel durch Einnahme entsprechender Präparate weit über das normale Niveau hinaus gesteigert wurden. Exzessives Doping erhöht tatsächlich die Wahrscheinlichkeit für aggressives Verhalten. Aber selbst dieser Zusammenhang ist kein endgültiger Beweis. So kann es etwa sein, dass Menschen, die sich entschließen zu dopen, nicht repräsentativ für die Gesamtbevölkerung sind und schon eine gewisse Neigung zu egozentrischem oder besonders kompetitivem Verhalten mitbringen.[49]

Was lernen wir daraus? Die menschliche Vernunft ist *nicht absolut*![50] Sie ist das Resultat einer bestimmten Perspektive auf die Natur und unsere Mitmenschen. Diese Perspektive hat individuelle, biographische, kollektive und genetische Wurzeln. Vor allzu simplen Erklärungen komplexen menschlichen Verhaltens sei also gewarnt, vor allem, wenn sie in dichotomer Gestalt daherkommen – nach dem Motto: »Es sind die Gene« oder »Alles Erziehung«. Vielleicht ist es auch eine Frage des Temperaments, ob wir anhand dessen, was uns die Biologie über die Vernunft verrät, dem Kulturwesen Mensch eine optimistische oder pessimistische Prognose stellen. Bevor Sie urteilen, denken Sie an die Kraft sich selbst erfüllender Prophezeiungen!

VIERTE SCHLUSSFOLGERUNG: DIE SICH SELBST ZEICHNENDEN HÄNDE

Kein Gehirn ist eine Insel. Gehirne sind mit Welt und Körper vernetzt. Mit der viel gerühmten Autonomie scheint es also nicht weit her zu sein. Was ein Gehirn denkt und tut, ist von einer Flut von Informationen abhängig, die beständig von außen hereinprasseln. Viele dieser Informationen sind unterschwellig. Sie können Denken und Verhalten beeinflussen, ohne dass wir uns dessen bewusst sind.

Was wir tun, denken, wahrnehmen, ist Produkt vieler Instanzen. Vernunft oder Gefühl oder – wer's lieber freudianisch mag – ICH, ES und ÜBER-ICH ringen um die Oberhand. Diese Sicht des Gehirns ist mehr als Spekulation. Auch wenn die Biologie (noch) nicht erklären kann, wie die verschiedenen Instanzen funktionieren und ineinandergreifen, sie versetzt uns immerhin in die Lage, den uralten, nebulösen und bis dato eher metaphorisch verwendeten Begriffen wie Gefühl, Verstand, Bewusstsein oder Unterbewusstsein, ICH oder ES bestimmte Akteure zuzuordnen. (Wenn der Verstand unsere Emotionen und Impulse dämpft, sind andere Hirnteile aktiv als in Situationen, in denen wir unseren Gefühlen freien Lauf lassen).

Auf dieser Ebene gewinnt man den Eindruck, als wäre das Bild des unteilbaren ICHs eine Autosuggestion. Wer regiert im Kopf? Schon die Frage ist problematisch. Je nachdem, wen und wie wir fragen, was ein bestimmtes Verhalten verursacht, werden wir unterschiedliche Antworten bekommen: »Warum habe ich mich gerade auf den freien Platz an der Bar gesetzt?« Ein Freund, der mich gut kennt, wird sagen: »Die Dame auf dem Hocker daneben erinnert fatal an die erste Liebe deiner Schulzeit.« Der Psychologe wird antworten, Männer seien auf bestimmte Schlüsselreize konditioniert. Der Neurobiologe wird sagen, ein Zusammenspiel von Aktivitäten habe im limbischen System und im präfrontalen Cortex diejenigen Neuronen aktiviert, die mich auf den freien Hocker befördert haben. Von hormonellen Cocktails, die meinem Verhalten zum gegebenen Zeitpunkt den entscheidenden Impuls in Richtung Bar gegeben haben, wird mir wiederum der Endokrinologe erzählen. Und der Evolutionsbiologe wird mit den Schultern zucken und verkünden, schließlich seien über Jahrmillionen Jahre genau die Gene selektiert worden, die uns dazu disponieren, in bestimmten Situationen die Nähe zum anderen Geschlecht zu suchen. Und jedem, der jetzt glaubt, hier bewege sich ein erbärmliches Opfer seiner Triebe zur Bar, kann ich versichern, dass mich mein präfrontaler Cortex sofort wieder zur Lektüre meines Büchleins an den Tisch zurückbringen wird, wenn die Konversation nicht den gewünschten Verlauf nimmt.

Interessant an den Antworten aus den unterschiedlichen Disziplinen ist: Alle haben recht! Allerdings bewegen sich die Erklärungen auf verschiedenen Ebenen und Zeitskalen. Die genannten Ursachen und Motive sind in verschiedenen Stockwerken unseres Weltgebäudes zuhause. Die Geschichte eines Gehirns und damit die Geschichte einer Entscheidung reicht in gewisser Weise zurück bis in die Welt der ersten vielzelligen Lebewesen mit einfachen Nervensystemen. Diese stammesgeschichtlichen Verstrickungen sind ein Segen, weil unsere Gehirne die Nachfahren der erfolgreichen Vorgängermodelle sind. Das bietet eine gewisse Gewähr für verlässliche Voraussagen und erfolgreiches Handeln. Sie sind auch deshalb ein Segen, weil die Evolution nicht die Einzelleistungen der Teilkomponenten bewertet, sondern die Mannschaftsleistung des Ensembles. Die Selektion verpflichtet die Teilsysteme zum Teamspirit, was für eine gewisse Form von Ausgewogenheit zu sorgen scheint. Streng logisch-rational arbeitende Hirne, wie das eines Captain Spock, sind offensichtlich genau so wenig ein Erfolgsmodell wie Hirne, die bar jeder planenden Vernunft jederzeit dem spontanen Affekt folgen. Weil die Ensembleleistung zählt, ist es berechtigt, vom Individuum zu sprechen, auch wenn im Gehirn oft mehrere Instanzen um eine Entscheidung ringen.

Die stammesgeschichtlichen Verstrickungen sind allerdings auch ein Fluch, weil ihr Guckloch zur Realität nicht gebohrt wurde, um uns einen möglichst objektiven Blick auf die Welt zu verschaffen. Selbst die Gucklochmetapher ist schief. Wir nehmen zwar Teilaspekte der Realität wahr, aber unser Hirn zeichnet sie nicht auf wie eine Filmrolle. Es gleicht eher einem Instrument, das sich seine Version der Welt aus den Bausteinen bastelt, die ihm seine Sensoren zur Verfügung stellen. Unsere Wirklichkeit ist konstruierte »Realität«.[1] Auch müssen wir uns über die Grenzen der Anpassungen, die dem darwinschen Dreiklang zugrunde liegen, im Klaren sein. Zum einen ist die Konstruktion des Gehirns durch seine Geschichte bedingt. Zum anderen ist die Geschwindigkeit der Anpassung begrenzt. Die Uhr der Evolution schlägt im Takt von Generationen.[2] Wenn sich die Umwelt rasch verändert, besteht daher die Gefahr, dass die »Erkenntnis- und Realkategorien« (schon wieder Kant) auseinanderdriften und innere und äußere Realität nicht mehr zueinander passen.

In den vergangenen 10000 Jahren haben sich die Anforderungen an Menschen rapide verändert, womit die alte Tante Evolution nicht immer Schritt halten kann. Das kann zu problematischen Asynchronien führen. Nehmen wir eine uralte Stressreaktion, die schon bei Reptilien zu finden ist. Wenn Katzen Mäuse jagen, stehen beide unter Stress. Die Amygdala der Gejagten ist maximal aktiv. Sie setzt zwei nützliche Reaktionskaskaden in Gang. Sie aktiviert das sympathische Nervensystem. Puls und Blutdruck steigen. Ressourcen, die sonst in längerfristigen Projekten gebunden sind, werden in die Muskulatur umverteilt, um Flucht oder Jagd zu ermöglichen. Parallel dazu werden Neuronen im *Nucleus paraventrikularis* des Hypothalamus aktiv, die Corticotropin-Releasing-Hormone (CRH) ausschütten. CRH fördert die Produktion des adrenocorticotropen Hormons (ACTH). ACTH tritt in die Blutbahn über und steigert die Produktion von Glucocorticoidhormonen.

Diese Stressreaktion kann kontraproduktiv werden, wenn wir Gefahren nur antizipieren. Ähnliche Kaskaden werden bei Menschen aktiviert, die gerade ein Haus gebaut und sich hoch verschuldet haben, wenn sie nachts wach liegen und grübeln, was alles schieflaufen könnte. Schnelle Beine helfen hier nicht. Trotzdem wird die uralte Stresskaskade aktiviert. In chronischen Stresssituationen oder wenn drohende Katastrophen ständig nur imaginiert werden, richtet der alte Schutzreflex eher Schaden an. Chronischer Stress erhöht den Blutdruck und das Risiko, an Altersdiabetes und Arteriosklerose zu erkranken.[3] Wer die Biologie ernst nimmt, der muss sich vom Mythos des kleinen Gespensts verabschieden, das in unserem Kopf sitzt und – über alle Materie erhaben – die Strippen zieht. Demgegenüber ist der *hypothetische Realismus*[4] das wichtigste Axiom im Weltbild der Biologie. Er lässt wenig Platz für einen descartesschen Geist, der wie ein absoluter König über dem Volk der Zellen und Synapsen thront.

Stopp! Man kann die Geschichte auch anders erzählen. Descartes' Geist scheint ein Mythos zu sein. Dasselbe gilt aber auch für Julien Offray de la Mettries »Mensch-Maschine«![5] Wie die kleine Szene vom freien Platz an der Bar zeigt, stoßen wir an Grenzen, wenn wir unser menschliches Verhalten mit der linearen Kausalität fallender Dominosteine erklären. In der Geschichte vom

Gang zur Bar ist noch viel mehr enthalten, wie beispielsweise die vielen Verhaltensaspekte, die wir (noch) nicht sinnvoll auf die Ebene von Zellen oder Molekülen reduzieren oder auf dieser Ebene überzeugend erklären können.

Es entbehrt nicht einer gewissen Ironie, dass die Evolution ein System entwickelt hat, dessen Stärke genau darauf beruht, selbst zutiefst lamarckistisch zu funktionieren. Durch die Fähigkeit zur Weitergabe erworbener Eigenschaften und Kenntnisse hat uns das Gehirn die kulturelle Evolution beschert.[6]

Voraussetzung war nicht nur die evolutionäre Entwicklung komplexer Nervensysteme, sondern auch die Evolution eines zweiten Informationsspeichers und eines zweiten Codes jenseits der Gene. In der Biologie ist die DNA die wichtigste Währung, in der Information gehandelt wird. Mit der Erfindung der Sprache wurde es möglich, Information auf andere Art zu transportieren. Sprache ermöglicht Kommunikation über Vergangenheit und Zukunft. Durch sie können wir auch hypothetische, imaginäre oder sogar kontrafaktische Szenarien diskutieren und Alternativen zur Debatte stellen. Die Möglichkeit, Information und Realität zu entkoppeln, macht die Sprache aber auch zum Instrument der Täuschung. Noam Chomsky sieht in der Sprache noch etwas Grundlegenderes, ein Werkzeug des Denkens:[7] Manche Gedanken könnten sich nur in sprachlicher Gestalt manifestieren. Und die menschliche Sprache ist im wahrsten Sinne des Wortes *kreativ*.

Das Verhalten bewusster, denkender, planender und sich erinnernder Individuen wird nicht allein von einem kollektiven genetischen Gedächtnis bestimmt, sondern zunehmend von proximalen Motiven, individuellen Wünschen, Hoffnungen, (Sehn-)Süchten und Ängsten. Damit koppelt sich das menschliche Verhalten nicht nur ein Stück weit von seiner genetischen Basis ab. Die Botschaft daraus lautet: Wir begehen zwangsläufig Kategorienfehler, wenn wir jede Spielart menschlichen Verhaltens mithilfe der Evolutionsbiologie erklären wollen. Kognition und Sprache sind unauflöslich miteinander verknüpft.

Das Gehirn ist die Grundlage sprachlichen Denkens. Wer so etwas behauptet, ist noch lange kein hoffnungsloser Biologist, Reduktionist oder Determinist. Das Gehirn regelt in sehr abstrakter Manier die Art und Weise, wie wir denken,[8] nicht aber, was wir denken.

Und jetzt kommt noch ein wichtiger Punkt: Auf allen Ebenen der Verarbeitung von Information werden wir mit Phänomenen konfrontiert, die sich nur innerhalb einer Ebene vernünftig beschreiben lassen und sich nicht unmittelbar aus den Eigenschaften oder Zuständen der Bausteine der Ebenen darunter ableiten lassen. Auch wenn sie aus den gleichen Atomen bestehen, Gehirne funktionieren nicht wie Uhrwerke oder Computer. Es ist viel komplizierter: Wollen wir Verhalten erklären, dürfen wir nicht nur »von unten nach oben« – soll heißen, von den Genen und Zellen zum Merkmal – hin argumentieren. Die Beziehungen zwischen den Ebenen sind oft in vielerlei Hinsicht rekursiv: Wir erinnern uns: Gen prägt Gehirn prägt Kultur prägt Gehirn – prägt unter Umständen sogar wieder den Funktionszustand der Gene.[9] Gegen kühn ausholende Prognosen über Schnittstellen zwischen »Maschine und Geist« oder gar »Maschinen mit Geist«[10] bin und bleibe ich skeptisch.[11]

Die letzte Lektion ist daher eine demütige Lektion: Es existieren viele Facetten menschlichen Verhaltens, die zwar biologische Wurzeln haben, sich aber nicht mehr unmittelbar auf evolutionsbiologische Prinzipien oder Notwendigkeiten zurückführen lassen. Wer menschliches Verhalten analysiert, muss aufpassen, nicht verführerische, aber substanzlose Analogien zu entspinnen.

EPILOG

Es hätte gut gehen können. Der Plan war raffiniert. Um zu verhindern, dass Julia mit dem ungeliebten Paris zwangsverheiratet wird, überredet sie ihr Bruder Lorenzo, einen Trank zu sich zu nehmen, der sie für mehrere Stunden in einen todesähnlichen Schlaf versetzt. Ihr Liebster Romeo sollte durch einen Brief in den Plan eingeweiht werden. An dieser Stelle nimmt das Unglück seinen Lauf. Durch ein Missgeschick erreicht der Brief den Adressaten nicht. Das Ende ist bekannt. Ahnungslos eilt Romeo zur Geliebten, hält Julia für tot, vergiftet sich in seiner Verzweiflung und stirbt. Genau in diesem Augenblick erwacht Julia, sieht, was geschehen ist, ergreift Romeos Dolch und tötet sich ebenfalls.

Nur einer hätte die Tragödie verhindern können: William Shakespeare. Ihm hätten ein paar Federstriche genügt, um zu zeigen: Wir sind die einzigen Tiere, die Geschichten erfinden, in denen die Protagonisten nach unserem Willen schalten und walten können. Benjamin Libets Experiment hin oder her,[1] wenn wir auf *dieser* Ebene über menschliches Handeln sprechen, können wir auf die Willensfreiheit eigentlich nicht verzichten.

Was dabei allerdings eklatant deutlich wird: »Freiheit« ist kein Eintrag im Wörterbuch der Biologie – man sucht diesen Begriff dort vergeblich. Augenscheinlich besteht ein Übersetzungsproblem zwischen Biologie und Kultur. Dieses *Missing Link* ist in der Tat eine der größten Lücken im Gedankengebäude der Naturwissenschaften. Selbst wenn Freiheit nichts als eine psychologische Fiktion sein sollte, wer würde in seinem Lebensalltag auf ›seine‹ Freiheit verzichten?

Worauf will ich hinaus? Natürlich sind wir durch unsere Biologie begrenzt. Wir stehen in einer evolutionären Tradition, die über 3,4 Milliarden Jahre alt ist. Unsere Gene, Zellen, Organe gehorchen denselben physikalischen und chemischen Gesetzen wie die von Mäusen oder Gänseblümchen. Davon können wir uns nicht freimachen.

Trotz dieser Bedingtheit hat sich kein anderes Tier stärker von seinen biologischen Wurzeln und von genetisch programmiertem, instinktiv motiviertem Verhalten emanzipiert als wir. Wir sind Tiere, die noch zur und in die Natur gehören, die uns hervorgebracht hat; wir sind aber die Kulturwesen, die genau diese Tiere, die wir einmal waren, selbst erschaffen haben. Wir haben etwas zustande gebracht, was keiner anderen Spezies gelungen ist: Wir haben das Weltgebäude um eine weitere Etage erweitert, in dem die Kultur zuhause ist. Und wie in jedem neuen Stockwerk des Weltgebäudes entstehen auch hier Dinge, die mehr sind, als die Summe ihrer Teile aus den Geschossen darunter – mithin also Dinge, die sich einer Beschreibung durch Begriffe der Biologie entziehen.[2]

Mitten im obersten Geschoss logiert ein prominenter Gast, der seine biologische Herkunft nicht verleugnen kann: unsere Sprachbefähigung. Menschliche Sprache ist eine raffinierte Kommunikationsform und ein eigener Denkmodus. Sprache ist aber *auch* der Stoff, aus dem Dramen wie *Romeo und Julia* gestaltet werden. Menschen sind ihre biologischen Grenzen *und* ihre Freiheitsgrade. Daher sind wir – aus meiner Sicht – die interessantesten und zugleich widersprüchlichsten Wesen, die unsere Erde hervorgebracht hat.

Das Bild, das die Biologie vom Menschen zeichnet, ist ambivalent, verwirrend, aber keineswegs rabenschwarz. In vier Kapiteln habe ich versucht, in groben Zügen zusammenzutragen, was die Biologie über Evolution, Gene, Zellen und Gehirne des Menschen in Erfahrung gebracht hat, um anschließend zu fragen, ob sich daraus ein bestimmtes Bild vom Menschen ableiten lässt. Wir halten uns für ein Tier mit »ganz besonderen Freiheitsgraden«, eine Tierart, die sich von ihrer »Natur« weitgehend, aber nicht vollständig emanzipiert hat. Aber was bedeutet das konkret?

Nehmen wir zur Illustration nochmal unsere fatale Neigung, die Welt in »Wir« gegen »Sie« aufzuteilen. Dortmund oder Bayern? Eigene Horde gegen fremde Horde? Tatsächlich sind wir zur Dichotomisierung *eigen versus fremd* genauso disponiert wie unsere haarigen Vettern. Diese (angeborene) Neigung hat bei Menschen – wie bei anderen Affen – manchmal mörderische Konsequenzen. Die Psychologie von Eigen- versus Fremdgruppen gehört bei höheren sozialen Säugetieren (leider) zur biologischen Grundausstattung und steckt – in gewisser Weise – in unseren Genen.[3]

Die Kapitel Eins bis Vier haben aber, so hoffe ich, verdeutlicht, dass fast nie ein gerader Weg vom Gen zum Merkmal oder zum Verhalten führt. Diese Beziehungen sind schillernd und kompliziert.[4] Zellen sind in der Hand ihrer

Gene, die Gene aber auch an der Hand der Zellen.[5] Auf allen Ebenen hat die Umwelt Chancen einzugreifen. Daran ist noch nichts spezifisch Menschliches. Das gilt für Mücken und Mäuse.

Bei Menschen hat die Dichotomisierung *»eigen versus fremd – wir gegen sie«* darüber hinaus aber auch einige sehr eigene, spezifisch menschliche Facetten. Da wären die komplexen, für Außenstehende oft kaum nachvollziehbaren Kriterien, nach denen Menschen Gruppen definieren und umdefinieren. Während bei anderen sozialen Säugetieren die Eigengruppe im Wesentlichen auf konkreten persönlichen Beziehungen aufbaut, sind die Kriterien, die Menschengruppen definieren, oft abstrakter. Wir nennen es Kultur. Ein abstraktes Symbol oder die Kombination zweier Farben kann ausreichen, und unbewusst geht im Kopf die Schere auf, die die Welt in »wir« und »sie« aufteilt.[6] Diese Identifikation hinterlässt wiederum messbare Spuren in unserer Biologie. Sie lässt sich bis ins Hirn nachverfolgen. Gewinnt das eigene Team, können wir bei den Fans verstärkte Aktivitäten im mesolimbischen Belohnungssystem beobachten. Skurrilerweise wird dieses Zentrum auch aktiv, wenn der verhasste Rivale gegen eine neutrale Mannschaft verliert.

Die Kriterien, die unsere Gruppen definieren, beruhen manchmal auf feinen Bedeutungsunterschieden, was nicht selten einen Fluch, manchmal einen Segen darstellt. Nehmen wir das Beispiel der Buchreligionen. Kaum ein anderes Kulturphänomen hat eine derartige Macht, Grenzen zwischen Menschen zu ziehen. Die Zahl der Toten in interreligiösen Konflikten ist Legion, obwohl die Unterschiede zwischen den Bekenntnissen für Außenstehende oft marginal sind. Alle großen monotheistischen Religionen haben sich auf die Idee verständigt, es gäbe einen Gott, der ursächlich für die Existenz der Welt verantwortlich ist. Außerdem nehmen diese Religionen an, dieser Gott habe einer bestimmten Primatenart auf einem mittelgroßen Planeten in einem mittelgroßen Sonnensystem irgendwo im Universum bestimmte Regeln an die Hand gegeben, die ihnen mitteilen und vorschreiben, wie sie zu leben, sich zu verhalten und sich zu benehmen haben.

Wir sind freier als andere Tiere, unser WIR und den Stellenwert der Gruppe aktiv zu verändern, zu verschieben oder zu erweitern. Vor 400 Jahren brachten Protestanten und Katholiken in Deutschland einander um. Vor knapp 100 Jahren war die Hochzeit zwischen dem Katholiken Martin Heidegger und der Protestantin Thea Elfriede Petri noch ein handfester Skandal.[7] Heute habe ich enge Freunde, von denen ich nicht einmal weiß, welchem Bekenntnis sie angehören. Dies ist für unsere Freundschaft nicht von Belang.

Menschen haben nicht nur mehr Möglichkeiten, Gruppen zu definieren. Jeder gehört gleichzeitig vielen, manchmal sogar widersprüchlichen Gruppen an. Ich bin ein Deutscher, Schwabe, alleinerziehender Vater, Arzt, Agnostiker, Arbeitgeber, Skifahrer und vieles andere mehr. Ich kann mich meiner Disposition zur Eigengruppensolidarität (oder zur Fremdgruppenaversion) nicht völlig entziehen. Trotzdem verfüge ich über weitere Möglichkeiten, meine Neigung zur Dichotomisierung zu relativeren oder zu kompensieren. Ich kann priorisieren und eine bestimmte Zugehörigkeit in den Vordergrund stellen. Menschen verfügen über kognitive Mechanismen, die ihre biologischen Dispositionen überformen können, die ihre Abgrenzungstendenz abschwächen, aber durchaus auch verstärken können. Rationalisierungen wirken in beide Richtungen – ein weiteres Moment der Freiheit.

Wir sind nicht auf Gedeih und Verderb der »Right or wrong – my Group«-Mentalität ausgeliefert. Seit ich im Alter von 13 Jahren mit den Filmen konfrontiert wurde, die die Alliierten bei der Befreiung der Konzentrationslager gedreht hatten, bin ich bemüht, mein Selbstwertgefühl nicht aus meiner Staatsbürgerschaft zu ziehen. Seither laufe ich mit dem Drang durch die Welt, die Bedeutung dieser Art von Gruppe, die wir Nation nennen, zu relativieren, und jedem, der es hören will, meinen Standpunkt zum »Dritten Reich« unmissverständlich mitzuteilen. Außer bei der Fußball-WM kommt ein dialektischer Nationalstolz nur in Momenten auf, wo ich das Gefühl habe, dass bei vielen Deutschen das pubertäre und bedingungslose Verhältnis zur Eigengruppe *Nation* tatsächlich nicht mehr so ausgeprägt ist wie bei anderen Nationen.[8] Wir werden in Kulturen, die wir geschaffen haben, hineingeboren. Hier, im obersten Stockwerk des Weltgebäudes, fühlen wir uns heimisch, weit mehr als in der Natur, aus der wir stammen.

Die Regeln und Gesetze dieser Natur, diese Welt mit ihren weitläufigen Kammern und Fluren, war für die Menschen bis zum Aufstieg der Naturwissenschaften *Terra incognita*.[9] Fast scheint es, als hätte über dem unbekannten Terrain über Jahrtausende ein dunkles Tabu gelegen, ähnlich wie in dem alten Märchen vom Ritter Blaubart.

Dieser unheimliche Geselle teilte seiner frisch geehelichten jungen Frau mit, er müsse in wichtigen Angelegenheiten aufs Land fahren. Er überreichte ihr einen Schlüsselbund und sagte, sie könne sich in den oberen Etagen seines Anwesens frei bewegen und solle sich während seiner Abwesenheit ruhig amüsieren. Aber auf gar keinen Fall dürfe sie einen bestimmten kleinen Schlüssel verwenden und damit die zugehörige Kammer im Erdgeschoss aufschließen, sofern sie sich nicht seinem aller schrecklichsten Zorn aussetzen wolle.

Tatsächlich waren auch die Menschen, die sich aufmachten, in die unteren Stockwerke des Weltgebäudes vorzudringen, um etwas über ihre Wurzeln, über die Natur und ihre Gesetze zu erfahren, vielen Kulturen lange Zeit unheimlich. Nicht umsonst war der Genuss der verbotenen Äpfel vom Baum der Erkenntnis Anlass für die Vertreibung aus dem Paradies, und Prometheus musste bekanntermaßen schwer büßen, weil er es wagte, sich als Feuerbringer zum Lehrmeister der Zivilisation zu erheben. Bis heute sind Naturwissenschaftler im öffentlichen Bewusstsein ambivalente Figuren. Dr. Frankenstein lässt grüßen.

Aber anders als in dem Märchen vom Ritter Blaubart haben die vorwitzigen Naturforscher in den verbotenen Kammern nicht die Leichen ermordeter Ex-Ehefrauen entdeckt. In den unteren Stockwerken haben wir die Bausteine der Natur gefunden, Atome, Moleküle, Bakterien, Zellen, Lebewesen und Organe wie das Gehirn. Die schrittweise (und andauernde) Enträtselung der Naturphänomene ist mehr als nur die technische Voraussetzung für die moderne Zivilisation. Diese Bausteine tragen, dies versuchte ich klar zu machen, einiges zu unserem Naturverständnis bei.

Der Schlüssel zu diesen Kammern ist pikanterweise selbst ein Kulturprodukt und als solcher nicht ohne Bedienungsanleitung zu handhaben und umsichtig einzusetzen. Wer über Menschenbilder redet, sollte mit Blick auf die Biologie, dies sei hier nochmals erwähnt, mindestens zwei Gebote beherzigen. Das erste Gebot lautet: *Du sollst mich nicht missbrauchen* (soll heißen, *nicht überstrapazieren*). Und das zweite Gebot heißt: *Du sollst mich nicht ignorieren*. Der Tabula-rasa-Irrtum von Locke bis Skinner ist ein typisches Beispiel für einen Verstoß gegen das zweite Gebot. Verstöße gegen das erste Gebot kommen dagegen gerne aus der rechten politischen Ecke. Die Kriterien für gute Wissenschaft sind universell. Ihre Gegenstände, Fragestellungen, Begriffe und Theorien sind es nicht! Jede Wissenschaft hat ihren eigenen Geltungsbereich. Wenn Begriffe oder Theorien, die in einem bestimmten Kontext erarbeitet und geprüft wurden, in fremde Gefilde entführt werden, taugen sie dort oft nur noch als Metaphern.[10] Metaphern sollten vorsichtig verwendet werden. Metaphern sind anschaulich, wer aber ein Bild eines Schnitzels mit einem Schnitzel verwechselt, wird enttäuscht sein, sobald er hineinbeißt.

Ein typisches Beispiel für unzulässige Übertragung und Vermischung der Ebenen war der »naturalistische Fehlschluss«,[11] dem Herbert Spencer aufgesessen ist. Er und viele andere Sozialdarwinisten leiteten aus der Beobachtung, dass in der Natur der Stärkere überlebe, in der Überzeugung, das Natürliche sei *gut*, auch ein *moralisches* Recht des Stärkeren ab. Menschen – wir sind wieder im obersten Stockwerk – sind aber so frei zu fragen: »Dieses Verhalten ist evolutionär erfolgreich, aber ist es auch gut?« Allgemeiner gesprochen: Aus der Tatsache, dass etwas wahr ist, lässt sich niemals der logische Schluss ziehen, es sollte auch wahr sein! Spencer unterlief noch eine Reihe weiterer fataler Fehler. So verwechselte er sozialen Erfolg (Macht, Status, Geld) mit evolutionärem Erfolg, der – wie schon zigmal betont – einzig durch den biologischen Terminus technicus der *Fitness* definiert ist.«[12]

Neben dem *naturalistischen Fehlschluss* überdehnt auch der *essentialistische Fehlschluss* die Aussagen der Biologie. Was ist damit gemeint? Greifen wir hierfür auf ein bereits angeführtes Beispiel zurück: Männer sind größer als Frauen. Das ist eine Tatsache und verantwortlich sind genetische Unterschiede zwischen den Geschlechtern.[13] Aber wie sieht diese Verantwortung aus? Holländer sind auch größer als Italiener. Auch dafür sind (unter anderem) Gene verantwortlich, jedoch nicht unbedingt dieselben. Und dann wäre da noch die Umwelt.

Wenn Gene sich bemerkbar machen und wie im Fall der Körpergröße für messbare Unterschiede sorgen, reden wir meist über statistische Unterschiede zwischen Gruppen, nicht über Unterschiede zwischen einzelnen Menschen. Die Aussage »Männer sind größer als Frauen« ist korrekt, heißt aber nicht zwangsläufig: »Frau Maier ist kleiner als Herr Müller«. (Und was sollten wir antworten, wenn nach Herrn de Angelo und nach Frau de Vries gefragt wird?) Also: Vorsicht vor Menschen mit einfachen Antworten und der Schere im Kopf! Und beherzigen Sie den Rat von Elie Wiesel: *Wir dürfen Menschen nie als Abstraktion betrachten!* Lernen Sie sie kennen. Damit wäre einiges erreicht. Ich hoffe, die Neugier wurde geweckt. Naschen Sie ruhig weiter vom Baum der biologischen Erkenntnis. Richtig genossen sind Äpfel sehr gesund. Guten Appetit!

ANHANG

Die »Literatur« steht zum Download zur Verfügung, bitte beachten Sie den Hinweis ganz vorne im Buch über dem Impressum.

ANMERKUNGEN

Prolog

1 Fukuyama. The End of History and the Last Man.
2 Kahneman. Schnelles Denken, langsames Denken; S. 178.
3 Hartmann. Ontologie.
4 Vgl. Rovelli. Die Wirklichkeit, die nicht so ist, wie sie scheint.
5 Mendelejew hat 63 Elemente in sieben Gruppen angeordnet.
6 Das Periodensystem im Jahr 2015 weist 128 Einwohner aus.
7 Vgl. Kapitel Drei: Zellen.
8 Vom lateinischen Wort *cultura* für Ackerbau.
9 In *Per Anhalter durch die Galaxis* von Douglas Adams soll ein Computer namens »Deep Thought« die Antwort auf die Frage »nach dem Leben, dem Universum und dem ganzen Rest« errechnen. Nach 7,5 Millionen Jahren Rechenzeit verkündet der Computer fröhlich, die Antwort laute »Zweiundvierzig« und sei mit Sicherheit korrekt. Ich hätte mir kein schöneres Beispiel für einen Kategorienfehler ausdenken können.
10 Braitenberg. Information; S. 7.
11 Aristoteles. Metaphysik; Buch VII; 17; 1041b und vgl. Bresch. Evolution.
12 Wenn ich von Emergenz spreche, dann im Sinne der genannten Definition. Ob mit dem Phänomen der Emergenz nun eine prinzipielle Nicht-Reduzierbarkeit verbunden ist (»starke Emergenz«), soll hier nicht diskutiert werden (vgl. Greve/Schnabel. Emergenz.
13 Lat. für: Erschaffung aus dem Nichts.
14 *Information* und *Bedeutung* sind z.B. emergente Phänomene.
15 Vgl. Rovelli. Die Wirklichkeit, die nicht so ist, wie sie scheint. Paradoxien entstehen, wenn Phänomene der Quantenphysik mit Begriffen der Alltagssprache beschrieben werden.
16 Damit ist die Anzahl der Bindungspartner eines Atoms gemeint.

TEIL I
Evolution

Das Geheimnis der Geheimnisse

1 Darwin. Die Entstehung der Arten; S. 488.

2 Der Astronom Sir John Frederick William Herschel (1792–1871) bezeichnete die Entstehung neuer Arten als »Geheimnis der Geheimnisse«.

3 In der ersten Auflage von 1859 war nie explizit vom Menschen die Rede. Erst in *The Descent of Man* (1871) erweiterte er seine Evolutionstheorie folgerichtig.

4 Ebenda.

5 Das Argument stammt von William Paley aus seiner *Natural History* (1802). Johannes Paul II. hat im Jahr 1996 eingestanden, die Evolutionstheorie könne nicht mehr als spekulative Hypothese beiseitegeschoben werden (vgl. Chris Buskes. Evolutionär Denken; S. 13).

6 Darwin. The Descent of Man.

7 Die erste war Nikolaus Kopernikus' heliozentrisches Weltbild.

8 Der Begriff *Mythos* stammt aus dem griechischen Wort *mythoi* und bedeutet dort schlicht »Erzählung«. In diesem Sinn sei er hier verstanden.

9 610–546 v. Chr.

10 Aristoteles. Physicae auscultationes; II, 8.

11 Lyell. Principles of Geology.

12 Lamarck. Philosophie zoologique.

13 Vgl. auch Malthus. Essay on the Principles of Population und Benjamin Franklin.

14 Dem Zoologen und Gründer der berühmten Zeitschrift *Nature* (1869), Thomas Henry Huxley (1825–1895), hat seine Rolle als Verfechter Darwins den Spitznahmen ›Darwins Bulldogge‹ eingebracht.

15 Vgl. Quammen. Charles Darwin.

16 Vgl. Ernst Mayr. Das ist Evolution; S. 114ff.

17 Vgl. Quammen. Charles Darwin; S. 233ff.

18 Vgl. Kapitel Zwei: Gene.

19 Francisco J. Ayala zum Darwin-Jahr.

20 Es gibt Ausnahmen: Bakterien tauschen Erbsubstanz miteinander aus (horizontaler Gentransfer). Dadurch entstehen manchmal auch neue Phänotypen.

21 Ich verwende Darwinismus und Evolutionstheorie bedeutungsgleich.

22 Dobzhansky. Nothing in Biology Makes Sense Except in the Light of Evolution; in: The American Biology Teacher, Vol. 3, No. 35, Nr. 3 (März 1973), S. 125–129. Siehe auch den Artikel: »Nichts in der Biologie macht Sinn außer im Lichte der Evolution« – https://de.qaz.wiki/wiki/Nothing_in_Biology_Makes_Sense_Except_in_the_Light_of_Evolution.

Wie funktioniert Evolution?

1 »Wir sind in tiefer Unkenntnis über die Gesetze, wonach die Abänderungen (Variationen) erfolgen«; Darwin. Gesammelte Werke; S. 467.

2 Vgl. Kapitel Zwei: Gene.
3 Es muss eingeräumt werden, dass in der Biologie mittlerweile auch Theorien zu »gerichteten«, nicht-zufälligen Mutationen kursieren. (vgl. Jablonska/Lamb. Evolution in vier Dimensionen.
4 Genetische Drift ist die zufällige Veränderung des Genoms durch Mutationen, die keinem Ausleseprozess ausgesetzt sind.
5 Spencer. Die Principien der Biologie. Band 1, § 164.
6 = *Predatoren.*
7 Vgl. Zrzavý/Storch/Mihulka. Evolution; S. 88.
8 Definiert als Zeit zwischen erster und letzter Dokumentation als Fossil.
9 Der Begriff taucht bei Darwin nicht auf, da er die genetischen Grundlagen der Varianz nicht kannte.
10 Vgl. Dawkins. Der blinde Uhrmacher.
11 Der Begriff »kurz« sollte nicht auf die Goldwaage gelegt werden. Es kann sich um Millionen von Jahren handeln.
12 Aristoteles führt vier Arten von »Ursachen« auf: causa formalis: die Formursache; causa finalis: die Zweckursache; causa materialis: die Materialursache; causa efficiens: die Wirkursache.
13 Vgl. z. B. de Waal. Der Mensch, der Bonobo und die Zehn Gebote.
14 Darwin. Die Entstehung der Arten.
15 Ebenda; S. 158.
16 Ein adaptives Merkmal erhöht die Fitness, unterliegt also der Selektion.
17 Ob es neutrale Merkmale wirklich gibt, ist umstritten. Ein bisschen mutet der Streit an wie der um des Kaisers Bart, da es sehr stark darauf ankommt, wie und auf welcher Ebene ein Merkmal definiert wird.
18 Darwin. Die Entstehung der Arten; S. 159.
19 Darwin. The Descent of Man.
20 Von Eltern kann bei der Zellteilung kaum die Rede sein.
21 Vgl. Kapitel Drei: Zellen.
22 Lane. Leben.
23 Diese asexuelle Form der Vermehrung nennen wir somatische Zellteilung (Mitose) (vgl. Kapitel Drei: Zellen).
24 Diese Meiose wird im nächsten Kapitel ausführlicher beschrieben.
25 Es geht hier um die biologische Kategorie des Geschlechtes (*sex*), die durch ganz bestimmte Merkmale wie Chromosomensätze u. Ä. definiert ist, und ausdrücklich nicht um die Frage der subjektiven *Geschlechtsidentität* des Menschen (*gender*). Selten gibt es auch genetische Zwischenformen, was aber nichts daran ändert, dass die biologische Kategorie des Geschlechts in der Regel eindeutig definiert ist.
26 Bevor mich Gender-Forscher in der Luft zerreißen: Achten Sie auf die Beschreibungsebene. Ich rede hier explizit von der genetischen Perspektive auf das Geschlecht. Die Gender-Perspektive ist eine anthropozentrische Sicht. Niemand würde wohl auf die Idee kommen, bei Hamstern über Sex versus Gender zu streiten.
27 Zwitter wollen wir an dieser Stelle außen vor lassen.

28 Vgl. Kapitel Zwei: Gene.

29 Die Körpergröße wird durch viele Gene beeinflusst. Bei polygenen Erbgängen kommt es zu Mischphänomenen.

30 In Kapitel Zwei mehr davon.

31 Heute sprechen wir von dominanten oder rezessiven Allelen eines Gens.

32 Sie verfügen nur über einen einfachen Satz von 1 × 23 Chromosomen.

33 Mehr Details dazu in Kapitel Drei; Abschnitt: Weismanns Barriere.

34 Die *Amphimixis* (Allelmischung) während der Meiose ist eine Grundlage der genetischen Variabilität.

35 Der Positionen der Gene auf einem Chromosom.

36 Nach der ersten Reifeteilung haben die Zellen nur noch einen Chromosomensatz. Vor der Hochzeit müssen sie noch einen weiteren Teilungsprozess durchlaufen, denn die einzelnen Chromosomen bestehen immer noch aus zwei Chromatiden. Im Gegensatz zur Mitose wurden bei der ersten Reifeteilung nur die Chromosomenpaare voneinander getrennt, das einzelne Chromosom aber nicht auf zwei separate Chromatiden aufgeteilt, denn die erste Reduktionsteilung erfolgt zu einer Zeit, in der die Chromosomen ihre Gene bereits kopiert haben. Die zweite Reifeteilung ähnelt der Mitose, bei der ja die beiden Schwesterchromatiden auf die entstehenden Tochterzellen aufgeteilt werden – mit dem Unterschied, dass hier ein haploider Chromosomensatz vorliegt (also nur 1 × 23 Chromosomen). Außerdem durchläuft die Keimzelle zwischen erster und zweiter Reifeteilung nur eine verstümmelte Variante des Zellzyklus ohne S-Phase. (Schließlich verfügen die Zellen bereits über zwei Kopien jedes Gens). Die Details in Ei- und Samenzelle sind etwas unterschiedlich. Während die Bildung von Spermien ziemlich genau nach dem geschilderten Muster abläuft, weicht die Meiose der Eizelle davon leicht ab.
Die erste Reifeteilung der Eizelle beginnt kurz vor dem Eisprung. Bereits bei der ersten Reifeteilung teilt sich die Zelle asymmetrisch in eine große plasmahaltige Eizelle und eine deutlich kleinere »Zelle«, das sog. Polkörperchen. Bei der Bildung der Eizellen findet in der ersten Reifeteilung also eine ungleiche Verteilung des Zytoplasmas statt. Beide Zellen enthalten natürlich trotzdem einen haploiden Chromosomensatz. Die zweite Reifeteilung beginnt erst nach dem Ei- bzw. Follikelsprung, wobei sich die Eizelle erneut asymmetrisch teilt und ein weiteres, später absterbendes Polkörperchen entsteht. Ausgelöst durch Kontakt mit den Samenzellen (Spermien) wird die zweite Reifeteilung der Eizelle schließlich vollendet.

37 Vgl. Kapitel Zwei.

38 Wie das auf der Ebene der Gene funktioniert, wird in den nächsten Kapiteln Thema sein.

39 Erbgleiche Kopien eines Elters = Klone.

40 Sex ist etwas, was das Tier- und Pflanzenreich in existentieller Weise durchzieht. So stellt sich die Frage: Sind Butterblumen zur Sünde fähig, nur weil sie sich sexuell vermehren?

41 Es kann auch umgekehrt sein. In der Natur überwiegt aber die female choice, da es die Frauen sind, die schwanger werden und die bei den meisten Tierarten die Hauptlast bei der Aufzucht der Kinder tragen.

42 Vgl. dazu z.B. Losos. Glücksfall Mensch.
43 Eine Rückübersetzung des englischen *female choice*.
44 Zitiert nach Sadava/Hillis/Heller/Berenbaum. Purves Biologie; S. 593.
45 Safran et al. Dynamic Paternity Allocation as a Function of Male Plumage Color in Barn Swallows.
46 Mayr. Das ist Evolution; S. 130.
47 Fisher. The Genetical Theory of Natural Selection.
48 Vgl. Zrzavý/Storch/Mihulka. Evolution; S. 75.
49 Bis zu 2 cm pro Tag.
50 Reichholf. Der Ursprung der Schönheit.
51 Vgl. Zrzavý/Storch/Mihulka. Evolution; S. 67.
52 Zahavi/Zahavi. Signale der Verständigung.
53 Denn sie wissen nicht, was sie tun (Rebel without a Cause); USA 1951.
54 Vgl. Zrzavý/Storch/Mihulka. Evolution; S. 81.
55 F 1, 2, 3 ...
56 200 versus 100 Nachkommen.
57 Meist setzt die Umwelt dem Wachstum irgendwann Grenzen in Form von limitierten Ressourcen.
58 Zitiert nach Lane. Leben; S. 143.
59 Präziser wäre jede diploide Zelle.
60 Vgl. Kapitel Drei: Zellen.
61 Bei Monokulturen ist oft ein gewaltiger Aufwand in Form von Insektiziden oder Pestiziden notwendig, um der Aufrüstung der »Gegenseite« (Insekten oder Unkräuter) entgegenzuwirken.
62 Niko Michiels zitiert nach Spiegel ONLINE, http://www.spiegel.de/spiegel/print/d-42658580.html Quelle.
63 Vgl. Lane. Leben; S. 161 ff.
64 Bakterien sind eine andere Geschichte.
65 Thomas Robert Malthus (1766–1834) war ein britischer Ökonom, der durch seine düstere Bevölkerungstheorie, die er in zwei Werken 1798 (*An Essay on the Principle of Population*) und 1820 (*Principles of Economics*) entwickelte, von sich reden gemacht hat. Er beschreibt die langfristig katastrophalen Folgen exponentiellen Wachstums von Populationen. Seiner Ansicht nach münden solche Szenarien zwangsläufig irgendwann in der großen »malthusianischen« Katastrophe.
66 Smith. The Evolution of Sex.
67 Sie ist so lange stabil, wie Platz für Neugründungen vorhanden ist.
68 Vgl. Zrzavý/Storch/Mihulka. Evolution; S. 85.
69 »Heraklit sagt doch, dass alles davon geht und nichts bleibt, und indem er alles Seiende einem strömenden Flusse vergleicht, sagt er, man könne nicht zweimal in denselbigen Fluß steigen«; Platon. Kratylos 402a.
70 Carroll. *Alice im Spiegelland*; Kapitel 2: Der Garten der lebenden Blumen; S. 26.
71 Zrzavý/Storch/Mihulka. Evolution; S. 290.
72 Lat. für: Die Natur macht keine Sprünge. In dieser Form stammt der Satz von dem

schwedischen Botaniker Carl von Linné (1707–1778). Der Gedanke war schon in der Antike präsent.

73 *Diskret* im mathematischen Sinn. Dort gilt ein Merkmal als diskret, wenn es nur abzählbar viele Ausprägungen annehmen kann, z.B. die ganzen Zahlen.

74 Die Evolutionsbiologen trennen beide Prozesse und bezeichnen die Veränderung des Phänotyps innerhalb einer Art als *Anagenese* und die Aufzweigung des Stammbaums und damit die Entstehung neuer Abstammungslinien als *Kladogenese.*

75 Von lat. *saltus* = Sprung.

76 Mayr. Das ist Evolution; S. 165.

77 Ich werde darauf zurückkommen, warum es Sinn macht, reale Dreiecke nur als unvollkommene Approximationen des »idealen Dreiecks« zu sehen, warum diese (idealistische) Perspektive bei Kaninchen oder Menschen aber in die Irre führen kann.

78 Mayr. Das ist Evolution; S. 103–110.

79 Das Christentum ist nicht einfach vom Himmel gefallen. Elemente der platonischen Philosophie bilden einige der Stützpfeiler des christlichen Weltbildes; vgl. z.B. Flasch. Warum ich kein Christ bin.

80 Die Morphologie kann täuschen, weil sich Individuen auch aufgrund von Geschlecht (Geschlechtsdimorphismus), Alter oder Sozialstatus (ethologischer Polymorphismus) unterscheiden können.

81 Vgl. Zrzavý/Storch/Mihulka. Evolution S. 358ff.

82 Die Definition der Art als Fortpflanzungsgemeinschaft von Individuen, die sich untereinander kreuzen, schließt z.B. alle asexuellen Spezies (Agamospezies) aus. Bei Bakterien bleibt der Biologie nicht viel mehr übrig, als auf typologische Kriterien zurückzugreifen. Auch ausgestorbene Arten lassen sich so nicht klassifizieren.

83 Diese Definition stammt von Georges-Louis Leclerc Buffon (1855) und wurde vor allem von Ernst Mayr vertreten.

84 Bei den »Darwin-Finken« handelt es sich in heutiger Diktion um Vögel der Gattung *Geopiza* (Ammern) und verwandter Gattungen (vgl. Zrzavý/Storch/Mihulka. Evolution; S. 354).

85 Vgl. Quammen. Charles Darwin; S. 23ff.

86 Beagle Diary, Charles Darwin; zitiert nach Quammen. Charles Darwin; S. 29.

87 Mayr. Systematics and the Origin of Species.

88 Von griech. *allos* = fremd und lat. *patria* = Vaterland.

89 Mayr. Das ist Evolution; S. 130–131.

90 Vgl. Zrzavý/Storch/Mihulka. Evolution; S. 386.

91 Modifikationen, die als *neue Synthese* oder Neodarwinismus bezeichnet werden, sind Ergänzungen und Spezifizierungen, aber sie widerlegen Darwins Theorie nicht.

92 Mittlerweile wurden in China Fossilien früher Übergänge von Dinosauriern zu Vögeln entdeckt, die vermutlich in Bäumen wohnten und Federn an Armen und Beinen wie Flughörnchen nutzten, um zum Waldboden zu segeln. Ihre »halben Flügel« waren also durchaus nützlich.

93 Vgl. Mayr. Das ist Evolution; S. 250.

94 Mikroorganismen kannte er noch nicht.

95 Vgl. Kirschner/Gerhart. Die Lösung von Darwins Dilemma; S. 363.
96 Vgl. Kapitel Vier: Gehirne; Abschnitt: Wahrnehmung.
97 Salvini-Plawen/Mayr. On the Evolution of Photoreceptors and Eyes.
98 Mayr. Das ist Evolution; S. 195.
99 Gehring. Chance and Necessity in Eye Evolution.
100 Die Natur dieser Beziehung ist *das* Thema des nächsten Kapitels.
101 Die Entwicklung von der Eizelle zum Organismus nennen die Biologen Ontogenese, die Entwicklung der Arten Phylogenese.
102 Vgl. Nüsslein-Vollhard. Das Werden des Lebens.
103 Vgl. Kapitel Zwei: Gene.
104 Der Eindruck, in den drei Milliarden Jahren vorher wäre nichts passiert, täuscht gewaltig. Die ganz großen Erfindungen des Lebens (kernhaltige Zellen, Zellatmung und Photosynthese, Sex, Vielzelligkeit) fallen in diese Zeit. Nur haben diese Erfindungen kaum sichtbare Spuren in Form von Fossilien hinterlassen.
105 Kurz ist ein relativer Begriff. Immerhin handelt es sich um ca. 20 Millionen Jahre.
106 Im späten Präkambrium erscheinen plötzlich 70 bis 80 Grundbaupläne von Tieren auf der Bildfläche, von denen heute noch ca. 35 erhalten sind; vgl. Mayr. Das ist Evolution.
107 Auch auf einzelne Taxa.
108 Vgl. Mayr. Das ist Evolution; S. 169.
109 Vgl. Kapitel Zwei: Gene.
110 The Chimpanzee Sequencing and Analysis Consortium. Initial Sequence of the Chimpanzee Genome and Comparison with the Human Genome.
111 Nach dem Hardy-Weinberg-Gesetz lassen sich Allelfrequenzen (z.B. der Allele *A* und *a*) eines beliebigen Gens über Generationen hinweg wie folgt berechnen: p_A = Frequenz des Allels *A;* q_a = Frequenz des Allels *a*. Es gilt: $p_A + q_a = 1$; $(p_A + q_a) \times (p_A + q_a) = (p_A + q_a)^2 = 1$. Daraus folgt: $p^2 + 2pq + q^2 = 1$ mit p^2 = homozygot *AA*, pq = heterozygot *Aa* und q^2 = homozygot *aa*. Beispiel: Unter 16 Individuen finden sich fünf für das Allel *A* homozygote Individuen (*AA*), vier Individuen sind homozygot für Allel *a* (*aa*) und sieben Tiere sind heterozygot für beide Allele (*Aa*). Daraus errechnet sich eine Allelfrequenz für das Allel *A* von $(2 \times 5+7)/(2 \times 16) = 0{,}531$ und für Allel a $(2 \times 4+7)/(2 \times 16) = 0{,}469$. Die Summe der Allelfrequenzen aller Allele eines Locus ist gleich 1.
112 Eine gute Darstellung zur Rolle der Populationsgröße findet sich bei Zrzavý/Storch/Mihulka. Evolution; Kapitel 2.
113 Vgl. ebenda; S. 213 ff.
114 Vgl. Mayr. Das ist Evolution; S. 169.
115 Nicht jede Nische ist immer besetzt.
116 Vgl. Mayr. Das ist Evolution; S. 247, Tabelle 10.1.
117 Westoll. On the Evolution of Dipnoi.
118 Bakterien tauschen oft Bruchstücke ihrer genetischen Texte untereinander aus (sog. horizontaler Gentransfer).
119 Ähnliches beobachten wir leider auch bei Krebszellen. Auch hier können durch den Selektionsdruck resistentere Klone entstehen; vgl. Bleif et al. Cyclic Exposure to Hypoxia [...].

120 Mit *skalierbar* ist eine eindeutige und nachvollziehbare Beziehung zwischen zwei Größen gemeint. Ein Beispiel ist das Zifferblatt einer Uhr. Hier wird Raum in Zeit übersetzt. Ein 60stel der Umdrehung, die der große Zeiger zurücklegt, entspricht einer Minute.

121 Darwin. The Descent of Man; Kapitel 4.

122 Auch in Lehrbüchern der Biologie, vgl. Zrzavý/Storch/Mihulka. Evolution; S. 88.

123 Vom lat. *semel* = einmal.

124 Vgl. Zrzavý/Storch/Mihulka. Evolution; S. 17.

125 Vgl. ebenda; S. 89.

126 Engl. *tit for tat.*

127 Vgl. Sapolsky, Gewalt und Mitgefühl; S. 445 ff.

128 Kerr et al. Local Dispersal Promotes Biodiversity in a Real-Life Game of Rock-Paper-Scissors.

129 Rainey/Rainey. Evolution of Cooperation and Conflict in Experimental Bacterial Populations.

130 Vgl. Zrzavý/Storch/Mihulka. Evolution; S. 99.

131 Packer/Heinssohn. Lioness Leadership.

132 Vgl. dazu Sapolsky. Gewalt und Mitgefühl; S. 440 ff. und Kapitel Zwei; Abschnitt »Jenseits von Eden«.

133 Vgl. Sapolsky. Gewalt und Mitgefühl; S. 444 ff.

134 Schlüsselpublikationen zum Thema: Trivers. The Evolution of Reciprocal Altruisms und Axelrod/Hamilton. The Evolution of Cooperation.

135 Darwin. The Descent of Man.

136 Vgl. Kapitel Vier: Gehirne.

137 Blackmore. Die Macht der Meme oder die Evolution von Kultur und Geist.

138 Vgl. Kapitel Vier: Gehirne.

139 De Waal. Der Mensch, der Bonobo und die Zehn Gebote.

140 Seit 2016 steigt sie wieder leicht.

141 Dieses Beispiel stammt von Zrzavý/Storch/Mihulka. Evolution.

142 Mehr dazu in Kapitel Vier: Gehirne.

143 Fitness im Sinne der Evolutionsbiologie.

144 »Egoistisch« ist hier nicht negativ gemeint. Es soll verdeutlichen, dass eine individuelle Entscheidung getroffen wurde, entgegen der prinzipiellen evolutionsbiologischen Disposition, sich zu vermehren. Empfängnisverhütung hat viel Leid verhindert, wesentlich zur Emanzipation der Frau beigetragen und ist existentiell für eine Menschheit, die bald die Acht-Milliarden-Grenze überschreitet.

145 Blaffer Hrdy. Infanticide as a Reproductive Strategy; dies. The Langurs of Abu.

146 Zitiert nach Sapolsky. Gewalt und Mitgefühl; S. 434.

147 Die Spieltheorie zeigt, dass optimale Ergebnisse oft dann erzielt werden, wenn beide Seiten kooperative Strategien verfolgen. Es zahlt sich aus, nett zu sein.

148 Hier dreht sich der Streit darum, wie relevant die Gruppenselektion ist.

149 Vgl. Kapitel Zwei: Gene: Als Allele bezeichnet man verschiedene Zustandsformen eines Gens an einem bestimmten Genlocus. Allele können sich in einzelnen Positionen der Nukleotidsequenz unterscheiden.

150 Unter echtem Altruismus verstehe ich Verhalten, das den eigenen Fortpflanzungserfolg schmälert.

151 Eine vereinfachte mathematische Formulierung der hamiltonschen Regel lautet, dass uneigennütziges Verhalten selektiert wird, wenn $c < r \times b$, wobei c (= *cost*) für die Kosten für die individuelle Fitness steht, r für den Verwandtschaftsgrad mit dem Objekt der Wohltat und b beschreibt den Nutzen für die Fitness des Empfängers.

152 Dawkins. Das egoistische Gen.

153 Der Begriff Ziel ist hier metaphorisch gemeint. Im allgemeinen Sprachgebrauch sind Ziele etwas, was sich intentionale Wesen setzen.

154 Sapolsky. Gewalt und Mitgefühl; S. 436 ff.

155 Lynn Fairbanks hat das Phänomen des »allomütterlichen Pflegens« untersucht; Fairbanks. Reciprocal Benefits of Allomothering for Female Vervet Monkeys; zitiert in Sapolsky. Gewalt und Mitgefühl; S. 436.

156 Trade-off beschreibt ganz allgemein das Problem gegenläufiger Abhängigkeiten: Optimiert man eine Sache, leidet automatisch eine zweite. Die Evolution von Merkmalen ist vielfachen Trade-offs unterworfen (vgl. die Ohren der Füchse).

157 Da wäre er wieder, der Konflikt zwischen proximalem Mechanismus und ultimativer Ursache.

158 Mehr Literatur dazu bei Sapolsky. Gewalt und Mitgefühl; S. 441 und S. 977.

159 Ebenda; S. 467.

160 Eine abwegige Hypothese, aber auch sie muss erst widerlegt werden.

161 Das Bild des Mannschaftsspiels wird getrübt von etwas, was Biologen als *intragenomischen Konflikt* bezeichnen. Manchmal haben väterliche und mütterliche Gene gegenläufige Interessen, z. B. das Gen Igf2. Es lässt den Fetus im Mutterleib schneller wachsen. Nur der Vater vererbt es in seiner aktiven Form. Bei der Mutter ist das Gen schon in der Eizelle abgeschaltet. Warum? Die Erklärung ist purer Darwinismus: weil das Wachstum auf Kosten der Mutter geht und nicht des Vaters. Die väterlichen Gene haben ein Interesse daran, dass die Mutter möglichst viele Ressourcen in dieses Kind steckt und nicht später in die eines anderen Männchens. Solche Gene sind aber die Ausnahme, nicht die Regel (vgl. auch Kapitel Zwei: Gene; Prägung). Aus der Perspektive der mütterlichen Gene ist die beste Strategie, nur so viele Ressourcen in ein Kind zu investieren, wie dieses unbedingt braucht. Die übrigen Ressourcen kann die Mutter dann für andere Kinder verwenden.

162 Das Genom ist die Gesamtheit aller Gene eines Individuums.

163 Ein Sonderfall sind die afrikanischen Nacktmullen, bemerkenswerte höhlenbewohnende, kleine Säugetiere.

164 Um gleich wieder Wasser in den Wein zu gießen: Eusozialität kommt auch bei Termiten vor, die untereinander nicht näher verwandt sind als andere Geschwister auch (Verwandtschaftskoeffizient von 0,5). E. O. Wilson hat daher die Meinung vertreten, dass ein hoher Verwandtschaftsgrad allein Eusozialität nicht erklärt.

165 Beispiel in Sapolsky. Gewalt und Mitgefühl; S. 431.

166 Streng genommen bezeichnet Mayr diese Form der Gruppenselektion als »harte« Gruppenselektion, um sie gegen eine weiche Form der Gruppenselektion abzugren-

zen, die seiner Meinung nach aber kaum eine Rolle spielt (vgl. Mayr. Das ist Evolution; S. 166).

167 Ebenda; S 166f. Man kann hier den Begriff Eignungswert cum grano salis mit »biologischer Fitness« gleichsetzen.

168 Prädator bezeichnet, in allgemeiner Form, einen Organismus, der einen anderen als Nahrungsquelle nutzt und dabei tötet.

169 Man muss nur an die Beinahe-Ausrottung indigener Völker im Zuge der Kolonialisierung denken.

170 Sober. The Nature of Selection.

171 Smith/Szathmary. The Major Transitions in Evolution.

172 Vgl. Kapitel Drei: Zellen.

173 Lane. Leben.

174 Die Rede ist von der Zellmembran (vgl. Kapitel Drei: Zellen).

175 Vgl. Kapitel Drei: Zellen und z.B. Bleif. Krebs.

176 Natürlich wird ihr »Material« dabei zigfach ausgetauscht.

177 Vgl. Kapitel Drei: Zellen.

178 Zitiert nach Sapolsky. Gewalt und Mitgefühl; S. 465.

179 Vgl. Kapitel Zwei: Gene: epistatische Veränderungen, unvollständige Penetranz, Pleiotropie und Polygenie.

180 Mayr. Das ist Evolution; S. 160.

181 Vgl. Kapitel Zwei: Gene. Das Hämoglobingen liefert den Bauplan für den roten Blutfarbstoff.

182 Allerdings nur bis zu einer bestimmten Allelfrequenz. Je mehr Menschen es mit Hb-S +/– gibt, desto größer ist die Gefahr, dass homozygote Kinder mit Sichelzellanämie gezeugt werden.

183 Vgl. Kapitel Drei: Zellen.

184 Beispiel bei Zrzavý/Storch/Mihulka. Evolution; S. 110ff.

185 ... und einen weniger ausgeprägten Geschlechtsdimorphismus aufweisen.

Erste Zwischenbilanz: Die Biologie der Evolution

1 OED: »A supposition or a system of ideas intended to explain something, especially one based on general principles independent of the thing to be explained.« (*Example: ›Darwin's theory of evolution‹*).

2 Die Evolutionstheorie ist nicht im mathematischen Sinn *wahr*. Kriterium jeder wissenschaftlichen Theorie ist, dass sie prinzipiell widerlegbar ist. Sie ist aber zumindest so wahr, wie alles, was wir sonst über die Realität wissen. Der Evolutionstheorie wurde manchmal vorgeworfen, sie erfülle das Kriterium der *Falsifizierbarkeit* nicht. Dieser Vorwurf beruht auf einem Missverständnis. Die Evolutionstheorie macht unzählige konkrete Aussagen, die sich überprüfen lassen. Die Geschichte der Evolution müsste sofort umgeschrieben werden, wenn etwa menschliche Fossilien aus der Kreidezeit gefunden werden. Selbst im Labor lässt sich Evolution »nachkochen«, wenn Modellorganismen mit entsprechend kurzen Generationszyklen gewählt werden.

3 Richard Dawkins, Ernst Mayr, Theodosios Dobzhansky uvam.

4 Mehr als ein Drittel der Leistungen, die mit dem Nobelpreis für Medizin und Physiologie ausgezeichnet wurden, beruht unmittelbar auf Experimenten mit Tieren.

5 Kapitel Vier: Gehirne.

6 Smith. Evolution and the Theory of Games.

7 Vgl. Prolog.

Jenseits von Eden

1 Sloterdijk. Regeln für den Menschenpark; S. 46.

2 Für jemand, der diesen Text als Biologe ernst nehmen möchte, besteht das Problem darin, dass Sloterdijk wild zwischen biologischen und kulturellen Bezugs- und Begriffsebenen hin und her springt, ohne die Bezüge deutlich zu machen. So verwendet er den Begriff Menschenzüchtung (auch) für einen (angeblichen) historischen Prozess der Domestizierung, der, wenn überhaupt, ein kulturelles, aber kein biologisches Phänomen ist. Wenn er den Begriff biologisch meint, schreibt er über ein Hirngespinst.

3 Vgl. Kapitel Zwei: Gene; Abschnitt: Erbe und Erziehung.

4 Thugendhat. Es gibt keine Gene für die Moral.

5 Z.B. Georg Bernhard Shaw; Blom. Der taumelnde Kontinent.

6 Wenn auch nicht alle unsere Handlungen auf dieser Ebene begründet sind. So macht es etwa wenig Sinn, jeden Atemzug aus einem »Atemtrieb« abzuleiten.

7 Im Sinne der *Fitness.*

8 Ernst Bloch entliehen, der dies auf asynchrone Kulturphänomene bezog.

9 Tomasello. Eine Naturgeschichte der menschlichen Moral; S. 39.

10 De Waal. Der Mensch, der Bonobo und die Zehn Gebote.

11 Hare et al. Cimpanzees Know what Conspecifics Do and Do not See.

12 Vgl. Tomasello. Eine Naturgeschichte der menschlichen Moral; S. 78.

13 Ebenda; S. 55.

14 Vgl. Kahneman. Schnelles Denken, langsames Denken; Tomasello. Eine Naturgeschichte der menschlichen Moral.

15 Sapolsky. Gewalt und Mitgefühl; S. 56; zum Neuro-Imaging vgl. Kapitel 4.

16 Das zeigen auch andere Versuche rund um den Mandelkern. Mithilfe operanter Konditionierung kann man Ratten die Furcht vor einem harmlosen Klingelton antrainieren. Die Tiere können die Furcht wieder verlieren, wenn sie oft genug das Klingeln hören, ohne danach gepiesackt zu werden. Auf demselben Prinzip beruht der Erfolg der Verhaltenstherapie. Menschen mit Phobien werden immer wieder mit dem Objekt ihrer Furcht konfrontiert, um zu lernen, dass keinerlei negative Konsequenzen folgen. Mittels funktioneller Bildgebung lässt sich verdeutlichen, wie dabei »höhere« Zentren im Cortex die Aktivitäten im limbischen System dämpfen.

17 Für das Verhalten von Schimpansen beim Ultimatum-Spiel existieren unterschiedliche Interpretationen. Frans de Waal spricht Schimpansen ein gewisses Gespür für Fairness nicht ab. Im Kontext dieses Kapitels ist aber nur wesentlich, dass Fairness als Kategorie offensichtlich eine biologische Grundlage hat. Wann sie entstanden ist, spielt eine untergeordnete Rolle.

18 Tomasello. Eine Naturgeschichte der menschlichen Moral; S. 56f.

19 Ebenda; S. 210ff.
20 Z.B. Alexander. The Biology of Moral Systems.
21 Sober/Wilson. Unto Others.
22 Boehm. Hierarchy in the Forrests.
23 Boehm. Moral Origins.
24 Tomasello. Eine Naturgeschichte der menschlichen Moral. Sobald sich Kulturtechniken auf den Reproduktionserfolg einer Gruppe auswirken, verzahnen sich beide Prozesse.
25 Ebenda; S. 47.
26 Ebenda; S. 48.
27 Interdependenz ist für Tomasello der Schlüsselbegriff.
28 Tomasello. Eine Naturgeschichte der menschlichen Moral; S. 90
29 Nagel. The Possibility of Altruism.
30 Engelmann et al. Five-Year Olds, but not Chimpanzees, Attempt to Manage their Reputations.
31 Schrey/Hoche. Regel, goldene.
32 Wer mehr wissen will, sollte Tomasellos Text lesen: Tomasello. Eine Naturgeschichte der menschlichen Moral und vgl. Wilson. Die soziale Eroberung der Erde. Wilson beschreibt die Mechanismen, die hinter der Entwicklung komplexer Sozialsysteme stecken. In dem Moment, in dem eine Gruppe eusoziale Merkmale entwickelt, kann sie seiner Meinung nach kulturelle – nicht biologische – Merkmale entfalten, die auch zur Selektion von Kulturen auf Gruppenniveau führen können.
33 Auch wenn Gesetze und Normen auf der Inhaltsebene variieren, existieren kulturelle Universalien. Einige davon beziehen sich auf moralische Prinzipien. George Murdock hat in einer Studie in den *Human Relations Area Files* (1945) eine Liste von 67 solcher »Universalien« erstellt.
34 Bichler/Rollinger. Herodot; S. 11.
35 Grgic. Sextus Empiricus on the Goal of Skepticism.
36 Vgl. Tomasello. Eine Naturgeschichte der menschlichen Moral.
37 Dunbar. The Social Brain Hypothesis.
38 Gamble/Gowlett/Dunbar. Evolution, Denken, Kultur.
39 Sog. Überimitation; vgl. Tomasello. Eine Naturgeschichte der menschlichen Moral; S. 140.
40 < 100000 Jahre.
41 Vgl. Tomasello. Eine Naturgeschichte der menschlichen Moral; S. 141.
42 Mein Urgroßvater musste im Jahr 1939 Bußgeld zahlen, weil er am heiligen Sonntag Unkraut gejätet hatte.
43 Am rechten Rand der Gesellschaft finden wir heute noch Reste dieser pubertären Beziehung zum Kollektiv, das wir Nation nennen.
44 Sloterdijk. Regeln für den Menschenpark.
45 Fairerweise muss gesagt werden, dass Rousseau den Begriff »edler Wilder« wörtlich wohl nie verwendet hat. Über sein Bild vom Menschen im Naturzustand, s. Rousseau. Abhandlung über den Ursprung und die Grundlagen der Ungleichheit unter den Menschen.

46 Evolution sollte hier metaphorisch verstanden werden. Über die Grenzen der Vergleichbarkeit beider Prozesse schrieb ich bereits in Kapitel Eins.

47 Wenn man den frühen Homo sapiens als Startpunkt wählt.

48 Vgl. z.B. van Schaik/Michel. Das Tagebuch der Menschheit

49 Pinker. Gewalt.

50 Natürlich gibt es Unterschiede bezüglich äußerlicher Merkmale. Aber der Rassist kapriziert sich nicht auf Äußerlichkeiten, sondern postuliert intellektuelle Unterschiede und Mentalitätsunterschiede.

51 Vgl. Kapitel Vier; Sapolsky. Gewalt und Mitgefühl; S. 500ff.

52 Ebenda; S. 504.

53 Mehr dazu ebenda; S. 506–508.

54 Alle Beispiele zitiert nach Tomaselllo. Eine Naturgeschichte der menschlichen Moral; S. 143.

55 Ein grauenhaftes Beispiel für die Macht der Wir-/Sie-Dichotomisierung ist das Massaker der Hutu an den Tutsi in den 1990er Jahren. In nur 100 Tagen schlachteten die Hutus fast 1 000 000 Menschen ab. Dieser Völkermord war anders organisiert als die »industrialisierte« Ermordung der Juden durch die Nazis. Im Falle der Tutsi wurden die meisten der Opfer von Angesicht zu Angesicht mit Knüppeln und Macheten erschlagen. Große Teile der Zivilbevölkerung beteiligten sich direkt an dem Schlachten.

56 Einige davon, wie das Prinzip der Almosen, eine der fünf Säulen des Islam, oder eine ganze Reihe der zehn Gebote, lassen sich durchaus aus der ersten und zweiten Säule, der Moral der Empathie oder der Moral der Fairness, herleiten. Andere, wie z.B. »Du sollst Dir kein Bildnis machen«, dienen eher dazu, »binnenreligiöse« Probleme zu lösen.

57 Exodus 21; 24f.

58 Diese Formulierung der zehn Gebote ist eine stilistisch leicht veränderte Version der evangelischen reformierten Version.

59 Blackmore. Die Macht der Meme oder die Evolution von Kultur und Geist und Dawkins. Das egoistische Gen.

60 Die kulturelle Evolution ist viel schneller, weil *Meme* nicht nur individuell erworben werden, sondern sich auch innerhalb einer Generation – horizontal –verbreiten können.

61 Van Schaik/Michel. Das Tagebuch der Menschheit; S. 166.

62 »… und der Sex«, möchte man ergänzen.

63 Jared Diamond, zitiert nach van Schaik/Michel. Das Tagebuch der Menschheit; S. 129.

64 Man denke an Sodom und Gomorrha.

65 Murdock. Theory of Illness.

66 Exodus 15; 26. Fast inhaltsgleich auch in Deuteronomium 28; 58–61.

67 Polyandrie ist seltener.

68 Marlowe. The Mating System of Foragers in the Standard Cross-Cultural Sample.

69 3. Buch Mose (Levitikus) 15; 1–24; zitiert nach van Schaik/Michel. Das Tagebuch der Menschheit; S. 184.

70 Levitikus 15; 21–24.

71 2. Buch Mose 23; 19.

72 Dass Ernährungs- oder Hygienevorschriften adaptiv sind, ist denjenigen, die solche Regeln aufstellen, natürlich nicht bewusst.

73 Weit detaillierter, als es hier möglich ist, führen van Schaik/Michel. Das Tagebuch der Menschheit, diesen Gedanken aus.

74 Deuteronomium 34; 1–12.

75 Diese elegante Interpretation stammt von van Schaik/Michel. Das Tagebuch der Menschheit; S. 161.

76 Dieser Prozess ist älter als die Bibel. Bibelforscher gehen davon aus, dass viele Passagen der Bibel von älteren Texten wie dem babylonischen *Codex hammurabi* inspiriert sind.

77 Tomasello. Eine Naturgeschichte der menschlichen Moral; S. 195.

78 Vgl. auch Pinker. Aufklärung Jetzt!

79 Aristoteles. Politik; Kapitel 5, Buch III: »Niemand ist schon dadurch Bürger, dass er an dem Orte wohnt; denn auch die Hintersassen und die Sklaven nehmen ja an dem Wohnsitze Theil; auch sind die noch keine Bürger, welche an der Gerichtsbarkeit Theil haben …«.

80 1. Buch Mose, Genesis 127.

81 Beispiel Exodus = 2. Buch Mose, Ex 23; 23–32; Levitikus = 3. Buch Mose, Lev 25; 4; Ex 22; 20; Ex 23; 9) (Lev 19; 34, Dtn 10; 19).

82 Exodus 21; 20–32; Exodus 21; 2.

83 Finkelstein/Silberman. Keine Posaunen vor Jericho.

84 Polanyi. Politische und ökonomische Ursprünge von Gesellschaften und Wirtschaftssystemen.

85 Wootton. The Invention of Science; S. 6ff.

86 Manch einer scheint damit heute noch Schwierigkeiten zu haben.

87 Samuel Pufendorf. De iure naturae et gentium (1672); 2. Buch, 1. Kapitel, § 5; zitiert nach Wesel: Die Geschichte der Menschenrechte; S. 1.

88 Rousseau unterscheidet zwischen natürlicher, bürgerlicher und sittlicher Freiheit. Im Naturzustand ist der Mensch nicht wirklich frei, da er von seinen Trieben und seinem Egoismus beherrscht wird. Wirklich frei ist er erst, wenn er sich als sittliches Wesen frei dazu entscheidet, sich an selbst gegebene Gesetze zu halten. Der Übergang von der natürlichen zur sittlichen Freiheit ist sozusagen die Vervollkommnung der Freiheit im Staat.

89 Blom. Böse Philosophen.

90 Montesquieu. Vom Geist der Gesetze.

91 Nürnberger. Montesquieu, Charles de Secondat, Baron de M.; Sp. 1121.

92 Präambel der Allgemeinen Erklärung der Menschenrechte; Resolution 217 A (III) der Vereinten Nationen vom 10. Dezember 1948.

93 Es gibt Ausnahmen. Dort, wo fundamentalistische Islamisten regieren, ist die Religionsfreiheit nicht einmal zum Schein gewahrt. Dort würde auch die Gleichberechtigung der Frau wohl nicht einmal als Prinzip anerkannt.

94 Die Gleichberechtigung der Geschlechter zeigt, wie sich das Wertesystem von Gesellschaften innerhalb weniger Jahrzehnte fundamental verändern kann.

Erste Schlussfolgerung:

Zwischen Eigennutz und Mitgefühl, der Moral des Kopfes, des Bauches und des Buches

1 Hiermit meine ich den Übergang zur sesshaften Lebensweise vor ca. 12000 Jahren.

2 *Zoon politikon* (altgriech.) »der Mensch als soziales (politisches) Wesen«. In einer allgemeineren Lesart bedeutet *Zoon politikon*, dass der Mensch ein soziales, auf Gemeinschaft angelegtes Wesen ist. Die engere Interpretation betont dagegen den Bezug des Menschen speziell auf die damalige Gemeinschaft der *polis*.

3 Z.B. Hamer. Das Gottes-Gen.

4 Selbst mit Gruppenselektion wären solche »Merkmale« schwer zu erklären.

5 Vgl. Kapitel Eins: Evolution.

6 Herrmann. Mathematik im Mittelalter.

7 Vgl. auch de Waal. Der Mensch, der Bonobo und die zehn Gebote.

8 S. Abschnitt: Mythen vom edlen Wilden, von Lämmern und Wölfen und von Gut und von Böse.

9 Was nicht bedeuten muss, die Religiosität sei biologisch selektiert worden. Vieles spricht dafür, dass es sich um Gruppenselektion auf kultureller Ebene handelt.

10 Voltaire; Brief an den Autor der »Drei Betrüger« (Originaltext: Si Dieu n'existait pas, il faudrait l'inventer).

11 Zitiert nach Dawkins. Der blinde Uhrmacher; S. 17f.

12 Z.B. die Anti-Baby-Pille.

13 Weber. Politik als Beruf; S. 551f.

14 Dieser Konflikt wird uns im Abschnitt über die Grenzen der Vernunft noch einmal begegnen.

15 Relativ zur Bevölkerungszahl starben im Dreißigjährigen Krieg mehr Menschen als in den Weltkriegen. An diesem Krieg waren nicht nur religiöse, sondern mehr und mehr machtpolitische Konstellationen und Konflikte schuld.

16 Vgl. Kapitel Vier: Gehirne; Abschnitt: Denken, das wir nicht bemerken.

17 Mehr dazu in Kapitel Vier und in Sapolsky. Gewalt und Mitgefühl; S. 519ff.

18 *Gesellschaft* ist ein Begriff der Kulturwissenschaftler. Der Biologe spricht von *Population*.

19 Im Gegensatz zum Sozialleben anderer Säugetiere.

20 Vgl. Tomasello. Die Entwicklung der menschlichen Moral und Kapitel Eins: Evolution.

21 Pinker. Gewalt.

22 Elias. Über den Prozess der Zivilisation.

23 Die islamische Welt hat wichtige Texte antiker Denker in die Neuzeit herübergerettet.

24 Vgl. Kapitel Vier: Gehirne.

TEIL II
Gene

Die große Lücke

1 1. Buch Mose 1; 27.
2 Mendel. Versuche über Pflanzen-Hybriden.
3 Geboren als Johann Mendel im Jahr 1822. Den Namen *Gregorius* legte er sich als Mönch zu.
4 Vgl. Nüsslein-Vollhard. Das Werden des Lebens.
5 Hugo de Vries (1848–1935), Carl Correns (1864–1933), Erich Tschermak (1871–1962).
6 Damit meinte er das, was wir heute Gene nennen.
7 Mendel. Versuche über Pflanzen-Hybriden.
8 Ebenda; S. 5.
9 Vgl. auch Bleif. Krebs; Kapitel 1.
10 Die verkürzte Lesart hängt dem Darwinismus noch heute in manchen biologiefernen Kreisen wie Mehltau an.
11 De Vries. Die Mutationstheorie.
12 Vgl. Abschnitt: Erbe und Erziehung.
13 Vgl. Kapitel Eins: Evolution; Abschnitt »Sprünge I« und Kean. Doppelhelix; S. 39ff.
14 Vgl. Prolog.
15 Johannsen. Elemente der exakten Erblichkeitslehre.
16 Zitiert nach Knippers. Eine kurze Geschichte der Genetik; S. 8ff.
17 Nämlich die Beobachtung, dass unser Universum zunehmend expandiert, obwohl es aufgrund seiner Masse und der Gravitation eigentlich wieder kollabieren sollte.

Ansätze zur Lösung der Frage: Was ist ein Gen?

1 Rotäugige Phänotypen beruhen auf homozygoten und heterozygoten Genotypen. Weiße Phänotypen kommen in den nächsten Generationen zum Vorschein, wenn sich beide rezessiven Allele für Weiß in einem Tier treffen.
2 Morgan. Sex Limited Inheritance in Drosophila.
3 Seither unterscheidet man autosomal-dominante und -rezessive Erbgänge und die von Morgan entdeckten x-chromosomalen Erbgänge. Das Merkmal des betreffenden Gens ist eigentlich rezessiv, tritt daher bei heterozygoten Weibchen, die zwei X-Chromosomen besitzen, oft nicht in Erscheinung. Bei Männchen, die ja nur ein X-Chromosom haben, kommt das Merkmal dieses Gens zur Ausprägung.
4 Morgan. The Theory of the Gene.
5 Vgl. Theodor Boveris Chromosomentheorie der Vererbung. Die Biologen sprachen damals von Kopplungsgruppen. Heute wissen wir: Jede Kopplungsgruppe entspricht einem Chromosom.
6 Vgl. Kapitel Eins: Evolution; Die Erfindung des Sex. Körperzellen sind diploid, Ei- oder Samenzellen haploid.
7 Die Genetiker nennen diesen Vorgang *crossing over*. Vgl. Kapitel Eins: Evolution; Die Erfindung des Sex.

8 Knippers. Eine kurze Geschichte der Genetik; S. 24ff., Entwicklung der Zytogenetik.
9 Plate. Vererbungslehre.
10 Dahm. Discovering DNA.
11 Ebenda.
12 Altmann. Ueber Nucleinsäuren.
13 Proteine bestehen aus 20 verschiedenen Aminosäuren und können sehr komplexe Strukturen bilden.
14 Avery/MacLeod/McCarty. Studies on the Chemical Nature of the Substance Inducing Transformation of Pneumococcal Types.
15 Auch wenn die praktische Umsetzung oft alles andere als trivial ist.
16 Auch wenn Averys Experiment überzeugend wirkt, gab es Skeptiker. Eines der Hauptargumente der Zweifler beruhte auf der Tatsache, dass Avery seine Experimente mit Bakterien durchgeführt hatte. Damals gab es ernst zu nehmende Forscher, die bezweifelten, dass Bakterien Gene haben.
17 Vgl. Kapitel Eins: Evolution.
18 Die übergeordnete Struktur, die die Helix mit Proteinen eingeht, war noch nicht Bestandteil des Modells von Watson und Crick.
19 Zellzyklus; vgl. Kapitel Drei: Zellen.
20 Das ist nicht die ganze Wahrheit. Heute muss der Genbegriff weitergedacht werden. Einzelne Gene codieren z.B. auch für RNA-Moleküle. Inzwischen gibt es allgemeinere Vorschläge zur Definition eines Gens, wie die des kanadischen Biochemikers Lawrence Sandwalk: »Ein Gen ist eine DNA-Sequenz, die transkribiert wird, um ein funktionales Produkt herzustellen«, http://sandwalk.blogspot.com/2007/06/what-is-a-gene-post-encode.html.
21 Oder in RNA (s.o.).
22 Ausnahmen (s.u.) sind die sog. *Housekeeping-Gene.*
23 Zellulärer Stress ist vielfältig: Sauerstoffmangel, Hitze, Kälte, mechanischer Stress, Chemikalien usw.
24 Transkriptom: Das Muster aller aktuell in der Zelle vorhandenen RNA-Moleküle.
25 Diese Darstellung ist verkürzt. Auch auf dieser Ebene kann die Beziehung zwischen Gen und Protein durch *alternatives Splicing* an Eindeutigkeit verlieren. Ein Gen kann so verschiedene Proteine hervorbringen (s.u.).
26 Die Ausnahme sind *Retroviren.* Mithilfe eines Enzyms namens *reverse Transkriptase* können sie ihre *RNA* in *DNA* umschreiben.
27 Die Gene aller Lebewesen bestehen aus doppelsträngiger DNA. Nur bestimmte Gruppen von Viren verschlüsseln ihre Erbinformation in Form von doppelsträngiger oder einzelsträngiger RNA. Der genetische Code ist aber auch bei diesen Viren derselbe, nur dass bei RNA-Viren T durch U ersetzt ist.
28 Vgl. Kapitel Drei: Zellen; Theorie zum Übergang von präbiotischer zu biotischer Evolution.
29 Markus 6; 41–44.
30 Vgl. Kapitel Drei: Zellen.
31 Ein Vorgriff auf Kapitel Drei: Zellen.

32 Die *Genbank* – eine Datenbank – beinhaltet die Sequenzen unzähliger Gene und stellt sie in Form von Buchstabenfolgen (AAGC …) zur Verfügung.

33 »Es ist unserer Aufmerksamkeit nicht entgangen, dass die spezifische Paarung, die wir hier postulieren, einen möglichen Mechanismus darstellt, wie das genetische Material kopiert werden könnte«. Watson/Crick. Molecular Structure of Nucleic Acids (1953).

34 Vgl. Kapitel Drei: Zellen.

35 Dieser Vorgang wird dadurch verkompliziert, dass das Entwinden nur dann reibungslos vonstattengeht, wenn die *DNA* in bestimmten Abständen zerschnitten und von sog. *Ligasen* wieder zusammengefügt wird.

36 Strahlung, sog. mutagene Chemikalien, Viren usw.

37 Sog. Alkylierung oder Methylierung.

38 Desaminierung oder Depurinierung.

39 Einzel- oder Doppelstrangbrüche.

40 Mutagen = die Sequenz verändernd.

41 Lodish et al. Molecular Biology of the Cell.

42 Mutationen, die einer Zelle Wachstumsvorteile verschaffen, sind in vielzelligen Organismen eher unerwünscht; Bleif. Krebs; Kapitel 3.

43 Bei Einzellern oder Bakterien ist dies der Fall.

44 Zellen verfügen aus diesem Grund über Selbstmordprogramme.

45 Penke. Gibt es ein Gen für Intelligenz?

46 S.o.: *cum grano salis:* Es gibt auch DNA-Sequenzen, die nur RNA codieren.

47 > 1000 Basenpaare.

48 Der »Originaltext« ist Fiktion. Die 2001 publizierten Genomsequenzen sind ein Verschnitt der Genome von mehr als einem Dutzend verschiedener Individuen. In gewisser Hinsicht macht ein Verschnitt auch Sinn, denn welcher Mensch sollte schon zur genetischen Norm erhoben werden?

49 Olson. Dr. Watsons's Base Pairs.

50 Leroi. Der Tanz der Gene. Stichwort: systematische versus individuelle Unterschiede. Die Zahl wird größer, wenn wir nicht nur SNPs, sondern auch komplexe Mutationen berücksichtigen.

51 Auch kurz: Indel-Polymorphismen.

52 Taucht in einem Gen an betreffender Stelle ein T auf, spricht man von einem T-Allel, bei C von C-Allel.

53 Knippers. Eine kurze Geschichte der Genetik; S. 288 ff.

54 Eine Ausnahme bilden die meisten Gene auf dem X- und Y-Chromosom.

55 Ausnahmen sind autosomal-dominante Erbkrankheiten, bei denen das defekte Gen ein »falsches« Eiweiß produziert, das die Krankheitssymptome verantwortet, oder Gene, bei denen der Verlust eines der Allele zu einer funktionell bedeutsamen Verringerung der Expression führt.

56 Mögliche Allelkombinationen bei einem Kind, dessen Eltern die Genotypen Aa (Vater) und **Aa** (Mutter) haben: Kind AA, **A**a, **a**A oder **a**a. (a = defekte Varianten). Das Risiko in solchen Konstellationen, ein krankes Kind zu bekommen, liegt – s. die Mendelschen Regeln – bei 1:3 (= 25 %).

57 *Engl.* für Funktionsverlust.

58 Im Falle autosomal-rezessiver Erbgänge oder bei polygenen Erbgängen.

59 Zielkonflikte sind fast überall präsent, werden aber oft ignoriert. Schuld ist (auch) unsere Art, Probleme zu rezipieren (vgl. Kapitel Vier: Gehirne).

60 Vgl. Kapitel Eins: Evolution.

61 Vgl. Sichelzellanämie (Kapitel Eins: Evolution) oder β-Thalassämie und Knippers. Eine kurze Geschichte der Genetik; S. 201.

62 Beispiel: Die Umsatzrate eines Enzyms bei der Katalyse einer biochemischen Reaktion.

63 Vgl. Kapitel Eins: Evolution.

64 Tatsächlich ist es inzwischen gelungen, das Merkmal »Erbsenfarbe« auf die An- oder Abwesenheit eines einzigen Gens namens SGR (stay green) zurückzuführen. Mendel wurde auf molekularer Ebene bestätigt.

65 http://www.genome.gov/10001356. In Wahrheit war der Zeitpunkt willkürlich gewählt. Collins stellte klar: »We have developed a map of overlapping fragments that includes 97 percent of the human genome, and we have sequenced 85 percent of this«. Im Jahr 2000 wurde eine vorläufige Sequenz publiziert. Erst 2003 wurde das Projekt offiziell abgeschlossen.

66 Der Spiegel (2000) Nr. 26/20. Juni. Selbst wenn das Genom als Bauplan betrachtet wird, hat seine Entschlüsselung doch nichts mit einer »Schöpfung« zu tun. Derjenige, der ein Buch liest, hat es schließlich meist nicht selbst geschrieben.

67 http://www.yourgenome.org/downloads/pdf/hgp/hgp.pdf.

68 Ein Akronym für *Human Genome Organisation.*

69 A, T, G und C.

70 Etwas verkürzt dargestellt. Insbesondere die Celera kümmert sich vorrangig um die ESTs.

71 Das Manhattan-Projekt war ein Tarnname für ein Projekt, das der Entwicklung der Atombombe während des Zweiten Weltkriegs galt.

72 Collins verwendete den Begriff »Instruction book«.

73 Kean. Doppelhelix hält besser.

74 Wie viele Gene es sind, hängt davon ab, wie das Gen definiert wird.

75 Menschen bestehen aus etwa 80 000 000 000 000 Zellen.

76 Bezogen auf die Abfolge der Buchstaben.

77 Stimmt Watsons Aphorismus? Liegt unser Schicksal wirklich in den Genen? Vgl. Chakravati/Little. Nature, Nurture and Human Disease.

78 Spiegel online; Juni 2010, http://www.spiegel.de/international/world/spiegel-interview-with-craig-venter-we-have-learned-nothing-from-the-genome-a-709174.html. Venter in diesem Interview: »*Everyone was looking for miracle, ›yes/no‹* answers in the genome.« »Yes, you'll have cancer.« Or »No, you won't have cancer.« »But that's just not the way it is«.

79 Drei Milliarden Buchstaben würden etwa 3000 Bücher mit je 500 Seiten füllen.

80 Die Linguisten sprechen statt von Buchstaben von Phonemen als den »kleinsten bedeutungsunterscheidenden Einheiten der Sprache«.

81 Christian Morgenstern. Gruselett; online verfügbar unter: https://www.projekt-gutenberg.org/morgenst/gedichte/chap079.html.

82 Vgl. Abschnitt: Zellen an der Hand der Gene – Gene in der Hand von Zellen.

83 Zentromer- oder Telomerregionen.

84 Es gibt Gene, die für RNA codieren, die nicht in Proteine weiter übersetzt wird, die aber in der Zelle wichtige Aufgaben bei der Produktion von Eiweißen erfüllen (tRNA, rRNA, snRNA). Die RNA scheint aber auch direkt auf das Ablesen von Genen zurückzukoppeln.

85 Wie viel Proteine hat ein Organismus? Das ist auch eine Frage der Definition, weil es von vielen Proteinen chemische Varianten gibt.

86 Kernhaltige Zellen, wie sie Einzeller und alle vielzelligen Tiere haben – im Gegensatz zu Prokaryonten.

87 = sequenziert.

88 Das Eiweiß wird nach seinem Gewicht schlicht p53 genannt, das dazugehörige Gen TP53.

89 www.pubmed.com, Stand 2010.

90 Vgl. Kapitel Drei: Zellen: Wird die Konzentration des *p53*-Proteins erhöht, blockiert dies den Übergang der Zelle in die S-Phase, aber auch den Eintritt von der späten G2-Phase in die Mitose. Die Konzentration von *p53* steigt z.B. an, wenn ein entsprechender Kontrollmechanismus eine Zunahme an DNA-Schäden in der Zelle bemerkt.

91 Vgl. Kapitel Drei: Zellen.

92 Darüber hinaus hat *p53* in vielen Zelltypen unzählige weitere Funktionen. Bei mehr als 50 % der menschlichen Krebserkrankungen spielen Mutationen von p53 eine Rolle.

93 Aus den ersten Teilungen der Eizelle gehen zunächst identische »totipotente« Stammzellen hervor.

94 Und vice versa.

95 Vgl. Prolog.

96 Vgl. Kapitel Drei: Zellen.

97 Sarah Tischkoff et al. Convergent Adaption of Human Lactase Persistent in Africa and Europe.

98 Was im Darm ist, ist noch nicht im Körper!

99 *Tropismus:* Vorkommen, nur an einem bestimmten Ort und in einem bestimmten Zelltyp.

100 Ein Codon ist eine Dreiergruppe von Basen, die für jeweils eine Aminosäure im entsprechenden Protein codieren.

101 Es gibt auch Mutationen an anderen Stellen im *CFTR*-Gen. Aber die Mutation ΔF508 ist für 70 % aller Krankheitsfälle verantwortlich. Damals, 1989, noch mit einer älteren gentechnischen Methode, den sog. Restriktionsfragmentlängenpolymorphismen, die mit CF gekoppelt sind, auf Chromosom 7 entdeckt. Vgl. Pearson. One Gene.

102 Wir erinnern uns: Dieses Risiko beträgt bei jedem Kind 25 %.

103 Vom Englischen cystic fibrosis abgeleitet auch *cystische Fibrose* genannt.

104 Den sog. Mekonium-Ileus.

105 Der Übergang von Gebärmutter zur Scheide.

106 Wilson. Die soziale Eroberung der Erde; S. 187.

107 Davenport/Davenport. Heredity of Eye-Colour in Man.

108 Sturm/Frudakis. Eye Colour.

109 Polygenie bedeutet, dass mehrere Gene zusammen ein Merkmal bedingen.

110 Zumindest in den Industrienationen.

111 Bleif. Krebs.

112 Rathmann et al. Typ-2 Diabetes. Der Anstieg ist nicht allein durch die Zunahme bei älteren Menschen verursacht. Auch innerhalb einer Altersgruppe nimmt die Erkrankung zu, und auch die absolute Zahl jüngerer und zum Teil sehr junger Menschen mit »Alters«-Diabetes steigt deutlich an.

113 *Nature versus Nurture*; *engl.* für Natur versus Erziehung. Vgl. Kapitel Zwei: Gene.

114 Sørensen/Holst/Stunkard. Body Mass Index-Genetic and Familial Environmental Influences Assessed in a Longitudinal Adoption Study; MacDonald/Stunkard. Body-Mass Indexes of British Separated Twins.

115 Eineiige Zwillinge haben identisches Erbgut, während zweieiige Zwillinge – wie normale Geschwister – sich nur ca. 50 % der Allele teilen.

116 Das gilt nicht im selben Maß für Dickleibigkeit, weil hier die Umwelt als »konfundierender« Faktor eine größere Rolle spielt.

117 Um das Risiko systematischer, verzerrender Unterschiede zwischen den Gruppen zu minimieren, sind solche Studien auf große Fallzahlen angewiesen.

118 Z.B. Ethnie, Migrationshintergrund oder Religionszugehörigkeit.

119 Zwillinge entstehen entweder durch gleichzeitige Befruchtung zweier Eizellen mit zwei Spermien (zweieiige Zwillinge) oder durch sehr frühe Teilung einer einzigen Frucht (eineiige Zwillinge).

120 Mehr davon im Abschnitt: Erbe und Erziehung.

121 Neale/Cardon. Methodology for Genetic Studies of Twins and Families.

122 Die unterschiedliche Dichte von Alkohol und Wasser wird hier vernachlässigt.

123 Johannes Hebebrand et al. Molekulargenetische Aspekte der Körpergewichtsregulation. Der BMI berechnet sich wie folgt: BMI = Körpergewicht (kg)/Körpergröße $(m)^2$.

124 Der Korrelationskoeffizient ist ein dimensionsloses Maß für den Grad des linearen Zusammenhangs zwischen zwei (mindestens intervallskalierten) Merkmalen. Er kann Werte zwischen 0 und 1 annehmen.

125 Seit 2005.

126 Next Generation Sequencing. Im Katalog der publizierten GWAS waren 2012 für ca. 600 untersuchte Merkmale von etwa 4000 relevanten Genvarianten aufgelistet (www.genome.gov/gwastudies).

127 S.o.

128 Stand 2012.

129 Gene, wie das MCR-4-Gen oder das FTO-(fat mass and obesity)-Gen.

130 Die Genetiker bezeichnen die Lücke zwischen errechneter erblicher Komponente und dem gemessenen Effekt der inkriminierten Gene als »Missing oder hidden Heredity« (vermisste oder versteckte Vererbung).

131 Rietveld et al. GWAS of 126 559 Individuals Identifies Genetic Variants Associated with Educational Attainment.

132 In diesem Fall könnten alle beteiligten Gene identifiziert werden, wenn wir die Vergleichsgruppen groß genug wählen würden. Ein Vergleich von SNPs mag auch deshalb unvollständig sein, weil gegebenenfalls auch quantitative Genvariationen (sog. *copy number variations*) ihren Beitrag zur erblichen Komponente der Varianz eines Merkmals liefern.

133 Die prophylaktische Brustamputation und die Entfernung der Eierstöcke sind die sicherste Option, mit dem Problem umzugehen.

134 Vgl. Bleif. Krebs.

135 Hebebrand/Hinney. Environmental and Genetic Risk Factors in Obesity.

136 Vgl. Zimmer. Ist Intelligenz erblich?

137 Fisher-Posovszky et al. A New Missense Mutation in the Leptin Gene Causes Mild Obesity and Hypogonadism without Affecting T-Cell Responsiveness.

138 Vgl. Kapitel Drei: Zellen.

139 Was die vielen Aufgaben von p53 nur unzureichend beschreibt. Die Wirkungen von TP53-Mutationen gehen weit darüber hinaus.

140 Ferbeyre/Lowe. Ageing.

141 Heemst et al. Variation in the Human TP53 Gene Affects Old Age Survival and Cancer Mortality.

142 Vgl. Kapitel Eins: Evolution.

143 *Engl.*: bekomme jetzt, bezahle später.

144 Tatsächlich wird die Theorie der antagonistischen Pleiotropie im Englischen *Pay Later Theory* genannt. Williams. Pleiotropy, Natural Selection, and the Evolution of Senescence.

145 Auch das sind natürlich Umwelteffekte. Insofern war die Einordnung der Mukoviszidose als Beispiel für reine Pleiotropie geschwindelt. Die Tatsache, dass moderne Medizin die Lebenserwartung deutlich steigern kann, zeigt, dass die Krankheit auf phänotypischer Ebene natürlich beides ist, ein Produkt aus Genen und aus Umwelt.

146 Brunner et al. Abnormal Behaviour Associated with a Point Mutation in the Atructural Gene for Monoamine Oxidase A.

147 Vgl. Kapitel Vier: Gehirne.

148 Frauen haben ja noch das zweite X-Chromsom als Back-up.

149 Zitiert nach Sapolsky. Gewalt und Mitgefühl; S. 333.

150 Eine detaillierte Beschreibung dieser komplexen Verhältnisse findet sich ebenda; S. 103 ff. und S. 331 ff.

151 Ebenda; S. 332.

152 Kinder mit schwerer Kindheit ohne entsprechende Genvariante waren deutlich seltener auffällig geworden.

153 Caspi et al. Influence of Life Stress on Depression. Mittlerweile gibt es Hinweise, wie diese Wechselwirkung zu erklären ist. Das MAO-A-Gen wird u.a. durch Glucocorticoide reguliert. Diese Hormone sind bei chronischem Stress, z.B. durch ständige Misshandlungen, dauerhaft hochreguliert.

154 Sapolsky. Gewalt und Mitgefühl; S. 335.

155 Gewinn der Meisterschaft, der Champions-League und des DFB-Pokals.

156 Natürlich verfügen auch andere Tiere über Kommunikationsstrategien. Aber keine andere Tierart hat ein auch nur annähernd vergleichbares Kommunikationssystem entwickelt.
157 Heute geht man von einer Entstehungszeit nahe der Eintragungszeit aus, frühestens in der Zeit um 750 n. Chr.
158 Übersetzt lautet er etwa wie folgt: *Phol und Wotan begaben sich in den Wald. Da wurde dem Fohlen des Herrn Balders der Fuß verrenkt. Da besprach ihn Sinthgunt, die Schwester der Sunna. Da besprach ihn Frija, die Schwester der Volla. Da besprach ihn Wotan, wie er es wohl konnte. So Beinrenkung, so Blutrenkung, so Gliedrenkung: Bein zu Bein, Blut zu Blut, Glied zu Glied, wie wenn sie geleimt wären.*
159 Vgl. Kapitel Vier: Gehirne.
160 Vgl. Prolog.
161 Also als etwas, das den Reproduktionserfolg sichert.
162 Nicht nur die europäische Besiedelung des amerikanischen Kontinentes liefert ein paar unschöne Beispiele. Vgl. Abschnitt: Wenn Kultur die Biologie überformt.
163 Vgl. Kapitel Drei: Zellen.

Zweite Zwischenbilanz: Die Biologie der Gene

1 Cavalli-Sforza. Gene, Völker und Sprachen.
2 Auf alternative Definitionen des Genbegriffs wurde bereits hingewiesen.
3 Vgl. Kapitel Eins: Evolution; Sloterdijk. Regeln für den Menschenpark und Knoepfler. Genmanipulierte Menschheit.

Erbe und Erziehung: Zwischen Tabula rasa und genetischer Marionette

1 Watson. Behaviorism; S. 82.
2 Watson hat allerdings hinzugefügt: »Ich gebe zu, dass ich hier die Grenzen des Belegbaren überschreite …«; ebenda.
3 S. Kant. Die Kritik der reinen Vernunft.
4 Bacon. Neues Organon.
5 Ebenda.
6 Locke. Versuch über den menschlichen Verstand; Buch 2 Kapitel 1 § 2.
7 Vor aller Erfahrung.
8 Descartes. Regeln zur Leitung des Geistes; Regel 12.
9 Leibniz. Neue Abhandlungen über den menschlichen Verstand. Buch 1; S. 29ff.
10 Voltaire: »La race des Nègres est une espèce d'hommes différente de la nôtre comme la race des épagneuls l'est des lévriers […]. On peut dire que si leur intelligence n'est pas d'une autre espèce que notre entendement, elle est très inférieure.«, aus: Essai sur les mœurs et l'esprit des Nations.
11 Karl Marx, zitiert nach Lewontin/Rose/Kamin. Die Gene sind es nicht […]; S. 10.
12 Deutsch: Erbe versus Erziehung.
13 Vgl. dazu Pinker. Das unbeschriebene Blatt oder Sapolsky. Gewalt und Mitgefühl.
14 Die Statistiker sprechen von einer Normal- oder Gauß-Verteilung, nach dem berühmtesten Mathematiker des 19. Jahrhunderts, Carl Friedrich Gauß.

15 Natürlich muss auch Masse oder Länge definiert werden, aber das ist ein anderes Problem.
16 Wobei die Korrelation in Berufen mit hohen Anforderungen an bestimmte kognitive Fähigkeiten (Anwalt, Arzt, Hochschulprofessor) besser ist als bei Berufen, die geringere Anforderungen stellen. So findet sich z.B. bei Ärzten fast niemand mit einem IQ < 110, während z.B. bei Bauarbeitern der gemessene IQ stark schwankt. Vgl. Hauser. Meritocracy, Cognitive Ability, and the Sources of Occupational Success.
17 Ebenda.
18 < 10 IQ-Punkte.
19 Der IQ von Erwachsenen.
20 Schaie. The Course of Adult Intellectual Development.
21 Völlige »Kulturneutralität« gibt es nicht, denn allein die Tatsache, dass manche Kulturen der Prozedur des Prüfens mehr Bedeutung beimessen, kann Testergebnisse verzerren.
22 Später noch ergänzt durch »spirituelle« Intelligenz.
23 »Kommensurabel« bedeutet »in einem System gleichrangig, mit gleichem Maß messbar oder schlicht vergleichbar«.
24 Mithilfe seines Protegés Robert Craft verfasste Strawinsky sein theoretisches Werk *Poetics of Music.*
25 Waterhouse. Multiple Intelligences, the Mozart Effect, and Emotional Intelligence; Zimmer. Ist Intelligenz erblich?
26 Postnatale epigenetische Veränderungen vernachlässige ich hier.
27 Bouchard Jr. et al. Sources of Human Psychological Differences. Bei einer Korrelation von 1 wäre ihr IQ identisch, läge er bei 0, wäre der IQ von Zwillingen nicht ähnlicher als der zweier zufällig ausgewählter Menschen.
28 Umwelt muss hier umfassend definiert werden; zitiert nach Zimmer. Ist Intelligenz erblich?
29 Nicht erwähnt ist die berühmt-berüchtigte Zwillingsstudie von Cyril Burt, da sie unter Fälschungsverdacht steht.
30 Newman/Freeman/Holzinger. Twins.
31 Diese Zahlen sind jeweils Mittelwerte.
32 Shields. Monozygotic Twins Brought up apart and Brought up together.
33 Auch Thilo Sarrazin (s.u.) bedient sich an der einen oder anderen Stelle dieser Formulierung. »Intelligenz ist zu 50 bis 80 % erblich« (Sarrazin im Interview mit Bernd Ulrich und Özlem Topcu in *DIE ZEIT* 26.8.2010). Wer sein Buch *Deutschland schafft sich ab* liest, wird merken, dass er es besser weiß.
34 Die denkbar falscheste Interpretation wäre also folgende Aussage: Intelligenz ist zu 70 % erblich. Ich habe einen IQ von 100. Daher kommen 70 Punkte aus meinen Genen und 30 Punkte trägt die Umwelt bei.
35 Gemäß der Adoptionsgesetze werden Familien mit stabilen sozialen Verhältnissen bevorzugt.
36 Die aktuelle Durchschnittsgröße 50-jähriger Deutscher ist 1,78 m (Ich bin leider nur 1,75 m). Dieser schöne Vergleich stammt von Zimmer. Ist Intelligenz erblich?; S. 277.
37 Die Diskussion über die Erblichkeit des IQs füllt Bibliotheken. Sie kann hier nur ver-

kürzt wiedergegeben werden. Wer mehr wissen will: Zimmer. Ist Intelligenz erblich? oder Stern/Neubauer. Intelligenz.

38 Definiert als das, was IQ-Tests messen können.

39 Ob das eine lebenswerte Gesellschaft wäre, ist eine ganz andere Frage.

40 Binet entwickelte den ersten Test. Heute sind Weiterentwicklungen oder Abwandlungen des Binet-Tests (Standford-Binet, Wechsler-Test, HAWIE …) in Gebrauch.

41 Zitiert nach Gould. Der falsch vermessene Mensch; S. 167.

42 Z.B. Stanicic. Anti-Sarrazin; S. 115 ff.

43 Joseph Conrad zeichnet in *Das Herz der Finsternis* ein apokalyptisches, aber leider realitätsnahes Bild des belgischen Kolonialismus im Kongo.

44 Auch wenn es gerade Anfang des 20. Jahrhunderts auch »linke Eugeniker« gab …

45 Sicher gab es weitere Gründe. Eine Ideologie, die die eigene Gruppe heraushebt, fällt in dieser Gruppe oft auf fruchtbaren Boden.

46 Was die Zahl der amerikanischen Opfer angeht. Natürlich gab es auch andere Gründe für den Bürgerkrieg.

47 Sarrazin. Deutschland schafft sich ab.

48 Quelle: Bevölkerungsentwicklung in Deutschland (Statistisches Bundesamt).

49 »… beim gegenwärtigen Trend wird Deutschland in 100 Jahren noch 25 Millionen Einwohner haben, in 200 Jahren noch 8 Millionen und in 300 Jahren noch 3 Millionen« Sarrazin. Deutschland schafft sich ab; S. 18. Schon im Jahr 2017 ist die Per-saldo-Bilanz in Deutschland wieder positiv und die Bevölkerung wächst. Eine Studie des DIW aus dem Jahr 2017 geht davon aus, dass die Bevölkerung weiterwachsen wird.

50 Im Jahr 2019.

51 Der Begriff »Qualität« ist keine polemische Zuspitzung meinerseits, Sarrazin verwendet ihn wörtlich.

52 Sarrazin. Deutschland schafft sich ab; S. XXXV.

53 Ebenda; S. XXXIV.

54 Ebenda.

55 Der Titel von Galtons »Hauptwerk« lautet *Hereditary Genius*. Im Vorwort zur Paperback-Ausgabe versucht Sarrazin den Vorwurf, er sei Eugeniker, zurückzuweisen. Er leiht sich dafür eine Stellungnahme von Klaus von Dohnanyi, die durchblicken lässt, dass auch der nicht wirklich verstanden hat, worum es bei der Eugenik geht (Deutschland schafft sich ab; S. XXXVII).

56 Wenn in diesem Buch von Rassismus die Rede ist, dann im Sinne von Claude Levi-Strauss: »Rassismus ist die Überzeugung, eine Rasse (natürlich die eigene) sei *biologisch* die bessere.« Ein erweiterter Rassismusbegriff, der Diskriminierung allein aufgrund kultureller Unterschiede, wie z.B. die Verfolgung religiöser Minderheiten, einschließt, macht in einem Buch über Biologie wenig Sinn.

57 Ich bin allerdings schon der Meinung, dass die Art und Weise, wie in Sarrazins Buch biologische und kulturelle Effekte vermengt werden, zu (rassistischen) Fehlinterpretationen einlädt.

58 Sarrazin. Deutschland schafft sich ab; S. 331 ff.

59 Vgl. Kapitel Eins: Evolution.

60 Spearman. The Abilities of Man; S. 379.

61 Im Jahr 2000: 35,2 Millionen.

62 Flynn. IQ Gains and the Binet Decrements; ders. Japanese IQ; ders. The Mean IQ of Americans; ders. Massive IQ Gains in 14 Nations.

63 Vgl. Kapitel Zwei: Gene.

64 Akronym für *Online Mendelian Inheritance in Men.*

65 Zitiert nach Yanai/Lercher. Das geheime Leben im Menschen; S. 153f.

66 Im Gegensatz zu monogenen Erbkrankheiten.

67 Franke et al. Genome-Wide Meta-Analysis Increases to 71 the Number of Confirmed Crohn's Disease Susceptibility Loci.

68 Stand Januar 2017.

69 Ein mäßig zuverlässiger Surrogatparameter für den IQ.

70 Tennessen et al. Evolution and Functional Impact of Rare Coding Variation from Deep Sequencing of Human Exomes; Casals. Humans Genetic Variation, Shared and Private.

71 Behavior Genetics Association 47th Annual Meeting Abstracts. Okbay et al. GWAS of Educational Attainment.

72 Streng genommen wurde nicht der individuelle IQ mit den verschiedenen Allelen korreliert, sondern der Bildungserfolg respektive der Surrogatparameter ›years at school‹.

73 Plomin/von Stumm. The New Genetics of Intelligence. Dieser 10 %-Wert gilt genau genommen für sog. genome-wide polygenic scores (GPS). GPS ist ein mathematisches Verfahren, das die verschiedenen Kandidatengene (für Intelligenz) gewichtet. Zuerst werden alle Genveränderungen (SNPs), die mit dem Merkmal Intelligenz assoziiert sind, aufgelistet. Dann wird der individuelle Anteil eines einzelnen Allels in Form eines Korrelationskoeffizienten berechnet und geschaut, ob die »intelligenzfördernde« Variante des Allels gar nicht (0), in heterozygoter (1) oder gar homozygoter Ausprägung (2) vorhanden ist. Dann wird der Korrelationskoeffizient des entsprechenden Gens gemäß seines Vorkommens mit 0, 1 oder 2 multipliziert. Dieses Rechenverfahren wird auf alle in den GWAS-Studien identifizierten Kandidatengene angewandt und anschließend werden die errechneten Werte zusammengezählt. (Details s. ebenda).

74 Vgl. »missing heredity«.

75 Sarrazin. Deutschland schafft sich ab; S. 175.

76 Obwohl die Eltern zu den besten Tennisspielern ihres Jahrzehnts gehörten.

77 Das gilt nicht für schwere Erbkrankheiten, bei denen ein einzelner Gendefekt zur hochgradigen Intelligenzminderung führt. In diesem Fall gelten die Mendelschen Gesetze.

78 Jensen. Straight Talk about Mental Tests; S. 119.

79 MAO A = Mono-Amino-Oxidase-A.

80 Vgl. Sapolsky. Gewalt und Mitgefühl; S. 500ff.

81 Die Zusammenhänge zwischen Serotonin und Aggression sind viel komplizierter. Werden die Serotoninabbauprodukte im Körper gemessen, sind eher niedrigere Serontoninspiegel mit erhöhter Aggression korreliert. Bei genetischen Studien, insbesondere zur MAO-A-Genaktivität, ist es umgekehrt. Hier lautet die Gleichung: niedrigere MAO-Aktivität = erhöhter Serotoninspiegel in den Synapsen = erhöhte Aggression.

Wer sich für die Ursachen dieser scheinbar widersprüchlichen Zusammenhänge interessiert, kann bei Sapolsky. Gewalt und Mitgefühl; Kapitel 2 und 8, nachlesen.

82 Caspi et al. Role of Genotype in the Cycle of Violence in Maltreated Children.

83 Vgl. Zimmer. Ist Intelligenz erblich?

84 Zumindest nach evolutionsbiologischen Gesichtspunkten. Aber wer biologisch argumentiert, muss auch biologische Maßstäbe akzeptieren.

85 Pinker. Aufklärung Jetzt!

86 S.o., der Flynn-Effekt.

87 Vgl. Kapitel Vier: Gehirne; Abschnitt: Die Grenzen des Gehirns.

88 Wie die Nutzung des Feuers oder die Verfeinerung von Steinwerkzeugen, ein Prozess, der sich über mehrere 100000 Jahre hinzog.

89 Vgl. Kapitel Zwei: Die Veränderungen von Allelfrequenzen in einer Population ist das genetische Kriterium für Evolution.

90 Vgl. Kapitel Eins: Evolution.

91 Vgl. Tomasello. Die kulturelle Entwicklung des menschlichen Denkens. Tomasello betont die Bedeutung der Fähigkeit zum gemeinsamen intentionalen Handeln.

92 Nochmal: Rassismus wird hier im Sinne von Claude Levi-Strauss definiert. Anders ausgedrückt, Rassisten glauben, die (angebliche) systematische Überlegenheit einer bestimmten Gruppe verdanke sich der speziellen Zusammensetzung ihrer Gene.

93 Die dunkle Hautfarbe resultiert aus einer hohen Produktion des Hautpigments Melanin, das in Ländern mit starker Sonneneinstrahlung von Vorteil ist. Der Vorteil verkehrt sich in einen Nachteil, wenn Menschen in Gebieten mit wenig Sonne umsiedeln. Denn dann sorgt der (unnötige) Sonnenschutz für Vitamin D-Mangel und Rachitis.

94 Vgl. Cavalli-Sforza/Cavalli-Sforza. Verschieden und doch gleich; S. 203: »Die Gene, die [im Verlauf der Evolution] auf das Klima reagieren, beeinflussen die äußeren Merkmale des Körpers [...] Eben weil diese Merkmale äußerlich sind, springen die Unterschiede zwischen den Rassen so sehr ins Auge, dass wir glauben, ebenso krasse Unterschiede existierten auch für den ganzen Rest der genetischen Konstitution. Aber das trifft nicht zu [...]«.

95 Cavalli-Sforza et al. The History and Geography of Human Genes.

96 Vgl. Kapitel Eins: Evolution.

97 Mehr dazu bei Cavalli-Sforza/Cavalli-Sforza. Verschieden und doch gleich; Cavalli-Sforza et al. The History and Geography of Human Genes.

98 Ich vermeide den Begriff »Rasse« aus zwei Gründen, einem historischen und einem biologischen. Seit der Nazizeit ist der Begriff in Deutschland dermaßen kontaminiert, dass seine Verwendung nur zu Missverständnissen führen kann. Der zweite Grund ist wesentlicher. Seitdem wir auf die Gene und nicht mehr nur auf Phänotypen schauen können, löst sich die Kategorie »Menschenrasse« immer mehr auf.

99 Vgl. dazu Gigerenzer. Risiko; Kapitel Vier: Gehirne.

100 Das Englische hat für das biologische Geschlecht ein eigenes Wort: *sex*. Davon wird *gender* unterschieden, das soziale Geschlecht.

101 Es gibt auch hier Ausnahmen, etwa Menschen mit X0- oder XXY-Chromosomen.

102 Ich rede von den Kriterien, die die *biologische* Kategorie Mann oder Frau definieren. Dass

es in seltenen Fällen Zwischenformen gibt und dass sich nicht alle XY-Männer und XX-Frauen wie Männer respektive Frauen fühlen und verhalten, sei hier vernachlässigt. Auch über soziale Mutter- oder Väterrollen ist damit nichts ausgesagt. Das ändert aber nichts an der Existenz der biologischen Kategorien, die Sinn machen, wenn sie innerhalb biologischer Kontexte verwendet werden.

103 Vgl. Kapitel Eins: Evolution. Vorsicht Metapher!

104 Von Gendefekten, die Zwitterzustände verursachen, einmal abgesehen.

105 Es ist wichtig, die Gruppen groß genug zu wählen. Je größer die Zahl der Köpfe, desto geringer die Gefahr eines Zufallsfehlers.

106 Testosteron gehört zu den Anabolika.

107 Nach Jakob Cohen (1923–1998), einem US-Statistiker und Psychologen; vgl. Cohen. Statistical Power Analysis for the Behavioral Sciences; S. 79f.

108 In Wirklichkeit können die Dinge komplizierter sein. So kann die Streubreite der Kurven variieren. Außerdem sind nicht alle Merkmale normalverteilt, d.h., nicht immer führt die Verteilung der Stichproben zu einer symmetrischen Glockenkurve. Auch dann lassen sich Effektstärken berechnen, nur etwas komplizierter.

109 Wer sich die Rede antun möchte: https://www.youtube.com/watch?v=z4Fl_evyAo8.

110 Eliot. Wie verschieden sind Sie?

111 Die Vektorrechnung wäre ein geeignetes Modell, dieses Ziehen und Zerren zu formalisieren und berechenbar zu machen, vorausgesetzt, alle relevanten Parameter und ihre Interaktionen sind bekannt.

Zweite Schlussfolgerung: Macht und Ohnmacht der Gene

1 Biologen würden sagen: »Trade-off-Probleme«.

2 Eine Ausnahme wären Gentherapien, die schwere monogene Erbkrankheiten durch gezielte Reparatur des einen defekten Gens kurieren.

3 Zitiert nach Sapolsky. Gewalt und Mitgefühl; S. 320ff.

4 Wiesel. Foreword.

5 Cavalli-Sforza/Cavalli-Sforza. Verschieden und doch gleich.

6 Im Original steht »transkribiert«: s. dazu Kapitel Drei: Zellen.

7 Sapolsky. Gewalt und Mitgefühl; S. 300.

TEIL III
Zellen

Was ist Leben?

1 Goethe. Faust: Der Tragödie zweiter Teil; Z. 6851–6854.

2 Vgl. Schrödinger. Was ist Leben?

3 Selbst Konstrukte wie Craig Venters sog. »synthetische Bakterien« sind Schöpfungen, die ohne Anleihen aus der Sphäre der lebendigen Organismen nicht denkbar sind.

4 *Cum grano salis*, auch wenn (noch) nicht alle Details geklärt sind.

5 Johannes Paul II. Christliches Menschenbild und moderne Evolutionstheorien.
6 Vgl. Kapitel Eins: Evolution.
7 Der deutsche Begriff *Gestalt* verweist auf die semantische Dimension. Er wurde im Englischen als Terminus technicus übernommen und zum Etikett einer ganzen Forschungsrichtung, der Gestalttheorie.
8 Vorsicht Metapher! Handlung wird hier als eigengesetzlicher, automatischer, algorithmischer Prozess verstanden.
9 Vgl. Prolog.
10 1. Buch Mose 1; 1.
11 Das Alter des Mondes wird auf ca. vier Milliarden Jahre geschätzt.
12 Vgl. Lane. Leben.
13 Ebenda.
14 Sondern nur, wenn jemand bereit ist, *Energie* zu investieren.
15 $\Delta G = h - t\Delta S$, Gibbs-Helmholtz-Gleichung.
16 Vgl. Kapitel Zwei: Gene.
17 Ricardo/Szostak. Der Ursprung irdischen Lebens.
18 Gilbert. The RNA-World.
19 Vgl. Ricardo/Szostak. Der Ursprung irdischen Lebens; Lincoln/Joyce. Self-Sustained Replication of an RNA Enzyme.
20 Zitiert nach Lane. Leben; S. 29 ff.
21 Die Unterschiede der Zellwände von Pro- und Eukaryonten seien hier vernachlässigt.
22 A, T bzw. U, G, C.
23 Eine **Wasserstoffbrücke** ist eine schwache chemische Bindung zwischen gebundenen Wasserstoffatomen und den freien Elektronenpaaren von Sauerstoff- und Stickstoffatomen in größeren Molekülen.
24 Sie ist wesentlich stabiler.
25 Mehr davon in Nick Lanes hochinteressantem Buch *Leben*.
26 Der *Eu*karyonten.
27 Vgl. Kapitel Eins: Evolution; Das Problem der Sprünge.
28 In Form von ATP (Adenosintriphosphat), s. u.
29 Louis Pasteur ahnte schon in den 1850er Jahren, dass bestimmte Krankheiten von Mikroorganismen verursacht werden könnten, aber die Ergebnisse seiner jahrelangen Versuche wurden erst kurz vor Darwins Tod publik.
30 Pflanzen, Pilze und Tiere.
31 *Eu karyon* (griech.) = echter Kern.
32 = Metabionten (Pflanzen, Pilze, Tiere (Metazoen)).
33 Zum Objekt der Selektion vgl. Kapitel Eins.

Die Atome des Lebens

1 Lat. *cellula* = kleine Kammer, Zelle.
2 Zitiert nach Bleif. Krebs; S. 76.
3 Schwann. Mikroskopische Untersuchungen über die Übereinstimmung in der Struktur und dem Wachstum der Thiere und Pflanzen.

4 Sog. essentielle Vitamine, Aminosäuren oder Fettsäuren. Je nach Organismus variieren die Verbindungen, die selbst hergestellt werden können.

5 Kohlenhydrate heißen so, weil ihr Rückgrat aus Kohlenstoff (C) und Wasserstoff (H) aufgebaut ist.

6 Die Atmungskette ist eine Kette chemischer Reaktionen. Sie zerlegt die sonst explosionsartig verlaufende Reaktion von Wasserstoff (H_2) und Sauerstoff (1/2 O_2) zu Wasser in Einzelschritte. Anstelle von Wärme wird die freiwerdende Energie dazu genutzt, aus ADP und Phosphat die universelle »Energiewährung« der Zelle, ATP, zu synthetisieren (*oxidative Phosphorylierung*). Die an Wasserstoff- und Elektronenüberträger wie NADH und $FADH_2$ gebundenen Elektronen und der Wasserstoff entstammen der Oxidation externer Elektronendonatoren, aus dem Abbau von Fettsäuren und aus der Glykolyse.

7 Bei Menschen hätte er Pech gehabt. Aber im Gegensatz zu menschlichen haben die Erythrozyten von Lachsen noch einen Zellkern.

8 Von altgriech. χρῶμα, *chroma* = Farbe.

9 Vgl. Kapitel Zwei: Gene.

10 Mohl beobachtete die Zellteilung einer Alge (*Cladophora glomerata*). Ernst Julius Remak gelang dies dann im Jahr 1841 erstmals auch bei tierischen Zellen.

11 Zellen entstehen nur aus Zellen; vgl. Kapitel Zwei: Gene.

12 Deutsch: »Farbkörperchen«. Dieser Begriff wurde im Jahr 1888 von dem Anatomen Heinrich Wilhelm Waldeyer (1836–1921) eingeführt.

13 Mikrotubuli.

14 Vgl. Kapitel Zwei: Gene. Die DNA-Menge pro Zelle mit diploidem (doppelten) Chromosomensatz ist zu dieser Zeit gleich 2C.

15 Desoxyribonukleosid-Triphosphate (ATP. CTP, TTP, GTP).

16 Vgl. Kapitel Zwei: Gene.

17 Ihre DNA-Menge beträgt also *4C*.

18 Die maßstabsgetreue Verkleinerung eines Lebewesens würde allen Naturgesetzen widersprechen. Die Größe von Atomen, Molekülen und Zellen unterscheidet sich nicht von Tier zu Tier. Eine Maus besteht nur aus sehr viel weniger Zellen als ein Mensch, Mäuse- und Menschenzellen sind jedoch gleich groß.

19 http://www.zeit.de/gesellschaft/zeitgeschehen/2013-01/katholische-kliniken-koeln-vergewaltigungsopfer.

20 Vgl. Kapitel Eins: Evolution; Die Erfindung des Sex.

21 Sie enthalten aber alle mütterlichen Gene. Daher können sie im Rahmen einer künstlichen Befruchtung im Gegensatz zu den Zellen des frühen Embryos nach deutschem Recht zur Präimplantationsdiagnostik (PID) genutzt werden. Sie lassen aber nur Rückschlüsse auf Gendefekte zu, die von der Mutter vererbt wurden.

22 Vgl. Kapitel Zwei: Gene: Gene machen sich nur im Organismus bemerkbar, wenn sie abgelesen werden. Wenn ein Gen durch Methylierung stillgelegt ist, wirkt das, als ob das Gen nicht vorhanden wäre. Methylierung ist eine (von mehreren) Erklärungen dafür, dass Zellen mit vollkommen identischen Genen höchst unterschiedliche Eigenschaften haben können.

23 Nach dem deutschen Embryonenschutzgesetz gilt die Zygote erst nach Vereinigung der Vorkerne als schutzwürdiger Embryo.
24 Synonym für befruchtete Eizelle.
25 Bei manchen Tieren, z.B. Rindern, entsteht die funktionelle Individualität auf der Ebene der Transkription sogar noch später, im Acht- oder 16-Zell-Stadium.
26 Der Vorgang wird auch *Kompaktierung* genannt.
27 Die Häufigkeit von frühen Spontanaborten wird auf etwa 45 % geschätzt.
28 Monosomien, Trisomien usw.
29 Der biologische Terminus ist die toti- oder omnipotente Stammzelle.
30 Moore/Persaud/Torchia. Embryologie; S. 9.
31 ARD, Günther Jauch, März 2013.

Zellen an der Hand der Gene –
Gene in der Hand von Zellen

1 Diese Fähigkeit haben »postmitotische« Zellfamilien verloren, andere können sich bis zum Tod des Organismus teilen.
2 Von Genen, die nur regulatorische RNA codieren einmal abgesehen – vgl. Kapitel Zwei: Gene; Abschnitt: Die funktionalistische Phase der Genetik.
3 Das ist der Unterschied zu Mutationen, die Gene ein für alle Mal verändern (außer es käme per Zufall zur Rückmutation).
4 Beispiel Kontaktinhibition: Hier blockieren solche Verankerungen die Zellteilung.
5 Das ist eine klassische Aufgabe von Hormonen, die ins Blut ausgeschüttet und zu ihren Zielzellen transportiert werden, ihre Botschaft unmittelbar oder meist mittelbar über sog. Second-messenger-Systeme dem Zellkern vermitteln und dort die Transkription spezifischer Zielgene ankurbeln.
6 Wer mehr über die Genregulation erfahren möchte, s. Brown. Gene und Genome; Kapitel 11–15.
7 Wie erwähnt, diese Definition ist nicht die ganze Wahrheit.
8 Die Molekulargenetiker sprechen von Promotorregion.
9 Z.B. Infarkt, Schlaganfall, Wunden, Tumore oder zu hoher lokaler Sauerstoffverbrauch.
10 HIF-1 ist ein sog. Heterodimer, ein Eiweiß, das aus zwei unterschiedlichen Ketten besteht.
11 Dem Ubiquitin-Proteasomen-System.
12 Diese chemische Reaktion, die Hydroxylierung von Prolin-402 und Prolin-564 durch sauerstoffabhängige Prolylhydroxylasen (PHD1–PHD3), führt zur Bindung des Von-Hippel-Lindau-Proteins (pVHL) an Prolin-564 und damit zur Formation des E3-Ubiquitin-Ligase-Komplexes, eines Multiproteins, das den proteasomalen Abbau vermittelt (Wenger, Robert. (2000) Mammalian Oxygen Sensing, Signalling and here Regulation. Exp. Biology, 203., S. 1253–1263).
13 Solche Gene tragen ein HRE (Hypoxia resonsive element) im Promotor.
14 In Eukaryonten gibt es vier Typen von RNA-Polymerasen, die mRNA eiweißcodierender Gene wird vor allem durch die RNA-Polymerase II synthetisiert.
15 In der Struktur DNA-bindender Proteine fallen wiederkehrende Strukturmotive auf,

die für die Anziehungskraft zwischen bestimmten DNA-Sequenzen und dem Protein verantwortlich sind.

16 Defekte in diesem Gen verursachen die Erbkrankheit M. Duchenne, eine Muskeldystrophie.

17 Transkription und Translation.

18 Enzyme, die Phosphatgruppen anhängen, werden Kinasen genannt, ihre Gegenspieler Phosphatasen.

19 NFkB, AP-1, p53.

20 Cum grano salis, auch in Zellen gibt es ab und an (somatische) Mutationen.

21 In Analogie zum Genom bezeichnet man die Gesamtheit aller in einer Zelle vorhandenen mRNAs als Transkriptom.

22 Anders als die Gene von Bakterien.

23 Dadurch wird die mRNA deutlich kürzer. Bei Insulingenen machen die Introns fast zwei Drittel, bei dem großen Dystrophingen über 90 % seiner Sequenz aus.

24 Zu Deutsch: Spleißen.

25 Um Missverständnissen vorzubeugen: Damit meine ich nicht irgendwelche unwahrscheinlichen Makromutationen, die einer Antilope plötzlich den Hals einer Giraffe wachsen lassen. Es handelt sich um Mutationen, die den Anstoß zu einem schrittweisen Funktionswechsel eines Gens oder einer Gruppe von Genen geben.

26 Die Vielfalt der Proteine beruht nicht nur auf alternativem Spleißen. Es gibt auch chemische Modifikationen wie alternative Polyadenylierung usw.

27 Zu Deutsch: Schnecke.

28 Noch verrückter ist das Transspleißen, bei dem Exons aus verschiedenen Genabschriften herausgeschnitten und zu einem neuen synthetischen Transkript zusammengesetzt werden. Dieser Vorgang zeigt, dass wir es mit der Definition des Gens nicht zu eng halten sollten. Transspleißen wurde aber bisher nur bei eher exotischen Wesen wie dem Fadenwurm Caenorrhabditis elegans oder bei Trypanosomen, den Erregern der Schlafkrankheit, beschrieben.

29 S. weiter u.: langfristige Genveränderungen.

30 In der Tat bezeichnen die Molekulargenetiker diesen Prozess der chemischen Modifikation einzelner Buchstaben (Nukleotide) in der mRNA als »RNA-Editing«.

31 Capping, Polyadenylierung, RNAi usw.

32 Prozess der RNA-Interferenz.

33 Ein Nanometer (nm) = 1×10^{-9} m.

34 Streng genommen hat das Kreuz noch einen fünften Arm zwischen dem TΨM- und dem Anticodonarm, die V-(variable)-Schleife. In den Mitochondrien gibt es auch tRNAs, die leicht von dieser Struktur abweichen. Allen gemeinsam ist aber die Paarung von Anticodon und der betreffenden passenden Aminosäure.

35 Präinitiationskomplex: 40S-Untereinheit des Ribosoms + ternärer Komplex aus sIF-2 + Initiator $tRNA^{Met}$ + GTP + eIF-I, eIF-1A + eIF-3. Dieser Präinitiationskomplex bindet an 5'Ende der RNA mithilfe des Cap-Bindungskomplexes (eIF-4A, eIF-4e + eIF-4G); die Bindung ist auch durch Poly-A am 3'Ende der mRNA beeinflusst.

36 Ein Startcodon ist ein Basentriplett, das keine Aminosäure codiert, sondern anzeigt:

Hier fängt das Eiweiß an. Meistens handelt es sich dabei um die Sequenzen: 5'-AUG-3', eingebettet in die sog. Kozak-Consensus-Sequenz 5'-ACAAUGG-3'.

37 Die schwere 70S-Untereinheit des Ribosoms kommt hinzu.

38 Der Schalter, der beim Umschalten auf Sparmodus umgelegt wird, ist ein Eiweiß namens eIF-2, das eine Schlüsselrolle bei der Bildung nahezu aller mRNA-Initiationskomplexe spielt. Durch Anhängen einer Phosphatgruppe wird eIF-2 vorübergehend ausgeschaltet.

39 Vgl. Kapitel Vier: Gehirne.

40 Als da wären: Konzentration von Sauerstoff, Wasserstoffionen, Temperatur, Salzen usw.

41 Vgl. Prolog.

42 Der Begriff »männliches Geschlechtshormon« ist eine Verkürzung. Natürlich produzieren auch Frauen Testosteron. Der Unterschied ist quantitativer Natur.

43 Lahn/Pearson/Jegalian. The Human Y Chromosome, in Evolution's Light.

44 Vgl. dazu Kapitel Zwei; Abschnitt: Der kleine Unterschied?

45 Eine ausführliche Darstellung findet sich bei Sapolsky. Gewalt und Mitgefühl; S. 133 ff.

46 Book/Starzyk/Quinsey. The Relationship between Testosterone and Aggression.

47 Archer. Testosteron and Human Aggression. Das gilt nur für Dosen im physiologischen Bereich, nicht für exzessiv hohe Dosen, wie sie z.B. beim Doping verwendet werden.

48 Wibral/Dohmen/Klingmüller/Weber/Falk. Testosterone Administration Reduces Lying in Men.

49 Eisenegger/Naef/Snozzi/Heinrichs/Fehr. Prejudice and Truth about the Effect of Testosterone on Human Bargaining Behaviour.

50 Zitiert nach Sapolsky. Gewalt und Mitgefühl; S. 135.

51 Gettler/McDade/Feranilc/Kuzawa. Longitudinal Evidence that Fatherhood Decreases Testosterone in Human Males.

52 Sie merken, wie schwer die Perspektiven auf die Gene und auf die Zelle voneinander zu trennen sind.

Epigenetik: Das elefantöse Gedächtnis der Zellen

1 Brown. Gene und Genome; S. 479.

2 Die Genetiker nennen die spulenartigen Einheiten, bestehend aus 4 × 2 Histonpaaren, um die die DNA spiralig aufgewickelt ist, Nucleosome.

3 Diese Bereiche werden fakultatives Heterochromatin genannt. Heterochromatin ist eine Bezeichnung für DNA-Abschnitte, die keine Gene enthalten.

4 Die einen hängen Acetylgruppen an, die anderen (»De-Acetylasen«) hängen sie ab.

5 Tertiärstruktur meint die räumliche Faltung der Proteinkette.

6 Für chemisch Interessierte: Das sind stabile kovalente Bindungen.

7 Adenin, Guanin, Cytosin, Thymin.

8 Methyl = CH_3; 5'-Methyl-Cytosin.

9 … am 3'-Ende. Nur Cytosine in 5'-CG-3'-Paaren können methyliert werden.

10 In der S-Phase der Zelle.

11 Das erklärt, warum Cytosine nur in CpG-Inseln methyliert werden. Dem 5'-CG-3'

steht immer eine 3'-GC-5' gegenüber, als eine spiegelbildliche CpG-Insel, die ihrerseits methyliert wird.

12 Für *Erhaltungsmethylierung* und *De-novo-Methylierung* sind getrennte Enzymsysteme verantwortlich; Dnmt-1 für die Erhaltungsmethylierung, Dnmt-3a/3b für De-novo-Methylierungen.

13 Der Nachweis von Barr-Körperchen war bei Sportwettkämpfen eine Methode, das chromosomale Geschlecht zu bestimmen.

14 Im 18. Jahrhundert benutzte der Berliner Caspar David Wolf (1734–1794) den Begriff Epigenese für Entwicklungsprozesse des Embryos.

15 Z.B. Gen, Virus, Zelle usw.

16 Vgl. Felsenfeld. A Brief History of Epigenetics.

17 Von Veränderungen größerer Genabschnitte wie Insertion, Delektion, Translokation und Genverdopplungen nicht zu reden.

18 Außer es handelt sind um eine konservative Mutation, die die Bedeutung des Tripletts nicht verändert, oder die betroffene Base würde zufällig durch exakt passende Rückmutation wieder in den Urzustand versetzt.

19 Beim Gen igf-2 wird immer die mütterliche Variante inaktiviert, bei anderen Genen grundsätzlich die väterliche. Prägung ist auch deshalb ein interessantes Phänomen, weil sie den Grundsatz verletzt, dass ein Kind immer exakt 50 % mütterliche und 50 % väterliche Eigenschaften erbt. Bezüglich der Bedeutung streiten sich die Gelehrten. Einige spitzfindige Evolutionsbiologen sehen in der Prägung ein Beispiel für das Konzept des egoistischen Gens (s. Kapitel Zwei) und betrachten sie als Resultat evolutionärer Konkurrenz zwischen Mutter- und Vatergenen.

20 Damit ist Lungenatmung gemeint. Eine Zellatmung hat der Fetus natürlich auch.

21 Zitiert nach Knippers. Eine kurze Geschichte der Genetik; S. 325.

22 Weaver et al. Epigenetic Programming by Maternal Behaviour.

23 Vgl. Kapitel Vier: Gehirne.

24 Behavioristen würden an dieser Stelle den Kopf schütteln und alles als Reiz-Reaktions-Automatismus abtun, der ohne interne Bewertungsinstanz auskommt. Aber beim Menschen hat eine schwere Kindheit eben auch sehr viel mit sprachlich vermittelten Traumata zu tun.

25 Heijmans et al. Persistent Epigenetic Differences Associated with Prenatal Exposure to Famine in Humans.

26 Diese Ergebnisse sind plausibel, da in diesem zweiten Drittel zwar die Organentwicklung schon abgeschlossen ist, aber viele Prozesse der Hirnentwicklung noch im Gange sind.

27 Heijmans et al. Persistent Epigenetic Differences Associated with Prenatal Exposure to Famine in Humans.

28 »**vererbbare** Veränderungen […], die **nicht** durch Veränderungen der DNA-Sequenz erklärt werden können«.

29 Epigenetische Programmierung kann natürlich nur Gene beeinflussen, die auch vorhanden sind.

30 Vgl. Kapitel Zwei: Gene.

31 Die Methylierungen an den sog. CpG-Inseln.

32 Die bekannteste Krankheit, die durch ein überzähliges Chromosom verursacht wird, ist das Down-Syndrom (Trisomie 21). Andere Trisomien wie Trisomie 12 oder Trisomie 18 sind kaum bekannt, weil sie fast immer zum frühen Tod führen.

33 Meiose.

34 Vgl. Kapitel Eins: Evolution; beim Sex gehören zwei dazu. Durch die Reduzierung auf die Ebene der Zelle wird die Verschwendung entschärft, denn viele Organismen sind in der Lage, eine ganze Armada von Keimzellen heranreifen zu lassen.

35 Veränderung der genetischen Sequenz; vgl. Kapitel Zwei: Gene.

36 Die befruchtete Eizelle und ihre Nachkommen bis zum 16-Zell-Stadium des Embryos (s.o.).

37 Vgl. Kapitel Eins: Evolution.

38 Diese sog. »slow growth period« (SGP) fällt bei Jungen in die Zeit zwischen dem 9. und 12., bei Mädchen in die Zeit zwischen dem 8. und 10. Lebensjahr.

39 Wir wissen nicht, wie diese geschlechtsspezifischen Unterschiede entstehen. Möglicherweise sind dafür auch epigenetische Mechanismen verantwortlich. Insbesondere die Prägung (engl. *imprinting*) (s.o.) sorgt für wichtige geschlechtsspezifische Weichenstellungen bei der Entwicklung der Keimzellen (Gametogenese).

40 Zumindest zur Hälfte in Form der mütterlichen Keimzellen.

41 Vgl. o.: kurzfristige Mechanismen der Genregulation. Denkbar wäre eine Vielzahl biochemischer Mechanismen, die den Prozess der Übersetzung von Genen in Protein beeinflussen.

42 Skinner. Epigenetik.

43 Vgl. Kapitel Eins: Evolution.

Dritte Zwischenbilanz: Die Biologie der Zellen

1 Selbst bei physikalischen Ereignissen, wie ionisierender Strahlung, ist das Endergebnis, die fixierte Mutation, nicht nur vom zellulären Milieu, sondern auch von aktiven zellulären Mechanismen, wie zum Beispiel der DNA-Reparatur abhängig.

2 Bald ist relativ. Zwischen der Entwicklung der Eukaryonten und der Mehrzeller liegen ein paar hundert Millionen Jahre. Natürlich hinterließen Ereignisse, wie Agglutination von Einzellern zu Verbänden und nachfolgendem Symmetrieverlust, auch ihre Spuren in der DNA.

Atome des Lebens: Mythen vom Anfang und vom Ende, von den Grenzen, den Besonderheiten und den Freiheiten menschlicher Existenz

1 Vgl. Kapitel Drei: Zellen.

2 Joachim Kardinal Meisner, Erzbischof von Köln; Erklärung des Erzbistums zur »Pille danach«, Köln 31.1.2013; https://web.archive.org/web/20130204031545/; http://opencms.erzbistum-koeln.de:80/modules/news/news_1318.html.

3 Aristoteles meinte, ein Embryo habe zunächst eine pflanzliche Seele (anima vegetativa), dann eine empfindende, tierische Seele (anima sensitiva oder animalis) und erst nach 40 Tagen (bei einem männlichen Embryo) bzw. 90 Tage (bei einem weiblichen Emb-

ryo) eine vernunftbegabte menschliche Seele (anima intellectiva oder rationalis oder humana).

4 Die Jahresangaben hinter den Päpsten beziehen sich auf ihre Lebenszeit.

5 Zwischen der Amtszeit der Päpste Sixtus V. und Gregor XIV. lag vom 15. bis zum 27. September 1590 das Pontifikat Urbans VII., das kürzeste Pontifikat aller Päpste.

6 Das Corpus Iuris Canonici ist eine mittelalterliche Sammlung römisch-katholischen Kirchenrechts.

7 »Der Fötus ist die Lende der Mutter«.

8 Vgl. Sure 23; 12–14.

9 ... eine Art »Supplement« zum Koran.

10 Nach anderer Interpretation wird der Mensch bereits nach 40 Tagen beseelt.

11 Canon 871 CIC 1983); Quelle: Wikipedia-Artikel Schwangerschaftsabbruch. Diese Übersetzung entspricht nicht der Verwendung des Begriffs *fetus* in der Medizin. Hier wird das Kind erst nach Abschluss der Embryonalentwicklung ab der 14. Woche als Fetus bezeichnet.

12 Die Lehre von der Simultanbeseelung.

13 Donum vitae (http://www.vatican.va/roman_curia/congregations/cfaith/documents/rc_con_cfaith_doc_19870222_respect-for%20human-life_ge.html).

14 Schockenhof. Thomas von Aquin und die Theorie der Sukzessivbeseelung.

15 Enzyklika *Evangelium vitae* (Nr. 62) von 1995.

16 Hinter kategorisch gezogenen Grenzen steckt oft das »Argument vom Dammbruch« (engl. »*Slippery-Slope*-Argument«). Problematisch an dieser Art zu argumentieren ist, dass hier der Missbrauch oder die Übertreibung der inkriminierten Praxis einfach unterstellt wird. Die Praxis spricht im Fall der Abtreibung dagegen. Denn es gibt keinen Hinweis darauf, dass ein besonders restriktives Abtreibungsrecht die Zahl der Abtreibungen grundsätzlich verringert – Sexualaufklärung dagegen schon.

17 In den USA variiert die Praxis nach Bundesstaaten, in Europa gilt in katholisch geprägten Ländern ein restriktiveres Abtreibungsrecht, und in Asien sind Abtreibungen vor allem in einigen Länder Südasiens (Iran, Pakistan) weitgehend verboten.

18 Das Gedankenexperiment stammt nicht von mir, sondern wurde z.B. von Reinhard Merkel publiziert (Die Zeit, 5/2001). Es wurde auch von Michael Sandel im US-amerikanischen Ethikrat verwendet.

19 ..., weil sie im Wesentlichen der Choreographie der Gene folgen. Von Extremsituationen, wie Schädigungen von Embryo oder Fetus durch Infektionen, Hunger oder durch Umweltgifte wie Alkohol oder Nikotin, sehe ich hier einmal ab.

20 Bei Nieren und Teilen der Leber sind Lebendspenden möglich. Bei anderen Organen nicht. Um Organhandel zu verhindern, ist die Lebendspende in Deutschland nur unter persönlich eng verbundenen Menschen erlaubt.

21 Alternativen wie künstliche Organe oder die Transplantation von Tierorganen sind zur Zeit nicht über das Experimentalstadium hinausgekommen.

22 Ausnahme Lebendspenden; s.o.

23 Bei Menschen, die zum Zeitpunkt des Kreislaufstillstands extrem unterkühlt werden, kann die Zeitspanne bis zur irreversiblen Schädigung länger dauern.

24 S. z.B. die Hirntodkriterien der Bundesärztekammer unter https://www.bundesaerztekammer.de/fileadmin/user_upload/downloads/irrev.Hirnfunktionsausfall.pdf.

25 Dafür ist die Zeit zwischen Kreislaufstillstand und irreversibler Schädigung oft viel zu kurz.

26 White Paper des US-President's Council on Bioethics, von George W. Bush eingesetzt, im November 2009 abgelöst durch die von Obama eingesetzte *Presidential Commission for the Study of Bioethical Issues.*

27 Selbst wenn es möglich wäre, Gehirne vom Körper abzukoppeln und künstlich mit Nährstoffen zu versorgen, spricht sehr viel dafür, dass dieses Gehirn bar jeder Möglichkeit zur Kommunikation über kurz oder lang in einen Zustand verfällt, der nichts mehr mit dem zu tun hat, was wir unter menschlichem Leben verstehen.

28 Dahinter steht die zweitpersonale Moral der Fairness, die sich erst im Zuge der Evolution des Homo sapiens voll entwickelt hat.

29 Ob es legitim wäre, Menschen aufgrund skalierbarer »Qualitätskriterien« auch unterschiedlich zu behandeln, wenn solche Kriterien objektiv existieren würden, ist eine ganz andere Frage.

30 Kapitel Zwei: Gene.

31 Bei dem unweigerlich das eine oder andere Insekt ins Messer kommt.

32 Die Existenz von Neandertalern würde Ethiker und Juristen in die Bredouille bringen. Das oben Gesagte heißt nicht, dass wir Tieren alle Rechte vorenthalten sollten. Es macht nur wenig Sinn, die Menschenrechte auf andere Tiere auszudehnen. Da wären zum einen praktische Gründe: Wo sollten wir sonst die Grenze ziehen, wenn nicht zwischen Mensch und Schimpanse? Alle anderen Grenzen wären schwieriger zu begründen. Mir scheint es auch wenig sinnvoll, ein Kulturprodukt wie die Menschenrechte in eine Sphäre zu transponieren, in der die Abwägung individueller Persönlichkeitsrechte schnell ins Absurde führt. Wessen Rechte zählen mehr, die der Mäuse oder die der Katze? Wer nicht alles tut, was in seinen Kräften steht, um einen Menschen aus den Klauen eines Löwen zu retten, der wird wegen unterlassener Hilfeleistung verurteilt. Übertragen ins Tierreich würde dieses Samaritertum in einer ökologischen Katastrophe münden.

33 Wynne. Rosalià Abreu and the Apes of Havana. Selbst *In-vitro*-Befruchtungen würden scheitern, da Schimpansen und Menschen unterschiedliche Chromosomenzahlen haben.

34 Mensch, Schimpanse und Bonobo stammen von einem gemeinsamen Vorfahren ab. Die Aufspaltung des Stammbaums zwischen Schimpanse und Bonobo ist jüngeren Datums. Svante Pääbo hat gezeigt, dass 1,6 % unserer Genome dem Bonobogenom ähnlicher sind als dem Schimpansengenom und 1,7 % dem Schipansengenom ähnlicher als dem Bonobogenom. Welcher der Arten wir uns näher fühlen, ist eher eine Frage der Mentalität (vgl. Sapolsky. Gewalt und Mitgefühl; S. 472).

35 Mehr als drei Viertel aller Tierversuche werden an Mäusen durchgeführt.

Dritte Schlussfolgerung: Die Grenzen des Menschseins

1 Wofür einiges spricht.

2 Vgl. Kapitel Vier: Gehirne; Abschnitt: Die Gene des Gehirns.

TEIL IV
Gehirne

Cogito, ergo sum: Das Ich-Organ

1 Apostelgeschichte 17; 28.
2 Lat. für: Ich denke, also bin ich.
3 Descartes. Discours de la méthode [...] und ders. Meditationes de prima philosophia [...].
4 Es gibt unter Biologen selten abweichende Meinungen (vgl. z. B. Popper/Eccles. Das Ich und sein Gehirn).
5 Die fünf Sinne (Sehen, Hören, Schmecken, Riechen und Tasten) bilden nicht alle Wahrnehmungsformen ab. Der Temperatursinn oder auch die Wahrnehmung der eigenen Körperpositionen finden erst in jüngerer Zeit Beachtung.
6 Als Handlungen sollen Aktionen verstanden werden, mit denen Menschen mit der Außenwelt interagieren, nicht Prozesse wie Verdauung oder Herzschlag, die zum Teil unabhängig vom zentralen Nervensystem ablaufen.
7 Im Unterschied zu »reinen« Gedanken.
8 Und das ist ein Unterschied zu vielen Gehirnen anderer Tiere.
9 Philosophen reden von *Subjekt* und *Objekt*.
10 René Descartes. De homine.
11 Auch ein Dualist hat seine Schwierigkeiten mit dem freien Willen; vgl. Balaguer. Der freie Wille.
12 Res cogitans (lat. für die »denkende Sache«, von Descartes für die Welt der geistigen Erscheinungen geprägter Begriff); im Gegensatz zu res extensa (lat. für die »räumlich ausgedehnte Sache«), die für die materielle Welt der Dinge steht.
13 Im wahrsten Sinn des Wortes, denn die Welt, die wir kennen, existiert in dieser Form nur in unserem Hirn.
14 Vgl. Dehaene. Denken.

Die Gene des Gehirns

1 Von zufällig erworbenen Mutationen wollen wir an dieser Stelle mal absehen. Vgl. Kapitel Zwei: Gene.
2 Wir haben im vorangegangenen Kapitel gelernt, dass die Buchstaben eines Buches der Vererbung in jeder Zelle des Körpers identisch sind.
3 Vgl. Kapitel Drei: Zellen.
4 Vgl. Kapitel Eins: Evolution.
5 Die Diskrepanz zwischen kleinen genetischen Veränderungen und potentiell großen phänotypischen Konsequenzen war Thema der vorigen Kapitel.
6 Vor vier bis fünf Millionen Jahren zweigte sich der Stammbaum des Schimpansen noch einmal auf und aus dem »Urschimpansen« entwickelten sich zwei unterschiedliche Arten, der heutige Schimpanse (*Pan troglodytes*) und der Bonobo (*Pan paniscus*).
7 The Chimpanzee Sequencing and Analysis Consortium. Initial Sequence of the Chimpanzee Genome and Comparison with the Human Genome.

8 Vgl. z. B. www.genesis-net.de.
9 Es gibt Gruppen, die sich mit klingenden Namen wie »Antispeziesistische Aktion« schmücken, was suggeriert, dass exklusive Menschenrechte nichts anderes als eine Spielart des Rassismus sind.
10 Vgl. Kapitel Zwei: Gene.
11 So bezeichnen sich Menschen, die glauben, unserer Spezies stünden keine Sonderrechte zu.
12 Vgl. Kapitel Zwei: Gene und Kapitel 4: Gehirne; Epigenetik.
13 Gemeint sind zu den Genen gehörige Promotor- und Repressorregionen wie auch Genabschnitte, die regulatorische RNA codieren.
14 Mensch, Schimpanse, Bonobo, Gorilla und Orang-Utan.
15 Zimmer. Experimente des Lebens.
16 Auch bei der Ontogenese sind es wenige Schlüsselgene, die Weichen für die Entwicklung des Fetus stellen.
17 Dazu kommen noch Genduplikationen, *Indel-Polymorphismen*, *copy number variations* und der Verlust von Genen durch *miss-sense-* oder *frame-shift-*Mutationen.
18 Umgekehrt hat auch der Schimpanse Gene, deren Funktion auf dem Weg der Evolution zum Menschen verloren ging. The Chimpanzee Sequencing and Analysis Consortium. Initial Sequence of the Chimpanzee Genome and Comparison with the Human Genome.
19 Vgl. Kapitel Eins: Evolution.
20 Vgl. Kapitel Zwei: Gene.
21 Engl. *Developmental Verbal Dyspraxia* oder abgekürzt *DVD*.
22 Im Kehlkopf müssen über 80 verschiedene Muskeln koordiniert werden.
23 Vgl. Kapitel Zwei: Gene.
24 Noch ein schönes Beispiel für *Pleiotropie*.
25 Mutationen in Introns unterliegen (meist) nicht der Selektion. Die Zahl dieser Mutationen lässt sich wie eine molekulare Uhr nutzen, um das Alter von Genvarianten zu vergleichen.
26 Vgl. Kapitel Drei: Zellen.
27 Cann et al. Mitochondrial DNA and Human Evolution. Die mitochondriale Eva war nicht die erste Frau. Eva hatte viele Zeitgenossinnen; die mitochondrialen Erblinien der anderen Frauen starben aber aus, während die von Eva überlebten.
28 Krause et al. The Derived FOXP2 Variant of Modern Humans Was Shared with Neandertals.
29 Pinel et al. Genetic Variants of FOXP2 and KIAA0319/TTRAP/THEM2 Locus are Associated with Altered Brain Activation in Distinct Language-Related Regions.
30 Mekel-Bobrov et al. Ongoing Adaptive Evolution of ASPM […].
31 Evans et al. Microcephalin […].
32 Ferland et al. Abnormal Cerebellar Development and Axonal Decussation […];.
33 Da es ist schwierig, in nicht-codierenden Regionen zwischen DNA-Schrott und biologisch bedeutsamen Regionen zu unterscheiden, ist es auch nicht einfach, dort zufällige Mutationen von Veränderungen, die der Selektion unterworfen sind, zu differenzieren.

34 Pollard/Haussler et al. An RNA Gene Expressed during Cortical Development Evolved rapidly in Humans.
35 Vgl. Kapitel Zwei: Gene.
36 Das sind Gene, die nicht unter die klassische Gendefinition fallen, sondern mRNAs codieren, die die Aktivität einer ganzen Reihe von klassischen »proteincodierenden« Genen regulieren.
37 Pollard/Haussler et al. An RNA Gene Expressed during Cortical Development Evolved rapidly in Humans.
38 Vgl. Yanai/Lercher. Das geheime Leben im Menschen.
39 McLean et al. Human-Specific Loss of Regulatory DNA and the Evolution of Human-Specific Traits.
40 Krings et al. Neandertal DNA Sequences and the Origin of Modern Humans.
41 Grundlage sind die Daten des sog. 1000-Genom-Projekts.
42 Vorausgesetzt, wir haben die Neandertaler-DNA als Ausgangsmaterial.
43 Svante Pääbo. Die Neandertaler und wir; S. 362.
44 Die Ursachen dieser Unterschiede werden immer noch diskutiert. Möglicherweise fand die Vermischung v.a. im Nahen Osten statt, einer Region, die, wie Europa, schon seit einigen 10000 Jahren von Neandertalern besiedelt war, während die Vorfahren des modernen Menschen in Afrika siedelten, bis sie sich über den Nahen Osten nach Europa, Asien und Ozeanien verbreiteten (vgl. dazu Pääbo. Die Neandertaler und wir; S. 250ff.).
45 Die Betonung liegt auf *diese*. Es mag andere, abstrakte und prinzipielle Unterschiede geben, die den Unterschied ausmachen und die genetisch festgeschrieben sind.
46 Ein Begriff von Svante Pääbo.
47 Pääbo. Die Neandertaler und wir; S. 285ff.
48 Gilad/Oshlack/Smyth/Speed/White. Expression Profiling in Primates Reveals a Rapid Evolution of Human Transcription Factors.

Die Zellen des Gehirns

1 Golgi und Cajal erhielten im Jahr 1906 den Nobelpreis.
2 Vgl. Kapitel Drei: Zellen.
3 Terminus technicus für die ominösen »Fortsätze«.
4 Die längsten Fasern gehören Neuronen, die im Rückenmark sitzen und die die Nerven bilden, die wiederum die Muskulatur der Beine und Füße ansteuern.
5 Wir haben gelernt, dass es die epigenetischen Programmierungen sind, die für die großen morphologischen und funktionellen Unterschiede zwischen den verschiedenen Zelltypen verantwortlich sind. Das Nervengewebe ist dasjenige Gewebe, in dem die größte Zahl der Gene parallel aktiv ist und Protein übersetzt wird.
6 Cajal. Histologie du système nerveux de l'homme et des vertébrés.
7 Genau genommen gibt es mehrere Formen von Reflexen, monosynaptische Reflexbögen, aber auch komplexere Reflexe, die über viele Stationen laufen.
8 Von griech. σύν, *syn* »zusammen«; ἅπτειν, *haptein* »greifen, fassen, tasten«; s. Foster. Text-Book of Physiology.

9 Sherrington. The Integrative Action of the Nervous System; S. 18.

10 Refraktärzeit bedeutet die Zeitspanne, in der ein Neuron oder eine Synapse für die Verarbeitung eines weiteren Reizes blockiert ist.

11 Nm = 10^{-9} m.

12 Der Transmitter wird entweder in der Endigung des Axons oder im Zellkörper gebildet.

13 GABA: Abk. für γ-Amino-Buttersäure, ein hemmender (inhibitorischer) Transmitter.

14 Licht, Schallwellen, Wärme, Druck, chemische Reize usw.

15 Von griech. *dendros*: der Baum.

16 Vgl. Kapitel Drei: Zellen.

17 Natrium-Kalium-ATPase bzw. Natrium-Kalium-Pumpen sind die größten Energieverbraucher im Gehirn und verantwortlich dafür, dass das Gehirn bis zu 30 % des gesamten Energiebedarfs des Körpers in Anspruch nimmt.

18 Positiv geladene Ionen werden als *Kationen*, negative als *Anionen* bezeichnet.

19 Das Ruhemembranpotential liegt je nach Zelltyp zwischen –50 und -100 mV, bei Neuronen typischerweise bei –70 mV.

20 Am Ruhemembranpotential sind noch mehr Ionen beteiligt, aber die Begrenzung auf Natrium und Kalium reicht aus, um das Prinzip zu verstehen. Vgl. Schmidt/Thews/Lang. Physiologie des Menschen.

21 Glucose.

22 Bei körperlicher Arbeit kann die Muskeltätigkeit den Grundbedarf verdoppeln bis verdreifachen.

23 Wenn die Blutzufuhr ins Gehirn unterbrochen wird, tritt schon nach wenigen Sekunden Bewusstlosigkeit ein. Schon nach fünf Minuten beginnen Nervenzellen abzusterben.

24 Die Neurophysiologen sprechen von spannungsabhängigen Natriumkanälen (voltagegated channels).

25 Bis dahin wirkt die Refraktärzeit.

26 Synapsen, die nahe am Verrechnungszentrum sitzen, haben ein größeres Gewicht, weil sie das intrazelluläre Milieu nahe am Entscheidungszentrum stärker beeinflussen als die Informationen, die weit in der Peripherie eintreffen.

27 Diese Darstellung ist eine Vereinfachung. Im Gehirn gibt es viele Formen von Nervenzellen. Auch wenn wir versuchen, Neuronen aufgrund ihrer verschiedenen Botenstoffe zu katalogisieren, müssen wir feststellen, dass es hier über 100 unterschiedliche Arten von Neuronen gibt. Die Bedeutung dieser Vielfalt ist momentan noch unklar. Außerdem existieren im Gehirn einige wenige Kontaktstellen, die auf chemische Transmitter verzichten und die elektrische Erregung direkt auf Nachbarneuronen übertragen. – Vgl. Kandel/Schwartz/Jessell/Siegelbaum/Hudspeth. Principles of Neural Science.

28 Eine Ausnahme ist ein Typ von Nervenzellen, der auch im menschlichen Gehirn nur in entwicklungsgeschichtlich sehr jungen Hirnregionen, im anterioren cingulären Cortex und der Inselregion, anzutreffen ist, die sog. *Von-Economo-* oder Spindel-Neuronen. Zu einer gewissen Zeit glaubten die Neuroanatomen eine spezifisch menschliche Zelle gefunden haben. Mittlerweile wurden Economo-Zellen auch bei anderen Primaten und bei Elefanten, Walen und Delfinen nachgewiesen – interessanterweise alles Tiere mit relativ komplexem Sozialleben (vgl. Sapolsky. Gewalt und Mitgefühl; S. 65, 74 und 734).

Karte und Schaltplan des Gehirns

1 Ein in Mode gekommenes Schlagwort für den Schaltplan des Gehirns lautet »Konnektom«.

2 Den sog. Seitenventrikeln.

3 Eine Ausnahme ist die Atmung, die beim Frosch vollkommen autonom geregelt ist, die Menschen aber willentlich beeinflussen können.

4 Pneuma (von griech. πνεῦμα, *pneũma*, »Geist«, »Hauch«, »Luft«, »Atem«) ist ein Begriff der Antike, der einen Zusammenhang zum modernen Begriff des Geistes aufweist. Der antike Begriff *Pneuma* bedeutet Geist, Windhauch oder Druck und hat Bezüge zu Konzepten wie dem chinesischen Qì (*Chi*) oder dem indischen Prana bzw. dem indischen Akasha (Atemseele).

5 = Gyrus.

6 Inzwischen wurde die Nummerierung weiter verfeinert, so dass man heute Brodmann-Areale *23a* und *23b* benennt.

7 40 Jahre später wurde der Nobelpreis dem Physiologen Walter Rudolf Hess (1881–1971) und dem Neurologen António Caetano de Abreu Freire Egas Moniz (1874–1955) verliehen. Hess hatte durch gezielte elektrische Reizungen eine detaillierte funktionale Karte des Zwischenhirns entworfen: Hess. Das Zwischenhirn. Moniz hatte die Leukotomie zur Behandlung psychiatrischer Krankheiten eingeführt, ein Konzept, das ebenfalls auf der Identifikation von Arealen mit klar definierbaren Funktionen beruht.

8 Penfield/Jasper. Epilepsy and the Functional Anatomy of the Human Brain.

9 Einer Furche, die sich rechts und links auf Höhe des Ohres vom Scheitel bis zur Basis des Großhirns zieht. Die Hirnwindung davor wird Präzentralregion, die unmittelbar dahinter Postzentralregion genannt.

10 Penfield/Rasmussen. The Cerebral Cortex of Man.

11 Eine ganze Zellfamilie, bestehend aus Astrozyten, Oligodendrozyten und anderen Stützzellen.

12 Madeja. Das kleine Buch vom Gehirn.

13 Das Bild ist nicht vollständig, da die Myelinschichten in bestimmten Abständen durch sog. Ranviersche Schnürringe unterbrochen werden. Anders als bei Stromkabeln hat die Myelinschicht einen Einfluss auf die Leistungsgeschwindigkeit – je dicker, desto schneller, weil die Erregung quasi von Schnürring zu Schnürring »springt«.

14 Du Bois Reymond. Gesammelte Abhandlungen zur allgemeinen Muskel- und Nervenphysik.

15 Ferrier. The Functions of the Brain.

16 McCulloch/Pitts. A Logical Calculus of the Ideas Immanent in Nervous Activity.

17 Matthäus 5; 37.

18 S.o.: Synapsen nahe am Axonhügel haben stärkeren Einfluss auf die internen Milieus.

19 McCulloch/Pitts. A Logical Calculus of the Ideas Immanent in Nervous Activity. Schwellenelement ist ein Begriff, der ursprünglich aus der Nachrichtentechnik stammt.

20 Ein Bit entspricht der Menge an Information, die wir gewinnen, wenn klar wird, welche von zwei möglichen Alternativen eintritt (Beispiel: Bevor die Roulettekugel fällt, kann

das Ereignis entweder schwarz oder rot lauten. Sobald sie gefallen ist, ist aus zwei Möglichkeiten eine Gewissheit geworden).

21 Jede Zahl mal 2 ergibt die nächste Zahl.

22 Johnson. Mutmaßungen über Jakob.

23 Auch als McCulloch- und Pitts-Neuronen bezeichnet.

24 Braitenberg. Künstliche Wesen; S. 3, in Anspielung auf Norbert Wiener. Kybernetik – Steuerung und Nachrichtenübertragung in Lebewesen und in der Maschine (1992) ECON-Verlag, Düsseldorf u.a.

25 Näherungsweise – Einsteins Konzept des gekrümmten Raumes vergessen wir hier einmal.

26 Nicht vergessen, die konkrete Gestalt ist zweitrangig.

27 Der Begriff wurde absichtlich gewählt. Die Analogie zur Evolution liegt auf der Hand.

28 Braitenberg. Künstliche Wesen; S. 10.

29 Ebenda.

30 Härter noch als die Enträtselung des Lebens selbst, weil mit grundsätzlichen Problemen belastet (vgl. Kapitel Drei: Zellen). Noch ist nicht ausgemacht, ob diese Fragen überhaupt mit den Mitteln der Naturwissenschaft zu beantworten sind.

Die Biographie eines Gehirns

1 Amnesie, hier anterograd.

2 »Bedeutung« könnte in diesem Zusammenhang aufs Glatteis führen, da ja eben keine bewusste Bewertung oder Umdeutung des neutralen Reizes stattfindet, sondern die Umwertung ein unbewusster, reflektorischer Vorgang ist.

3 Watson. Psychology as the Behaviorist Views it.

4 Von engl. *behavior* = Verhalten.

5 Ein Tier wird dabei in einen Käfig gesetzt, in den mindestens ein kleiner Hebel hineinragt. Jeder Hebeldruck wird übersetzt in die Aufwärtsbewegung eines Schreibstiftes, unter dem ein Papierstreifen horizontal zur Seite bewegt wird. So entsteht eine kumulative Aufzeichnung, in der die Reaktion des Tieres in Abhängigkeit von der Dauer des Lerntests dokumentiert wird – je steiler die Kurve nach oben geht, desto schneller hat das Tier die vom Testleiter erwünschte Aktion gelernt.

6 Vgl. Kapitel Eins: Evolution.

7 Diese Metapher stammt von R. Dawkins in Reaktion auf das berühmte »Uhrmacherargument« der Gegner der Evolutionstheorie (vgl. Dawkins. Der blinde Uhrmacher).

8 Skinner benutzte bewusst die Formulierung »selection by consequences«.

9 Wunn/Urban/Klein. Götter – Gene – Genesis; S. 8.

10 »Glauben« kann sehr weit gefasst werden, aber letztendlich erfordert der Begriff, dass die Tauben Hypothesen darüber bilden, dass ihr rituelles Verhalten einen Einfluss auf die Öffnung der Futterklappen hat.

11 Hospitalisierungsbewegungen sind monotone Bewegungen, die oft bei Tieren in Gefangenschaft auftreten.

12 Wobei C auf R positiv oder negativ rückkoppelt.

13 Z.B. ein Katalog von Kriterien.

14 Skinner. Verbal Behaviour.

15 Evolutionsbiologen würden phylogenetisches Lernen als *Anpassung* bezeichnen.

16 Kant. Die Kritik der reinen Vernunft.

17 Ein Beispiel ist unsere Neigung, in Kategorien von Ursache und Wirkung zu denken. Diese Art zu Denken setzt das Konzept des Zeitpfeils, einer gerichteten Zeit (mit vorher und nachher), voraus.

18 Jäncke. Lehrbuch; S. 413.

19 Ikonischer Speicher.

20 Echoischer Speicher.

21 Hebb. The Organization of Behavior.

22 Was zusammen feuert, verknüpft sich.

23 Neurobiologen sprechen von *neural assemblies*.

24 Huxley. Electrical Activity in the Nerve.

25 Engl. *soup* = Suppe.

26 Sydney Brenner, zitiert nach Kandel. Auf der Suche nach dem Gedächtnis; S. 162; vgl. Kapitel Drei: Zellen: Grundsätzliche zelluläre Vorgänge, wie Transkription oder die Mechanismen der Genaktivierung, teilen wir selbst mit Einzellern. Wenn es um solche Grundprinzipien der molekularen Steuerung der Zelle geht, sind unter Umständen schon sehr einfache Modelle aufschlussreich.

27 Kandel. Auf der Suche nach dem Gedächtnis; S. 69 ff.

28 Chip Quinn, zitiert nach Kandel. Auf der Suche nach dem Gedächtnis.

29 Sog. *Aplysia* siphon-withdrawal reflex.

30 Kandel. Auf der Suche nach dem Gedächtnis; S. 178 ff.

31 Ebenda.

32 Dieser schwache Reiz ist eine Analogie zum neutralen Reiz in verhaltenspsychologischen Konzepten wie Habituierung oder Konditionierung.

33 Abschwächung der Reaktion durch ständige Wiederholung.

34 Streng genommen wird hier *aversive Konditionierung* beschrieben, bei der ein unangenehmer Reiz den neutralen Reiz konditioniert. Klassische Konditionierung funktioniert aber analog.

35 Kupfermann/Kandel. Neuronal Control of a Behavioral Response Mediated by the Abdominal Ganglion od Aplysia.

36 Nicht die Steigerung der Reizfrequenz sorgt für die Überführung ins Langzeitgedächtnis. Entscheidend ist die Anzahl der Habituierungsphasen, die immer wieder durch entsprechende Ruhepausen unterbrochen werden müssen.

37 Habituation, Sensibilisierung, klassische Konditionierung.

38 Das Enzym, das AMP in cAMP umwandelt.

39 Vgl. Kapitel Drei: Zellen: Proteinkinasen sind Eiweiße, die an andere Protein-Phosphat-Moleküle anhängen.

40 Die Mechanismen der Langzeitpotentierung sind inzwischen geklärt: Auch hier geht es um Synapsen *glutaminerger* Neuronen. *Glutamat* stimuliert zwei Typen von Rezeptoren an der postsynaptischen Membran, den *NMDA- und* den *AMPA-Rezeptor*. Unter normalen Umständen, wenn die *glutaminergen* Neuronen mit niedrigen Frequenzen feuern, ist der *NMDA-Rezeptor* durch Magnesiummoleküle blockiert. Treffen Salven

hochfrequenter Potentiale an den Nervenendigungen ein, wird so viel *Glutamat* in den synaptischen Spalt geschüttet, dass sich das Magnesium vom *NMDA* ablöst und der *NMDA*-Rezeptor frei wird für *Glutamat*. Die Bindung von *Glutamat* lässt vermehrt *Calcium* in die postsynaptischen Zellen strömen, was wiederum die Anziehungskraft des *AMPA-Rezeptors* für Glutamat erhöht und die Erregbarkeit von *AMPA* steigert.

41 Der dritte Mitspieler ist das Interneuron. Diesen Prozess nennen die Neurobiologen *heterosynaptische Bahnung*, weil hier eine weitere Synapse ins Spiel kommt.

42 Es gibt auch einen komplementären Prozess, die sog. Langzeitdepression.

43 Antonov/Antonova/Kandel/Hawkins. Activity-Dependent Presynaptic Facilitation and Hebbian LTP Are Both Required and Interact during Classical Conditioning in Aplysia. Auch diese Prozesse spielen sich an glutaminergen Neuronen ab. Wir finden sie bei der Aplysia und im Säugergehirn.

44 Zur Übersicht vgl. Jäncke. Lehrbuch.

45 Von engl. *dunce* = Dummkopf.

46 Dendriten und Axone.

47 Schwellenwerte sind verbreitete Phänomene. Werden Schwellen überschritten, übersetzt sich ein kontinuierlicher Anstieg der Konzentration in eine sprunghafte qualitative Veränderung.

48 Proteinkinase A aktiviert unter diesen Bedingungen eine Signaltransduktionskette, sog. MAP-Kinasen. Am Ende der Kette steht die Aktivierung eines Transkriptionsfaktors.

49 Vgl. Kapitel Drei: Zellen.

50 Genau genommen werden zwei *parallele* Signalwege aktiviert, die jeweils eine Variante von *CREB* ansteuern. *CREB-1* ist ein Promoter und wird aktiviert, während *CREB-2*, der *Repressor*, abgeschaltet wird. Beide Prozesse müssen ineinandergreifen, um die Aktivität der Gene im Zellkern so zu verändern, dass am betreffenden Axon neue Synapsen wachsen können. Ein Beispiel für die ambivalente Rolle von Genen: Sie determinieren oft nicht, sondern setzen Spielräumen Grenzen. Innerhalb dieser Grenzen sind sie eher »Diener der Umwelt« (Kandel. Auf der Suche nach dem Gedächtnis; S. 288).

51 Die radikal-behavioristische Sicht teilt die Welt des Verhaltens in zwei Kategorien ein: vorteilhaftes oder unvorteilhaftes Verhalten; vgl. auch Frith. Wie unser Gehirn die Welt erschafft; S. 147.

52 Die Rolle der Interneuronen übernehmen hier dopaminerge statt serotonerger Neuronen.

53 Inzwischen gibt es Softwares zur Gesichtserkennung, aber diese Form des »Erkennens« ist ein Reiz-Reaktions-Zusammenhang.

54 … oder umgekehrt, denn wir könnten auch sagen, die Emotion, die das Bild hervorruft, entspricht der Bewertung, die dann nur noch sprachlich etikettiert wird.

55 Endorphine sind eine Art endogene Droge des Körpers.

56 Vgl. dazu den Abschnitt über Hormone; Kapitel Drei: Zellen.

57 Schacter. Wir sind Erinnerung.

Die Leistungen und Fehlleistungen des Gehirns

1 Platon. Der Staat (Politeía); S. 545.

2 Vgl. Wehr/Weinmann. Die Hand; S. 20.

3 UV-, Röntgen-, γ-Strahlung.

4 Infrarot, Mikrowellen, Radiowellen.

5 Andere Tiere haben andere Zugänge zur Wirklichkeit. Zugvögel navigieren mithilfe der magnetischen Feldlinien des Erdmagnetfeldes.

6 Im Wortsinn: Zerlegung in Einzelteile.

7 Kleine Organellen in Muskeln und Sehnen, die als Spannungsfühler dienen und aus deren Informationen die momentane Stellung von Gliedern, Muskeln und Gelenken errechnet wird.

8 Ich gehe hier nicht weiter auf die sog. Propriozeption (Eigenwahrnehmung) ein.

9 Natürlich würde auch ein »Gehirn im Tank«, das mit einer Simulation gefüttert wird, dasselbe Erfolgserlebnis beim virtuellen Griff zum Bierglas verspüren. In diesem Buch gehe ich aber von der Annahme aus, dass die Welt draußen existiert.

10 Nagel. »What Is It Like to Be a Bat?«.

11 An dieser Stelle gehe ich der Einfachheit halber vom dreidimensionalen Raum aus.

12 S.o.: Vor allem die absolute Menge präsynaptisch emittierter Neurotransmitter bestimmt die Reaktion der postsynaptischen Zellen – egal ob diese von einer oder mehreren Zellen stammen.

13 Vgl. zum Hören auch Kapitel Zwei: Gene.

14 Später mehr zum rezeptiven Feld.

15 Nichts anderes sind die peripheren Nerven, die den Körper durchziehen.

16 Nucleus cuneatus und Nucleus gracilis.

17 = Gyrus postcentralis oder primärer somatosensorischer Cortex.

18 Alle Informationen aus der Haut – Schmerz, Temperatur, Berührung, Druck und Vibration – kreuzen auf die andere Körperseite; teilweise schon dort, wo der Nerv in das Rückenmark eintritt (Schmerz- und Temperaturempfindung), teilweise auch weiter oben im Hirnstamm.

19 Je näher, desto größer der Winkel. Entfernte Objekte senden nahezu parallel einfallende Strahlen. Beim Blick in die Ferne ist die Linse also maximal entspannt, so dass die parallel einfallenden Strahlen gerade so gebrochen werden, dass sie auf der Netzhaut zusammentreffen.

20 Auch Frauen haben entsprechende, wenn auch anders verteilte Blickpräferenzen.

21 Vgl. Kapitel Eins: Evolution.

22 Um Handlungen geht es erst im nächsten Abschnitt. Aber dieser Vorgriff liegt in der Natur der Sache. Wahrnehmen ist kein rein passiver Vorgang.

23 Ernst Goecke. Christoph Scheiners Versuche mit der »camera obscura«: Ein Beitrag zur Ausstellung: Die Jesuiten in Ingolstadt (http://www.ingoldstadt.de/stadtmuseum/scheurer/austell/schein07).

24 Das entspräche dem Photochip einer Kamera mit 100 Megapixeln.

25 cGMP (zyklisches Guanosin-Monophosphat) ist wie das cAMP ein sog. second messenger, also ein Botenmolekül, das seinerseits auf Eiweiße wirkt (vgl. o.; den Abschnitt über das Gedächtnis und Kapitel Drei: Zellen)

26 Bienen sehen auch UV-Licht.

27 Lat. *plexus* = Geflecht.

28 Im Gehirn werden die rezeptiven Felder zunehmend komplexer, denn sie speisen sich teilweise aus Quellen, die keinen gemeinsamen topographischen Ursprung haben und bestimmte Teilaspekte der Wahrnehmung wie Kanten oder Ecken mit anderen Aspekten wie Farbwahrnehmungen kombinieren.

29 Kuffler. Discharge Patterns and Functional Organization of Mammalian Retina.

30 Vgl. z.B. Lang. Sehen; S. 32.

31 Lat. *Corpus geniculatum laterale* (*CGL*).

32 Oft auch als V1, Area 17 oder Area striata bezeichnet.

33 Hubel/Wiesel. Receptive Fields of Single Neurons in the Cat's Striate Cortex.

34 Hubel/Wiesel. Receptive Fields, Binocular Interaction and Functional Architecture of the Cat's Visual Cortex.

35 Linguisten sprechen von *distinktive Features, Phonemen, Morphemen.*

36 Übersetzt aus Charles Gross. Genealogy of the »Grandmother Cell«.

37 Konorski. Integrative Activity of the Brain.

38 Mishkin. Visual Mechanisms beyond the Striate Cortex.

39 Lurija. Der Mann, dessen Welt in Scherben ging.

40 Gross. Brain, Vision, Memory.

41 Quiroga/Reddy/Kreiman/Koch/Fried. Invariant Visual Representation by Single Neurons in the Human Brain.

42 Zitiert nach www.dasgehirn.info/ Entdecken / Kommunikation im Gehirn / Star-Wars-Neurone und Jennifer-Aniston-Zellen (Beitrag von Hanna Drimalla; 21.5.2012).

43 *Supramodal* sind Repräsentationen, die oberhalb einzelner Wahrnehmungsmodalitäten stehen. Wir können uns einen Apfel vorstellen, wenn wir ihn sehen, aber auch wenn wir *Apfel* lesen, das Wort hören, wenn wir mit geschlossenen Augen hineinbeißen.

44 Quiroga et al. Explicit Encoding of Multimodal Percepts by Single Neurons in the Human Brain.

45 Zitiert nach www.dasgehirn.info/ Entdecken / Kommunikation im Gehirn / Star-Wars-Neurone und Jennifer-Aniston-Zellen (Beitrag von Hanna Drimalla; 21.5.2012).

46 Von Heimendahl et al. Weak and Nondiscriminative Responses to Conspecifics in the Rat Hippocampus.

47 > 80 % der erregenden Synapsen im CGL stammen nicht vom Auge, sondern aus dem primären visuellen Cortex.

48 *Extrastriatal* = außerhalb der primären Sehrinde (*area striata*).

49 Farbwahrnehmung ist eine ziemlich junge Erfindung der Evolution. Nur wenige Säuger verfügen über diese Fähigkeit.

50 Quiroga/Reddy/Kreiman/Koch/Fried. Invariant Visual Representation by Single Neurons in the Human Brain.

51 Quiroga/Kreiman/Koch. Sparse but not ›Grandmother-Cell‹ Coding in the Medial Temporal Lobe.

52 Die funktionelle Kernspintomographie oder die Positronenemissionstomographie zeigen, welche Hirnregionen aktiv sind, wenn eine mentale Tätigkeit ausgeführt wird. Allerdings sind die Verfahren nicht sehr sensitiv. Nur wenn viele Millionen Zellen beteiligt sind, ist das Signal stark genug, um detektiert zu werden.

53 Lisa ist eine Schauspielerin, die ebenfalls in der TV-Serie *Friends* mitspielt.

54 Zitiert nach Dehaene. Denken.

55 Das macht Sinn, da bewegte Objekte Nahrung, Gefahr oder potentielle Geschlechtspartner sein könnten und daher in der Regel bedeutsamer sind als alles, was reglos ist.

56 Vgl. Gregory. Augen und Gehirn; S. 128.

57 Von den digitalen Bilderkennungssystemen, die Behörden oder Geheimdienste nutzen, ganz zu schweigen.

58 Vgl. Hoffman. Visuelle Intelligenz.

59 Und möglicherweise auch bei höheren Tieren …

60 Oder einer Geruchsempfindung, der Empfindung einer Berührung, eines Klangs oder Geschmacks.

61 Zugegeben, sobald es sich um mehr als visuelle Eindrücke, z.B. um Kulturphänomene, handelt, ist es mit dem Konsens oft nicht weit her.

62 Soll heißen, ohne zusätzliche, nachgeschaltete neuronale Aktivität.

63 Philosophen sprechen hier vom »infiniten Regress«, ein typisches Problem selbstbezüglicher Systeme.

64 Das zeigt sich u.a. daran, dass wir manche Teilleistungen mithilfe neuronaler Netze auf Computern ganz gut simulieren können.

65 Der deutsche Begriff »Gestalt« war so kennzeichnend für diese »Denkschule«, dass er ins Englische übernommen wurde.

66 Ein Beispiel für eine kreative Neuschöpfung sind Farben.

67 Helmholtz. Handbuch der physiologischen Optik.

68 Phylogenetische oder individuelle Erfahrungen.

69 Ohne Zusatzinformation können sie das Ergebnis einer Zufallsverteilung der Kreise im Raum sein oder auch eine Reihe Mexikaner mit Sombrero aus der Luft besehen.

70 Kant. Die Kritik der reinen Vernunft.

71 In der Wahrnehmungspsychologie als Kopfermann-Würfel bekannt.

72 Viele Beispiele stammen aus *Visuelle Intelligenz!* von Donald D. Hoffman.

73 Wenn wir Licht »objektiv« betrachten, löst sich die Farbe auf. Licht ist ein Spezialfall elektromagnetischer Wellen.

74 Lernen muss hier nicht ›individuell erlernt‹ bedeuten. Es kann sich auch um das stammesgeschichtliche Wissen einer Spezies handeln.

75 Weißes Licht ist eine Mischung aller Farben des Spektrums. Wenn wir es durch ein Prisma schicken, kommen plötzlich alle Farben des Regenbogens zum Vorschein.

76 Vgl. Frith. Wie unser Gehirn die Welt erschafft; S. 178.

77 Natürlich unter Narkose.

78 = Linsentrübung.

79 Vgl. verschiedene Formen des Gedächtnisses.

80 … vorne groß – hinten klein, ein Fluchtpunkt, die durchgezogene Kontur steht vor der unterbrochenen Kontur …

81 Madeja. Das kleine Buch vom Gehirn; S. 62.

82 Gregory. Augen und Gehirn.

83 Diskret im mathematischen Sinn, also »aus einem gestuften Wertevorrat mit klar voneinander abgegrenzten Elementen entnommen«.

84 Die neuronalen Grundlagen der Objektkonstanz habe ich im Abschnitt über Konzeptzellen diskutiert.

85 Ohne weitere Verrechnung würden wir die Welt sehen, wie ein Mensch, der schielt.

86 Z. B durch die funktionelle Magnetresonanztomographie (fMRT).

87 Logothetis/Schall. Neuronal Correlates of Subjective Visual Perception.

88 Area 17 nach Brodmann.

89 Nach dem Titel eines Buches von Niels Birbaumer.

90 Fische bevölkern den Globus schon länger als wir.

91 Dehaene. Denken; S. 45 ff.

92 Die Physik lehrt, scheinbar selbstverständlichen Annahmen über die Realität mit Misstrauen zu begegnen. Unser Gehirn pflegt immer noch das Weltbild Newtons mit seiner absoluten Zeit und einem absoluten Raum, und obwohl uns Einstein eines Besseren belehrt, können wir uns gekrümmte Raum-Zeit nicht bildlich vorstellen.

93 Vgl. Dehaene. Denken.

94 Chamäleons können die Augen unabhängig voneinander bewegen. Wir können uns schwer vorstellen, wie die Welt im Kopf dieser Tiere aussieht.

95 Vgl. Kapitel Eins: Evolution. Ein adaptives Merkmal ist eines, das die Fitness erhöht.

96 Craik. The Nature of Explanation.

97 Die die natürliche Entwicklung und Konstruktion des Gehirns prägen.

98 Michel Jouvet. The Paradox of Sleep (1999) MIT Press, Cambridge, zitiert nach Dehaene. Denken; S. 8.

99 Platon, Gorgias 493a2–3 (wahrscheinlich ein Zitat von Pythagoras).

100 Die Möglichkeit, dass Sprache mithilfe raffinierter Apparaturen auch von gelähmten sog. Locked-in-Patienten produziert werden kann, ist eine Ausnahme von dieser Regel.

101 Wehr/Weinmann. Die Hand; S. 43 ff.

102 Vgl. Kapitel Eins: Evolution.

103 Reflexe lassen sich nicht willentlich unterdrücken.

104 Zur Bewegung des Meeresneunauges vgl. Wehr/Weinmann. Die Hand; Kapitel 1: Hand und Hirn.

105 Descartes. Über den Menschen; S. 135 f.

106 Ebenda.

107 ICH denke!

108 »Mental« bedeutet hier nur, dass diese Operation im Gehirn vollzogen wird.

109 Freud. Das Ich und das Es.

110 Nachdem Kopernikus die Erde vom Zentrum in die Peripherie des Universums verbannt und Darwin uns zu einem Tier unter vielen gemacht hat.

111 Oder – wenn man so will – die Grenzen der mentalen Operationen des Gehirnes.

112 Naturwissenschaftler wissen, dass die Welt uns Fragen stellen lässt, die sich ihren Methoden entziehen: Was ist gut? Was ist schön? Wer steht für Goethes Bild vom Menschen, Faust, Mephisto oder beide zusammen? Was ist unangenehmer, Schnupfen oder Husten?

113 B-Wort: Bewusstsein.

114 Dehaene. Denken; S. 15.

115 Vgl. Prolog: Jede Wissenschaft hat ihren Gegenstand und ihr ganz spezielles Vokabular.

116 Im *International Dictionary of Psychology* war noch im Jahr 1996 zu lesen: »BEWUSSTSEIN: Nichts, was der Lektüre wert wäre, ist darüber geschrieben worden.« (Stuart Sutherland; zitiert nach Dehaene. Denken; S. 33).

117 Crick/Koch. Some Reflections on Visual Awareness.

118 Vgl. Dehaene. Denken; S. 41: Ein aus pragmatischen Gründen reduzierter Bewusstseinsbegriff, Bewusstsein als bewusster Zugang zu ETWAS; davon zu unterscheiden wäre das Bewusstsein seiner selbst, Aufmerksamkeit, Vigilanz und Metakognition.

119 vgl. https://www.youtube.com/watch?v=HVALCbfAG00.

120 Damit meine ich das bewusste ICH.

121 Wer Selbstauskünfte für unzuverlässig hält, kann das Experiment mit 50 verschiedenen Versuchspersonen wiederholen. »Subjektive Schilderungen sind die entscheidenden Phänomene, die eine kognitive Wissenschaft des Bewusstseins untersuchen sollte. Als solche bilden sie die Primärdaten, die zusammen mit anderen psychophysiologischen Beobachtungen gemessen und aufgezeichnet werden müssen.« Dehaene. Denken; S. 638.

122 Z.B. Hirnaktivitäten, die mittels EEG oder fMRT visualisiert werden.

123 Engl. für Ratten.

124 Beide Beispiele stammen aus Dehaene. Denken.

125 Ebenda.

126 S. ebenda.

127 John Searle hat versucht, den Unterschied mithilfe seines Gedankenexperiments vom »chinesischen Zimmer« deutlich zu machen.

128 Greenwald et al. Three Cognitive Markers of Unconscious Semantic Activation.

129 Abrams/Klinger/Greenwald. Subliminal Words Activate Semantic Categories.

130 Dehaene. Denken; S. 86.

131 Sie ersetzen z.B. 4 durch *vier*.

132 Bei Ekel oder Abscheu auch Zentren in der Inselregion.

133 Vgl. auch Kapitel Eins: Evolution.

134 Olsson et al. The Role of Social Groups in the Persistence of Learned Fear.

135 Kubota et al. The Neuroscience of Race; Sapolsky. Gewalt und Mitgefühl; S. 114ff. und vgl. ebenda; S. 500ff.

136 fMRT oder PET.

137 Henri Poincaré; zitiert nach Dehaene. Denken; S. 118.

138 Rede von August Kekulé, gehalten bei der ihm zu Ehren veranstalteten Feier der Deutschen Chemischen Gesellschaft am 11. März 1890. Ber. d. deutsch. chem. Ges. 23, 1302 (1890) (http://www.sgipt.org/wisms/geswis/chem/kek1890.htm).

139 Vgl. Birbaumer. Dein Gehirn weiß mehr, als du denkst.

140 Nur eine Vermutung.

141 Velmans. Is Human Information Processing Conscious?

142 Nørretranders. Cutting Consciousness down to Size.

143 Zitiert nach Dehaene. Denken; S. 151.

144 Die Kognitionspsychologen sprechen von »koinzidenzbasierter Konditionierung«.

145 Konditionierung durch leicht zeitversetzte Reize.

146 Vgl. Abschnitt: Denken, das wir bemerken: Im Hippocampus werden neue Erfahrungen ins Langzeitgedächtnis überführt.

147 Wer das Einmaleins beherrscht, beantwortet diese Fragen »aus dem Schlaf«. Er kann aber nicht benennen, wie das Gehirn diese Gleichung »berechnet«. Streng genommen handelt es sich nicht um eine Rechnung, sondern um Erinnerung. Wir wissen, 8 × 8 ist 64, so wie wir wissen, der Nachname von Napoleon ist Bonaparte. Das Gehirn löst hier keinen Algorithmus, sondern assoziiert 8 × 8 mit der Zahl 64. Natürlich könnten wir auch 8 + 8 = 16 + 8 = 24 … bis 56 + 8 = 64 rechnen, aber niemand, der das Einmaleins gelernt hat, tut das.

148 Gegner der Theorie vom notwendigen Bewusstsein werden an dieser Stelle einwenden, dass jeder Taschenrechner 17 × 12 ohne Probleme und ohne Bewusstsein löst. Aber Taschenrechner funktionieren nicht wie Gehirne.

149 De Lange et al. How Awareness Changes the Relative Weigths of Evidence during Human Decision-Making.

150 Die Tücke steckt in dem Wörtchen »Verständnis«. So darf ich noch um etwas Geduld bitten, das Problem wird deutlicher, wenn John Searles Gedankenexperiment vom chinesischen Zimmer vorgestellt wird.

151 In der Linguistik die syntaktische, semantische und pragmatische Dimension von Sprache.

152 Einer der Gründe dafür, warum Sprechen und Sprache uneindeutig und missverständlich sein können und warum Übersetzen oft schwierig ist.

153 Griech. für: »soziales (oder politisches)« Tier.

154 Nietzsche. Die fröhliche Wissenschaft

155 Gamble/Gowlett/Dunbar. Evolution, Denken, Kultur.

156 Vgl. Kapitel Eins: Evolution: Individual- versus Gruppenselektion.

157 Z.B. Handelsblatt Online; 24.9.2006 unter https://www.handelsblatt.com/technik/forschung-innovation/gehirnscan-fortschritte-beim-gedankenlesen/4655862.html.

158 Unterschiede zwischen oxy- und desoxygeniertem Hämoglobin.

159 S.o.: Bilder, die kürzer als 50 Millisekunde präsentiert werden, sind »maskiert«. Sie entgehen der bewussten Wahrnehmung.

160 Vgl. Dehaene. Denken; S. 287ff.

161 Die Betonung liegt auf »für uns«, denn gerade das können Computer ohne Bewusstsein ganz gut.

162 Das menschliche Gehirn ist dreimal so groß wie das eines Schimpansen. Menschliche Neuronen des präfrontalen Cortex verfügen über weit größere Dendritenbäume und damit über ein höheres Maß an Konnektivität.

163 Searle. Geist, Hirn und Wissenschaft, S. 30ff.

164 Alan Turing schlug 1950 ein Verfahren (Turing-Test) vor, mit dem man feststellen kann, ob ein Computer ein dem Menschen gleichwertiges Denkvermögen hat. Bei dem Test führt ein menschlicher Fragesteller über eine Tastatur und einen Bildschirm ohne Sicht- und Hörkontakt mit zwei ihm unbekannten Gesprächspartnern eine Unterhal-

tung. Wenn der Fragesteller nach der intensiven Befragung nicht entscheiden kann, ob er mit Mensch oder Computer kommuniziert hat, hat die Maschine den Test bestanden.

165 Dazu: Dehaene. Denken; S. 372 ff. … trotzdem sind sie wohl immer noch als Turing-Maschinen zu betrachten …

Die Grenzen des Gehirns

1 Kant. Beantwortung der Frage: Was ist Aufklärung?

2 Vgl. dazu: Pinker. Aufklärung Jetzt!

3 Kahneman. Schnelles Denken, langsames Denken; S. 19.

4 Dieses schöne Beispiel für die trügerische Effizienz der Intuition stammt aus ebenda.

5 Richtig wäre: Der Schläger kostet 1,05 € und der Ball fünf Cent.

6 Stanovic/West. Individual Differences in Reasoning.

7 Zitiert nach Kahneman. Schnelles Denken, langsames Denken; S. 78.

8 Ebenda; S. 76.

9 Drei Komponenten Es, ICH und Über-Ich, wobei das Ich mehr oder weniger mit dem vernünftigen, handelnden Bewusstsein gleich zu setzen wäre.

10 Vgl. Kahneman. Schnelles Denken, langsames Denken; S. 199 ff.

11 In der Wahrscheinlichkeitstheorie erhalten sichere Ereignisse eine Wahrscheinlichkeit von 1, unmögliche Ereignisse eine Wahrscheinlichkeit von 0. Praktisch alle Ereignisse der realen Welt liegen zwischen den Extremen. Die Wahrscheinlichkeit, dass zwei Ereignisse zusammen eintreten, ist also immer niedriger als die Wahrscheinlichkeit vom Auftreten einzelner Ereignisse (z.B. zwei Ereignisse, die zu je 90 % eintreffen: $p_{gesamt:}$ ([p1] 0,9 × [p2] 0, 9 = 0,81) = 81 %).

12 Vgl. Kahneman. Schnelles Denken, langsames Denken; S. 71. Das Beispiel wurde leicht modifiziert.

13 Auch wenn Menschen mit dieser Persönlichkeitsstruktur doppelt so oft unter Bibliothekaren zu finden sind als in der Durchschnittsbevölkerung (oder unter Landwirten), ist die Wahrscheinlichkeit, dass Herr X. ein Landwirt ist, trotzdem fünfmal höher, denn die Basisrate sagt uns, es gebe zehnmal so viele Landwirte wie Bibliothekare.

14 https://www.ruv.de/presse/aengste-der-deutschen/presseinformation-aengste-der-deutschen-2016.

15 Vgl. dazu Renn. Das Risikoparadox.

16 Näherungen, gemittelt aus den vergangenen 15 Jahren.

17 Ohne die Opfer islamistischen Terrors (2016).

18 Jahr 2015; Quelle: Statistisches Bundesamt.

19 Quelle: Robert-Koch-Institut.

20 Vgl. Kahneman. Schnelles Denken, langsames Denken; S. 165.

21 Zitiert nach ebenda; S. 217.

22 Ebenda.

23 Bei einem Attentat im Zug bei Würzburg verletzte ein islamistisch motivierter Täter einige Zugreisende, in Reutlingen tötete ein Asylbewerber eine Kollegin im Rahmen einer Beziehungstat, in Ansbach sprengte sich ein vermutlich psychisch erkrankter Immigrant mit einer Bombe in die Luft und in München erschoss ein junger Amok-

läufer ohne ersichtlichen politischen Hintergrund neun Menschen. Vgl. z.B. Die Zeit, Ausgabe vom 28.7.2016.

24 Kahneman. Schnelles Denken, langsames Denken; S. 223ff.

25 Die Schadstoffkonzentration im Zigarettenrauch ist um Größenordnungen höher als die »dickste« Luft in unseren Städten.

26 Diese Passage wurde sechs Monate vor der Wahl von Donald Trump geschrieben. Diese Wahl war wohl ein Triumph der Affektheuristik.

27 Die Trefferwahrscheinlichkeit solcher Szenarien lässt sich in Form von Brüchen ausdrücken, wo die Gesamtzahl der Kugeln im Nenner, die Zahl der Kugeln, die als Treffer gelten, im Zähler steht.

28 Vgl. Kahneman. Schnelles Denken, langsames Denken; S. 157ff.

29 Englich/Mussweiler. Sentencing under Uncertainty; Englich/Mussweiler/Strack. Playing Dice with Criminal Sentences.

30 Vgl. Kahneman. Schnelles Denken, langsames Denken; S. 150ff.

31 Ebenda.

32 Nicht alles, was das System 1 tut, ist angeboren. Fähigkeiten können durch Übung so sehr automatisiert werden, dass sie fast vollständig außerbewusst ablaufen.

33 Mit Modus operandi meine ich z.B. das, was Kant als Kategorien *a priori* bezeichnet hat. Auch wenn Chomskys Theorie von der angeborenen Tiefenstruktur der Sprache unter Sprachwissenschaftlern nicht nur Freunde hat, sind bestimmte Aspekte des sprachlichen Denkens meiner Meinung nach tatsächlich ziemlich direkte Produkte der neuronalen Struktur der Sprachverarbeitung. Sprachliches Denken ohne die Grundstruktur von Subjekt (Bezeichnung des Handelnden) und Prädikat (Kennzeichnung der Handlung) ist schwer vorstellbar.

34 Kant. Die Kritik der reinen Vernunft.

Vierte Zwischenbilanz: Schlussfolgerungen aus der Biologie des Gehirns

1 Das Gehirn der 40 bis 60 kg schweren Schimpansen wiegt knapp 500 g. Das Gehirn eines 70 bis 80 kg schweren Menschen wiegt fast dreimal so viel.

2 Tomasello. Die kulturelle Entwicklung des menschlichen Denkens; S. 27.

3 Ebenda. Tomasello begründet seine These z.B. dadurch, dass Kapuzineraffen im Gegensatz zu Menschen zwar ›Wenn-dann-Beziehungen‹ lernen (»wenn ich den Stock in dieser Weise nutze, dann passiert Folgendes«), dass dieses Lernen jedoch rein induktiv geschieht und sie keine Theorie darüber entwickeln, welche physikalischen Kräfte den Beziehungen zwischen Aktion und Reaktion zugrunde liegen. Die Suche nach solchen verborgenen Kräften ist eine Quelle von Religion und Naturwissenschaft. Der zweite fundamentale Unterschied ist sozialer Natur. Tomasello meint, andere Primaten begriffen zwar sich selbst, aber nicht andere Subjekte als intentional handelnde Akteure. Auf diesem Unterschied fußt die ausgefeilte soziale Struktur menschlicher Gruppen und v.a. die kulturell extrem erfolgreiche Technik des Lernens durch Lehren.

4 S. Kapitel Eins: Evolution; Abschnitt: Wenn Kultur die Biologie überformt.

5 Rovelli. Die Wirklichkeit, die nicht so ist, wie sie scheint.

6 Gödel. Über formal unentscheidbare Sätze der Principia Mathematica und verwandter Systeme I.
7 Poundstone. Im Labyrinth des Denkens.
8 Das zeigen Zwillingsstudien zur Schizophrenie. Bei eineiigen Zwillingen liegt die Gefahr, dass auch der andere an Schizophrenie erkrankt, bei über 50 %, bei zweieiigen unter 20 %!
9 Vgl. Prolog.
10 Außer wir machen den Fokus so weit auf, dass alles, die Welt und ihre Vergangenheit, mit eingeschlossen ist.
11 Vgl. Abschnitt: Denken, das wir bemerken.
12 Ein schönes Bild ist Eschers Grafik der sich selbst zeichnenden Hände.
13 Ricœur. Das Selbst als ein Anderer.

Individuum, Ich oder Es? – Spiegel, Bühne oder Konstrukteur der Wirklichkeit?

1 Ontologischer Gottesbeweis, übernommen von Anselm von Canterbury.
2 Descartes. Abhandlung über den Menschen.
3 Vgl. Pinker. Das unbeschriebene Blatt.
4 Sapolsky. Gewalt und Mitgefühl.
5 Vgl. Vollmer. Evolutionäre Erkenntnistheorie; S. 91. Lorenz interessierte sich allerdings v.a. für angeborene Instinkte, für Balzverhalten, Muttertrieb oder den von ihm postulierten »Aggressionstrieb«.

Unser Gehirn hat eine Geschichte

1 Der Ausschnitt ist dadurch definiert, dass er Informationen enthält, die »fitnessrelevant« sind.
2 Euklid. Die Elemente.
3 Kant. Die Kritik der reinen Vernunft.
4 Popper. Alle Menschen sind Philosophen; S. 21.
5 Max Planck. *Wege zur physikalischen Erkenntnis;* zitiert nach https://de.wikipedia.org/wiki/Max-Planck.
6 1 nm = $1 m^{-9}$.
7 Die allgemeine Relativitätstheorie sagt u.a. voraus, dass Sternenlicht, das auf seinem Weg zur Erde den Rand der Sonnenscheibe streift, durch die Massenkrümmung um 1,75 Bogensekunden abgelenkt wird. Am 29. Mai 1919 nutzten Experimentalphysiker eine Sonnenfinsternis, um die scheinbare Verschiebung der Position eines Sternes nahe der Sonnenscheibe zu messen. Tatsächlich bestätigte die Messung die Voraussage der Theorie relativ präzise.
8 Ein aktuelleres Raumkonzept der Quantengravitation beschreibt den Raum gar als gequantelt und diskontinuierlich; vgl. Rovelli. Die Wirklichkeit, die nicht so ist, wie sie scheint.
9 Der Gedanke vom »Hirn im Glas« ist eine beliebte Denkfigur des radikalen Solipsismus. In populärer Form spielt z.B. der Film *Matrix* mit dieser Idee.
10 Vgl. Abschnitt Wahrnehmen.

11 Das gilt für die physiologische wie für die psychologische Ebene. Ein Arbeitnehmer wird andere Prioritären haben wie ein Unternehmer, Kinder haben eine andere Einstellung zum Zubettgehen als ihre Eltern.

12 S.o. Wahrnehmen.

13 Ein Würfel bleibt ein Würfel – unabhängig von unserer Perspektive.

14 Verschiebung des Netzhautbildes aufgrund der Bewegungen unserer Augen werden nicht als Bewegung in der Umgebung interpretiert.

15 Vgl. Vollmer. Evolutionäre Erkenntnistheorie.

16 S.o., S. 335–477.

17 Überprüfbare Hypothesen, kontrollierte Experimente, intersubjektive Gültigkeit, Statistik, Quellenkritik usw.

18 Engl. *trolley*: Straßenbahn.

19 Greene et al. An fMRI Investigation of Emotional Engagement in Moral Judgment; Greene/Haidt. How (and where) Does Moral Judgment Work?

20 Für Ethiker sind die Implikationen des Experiments sicher vielschichtiger. Eine ins Extreme überdehnte, zweckrationale, utilitaristische Moral produziert seltsame Ergebnisse. Würde man das Äquivalenzprinzip zur einzigen Maxime moralischen Handelns machen, wäre es legitim, einen Menschen zu töten, wenn seine Organe vier anderen das Leben retten.

21 Vgl. Kapitel Eins: Evolution; Abschnitt: Jenseits von Eden.

22 Vgl. Gigerenzer. Bauchentscheidungen.

23 Quod erat demonstrandum: lat. für: »was zu zeigen war«.

24 Vgl. Chomsky. Sprache und Geist.

25 Vgl. Kahneman. Schnelles Denken, langsames Denken.

26 Vgl. Gamble/Gowlett/Dunbar. Evolution, Denken, Kultur.

27 Der Psychologe Barry Schwartz zitiert in *The Paradox of Choice* eine Studie, die das Phänomen des Risikoparadoxons erhellt. In der Studie konnte gezeigt werden, dass die massiven Fehleinschätzungen von Risiken mit der Berichterstattung in den Medien korreliert sind. Wird viel über Mord und Totschlag berichtet, aber wenig über dringendere Gefahren – z.B. das Risiko, einem Schlaganfall zu erliegen –, so bleiben die in grellen Farben dargestellten Moritaten den Rezipienten dieser Nachrichten im Kopf.

28 Die Furcht, Opfer eines islamistischen Terroranschlags zu werden.

29 Vgl. z.B. Pinker. Aufklärung Jetzt!; Rosling. Factfullness.

30 In der Rückschau erscheinen Ereignisse zwangsläufig, obwohl sie sich in Wahrheit einer Verkettung von Zufällen verdanken.

31 Vgl. Abschnitt: Die Grenzen des Gehirns: Die Multiplikation zweier Zahlen $p < 1$ hat immer ein Ergebnis, das unter der Wahrscheinlichkeit der Einzelereignisse liegt.

32 Vgl. o.; der »Fall Linda«.

33 Vgl. Pinker. Das unbeschriebene Blatt; S. 210.

34 Die Wahlmündigkeit zeigt das Problem besonders deutlich, denn wer wollte sich anmaßen, hier objektive Kriterien zu definieren. Jeder Test wäre zwangsläufig nur ein Repräsentativitätsurteil.

35 Z.B. »maskierte Bilder«, s.o.

36 Engl. *frame* = Rahmen.

37 Wehling. Politisches Framing.

38 Weitere schöne Beispiele für Frames finden sich in ebenda.

39 Z.B. der Placebo- oder Nocebo-Effekt. Die Rede vom Top-down-Effekt impliziert allerdings, dass das Bewusstsein kein Epiphänomen ist, sondern eine funktionelle Bedeutung hat (vgl. Dehaene. Denken).

40 Vgl. Abschnitt: Denken, das wir bemerken.

41 Moerman. Physiology and Symbols. Placeboeffekte sind komplex. Es gibt Studien, die solche Effekte auch bei Ratten beschreiben. In diesen Fällen ist es weniger »Wissen«, was wirkt, sondern vermutlich eher ein Gefühl der Zuwendung.

42 Vgl. Sapolsky. Gewalt und Mitgefühl; S. 85.

43 Vgl. ebenda; S. 715 ff.

44 Vgl. ebenda; S. 179; Bushman. Human Aggression while under the Influence of Alcohol and other Drugs.

45 Testosteron steht pars pro toto für die Gruppe der androgenen Hormone. 90 % der Androgene werden im Hoden produziert, 10 % in den Nebennieren.

46 In der Regel wird eine chemische Kastration durchgeführt. Nur in Texas wird noch das Skalpell bemüht.

47 Berlin. Chemical Castration for Sex Offenders; Peters. Chemical Castration; Fagan. Pedophilia; Sapolsky. Gewalt und Mitgefühl; S. 133 ff.

48 Vgl. Abschnitt Epigenetik in Kapitel Drei: Zellen.

49 Vgl. dazu Sapolsky. Gewalt und Mitgefühl, S. 134 ff.

50 *Absolut* ist hier im ursprünglichen Wortsinn als »losgelöst« (vom Körper, von der Umwelt, von der Erfahrung usw.) gemeint.

Vierte Schlussfolgerung: Die sich selbst zeichnenden Hände

1 Erfolg im evolutionsbiologischen Sinn.

2 … v.a. Anpassungen an das Klima, an veränderte Nahrung, Krankheitserreger. Anpassungen, die die genetischen Wurzeln des Verhaltens betreffen, sind in der Regel träger und nicht nur von wenigen Genen abhängig.

3 Vgl. Sapolsky. Gewalt und Mitgefühl; S. 168 ff.

4 Der hypothetische Realismus postuliert, dass es eine Wirklichkeit gibt, die unabhängig von uns existiert.

5 Der französische Aufklärer, Arzt und Philosoph Julien Offray de la Mettrie (1709–1751) veröffentlichte im Jahr 1748 ein Buch mit dem provokanten Titel *L'homme machine*.

6 »Evolution« der Kultur sollte trotz Analogien zur Evolution metaphorisch verstanden werden.

7 Chomsky. Was für Lebewesen sind wir?

8 Um Missverständnissen vorzubeugen, mit dem Ausdruck »wie wir denken« sind hier sehr allgemeine Prinzipien des Denkens gemeint, wie die beschriebenen Heuristiken oder die kantschen Kategorien.

9 Vgl. Kapitel Drei: Zellen; Abschnitt Epigenetik.

10 Nicht zu verwechseln mit »künstlicher Intelligenz«, denn hier wird Intelligenz funktio-

nell definiert, durch die Fähigkeit, Aufgaben zu erfüllen. Mit bewusster Handlung hat KI zunächst nichts zu tun.

11 So verblüffte mich Miriam Meckel im Jahr 2015 bei einem Vortrag an der Universität Tübingen mit der Prognose: In nur fünf bis zehn Jahren bräuchten wir keine Computertastatur mehr. Stattdessen gäbe es dann eine Schnittstelle im Kopf, die unsere Gedanken direkt aus dem Hirn ausliest und in die Maschine einspeist. Viel Zeit bleibt also nicht.

Epilog

1 Libet. Unconscious Cerebral Initiative and the Role of Conscious Will in Voluntary Action: Libet verglich den Zeitpunkt, zu dem die Probanden ihren Entschluss fassten, mit deren Hirnaktivität, die er mithilfe eines EEGs registrierte. Vor der Ausführung einer Bewegung lässt sich ein Aktivitätsmuster über dem supplementär-motorischen Cortex messen, ein sog. Bereitschaftspotential. Libet fragte sich: Was kommt zuerst – dieses Bereitschaftspotential oder die Entscheidung der Probanden? Wird die Handbewegung durch den bewussten Entschluss initiiert oder durch unbewusste Hirnprozesse? Wie sich zeigte, fällten die Teilnehmer ihren Entschluss im Durchschnitt etwa 200 Millisekunde vor der Bewegung. Das Bereitschaftspotential begann aber schon 550 Millisekunde davor; es trat somit 350 Millisekunde vor dem Handlungsentschluss auf.

2 Vgl. Prolog.

3 Vgl. Kapitel Vier: Gehirne.

4 Vgl. Kapitel Zwei: Gene.

5 Vgl. Kapitel Drei: Zellen.

6 Levine et al. Identity and Emergency Intervention.

7 Vgl. Eilenberger. Zeit der Zauberer; S. 61.

8 Ich verstehe daher die beleidigte Reaktion mancher Muslime nicht, wenn sie auf ihre Haltung zum islamistischen Terror angesprochen werden. Bei mir weckt die Zugehörigkeit zu einer Nation, die auf unselige Zeiten zurückblickt, im Gegenteil, das Bedürfnis, meinen Standpunkt zum Naziregime deutlich zu machen.

9 Vgl. Prolog. Die Biologie, die hier vorgestellt wurde, ist ein Kind der vergangenen 150, in großen Teilen der vergangenen 50 Jahre.

10 Vgl. Prolog.

11 Vgl. Moore/Baldwin. Principia ethica; z. T. auch oder überlappend als moralistischer Fehlschluss bezeichnet.

12 Vgl. Pinker. Das unbeschriebene Blatt; S. 214.

13 Vgl. Kapitel Zwei; Abschnitt: Erbe und Erziehung.

ABBILDUNGSVERZEICHNIS

PERSONENREGISTER

I

J

K

SACHREGISTER

H

I

K